家具设计与开发

第二版

陶　涛　　　　　　主　编

陈星艳　张　萍　钟　玲　副主编

刘壮青　　　　　　主　审

化学工业出版社

·北　京·

本书紧跟当前家具行业发展的新形势与新特点，结合家具企业对家具设计专门人才基本素养的需求，依据设计实战环境必备的知识结构，系统介绍了家具材料、家具接合方法、家具结构设计、家具艺术风格的演变、家具造型设计、家具透视图表现技法、家具开发实务等内容。

本书不仅可作为高等院校工业设计、木材科学与工程、环境艺术设计、建筑学、城市规划、园林景观等专业教材，同时对于广大相关专业教育工作者、家具企业产品开发、销售、管理人士及业余爱好者也具有极高的参考价值。

图书在版编目（CIP）数据

家具设计与开发/陶涛主编. —2版. —北京：化学工业出版社，2011.12（2016.2重印）
ISBN 978-7-122-12681-8

Ⅰ.家… Ⅱ.陶… Ⅲ.家具-设计 Ⅳ.TS664.01

中国版本图书馆CIP数据核字（2011）第217890号

责任编辑：王　斌　　文字编辑：冯国庆
责任校对：郑　捷　　装帧设计：许海峰

出版发行：化学工业出版社（北京市东城区青年湖南街13号　邮政编码100011）
印　　装：北京虎彩文化传播有限公司
787mm×1092mm　1/16　印张19　字数532千字　2016年2月北京第2版第5次印刷

购书咨询：010-64518888　　售后服务：010-64518899
网　　址：http://www.cip.com.cn
凡购买本书，如有缺损质量问题，本社销售中心负责调换。

定　　价：58.00元

第二版前言

家具设计，首先被构建在材料科学、结构理论与成型工艺基础之上，通过与设计理论、造型法则、基础美学和产品审美、生活方式、行为科学与工效学进行融合之后，实现其与市场经济学、消费心理学、社会历史、文化、宗教、民俗、伦理等学科领域的无缝对接。因此，家具是综合应用多学科理论和人类创造的各种知识而创造出来的，家具设计不是简单的绘图，家具也不是简单的商品。家具设计与开发实质上是将功能与形态，艺术与技术，生产与营销等诸要素经辩证处理而获得的一整套关于生活方式的解决方案。

在经过了30多年跨越式发展之后，中国现已成为世界家具生产与出口第一大国。然而多年的抄仿、追风和随流，使家具行业面临着前所未有的严峻考验与巨大挑战，面临着沦为廉价贴牌产品制造基地的危险。为了加快科学发展步伐，增强自主创新实力，提升原创设计水平，我国家具产业转型升级的大幕已经拉开，家具行业正努力从价格低廉的模仿贴牌家具制造基地向国际化高附加值的自主创新高地转变。正是从这一紧迫的行业需求出发，为了满足家具设计课程的教学要求，在本书第一版取得丰硕成果、经验及优势的基础上，通过结合近几年来广大读者、学术界及企业界对本书第一版的中肯建议，同时着力于以文化性、艺术性、原创性、差异化、柔性化、人性化产品设计与实践为切入点，我们特别组织部分高校与企业合作编写了本书。

家具设计所体现的知识交叉、传承创新、多元开放以及前瞻与实践性特征，使其特色鲜明，并与时代的发展紧密相关。本书结合当前家具行业发展的新形势与新特点，针对家具企业对家具设计专业人才基本素养的需求，按照企业设计实战环境必备的基本知识结构，系统介绍了家具材料、家具接合方法、家具结构设计、家具艺术风格的演变、家具造型设计、家具透视图表现技法、家具开发实务等内容，其中，本书有关家具结构设计理论体系、传统家具特征分析、家具色彩设计、家具包装设计、创意理念形成规律及步骤等内容，与同类专业书籍相比更为系统深入，具有独特风格。由于本书具有知识系统、图文并茂、案例鲜活、贴近实际等特点，因此本书不仅可作为高等院校工业设计、木材科学与工程、环境艺术设计、建筑学、城市规划、园林景观等专业教材，同时对于广大相关专业教育工作者、家具企业产品开发、销售、管理人员及业余爱好者也具有极高的参考价值。

本书由中南林业科技大学木材科学与技术国家重点学科陶涛博士担任主编，宜华木业副董事长兼总经理刘壮青先生担任主审，我国现代家具专业主要创始人邓背阶教授担任编写顾问，中南林业科技大学陈星艳、惠州学院张萍、华东交通大学钟玲担任副主编。本书与化学工业出版社已经出版的《家具制造工艺》（第二版）和即将出版的《品牌家具销售策略与技巧》、《家具计算机辅助设计》三部书，为配套教材，目的是将家具设计、制造与销售融合为一个有机整体，共同推进家具教育与产业的和谐发展。

参与教材编写的人员还有浙江工程学院申丽娟，中南林业科技大学孙德彬、倪长雨，温州职业技术学院陈瑶，长春工程学院宋杏爽，长江师范学院闫丹婷，四川国际标榜职业学院杨凌云、郭颖艳，北华大学杜洪双等高校教师和中南林业科技大学侯瑞光；在本书编写过程中得到了华日家具实业集团周旭恩董事长、刘喆副总经理、陈凤义总监，宜华木业股份有限公司黄琼涛、张小红总监，博雅名家居连锁机构吕晓伟董事长，圣美世家陆伟建总经理，仁豪家具集团王闻杰总监，富尔康家具杨垂幼总监，华源轩家具集团王育凯总监，伟峰家具涂友福总经理，信家家具吴景生总监，美盈家具集团黎明仕总监等家具企业界领导和朋友们的热情帮助与大力支持。在此，一并表示衷心感谢！

家具设计与开发将与时俱进、不断完善，本书仅起抛砖引玉作用，以后将会有更多更好的作品问世。限于编者的水平和经验，书中不足之处在所难免，恳请广大读者予以批评指正，不胜感谢。

编　者

2011年8月于中南林业科技大学雅林园

第一版前言

家具不仅是人们生活、工作、学习的必需品，而且是室内最主要的装饰品，是一种技术与艺术完美结合的工业产品，既要满足人们使用功能的要求，又要满足人们审美的愿望。随着时代的进步与社会的发展，人们对家具设计将会不断提出新的要求。

我国现代家具工业自改革开放以来，与时俱进，取得了长足的发展，其发展速度之快是史无前例的。但家具设计领域的发展却相对滞后，需尽快地走出模仿设计的被动局面，而进行“原创性”、“个性化”、“即时化”设计，将民族特色与时代先进性有机地结合起采。现代人们对家具的追求是舒适、方便、安全、绿色、环保、富有文化内涵与艺术创新。家具造型将趋向个性化、风格各异、百花争艳、丰富多彩的局面。家具设计与制造已进入电子技术与数控技术的高新技术时代，已实现CAD-CAM辅助设计与辅助制造，进而实现无图纸数字化设计与远程制造。因此，对家具领域的教学科研人员、工程技术人员、制造厂家、经销商提出了全新的理念与要求。

为此，本书在继承传统家具设计精华的基础上，注入了现代家具设计的新理念、新方法，内容较为全面系统，将家具材料、造型设计、结构设计、家具制图等有机地结合在一起，彼此衔接、相互渗透、紧密联系、融会贯通。全书理论密切联系实际，图文并茂，易于理解，便于掌握。

本书与化学工业出版社出版的《家具制造工艺》一书为配套教材，将家具设计与制造融为一体。不仅能作为高等院校家具与室内、木材科学与技术、工业设计、土木建筑、园林设计等专业的专业教材，还可供家具专业的教学工作者、工程技术人员及业余爱好者参考。

本书由中南林业科技大学邓背阶、陶涛、孙德彬担任主编。参加编写的人员还有华南农业大学何中华、浙江工程学院申丽娟、惠州学院张萍、华东交通大学钟玲。中南林业科技大学陈星艳参加了第3章的第3、4节和第6章的第2、3节的编写，并对部分图纸进行了修整处理。

由于本书涉及的知识与技术面较为广泛及限于编著者的水平，书中不足之处在所难免，恳请广大读者予以批评指正，不胜感谢。

编著者

2006年8月

目录

第6章　家具透视图表现技法 ······ 227

第7章　家具开发实务 ······ 244

第1章

家具材料

家具是由各种材料通过一系列技术手段加工制造而成的，材料是构成家具的物质基础。因此，家具设计除了造型设计、结构设计、使用功能和加工工艺的基本要求之外，与材料还有着密切联系。为此，要求设计人员务必熟悉原材料的种类、性能、规格及来源，以便在设计中做到合理用材；并能根据现有的材料设计出优秀的产品，做到物尽其用；同时，还要善于利用各种新材料，以提高产品的质量，增强产品的美观性，降低产品的成本。

现代家具材料主要包括木质材料、饰面材料、软质材料、竹藤材料、金属材料、塑料、玻璃与石材七大类。家具产品的材料构成正由单一的木质材料向多种材料混搭的方式发展，由简单向复杂形式演变，例如木材与金属、塑料高分子与玻璃、软质与金属等多种材料共同组成了异彩纷呈、形式多样的现代家具产品体系。

木材是自然界中分布较广的材料之一，由于它质轻而重量强度比较高，且易于加工，并有天然美丽的色泽和纹理及其他多种优点，所以是家具业应用最广泛的传统材料，至今仍然占据主要地位。随着木材资源的短缺以及木材综合利用的迅速发展，出现了各种木质人造板及其复合材料，以代替原木，而在家具工业中较广泛地应用。随着冶金及塑料工业的发展，钢、铝合金、铜合金等金属以及各种塑料、玻璃等材料，也成为家具制造的重要用材，并丰富了家具品类，提升了家具造型的质感与美感。

1.1 木质材料

1.1.1 原木成材

1.1.1.1 木材的共同特性

（1）多孔性　木材是由各种类型的细胞组成的，这些细胞是中空的，构成许多孔隙；同时，在细胞壁内、微纤丝之间也有许多空隙，在细胞之间还有许多纹孔相通。

木材的多孔性使得木材具有以下特性。

① 绝热性 木家具能给人以冬暖夏凉的舒适感和安全感，这是因为木材的孔隙中充满的空气形成气隙阻碍导热，且木材的孔隙越大，导热性就越低。

② 回弹性 木材在结构上的多孔性，使得木材在力学上具有良好的回弹性。当木材在受动载荷和冲击载荷时，即使超过弹性极限范围，也能吸收相当部分能量，耐受较大的变形而不折断。木材横纹受力时此种特征尤其显著。

③ 硬度较小 易于加工的木材的多孔性使其易于机械加工，如锯解、切削、旋切等，而且也易于进行化学加工，如制浆、水解等。此外，也有利于木材防腐、木材干燥以及木材改性处理等。

④ 密度较小 易于水运的木材的多孔性使其具有一定的浮力，可以水上运输。这不仅节省开支，而且可以防止木材被虫和真菌危害，达到保存木材的目的。由于木材浸在水中，大部分孔隙被水填充，导致空气缺乏，菌类无法生存，使木材不易腐烂。同时由于水在胞腔内长时间浸泡，使可溶性的物质被溶解掉，致使木材锯成板材进行干燥时，木材中的水分就因胞腔内不被内含物堵塞而易排除。由于木材中的水分减少，可使其尺寸趋于稳定，不易变形开裂。

(2) 吸湿性 由于木材和水都是极性物质，当空气中蒸汽压力大于木材表面水分的蒸汽压力时（即木材比空气干燥)，木材就吸收空气中的水分，称为吸湿；相反，如果木材中蒸汽压力大于其周围空气中的蒸汽压力时（即木材比空气湿)，木材中的水分就蒸发到大气中去，这叫解吸（干燥过程)。木材干燥就是利用木材的吸湿特性，另一方面，由于木材具有吸湿性，随着环境温度和空气湿度的变化，木材会出现变形、翘曲和开裂等缺陷，使木材材质的等级下降，甚至成为废材。木材的吸湿性直接影响木制品的质量。

(3) 胀缩性 湿材因干燥而缩减其尺寸或体积谓之干缩；干材因吸湿而增大其尺寸或体积谓之湿胀。干缩和湿胀是木材固有的性质，这种性质会导致木制品尺寸不稳定，引起变形、翘曲和开裂。例如，衣柜因干燥导致裂缝很大，又因湿胀而不易拉开抽斗。一张圆桌，会变成椭圆形。木材的这些缺陷，可以通过人工干燥及其他方法来减少和克服。

(4) 吸附性 吸附是多孔性材料对液体或气体紧密的吸收，这种吸收只有一层分子的厚度(单分子层)，即使多层也不会超过 10 个分子的厚度。具有多孔性固体和湿胀性的木材，单位质量的表面积是很大的。例如，木材密度 0.4g/cm^3，其微团、微纤丝、纤丝之间的表面积为 1234820cm^2。所以木材的吸附量是很大的，是属于具有高度吸附性的材料。木材吸附性在家具工业中的应用主要有以下两个方面。

① 木材对胶液的吸附 木材胶合工艺中，胶黏剂首先要被木材表面吸附，然后才能进一步胶合固化。用于木材胶合的胶黏剂，不论是天然的胶黏剂还是各种合成树脂胶，它们的分子中均有极性基团，都是极性物质。因此，在木材胶合过程中，胶黏剂分子中的极性基团与木材表面的极性基团之间可以形成物理吸附，然后固化，牢固地胶合。

② 木材对涂料的吸附 涂料涂饰在木材表面，必须先在木材表面吸附，即涂料中聚合物的极性基团与木材表面的极性基团之间由于范德华力或氢键作用而产生附着力，然后在木材表面形成一层漆膜才能固化。

(5) 可塑性 在湿热条件下对木材施加压力或拉力，使之产生较大的弹性变形，出现新的形状，然后干燥、冷却，使弹性变形转化为塑性变形，当外力解除后，能保持变形后的新形状而又不破坏木材构造的特征，称为木材可塑性。木材的可塑性受木材含水率、温度、树种和树龄的影响。温度在 0℃以上，木材可塑性随含水率的增加而增大，特别是在温度升高和含水率增加的情况下塑性更大。木材可塑性广泛用于压缩木和曲木工艺以及拱形造型、造船、纺织工业、曲木家具等。凡需利用木材可塑性这一特性的各类木制品，最宜选用韧性木纤维含量高的水曲柳、榆木、栎木、山枣等环孔材或半环孔材。

(6) 脆性 木材在被破坏之后，没有或少有明显变形的性质，即不变形就被破坏的性质，

称为脆性。脆性产生的原因不一，或由于树木生长不良，或由于遗传，或由于生长应力，或由于木材腐朽，或由于长期在高温作用下的木材等。脆性木材较正常材轻，纤维含量低。年轮宽度非常大的针叶树材，晚材率小的轻质材，年轮宽度极窄的阔叶树环孔材以及应压木等，往往就是脆性材。

(7) *可湿性*　可湿性是指固体受液体湿润的程度，在木材的胶合工艺上应用十分广泛。可湿性通常随湿度的升高而降低，随酸碱度升高而湿润指数增大。所以单板在胶合前若经高温干燥，其可湿性会降低。因为胶合板生产要求树脂胶黏剂在胶压后形成坚固的胶层，所以除必须能湿润木材表面外，还要能渗透木材组织，但当胶合刨花板时，树脂胶黏剂湿润木材表面即可，而不需过于透入木材表面。

(8) *吸声性*　木材的声音是鉴别木材的优良指标，凡材质好的木材，用斧背敲击，声音铿锵有力，当木材中空或腐朽时，则发出哑声。

木材对声音的吸收用吸声系数来表示，即木材吸收的声音能量与作用于木材上的声音能量之比。设开窗的单位面积的吸声系数为1或100%，把这个作为基准与其他物质的吸声系数之比，称为该物质的吸声率。吸声率随材料厚度的增加而增加，超过20mm则无影响。表1-1列出了各种材料的吸声率。

表1-1　各种材料的吸声率（近似值）

材　料	吸声率	材　料	吸声率
开启的窗	1.00	木材	0.06
砖	0.03	涂过漆的木材	0.03
地毯	0.25	墙板	0.27
玻璃	0.03	吸声用的墙板(如木丝板、纤维板)	0.20～0.90

根据表1-1所列各种物质的吸声率，当声波入射到刨削过的木材表面时，能量的94%被反射，6%被吸收；而当入射到没有刨削过的粗糙的木材表面时，吸收率就增大，如未上漆的木材吸声率为0.06，涂过漆的木材吸声率为0.03，说明表面粗糙的木料能吸收更多的声能转化为热能。轻软而多孔性的材料吸收声音的能力较强，所以木材的吸声性能比砖好。当然，木材的隔声性能比混凝土差，这是由于木材易透声音的特性决定的。

(9) *老化性*　木材在存放和使用中，光泽和颜色会发生变化，使木材表面变得粗糙，出现自然老化现象，称为木材的老化性。木材的老化作用包括光、热、水和其他大气因素所引起的物理、化学作用。例如，落叶松木材在光波长（3000～3900）$\times10^{-10}$m范围变黑色，在(3900～5800)$\times10^{-10}$m明显变为黄色，波长在5800$\times10^{-10}$m以上则很少变色。可见太阳光的波长愈短对木材的变色影响愈大，因为光波愈短，能量愈大。太阳光的紫外线波长为(1500～4000)$\times10^{-10}$m，到达地球表面的光能量很大，可以切断木材组分的分子链，发生光氧化反应，对木材的表面变色、产生老化有重大的影响。

(10) *表面钝化性*　木板或单板在干燥过程中，由于温度过高使木材表面的可湿性降低，形成一层憎水表层，妨碍涂胶时胶液向板面扩散，导致胶层固化不良，降低胶合强度，这种现象称为木材的表面钝化性。木材表面钝化，在木材机械加工过程中，不仅影响加工质量，而且影响成品的质量。为了防止单板或木板表面钝化，在干燥前可用有机溶剂浸提，干燥后不致产生钝化。

(11) *耐久性*　木材抵抗生物、物理和化学等因素的破坏，并在长时间内能保持其自身天然的物理、力学性质的能力，称为木材的耐久性。木材在良好的条件下，可以保存数百年甚至几千年而不腐烂。例如，湖南长沙马王堆一号汉墓里的楸木和杉木，距今已2000多年，材质完好。

木材耐腐性的强弱，取决于树种、菌类、木材构造、化学组成以及使用条件等。不同树种的木材，因所含抽提物成分和含量的不同，其耐腐力差异极大，即使同一树种或同一株树的木材也同样存在这样的问题。通常心材比边材耐腐、壮龄材比幼龄材耐腐、幼龄材比老龄材耐腐。现将我国部分家具用材的天然耐腐性归类如下。

① 最耐腐的木材针叶树材：柏木、福建柏、红豆杉、杉木等。阔叶树材：榉木、檫木、枣木等。

② 耐腐的木材针叶树材：红松、落叶松、华山松等。阔叶树材：香樟、核桃楸、桐木、水曲柳、槐木等。

③ 稍耐腐的木材针叶树材：油杉、油松、金钱松、马尾松等。阔叶树材：黄菠萝、水青冈、梓木、大叶桉、臭椿等。

④ 不耐腐的木材针叶树材：赤杉、水杉、鱼鳞云杉等。阔叶树材：枫香、红桦、白桦、白榆、柳木、大青杨等。

(12) 视觉性　木材的视觉性是多方面因素在人眼中的综合反映，这方面的研究目前尚处于起步阶段。这里主要从颜色、光泽、透明涂饰、木纹图案等几个方面来说明木材的视觉特性。

① 颜色　木材颜色的色相主要分布在浅橙黄至灰褐色，以橙黄色居多。木材的明度和纯度也会产生不同的感觉。明度越高，则明快、华丽、整洁、高雅的感觉就越强；明度低则有深沉、重厚、沉静的感觉。纯度高的则有华丽、刺激、豪华的感觉。

② 光泽　木材表面由无数细胞组成，细胞被切断或剖开后，就是无数个凹面镜，凹面镜内反射的光泽有着丝绸表面的视觉效果，这一点是仿制品很难模拟的。在日常生活中，人们靠光泽的高低来判断物体的光滑、软硬、冷暖。

③ 透明涂饰　透明涂饰可提高光泽度，使光滑感增强，也可通过涂饰提高阔叶材颜色的对比度，使木纹有漂浮感。因此木家具常采用透明涂饰，使木材的豪华、华丽、光滑、寒冷、沉静等感觉大大增强。

④ 木纹图案　木纹是天然生长的图案，给人以自然、亲切、良好的感觉。其原因是：木纹是由一些大体平行但不交叉的图案组成，给人以流畅、井然、轻松自如的感觉；木纹图案由于受年代、气候、产地条件等因素的影响，在不同部位有不同的变化，给人以多变、起伏、运动、生命的感觉。

(13) 触觉性　人们用手触及木材表面会有冷暖感、粗糙感、软硬感和干温感等，这就是木材的触觉性。不同的木材，因其构造不同，其触觉特性也是不相同的。木材的触觉特性一般以冷暖感、粗糙感、软硬感这三种感觉特性来综合分析评定。

① 木材的冷暖感　人接触材料获得的冷暖感是由皮肤与材料界面间的温度变化以及垂直于该界面的热流量对人体感觉器官的刺激结果来决定的。根据手指与木材、人造板等多种材料接触时的热流量密度的实验表明：金属类的热流量密度为209.34～293.07W/m^2；混凝土、玻璃、陶瓷等为167.47W/m^2；塑料、木质材料等为125.6W/m^2；羊毛、泡沫等为83.74W/m^2。可见木材的冷暖感介于呈温暖感的羊毛、泡沫和呈冷感觉的金属、混凝土、玻璃、陶瓷之间。

② 木材的粗糙感　粗糙感是指粗糙度刺激人们的触觉，是在木材表面上滑移时产生的摩擦阻力变化的感受。粗糙度是木材细胞组织的构造与排列所赋予木材表面的光滑及粗糙程度。木材表面粗糙度一般用触针法测定。针叶材的粗糙度主要来源于木材的年轮宽度和早材的比例大小；阔叶材则主要是表面粗糙度对粗糙感起作用和木射线的宽窄及交错纹理的附加作用。根据以9种木材以及钢、玻璃、合成树脂、陶瓷和纸张等材料为对象的触觉光滑性与摩擦系数之间的关系实验表明：摩擦阻力小的材料，其表面感觉光滑。在顺纹方向上，针叶材晚材的光滑性比早材好。由此认为，木材表面的光滑性均取决于早晚材的交替变化、导管大小、分布类型以及交错纹理等木材构造因素。

③ 木材的软硬感 通常针叶树材的硬度小于阔叶树材，所以前者称为软材，后者称为硬材。然而软材者材质不一定就软，硬材者材质不一定就硬。例如，铁杉是软材，其端面硬度为39MPa；轻木是硬材，其端面硬度为13MPa。在漆膜物理性能检测时发现，当木材硬度较大时，漆膜的相对硬度也会提高。例如，桌面会出现一些划痕、压痕等痕迹，这既有漆膜硬度较低的原因，也有木材本身硬度低的缘故。因此，人们都喜欢用较硬的阔叶树材做桌面。

(14) 调湿性 木材依靠自身的吸湿与解吸作用，直接缓和与稳定室内空间湿度的变化的特性，称为调湿性。木材的调湿性对人体的健康有益，所以人们进行室内装修、储存物品等选材都喜欢用木材。木材的厚度与调湿效果有很大关系，实验结果表明：3mm厚的木材，只能调节1天内的湿度变化；5.2mm厚的木材可调节3天；9.5mm厚的木材可调节10天；16.4mm厚的木材可调节1个月。室内的湿度是处于动态变化状态，要想使室内湿度保持长期稳定，必须增加装饰材料的厚度。

据综合评定结果：软质纤维板的调湿性能最好；木材、胶合板、刨花板、硬质纤维板、石膏板等的调湿性能优良；玻璃、聚乙烯薄膜、橡胶、金属等的调湿性能最差。

(15) 易燃性 木材容易燃烧，凡是以木板为基质的木制品、木构件和木建筑物，都要注意防止火灾的问题。可以对木材进行阻燃处理，对木材进行阻燃处理的方法很多，大致分为两类：物理方法和化学方法。

① 物理方法 与不燃物质混用，使可燃性成分的比例降低，或用覆面材料隔断火焰与热和氧的接触。例如，用石膏、水泥、石棉、玻璃纤维等无机物与木质材料混合，用石棉纸、石膏板、金属板覆面等。

② 化学方法 一种方法是在木材或木质材料中注入难燃的化学药剂；另一种方法是加入在火焰下能生成抑制燃烧的化合物达到阻燃效果。一般使用含有元素周期表中Ⅰ族（Li、Na、K等）、Ⅱ族（Mg、Ca、Sr、Ba等）及Ⅶ族（F、Cl、Br、I等）元素的化合物。

进行阻燃处理后对材性和加工的影响：经阻燃处理后的木材强度略有下降；吸湿性的变化因阻燃剂种类、加入量和树种而异；无机盐类处理的木材，对其胶合性能有不良影响；涂饰时，应将含水率控制在12%以下，相对湿度在65%以下为宜，否则，在高含水率涂饰时，木材表面易产生漆膜变色、污染或有结晶析出。

(16) 木材缺陷 原木一般都具有天然缺陷，只是程度、大小等的不同。人们把凡是在木材上能降低其质量，影响其使用的各种缺点，称为木材缺陷。根据国标GB 155.1—84和GB 4823.1—84“针叶树木材缺陷和阔叶树木材缺陷”分类标准，木材缺陷分节子、变色、腐朽、虫害、裂纹、树干形状缺陷、木材构造缺陷、伤疤、木材加工缺陷、变形十大类，各大类又分成若干分类和细类。木材缺陷对木材的物理化学性质、加工性质等有一定的影响，因此与木材材质的等级密切相关。近年来，随着人们审美观的转变，开始利用木材的缺陷如节子等的装饰性，设计时特意保留这些缺陷，而不是一味地剔除这些缺陷，这种手法广泛地见于儿童家具等的开发。

1.1.1.2 材质分等

根据我国木材标准规定，材质分等是根据木材缺陷的类型和严重程度及其允许限度来确定的。木材缺陷是评定材质分等的重要因素，在评定材质分等时，先按木材标准的规定检量存在的各个木材缺陷，找出其中影响材质分等最严重的一个缺陷，将该缺陷与标准中评定材质的分等限度表对照，如果它与某一级限度相等，或不超过时，就应确定为该等级。若超过该等级限度时，再与下一个等级限度相对照，直至符合某一个等级限度时为止。也就是说，材质分等完全是根据缺陷允许限度来确定的。

以杉原条的材质分等为例说明。根据国标GB 5039—84的规定，杉原条分两个等级，其缺陷限度见表1-2。

表 1-2 杉原条材质分等的缺陷限度

缺陷名称	检量方法	缺陷限度	
		一等	二等
漏节	在全材范围内的个数不得超过	不许有	2个
边材腐朽	厚度不得超过检尺径的	不许有	15%
心材腐朽	面积不得超过检尺径断面面积的	不许有	16%
虫眼	在检尺长范围内的虫眼个数不得超过	不许有	不限
外夹皮	深度不得超过(半径尺寸的)	15%	40%

1.1.1.3 锯材的厚度规格

将各种树种的原木，按一定规格和质量经纵向锯割后称为锯材。锯材按宽度与厚度的比例不同分为板材和方材。锯材的宽度为厚度的 3 倍或 3 倍以上的称为板材；锯材的宽不足厚的 3 倍称为方材。板材和方材是家具业应用最广泛的传统材料，至今仍然占主要地位。

(1) 板材　板材按厚度不同可分为：①薄板，厚度在 18mm 以下；②中板，厚度为 19～35mm；③厚板，厚度为 36～65mm；④特厚板，厚度在 66mm 以上。

(2) 方材　方材按宽、厚相乘积的大小可分为：①小方，宽、厚相乘积在 $54cm^2$ 以下；②中方，宽、厚相乘积为 55～$100cm^2$；③大方，宽、厚相乘积为 101～$225cm^2$；④特大方，宽、厚相乘积在 $226cm^2$ 以上。

1.1.1.4 主要材种及应用

(1) 国产常用木材　我国地域辽阔，森林分布很广，树种繁多，约有 7000 多种，其中材质优良、经济价值较高的有千余种。由于能成为家具重要用材的，必须具有这样一些条件：纹理美观、悦目，物理性能良好（即强度大、耐摩擦、变形小、不易开裂和腐朽），加工涂饰性能好，树径较大，产量丰富，易于砍伐等。因此，我国重要的家具用材只有 40 多种，主要有分布在东北的落叶松、红松、白松、水曲柳、榆木、桦木、色木、椴木、柞木、麻栎、黄菠萝、楸木；长江流域的杉木、本松、柏木、檫木、梓木、榉木；南方的香樟、柚木、紫檀等。

现把家具常用木材的主要特征、性能及用途简述如下。

① 红松

英文名：Korean Pine。

别名：海松、果松、朝松、朝鲜松、红果松、新罗松、东北松、扎南松。

主要产地：东北长白山、小兴安岭。

宏观构造：树皮灰红褐色，皮沟浅，鳞状开裂；心、边材区别明显，心材红褐色，边材黄白色，常见青皮；年轮分界明显，6～7 轮/cm；早材至晚材渐变；木射线细，树脂道多。

物理性质：纹理直；结构中而匀；重量轻；质甚软；干缩小至中；强度弱；冲击韧性小。

加工性质：干燥容易，气干速度快，不易变形、开裂，尺寸稳定性中等；质软；切削容易，切面光滑，可车旋；涂料光亮性中等；胶黏性能较差；握钉力弱至中；耐磨性略差。

木材应用：能适合多种用途，是建筑及包装良材，室内装修、甲板、桅杆、船舱用料、绘画板、木尺、风琴键盘、音板和风簧口、纺织卷筒和扣框，翻砂木模和水泥盒子板，蓄电池隔电板、家具、火柴杆等用材。

② 马尾松

英文名：Masson Pine。

别名：松树、松柏、松柴、枞柏、山松、枞树、铁甲松、厚布松、康松、丛树、青松、本松、广东松。

主要产地：山东、长江流域以南各省及台湾省。

宏观构造：树皮深红褐色，纵裂，长方形剥落；心、边材稍明显，心材深黄褐色、微红，边材浅黄褐色，甚宽，常有青皮；年轮极明显，很宽；木射线细，树脂道大而多，横切面有明

显油脂圈。

物理性质：纹理直或斜；结构粗而不匀；轻或中；软或中；干缩通常中等；强度低或中；冲击韧性中。

加工性质：干燥易而快，容易产生表面裂纹；切削较软的松木有夹锯现象，切面光滑；油漆及胶黏性能不佳；握钉力比红松强。

木材应用：适合作造纸及人造丝原料。经脱脂和防腐处理后，最适宜做坑木、电杆、枕木、木桩；并为仓库、桥梁、船坞等重型结构的原料；房屋建筑上用作房架、柱子、门、窗、地板和墙板等；常用作卡车、电池隔电板、木桶、箱盒、橱柜、板条箱、农具及日常用具；运动器械有跳箱、篮球架；也可制铅笔杆；原木适于做次等胶合板、火柴杆、盒的原料。

③ 杉木

英文名：Common China-Fir。

别名：杉树、建木、南木、正杉、正木、东湖木、西湖木、江木、广木、皮稿、木头树、刺杉、广东杉、福州杉、沙木、泡杉、圆杉、秃杉、尖顶杉、麦山沙、炎占、广叶杉。

主要产地：长江流域及江南各省和台湾省。

宏观构造：树皮灰褐色，纵向浅裂，易剥落成长条状；心材、边材区别明显，心材浅红褐色至暗红褐色，边材浅黄褐色；年轮极明显，2～5 轮/cm；早材至晚材渐变；木射线细，树脂道缺如；木材有光泽；香气浓厚；髓斑明显。

物理性质：纹理直；结构中、均匀；甚轻或轻；甚软或软；干缩小；强度低或甚低；冲击韧性低或中。

加工性质：干燥容易，速度较快，无缺陷产生；切削容易，但切面有发毛现象；油漆后不光亮；胶黏颇易；握钉力弱；扭曲强度弱。

木材应用：原条或原木适作电杆、木桩、篱柱、桥梁、脚手架、房屋搁栅及柱子、造纸原料等。板材为优良的船板、房架、屋顶、农具、包装及盆桶用材，还广泛用于家具、门、窗、地板及其他室内装修、车辆、机模和水泥盒子板等。

④ 红豆杉

英文名：Chinese Yew。

别名：水杉、血柏、榧子树、榧子木、柏树、雪榧、野柏树、卷柏、扁柏、观音杉、赤稚、薛木、薛柴、红杉。

主要产地：长江流域以南各省。

宏观构造：树皮为纤维质，色浅灰微红，纵裂成薄的长片状；心、边材区别明显，心材红褐色，久露空气中材色转为深色，边材浅黄色，窄狭；年轮明显，6～12 轮/cm；早材至晚材渐变；木射线极细至甚细，树脂道缺如。

物理性质：纹理直或斜；结构细而匀；重量中至重；硬度中或硬；干缩小；强度低至中。

加工性质：干燥缓慢，有开裂倾向；锯解时有夹锯现象；利于车旋，切面光滑；油漆光亮性良好；胶黏容易；握钉力强；有劈裂倾向；耐磨损。

木材应用：木材颜色美观，最适于车工制品及家具，前者如文具、玩具、木碗、管乐器、雕刻及美工工艺品；后者如椅背、高级家具和地板。亦可制胶合板、客车车厢、客船装饰品。

⑤ 柏木

英文名：CupressusfunebrisEndl。

别名：柏树、扫帚柏、垂柏。

主要产地：川、鄂、湘、赣、黔、粤、桂、闽、浙、甘、陕等。

宏观构造：树皮深褐色、平滑、纤维质呈窄长条状剥落；心、边材区别明显，边材黄白色，略宽，心材浅橘黄色带微红；生长轮略明显；早晚材缓变，常具假年轮和髓斑；木材具油质感和柏木香气。

物理性质：纹理直或斜；结构细；有光泽；材质略硬重。

加工性质：干燥较慢，易裂；耐久性强；加工容易；切面光滑；韧性强，耐磨损；油漆、胶合及握钉力均佳。

木材应用：宜作高级家具、车辆、船舶、木模、文具、雕刻及细木工用材。

⑥ 水曲柳

英文名：Manchurian Ash。

别名：水曲吕木、渠柳、秦皮。

主要产地：东北、内蒙古自治区等。

宏观构造：树皮灰白微黄，皮沟纺锤形；心、边材区别明显，心材灰褐或浅栗褐色，边材黄白或浅黄褐色；年轮明显，2～12 轮/cm；木射线极细至略细。

物理性质：纹理直；结构粗，不均匀；重量、硬度及冲击韧性中；干缩中至大。

加工性质：干缩大，常有翘曲开裂，高温时可能发生皱缩或内裂；耐腐；不抗蚁蛀；锯、刨加工容易，刨面光洁；胶黏、油漆、着色均易；握钉力颇大。

木材应用：宜作木横担、垒球棒、船桨、网球拍、雪橇、雪鞋、冰球棍、乒乓球拍、标枪、双杠、跳板、戏剧与武术用刀、弯曲木的用途。目前大量用作胶合板，是家具、火车车厢的优良材料；亦宜做缝纫机台板、钢琴与风琴外壳以及各类室内装修等。

⑦ 香樟

英文名：Camphor Tree。

别名：樟树、小叶樟、红心樟、香蕊、樟木、樟柴、樟柴树、黄蜡樟、乌樟、芳樟、樟。

主要产地：长江流域以南。

宏观构造：树皮黄褐色略带暗灰，柔软；心、边材区分明显，心材红褐色，边材黄褐至灰褐色；年轮明显，3～8 轮/cm；木射线细、异型；有明显的樟脑气息。

物理性质：螺旋纹理或交错纹理；结构细而匀；重量轻至中；硬度软至中；干缩小；强度低；冲击韧性中。

加工性质：干燥略困难，速度较慢，易翘曲，稍有开裂；易腐朽，耐虫害，防腐浸注较难；切削容易，切面光滑，光泽性强，径面上常有深浅色泽不同的条纹，油漆后色泽尤为光亮美观；胶黏易；钉钉不难，握钉力中至略强，不劈裂。

木材应用：适于做船、车辆、房屋建筑及装修、枕木、木桩、农具、木屐等。木材樟脑味浓厚，经久不衰，制作衣箱、衣柜能防虫蛀；由于纹理交错，经锯板或径向刨切单板常呈现深浅相间的带状花纹，因此是制作上等家具、床头板、仪器箱盒、缝纫机台板、收音机与风琴等外壳及其他装饰品的良材；干缩性小，又可作机模、漆器木胎、木质电话机、雕刻、车工、纺织卷筒、哑铃、鼓、木耳、手风琴键盘等。

⑧ 檫木

英文名：Chinese Sassafras。

别名：樟树、梓树、梓木、大叶樟、飞机木、浪沙、鸭掌、紫木、泡桐、落叶樟、高山樟、山檫。

主要产地：长江流域各省。

宏观构造：树皮棕红，呈不规则纵裂，皮质较坚厚不易剥落，有香气，内皮红褐色，含有纤维质，可分层；心、边材略明显，心材栗褐色微红，边材浅褐或浅黄褐色；生长轮明显，1.5～6 轮/cm；木射线极细至略细；径切面上有射线斑纹。

物理性质：纹理直；结构中至粗、不均匀；重量轻至中；硬度软至中；干缩小至中；冲击韧性中。

加工性质：干燥容易，速度中等，翘裂现象少见；耐腐、耐水湿；切削易，刀具不易变钝，切面光滑，光泽性强，油漆后光亮性良好；胶黏牢固；握钉力中，不劈裂。

木材应用：为优良造船、家具材料之一，还可以做胶合板、房屋建筑与装修及客车车厢等。

⑨ 花梨木

英文名：Ormosia Henryi Prain

别名：红木、花梨木、酸枝木、那拉 Narra、安格色拉 Angsana（沙巴）、森拉 Sena（马来亚）、阿姆堡拉 Amboyna、新几内亚蔷薇木。

主要产地：产于非洲、东南亚至新几内亚，全球热带均有分布。

宏观构造：树皮灰黄色，有细皱纹，内皮淡黄色，皮质薄而硬；心边材区分明显，心材初锯解时呈深黄色，久则变成紫红褐色，边材呈暗黄褐色；生长轮不明显或明显；木射线细，径切面斑纹不明显；弦切面具波痕。

物理性质：纹理斜或交错；结构细至粗；重而硬或中等；干缩略小；坚韧。

加工性质：干燥困难、缓慢，缺陷少；心材对木腐菌、白蚁及其他虫害有免疫力，耐久性强，不需要防腐处理；难加工；切面光滑；易雕刻和磨光；钉钉难，握钉力中；胶接和涂饰性能良好。

木材应用：常做高档家具用材、名贵的美术雕塑工艺品、珍贵物品箱盒或基座、高级乐器、镶嵌花纹图案、装饰单板面板、高级地板及室内装修等良材。

⑩ 槭木

英文名：Mono Maple。

别名：色木、色树、水色树、五角枫、五角槭、野枫树。

主要产地：东北、内蒙古及河南、山西、陕西、甘肃、山东、河北、江苏、浙江、安徽、江西、湖南、湖北、四川、云南等省区。

宏观构造：心边材区别不明显，木材肉红色；生长轮略明显，10～20 轮/cm；管孔较多、较小，星散状排列；木射线较宽，细至中，矿物斑常见。

物理性质：纹理斜；结构甚细、均匀；重量中至重；木材硬；干缩中至大；强度中至高；冲击韧性高。

加工性质：干燥不困难，速度中等，表面易产生细裂纹，稍有翘曲现象；切削不很困难，切面很光滑；矿物斑容易损失刀锯，并影响产品质量；油漆光亮性好；胶黏性能中等，握钉力强；但沿射线劈裂。

木材应用：材质好，用途广，原木可制枕木、单板及胶合板，有鸟眼、琴背花纹者用于制作高级家具、乐器；板材宜作地板、车厢、军工材、木质品、门、窗、室内装修、纺织梭、运动器械、文具及仪器箱盒。

⑪ 麻栎

英文名：Sawtooth Oak。

别名：橡树子、黄栎树、白栎树、万树、万木、石母、马桑、耳子树、味城。

主要产地：华东、中南、西南、华北。

宏观构造：树皮暗灰色，不规则深纵裂，质硬，石细胞丰富；心、边材区别明显，边材浅黄褐色，心材浅红褐色；生长轮很明显，2～3 轮/cm，略呈波浪形；木射线中至略密，分宽窄两类，径切面射线斑纹明显。

物理性质：通常纹理直；结构粗；重而硬；干缩中或大；强度中至高；冲击韧性高。

加工性质：不易干燥，易径裂与翘曲；耐腐（边材易腐朽），防腐处理困难；加工困难，易钝工具，不易获得光滑的切削面；木材径切面富于银光花纹；油漆光亮性良好；胶黏性能好；握钉力强，不易钉钉。

木材应用：是做家具、仪器箱盒、走廊扶手、乐器柄、拼花地板、胶合板、门框及室内装修等的良材。

⑫ 水青冈

英文名：Longetiole Beech。

别名：麻栎青冈、山毛榉、石灰木。

主要产地：浙江、安徽、四川、江西、贵州、云南、湖北、湖南、广东及广西各省区。

宏观构造：树皮浅灰或灰色，薄而光滑；心、边材区别不明显，木材浅红褐色至红棕色；生长轮明显，4～10 轮/cm；早材管孔略明显，晚材管孔仅可见；木射线有宽、窄两类，宽射线的宽度比大管孔小或约相等，径切面射线呈银光花纹，弦切面略呈灯沙纹。

物理性质：纹理直或斜；结构中；均匀；木材重；硬度中；干缩大；强度中；冲击韧性高。

加工性质：干缩差异大，易开裂，翘曲；耐腐性弱至中；切削不难，切面光滑，具银光花纹；油漆光亮性好；胶黏容易；握钉力强。

木材应用：宜作高级家具、贴面单板、胶合板、地板、墙板、走廊扶手等。

⑬ 核桃木

英文名：Royal Walnut 或 Persiun Walnut。

别名：胡桃、纸核桃、岁子。

主要产地：华北、西北、长江流域及西南等地。

宏观构造：树皮灰色，浅纵裂；心、边材区别明显，边材浅黄褐或浅栗褐色，心材红褐或栗褐色，间有深色条纹，久露空气中则呈巧克力色；生长轮明显，2～6 轮/cm；侵填体常见；木射线极细至中，比管孔小；径切面有射线斑纹。

物理性质：纹理直或斜，结构通常细致，略均匀；重量、硬度、干缩及强度中；冲击韧性高。

加工性质：干燥缓慢，干燥后尺寸稳定，不变形；边材会变色；容易切削和刨光；油漆光亮性能优异；胶黏亦易；握钉力佳。

木材应用：原木用刨切、弧切或旋切的方法做胶合板的表板；板材主要做高级家具、乐器、雕刻、镶嵌等用材。

⑭ 山枣

英文名：Axillary Choerospondias。

别名：酸枣、南酸枣、流鼻枣、五眼果、醋酸树、厚皮树。

主要产地：云南南部、湖北西部、福建南部、四川、广西、广东及海南。

宏观构造：树皮褐色，割开后分泌白色汁液，纵裂，呈片状剥落；心、边材区别明显，边材浅黄褐色，心材红褐色，心材侵填体明显；生长轮明显，3～5 轮/cm；木射线细而少；具径向树脂道。

物理性质：纹理直；结构中，不均匀；重量及硬度中；干缩小至中；强度及冲击韧性中。

加工性质：干燥不难；切削容易，切面光滑；油漆光亮性优良；胶黏容易；握钉力中等。

木材应用：弦向刨切单板，花纹美丽，可制装饰胶合板，是家具、地板、车厢板、墙壁板、装饰胶合板及室内装修的优良材料。

⑮ 滇楸

英文名：Ducloux Catalpa。

别名：楸木、光叶楸、紫花楸、云南楸树。

主要产地：四川、云南、湖北西部。

宏观构造：树皮深灰色，不规则纵裂，片状剥落；心、边材区别略明显，边材灰黄色，心材暗灰棕色，木材具强烈光泽；生长轮明显，2～4 轮/cm；早材至晚材急变；侵填体丰富；木射线极细至中，径切面上射线斑纹明显。

物理性质：纹理直；结构粗；不均匀；轻而软；干缩小；强度低；冲击韧性低。

加工性质：干燥容易，无翘曲开裂现象，干燥后尺寸性稳定；天然耐腐性强；切削容易，切面光滑；易刨切单板；油漆光亮性良好；易于胶黏和钉钉。

木材应用：为速生珍贵用材树种。用于高级家具、室内装饰材、造船、车辆、乐器、木模等。

⑯ 白桦

英文名：Betula Platyphylla Suk

别名：粉桦、兴安白桦、桦皮树。

主要产地：东北、西北、西南、华北、中南。

宏观构造：树皮粉白色、光滑，有横生纺锤形或线形皮孔，成横纹多层纸片状剥落；内皮浅褐色；心、边材区别不明显，木材黄白色略带褐，假心材红褐色；生长轮略明显，宽窄不匀；散孔材，管孔小，略多。轮界状薄壁组织；木射线细，常具髓斑。

物理性质：纹理直；结构甚细而匀；质量、硬度及强度均中等；干缩小。

加工性质：干燥过快易翘曲；不耐腐；切削易，切面光滑；油漆、胶黏性好。

木材应用：宜作胶合板、木材层积材、家具、地板、纺织、车辆及包装箱等用材。

⑰ 榉木

英文名：Schneider Zelkova。

别名：石生树、大叶榆、面皮树、纪株树、沙楞、红榉、血榉、黄榉。

主要产地：江苏、浙江、安徽、湖南、贵州。

宏观构造：树皮灰褐色带紫红，平滑，有显著皮孔，不易剥落；心、边材区别明显，心材红褐色，边材宽，黄褐色或浅红褐色；年轮明显，3.5～5.5 轮/cm；木射线甚细至略宽，波痕及胞间道缺如。

物理性质：纹理直；结构中，不均匀；重而硬；干缩大；强度中至高；冲击韧性甚高。

加工性质：干燥困难，易翘曲、开裂；光泽性强；油漆性能优良，若不油漆，则越用越光滑、越发亮。

木材应用：材质优良，材色鲜艳，花纹美丽，为高级家具及装饰用材，使用极普遍。

⑱ 铁力木

英文名：Siamess Senna。

别名：黑心木、黑心树、挨刀树。

主要产地：我国的云南和广州；印度、缅甸、斯里兰卡、越南、泰国、马来西亚、印度尼西亚及菲律宾等国家。

宏观构造：树皮灰黑色，细纵裂；心边材区别明显，边材黄褐色，易蓝变，心材栗褐色或黑褐色；生长轮不明显；管孔中至略大，常含沉积物；木射线略细。

物理性质：纹理斜或交错；结构细至中，均匀；重量中；硬度大；耐腐性强；干缩中至大；强度及冲击韧性中。

加工性质：干燥困难，产生翘曲现象；切削困难，切面光滑；油漆光亮性良好；胶黏性能颇佳；握钉力强。

木材应用：适于做高级家具及木床、雕刻、车工、镶嵌、地板、各种土建用材等。

(2) 国外常用木材

① 柚木

英文名：Tectona Grandis

别名：柚木 Teak、库英 Kyun（缅甸）、迪克 Teck（法国）、迪卡 Teca（西班牙）、真柚木 True Teak。

主要产地：缅甸、泰国、印度、印度尼西亚以及我国广东、云南、台湾。

宏观构造：树皮淡褐色，浅纵裂，薄而易脱落；心、边材区分明显，心材金黄色，久之变成深黄褐色略带黄绿，边材浅黄褐色微红；生长轮明显，2～4 轮/cm；木射线细至中，径切面花纹明显；木材光泽性强，无特殊气味。

物理性质：纹理直至微交错；结构中至略粗；花纹美丽；材色悦目；干缩小；重量与强度中。

加工性质：干燥良好，少翘裂；尺寸稳定性好；耐腐性强；心材抗菌、虫、白蚁和海中蛀木生物危害的能力强。加工性质良好，易刨锯，切面光滑，色泽悦目；由于木材含有硅质，用普通机具其切削刀刃易变钝；油漆和胶黏性能良好；钉着易，钉入钉子部分不易生锈；握钉力中。

木材应用：用途广泛，是世界名材与高级用材之一。主要用于造船、高级家具、豪华地板、室内装修、门窗、橱柜，更宜旋切珍贵单板，制造装饰胶合板和贴面板。在柚木来源国家中，柚木已成为各种结构工程的标准用材。

② 桃花心木

英文名：Swietenia Mahagoni

别名：真桃花心木、西印皮桃花心木、古巴桃花心木。

主要产地：原产热带美洲，菲律宾、印度尼西亚、斐济和越南先后引种栽培，我国南方各省也有栽培，生长良好。

宏观构造：树皮红至褐色，呈鳞片状；心、边材区别明显，边材白至浅黄色；心材浅红褐色至红褐色，有绢丝光泽；生长轮不明显；木射线在径切面上呈平行线或带；波痕可见；树脂道偶见。

物理性质：纹理直至交错；结构致密，稍粗；具波浪形带状花纹；材质软硬适中。

加工性质：干燥易，不易开裂和翘曲；抗虫蛀；加工不困难；材面光洁；握钉力和胶黏性能良好。

木材应用：用于高级家具、船舶、室内装饰、镶嵌板、快艇、胶合板、细木工、木模、乐器、首饰盒、车辆、雕刻、箱柜等，是最好的装饰用材之一。

③ 乌木

英文名：Diospyros Ebenum

别名：乌木（Ebony）、锡兰乌木（Ceylon ebony）、东印度乌木（East Indian Ebony）、黑乌木（Black Ebony）等。

主要产地：乔木，树皮暗灰色，粗糙，纵裂。柿属（Diospyros）约有 500 余种，而 Diospyrosebenum 为最贵重的一种，是真正的乌木。其次是印度乌木（D. melanoxylon）、尼泊尔乌木（D. tomentosa）。因此三种心材全部呈乌黑色，或间以浅褐色斑纹，在市场上统称为 India Ebony。分布于热带及亚热带地区，如印度、斯里兰卡、印尼、苏拉威西、泰国、缅甸和美国等。中国约有 40 余种，遍布南北，尤以南方最多，仅海南岛就有 20 余种。

宏观构造：心、边材区别明显；心材黑玉色，间以淡黑色条纹；边材黄白色。生长轮不明显；散孔材；管孔小至甚小，单管孔或径向复管孔（2～3 个，通常 2 个）；内含黑色或褐色树胶。轴向薄壁组织多，离管带状及稀疏傍管状。木射线很细，在心材呈白色细线；径切面射线斑纹不明显；波痕缺如。

物理性质：纹理直至不规则波状；结构极细至细，材质致密；甚重、甚硬，强度高；差异干缩中。

加工性质：木材干燥性中等，易发生端裂或表面裂；耐久性强；对留粉甲虫有免疫力；边材易染蓝变色及虫蛀；加工困难，切面光滑；耐磨性强；旋切、磨光后有黑玉色金属光泽；油漆光亮性好；容易胶合；难于钉钉；握钉力强。

木材利用：主要用于工艺美术品、镶板、乐器、钢琴键、器具柄、高尔夫球杆、玩具和筷子等，是雕刻、仪器箱盒、高级家具的良材。

(3) 红木类木材

① 树种和类别　红木包括五属八类。五属分别为紫檀属、黄檀属、柿属、崖豆属和铁力木属；八类分别为紫檀木类、花梨木类、香枝木类、黑酸枝木类、红酸枝木类、乌木类、条纹乌木类和鸡翅木类的心材。

② 木材结构和密度（质量）　木材结构甚细至细，平均导管或管孔弦向直径不大于200μm。木材含水率12%时气干密度大于0.76g/cm^3。

③ 材色（指心材不含边材）　上述五个属树种的心材，是经过大气变深的材色，紫檀木类为红紫色，花梨木类为红褐色，香枝木类为红褐色，黑酸枝木类为黑紫色，红酸枝木类为红褐色，乌木类为乌黑色，条纹乌木类和鸡翅木类主要为黑色。

④ 红木类木材的应用　红木类木材是中国古典家具用材最广泛的一种硬木，是一种家喻户晓的高档家具用材。传统家具的用材主要为硬木与柴木两类：硬木包括紫檀木、铁力木、黄花梨木、乌木、鸡翅木等；柴木包括楠木、榆木、榉木、樟木、柞木、核桃木等。另外还有瘿木，瘿木并不是树木的名称，而是指老干段盘根错节，结瘤生瘿处的木材。

1.1.1.5 家具用材的不同要求

(1) 不同等级家具对材种与材质的要求

① 普通家具在木材缺乏的情况下，一般树种都可采用，不需列举，但以木材重量和硬度中等或中等以下的阔叶树种为好。

② 高级家具最好用一类用材，也可采用二、三类用材。

一类用材有麻楝（径面）、柚木、香红木、黑檀木、铁力木、红豆、桃花心木（径面）、苏木及具鸟眼花纹（弦面）的槭木和桦木等树种。

二类用材有核桃木、水青冈（径面）、白青冈和红青冈（径面）、麻栎、榆木、榉木、油丹（径面）、香樟（特别是衣箱）、桢楠、檫木、悬铃木（径面）、山龙眼和银桦（径面）、格木（径面）、油楠（径面）、红豆木、香椿、红椿、山楝（径面）、黄连木（心材）、火绳木（径面）、银叶树（径面）、海棠木（径面）、铁力木（径面）、竹节树（径面）、密花树（径面）、鸭脚木、泡桐、石梓、水曲柳（径面）莺哥木及梓木等树种。

三类用材有红锥、波罗密（心材，海南产者除外）、胭脂木（心材）、白蜡木、木莲、野樱等树种。此外，亦可用粗榧、穗花杉、竹叶松、福建柏、红豆杉等木材结构细致、材质均匀的针叶树材。

(2) 家具外部与内部用材的选择　家具外部用材应选用质地较硬，纹理美观的阔叶树材。主要有水曲柳、榆木、桦木、色木、柞木、麻栎、黄菠萝、楸木、樟木、梓木、柚木、紫檀、柳桉等。

家具内部用材要求较低，在能保证部件的强度要求的前提下，可选用材质较松、材色和纹理不显著的树材，甚至可以是带有缺陷的木材。主要有红松、本松、椴木、杉木等。

1.1.2 人造板材

由人造板制成的家具，不仅结构简单，外观造型简洁，而且使加工工艺简化，生产效率提高，质量优良，还为家具产品的标准化、系列化、通用化和生产工艺的连续化、自动化创造了条件。人造板在家具中的应用目前在国内占相当大的比重，已成为家具工业的主要表面装饰与结构材料。

人造板按其原料的性质不同可分为木质人造板和非木质人造板。家具工业中主要使用的是木质人造板。木质人造板，简称人造板，是对某些以木材、单板或其他木质纤维和碎料（包括刨花板等）为原料，加或不加胶黏剂和其他添加剂胶合而成的板料或板材产品的通称。

木质人造板的许多性能优于木材，按不同的要求合理使用人造板，某些效果要超过木材。木质人造板既能保持天然木材的许多优点，又能克服天然木材的一些缺陷。如人造板比一般木材的幅面大，变形小，表面平整光洁，易于各种加工，而且物理、力学性能较好。因此，被广泛应用于建筑、室内装修、家具等部门，使用量日趋增多。最常见的有胶合板、纤维板、刨花板、细木工板等。现分别介绍如下。

1.1.2.1 胶合板

(1) 胶合板的定义和特点 胶合板发展历史最悠久，在家具工业中应用也最早，是由原木经过旋切（或刨切）成单板，再经纵横交错排列胶合为三层或多层（一般为奇数层）的人造板，具有幅面大、厚度小、表面平整、密度低、纵横向的力学性质均匀等特点。

(2) 胶合板的组成原则 单板在组成胶合板时应遵循以下三个原则。

① 对称原则 胶合板在对称平面的两边层数应相同，对称层的单板在厚度、树种、含水率、纤维方向及制造方法（旋制、刨制、锯制）等方面都必须相同，以使胶合板的各种内应力保持相对平衡，以防翘曲变形。

② 奇数层原则 单板为奇数的胶合板，其对称平面必定与中心板的对称平面相重合；单板为偶数的胶合板，其对称平面则是胶层。实验证明，胶合板弯曲时最大水平剪力作用于对称平面上，因此偶数层胶合板弯曲时，其最大剪应力不是作用在木材上，而是作用在胶层上。现在，一般生产胶合板的胶黏剂，其胶层的抗剪强度小于木材的抗剪强度，故偶数层胶合板的强度比奇数层胶合板差。所以，一般多层胶合板其单板层数都为奇数。

③ 单板的厚度原则 实验证明，单板越薄，层数越多，胶合板的质量越好，其在顺纹和横纹两个方向的抗拉强度越趋于一致。但在实际生产中，厚度要受到机床加工精度、生产效率、产品成本等各方面因素的限制，不可能生产单板太薄、层数太多的胶合板。所以，对厚度和层数要根据产品的用途做出合理选择。胶合板的最外层单板称为表板，正面的表板称为面板，反面的表板称为背板，内层的单板称为芯板或中板，其中与表板长度相同的芯板称为长芯板，比表板长度短的芯板称为短芯板。

(3) 胶合板的分类 胶合板的分类方法很多，通常根据胶合板的结构和加工方法可以分为普通胶合板和特种胶合板两大类。普通胶合板仅由奇数层单板根据对称原则组坯胶合而成，是产量最多、用途最广、结构最为典型的胶合板产品。普通胶合板按胶种的耐水性可分为以下4类。

① Ⅰ类胶合板（NQF）也称耐气候、耐沸水胶合板。这类胶合板是以酚醛树脂胶或其他性能相当的胶黏剂胶合制成，具有耐久、耐煮沸或蒸汽处理和抗菌等性能，能在室外使用。

② Ⅱ类胶合板（NS）也称耐水胶合板。这类胶合板是以脲醛树脂胶或其他性能相当的胶黏剂胶合制成，能在冷水中浸渍，能经受短时间热水浸渍，并具有抗菌性能，但不耐煮沸。

③ Ⅲ类胶合板（NC）也称耐潮胶合板。这类胶合板是以低树脂含量的脲醛树脂胶、血胶或其他性能相当的胶黏剂胶合制成，能耐短期冷水浸渍，适于室内常态下使用。

④ Ⅳ类胶合板（BNC）也称不耐潮胶合板。这类胶合板是以豆胶或其他性能相当的胶黏剂胶合制成，在室内常态下使用，具有一定的胶黏强度。

在家具生产中常用的胶合板为Ⅱ、Ⅲ类。

(4) 胶合板的尺寸规格

① 厚度 胶合板的厚度为2.7mm、3mm、3.5mm、4mm、5mm、5.5mm、6mm…自6mm起，按1mm递增。其中3mm、3.5mm、4mm厚的胶合板为常用规格。其他厚度的胶合板可经供需双方协议后生产。

② 幅面尺寸 胶合板的幅面尺寸按表1-3规定。

表 1-3 胶合板的幅面尺寸

宽度/mm	长度/mm				
915	915	1220	1830①	2135①	—
1220	—	1220	1830①	2135①	2440①

① 为家具生产中的常用规格。

(5) 胶合板的应用 在家具工业中胶合板为传统的结构材料，现在胶合板的应用范围越来越广，如各种柜类家具的门板、面板、旁板、背板、顶板，各种抽屉的屉底和屉旁以及成形板部件，如折椅的背板、面板，沙发的扶手，圆台面的望板，染色单板或薄木等。

刨制薄木贴面的胶合板，具有美丽的纹理，多用在家具内部的装修等方面；用钢、锌、铜、铝等金属薄板覆面的胶合板，强度、刚度、表面硬度等都有提高，常用于箱、盒、冷藏器及汽车制造等工业中；表面贴花纹美丽的纸和布的胶合板，既美观又遮盖了木材表面的缺陷，可直接用于室内装饰及家具、车厢、船舶等的装修。

1.1.2.2 纤维板

(1) 纤维板的定义和特点 凡是用采伐剩余物和木材加工中的废料如枝桠、截头、板皮、边角等或其他植物纤维作为主要原料，经过机械分离成单体纤维，加入少量胶黏剂与适量添加剂（防水剂），搅拌均匀，制成板坯，通过热压作用使互相交织的纤维之间自身产生结合力，或加入胶黏剂重新组合成的人造板，称为纤维板。

纤维板具有结构单一、干缩性小、幅面大、表面平整、隔音和隔热性能良好等优点，在家具工业中也得到了广泛的应用。

(2) 纤维板的分类 纤维板的分类方法很多，常见的分类如下。

① 按照密度的不同分 可分为硬质纤维板（高密度的纤维板）、半硬质纤维板（中密度的纤维板）和软质纤维板（低密度的纤维板）。其中以中密度的纤维板，在板式家具中应用最为普遍。

a. 硬质纤维板 密度在 0.8g/cm^3 以上的纤维板，结构均匀，强度较大，表面不美观，易吸湿变形。主要做成薄板，用于建筑、车辆、船舶、家具等方面的制造。

b. 半硬质纤维板 密度在 0.4～0.8g/cm^3 的纤维板，强度较高，抗弯强度为刨花板的 2 倍，表面平整光滑，便于胶贴和涂饰，不存在天然缺陷和离缝、叠层等加工缺陷，切削加工（锯截、开榫、开槽、磨光等）性能良好，类似天然木材，可以雕刻、镂铣，板边也可以铣削成型面，可以不经过封边而直接涂饰。

c. 软质纤维板 密度在 0.4g/cm^3 以下的纤维板，密度不大，物理力学性质不及硬质纤维板，主要在建筑工程中用于绝缘、保温、吸音等方面。

② 按生产方法分 可分为湿法纤维板和干法纤维板。

a. 湿法纤维板 在整个生产过程中，原料均为湿性状态，并在制板工序以前加入大量的稀释水，使原料的含水量很高，故称湿法。湿法生产的最大缺点是在制板过程中，为了除去湿板坯中的水分，需耗费很大的热量，并有大量污水产生。但湿法纤维板的生产一般不加胶黏剂或加少量胶黏剂，主要用水作介质，纤维分布均匀，强度大，防水性好。由于在生产过程中纤维含水率高，需垫网板脱水，所以制成的产品为一面光板，另一面呈网格状。

b. 干法纤维板 在整个生产过程中，尽量使原料保持很低的含水量（仅在原料中含有若干水分），特别在制板成形时，原料的含水率很低（基本上是干纤维），故称干法。干法生产的工序较一般湿法简单，也没有污水产生。由于其不需垫网板脱水，所以产品为两面光板。干法纤维板的耐水性和强度不如湿法纤维板，且在生产中需要用一定量的胶黏剂，产品成本较高。

(3) 纤维板的规格

① 厚度 硬质纤维板的厚度主要有 3mm、4mm、5mm 三种规格；中密度纤维板的厚度有 6mm、9mm、12mm、15mm、(16) mm、18mm、(19) mm、21mm、24mm 等多种。

② 常用幅面尺寸

610×1220（mm） 915×1830（mm）

915×2135（mm） 1220×1830（mm）

1220×2440（mm） 1220×3050（mm）

（4）纤维板的应用　纤维板是产量很大的一种人造板，过去主要被用作家具的背面材料，如柜类家具的背板、抽屉的底板以及其他不出面的部件。现在，由于发展了表面二次加工，如直接印刷木纹及覆贴薄木、装饰板、装饰纸等，使纤维板也可以用作低、中档家具的板式部件。中密度和高密度纤维板可作硬木家具内部构件。这类产品既轻，强度又相当好，因此，在工业中也有很广阔的用途，例如，用作生产壁橱、厨房盖板、防震性建筑等的结构材料。

1.1.2.3　刨花板

（1）刨花板的定义和特点　刨花板，又称碎料板，是利用木材加工废料、小径木、采伐剩余物或其他植物秸秆等为原料，经过机械加工成一定规格形态的刨花，然后施加一定数量的胶黏剂和添加剂（防水剂、防火剂等），经机械或气流铺装成板坯，最后在一定温度和压力作用下制成的人造板。

刨花板幅面大，品种多，用途广，表面平整，容易胶合及表面装饰，具有一定强度，机械加工性能好，但不宜开榫和着钉，表面无木纹，但经二次加工，复贴单板或热压塑料贴面以及实木镶边和塑料封边后等就能成为坚固、美观的家具用材。

（2）刨花板的分类　刨花板的分类方法很多，主要介绍两种。

① 按刨花板的结构分可分单层、三层、多层和渐变结构几种。

a. 单层刨花板　在板的厚度方向上，刨花的形状和大小完全一样，放胶量也完全相同。这种刨花板表面比较粗糙，不宜直接用于家具生产。

b. 三层刨花板　在板的厚度方向上明显地分为三层。表层用较细的微形刨花、木质纤维铺成，且用胶量多；芯层刨花较粗，且用胶量少。这种刨花板强度高、性能好，表面平滑，易于装饰加工，可用于家具生产。

c. 多层刨花板　在板的厚度方向上刨花明显地分为多层（三层以上）。这种板的稳定性和强度均匀性都较三层板的为好，但所需的铺装设备多，成本高，国内较少生产。

d. 渐变刨花板　在板的厚度方向上从表面到中心，刨花逐渐由细到粗，表层、芯层没有明显界限。这种板的性能与三层刨花板相似，也可用于家具生产。

② 按制造方法分有平压、辊压、挤压三种类型。

a. 平压法刨花板　刨花板的板坯平铺在板面上，所加的压力应垂直于刨花板平面。这种方法可以生产单层或多层结构的刨花板。多数刨花排列平行于板面，所以在板平面的纵横向机械强度较好，且力学性质均一。板的长、宽方向吸水后膨胀变形小，但在厚度方向膨胀变形较大。平压法又可分为间歇式平压法和连续式平压法两种。间歇式平压法使用单层热压机或多层热压机，周期性加压。其产品规格随热压机压板的板面尺寸而确定。连续式平压法使用履带式压机和单层压机连续加压。其产品宽度随压机的压板宽度而定，长度不受限制，可以按需要来截断。

b. 辊压法刨花板　刨花也是平铺在板面上，板坯在钢带上前进，然后经过回转的压辊压制而成。同平压法一样，其压力方向垂直于板面，特别适宜于生产1.6～6mm厚的特薄型刨花板。

c. 挤压法刨花板　用这种方法生产的刨花板，其平面上强度较小，纵横向力学性质差异大，吸水后长宽方向膨胀变形大，厚度方向膨胀变形较小。挤压法刨花板在使用上有一定限制，目前已逐渐淘汰。挤压法所用的设备分为卧式挤压机与立式挤压机。在立式挤压机上可以制出空心刨花板，主要用于建筑方面。

（3）刨花板的尺寸规格

① 厚度　各类刨花板的公称厚度有4mm、6mm、8mm、10mm、12mm、14mm、16mm、

19mm、22mm、25mm、30mm 等规格。较常用的有 13mm、16mm 和 19mm 三种，其中 19mm 为标准厚度（简称标准板），最为常见。

② 幅面尺寸　各类刨花板的幅面尺寸见表 1-4。

表 1-4　刨花板的幅面尺寸

宽度/mm	长度/mm			
915	—	1830	—	—
1000	—	—	2000	—
1220	1220	—	—	2440

（4）*刨花板应用*　刨花板从综合利用木材、节约自然资源来看，具有重大意义，近年来得到了充分发展。$1m^3$ 刨花板可代替 $3m^3$ 原木使用，而生产 $1m^3$ 刨花板，却只需 $1.3 \sim 1.8m^3$ 废料。显然，刨花板为板式家具提供了广泛的基材，对家具工艺结构的改革起了积极的促进作用。随着刨花板表面加工的不断改进，其用途越来越广，现已被公认为是一种适用于生产各种家具的优质材料（有些国家刨花板产量的 80%左右用于生产家具）。目前在我国，由于普通刨花板的密度比较大，一般在 $0.7g/cm^3$ 左右，握钉力较小，易变形，表面装饰加工还不完善，价格也不便宜，所以全刨花板生产的家具还不普及，一般仅用于家具旁板、面板等部件。但可以相信，随着我国刨花板生产技术的改进和发展，刨花板的品种必然不断增加，用于家具生产的比重也将越来越大。

1.1.2.4　细木工板

（1）*细木工板的定义和特点*　细木工板是用宽度、厚度相等，但长短不一的小木条胶合而成的板，若在其两面胶贴 1～2 层单板或薄木，经加压可制成覆面细木工板。

覆面细木工板和实木拼板相比较，具有结构稳定、不易变形、木材利用率高；幅面大、表面美观、力学性能好等特点。与刨花板、纤维板相比较，具有美丽的天然木纹、质轻、有弹性强、握钉力好等优点。其生产设备比刨花板、纤维板、胶合板的简单，耗胶量低，密度小。所以，是生产实木家具的优良原材料，应用十分广泛。

（2）*覆面细木工板的分类*

① 按覆面细木工板芯板结构的不同分可分为芯板木条不胶拼与胶拼两种。芯板为木条胶拼的覆面细木工板，是在等厚、等宽木条的侧面涂上胶经加压胶合成板坯，然后再经两面刨光和胶贴单板或薄木而制成。这种板的特点是表面平整度好，机械强度较高，但耗胶量较大。芯板木条不用胶拼的覆面细木工板，其芯板结构有两种形式：一种是四周排长木条，中间排短木条；另一种是做好框架，然后在框架内填充短木条。两种芯板的木条侧边都不涂胶。芯板排好后，在其上下各覆贴 1～2 层涂胶单板或薄木，然后加压而成。这种板制造工艺较简便，生产成本较低，板面较平整，但抗剪切与抗弯曲的强度较低。

② 按表面加工状况可分为单面砂光覆面细木工板；两面砂光覆面细木工板。

③ 按所使用的胶黏剂不同分可分为Ⅰ类胶覆面细木工板；Ⅱ类胶覆面细木工板。

（3）*覆面细木工板的尺寸规格*

① 厚度　各类覆面细木工板的厚度尺寸为 16mm、19mm、22mm、25mm，常用板材厚度为 16mm 或 19mm，特别需要的规格可按生产要求来确定。

② 幅面尺寸　各类覆面细木工板的幅面尺寸按表 1-5 规定。常见的有：915×1830，1220×1830，1220×2440。

表 1-5　各类覆面细木工板的幅面尺寸

宽度/mm	长度/mm					
915	915	—	—	1830①	2135	—
1220	—	1220	—	1830①	2135	2440①

① 为家具生产中常用的规格。

（4）*覆面细木工板的应用* 覆面细木工板已被广泛应用于家具制作、建筑和室内装修等。覆面细木工板为实木材料，具有木材的优异性能，又具有面尺寸大、材性稳定等特点，所以成为家具工业中的理想材料。覆面细木工板主要用于制造中、高级板式家具，也是室内装饰装修的优质材料。

1.2 饰面材料

饰面材料种类较多，主要有以下几种。

1.2.1 薄木

厚度为 0.1～3mm 的木片称为薄木。制造薄木的方法有三种，用锯割方法制得的薄木称为锯制薄木；用旋切方法得到的薄木为旋制薄木；用刨削方法得到的为刨制薄木。

（1）*锯制薄木* 表面无裂纹，装饰质量较高，一般用作正面饰材。但因加工锯路损失较大，木材利用率很低，故很少采用。

（2）*旋制薄木* 旋制薄木在胶合板中称为单板。其纹理都呈弦向，较为美观。但表面裂纹较多，厚度越大，裂纹越多、越深。一般厚度在 0.5mm 以下。对厚度大于 0.5mm 的、质量好的可用作板件表面的覆面材料，质量差的可作为刨制薄木的底层材料或用于薄木弯曲胶合件的芯料。

（3）*刨制薄木* 由方木料经专门的薄木刨切机刨切而成的薄木。其表面纹理可以是弦向，也可为径向。表面裂纹少，平整光滑度好，多用于人造板和家具的饰面材料。常用厚度为 0.3～6.0mm。薄木过厚易产生裂隙和变形，而且增加木材的消耗。常用树种有水曲柳、柚木、樟木、楠木、楸木等多种优质材。

为了减少贵重木材的消耗，提高贵重木材的利用率，将薄木厚度减少到 0.1mm 以下，这种薄木称为微薄木。微薄木是由两层材料组成，一层是用光滑且强度较高的纸；另一层是用贵重树种旋制的极薄的单板，将这两种材料胶合并经干燥即制得微薄木。这种成品是成卷的，专供各种零部件饰面用。近年来厚度在 0.05～0.08mm 的微薄木得到应用和发展。

1.2.2 装饰贴面板

装饰贴面板是将经过浸胶的表层纸、装饰纸和底层纸，按顺序叠放在一起，经热压塑化而成的一种板材。表层纸和装饰纸要求白度高，吸水性好，一般用精制的化学木浆制作。装饰纸上印刷天然木纹、大理石纹及各种布纹、图案等。底层纸无特殊要求，只要有一定强度和吸水性即可，一般用牛皮纸。表层纸和装饰纸浸三聚氰胺树脂，底层纸浸酚醛树脂。

装饰贴面板具有如下优点：①表面平滑；②色泽鲜艳，花纹多样；③质地坚硬，具有较高的耐磨性、耐水性、耐热性；④化学稳定性好，对一般酸、碱及酒精等溶液都有抗蚀能力。因此，广泛用于家具和室内装修上。一般装饰贴面板的厚度为 0.8mm，幅面尺寸可参照胶合板幅面尺寸。

1.2.3 塑料薄膜

塑料薄膜是一种压印各种木纹与图案的热塑性树脂膜。常用的有各种色彩的聚氯乙烯薄膜。表面花纹立体感强，其木纹逼真，具有较好的装饰效果。但耐热性、热寒性较差，硬度较低。仅用于普级家具表面的装饰。现国外生产一种以聚氯乙烯与聚丙烯树脂为基料的塑料薄膜，其理化性能有所改进。

1.2.4　合成树脂装饰纸

合成树脂装饰纸就是不预先压成装饰板，而是直接把浸渍纸贴在人造板表面上，在热压过程中，装饰纸中的浸渍树脂与基材起胶合作用，从而省去了把浸渍纸预先压制成装饰板的工作，使工艺过程简化，提高了生产率，减少了材料的消耗。常用于饰贴磨损较小的部件，如柜子的门、旁板、床屏等。

1.2.5　印刷装饰纸

印刷装饰纸是印有木纹或其他图案的纸张。用于直接覆贴在基材上，然后用涂料涂饰表面，或在表面再贴上一层透明的塑料薄膜，予以保护。也可以先将白纸贴在基材上，然后再进行印刷和涂饰。其特点是工艺简单，成本低，装饰性能良好，有一定光泽，具有一定的耐热性、耐化学性和柔软性。可用于装饰弯曲表面，但因装饰层薄，表面光度较差，耐磨性差，只适于家具立面部件的装饰。

除上述的饰面材料外，目前在国外家具生产中，预涂饰的装饰纸颇为流行。利用它装饰的家具组装后不需进行涂饰，不仅大大提高效率，适应现代化大生产要求，而且对五金件的维护等都带来好处。预涂饰的装饰纸，可满足家具造型和装饰多样化的要求，很难与薄木区分，所以较受欢迎。

1.3　软质材料

1.3.1　纤维织物

由于纤维织物具有很好有的质感、透气性、保暖性、柔韧性、弹性、吸音性、耐久性等优点，且色彩丰富鲜艳，图案千变万化，有着亲切自然的装饰效果。为此，用于软体家具制造有着悠久历史。

纤维织物种类繁多，花色品种齐全，质地、价格差异较大，可供不同档次的软体家具选用，能满足各种层次的使用要求。

因纤维织物原料的种类与材质不同，纤维内部的构造及化学、物理力学性能的差异较大，加之组织结构、外观色彩、花纹图案千变万化，所以要做到合理地选择、应用纤维织物，很好地提高软体家具的质量及装饰效果，就必须了解纤维织物的组成、性能特点及应用等基本知识。

1.3.1.1　纤维织物的分类

纤维织物主要是按其纤维的来源进行分类，可分为天然纤维织物与化学纤维织物两大类。每一类又有很多不同的品种，见表1-6。

1.3.1.2　纤维织物的种类

（1）棉纤维织物　具有良好的柔软性、触摸性、耐久性、透气性、吸湿（汗）性及耐洗性，且品种繁多，是现代布艺沙发与室内装饰取之不尽的原材料。但弹性欠佳，易起皱易弄脏。

（2）麻、草纤维织物　有黄麻、苎麻、亚麻等纤维织物，其质地粗糙挺括，强度高，耐磨性强，具有良好的吸潮与透气性，不易起皱变形，且价格便宜。装饰效果自然古朴，具有浓郁的民族特色。

灯芯草、席草、龙须草等常用作纺织材料，制作床席、壁席、椅垫等制品。具有吸音、吸潮、透气、不易变形等优点。

表 1-6 纤维织物的分类

总类名称	第二次分类名称	第三次分类名称	第四次分类名称
纤维织物	天然纤维织物	植物纤维织物	棉纤维织物 麻纤维织物 棕纤维织物 椰壳纤维织物 草类纤维织物
		动物纤维织物	毛纤维织物 丝纤维织物
	化学纤维织物	人造纤维织物	黏胶纤维织物 醋酸纤维织物 铜铵纤维织物
		合成纤维织物	聚酯纤维织物(涤纶)织物 聚丙烯纤维(丙纶)织物 聚丙烯腈纤维(腈纶)、织物 聚酰胺纤维(尼龙、锦纶)织物 聚氯乙烯纤维(氯纶纤维)织物 玻璃纤维织物 无纺纤维织物

(3) 动物毛纤维织物　其质地精细柔软，温暖有弹性，色彩柔和，耐磨损，易清洗，可染成各种悦目而自然的颜色，是地毯与壁毯的理想原材料。但毛纤维制品在潮湿、不透气的环境中易受虫蛀和霉变，且价格较其他纤维织物要贵。

(4) 蚕丝纤维织物　具有柔韧滑润质感，有半透明性。易染色，其色泽光亮柔和。

(5) 人造纤维织物　也称人造丝，它是用木材、棉短绒、芦苇和蔗渣等天然材料经过化学处理和机械加工制成。主要品种有黏胶纤维、醋酸纤维、铜铵纤维多种。其织物的特点是吸湿性较好，容易染色。但强度较差，易起折皱，不耐脏、不耐用。在织物的实际生产时常与其他纤维混合使用，以提高其强度与耐久性。

(6) 聚丙烯腈纤维（腈纶）织物　被誉为羊毛织物的代用品，其表面质地和触感与羊毛织物几乎相同，难辨别真伪。具有质感好、强度高、保暖性强、色彩艳丽、不吸湿、不变霉、不虫蛀、耐酸碱腐蚀等优点。其密度较羊毛小 11%，其强度比羊毛高 2～3 倍，耐候性为棉布的 10 倍。但耐磨性欠佳，易起静电灰尘。可用于制作豪华短绒地毯。聚丙烯腈纶纤维通常与其他纤维混纺，不仅能提高其织物的耐磨性，而且能提高装饰效果，外观华丽、色彩灿烂的天鹅绒便是其混纺产品。

(7) 聚酰胺纤维（尼龙、锦纶）织物　其质地牢固而柔韧，富有弹性与耐脏性。聚酰胺纤维与其他纤维混纺可以生产出性能更好、更全面的纤维织物，应用很广泛。其缺点是耐光、耐热性能较差，较易老化变硬。

(8) 聚酯纤维（涤纶）织物　涤纶织物不易产生皱缩，价格较便宜。涤纶纤维能与其他纤维很好地混纺，利用其混纺纤维能制造出各种色彩悦目、质地优良的织物。

(9) 聚丙烯纤维（丙纶）织物　聚丙烯纤维织物是合成纤维织物中质地较轻的一种，具有较高的强度、保暖性、弹性、蓬松性、耐腐蚀性、耐化学药品性等优点。但手感不如羊毛织物，染色性与耐光性能欠佳。

(10) 无纺纤维布　无纺纤维布是指纤维不经纺织或编织而制得的纤维制品，而采用粘接技术，将纤维均匀地粘接成平薄的布。无纺纤维布是一种新产品，其应用正在逐渐普及。

1.3.1.3 纤维织物的鉴别方法

识别纤维织物的类别，辨别纤维织物的真伪，这对准确地对应用织物极为重要。最简单的鉴别方法是采用燃烧法。因为各种化学纤维与天然纤维的燃烧速度及产生的气味和灰烬的形状不相同，可以根据它们燃烧时的情况对其进行分辨。化学纤维燃烧的速度较快，所产生的气味有较大的刺激性，所形成的灰烬具有黏性，冷却后为固体粒子状。而天然纤维的燃烧速度较

慢，产生的气味基本没有刺激性，所形成的灰烬很细腻。

1.3.1.4 纤维织物的装饰方法

① 加线法 在成品织物上加缝金、银等线丝或刺绣等。

② 染色法 将纤维织物染出各种各样的色彩，以满足不同色彩的需求。

③ 印制法 设计各种各样的花纹图案，利用丝网或钢辊印到纤维织物上，使之形成各种装饰风格的纤维织物。

④ 影印法 采用摄影制版印刷，可印染各种优美的真实花卉、动物、人物等图案。

此外，还可以给基料上胶、压波纹，以及用粗细不同的线制成皱皮或给纺织品中加铅（增重），也可加入防腐、防虫和防火剂以提高其耐久性能。

1.3.2 皮革

皮革主要用于沙发等软体家具的包覆材料，具有保暖、吸音、防止磕碰的功能和高贵豪华的艺术效果。

1.3.2.1 动物皮革

动物皮革通常用来制作高级软体家具的面料，主要品种有羊皮、牛皮、猪皮、马皮等多种。因皮革的透气性、弹性、耐磨性、耐脏性、牢固性、触摸感及质感等都比较好，故备受用户青睐。

动物皮革是高级产品的面料，一般不会产生污染。但在加工过程中，使用了含苯胺、乙酰胺的色素、含甲醛的胶黏剂和尼龙线，这些都会对环境造成污染。

（1）动物皮革的化学成分 动物的毛皮的基本成分是蛋白质，占30%～35%；水分占60%～75%；脂肪占2%～3%；矿物质占0.3%～0.5%；其次还有多种碳水化合物、维生素及一些含氮物。

了解这些成分，对毛皮的加工、收藏、保养、洗涤的方法，将会产生较深刻的认识。

（2）软体家具所用动物皮革的质量要求

① 皮革的身骨 这是指皮革的挺括程度。若用手握住皮革，感到紧实有骨感；而用手摸时又感到柔软如同丝绒者，则称为身骨丰满而富有弹性的皮革，是好皮革。若手感枯燥者，则称为身骨干瘪的皮革，则是较差的皮革。

② 软硬度 软体家具所用的皮革要求质地比较柔软，表面光滑细腻，且各部位柔软度基本一致。

③ 表面细致光滑程度 这是指皮革加工后表面细洁光亮的程度，表面要细而又不失去天然革的形象，光亮度高而又不失真，称为好革。

（3）常用动物皮革的种类、特点及应用

① 牛皮 又称牛革，有黄牛革与水牛革两种。黄牛革表面毛孔呈圆形，直伸入革内，毛孔细密而均匀，排列不规则。水牛革表面毛孔比黄牛革粗大，毛孔的数量比黄牛革稀少，皮革的质量比黄牛革松弛，但不如黄牛革丰满细腻。总体来说，牛革坚固、耐磨、厚重，具有华贵和稳重的风格。

② 温皮 羊皮（革）表面毛孔呈扁圆，毛孔清楚，且排列有规律呈鱼鳞状。羊皮的种类较多，用途较广。新疆细毛绵羊皮、内蒙古羊皮的皮板大，无论什么季节，其皮革的厚薄、质量都均匀。羊皮以柔软、轻盈和素雅见长。其产品主要用于华丽和轻松的场所。

③ 猪皮 猪皮（革）为皮革中来源最广泛、价格最低廉的一种皮革。其表面毛孔圆而粗大，倾斜地伸入皮革内，毛孔排列为三根一组，因此表面布满三角形图案。质地厚重，经表面磨光后，可部分代替牛皮或羊皮使用。

④ 马皮　马皮（革）表面毛孔呈椭圆形，比黄牛革的毛孔稍大一点，排列得比较有规律，革质细致柔软。其质地与应用与黄牛革基本相同。

1.3.2.2 复合皮革

复合皮革是用纺织品及其他材料，经过涂覆或粘接合成的皮革。应用较普遍的有人造革、合成革、橡胶复合革、改性聚酯复合革、泡沫塑料复合革等多种。

由于仿真技术水平的提高，一些复合皮革酷似动物皮革，真假难分，有的质感比动物皮革还要好，因而应用日趋广泛。复合皮革具有清洗方便、耐磨性强、装饰效果好等许多优点。但也有不透气、不吸汗、舒适性差、易老化、使用期限较短等缺点。只能作为中低档产品及普通室内装饰的材料。

① 人造革　人造革是使用聚氯乙烯、锦纶、聚氨酯树脂等材料涂覆在棉、麻、化纤等机织或针织底布上而制成类似皮革的产品。人造革价格便宜，平整光滑，强度较高，但透气性与吸水性差。可用作软体家具与一般室内装饰。

② 合成革　合成革是在无纺布上涂覆聚氨酯树脂等复合材料而制成的皮革。由于聚氨酯树脂的性能比较好，具有一定的透气性。所以，使得聚氨酯树脂合成革具有一定的透气性与吸水性，在这一点上优于人造革。合成革可以作成泡沫合成革，其外观比人造革漂亮。其应用与人造革基本相同。

③ 动物底皮复合革　底皮复合革是以各种动物皮革的底层（动物皮革削制后余下的靠近肉体的部分）为表层，以无纺布为底层，然后胶压在一起而制成与革类似的制品。底皮复合革与各种皮革一样均可染制成各种颜色，也是制作高档沙发的主要面料。底皮复合革的性能与皮革的性能基本相同，只是其抗拉强度稍低，透气性不如皮革，但比人造革、合成革好。

④ 橡胶复合革　橡胶复合革是在各种棉布或化纤布上黏附一层橡胶而制成的一种复合革。

⑤ 改性聚酯复合革　改性聚酯复合革是用较薄的改性聚酯拉膜与比较薄的涤纶/棉布经热压复合而制成的防雨皮革。此种复合革防雨性能强，富有弹性，手感好，花式美观大方。其应用与橡胶复合革基本相同，只是高级一些。

⑥ 泡沫塑料复合革　泡沫塑料复合革是用软质泡沫塑料与涤/棉混纺、锦纶等织物粘接而成的复合革。其特点是质轻而富有弹性，挺括而不皱，有一定的透气性，手感舒服，保暖较羊毛好，密度约为羊毛的3/4。主要用于制造服装，也可用作软体家具的面料及室内装饰。

1.4 竹藤材料

1.4.1 竹材

竹子为禾本科竹亚科植物。在我国，竹子的分布很广，东起台湾，西至云南、贵州，南自海南，北到黄河流域都有竹子生长。

竹杆虽然中空，但是材质坚硬。据测定，有的竹材顺纹抗拉强度为180MPa，比杉木大2.5倍，为钢材的1/2：顺纹抗压强度为70MPa，是杉木的1.5倍，为钢材的1/5。如果竹材经过一定的化学处理，还可以变成稳定而又坚韧的塑性物，不受虫蛀又不会被腐蚀，可大大提高竹材的应用范围。

用竹材制作的各种家具、生活用品，不但经久耐用，而且还具有造型简单、古朴大方、轻便秀丽、价格低廉等优点。竹杆既可直接用于制作家具的框架、支架等结构体，又可用于劈篾编织各种竹器。

1.4.1.1 竹材的物理力学性能

（1）容重 竹材的容重与竹子种类、竹龄、部位、生长条件和干湿度有密切关系。一般竹材容重为 0.64g/cm^3 左右。

竹杆上部和杆壁外侧的维管束密度大，导管直径细，故此容重大；反之，在竹杆下部则较小。

竹材容重与其力学性质关系极为密切。同一竹种的竹材，容重大，其强度也大；反之则低。因此，它是反映力学性质的重要指标。

（2）干缩性 新伐竹材在干燥过程中，逐渐失去水分，而引起干缩。竹材的干缩率在不同方向有显着不同。据清华大学研究资料，当含水量低于 25%时，干缩率变异较大；若高于 25%时，其变异较小。竹材的体积干缩率比线干缩率大。在线干缩率中，竹壁外侧弦向最大；其次为径向和内侧弦向，纵向干缩率最小，特别是竹壁外侧的纵向干缩率。

（3）机械强度 竹杆不同部位的机械强度变异较大。一般来说，在同一竹杆上，上部竹材比下部竹材的机械强度大，竹壁外侧比内侧的机械强度大。竹节部的抗拉强度比节间低，但顺纹抗压强度则较高。从生长年龄来说，幼年竹的机械强度低；中年竹的机械强度高；老年竹的力学强度则下降。在横断面积相等的情况下，小径竹材比大径竹材强度大；整根带节竹段要比无节竹段抗压强度高 5%～6%，抗弯强度高 10%～20%。

1.4.1.2 常用竹材的特征及用途

竹材的种类较多，在此仅介绍在家具生产中常用品种的特征及其主要用途。

（1）毛竹（楠竹、江南竹、猫头竹） 杆直立，顶端稍弯曲，高 10～15m，最高达 20 余米，直径 7～12cm，最粗达 20cm 以上，竹壁厚 5～10mm。节间长 30～40cm，初时密被细柔毛，有白粉，毛脱落后则光滑。节下开始有一圈白粉，以后渐变为黑垢，杆环在分枝以下各节上均不隆起，仅箨环凸起，初时被棕色柔毛。

此竹种高大通直，可作建筑用材，还可作家具、农具等；又是上等的造纸原料；还可劈篾编织竹席及各种竹器。

（2）大金竹（刚竹） 杆直立，高 6～10m，最高可达 15m，直径 6～12cm，最粗可达 16cm，竹壁厚约 5mm。节间长 30～40cm，深绿色，光滑无毛，无白粉。分枝与不分枝节杆环均隆起，与箨环近等高，节内宽约 3mm。

本竹种耐寒性较强，在山区土层深厚、肥沃之地生长正常。材质坚韧，是优良用材竹种，可作建筑、家具用材以及船上撑篙等；篾性好，大小竹杆均可劈篾编织各式竹器。

（3）梁山慈竹 杆近直立，高 8～12m，直径 4～8cm，顶端细长，作弧形弯曲下垂，竹壁厚 4～5mm。节间长 20～40cm，幼时被厚白粉，光滑无毛。节微隆起，杆环较平，箨环凸起常有箨鞘基部残留物，幼时于杆环及箨环下各具一圈毯毛状毛环，以后逐渐脱落而消失。

此竹种在广西桂北农村常见，多生长在村边宅旁、溪畔及石灰岩山脚，凡土壤湿润肥沃处均生长良好。竹杆可劈篾编织各式竹器，亦可作家具、农具柄等材料。

（4）凉衫竹（朱林赤竹） 杆直立，高 2～3m，直径 5～10mm，竹壁厚约 2mm。节间长 20～30cm，开始散生白色纤毛，不久则脱落变为无毛，但用手触之感到极不明显的粗糙。节隆起，杆环凸起成脊，与箨环等高，箨环具鞘基残留物，开始密被粗硬毛，以后则渐脱落变为无毛，节内宽 3～4mm，节下有白粉环。可以直接作竹椅的椅背与椅座及其他较小的零件，还可用作劈篾编织竹席、竹器等。

（5）车筒竹（车角竹、水簕竹、刺楠竹） 杆直立或稍斜立，高 8～15m，直径 7～14cm，顶端稍弯曲。竹壁厚约 1cm，基部厚达 2～3cm。节间长 30～34cm，圆柱形，表面绿色，光滑无毛。节稍隆起，杆环平，箨环稍凸起，时有一圈深棕色刺毛。每节常有枝 3 至多枝，主枝较侧枝粗长，常作“之”字形曲折，近基部各节上的次生枝常硬化成锐刺。

此种竹材喜肥沃湿润土壤，常见于村边，宅旁，水边。竹杆高大通直，可作建筑用材、扛棒及家具的支架等。

(6) 马蹄竹（油簕竹、石竹、标竹、烂眼竹） 杆直立，高8～10m，直径7～10cm，顶端劲直。竹壁厚1～2cm，基部节间中空甚小。节间长20～30cm，圆柱形，光滑无毛，近基部数节间有淡绿色或紫色纵条纹。节隆起，杆环微隆起。杆基部数节上常有气根，密被一圈浅棕色毯毛。箨环凸起，无毛。

此种竹材性喜阴湿，稍耐干旱。多栽植于溪边、村旁及石灰岩山脚处。竹材厚而特别坚硬，少受虫蛀。可作梁、家具的支架及竹钉等。

1.4.2 藤材

1.4.2.1 进口商用藤

我国藤厂所用的进口藤主要为印度尼西亚生产的，少量来自马来西亚。藤材名称一般为产地或港口的名称，如巨港、左务等。

从资料得知，东南亚最著名的出口藤为大径的马兰藤（C. manan）和小径的西加藤（C. caesius）。前者用作藤家具的框架，后者为编织家具及藤席的最佳材料。但西加藤实际为一个概括性的商品名，其中可能包含较大比例的赤鞘省藤（C. trachycoleus），其质量仅稍次于真正的西加藤；还可能包含几种植物名不详的省藤。

1.4.2.2 国产商用藤

华南商用藤主要为海南岛的黄藤（红藤）、白藤、单叶省藤和短叶省藤（厘藤）、大白藤（苦藤）及小钩叶藤（棉竹藤，海南钩叶藤）等。其中的单叶省藤、短叶省藤、黄藤及白藤（茎较粗者）可剖片，为重要编织藤种。

云南省西双版纳等地为我国另一个藤产区，当地将商用藤划为糯藤及饭藤两类，前者质地较好，含云南省藤、版纳省藤、小省藤及麻鸡藤，后者含长鞭省藤、勐棒省藤、勐腊鞭藤及钩叶藤等，质地较差。

为便于利用及选择栽培藤种，根据藤茎的特性、质地及贸易情况对我国商用藤初步归类如下。

(1) 黄藤 我国仅此一种，历来自成一类。直径12～16mm；节间长度一般10cm以上；表皮呈红黄色；柔韧。藤皮及原条均可使用，但藤芯脆弱。

(2) 小径藤（直径<10mm） 含小省藤（C. gracilisRoxb.）、多穗白藤、白藤、上思省藤（C. distichus Ridl. var. shangsiensis Pei & Chen）、小白藤（C. balansaeanus Becc.）、多刺鸡藤（C. tetradactyloides Burret）及短轴省藤（C. compsostachys Burret），节间长度一般10cm以上；表皮呈黄白色至灰白色，柔韧。本类以多穗白藤、小省藤及白藤为上乘，余者宜原条用于藤织件及藤家具的花饰。

(3) 中径藤（10mm≤直径<15mm） 含单叶省藤、云南省藤（C. yunnanensis Pei & Chen）、麻鸡藤（C. sp.）及短叶省藤（C. egregius Burret），节间长度一般在10cm以上，表皮呈黄白色（麻鸡藤、云南省藤）、灰褐色（单叶省藤、短叶省藤）；柔韧。本类质地优良，剖片及原条使用均宜。

(4) 大径藤（直径≥15mm） 含版纳省藤（C. nambariensis Becc. var. xishuangbannaensis Pei & Chen）、盈江省藤（C. nambariensis Becc. var. yingjiangensis Pei & Chen）、大白藤（C. faberii Becc.）、勐腊鞭藤［C. karinensis（Becc.）Pei & Chen］、长鞭藤（C. flagellum Griff.）及勐棒省藤［C. viminalis Willd. var. fasciculatus（Roxb.）Becc.］，节间长度一般在10cm以上；表皮呈灰白（盈江省藤、勐棒省藤）、浅黄（大白藤）及黄褐色；柔韧（版纳省藤）或略可挠曲。本类以版纳省藤及盈江省藤质地较好，可剖片，余原条用作撑料。

(5) 钩叶藤

① 小钩叶藤 平均直径约10mm；节间长度一般在10cm以上；表皮黄褐色、柔韧。

② 高地钩叶藤（P. himalayana Griff.） 平均直径约26mm；节间长度10cm以上；表皮呈深灰褐色，不可挠曲。本类茎中部维管束甚稀，基本薄壁组织发达，质地松软，藤皮则硬脆，仅以原条用作为藤家具的骨架材料或撑料。

以上仅就编织利用归类，至于像大喙省藤（C. macrorrhynchus Burret）、杖藤（C. rhabdocladus Burret）、广西省藤（C. guangxiensis Wei）及毛鳞省藤（C. thysanolepis Hance），节间长度一般在10cm左右；节部隆起；极坚硬，不可挠曲，不能或不宜用于编织，但可开发用于工艺品或旅游纪念品（如手杖）。

1.5 金属材料

金属材料分为黑色金属和有色金属两大类。黑色金属指的是以铁（还包括铬和锰）为主要成分的铁及铁合金，在实际生活中主要使用铁碳合金。有色金属是除黑色金属以外的其他金属，如金、银、铜、铝、锑等及其合金，也称作非铁金属。

1.5.1 铜合金

按铜的化学成分可分为纯铜、黄铜、青铜和白铜。

(1) 纯铜 纯铜又称紫铜，它具有高导电性和导热性，被广泛用于制造导电、导热零件，但在家具上的应用较少。

(2) 黄铜 以锌为主要合金元素的铜合金。仅以铜和锌组成的铜合金，称为普通黄铜。在铜锌合金中添加锡、铅、铁、锰、铝等元素后，分别称为锡黄铜、铅黄铜、铁黄铜、锰黄铜和铝黄铜等。黄铜与纯铜相比，具有更高的力学性能，更好的工艺性能，抗腐性能很好。因此，黄铜被广泛应用于制造机器的各种零件。在家具制造业中也有较多的应用，如家具用的连接件、嵌条等。常用的普通黄铜有H96、H90、H80、H68、H62等型号；锡黄铜有HSn70-1、HSn62-1等型号；铅黄铜有HPb59-1；锰黄铜有HMn58-2；铝黄铜有HA160-1-1；铁黄铜有HFe59-1-1。

(3) 青铜 以锡作为主要合金元素的铜合金，称为锡青铜。在铜中加入铝、铍、硅、锰、铬等元素作为主要合金元素的铜合金，分别称为铝青铜、铍青铜、硅青铜、锰青铜、铬青铜等，通常把这组青铜叫做无锡青铜或特殊青铜。由于加入适量的合金元素，使青铜具有较高的力学性能和良好的工艺性能。抗腐蚀性及某些特殊的物理性能也较好。在家具上被用于制造高级拉手和其他配件。常用的青铜牌号为QSn4-3、QSn6.5-0.1。

(4) 白铜 以镍为主要合金元素的铜合金，称为白铜。单由铜和镍组成的合金称为普通白铜，添加锰、锌等元素的铜合金称为锰白铜和锌白铜等。白铜按用途分，可分为结构白铜和电工白铜。结构白铜的显著特点是具有高的力学性能和极高的抗蚀性，并具有耐热性和耐寒性，常用于制造高温和强腐蚀介质中的机构零件。在家具上被用来制造合页铰链、拉手等。常用的结构白铜为B19、B30、BZn15～20等。

1.5.2 铝合金

以铝为基础，加入一种或几种其他元素（如铜、镁、硅、锰等）构成的合金，称为铝合金。纯铝强度低，在家具工业中多采用铝合金。铝合金密度低，有足够的强度、塑性、耐磨与抗腐蚀性。加工性能较好，易拉制成管材、型材和各种嵌条。大量应用于柜台、货架、椅凳等金属家具，还可以作各类家具的装饰性线条。根据生产工艺，铝合金可分为变形铝合金和铸造铝合金，应用于家具的主要是变形铝合金中的防锈铝合金。

防锈铝合金是由铝锰系或铝镁系组成的变形铝合金。其特点是耐腐性能好，抛光性好，能长时间保持光亮的表面，具有良好的防锈性和比纯铝高的强度。因此，可用来制造家具的结构件和装饰件。通常经压力加工成各种管、板、型材等半成品供应，它的代号以“LF”加阿拉伯数字构成，如LF1、LF2等。

1.5.3 不锈钢

不锈钢是以铬为主要合金元素的合金钢。铬含量越高，其抗腐蚀性越好。不锈钢中的其他元素如镍（Ni）、锰（Mn）、钛（Ti）、硅（Si）等都对其强度、韧性和耐腐蚀性产生影响。由于铬的化学性质比铁活泼，在环境条件影响下，不锈钢中的铬首先与环境中的氧化合生成一层与钢基体牢固结合的致密氧化层膜。这层钝化膜能够阻止钢材内部继续锈蚀，使不锈钢得到保护。

表面加工技术可以在不锈钢板表面制作出蓝、灰、紫、红、青、绿、金黄、橙、茶色等多种颜色。这种彩色不锈钢板保持了不锈钢材料耐腐蚀性好、机械强度高的特点，彩色面层经久不褪，是综合性能远好于铝合金彩色装饰板的新型高级装饰材料。

不锈钢通常制成板材、管材及其他型材直接用于家具制造。

（1）钢板　按厚度分为薄板和厚板。用于家具制造的钢板是厚度在0.2～4mm之间的热轧（或冷轧）薄钢板。薄钢板的宽度在500～1400mm之间。用塑料与薄钢板复合而成的塑料复合钢板，是一种新型材料，表面复合层为0.23mm厚的半硬质聚氯乙烯薄膜，具有防腐、防锈、不需涂饰等性能，可应用于家具制造。

（2）钢管　有焊接钢管和无缝钢管两大类。焊接钢管生产效率高，成本低，我国目前家具用钢管材主要是用厚度为1.2～1.5mm的带钢，经高频焊接制成，按其断面形状可分为圆管、方管和异形管。方管又可分为正方管和长方管。异形管又可分为三角管、扁线管等。

（3）型钢　根据断面形状，分简单断面型钢和复杂断面型钢（异形钢）。用于家具的大多数是简单断面型钢，主要有以下几种。

① 圆钢—圆形断面的钢材。热轧圆钢的直径为5～250mm，其中5～9mm的为线材；冷拉圆钢直径为3～100mm。

② 扁钢—宽12～300mm，厚4～60mm，截面为长方形并稍带钝边的钢材。

③ 角钢—分等边和不等边角钢两种。角钢的规格用边长和边厚的尺寸表示。

1.6 塑料

塑料是一种有机高分子化学材料。它与木材、金属或其他材料相比较，是一种新材料。但其发展速度很快，新品种不断涌现出来，现已有300余种。由于现代塑料加工成型技术的不断提高，因而塑料在家具工业中的应用日益广泛。

1.6.1 塑料的特性

塑料的种类很多，不同的塑料具有不同的性能，这里主要介绍以合成树脂为基础的“工程塑料”，由于它可以浇注成型，最适宜于家具制造。综合起来，有下述一些主要特性。

（1）资源丰富　由于塑料是以煤、电石、石油或天然气以及农副产品为主要原料，所以原料来源极其丰富，有广阔的发展前途。

（2）质轻、强度高　一般塑料的密度在0.83～2.2g/cm³，只有钢的1/8～1/4，铝的1/2

左右。

(3) 成型工艺简便　一些塑料可以一次性浇注成型，无需切削加工。生产工艺简单，生产效率高，是木材和金属家具无可比拟的。为此，塑料家具发展迅速，特别是塑料椅、凳、桌，由于轻巧，便于搬动，易于清洗，而受到小型、露天餐饮店的青睐。

(4) 具有优良的化学稳定性　有良好的抗腐蚀、耐磨、耐水、耐油性能。它可以抵抗除氢氟酸以外所有酸类的侵蚀，但遭受侵蚀性介质腐蚀，也能导致变质和破坏。

(5) 色彩丰富　现在塑料的色彩可以说应有尽有，能满足广大市场的需求。

(6) 耐热与耐老化的性能较差　塑料遇高温易软化，会燃烧。在日光、大气、长期应力或某些介质的作用下，易发生老化现象，表现为缓慢的氧化、变色、开裂以及强度下降等。塑料的这些缺点可以通过共聚、共混其他材料等多种途径进行改进处理，或用玻璃纤维增强力学性能等方法予以改进。

1.6.2 家具对塑料的选用

塑料的品种、规格、性能多种多样，所以家具对塑料的合理选择与应用也就成为设计和加工的重要环节。家具对塑料的选用，一般要考虑以下四个方面。

① 要求塑料的各项性能要符合家具的应用要求，例如要有一定的强度和必要的耐热、耐磨和耐候性。塑料初步选定后，还要进行模型试验或实物试验，务必满足使用功能的要求。

② 要求塑料要具有良好的工艺性，易于加工成型，以便获得较高的生产效率，进行批量生产。

③ 塑料的成本要适当，以降低产品的材料成本。

④ 塑料的表面处理和色彩，需符合家具不同部位的外观要求。

1.6.3 常用塑料的种类与性能

塑料的品种很多，用于家具产品的塑料只是其中的一部分，现介绍如下。

(1) 聚氯乙烯（PVC）　产量占塑料中的第一位，是一种具有较好强度的热塑性塑料。有硬质和软质两种不同的品种，塑料家具以硬质为主要原材料。

(2) 改性有机玻璃　透光性好，尺寸稳定，易成型，质较脆，表面硬度不够，易擦毛。

(3) 苯乙烯-丁二烯-丙烯腈（ABS树脂）　不透明，呈浅象牙色，具有坚韧、质硬、刚性好，具有三种组元的优良综合性能。还有良好的耐候性，表面光滑，尺寸稳定，易于成型加工。此外，能配成各种颜色，还可镀铬。

(4) 聚乙烯　分高压、中压、低压三种，有良好的化学稳定性和摩擦性能，吸水性小，易成型，但承受载荷能力小。低压品种质地坚硬，可做结构材料用。

(5) 聚丙烯　20世纪60年代发展起来的热塑性塑料，主要特点是密度小，约为$0.9g/cm^3$，并有特殊刚性，力学性能优于聚乙烯，耐热性好，易成型。但收缩率较大，厚制件易凹陷，耐磨性也不高。

(6) 尼龙　尼龙是一种热塑性塑料，品种多。与金属相比，尼龙有优良的韧性、弹性、耐磨性和耐腐性能，但刚性较差。尼龙是近年来应用较广泛的一种工程塑料。

(7) 聚碳酸酯　透明，呈微淡黄色，可染色。具有良好的机械强度和较高的冲击韧性，模塑收缩均匀，尺寸稳定，适于制造精确的制件。

(8) 玻璃纤维层压塑料（玻璃钢）　它是一种用玻璃纤维增强的塑料，其增强效果依赖于塑料本身的性能和玻璃纤维的长度及其含量的不同而有差异，它的某些物理和力学性能可达到钢材的水平，强度高。

1.7 玻璃与石材

1.7.1 玻璃材料

玻璃家具是近年来创制的新产品，是家具大家族中新的一员。目前玻璃家具的品种有电视机柜、组合柜、博古柜、床边柜、角柜、酒吧柜、茶几、餐桌等，大多数属于陈列类家具。除了床、凳、椅以外，其他各类家具，包括大型组合橱等，都可以设计成玻璃家具。

适宜制作玻璃家具的玻璃板的厚度在3～10mm，一般以5～6mm厚为最佳。太薄的牢固性不好，太厚的会使组件整体显得笨重。个别有特殊要求的部位，如电视柜的台面、茶几面板、餐桌面板等，可采用8～10mm厚的玻璃板，以增加使用的安全感。

用于竖立放的玻璃板的高度一般宜在1000mm以内，宽度宜在200～400mm；用于平放的玻璃板块长度宜在1400mm以内，宽度宜在700mm以内。超出以上范围，都会影响玻璃板自身的强度和跨度的承载能力。

裁下来的玻璃边角小料，可以充分利用，一般用作家具的中间隔板、小部件或小型家具的部件。选择时，可按小料的形状大小适当分类，逐级合理选用。

用于制作家具的玻璃板颜色是多样的，通常为茶色、绿色、涤纶彩色等多种。

1.7.1.1 玻璃的分类

玻璃的分类方法很多，主要有以下两种。

① 按玻璃的化学组成分可分为钠玻璃（普通玻璃）、钾玻璃（硬玻璃）、铝镁玻璃（高级建筑玻璃）、铅玻璃（重玻璃或晶质玻璃）、硼硅玻璃（耐热玻璃）、石英玻璃等。

② 按玻璃的结构与性能分可分为普通平板玻璃、表面加工平板玻璃（包括磨光玻璃、磨砂玻璃、喷砂玻璃、磨花玻璃、压花玻璃、冰花玻璃、蚀刻玻璃等）、掺入特殊成分的平板玻璃（包括彩色玻璃、吸热玻璃、光致变色玻璃、太阳能玻璃等）、夹物平板玻璃（包括夹丝玻璃、夹层玻璃、电热玻璃等）、覆层平板玻璃（包括普通镜面玻璃、镀膜热反射玻璃、激光玻璃、釉面玻璃、涂层玻璃、覆膜玻璃等）、钢化玻璃等。

1.7.1.2 常用的几种玻璃的介绍

(1) 钢化玻璃　钢化玻璃是将普通玻璃经特殊的热处理而制成的产品。与普通玻璃相比，冲击强度、抗折强度要大；安全性好，破碎后碎片呈圆钝型；热稳定性好，在受到急冷急热时不会炸裂，最高安全工作温度为228℃；具有普通玻璃同样的透明性。常用于餐桌面板、茶几面板及火车、轮船、汽车、高层建筑等的门窗玻璃。还可作灯具和厂矿高温操作的防护玻璃。

平面钢化玻璃的厚度规格有4mm、5mm、6mm、8mm、10mm、12mm、15mm、19mm，曲面钢化玻璃的厚度规格有5mm、6mm、8mm。供货长度不超过1800mm，宽度不超过800mm。

(2) 磨光玻璃　用普通平板玻璃经过机械磨光、抛光后制成的高透明度的玻璃。磨光玻璃的表面消除了引起光学变形的波纹缺陷，使物像透过时不变形。这种玻璃表面平整光亮，透光率大于84%。磨光玻璃需要磨掉0.5～1.0mm才能完全消除表面波纹，可以单面磨光或双面磨光。产品厚度为8mm，也有4mm、5mm的品种。磨光玻璃用作高级镜面、高级橱窗、货柜以及门窗等。近年来浮法玻璃已经替代了磨光玻璃的大部分用途。

(3) 磨砂玻璃　它是指用硅砂、金刚砂、石榴石粉等研磨材料将普通平板玻璃磨成粗糙表面制成透光或半透光玻璃。也可以采用喷砂的方法制成。磨砂玻璃可用于需要透光但又要遮断视线的场合。如卫生间、浴室、办公室、教室的门窗及隔断板，也可用作玻璃黑板及灯具。

(4) 磨花玻璃　按照预先设计好的图案或花样在平板玻璃上磨出或用砂喷出局部不透明区

域，以形成设计图案。这种工艺常用于制作工艺屏风和壁画。

（5）雕花玻璃　用砂轮（也可以用喷砂工艺）按预定图案在普通平板玻璃上磨出较深的磨痕，这些磨痕可以是磨砂状（不透明的），也可以是抛光透明的。主要用于制作工艺屏风和壁画。

（6）化学蚀刻玻璃　用化学蚀刻工艺，也能使玻璃表面获得类似磨花和雕花效果。化学蚀刻是在平板玻璃表面敷以石蜡，然后用竹笔按设计稿在蜡层上刻划图案，最后用氯氟酸溶液进行腐蚀，在划透蜡层处产生蚀刻图案。

还可用胶黏剂蚀刻工艺，也能蚀刻出透明和不透明的痕迹。在磨砂玻璃表面均匀涂一层优质皮骨胶液，经自然或人工干燥后，胶液脱水收缩从玻璃表面剥落，可将部分薄层玻璃带下来形成许多不规则图案。因为图案形状呈冰花状，故称作冰花玻璃。胶液的浓度越高，冰花图案越小，反之冰花图案越大。

（7）压花玻璃　压花玻璃又称滚花玻璃或花纹玻璃。它是在玻璃液未完全硬化时，用刻有图案的轧花辊在玻璃表面上进行辊压使之形成花纹图案。压花玻璃的厚度一般有3mm和5mm两种；幅面一般为1000mm×1000mm左右。表面压花破坏了玻璃的透明性，使光线透过玻璃时产生漫射，具有透光不透明的特点。表面的压花图案赋予它良好的装饰性能。以压花玻璃为基材通过真空镀膜和透明性涂料喷涂等可以得到一批新的装饰玻璃品种。真空镀膜玻璃是将压花玻璃的有花纹一侧在真空条件下镀一层金属薄膜。这种工艺提高了花纹的立体感，还具有一定的反光性能，有特殊的装饰效果。在压花玻璃的有花纹一侧用胶液进行喷涂处理，玻璃呈透明彩色，并可提高强度。也可以采用有机金属化合物和无机金属化合物进行热喷涂，制成彩色膜压花玻璃。这种装饰方法色彩华丽，附着力强，稳定性较好，有良好的热反射能力，在灯光照耀下富丽堂皇，华贵绚丽，是餐饮、演艺、娱乐场所使用的高档装饰材料。

（8）着色及特种成分玻璃　着色及特种成分玻璃是在玻璃配料中加入颜料或其他助剂制成的透明彩色玻璃和吸热玻璃、光致变色玻璃。

（9）彩色玻璃　彩色玻璃又称有色玻璃，它是在玻璃原料中加入一定量的金属氧化物，按平板玻璃的制造工艺制成。彩色玻璃的颜色有红、黄、蓝、黑、绿、乳白等十余种。彩色玻璃具有耐蚀、抗冲刷、不褪色、易清洗等特点，用于内外墙面、柱面、门窗和灯具等的装饰。

（10）吸热玻璃　吸热玻璃是一种既可以吸收全部或部分阳光中的热射线（红外线），又能保持良好透光能力的特殊彩色玻璃。吸热玻璃的颜色有灰色、茶色、蓝色、绿色、古铜色、粉红色、金色、棕色等。吸热玻璃广泛用作门窗及幕墙，可根据不同地区的日照条件使用不同厚度或不同颜色的产品。选择吸收太阳的可见光，能使阳光变得柔和；吸收紫外光，能减少它对人体和物体的损害。用来制造玻璃隔断板及书报柜、文件柜等，可以防止档案及书籍褪色和变质。吸热玻璃还可以制成磨光、夹层、镜面及中空的玻璃。

（11）镜面玻璃　镜面玻璃又称玻璃镜片，是在平板玻璃表面镀上一层银膜，使玻璃正面形成全反射镜面。近代开发了利用真空镀膜工艺在平板玻璃表面蒸发附着均匀致密的铝膜技术，这种镀膜节约了大量的银，降低了制镜成本。如果选用彩色平板玻璃镀膜就制成了各种彩色镜片。整张镜片用来做幕墙、大型装饰用镜及专业用镜等。还可以制成各种镜片装饰制品，如镜片砖、镜片马赛克等。

1.7.2　石材

石材是由天然岩石经过人工加工而成的一种应用十分广泛的传统材料，也早已成为家具与室内装饰的重要用材。其优点是质地坚硬、耐磨、耐压、耐水、耐火、耐久，经锯切、磨光、抛光等加工后其表面具有独特的艺术性与装饰效果。

1.7.2.1 天然石材

岩石是由于地质作用致使地壳深处熔融岩浆上升到地表附近或喷出地表经冷凝而成。故又将岩石称为岩浆岩。主要化学成分为 CaO、SiO_2 等，在极少数石材中也含有铅、镉、砷、汞、硫等有害元素。尚有5%～10%的花岗岩石的放射性的辐射值达不到A类标准，不能用于室内装饰。

天然石材的种类很多，以下仅介绍在家具生产中常用的两种石材。

（1）*大理石* 也叫大理岩，其别名为天然大理石，又称云石、文石、榆石、础石、醒洒石、天竺石、凤凰石等，是各种石灰岩、白云岩、大理岩的统称，还包括少量的黑云母、石英、角长石、辉石、榍石、锆石、磷灰石、电气石等。在地质学上，大理石是指是由石灰岩与白石岩在岩浆侵入过程中所产生的热力作用下重结晶而形成的岩石。其主要矿物成分为方解石或白云石。

我国大理石储藏量极其丰富，花色品种繁多，是一种来源较广泛的装饰材料。尤其是云南省大理县以盛产优质的大理石而得名，其大理石名扬中外。

① 大理石的特征　其石质细腻，硬度小于小钢刀与钢针，为中等硬度，耐磨性不强，易于切削加工。化学稳定性较差，不耐酸，与稀盐酸也会发生较强反应。由于较易磨耗，一般宜用于室外装饰。耐用年限为40～100年。

② 花纹色彩特征　为较匀细粒状圈形纹理或枝条脉状花纹结构，纹理丰富多变。一般呈白色或是深浅不同的灰色、墨绿色、彩花色等。经细加工后其光泽柔润，绚丽多彩，具有优异的装饰性能。如云灰大理石的花纹有的像水波、水花，常给人以一种"微波荡漾"或"惊涛骇浪"、"烟波浩渺"、"水天相连"等之感。白色大理石其质晶莹剔透，洁白如玉，熠熠生辉，因而被称为苍山白玉、汉白玉和白玉，是雕刻与绘画的好材料。彩花大理石是大理石中的精品，其色彩斑斓，花纹图案千姿百态，有的似山水林木，有的似花草鱼虫或云雾雨雪、珍禽异兽、奇山怪石、古今人物、琼楼玉宇、四时美景等图案影像，可谓美不胜收。

③ 国产部分大理石的品种名称、颜色及结构特征　国产部分大理石的品种名称、颜色及结构特征列于表1-7。

表1-7　国产部分大理石的品种名称、颜色及结构特征

品种名称	外贸代号	颜色	结构特征	品种名称	外贸代号	颜色	结构特征
雪浪	022	白色、灰白色	颗粒变晶、镶嵌结构	红奶油	058	浅红色	微粒隐晶结构
秋景	023	灰色	微晶结构	汉白玉	101	乳白色	花岗结构
晶白	028	白色、雪白	中、细粒结构	丹东绿	217	浅绿色	纤维网状格变晶结构
虎皮	042	灰黑色	粒状变晶结构	雪花白	311	乳白色	中、细变晶结构
杭灰	056	灰色、白花纹	隐晶质结构	苍白石	704	乳白色	花岗结构

④ 大理石的应用　大理石材是制作家具的桌面、凳面、镶嵌椅背及其他家具的好材料，并可做成各种漂亮的石桌、石几、石凳。同时也是制作室内装饰壁画、装饰地面、屏风镶嵌及花盆等的理想原料，应用十分广泛。

（2）天然花岗岩　天然花岗岩是一种酸性岩浆岩，主要矿物成分为钾长石、斜长石、石英和云母等。花岗岩、闪长岩、辉长岩、辉绿岩、片麻岩及砂岩等统称为花岗岩即花岗石。

① 花岗岩的特性　硬度大于小钢刀与钢针的硬度，质地坚硬，抗压强度大，耐磨性好。吸水率较小，耐酸碱腐蚀性与耐冻性较好，可经受100～200次的冻融循环。耐用年限75～200年。

② 花纹特征　花岗岩的粒度较粗，且粗细不均匀，呈整体粒状斑点状花纹，似繁星般的云母黑点或闪闪发光的石英细晶。

③ 国产部分花岗岩的品种名称、颜色及结构特征 国产部分花岗岩的品种名称、颜色及结构特征列于表1-8。

表1-8 国产部分花岗岩的品种名称、颜色及结构特征

品种名称	外贸代号	颜 色	结构特征	品种名称	外贸代号	颜 色	结构特征
白虎涧	151	粉红色	花岗结构	峰白石	603	灰色	花岗结构
花岗石	304	浅灰条纹状	花岗结构	大黑白点	604	灰白色	花岗结构
花岗石	431	粉红色	花岗结构	厦门白石	605	灰白色	花岗结构
笔山石	601	浅灰色	花岗结构	砻石	606	浅红色	花岗结构
日中石	602	灰白色	花岗结构	石山红	609	暗红色	花岗结构

④ 花岗岩的应用 抛光花岗岩石材多用于室内外的墙面、地面、立柱、旱冰场地等的装饰。具有优异花纹与艳丽色彩的花岗石亦可作为家具的桌面、凳面、椅背及其他家具的镶嵌。并可做成各种漂亮的石桌、石几、石凳等家具。也可作为室内装饰壁画、装饰地面及屏风镶嵌等用途。

1.7.2.2 人造石材

人造石材是合成石和水磨石的总称，属于聚酯混凝土或水泥混凝土的范畴。

(1) 人造石材的各类与特点

① 人造石材的种类 按所使用的胶黏剂不同可分有机类人造石材、无机类人造石材；按制品的成型工艺不同，可分为浇筑成型、压板成型、大块荒料成型；按其原料与制造工艺不同，可分为树脂型人造大理石、硅酸盐型大理石、复合型大理石、烧结型大理石四大类。

② 人造石材的特点 容重较小，一般为天然石的80%；力学性能较好，故其厚度仅为天然气石的40%，可较大幅度地降低用料成本；耐腐蚀、耐酸碱性能高于天然大理石；制造工艺简单，其色彩、花纹、形状、规格可按需要进行设计，且色泽均匀，装饰效果较好。

(2) 树脂型人造大理石饰面板 它是以不饱和聚酯树脂为胶黏剂，配以大理石或方解石、石英砂或硅砂和玻璃粉等无机矿物粉料，以及适量的阻燃剂、稳定剂和颜料等，经配料混合，借助模板进行浇注、振动、挤压等工艺成型，在室温下固化成型，再经脱模、修边及抛光，制成的一种人造石材。

此种人造石材的特点是装饰性强、强度高、耐腐蚀、加工性好、制作工艺简单。但生产效率较低，只适合于小批量生产。

大规模工业化生产，通常采用先将调配好的料浇注成大块正方或长方形的荒料，然后再锯切成板材，并对板材进行抛光处理，制成成品，这样就能较大幅度地提高生产效率。

(3) 硅酸盐型人造大理石 又称水泥型人造大理石，常用采用普通硅酸盐水泥或白水泥、石膏、石灰为黏结剂，掺入石英粉、大理石碎料等作为填料，以颜料为着色剂，再加入适量的促凝剂等，搅拌均匀，然后进行模压成型。最后进行表面加工处理，即能获得较好的装饰效果好，在色泽和物理化学性能上优于其他类型人造大理石，价格约为天然大理石的10%。但质地、性能及装饰性比天然大理石要差。

(4) 复合型人造大理石

① 水泥-树脂复合型人造大理石 它是以普通水泥砂浆作基层材，再在表面涂覆树脂色漆以形成图案色彩和罩光。其特点是具有树脂型大理石的装饰效果和表面性能，成本则可降低60%左右；结构合理，施工方便，镶嵌牢固。

② 水磨石复合型板 它是以普通水泥混凝土为底层，以掺入白水泥或彩色水泥及各种大理石碎粒拌制的混凝土为面层材料，经过成型、养护、研磨和抛光等工序而制成的一种建筑装饰用人造石材。其品种有普通水磨石板、彩色水磨石板两大类。水磨石复合型板的特点与用途：美观、适用、强度较高、花色品种较多、装饰效果较好；适用于作建筑物的地面、墙面、柱面、窗台、踢脚、台面和楼梯踏步等。

③ 玉石合成饰面板　又称人造琥珀石饰面板。采用透明不饱和聚酯树脂将天然石粒（如卵石）、各色石块（较均匀的玉石、大理石）等浇注而成的板材。其特点是光洁度高、质感强、强度高、耐酸碱腐蚀等。

④ 幻彩石　采用彩色水泥作黏结剂，以各种不同色彩的大理石碎料为主要填料，加入其他装饰物料如玻璃或贝壳等，压成板块，可用作墙地砖或台面板等。其特点是图案色彩丰富、品种款式多、性能优良。

第2章

家具接合方法

家具是由若干零、部件按照一定的接合方式装配而成的。采用的接合方式是否正确对于家具的美观、强度和加工工艺都有着直接影响。现代家具常用的接合方法有榫接合、钉接合、木螺钉接合、胶接合、连接件接合等多种，相关内容将在本章进行系统的学习。

2.1 榫接合

以中华传统文化为代表的东方文明与西方文明的一个标志性区别在于，中华五千年的历史是用木结构书写的，而西方是用石头书写的。在传统的木结构中，榫接合起着关键性的作用，精益巧妙的榫结构是中华传统家具的主要结构特征。

2.1.1 榫接合的概念及特点

榫接合是指榫头插入榫眼或榫槽的接合。榫接合是我国古典家具与传统家具的基本接合方式，也是现代框架式的主要接合方式，应用仍然十分广泛。现在家具的榫接合通常都要施胶，以增加接合的强度。

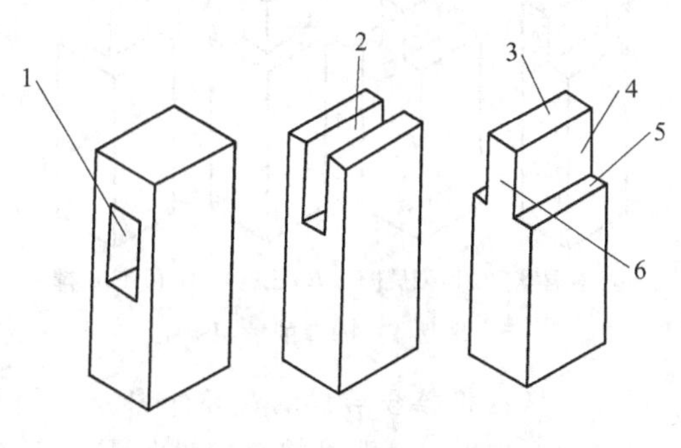

图 2-1 榫接合各部位的名称
1—榫眼；2—榫槽；3—榫端；
4—榫颊；5—榫肩；6—榫侧

2.1.2 榫接合的基本名称

榫接合各部位的名称如图 2-1 所示，有榫眼、榫槽、榫头。榫头又由榫端、榫颊、榫肩、榫侧组成。

2.1.3 榫接合的分类及其应用

按照不同的分类方法，榫可以分为不同的类型。

(1) *按榫头的形状不同分*　可将榫分为直角榫、燕尾榫、圆棒榫、圆弧榫，如图 2-2 所示。榫头的基本类型为直角榫、燕尾榫和圆棒榫，其他类型的榫头都是根据这三种榫头演变而来的。采用圆棒榫接合时，为了提高制品的强度和防止被接合零件的扭动，需要两个或两个以上的圆棒榫同时使用。

(2) *按榫头的数目多少分*　可分为单榫、双榫、多榫，如图 2-3 所示。增加榫头的数目就能增加胶接面积，提高接合强度。一般木框中的方材零件多采用单榫或双榫接合，如桌、椅的脚架接合。箱框的接合多采用多榫，如木箱、抽屉等。

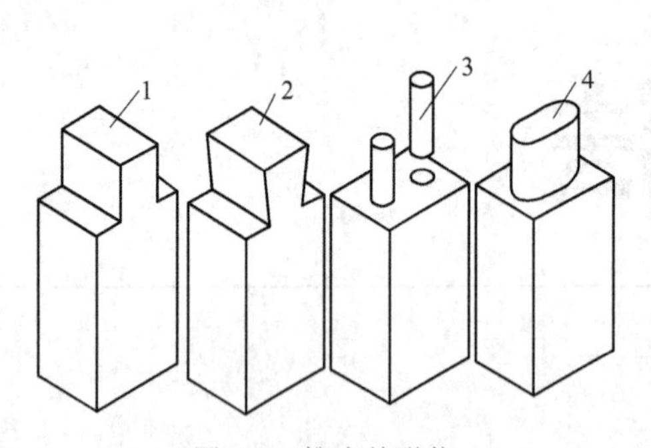

图 2-2　榫头的形状
1—直角榫；2—燕尾榫；
3—圆棒榫；4—圆弧榫

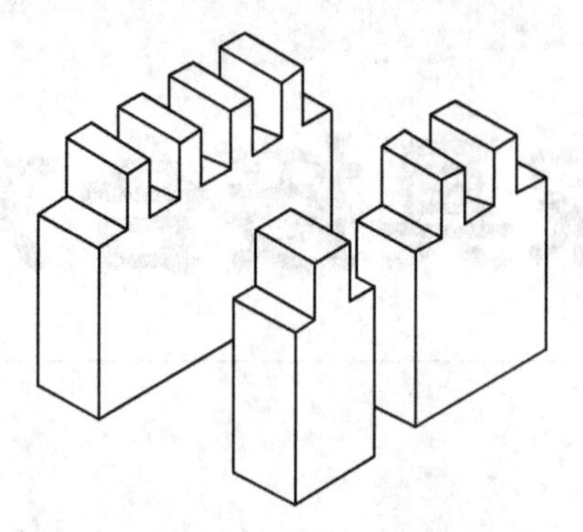

图 2-3　单榫、双榫、多榫

(3) *根据榫肩的数目不同分*　对于单榫而言，又可分为单肩榫、双肩榫、三肩榫、四肩榫，如图 2-4 所示。

(4) *根据榫接合后榫头的侧边能否看到分*　可分为开口榫、半开口榫、闭口榫，如图 2-5 所示。直角开口榫加工简单，但强度欠佳，且榫端与一个侧面外露，不美观；闭口榫接合强度较高，结构隐蔽；半开口榫介于开口榫与闭口榫之间，既可防榫头侧向滑动，又能增加接触面积，部分结构暴露，兼有前两者的特点。

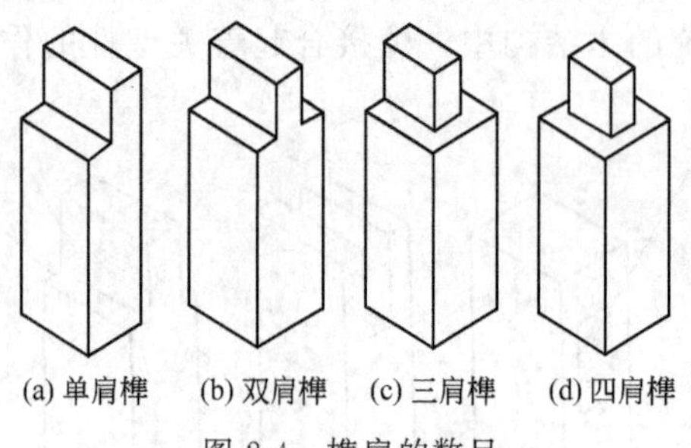

图 2-4　榫肩的数目

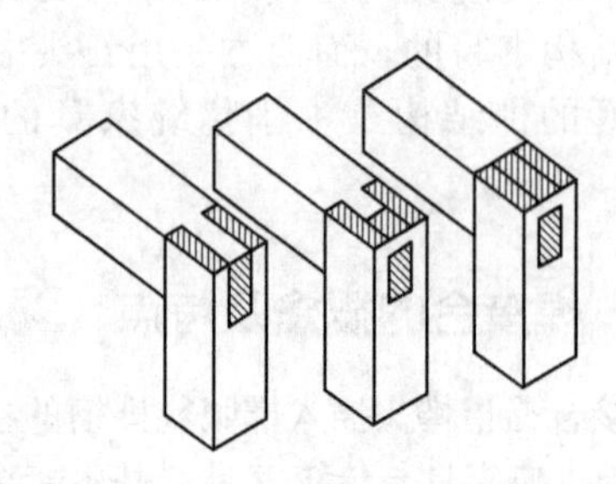

图 2-5　开口榫、半开口榫、闭口榫

(5) *根据榫接合后榫端是否外露分*　可分为明榫（贯通榫）接合与暗榫（不贯通榫）接合，如图 2-6 所示。明榫接合榫端外露，不美观，但接合强度大；暗榫接合榫端不外露，不影响外观美，但接合强度低于明榫接合。一般家具，为保证其美观性，多采用暗榫接合。对于要求接合强度较大家具，如沙发框架、床架、工作台等多采用明榫接合。

(6) *根据榫头与方材本身的关系分*　可分为整体榫与插入榫。整体榫是直接在方材零件端头加工出来的，榫头与方材是一个整体，如直角榫、燕尾榫、圆弧榫。而插入榫与基材是分离的，不是一个整体，单独加工后再插入基材预制孔或槽中，现多为圆棒榫，如图 2-2 和图 2-3

所示。

插入榫可用于定位或接合。插入圆棒榫和整体榫比较，可节约木材，因为配料时省去榫头的尺寸。人造板部件不宜用直角榫、燕尾榫来接合，而需用圆棒榫接合。圆棒榫可由专用机床制造，还可用专用机械将圆榫迅速插入部件的圆孔中，所以圆榫接合便于板式家具组合装配，当前市场上很大一部分家具接合采用的是以圆棒榫定位，以连接件接合的方式。由于钻孔所引起木材纤维切削范围很小，因此对木材本身的强度影响很小。家具零（部）件用圆榫接合可简化工艺过程，大大提高劳动生产率，便于板式部件的安装、拆装和运输，为零（部）件加工、涂饰和装配机械化创造了有利的条件。圆榫比直角榫接合强度约低30%，但由于绝大多数家具接合强度大大超过破坏应力，所以采用圆榫接合完全能满足家具接合强度的要求。

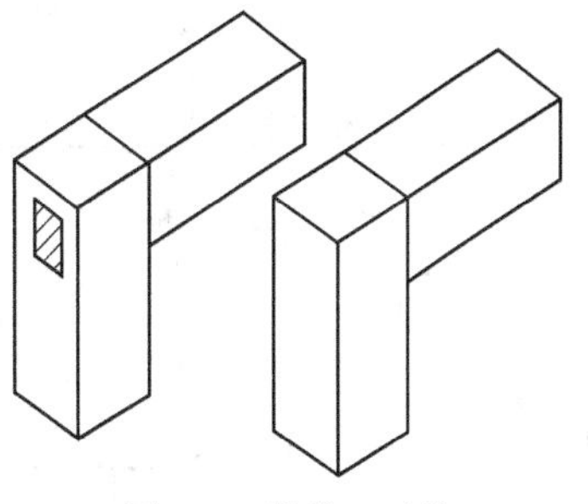

图 2-6 明榫、暗榫

为提高圆棒榫接合强度，可在圆棒榫表面压制各种沟纹，如螺旋纹、网纹、直线纹、直沟槽、螺旋沟槽等，如图 2-7 所示。由于圆棒榫表面有压缩纹，当圆棒榫涂胶后插入榫眼，胶液中的水分被圆棒榫表面吸收，其压纹会润胀起来，使圆榫表面和榫眼表面紧密接合，胶液在沟纹中也难以被挤出，所以能提高接合强度。由于螺旋状压纹的圆棒榫，其螺纹好似木螺丝一样，需要回转才能拔出，具有较高的抗拉强度，因此使用最多。

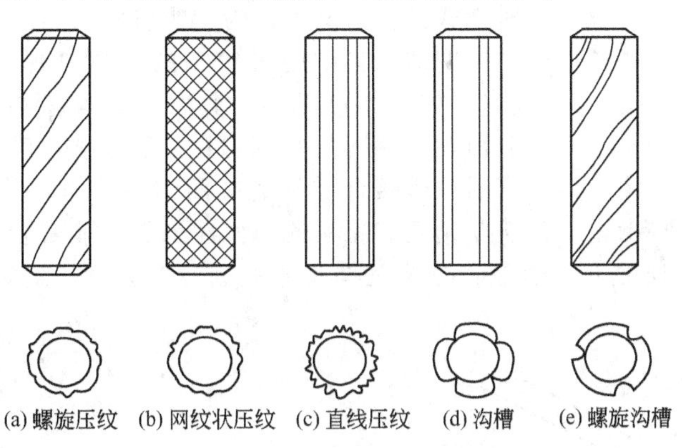

图 2-7 圆棒榫的形状

2.1.4 我国古典家具常用的榫接合形式

古典家具，尤其是明清家具的榫卯结构种类繁多，有格肩榫、夹头榫、插肩榫、抱肩榫、粽角榫、楔钉榫、闷榫、通榫、勾挂榫、燕尾榫、穿带榫等。其接合强度高、稳定性好、经久耐用且外表美观，所以至今仍在仿古家具中获得较广泛地应用。在此，特将应用较多的几种古典榫介绍如下。

（1）*格肩榫* 格肩榫的榫头在中间，朝外面一边的榫肩为梯形或三角形，朝里面一边的榫肩为直角平肩，因此不容易扭动变形。格肩榫可分为小格肩榫（图 2-8）和大格肩榫（图 2-9）。小格肩榫的制作方法是：在基材的一端开榫头，两侧为榫肩，朝榫头里面为直角平肩，朝外面为梯形格角榫肩；在另一根基材上开出相应的榫眼，靠榫眼外面加工出与梯形格角榫肩相对应的槽口，使之能与梯形格角榫肩紧密接合。大格肩榫与小格肩榫的区别只是朝外面一边的榫肩呈三角形。

对于框架角部接合，可采用全平肩穿鼻榫，又称“齐头碰”，现称三肩直角闭口榫，如图 2-10 所示。全平肩穿鼻榫在形式上有透榫和不透榫的区别。透榫的榫头穿透榫眼，其榫端外露，气质较为古朴；不透榫的榫端不外露，表面光洁，不影响家具表面装饰。采用透榫还是不

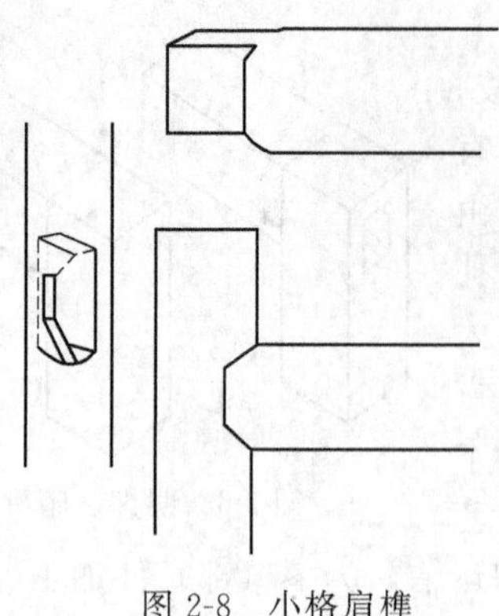

图 2-8 小格肩榫

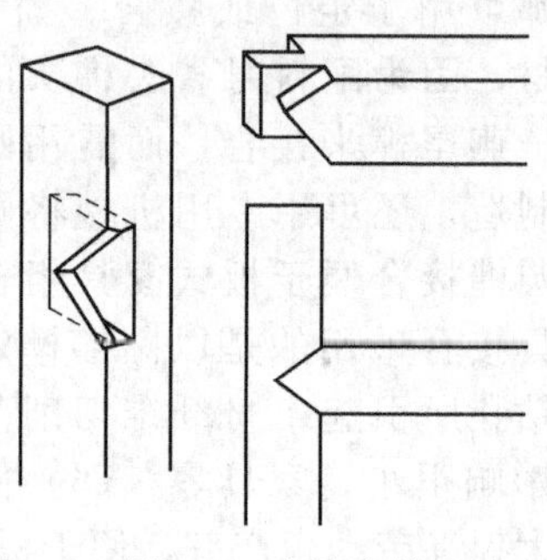

图 2-9 大格肩榫

透榫主要取决于结构需要牢固的程度以及家具表面装饰的要求，但榫头的长度必须满足结构的强度要求。

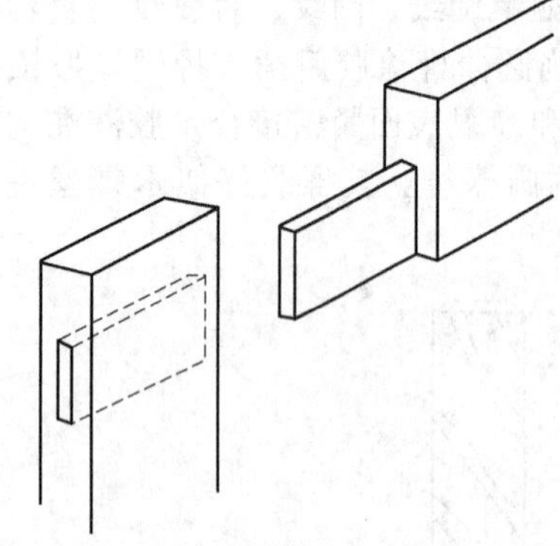

图 2-10 全平肩穿鼻榫

圆形材料的横竖材接合，如官帽椅搭脑与后腿的接合，圆形罗锅枨与圆腿的接合，圆形直枨与横枨的接合等，一般开榫头时，两侧肩部里面都挖成圆弧形，接合后使榫户包裹住部分圆形构件。因榫头的两榫肩如同飘动的翅膀，故将这种形式的榫肩又被称为“飘肩榫”。

明清家具中用得较多的格肩榫形式还有“全格肩穿鼻榫”，如图 2-11 所示。其榫肩与其基材的一面成 45°夹角，榫眼所在的端面与其基材的一面亦成 45°夹角，榫头与榫眼接合后，其接合零件的端面均不外露，并成 90°。这种结构从美学角度和家具的匀称性来看都非常合适；还有一种是“半格肩穿鼻榫”，如图 2-12 所示。其制作方法是榫头的一侧为平肩，一侧为 45°的格肩，这种榫接合强度高。

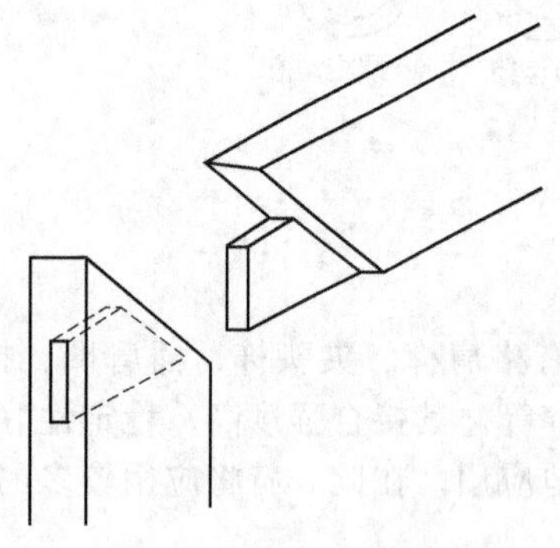

图 2-11 全格肩穿鼻榫

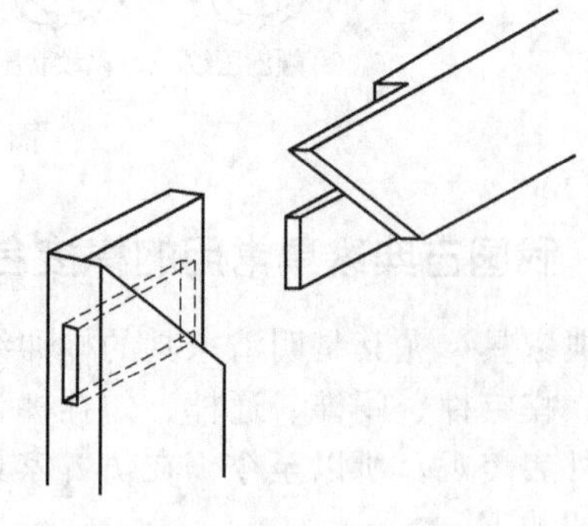

图 2-12 半格肩穿鼻榫

(2) 夹头榫 如图 2-13 所示，是从晚唐至北宋时期发展起来的一种榫头，是一种科学合理的复合结构，在明清家具，特别是桌案型家具结构中被广泛应用，适用于亮脚式的直角形腿部结构，即四腿收于桌面内侧的脚架结构，通过这种榫接合将腿、牙头、牙条紧密联结在一起。制作方法就是在腿端上部开出较深的通槽口，牙头和牙条嵌夹在通槽中，牙条背部有嵌夹腿的槽口，牙头用木板另制，背部开槽插入腿上部的通槽中。四腿上端高出牙条部分为榫头，与案面相连，形成完整的案型结构。这种结构，由于四腿把牙条夹住，连接成方框，上接案面，从而使案面和腿足的角度不易变动，并且能将面板的受力均匀分布到四条腿上。

(3) 插肩榫 插肩榫（图 2-14）和夹头榫的外形不同，但结构基本相似，可以说是夹头

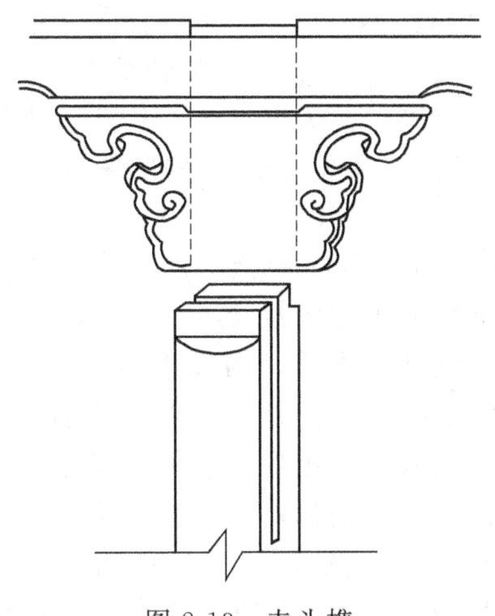

图 2-13 夹头榫

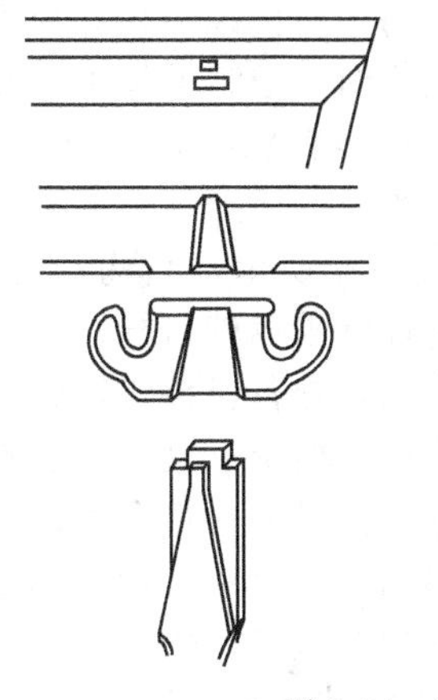

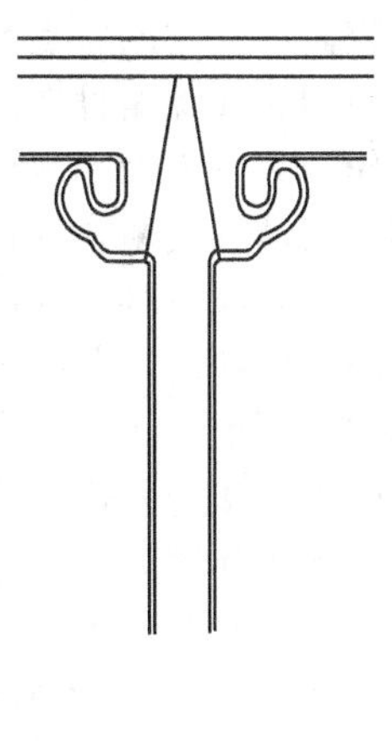

图 2-14 插肩榫

榫的一种变形结构。制作方法就是在腿足上端开出槽口，外部开出八字形斜肩，用来嵌夹牙条和牙头，牙条和牙头前面也开出相应的八字形槽口，当牙条和牙头与腿上端接合时，外面的八字形槽口也同时将腿嵌夹起来，使下面形成牢固的底架。腿的顶端开有高于牙条的榫头与面框的大边相连。插肩榫有一个突出的特点是上部的压力越大，结构结合越紧密。此外，其腿面、牙条、牙头在一个平面上，更容易取得令人满意的装饰效果。

（4）抱肩榫　如图 2-15 所示，一般用于有束腰家具腿足与束腰、牙条的接合。抱肩榫构造比较复杂，适用于亮脚式的弯角形腿部结构，即四腿位于桌面边沿的脚架结构，通过这种榫接合将腿、束腰、牙条紧密联结在一起。通常在腿顶端切出方形实体，两侧为 45°斜肩，斜肩与实体间挖出直角榫眼，实体两侧另开出斜形榫头，顶端开出长短榫头，牙条端头开有榫头和 45°斜肩，内侧开有斜形榫槽。装接时牙条从上向下插入拍合，形成牢固的架子。端头的长短榫是为了与面板结合所备。家具的面框下面交角处挖有两个榫眼，大边上开得深，短抹上开得浅，这样做的目的是为了避免大边嵌夹于短抹的榫头中。

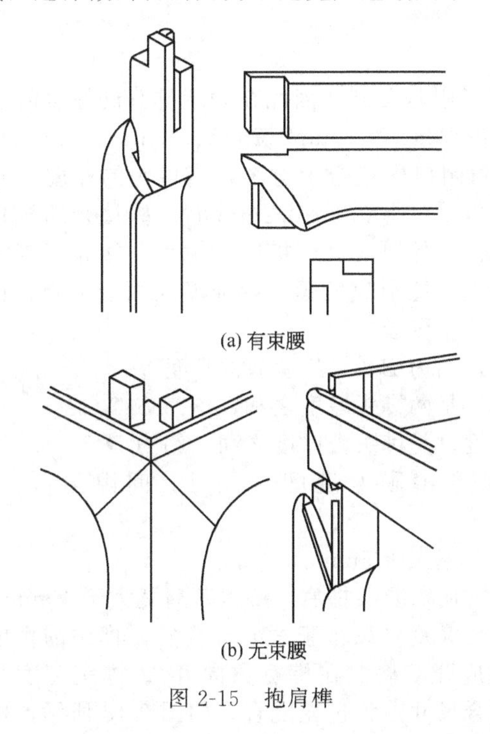

(a) 有束腰

(b) 无束腰

图 2-15 抱肩榫

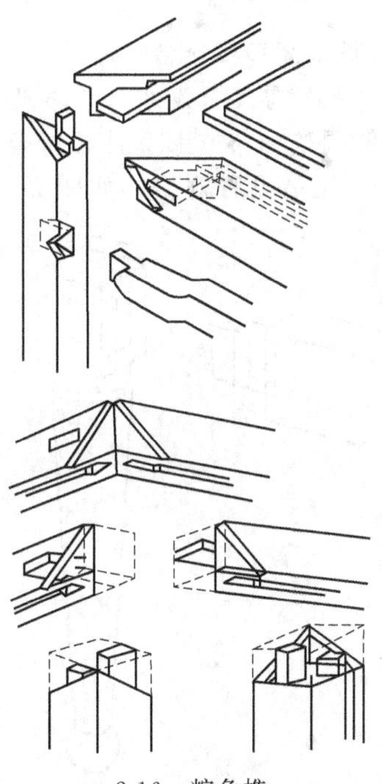

2-16 粽角榫

（5）粽角榫　如图 2-16 所示，因其形状与粽角相似而得名，多用于榫接合后三个面平齐的家具中。它的特点是每个角都以三根方材格角接合在一起，使每个转角结合都形成六个 45°格角斜线。粽角榫在制作时三根料的榫卯比较集中，为了牢固，一方面开长短榫头，采用避榫制作；另一方面用料应适当粗壮些，以免影响结构的强度。采用粽角榫结构的家具外观上严谨、简洁，气质古朴典雅。

（6）楔钉榫　如图 2-17 所示，结构精密复杂，常用于弧形零件接合。最为典型的例子就是圈椅的椅圈，其接合通常采用楔钉榫。在制作时，先把弧形零件的接合处切割为上下两片对称的合页形状，每片合页端处各设榫头，合页根部的转角处开有榫槽，两段弧形材合上时，端部的榫头接合时嵌对方的榫槽中，这时两段弧形材不能上下移动，但是还能左右移动，这就需要插入千斤销，销孔在两段弧形材接合前已经事先开好，插入千斤销后拼接处已紧密结合在一起，上下左右都不能移动。千斤销是楔钉榫不可缺少的构件，否则弧形材接合就会脱开。其制作方法就是用一块小木片，做成一头宽、一头窄的长条楔子形，宽头约 15mm，窄头约 9mm，厚度约 4mm，长度以弧形材料的直径而定。销眼要避免与拼合缝成直角，以形成斜切位置最好，形状与千斤销的形状相对应。

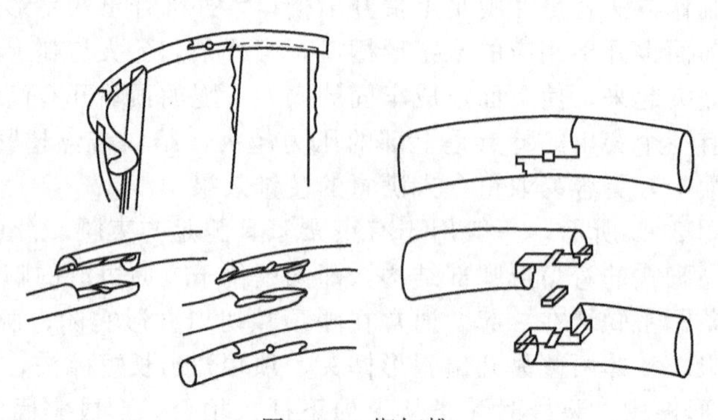

图 2-17　楔钉榫

2.1.5 榫接合的技术要求

2.1.5.1 直角闭口榫接合

（1）榫头的厚度（设方材的厚度为 B）　榫接合采用基孔制，因此在确定榫头的厚度时应将其计算值调整到与方形套钻相符合的尺寸，常用的厚度有：6mm、8mm、9.5mm、12mm、13mm、15mm 等几种规格。如图 2-18 所示为一直角闭口榫接合示意图，当榫头的厚度（a）比榫眼的宽度（a'）小 0.1～0.2mm 时，榫接合的抗拉强度最大。当榫头的厚度大于榫眼的宽度，接合时胶液被挤出，接合处不能形成胶缝，则强度反而会下降，且在装配时容易产生劈裂。

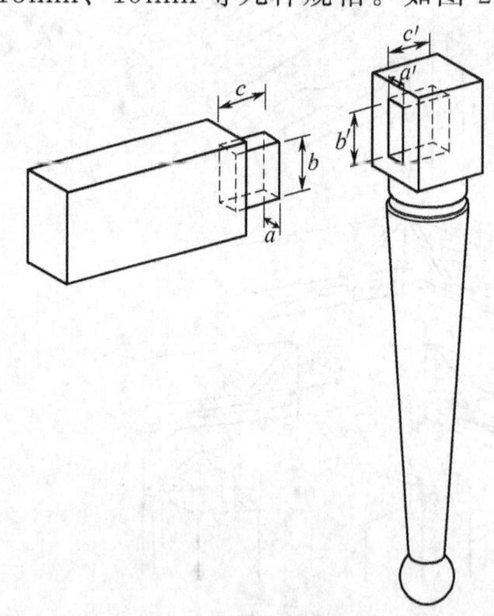

图 2-18　直角闭口榫接合示意图

单榫厚度，约为 $B/2$（B 为基材厚度）。

双榫厚度，是两榫头厚度之和，约为 $B/2$。

多榫的厚度，是榫头数厚度之和，约为 $B/2$。

榫头厚度和榫眼宽度配合尺寸，间隙为 0.1～0.2mm。

榫肩宽度，应大于 5mm。

榫头宽度方向需要截榫肩，确保其肩宽大于 10mm。

（2）榫头的宽度　以小于 30mm 为宜，榫头的宽度超过 40mm 时应开双榫（在榫宽方向开）。榫头宽度与榫眼长度的配合尺寸：为过盈配合，如图 2-18 所示，榫

头宽度（b）应比榫眼长度（b'）大0.5～1.0mm，硬材零件取0.5mm，软材零件取1.0mm。

（3）*榫头的长度* 若采用明榫接合，榫头的长度应比榫眼深度大0.5～1mm，以便于接合后对榫端进行修整加工，确保接合零件表面的平整度。暗榫接合，如图2-18所示，榫头的长度（c）比榫眼深度（c'）小2～3mm。这样可避免由于榫头端部加工不精确或涂胶过多而顶住榫眼底部，形成榫肩与被接合零件表面之间的缝隙；同时又可以储存少量胶液，增加胶合强度。一般家具榫头的最大长度一般需小于35mm。半闭口榫的外露侧面的长度一般为榫头总长度的1/3～2/5，但应大于5mm。

（4）*榫端四周应倒棱* 榫端四周倒棱是为了方便装配，而不损坏榫头与榫眼。

（5）*榫接合对木纹方向的要求* 榫头的长度方向应顺纤维方向，横纤维方向的榫头易折断。榫眼应开在纵向木纹上，即在弦切面或径切面上，且长度方向与木材纤维方向一致；若将榫眼开在靠近木材端面处，接合时则易裂缝、接合强度小。

（6）*榫头与榫肩的夹角* 略小于90°，以约89°为宜，但不可大于90°，否则会导致榫肩接合处产生缝隙而降低接合强度，影响美观。

2.1.5.2 圆榫结合

（1）*材质要求* 制造圆榫应选用密度较大、无节疤、无腐朽、纹理较直、具有中等硬度和较好韧性的木材。一般采用榉木、柞木、水曲柳、桦木等木材来制作。

（2）*含水率* 圆榫的含水率应比家具用材低2%～3%，在施胶后，圆榫可吸收胶液中的水分而使含水率提高。圆榫应保持干燥，不用时要用塑料袋密封保存。

（3）圆榫的直径、长度 圆榫的直径为方材厚度的1/4～1/2，目前常用的规格有6mm、8mm、10mm、12mm。圆榫的长度一般为直径的5～6倍，常用的为30～45mm。

（4）圆榫配合孔深 垂直于板面的孔，其深度h_1为3/4板厚或小于15mm；垂直于板端的孔深h_2大于15mm。

（5）圆榫与榫眼的径向配合 有过盈配合与间隙配合两种，公差值一般为±(0.1～0.2)mm。基材为刨花板时，过盈量过大会引起刨花板内部的破坏。定位圆榫需用间隙配合，定位的一端不要涂胶。

2.2 胶接合

2.2.1 胶接合的概念与特点

胶接合是指单独用胶来接合家具的零件、部件及整个产品的接合方法，而不需附加其他接合形式。胶接合的优点是可以做到小材大用，短料长用，劣材优用，既可以节约木材，又可以提高家具的强度和表面装饰质量。此外，还经常用于不宜采用其他接合方法的场合。

2.2.2 常用胶黏剂的性能

不同的胶种其胶合性能会有所差异，甚至差异很大。因此，需根据不同的工艺水平要求而合理选用。

2.2.2.1 脲醛树脂胶

脲醛树脂胶是以尿素和甲醛作原料，经缩聚反应制得具有一定黏稠性质的初期脲醛树脂，再加入固化剂或其他辅助材料调制而成。将制得的胶涂于木材表面，在一定条件下树脂分子能继续缩聚，最后形成牢固的胶层，而把木材胶合起来。脲醛树脂胶具有较高的胶合强度，较好的耐温、耐水、耐腐性能，且胶黏剂呈透明或乳白色，不会污染产品。所以，国内外广泛用它来替代蛋白类胶黏剂，已是木材工业的主要胶种。但脲醛树脂胶含有少量游离甲醛，对人体有害，需控制在允许的范围内。

在使用脲醛树脂胶时，必须施加适量的固化剂，为了改善其性能，还加入适量的填充剂等，以起到加速固化、节约树脂、防止胶层老化的作用。常用的固化剂有氯化铵、氯化锌、硫酸铵、硝酸铵等酸性盐类。常用的填充剂有木粉、淀粉、大豆粉等。脲醛树脂可制成下列两种状态的胶黏剂。

(1) *液状* 可分为黏稠液状和泡沫状两种。黏稠液状是一种呈糖浆状或乳状的液体树脂，其树脂含量随产品的牌号不同而异。这种胶稳定性差，储藏期一般为3～6个月。泡沫状胶黏剂是用不脱水的脲醛树脂胶液，在使用前加入适量起泡剂，经机械搅拌产生泡沫而成的。起泡剂使胶液体积增大，密度降低，可以起到节约胶料用量、降低成本的作用。

(2) *粉状* 由液体树脂胶经喷雾干燥而制成。这种胶黏剂具有储存时间长，便于包装运输，使用时按规定的比例加入适量水调制成胶液即可。但粉状胶的生产成本高，在国内使用不多。

2.2.2.2 热熔性树脂胶

热熔性树脂胶是最近发展较快的一种无溶剂的热塑性胶黏剂。它与其他合成树脂胶的区别在于没有溶剂，是100%的固体成分。通过加热熔化，把熔融物涂在被粘物上，冷却即迅速固化。热熔性树脂胶的种类较多，如乙烯-乙酸乙烯共聚树脂、聚酯树脂、改性聚酰胺树脂、聚氨酯树脂等。其中以乙烯-乙酸乙烯共聚树脂（简称EVA树脂）应用较广。热熔性树脂胶的主要特点是熔点高、胶合迅速、使用方便、胶着力强、安全无毒（无溶剂）、耐化学药品性强等。如果涂胶后未及时胶合胶层即冷却固化，只要再加热仍可胶合。热熔性树脂胶的主要缺点是热稳定性和润湿性较差。我国热熔性树脂胶在家具生产中正在开始研究使用，特别是用于人造板材机械封边的胶合，效果很好。

2.2.2.3 环氧树脂胶

环氧树脂胶是一种多组分胶黏剂。它以环氧树脂为主体，添加固化剂、促进剂、增韧剂、填料、稀释剂等配制而成。在这些添加剂中，除固化剂是在任何场合都必不可少的以外，其他的则根据被胶合产品的使用要求加以选择。环氧树脂胶有热固性和冷固性两种。热固性的胶层强度大大超过冷固性的。冷固性的环氧树脂胶适于胶合木材。通常冷压胶合时，需经过5～7昼夜的长时间接触，胶层才能达到最大的强度。

环氧树脂胶是目前优良的胶黏剂之一。它不但能胶合木材，而且还可胶合玻璃、陶器、塑料、金属等。胶层对水、非极性溶剂、酸与碱都很稳定，具有高度的机械强度，特别是抗剪强度，对振动负荷很稳定，电气绝缘性也好。但由于环氧树脂的成本较高，故目前国内除了在金属胶合上使用较多外，在木材胶合上使用较少。

2.2.2.4 酚醛类树脂胶

酚醛类树脂胶是酚类（苯酚、甲酚等）与醛类（甲醛及糠醛等）经催化剂的作用，加热缩聚形成具有一定黏性的液体树脂。它又称初期酚醛树脂或可溶性树脂。这种黏液在一定条件下继续缩聚，最终形成不溶解、不熔化的固体树脂，又称末期酚醛树脂或不熔性酚醛树脂。酚醛树脂也可制成下列两种状态的胶。

(1) *液状* 液状酚醛树脂胶具有一定黏性，能在碱性水溶液或酒精中溶解，加热或长期储存以及加入固化剂，最后会形成不溶、不熔的坚硬固体。前者称为水溶性酚醛树脂胶，后者称为醇溶性酚醛树脂胶。

(2) *粉状* 粉状酚醛树脂胶是初期的酚醛树脂胶经干燥制成的粉末，使用时加入溶剂就可调成胶液。粉状胶储存期较长，运输方便，但成本较高。

酚醛类树脂胶具有胶合强度高、耐水性强、耐热性好、化学稳定性好及不受菌虫的侵蚀等优点。其不足之处是颜色较深和胶层较脆。

2.2.2.5 聚乙酸乙烯酯乳液胶黏剂（乳白胶）

聚乙酸乙烯酯乳液胶黏剂是将乙酸乙烯酯单体放在水介质中，以聚乙烯醇为保护胶体，加入乳化剂，在一定条件下，采用自由基引发体系进行乳液聚合制成的乳白色黏稠乳状液。

乳白胶对纤维类材料和多孔性材料粘接良好，耐水性和耐热性较差，不适用于室外制品，可用于木家具、门窗、贴面材料等的粘接，也可以与水泥混合后制成乳胶水泥，用于粘接木材、混凝土、玻璃、煤渣砖和金属等。

2.2.2.6 皮、骨胶

骨胶以畜骨为原料，先在石灰浆中浸泡，然后水洗、中和，再用温水浸泡，再将浸出液进行脱水、干燥制成胶粒。用畜皮制成胶的称为皮胶。

骨胶胶液是典型的不均匀分散胶体，即溶胶。在40℃以上呈黏流态，比较稳定，其黏度随温度、含盐量、pH值的变化而变化。在一定浓度下，30℃以下变成凝胶，再次加热超过40℃时凝胶溶解为溶胶。温度过高时会引起蛋白质分解。皮、骨胶干燥的胶层加热可以重新软化，其熔点在60～65℃。冷却后重新凝固。它属于热塑性胶黏剂。

主要优点是对木材、纸张等附着力好，胶合强度较高，调制方便，胶层弹性好，对刀具磨损小。胶合对压力要求较低，对木材无污染。主要缺点是容易被微生物和菌类寄生变质，胶层固化时收缩明显，胶层厚时引起内应力而降低胶合强度。在使用过程中胶液必须保温在40℃以上，操作不便。除在木制家具中应用外，皮、骨胶广泛用于火柴工业、印染和砂纸、砂带、皮革等。

2.2.2.7 两液胶

两液胶是指聚乙酸乙烯酯乳液胶与脲醛树脂胶配合使用。使用时，先在聚乙酸乙烯酯乳液胶中加入适量脲醛树脂胶的固化剂（如氯化铵溶液），搅拌均匀后，涂于某一工件的胶接面上。然后将脲醛树脂胶涂于另一个工件的胶接面上。最后将两工件的胶接面紧密粘接在一起。两液胶的胶层固化速率快，胶接强度高，值得推广应用。

2.2.3 胶合的应用及其对胶种的选择

2.2.3.1 胶合的应用

随着现代新胶种的出现，胶接合的应用越来越广，如：短材接长（多用指接榫进行榫胶接合）；窄料拼宽或胶厚；覆面板胶合与封边；细木工板胶合；薄木及装饰板的胶贴；胶钉接合；实木封边等；泡沫塑料、硬塑料、橡胶等的胶贴；金属材料与木材的胶贴等，都需要使用胶黏剂。

2.2.3.2 对胶种的选择

（1）*根据产品的使用要求选择*　家具生产对胶黏剂的选择，主要考虑它的胶合强度、耐水性及耐久性；其次考虑耐腐性、耐热性、污染性和加工性等。

胶黏剂的接合强度一般应大于被胶合木材的强度。同一胶种用于不同树种木材的胶合，其强度不一，同时胶黏强度和耐水性在不同的使用场合亦有不同的要求。

胶黏剂的耐久性直接影响产品的使用寿命，故选择合适的胶黏剂，对于提高家具产品的使用寿命很重要。由于各种胶黏剂的耐久性不一，同一种胶黏剂在不同的条件下使用，其耐久性也各异。因此，必须根据使用的条件进行合理的选择。

① 豆胶或蛋白胶　在干燥条件下，有一定的耐久性。

② 血胶　在一定的空气湿度下，仍有较好的耐久性。

③ 干酪素胶　在干燥条件下使用时，具有良好的耐久性。

④ 脲醛树脂胶　热压固化的脲醛树脂胶层，耐久性比室温固化的好。在高温、高湿反复出现的情况下，仍有较好的耐久性。

⑤ 酚醛树脂胶　在高温、高湿反复出现的情况下，更显出它的优越性，其耐久性优于脲醛树脂胶。

⑥ 三聚氰胺树脂胶　在高温、高湿反复出现的情况下，仍有较好的耐久性，但不如酚醛树脂胶。采用高温胶压，可得到更好的耐久性。

⑦ 聚乙酸乙烯酯树脂胶　在室内一般的湿热条件下，具有较好的耐久性。

(2) 根据胶黏剂黏度、浓度、胶液的活性期、胶液的固化条件及固化速率等进行选择

① 黏度和浓度　黏度和浓度不但影响涂胶的方法、涂胶量、涂胶的均匀性，而且还影响胶合工艺及产品的胶合质量。用于冷压或要求生产周期短的胶合，最好选择黏度和浓度较高的胶。对胶合强度要求低的产品或材质致密的木材，则可选用黏度和浓度较低的胶。

② 胶液的活性期　胶液的活性期是指从胶液中调入固化剂开始，到胶液变质失去胶合作用的这段时间。胶液调好后，如果保存的时间超过了胶液的活性期，胶液就会变质报废而造成浪费。因此每次调好的胶液，必须在胶液的活性期内使用完。

胶液活性期的长短，取决于胶液加入固化剂的多少以及使用场所的温度、湿度等因素。加入的固化剂越多，使用场所的温度越高、湿度越低，则活性期越短。如果胶液活性期过短，将给生产上带来许多不便，也影响胶合强度；若胶液活性期过长，则胶层难以固化，需延长胶合期，降低生产效率。为此，应合理控制胶液的活性期。一般来说，生产周期短的可选用活性期较短的胶，生产周期长的则选用活性期较长的胶。

③ 固化条件和固化速率　胶液的固化速率，即指在一定的条件下，液态的胶变成固态所需的时间。胶液的固化速率不但影响压机的生产率、设备的周转率、生产的成本，而且还影响车间面积的利用率。

2.3 钉接合

2.3.1 钉接合的概念及特点

钉接合一般是指将两个零部件直接用钉接合在一起，包括钢钉与竹木钉的接合。钉接合的特点：接合工艺简单，生产效率高；但接合强度小，钉的帽头露在外面不美观。在家具制造中，通常将钉接合与胶接合配合使用，属于不可拆接合。只适用于家具内部不可见处的接合，或对外观美要求不高的地方，如沙发弹簧的固定、衣箱底板的固定、抽屉滑道的固定以及椅、凳、台的背面胶钉复条等。对于覆面板用实木封边，需用无头圆钉予以胶钉，以免影响美观。装饰性的漆泡钉常用于软家具面料的包钉。竹钉、木钉主要用于实木拼板的加固接合，在农村手工拼板中应用相当普遍。

2.3.2 钉的种类及其应用

(1) 圆钢钉　又名铁钉、钢钉、元钉，其外形如图 2-19 所示。可以用锤子把它钉入木材内，也可以用钳子等从木材中把它拔出来，但木材会受到损害，是不可拆接合。主要用于木、竹制品零部件的接合。因接合强度较小，所以常在接合面上涂上胶液，以增加接合强度。钉接合的强度与钉子的直径、长度及被接合件的握钉力有关，直径、长度及握钉力越大，接合强度就越高。

(2) 扁头圆钢钉　又名扁头圆钉、地板钉、木模钉，其外形如图 2-20 所示。主要用于家具不允许钉子帽头外露零部件的接合，如实木封边条与板式部件周边的接合，常采用扁头圆钢

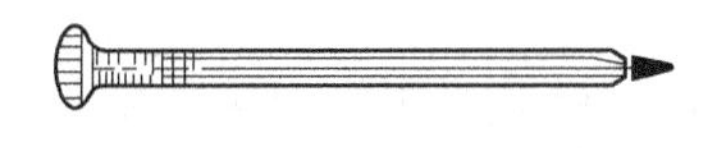

图 2-19 圆钢钉

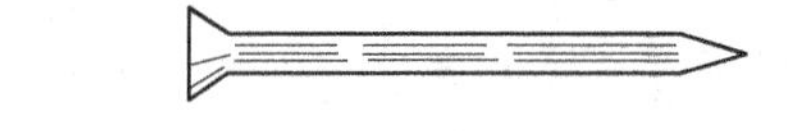

图 2-20 扁头圆钢钉

钉加胶接合，以免影响家具的外观美。

（3）两端尖圆钢钉 又名拼钉、拼板钉、拼合钉。其外形如图 2-21 所示。主要作为拼接木板的销钉。民间木工常用竹钉作为拼板销钉。

（4）骑马钉 又名 U 形钉。其外形如图 2-22 所示。主要用于固定沙发中的各种弹簧及金属网、钢丝等。

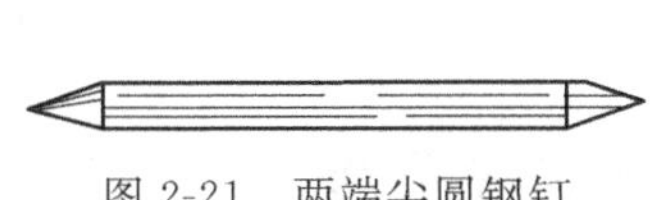

图 2-21 两端尖圆钢钉

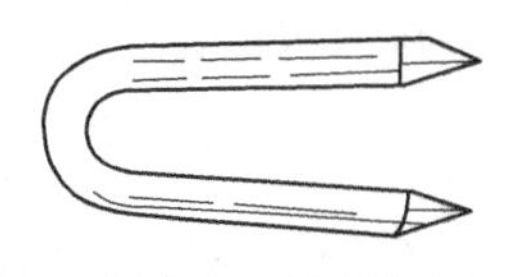

图 2-22 骑马钉

（5）鞋钉 又名秋皮钉、芝麻钉，其外形如图 2-23 所示。主要用于钉鞋跟而得名。在沙发制作中，主要用于包钉绷绳、麻布、底带、底布及面料。

（6）鱼尾钉 又名三角钉，其外形如图 2-24 所示。其用途与鞋钉的相同。其特点是钉尖锋利、连接牢固。

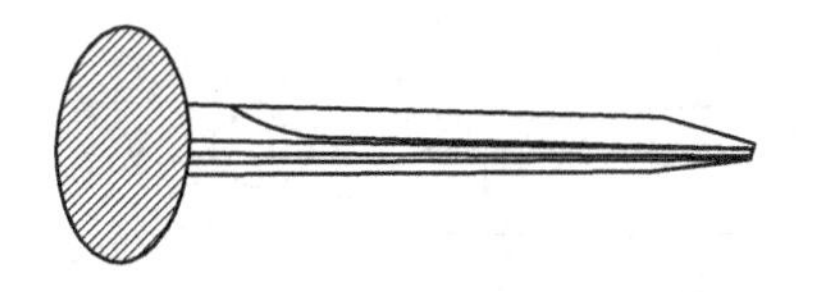

图 2-23 鞋钉

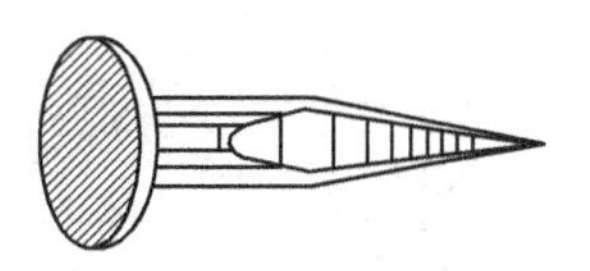

图 2-24 鱼尾钉

（7）Ⅱ形气钉 又名 U 形气钉，其外形如图 2-25 所示。主要用于钉制沙发和双面覆面空心板的框架。气钉是专供气钉枪使用的钉，不同类型的气钉枪必须使用一定规格的气钉。现在应用日趋广泛，种类和规格也在不断地增加。

（8）T 形气钉 其外形如图 2-26 所示。主要用于家具板式部件的实木封边条、实木框架、小型包装箱等的接合。用气钉枪钉入木材中的 T 形气钉的帽头不露痕迹，不影响木材继续刨削加工及表面美观，钉制速度快，质量好，应用日益广泛。

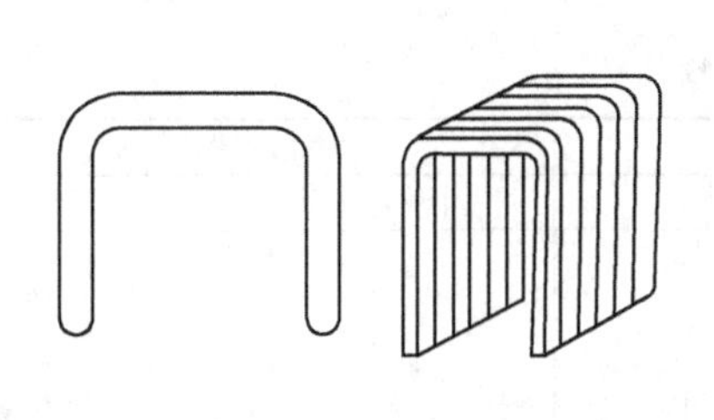

图 2-25 Ⅱ形气钉

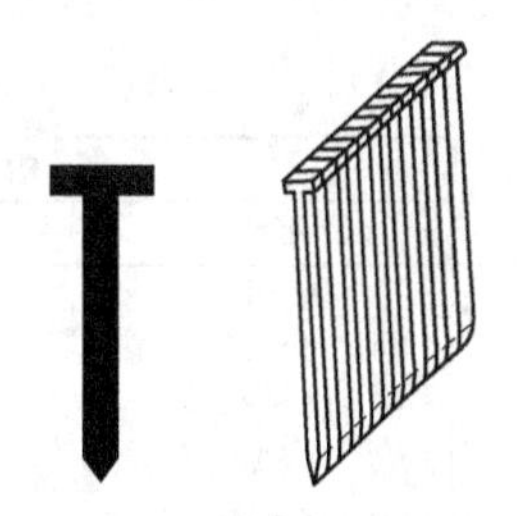

图 2-26 T 形气钉

2.4 木螺钉接合

2.4.1 木螺钉接合的概念及特点

木螺钉接合是利用木螺钉穿过一个被接合零件的螺钉孔拧入另一个被接合的零件中而将两者牢固地连接起来。若不施胶则为可拆装接合，但反复拆装的次数不能过多，以免降低接合强

度。木螺钉也叫木螺丝，是一种较简单的金属连接构件。

木螺钉接合的优点是工艺简单，成本低，能进行有限的拆装，而不影响接合强度。木螺钉需在横纹理方向拧入握钉件，接合强度高。纵向顺木纹拧入零件，则接合强度低，需避免使用。被接合件的螺钉孔需预先钻好，其孔径与木螺钉杆之间采用动配合。若被接合件太厚（例如超过 20mm）时，可将螺钉帽头伸进被接合的表面，以减少螺钉的长度。

2.4.2 木螺钉的种类、规格及其应用

（1）木螺钉的种类　木螺钉的种类有一字槽沉头木螺钉、十字槽沉头木螺钉、一字槽圆头木螺钉、十字槽圆头木螺钉、一字槽半沉头木螺钉、十字槽半沉头木螺钉等多种。其外形如图 2-27 所示。

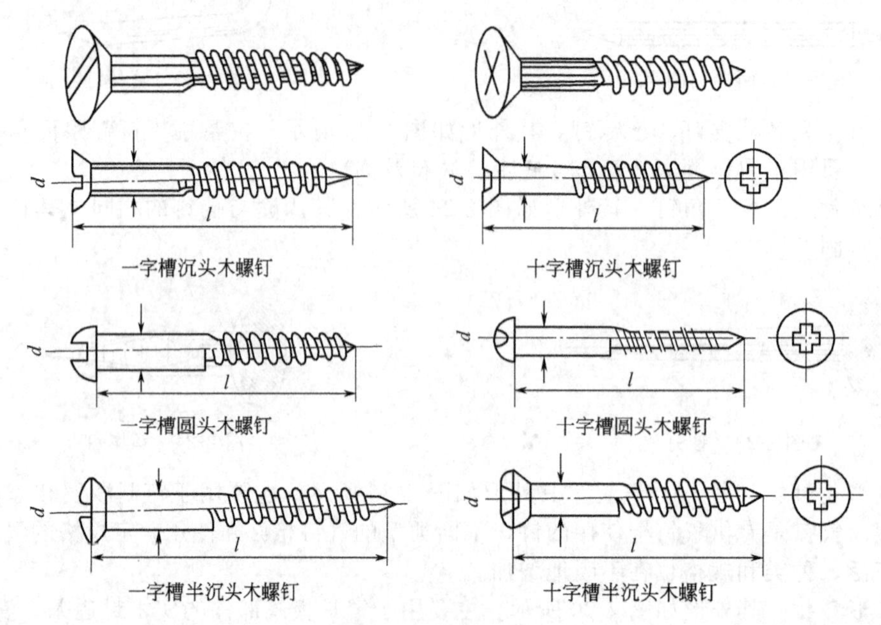

图 2-27　木螺钉的外形

（2）木螺钉的规格　由国标 GB 99～101—86、GB 950～952—86 规定，见表 2-1。

表 2-1　木螺钉的规格

直径 d/mm	开槽木螺钉钉长/mm			十字槽木螺钉/mm	
	沉头	圆头	半沉头	十字槽长	钉长
1.6	6～12	6～12	6～12	—	—
2	6～16	6～14	6～16	1	6～16
2.5	6～25	6～22	6～25	1	6～25
3	8～30	8～25	8～30	2	8～30
3.5	8～40	8～38	8～40	2	8～40
4	12～70	12～65	12～70	2	12～70
(4.5)	16～85	14～80	16～85	2	16～85
5	18～100	16～90	18～100	2	18～100
(5.5)	25～100	22～90	30～100	3	25～100
6	40～120	22～120	30～120	3	25～120
7	40～120	38～120	40～120	3	40～120
8	40～120	38～120	40～120	4	40～120
10	75～120	65～120	70～120	4	70～120

注：1. 钉长系列（mm）：6、8、10、12、14、16、18、20、(22)、25、30、(32)、35、(38)、40、45、50、(55)、60、(65)、70、(75)、80、(85)、90、100、120。

2. 括号内的直径与长度，尽可能不采用。

（3）木螺钉的应用　木螺钉接合比较广泛地应用于家具中的桌台面、柜顶板、椅座板、脚架、塞脚、抽屉撑的固定和各种连接件以及拉手、门锁、屉锁等配件的安装。此外，包装箱生产、客车车厢和船舶内部装饰板的固定也常采用木螺钉接合。

一字槽的螺钉适合于手工装配；十字槽的螺钉适合于电动工具和机械装配。沉头木螺钉应用最为广泛。

2.5　连接件接合

2.5.1　连接件接合概念及特点

连接件接合，就是利用特制的各种专用的连接件，将家具的零部件连接起来并装配成部件或产品的接合方法。这种接合可以反复拆装而不影响家具的接合强度，它是可拆装家具必不可少的接合方式。采用连接件接合可以简化产品结构和生产工艺，能使板式部件直接组装成家具，有利于产品标准化、部件通用化，有利于家具实现机械化流水线生产，也给家具包装、运输、储存带来方便，从而能有效地降低家具的生产成本。

2.5.2　连接件的种类及其应用

连接件的种类很多，常见的有直角式、螺旋式、偏心式、挂钩式、插接式等各式连接件。连接件广泛用于方材、板件的接合，特别适用于家具部件之间的连接，如衣柜的面板与旁板，旁板与底板等板式部件之间的接合；椅、凳、台、几框架件的脚架接合及其与面板的接合，均可选择相适合的连接件进行接合。

2.5.2.1　直角连接件

直角式连接件又可分为直角式、角尺式与角铁式。其特点是呈直角状安装于柜体内部，不影响外观美；安装方便；价格低廉。常用于各种板式柜类家具的装配。

（1）直角式连接件　由倒刺螺母、直角倒刺件和螺栓三部分组成。使用时，先在板件上钻孔，然后分别把倒刺螺母和直角倒刺分别嵌入板件的孔内，接合时再将螺栓通过直角倒刺件中的圆孔与倒刺螺母旋紧。如图 2-28 所示为某一规格直角式倒刺螺母的连接详图。

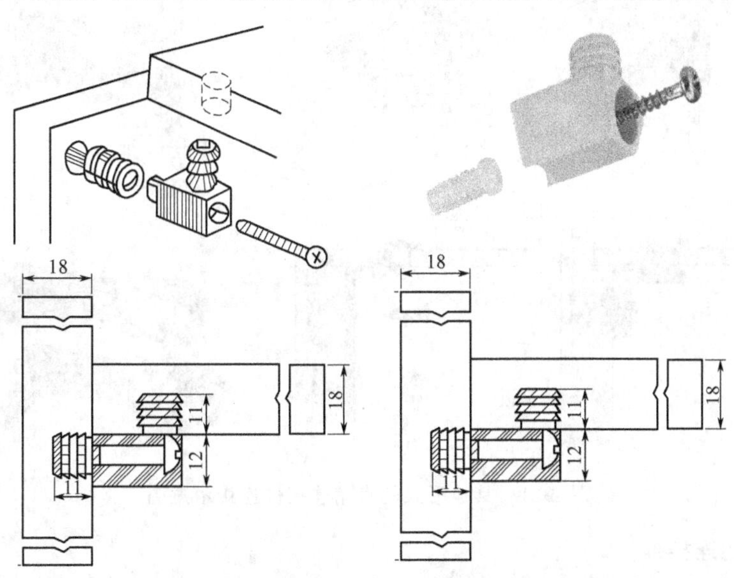

图 2-28　某一规格直角式倒刺螺母的连接详图

（2）角尺式连接件　由倒刺螺母、直角件和螺栓三部分组成。如图 2-29 所示为其连接示意图。

（3）角铁式连接件　由小段等边或不等边角铁（或铜、铝及其合金）与木螺钉组合而成。装配时采用圆棒销定位，用木螺钉连接。连接方便，成本低，但反复拆装的次数不能过多。如图 2-30 所示为其连接示意图。

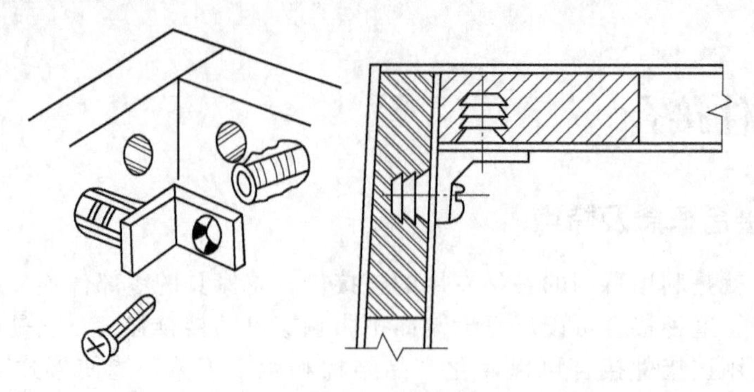

图 2-29　角尺式倒刺螺母连接示意图

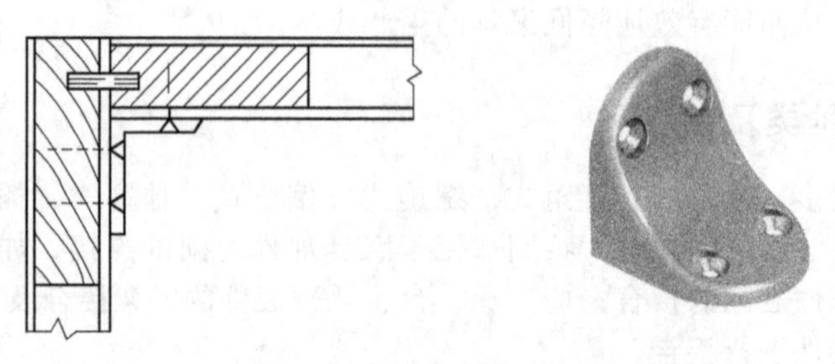

图 2-30　角铁式连接示意图

（4）其他形式的直角连接件　在柜类家具中，互为直角方向的板件也可用直角连接件接合，比较常见的形式有旁板与背板接合、中隔板与背板接合等。连接方便，可反复拆装。如图 2-31 所示为其他形式的直角连接件连接示意图。

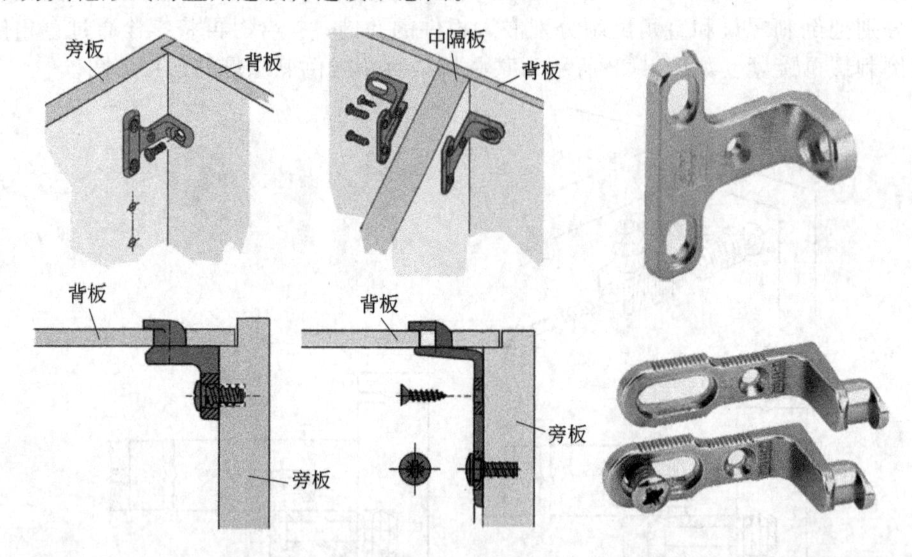

图 2-31　其他形式的直角连接件连接示意图

2.5.2.2　螺旋式连接件

螺旋式连接件是指采用倒刺式螺母、螺钉螺母、圆柱螺母、五眼板或三眼板螺母等分别与

螺栓组合而成，主要用于两垂直板件间的连接。

（1）倒刺式螺母连接件 又称倒牙螺母、倒轮式连接件，即螺母外周具有倒轮（刺）的连接件，仅由倒刺螺母与螺栓组合而成。使用时，预先将螺母嵌入被连接件中，然后用螺栓与另一板件连接在一起，主要用于两垂直板件间的接合。如图 2-32 所示为其结构图例。

（2）螺钉螺母连接件 螺钉螺母是指具有内螺纹的一种特别螺钉，与螺栓配合既可起连接作用，又可起定位作用。应用于衣柜、文件柜等柜类家具的顶（面）、底板与旁板的连接。如图 2-33 所示为其结构图例。

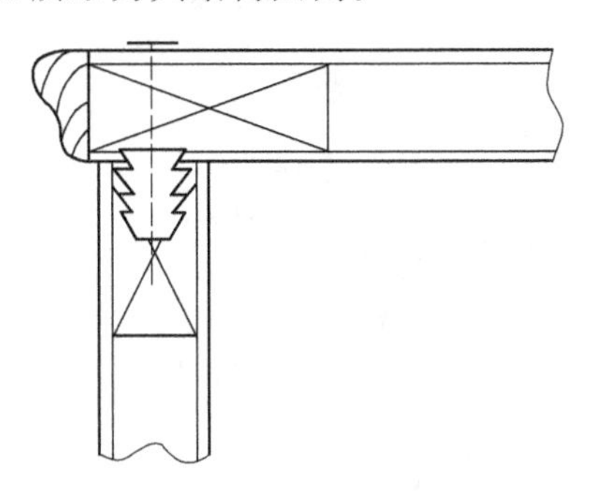

图 2-32 倒刺式螺母连接件

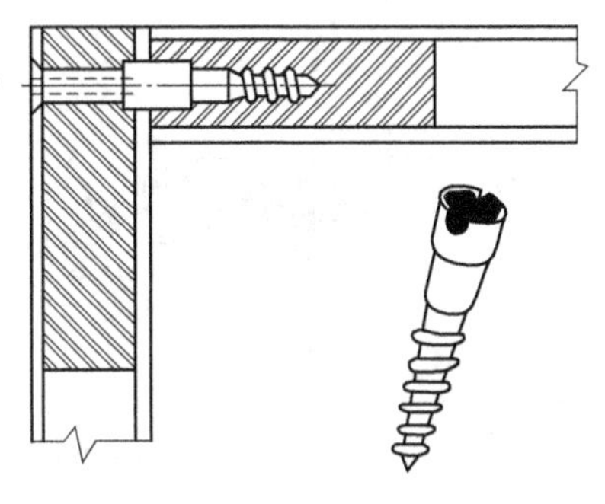

图 2-33 螺钉螺母连接件

（3）圆柱螺母连接件 圆柱形螺母连接件由圆柱形螺母、螺栓、定位连杆组成。使用时，先在板内侧连接处钻好安装圆柱螺母的圆孔，孔径应比圆柱螺母外径大 0.5mm，再在板的端面钻出螺栓孔，使之与圆柱形螺母的螺母孔相通。安装时，将圆柱螺母放入板的侧孔内，并使其螺母朝上，与螺栓相对，然后将具有内外螺纹的定位连杆穿入圆柱形螺母的孔中，最后将螺栓穿过板端上的螺栓孔，对准套在圆柱螺母上的定位连杆孔旋紧即可。其结构特点是接合强度高，且不需借助木材的握钉力来提高接合强度。所以，成为握钉力较差的一类人造板件（如刨花板、中纤板家具）最可靠、最经济的连接件。如图 2-34 所示为其连接结构的图例。

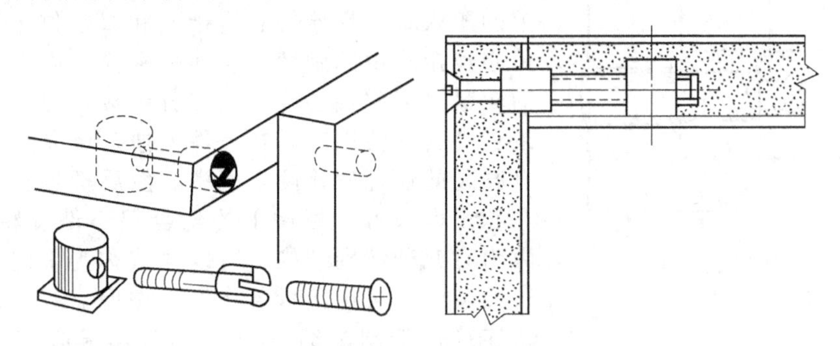

图 2-34 圆柱螺母连接件

2.5.2.3 偏心式连接件

偏心式连接件一般由三部分组成，即偏心件、倒牙螺母或膨胀螺母、连接杆。偏心式连接件的接合原理是利用偏心件、倒牙螺母或膨胀螺母，通过连接杆把两部件连接在一起。具体装配过程是首先在垂直方向板件中预埋上倒牙螺母并拧入连接杆，接着利用安装于水平方向板件中的轮盘偏心滑槽，将连接垂直方向板件的连接杆帽头拉住，最后用起子转动轮盘而把两板牢固地连接在一起。偏心式连接件是当前家具板式部件接合应用最为普遍的一种连接件形式。偏心式连接件的安装过程如图 2-35 所示。

偏心式连接件孔位布置依据不同五金件生产厂家及家具规格要求的不同而有所变化，但总体来说，都是与如图 2-36 所示偏心式连接件孔位布局没有太大变化，关键是明确 A 的距离，

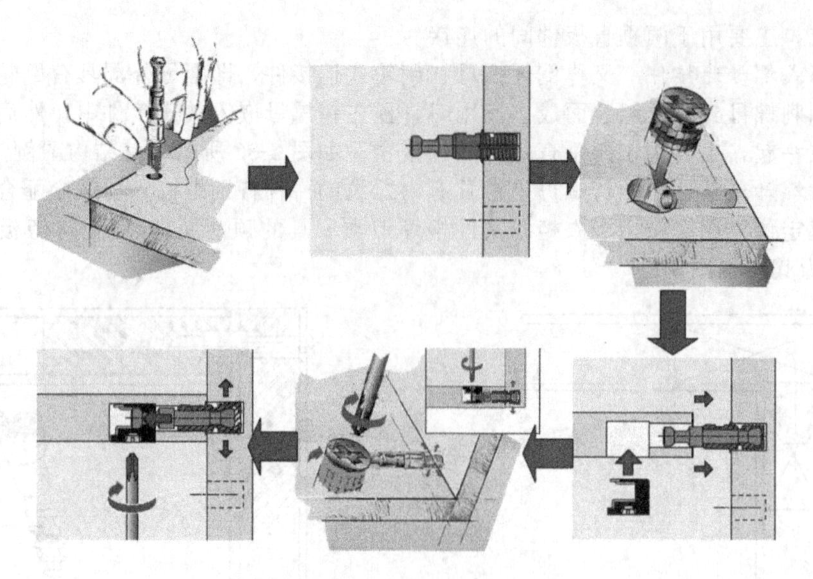

图 2-35 偏心式连接件的安装过程

即偏心件孔中心到板端边沿的距离需通过计算得出，计算公式为：

$$A=L-S+9$$

式中 A——偏心件孔中心到板端边沿的距离，mm；

S——垂直方向旁板的厚度，mm；

L——连杆帽到垂直方向旁板侧面的距离，mm；

9——变量，由五金件制造工厂提供，即连杆帽到偏心件固定部位距离。

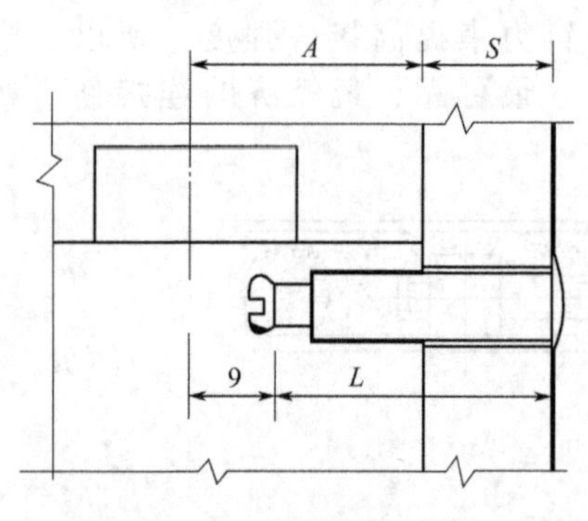

图 2-36 偏心式连接件孔位布局图

现在偏心式连接件说明书会将计算结果标识出来，已经不再需要家具设计人员计算了。

偏心式连接件有三种形式，分别为带凸轮和膨胀销的压入式、螺栓偏心连接式和双定位压腔式。螺栓偏心连接式由倒刺螺母、连杆螺栓和内部带偏心滑槽的轮盘（俗称偏心件）三部分组成，也俗称为三合一或三件套。使用时，在板件上嵌入倒刺螺母，并把带有脖颈的连杆螺栓旋入其中，然后把连接杆通过螺栓孔和预埋入另一板件上的轮盘偏心件旋转锁紧即可。因为有此种特别结构，所以也被称为旋转扣。为了使表面美观，可用塑料盖将偏心件掩盖起来。旋转偏心式连接件如图 2-37 所示。另外，偏心式连接件种类较多，能满足各种有特殊连接要求的家具板件接合形式。如图 2-38 所示，图 2-38(a) 是中隔板与两水平搁板接合示意，图 2-38(b) 是两块板件呈锐角接合示意，图 2-38(c) 是两块板件呈钝角接合示意。

其结构特点是拆装方便、灵活，适合于自装配家具；有较大的接合强度；隐藏式装配，不影响外观；但装配孔加工较复杂、精度要求高。广泛用于各种柜类的板件接合。

2.5.2.4 拉挂式连接件

拉挂式连接件是利用固定于某一部件上的片式连接件上的夹持口，将另一部件上的片式或杆式零件夹住，且所受力越大，夹持越紧，主要用于两垂直板件或方材间的连接，比如床的靠背脚部与床梃的接合，如图 2-39 所示。其结构特点是结构简单，装配方便，价格低廉。

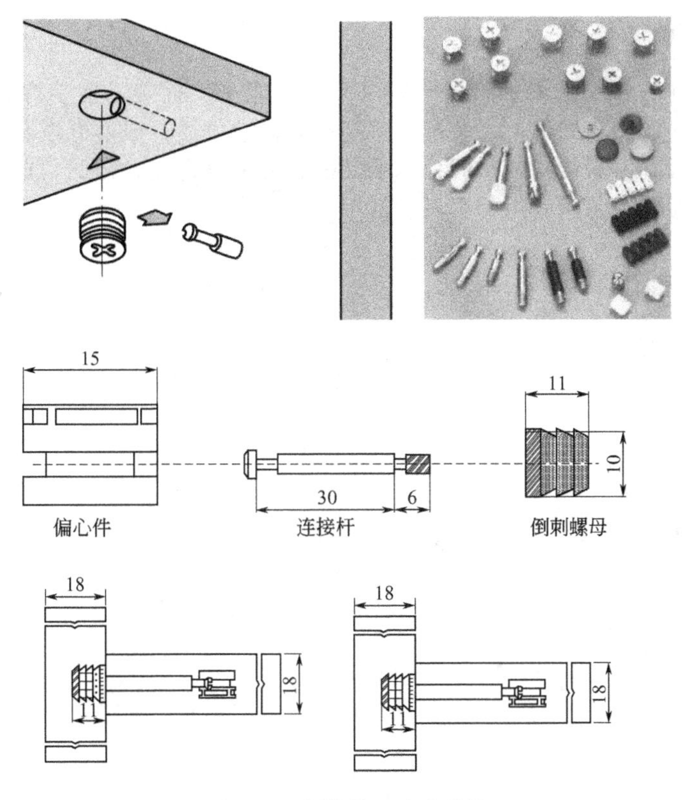

图 2-37 螺旋偏心式连接件

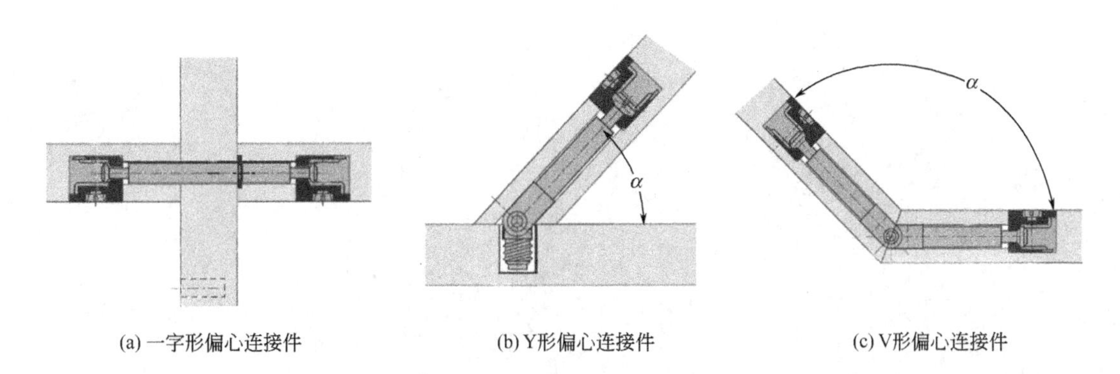

图 2-38 偏心式连接件在各种板件连接形式中的应用

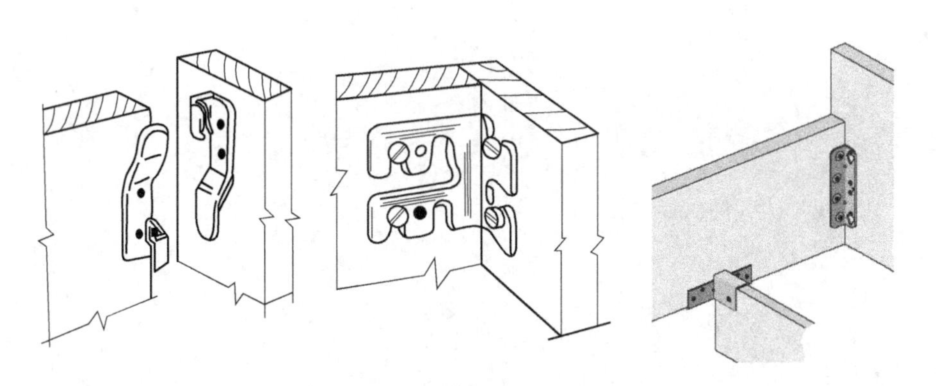

图 2-39 拉挂式连接件

2.5.3 对连接件的基本要求

对家具用连接件的要求是：①结构牢固可靠；②能多次拆装，且装拆方便，无损家具外观；③松动后可直接调紧和维修；④装配效率要高，制造方便，成本低廉。家具连接件的安装正确与否，直接关系到家具结构的牢固程度及其配合后的稳定性。因此，在大批生产时要求有专门的设备，装配时要求采用专用的工具。

第3章

家具结构设计

家具结构设计成为广为普及的大众实用艺术品与满足“实用、经济、美观”基本原则的前提条件，必须具备牢固与合理的结构，以确保使用功能的要求。因此，家具结构设计的重要性毋庸置疑。本章是家具结构设计的基础理论，主要研究家具各种部件的内在结构与家具的装配结构。分别对框架件结构、箱框件结构、实木接长加厚拼宽部件结构、覆面空心板与覆面实心板结构、弯曲件结构、脚架结构、板式家具32mm可拆装结构、家具总装配结构、软体家具结构、竹藤家具结构进行详细分析和系统性介绍。

3.1 框架部件结构

3.1.1 框架的概念与基本构件

在此所说的框架，是指由若干根木材零件通过榫接合而成的框架。其框架可为三角形、正方形、长方形及其他各式多边形，其中以正方形与长方形应用较普遍。框架可以是独立的产品，同时又是框式家具的基本部件，一般框式家具是由一系列的框架部件构成。有的框架中间设有嵌板，或嵌玻璃，或是中空的。最简单的框架就是仅由两根立边与两根帽头，用榫接合而成。常见的实木桌、椅、凳的脚架则是较复杂的框架结构。如图3-1所示为木框的基本结构，是由立边、帽头及若干根立撑与横撑构成。

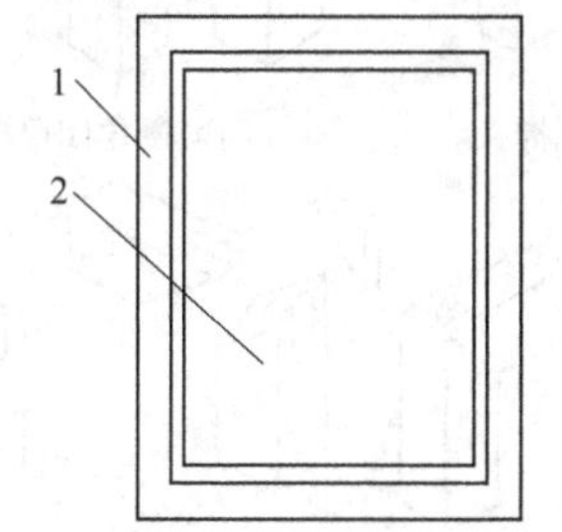

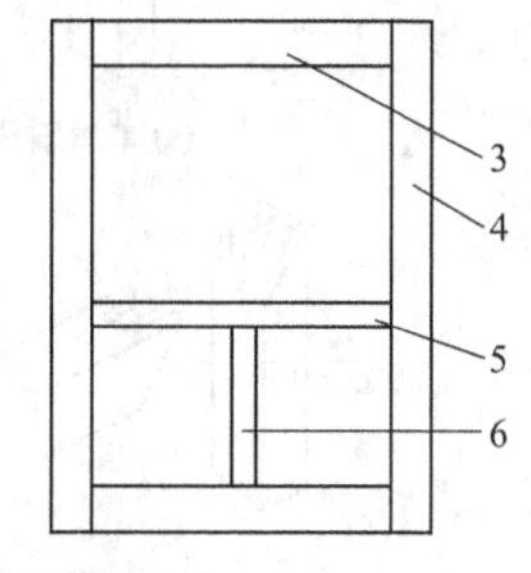

图3-1　木框的基本结构

1—木框；2—嵌板；3—帽头；4—立边；5—横撑；6—立撑

3.1.2 框架角接合的方式

根据框架接合后其立边与帽头的端面

是否外露，可分为直角接合、斜角接合两种。

(1) 直角接合的基本方法　直角接合是指框架接合后，其立边或帽头的端面露在外面。其特点是外形欠美观，但接合强度较高。常用的接合方法有直角开口贯通（单或双）榫、直角开口不贯通（单或双）榫、直角半开口不贯通单榫、直角半开口贯通单榫、直角闭口不贯通（单或双）榫、直角闭口贯通（单或双）榫、插入圆棒榫、燕尾榫及连接等多种件接合。如图 3-2 所示为直角接合的基本方法。

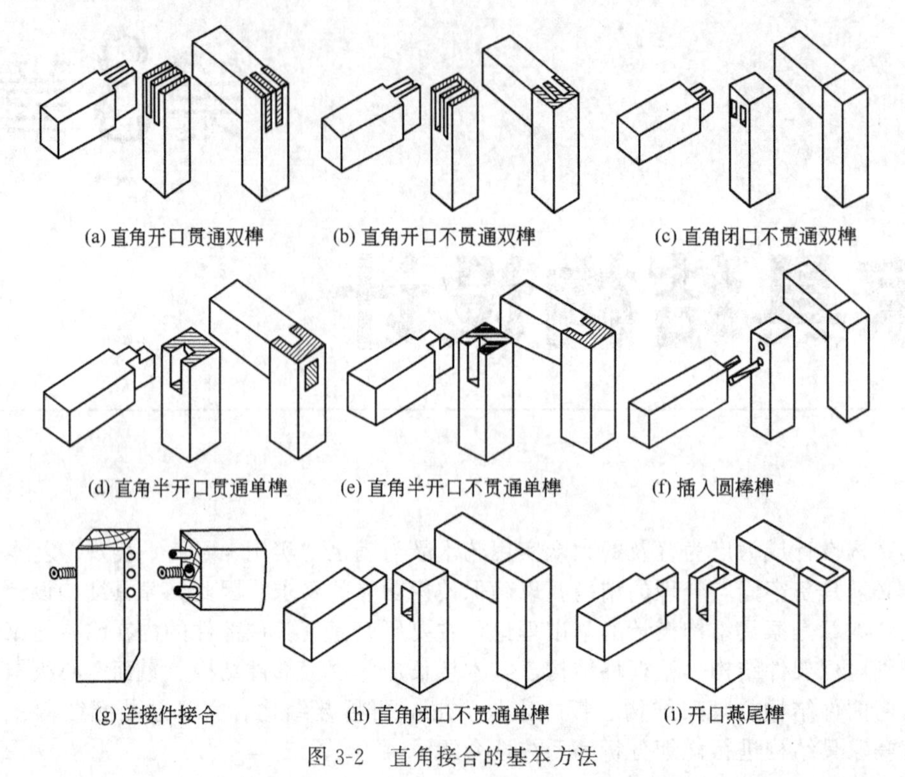

图 3-2　直角接合的基本方法

(2) 斜角接合的基本方法　斜角接合是指框架接合后，其立边与帽头的端面都不外露。其特点是外形美观，但接合强度较低。斜角接合的基本方法主要有双肩斜角暗榫、双肩斜角交叉暗榫、双肩斜角开口（单、双）榫、单肩斜角明（暗）榫、插入暗榫、插入明榫、插入圆榫，如图 3-3 所示。

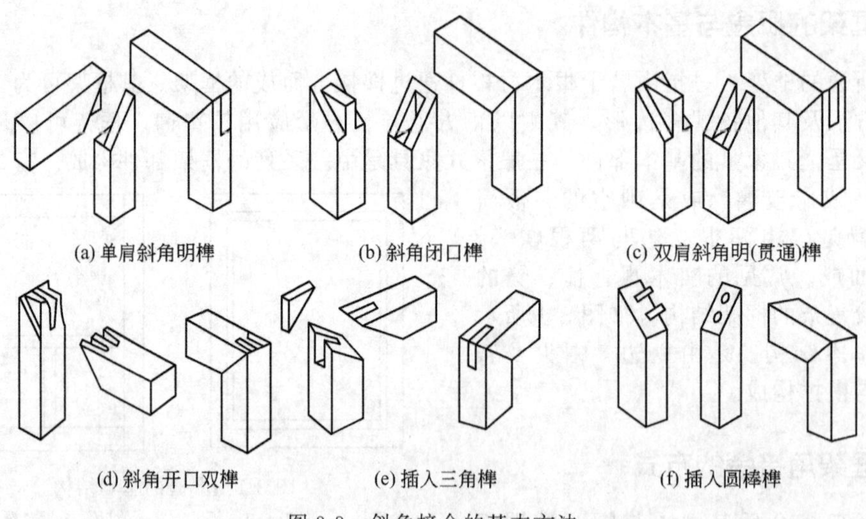

图 3-3　斜角接合的基本方法

3.1.3　框架中撑接合的基本方法

框架中撑接合的基本方法如图 3-4 所示，主要有直角明（暗）榫、插入圆榫、直角槽榫、直角双向开口榫、燕尾榫、对开十字槽、分段直角榫对接等多种方法。

3.1.4　框架嵌板结构

3.1.4.1　嵌板的概念

在框架内嵌入人造板、实木板、玻璃、镜子等，统称为木框架嵌板。

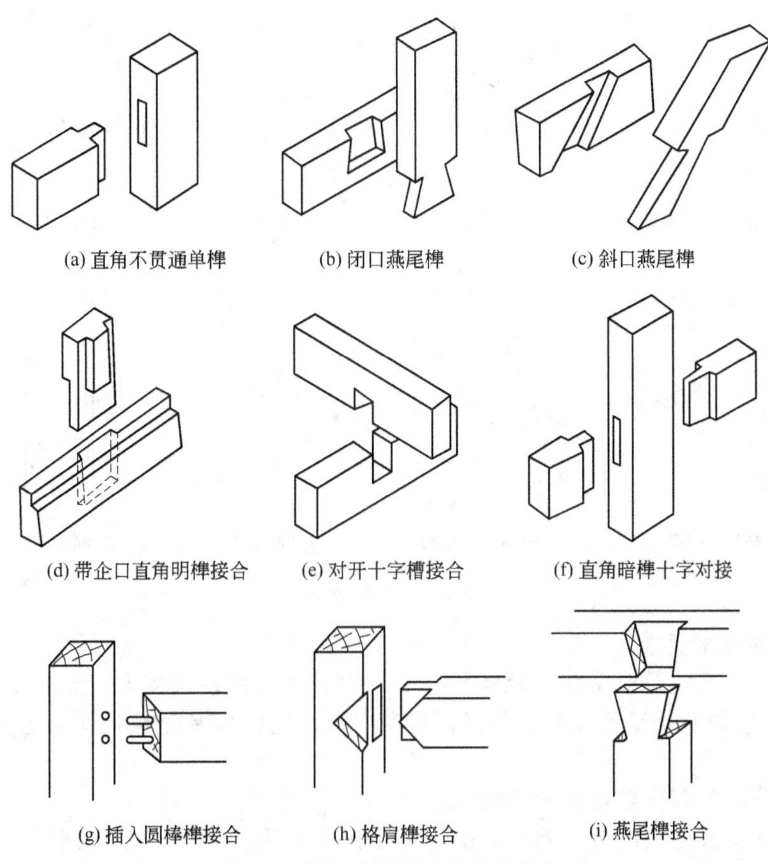

图 3-4　框架中撑接合的基本方法

3.1.4.2　嵌板的方法

木框嵌板有槽榫嵌板和裁口嵌板两种基本方法。

(1) 槽榫法嵌板　槽榫法嵌板是在木框立边（立撑）与帽头（横撑）的内侧面开出槽沟，在装配框架的同时将嵌板放入一次性装配好。这种结构嵌装牢固，外观平整，但不能更换嵌板。图 3-5 中的（a）～(c) 为槽榫法嵌板，三种形式的不同之处在于木框内侧及嵌板周边所铣型面不同，这三种结构在更换嵌板时都需将木框拆散。其中图 3-5(a) 结构能使嵌板盖住嵌槽，防止灰尘进入嵌槽内；图 3-5(b) 结构广泛应用在实木衣柜柜门结构设计中，门芯板中间厚两边薄，既节约材料又能体现出实木感；图 3-5(c) 结构常用于非正立面的实木嵌板结构中。

(2) 裁口法嵌板　裁口法嵌板是在木框的立边（立撑）与帽头（横撑）内侧面开出阶梯口，嵌板用成型面木条挡住，成型面木条用木螺钉或圆钉固定，从而使嵌板固定于木框中。如图 3-5 中（d)～(f) 所示为各种裁口法嵌板。这种结构装配简单，易于更换嵌板。常用于玻璃、镜子的安装。采用嵌板结构时，槽沟不应开到帽头的榫头上，以免破坏接合强度。

木框内嵌装玻璃或镜子时，需利用断面呈各种形状的压条，压在玻璃或镜子的周边，然后用螺钉使它与木框紧固。如图 3-5(g) 所示。设计时压条与木框表面可以不要求齐平，以节省工时。当玻璃或镜子装在木框里面时，前面最好用三角形断面的压条使镜子紧紧地压在木框上，在木框后面还需用板或板框封住，这种镜子嵌入木框槽内的结构，安装安全、稳固、简便；当玻璃或镜子不嵌在木框内，而是装在板件表面上时则需用金属或木制边框，用螺钉使之与板件相接合，如图 3-5(h) 所示。

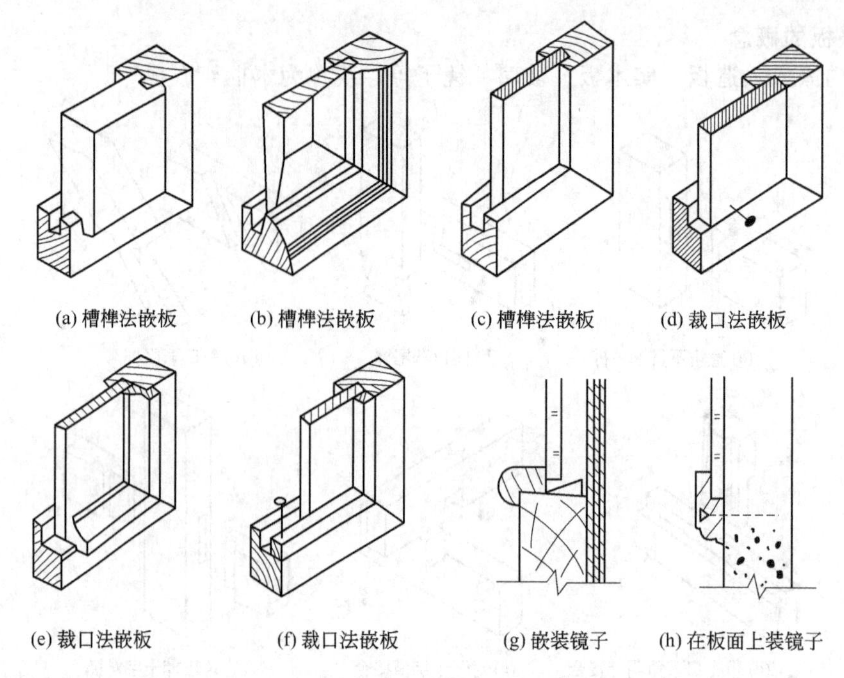

图 3-5 嵌板方法

3.1.4.3 嵌板的技术要求

① 嵌槽的几何尺寸：槽深度一般需大于 5mm，槽的边厚一般需大于 6mm，一般框架的厚度不能过厚，故槽的宽度受到限制，若嵌板为实木板，应将其周边刨削薄一点或削成斜面，以与槽的宽相适应。

② 嵌槽深不能破坏框架角部的榫结构。

③ 嵌板与框架嵌槽的配合公差：嵌槽的长度比嵌板宽度大 2～5mm 间隙，以便嵌板膨胀时，不至于破坏框架结构。嵌槽高度方向留有 1～2mm 间隙，嵌槽宽度需大于嵌板周边厚 0.1～0.3mm，以使嵌板与嵌槽接合后留有 0.1～0.3mm 的间隙。

④ 嵌板、嵌槽均不能施胶，以利于嵌板在嵌槽中能自由伸缩而不变形。

3.1.5 木框嵌板结构设计要点

① 嵌板槽深一般不小于 5mm，槽边厚不小于 6mm，嵌板槽宽最多为 10mm 左右。木框的榫头应尽量与沟槽错位，以避免榫头的接合力被削弱。

② 框内侧要求有凸出于框面的线条时，应用木条加工，并把它装设于板件前面；要求线条低于框面，则用边框直接加工，利于平整，这时木条则装设于板件背面。

③ 一般嵌板的板面低于木框表面，常用于柜类家具的门板、旁板等立面部件；嵌板表面与框架表面相平，多用作桌面，少用于立面。嵌板表面凸出于框架表面的嵌板件，适用于较厚的嵌板，嵌槽不外露，较美观，但较费料费工，应用较少。

④ 板式部件中的镜子可采用木框嵌板方式嵌装于由板件裁出的方框内；也可装设于板面

之上，用金属或木制成型条与木螺钉安装固定。镜子的背面需用胶合板或纤维板封闭，前面的木条也可用金属饰条取代。

3.2 箱框部件结构

3.2.1 箱框的概念与基本构件

箱框结构指用板材构成的框体或箱体结构。箱框至少由三块或三块以上的板件围合而成。构成柜体的箱框，中部可能还设有中板，即隔板或搁板。箱框结构设计在于确定角部、中板的接合。

3.2.2 箱框角接合方法的类型

根据箱框接合后其周边板的端面是否外露，可分为直角接合与斜角接合两种。

3.2.2.1 直角接合的基本方法

直角接合牢固大方，加工简便，但欠美观，为一般箱框常用的接合方法。箱框直角接合的基本方法如图 3-6 所示。

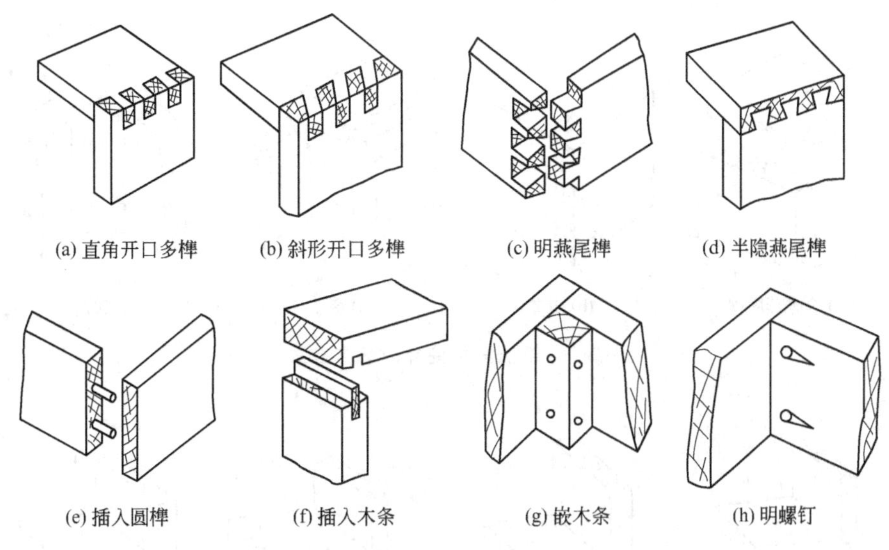

图 3-6 箱框直角接合的基本方法

（1）直角开口多榫接合　榫端外露，多用于屉后板与屉旁板、普通木箱、包装箱、仪器箱的接合。

（2）斜形开口多榫接合　榫端外露，接合强度大，适合于载重较大的仪表箱、包装箱的接合。

（3）明燕尾榫接合　能承受较大的板材纵向拉力，多用于抽屉、衣箱后板的角接合。

（4）半隐燕尾榫接合　能承受较大的板材纵向拉力，且只有一块板端面的榫端外露，一般不影响正面的美观。多用于抽屉面板与屉旁板、衣箱、包脚前面板与旁板的接合。

（5）插入圆榫接合　加工简单，且有足够的强度，适用于衣柜的顶板、底板与旁板的接合或作定位销。也用于柜的搁板与隔板的安装。

（6）插入木条接合　接合强度较小，只能用于较小的仪表箱、装饰品盒的接合。

（7）嵌木条接合　适用于刨花板的角部接合，强度较低，可用塞角加固。

（8）明螺钉接合　加工简单，强度较小，用于屉后板与屉旁板的接合及包装箱的角部接合。

3.2.2.2　斜角接合的基本方法

箱框斜角接合，是指箱框接合后，其周边板的端面均不外露的接合。斜角接合较美观，但强度略低，主要用于对外观要求较高的箱框接合。箱框斜角接合的基本方法如图 3-7 所示，有全隐燕尾榫、槽榫、穿条、塞角等多种接合方法。

（1）全隐燕尾榫接合　接合强度较低，但承受板材的纵向拉力较大，且外表美观。多用于箱子、包脚的前角接合。

（2）槽榫接合　开横槽板的端部易崩裂，强度较低，适用于硬阔叶材箱框接合。可做抽屉的角接合及包脚的后角接合。

（3）穿条接合　强度较低，适用于小仪表盒的接合。

（4）塞角接合　多用圆榫定位，塞角与木螺钉进行接合，可用于柜类家具包脚的角接合。

3.2.3　隔板与搁板接合的基本方法

隔板与搁板接合的基本方法如图 3-8 所示，有直角槽榫、燕尾槽榫、半燕尾槽榫、插入木条、插入圆榫、直角多榫、木条与螺钉、搁板支撑等接合方法。其中以插入圆榫接合最简单，最经济，应用最为广泛。搁扦（托）主要用于活动搁板的安装，以方便调整高低位置。

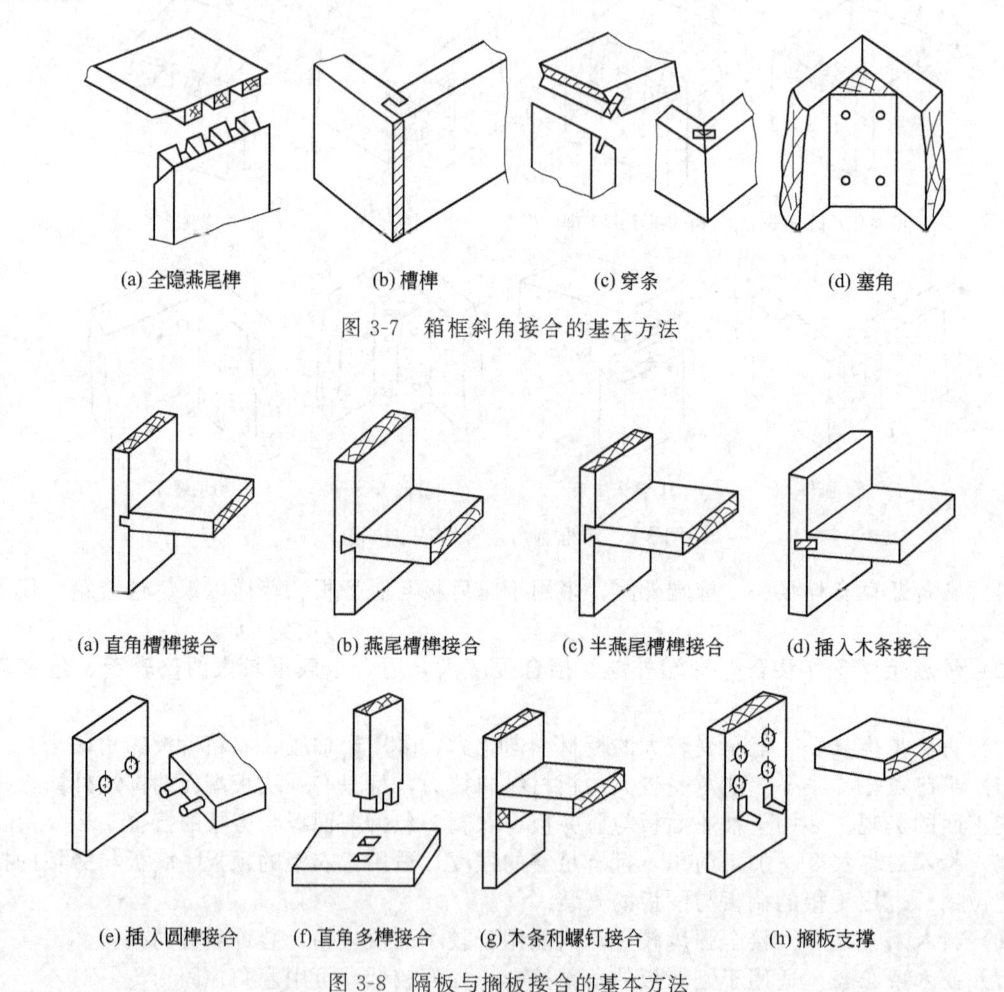

(a) 全隐燕尾榫　(b) 槽榫　(c) 穿条　(d) 塞角

图 3-7　箱框斜角接合的基本方法

(a) 直角槽榫接合　(b) 燕尾槽榫接合　(c) 半燕尾槽榫接合　(d) 插入木条接合

(e) 插入圆榫接合　(f) 直角多榫接合　(g) 木条和螺钉接合　(h) 搁板支撑

图 3-8　隔板与搁板接合的基本方法

3.2.4　箱框设计要点

(1) 箱框为实木板件　其角部的接合宜用整体多榫。在整体多榫接合中，又以明燕尾榫接合强度最高，斜形榫次之，直角榫最次。

(2) 箱框角接合为燕尾榫　从外观美考虑，全隐榫接合其榫端都不露，最为美观；半隐榫接合有一面的榫端不外露，能保证一面美观；明燕尾榫接合其榫端都外露，最不美观，但接合强度最大。为此，全隐燕尾榫多用于包脚前角的接合；半隐燕尾榫可用于抽屉前角及其包脚后角的接合；明燕尾榫可用于要求隐蔽的结构，也用于强度较大的箱框角接合。

(3) 接合强度要求较大的箱框角　可采用斜形多榫、直角多榫接合；常用于抽屉后角接合。

(4) 柜类家具的柜体所用的各种板式部件（含拼板部件）　宜用各类连接件接合，不宜用整体多榫接合。

(5) 箱框中板的接合　均可用圆榫接合。若为拼板也可用直角榫接合。

3.3　实木接长加厚拼宽部件结构

随着以人为本、可持续的科学发展观不断深入人心，作为纯天然材料的木材，拥有美丽的色泽和纹理，有调温调湿、触感温暖、对人体无毒无害等诸多优点，使人们对实木时代、绿色生活的健康生态家居的喜爱之情与日俱增。因此，在国家实施天然林保护工程，世界木材蓄积量不断下降，实木家具价格日益攀升的今天，实木家具在家具市场的份额却呈越来越高的趋势。

实木家具中较长、较厚、较宽的零件，一般要对锯材经过接长、加厚和拼宽设计得到。这主要是由于受到锯材尺寸的限制，更重要的是尺寸较大的零件受到木材干缩湿胀特性影响，零件往往会因收缩或膨胀而引起翘曲变形，零件尺寸越大，这种现象就越严重。因此，对于尺寸较大的零部件一般采用短料接长、薄料加厚、窄料拼宽或的结构。这样不仅能扩大零部件幅面与断面尺寸、提高木材利用率、节约大块木材，同时也能使零件的尺寸和形状稳定、减少变形开裂和保证产品质量，还能改善产品的强度和刚度等力学性能。

3.3.1　实木接长结构

就是将短材胶接成长材。其方法有以下三种。

(1) 对接　如图3-9所示，将木材的横截面进行胶接。由于一般木材横截面较粗糙，平整度差，所以胶接强度低，应用较少。

(2) 斜面胶接　如图3-10所示，为提高木材横截面的胶接强度，可将木材的端面锯成斜面，以增加其胶接面积。木材端头的斜面 L 越长，胶接面积越大，接合强度就越高，但材料损耗也越多。因此，其胶合强度比对接有所增加，随着胶合面与纤维方向夹角的减小，斜面越长则接触面积越大，胶合强度就越高。但是斜坡的长度越长则加工的难度也就越大，同时也浪费材料。

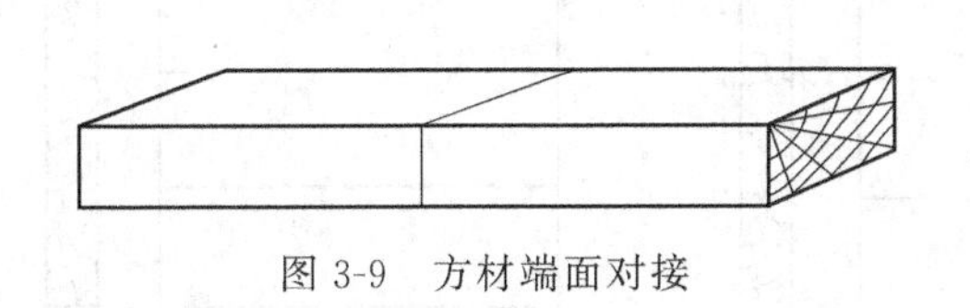

图3-9　方材端面对接

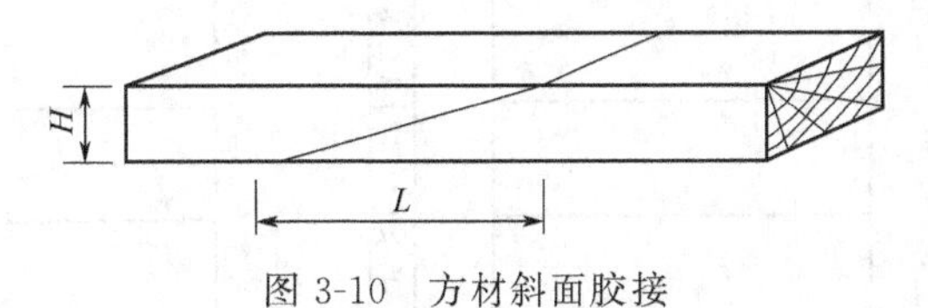

图3-10　方材斜面胶接

(3) 齿形榫胶接　如图3-11所示，将木材两端加工成齿形榫进行胶接，是将小料方材两

端加工成指形榫（或齿形榫）后采用胶黏剂将其在长度上胶合的方法。指形榫能在有限的长度内尽可能地增加接触面积，所以强度相对而言也是最高的。其齿形榫的方向有两种，一种是齿形呈现在木材的侧面，如图 3-11(a) 所示；另一种是齿形呈现在木材表面，如图 3-11(b) 所示，可根据产品美观性要求而定。木材采用齿形榫胶接，不仅接合强度大，而且材料损耗少，故应用最为广泛。

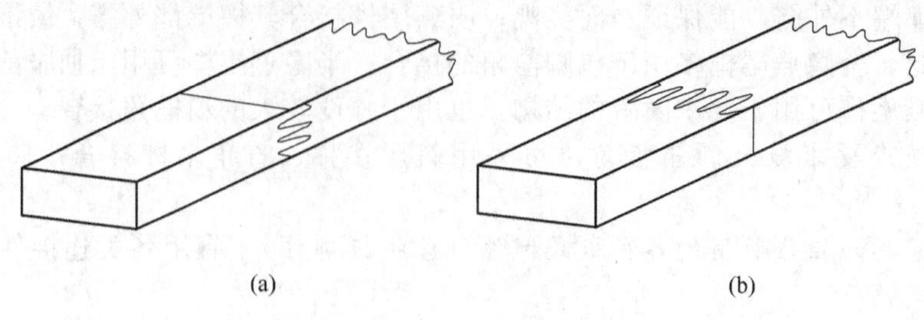

图 3-11　方材齿形榫胶接

3.3.2　实木加厚结构

实木加厚又称薄料层积，是将厚度较薄的小料通过不同的组合而层积胶合成一定断面尺寸的厚料集成材部件。如图 3-12 所示，将木材加工成需要的规格后，可直接在接合表面上涂胶，加压胶合成所要求的厚度。

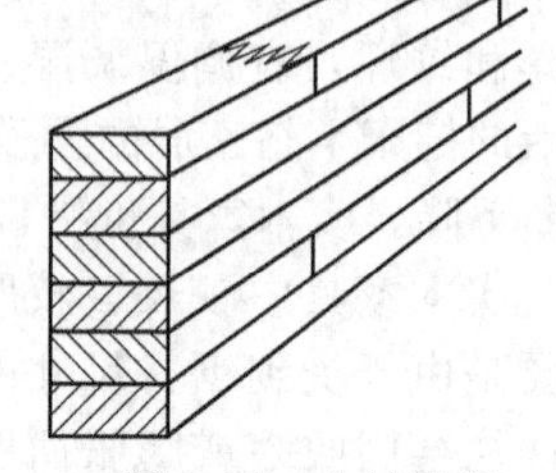

图 3-12　木材厚度方向的胶合

3.3.3　实木拼宽结构

采用特定的结构形式将窄的实木板胶拼成所需宽度的板材称为拼板。传统的框式家具的桌面板、台面板、柜面板、椅坐板、嵌板以及钢琴的共鸣板都采用窄板胶拼而成。实木拼板件经久耐用，但工艺技术要求高，对材质要求高，木材消耗也大。为了避免和减少拼板的收缩量和翘曲量，单块木板的宽度应有所限制。有些企业规定，当板宽超过 200mm 时，应锯成两块使用。采用拼板结构，除了限制板块的宽度外，同一拼板零件中的树种和含水率也应一致，以保持形状稳定。

3.3.3.1　拼板的主要方法及其特点

（1）平面拼接　又称平拼，即将木板的拼接面刨切平直光滑，涂上胶液，加压胶合即可，如图 3-13 所示。这种拼板结构由于不开槽不打眼，在拼板的背面上允许有 1/3 的倒棱，故在材料利用上较经济。且在加压胶拼的过程中，窄板的板面不易对齐，表面易产生凹凸不平现象。所以材料厚度上的加工余量需适量增大。这种拼板方法工艺简便，接缝严密，是家具常用的拼板方法。

（2）阶梯面拼接　又称裁口拼，是将木板的拼接面刨削成阶梯形的平直光滑的表面，涂上胶液，加压胶合即可，如图 3-14 所示。这种接合的强度比平拼的要高，拼板表面的平整度也好得多。但材料消耗也相应增加，比平拼多 6%～8%。

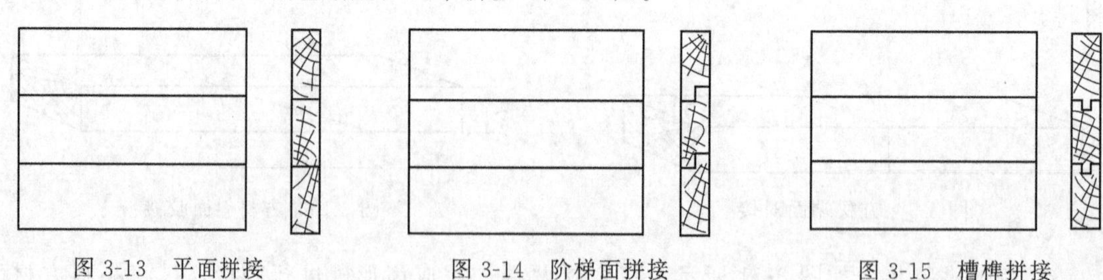

图 3-13　平面拼接　　图 3-14　阶梯面拼接　　图 3-15　槽榫拼接

（3）槽榫（簧）拼接　亦称为企口拼接，将木材的拼接面刨削成直角形的槽榫（簧）或榫槽，借助胶加压接合。此法拼板接合强度高，表面平整度好。材料消耗与裁口拼接基本相同。当胶缝开裂时，仍可掩盖住缝隙，拼缝密封性好，常用于柜的面板、门板、旁板以及桌、台、几的面板等的拼接，如图 3-15 所示。

（4）齿形槽榫拼接　又称指形接合法，将木材拼接面刨削成齿形槽、榫，涂上胶液，加压胶合即可。这种接合强度最高，胶接面上有两个以上的小齿形，因而便于组板胶拼，拼板表面平整度高，拼缝密封性好，是一种理想的拼板法。常用于高级面板、门板、搁板、望板、屉面板等的拼接，如图 3-16 所示。

（5）穿条拼接　将木材的接合面刨削成平直光滑的直角榫槽，借助木条或人造板边条，涂上胶液，加压胶合而成。能提高接合强度，其木材消耗与平拼法基本相同，是应用较多的一种拼板方法，如图 3-17 所示。

（6）插入榫拼接　将木材的接合面刨削光滑平直，并打上圆孔，涂上胶液，插入圆榫（或方榫、竹钉），加压接合即可，如图 3-18 所示，要求圆孔加工位置精确。该结构材料消耗与平拼的方法基本相同，能节约木材，提高胶接合强度。民间木工常用竹钉拼板，拼板效果良好。方榫加工复杂，采用很少。

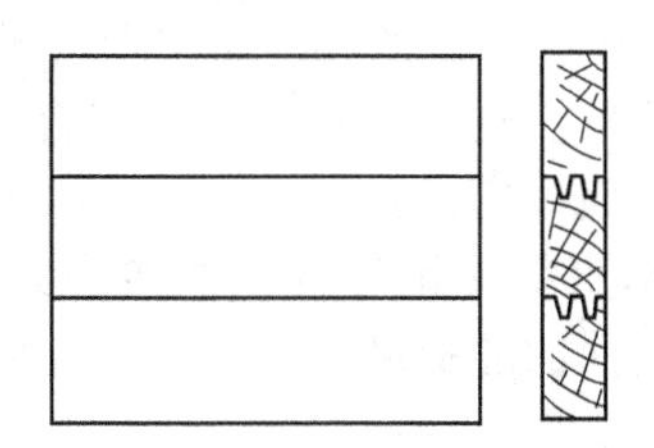

图 3-16　齿形槽榫拼接

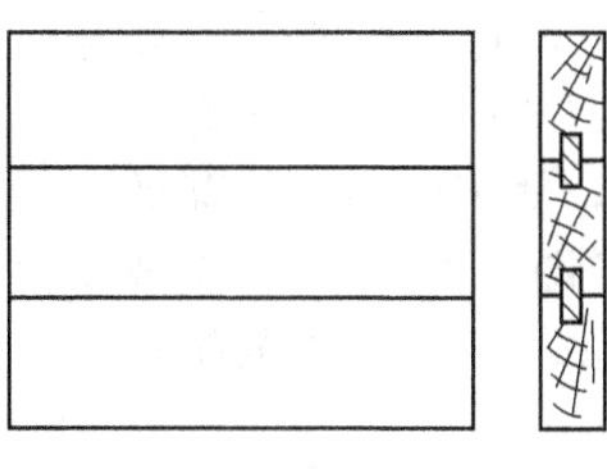

图 3-17　穿条拼接

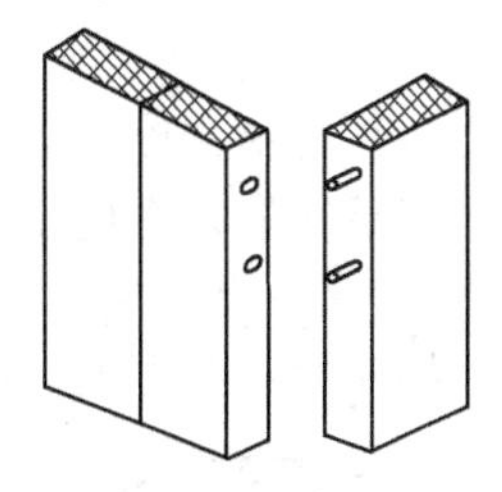

图 3-18　插入榫拼接

（7）螺钉拼接　有明螺钉与暗螺钉两种。前一种方法是从一个拼板的背面钻出拼板侧面的螺杆孔，在另一个拼板的拼接面钻有螺钉孔，在两拼板侧面涂胶后，用木螺钉加固胶拼，以提高拼接强度，但要破坏它反面的整体结构，如图 3-19 所示。

后一种方法较复杂，在拼接窄板的侧面开有一个钥匙形的槽孔，另一面上的相对应处拧上木螺钉，装配时将螺钉从圆孔处垂直插入钥匙形槽孔，再向钥匙形窄槽方向打移，以使螺钉头卡于窄槽底部，实现紧密连接，如图 3-20 所示。此法既能提高拼接强度，又不影响外形美观，常用于木条与板边的连接，如床屏盖头线、覆面板的实木条封边等，可确保胶接严密，经久耐用。也可用于拆装的接合，但接合面不能施胶。

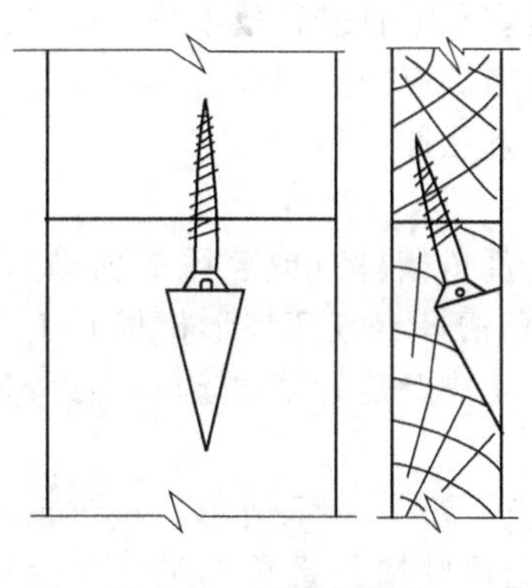

图 3-19　明螺钉拼接

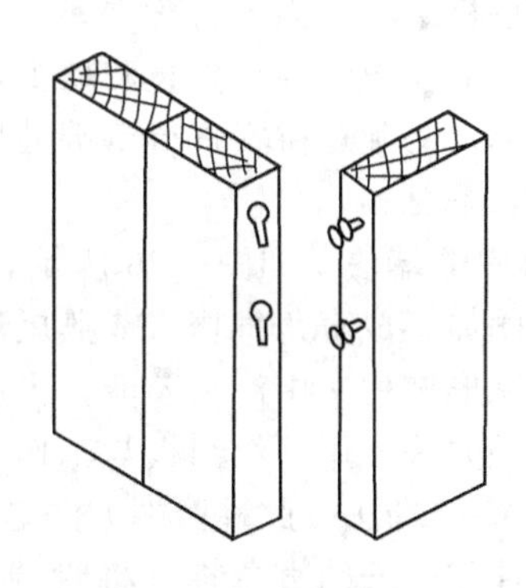

图 3-20　暗螺钉拼接

（8）木销拼接　首先在拼板的拼接面相对应处铣削出燕尾槽，然后在拼接面涂上胶液，并对齐，将制好的双燕尾形木插销嵌入拼板的燕尾槽中即可。主要用于厚板的拼接，如制造水箱

盖板，如图 3-21 所示。

(9) 穿带拼接　如图 3-22 所示，首先在拼板的一面至少铣削两条燕尾形横向长槽，然后将加工成燕尾形的木条插入燕尾形横槽中即可。此法可控制拼板的翘曲，仓库门、汽车库门、篮球板、锅盖板等常采用该种结构进行拼接。

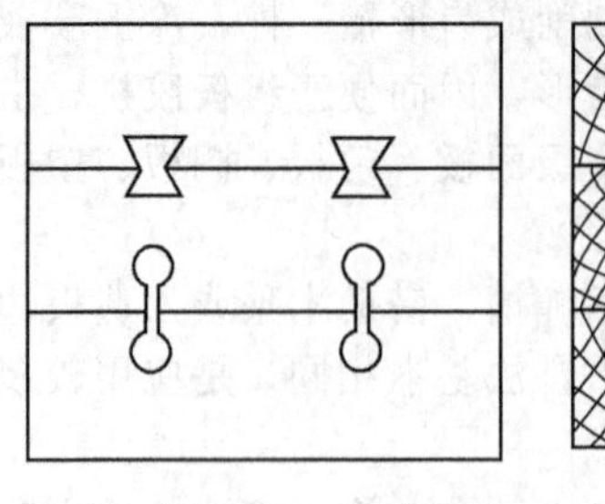

图 3-21　木销拼接

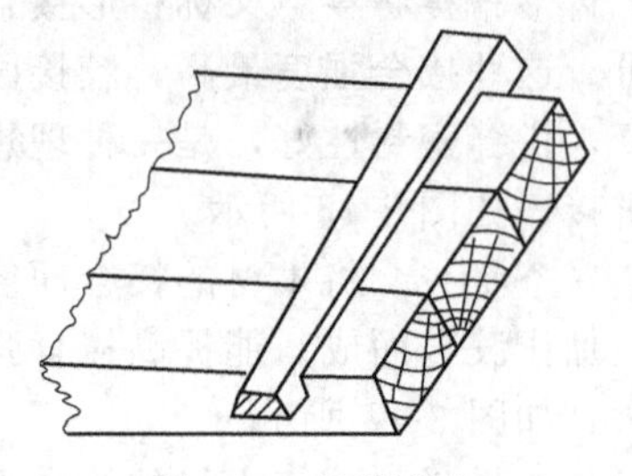

图 3-22　穿带拼接

(10) 吊带拼接　如图 3-23 所示，在已胶拼好的拼板的背面，将木板条摆放好，用木螺钉固定在拼板上即可。这种结构可加固拼板件的接合强度，并能控制拼板翘曲变形。常用于大型餐桌、会议桌、乒乓球台、工作台等的台面拼板结构中。

(11) 螺栓拼接　如图 3-24 所示，将拼板的拼接面刨平滑后，在其背面的相对应处钻上螺栓孔，再在拼接表面上涂上胶液，并放好，接着将螺栓插入拧紧即可。这种拼板方法，接合强度大，不易变形，常用于大型面板，如试验桌、篮球板、乒乓球台面等的拼接。

(12) 波形金属连接件拼接　如图 3-25 所示，将波纹金属片垂直打入拼板背面的接缝处，以加固拼板的胶接强度。此种方法多用于普通件的拼板上或者是覆面的芯板结构中。

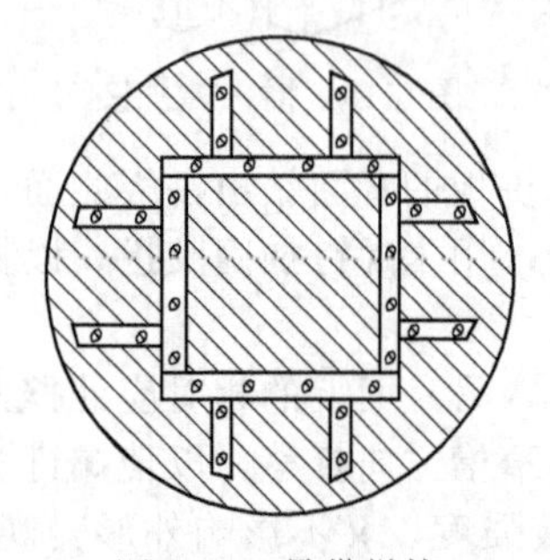

图 3-23　吊带拼接

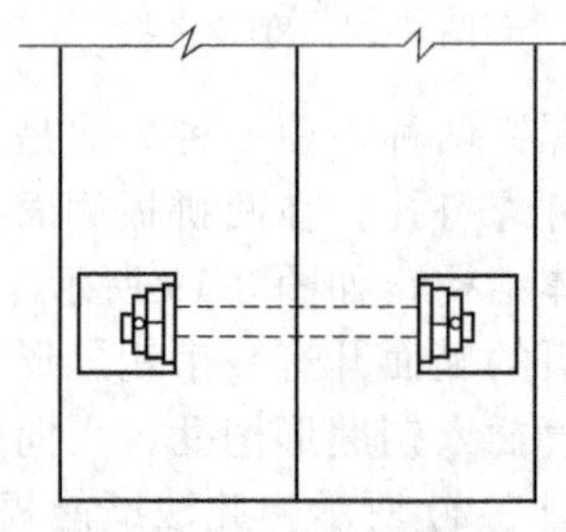

图 3-24　螺栓拼接

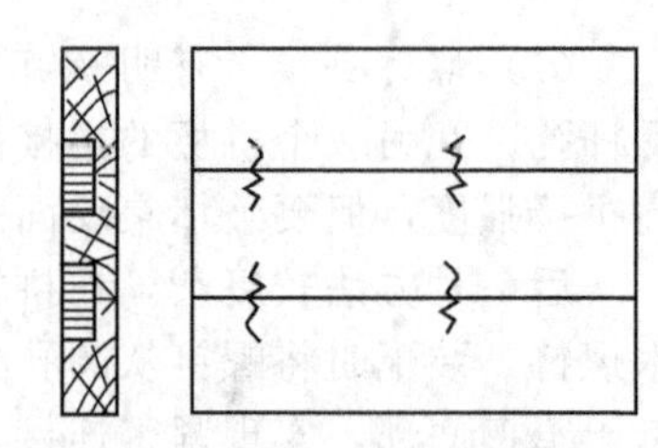

图 3-25　波形金属连接件拼接

3.3.3.2　拼板镶端的作用与方法

采用拼板结构，当木材含水率发生变化时，拼板端面容易吸收或释放水分，而导致拼板脱胶开裂、翘曲变形。为了防止和减少这种现象的发生与增加拼板的美观性，不能让拼板端表面暴露于外部，必须对拼板进行镶端处理。常用的镶端有以下几种。

(1) 木条封端

① 槽榫镶端法　如图 3-26 所示，将拼板两端加工成直角槽榫（或燕尾形槽榫），将封端木条的一侧加工成直角榫槽（或燕尾形槽榫），分别在直角槽榫（或燕尾形槽榫）上与直角榫槽（或燕尾形榫槽）中涂上胶液，再进行加压胶合即可。其缺点是封端木条的端面外露，影响美观。这种方法多用于绘图板与工作台面板的封端。

② 透榫镶端法　此种镶端方法是对槽榫镶端的加固法，如图 3-27 所示。将拼板两端加工成直角槽榫与较长的直角榫，将封端木条的一侧加工成直角榫槽与直角榫眼，并分别涂上胶液，接着对两者进行加压胶合即可。其应用和缺点，与榫槽镶端法的相同。

③ 斜角透榫镶端法　在透榫镶端的基础上，将拼板件与镶端木条的两端加工成 45°的斜角，同样加胶加压进行封端即可，如图 3-28 所示。其优点是封端木条的端面不暴露，较为美

观。但此法加工较复杂，是我国古代家具中常用的镶端方法，常用于各种桌、几、椅、凳等面板的镶端。

④ 矩形木条镶端法　如图 3-29 所示，在拼板件的两端加工出直角槽，并在槽中涂上胶液，然后将加工好的木条嵌入槽中即可。此方法简便，能减少拼板件翘曲变形，但板端不美观，实际应用较少。

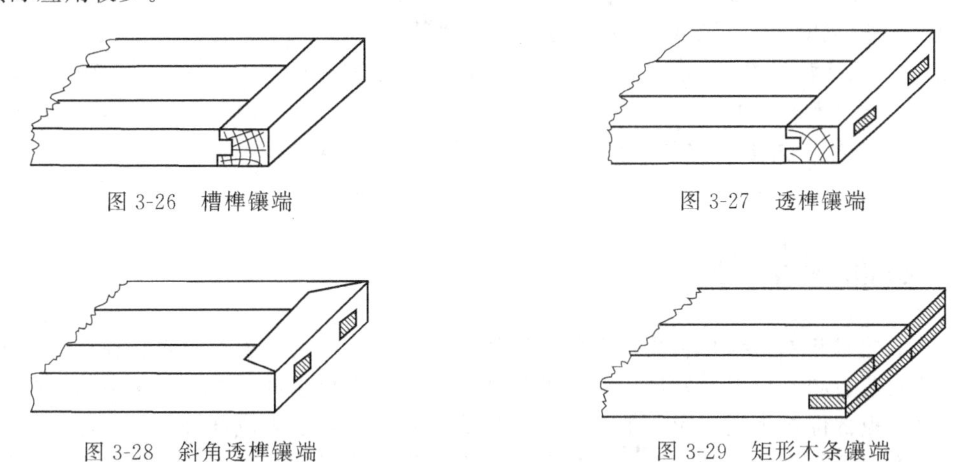

图 3-26　槽榫镶端　　图 3-27　透榫镶端

图 3-28　斜角透榫镶端　　图 3-29　矩形木条镶端

(2) 用涂料封端　即用树脂涂料涂饰拼板件的端面，使之形成连续牢固的涂膜，以防止空气中的水分从拼板端面进入，而破坏拼板的胶层。这种封端方法简单，生产成本低，但不美观，是低档椅、凳、台面板常用的封端方法。

3.3.3.3　拼板的技术要求

(1) 拼板的板材宽度与厚度　为了尽量减少实木拼板的收缩和翘曲，单块木板的宽度应有所限制，一般应小于 200mm，若超过 200mm 需锯解成两块使用。家具用的拼板常规厚度为：桌面、屉面 16～25mm，厚桌面 30～50mm，嵌板 6～12mm，屉旁板、屉后板 10～15mm。

(2) 拼缝的严密性　拼板应保证拼缝严密，以满足美观与拼接强度要求。

(3) 拼接面的平整光洁度　拼板拼接表面的平整光洁度越高，拼接强度就越大。

(4) 拼板的防翘曲措施　若拼板部件在家具中是无紧固结构的自由件时（如作门扇），则容易翘曲，需采取防翘曲措施，其方法是在拼板的两端设置横贯的木条。在防翘结构中，木条与拼板之间不要加胶，以允许拼板在湿度变化时能沿木条方向自由胀缩。

(5) 拼板部件用材要求　同一拼板部件需以同种材或材性近似的木材相拼，以减少拼板部件的变形与防止胶层早期破坏。

(6) 拼板部件材面的匹配法　其一是指各拼条的同名材面（即指径向切面或弦向切面）朝向一致，如图 3-30(a) 所示，当湿度变化时，拼板部件会弯向一致。此法适用于桌面等有紧固结构的拼板部件，以防止弯曲的产生；其二是指相邻拼条的同名材面朝向相反，如图 3-30(b) 所示，当湿度变化时，相邻拼条弯向相反，板面虽有多个小弯，但整板平整。此法适用于门板、嵌板等能自由伸缩的拼板件。

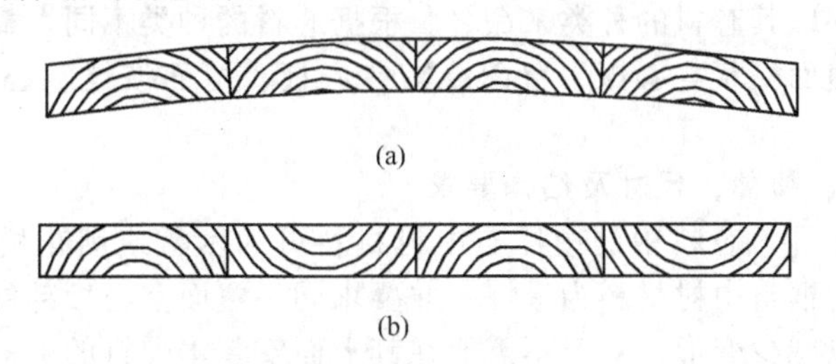

图 3-30　实木拼板同名材面朝向示意图

(7) 拼板含水率　要求拼板木材的含水率一致，并应低于当地木材年平均含水率，这样拼板才不易产生变形。一般拼板木材横纤维方向尺寸（板的宽度、厚度）会随周围空气湿度的变化而变化，干缩湿胀的周期为1年，其尺寸变化幅度为：

$$\Delta B=K(W_1-W_2)B$$

式中　ΔB——拼板宽度（或厚度）尺寸变化幅度，mm；

B——板宽度（或厚度）尺寸，mm；

K——干缩系数，因树种干缩方向而异，径向为0.1%～0.2%，弦向为0.2%～0.4%；

W_1，W_2——一年中拼板木材含水率的最大值与最小值，%。

3.4 覆面板结构

随着科学技术和木材综合利用事业的不断发展，家具生产的主要原材料正在由单一的天然木材向各种人造板和复合材料发展。家具的组成单元也由方材零件扩展到各种成型部件和覆面板部件。覆面板部件作为板式家具的主体，是构成家具最主要的组成部分，已广泛用于各类家具的生产。覆面板结构的家具，可以充分利用小料，提高木材利用率；并且尺寸稳定，能减少翘曲变形，改善产品质量；还有利于实现机械化、连续化、自动化生产。因此，在现代家具和其他木制品生产中，覆面板部件获得了广泛的应用。

覆面板部件种类较多，按其结构特征，可分为覆面空心板和覆面实心板两大类。

覆面实心板，即芯料为实心的覆面板，是在实心芯料表面上胶贴覆面材料制作而成。覆面实心板的芯料有带木框的和不带木框的两种，其芯板一般由刨花板、纤维板、细木工板等人造板制作而成。分别称为覆面刨花板、覆面纤维板、覆面细木工板。其中以覆面细木工板质量最好，常用作缝纫机台板、中高级家具的板式部件，具有尺寸稳定、变形小、力学性能好、易加工、五金件连接安装牢固等优点。

3.4.1 覆面空心板

3.4.1.1 覆面空心板的概念

覆面空心板是芯料具有空隙的覆面板，即在具有空隙的芯料表面上胶贴覆面材料制作而成。通常覆面空心板部件的芯层材料都带有木框，放入木框中的芯层材料主要有实木条、人造板条、波状单板条、格状单板条、蜂窝状纸等多种。覆面材料多为薄胶合板，常在薄胶合板表面上再贴薄木，以提高其美观性。这种覆面板既有实木板的特性，又有实木板所没有的优点，如形状和尺寸稳定、质量轻、表面装饰性能好等优点，为广大用户所喜爱，常用于中高级家具的制造。

3.4.1.2 覆面空心板的种类

各种覆面空心板都以其芯料的种类来命名。根据芯料的种类不同，最常用的空心板可以分为覆面栅状空心板、覆面格状空心板、覆面蜂窝空心板、覆面波纹空心板等多种。如图3-31所示。

3.4.1.3 芯料的材质、材种、尺寸及结构要求

(1) 边框与中衬材料　芯料中的边框与中衬材料可为木材或刨花板、中密度纤维板等几种。其中以实木作为边框与中衬材料为最好，并要求同一覆面空心板部件使用同一树种的木材或材性相似的木材，以减少变形。对于不需要在其上面安装木螺钉的中衬可用刨花板、中密度纤维板等为原材料。边框零件的宽度不宜过大，以减少翘曲变形，一般宽度以30～50mm为

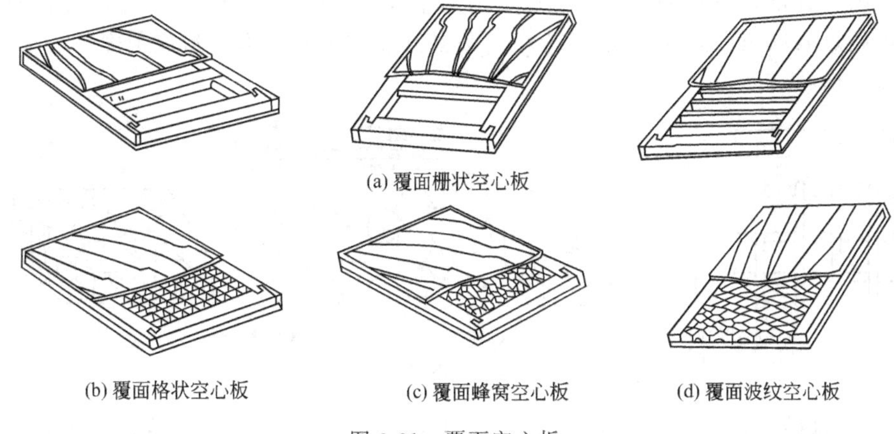

(a) 覆面栅状空心板

(b) 覆面格状空心板　(c) 覆面蜂窝空心板　(d) 覆面波纹空心板

图 3-31 覆面空心板

宜。中衬的宽度需根据家具的装配要求而定，一般为 6～25mm，不需要在其上面拧入木螺钉的可取较小值。

（2）填料　芯料中的填料有栅状、格状、蜂窝状及波纹状等多种形式。

① 栅状空心填料　如图 3-32 所示，用条状材料（如木条、刨花板条、中密度纤维板条等）作木框横衬，与木框立边间用“Π”形钉或榫槽接合，组成栅状结构，其中榫接合主要用于单包镶部件中。中衬之间的净空距离，需根据覆面材料厚度、覆面空心板部件使用功能要求及家具等级来确定。表 3-1 为覆面栅状空心板的覆面材料厚度与中衬之间距离的关系。横衬之间的净空距离过大则覆面空心板表面容易出现凹陷现象。横衬的尺寸、数目、位置要根据覆面材料厚度、横衬之间的净空距离以及覆面空心板部件使用功能的要求来确定。覆面材料厚，横衬之间的净空距离可以大一些，即横衬数目可以少些。受力较大或表面平整度要求较高的覆面板部件，其横衬之间的净空距离要小一些。

因此，用作柜面板、桌面等覆面栅状空心板部件，因表面平整度要求较高，或受垂直载荷较大，故中衬之间净空距离应取表中的较小值。若为柜类家具的旁板或隔板部件，则中衬之间的净空距离可取较大值。

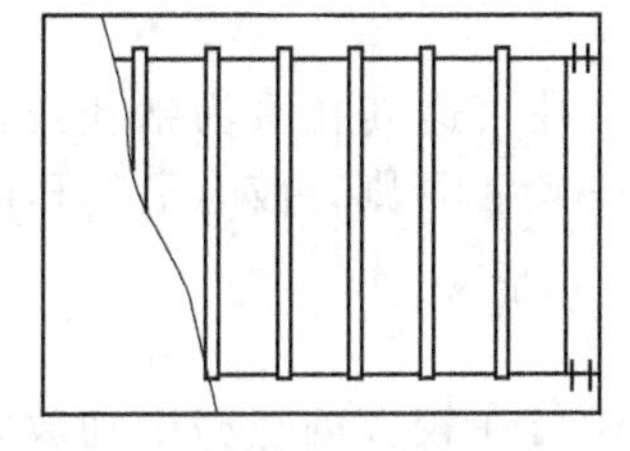

图 3-32 栅状空心填料

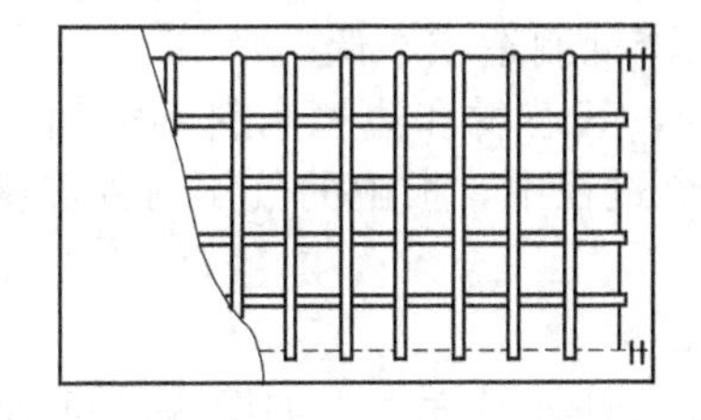

图 3-33 格状空心填料

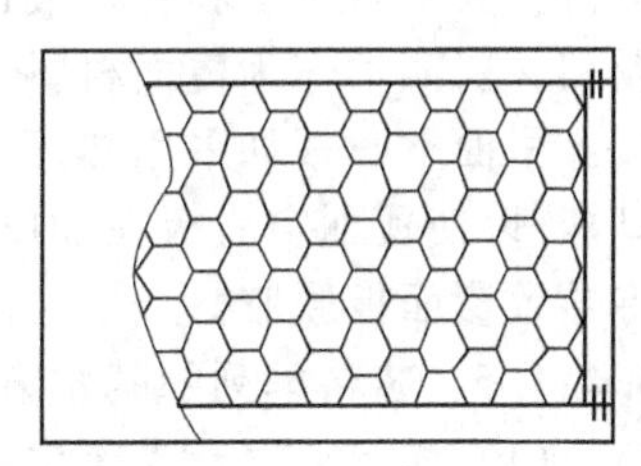

图 3-34 蜂窝状空心填料

表 3-1 覆面栅状空心板的覆面材料厚度与中衬之间距离的关系

覆面空心板种类	覆面材料	中衬之间净空距离/mm
单包镶	三层胶合板	90～130
	五层胶合板	110～160
双包镶	三层胶合板	75～90
	五层胶合板	100～150

② 格状填料　如图 3-33 所示，在圆锯机上将单板、胶合板或纤维板锯成一定宽度的长条，其宽度要比木框厚度稍大一些，一般约大 0.5mm。然后，在多片锯上开成若干个缺口，其深度为板条宽度的 1/2，切口间距为 50～100mm，然后将加工好的板条交错插合成方格状芯

料放入木框内。其格状芯料的长度与宽度，需与木框中空格相配合。这种结构要注意格状空隙的间距不可超过表层覆面材料厚度的 20 倍，以防止格状间距太大而造成覆面空心板表面凹陷。如图 3-35(a) 所示。

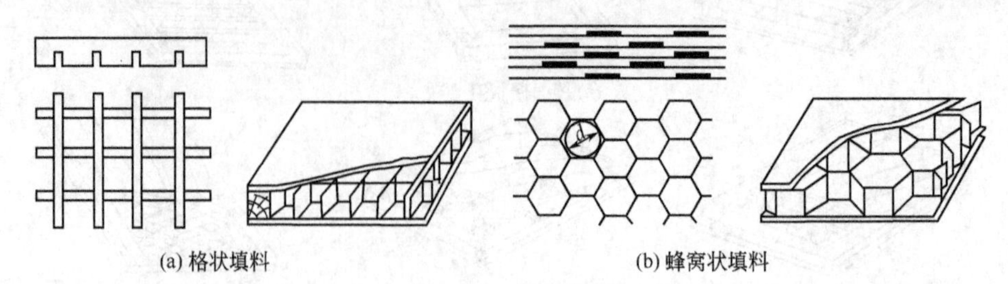
(a) 格状填料　　(b) 蜂窝状填料

图 3-35　空芯填料

③ 蜂窝状填料　如图 3-34 所示，用 100～120g 牛皮纸、纱管纸或草浆纸作原料，在纸的正反面进行条状涂胶，涂胶宽度与条间距离相等。然后将涂上胶液的纸叠放整齐，稍加压力进行加压胶合，接着在切纸机上按板式部件厚度要求切成条状，拉开后即是排列整齐的大小相等的六角形蜂窝状填料。

覆面蜂窝状空心板的制作方法：在工作台上先放上一块覆面板，接着将两面涂上胶液的木框放上，然后将蜂窝状纸放入木框中，再放上另一块覆面板，组成板坯，经加压胶合即可。因其蜂窝纸条宽度大于木框厚度 2.6～3.2mm，经加压后两侧弯折 1.3～1.6mm，以增大与覆面材料的张力，提高覆面板表面的平整度。蜂窝状孔径规格按六角形内切圆直径表示，常用直径为 9.5mm、13mm、16mm，孔径过大则强度降低；孔径小，强度高，但用纸量加大。优质板的芯材要选用优质纸作原料，蜂窝孔径宜小，并配以优质覆面材，如图 3-35(b) 所示。

④ 波状填料　用一定厚度的单板压制成波纹状，有时先在单板两面贴上牛皮纸以提高塑性，压制成波纹状，干燥定型后即成波状单板；然后剪裁或锯切成一定长度，按一定的间距放在木框中便成波状填充物，如图 3-31(d) 所示。

3.4.1.4　常用的覆面材料

覆面材料具有加固与装饰的作用。家具用的覆面空心板宜用表面美观的薄型人造板作覆面材料。其中以三层胶合板最适宜。对于覆面蜂窝状空心板，也可在芯材两面各直接胶合一层单板和一层薄木作为覆面材料，以降低制造成本低。

覆面空心板如采用热压胶合，其芯材和边框木料都需加工透气孔（透气孔可为钻孔或锯口），以使覆面空心板在加压胶合过程中，板中的气压与外界保持平衡。否则，胶合后卸压时将导致覆面板脱胶。

3.4.1.5　芯料排列的基本方式

（1）矩形、方形覆面空心板芯料排列方式　如图 3-36 所示，还可在较大的空格中加放蜂窝纸或格状、波状单板条或增加木条。

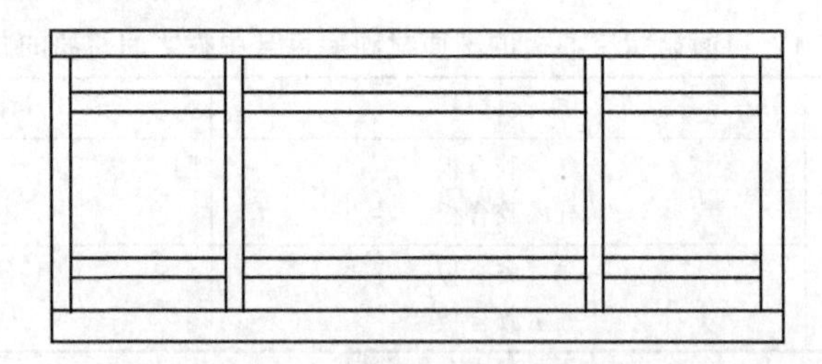

图 3-36　矩形和方形芯料排列方式

（2）圆形、椭圆形覆面空心板芯料排列方式　分别如图 3-37 和图 3-38 所示，同样可在较大的空格中加放蜂窝纸或格状、波状单板条或增加木条。

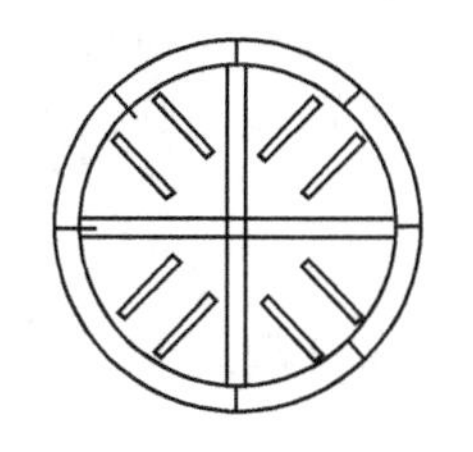
图 3-37 圆形芯料排列方式

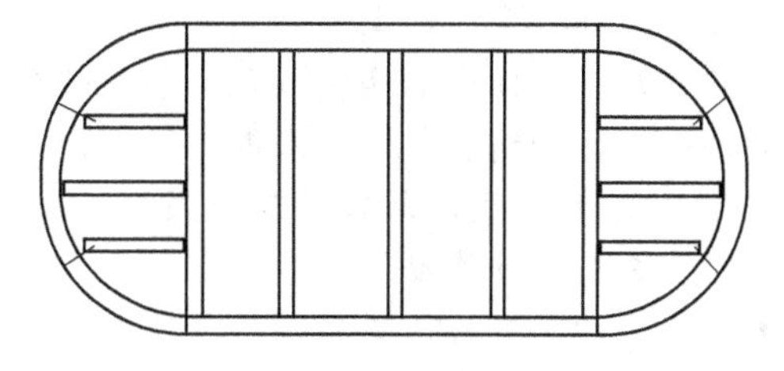
图 3-38 椭圆形芯料排列方式

（3）任意曲面形覆面空心板芯料排列方式 如图 3-39 所示，也可在较大的空格中加放蜂窝纸或格状、波状单板条或增加木条。

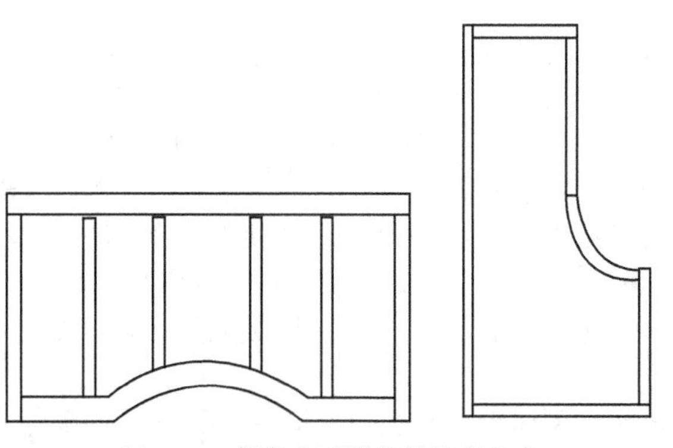
图 3-39 任意曲面形芯料排列方式

3.4.1.6 芯料接合方法

（1）闭口不贯通直角榫接合 如图 3-40(a) 所示，先在木框立边加工若干个榫眼，在横衬两端加工成直角单榫头，对较薄的横衬可以不做任何处理，然后组装成栅状芯料。

（2）开口不贯通直角榫接合 如图 3-40(b) 所示，先在木框立边加工若干个横向槽，将横衬两端加工成直角榫头，然后组装成栅状芯料。

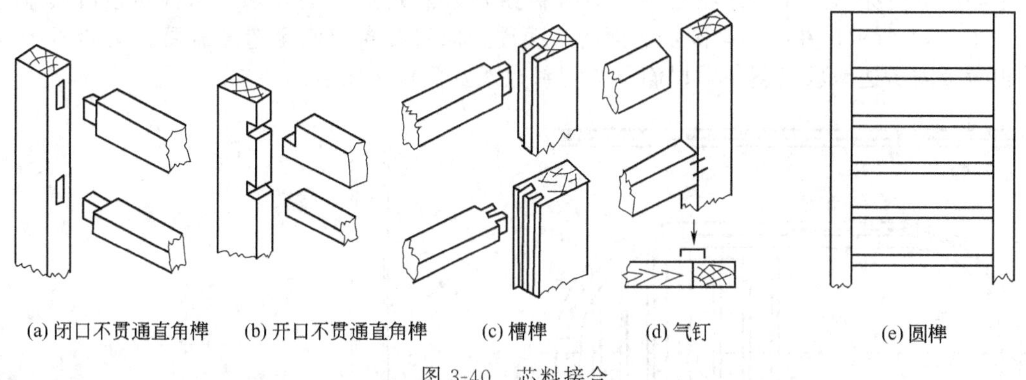
(a) 闭口不贯通直角榫 (b) 开口不贯通直角榫 (c) 槽榫 (d) 气钉 (e) 圆榫

图 3-40 芯料接合

直角榫接合的木框接合牢固，但需将组装成的木框的两面刨平，以去除纵横方材间的厚度偏差。

（3）槽榫接合 如图 3-40(c) 所示，先在木框立边加工榫槽，将横衬两端加工成直角榫头，然后组装成栅状芯料。榫槽接合木框刚度较差，但加工方便，只要在纵向方材上开槽，不用再刨平木框，也可直接组框配坯，但组框后仍需将框架两面刨平。

（4）气钉接合 如图 3-40(d) 所示，即木框的立边与帽头、横衬均由气钉连接而成。“Π”形钉接合边框最为简便，经刨削、锯截加工出纵、横方材，用“Π”形钉进行组框即可。刨花板或中密度纤维板制作框架时，是先锯成条状，再精截，同样可用“Π”形钉组框。

（5）圆榫接合 如图 3-40(e) 所示，先在木框的立边的内侧与帽头、横衬的两端加工上圆孔，并在帽头、横衬的两端圆孔中插入圆榫，然后将帽头、横衬的两端的圆榫插入立边的相对应的圆孔中，即组装成栅状木框。

3.4.1.7 芯料排列的基本要求与原则

（1）芯料零件厚度 一般选取 14～25mm，为整个覆面空心板厚的 3/5～4/5；宽度为10～40mm。

（2）芯料零件之间的净空距离 对平整度要求较高的门面板、台面板为 50～100mm，其他为 100～150mm。高级家具取较小值，普通家具取较大值。

（3）芯料的用材要求 同种或质地相似；框架周边及其他接合处需用材质较好的材料，其他衬条尽可能利用低质材料。

（4）芯料排列的基本要求与原则 满足平整度、强度、装配结构的要求与对称排列的原则。由于覆面空心板需具有足够的刚度，以使其在外力作用下，所引起的变形在允许的范围内。因木框是覆面空心板的骨架，故对板的刚度起着决定性的作用。而木框的刚度又取决于其周边零件的断面尺寸。因此，对框架方料的宽度和厚度则有一些基本要求。

（5）框架方料的厚度 覆面空心板的厚度应取决于其幅面尺寸及在正常使用下受力的大小，一般为 10mm、12mm、14mm、16mm、18mm（建议级差为 2mm），其中以 20mm、22mm 为常用规格。在一件或整套家具中，应力求减少覆面空心板的厚度规格，以方便管理，提高工作效率，降低生产成本。

（6）覆面板刚度 虽然说覆面板的刚度随木框厚度的增加而提高，但覆面材料也需有一定的刚度要求，以使其在木框空格处的下凹度符合工艺要求；并在木框空格处，能承受正常外力作用而不被破坏。覆面材料的刚度同样随其厚度的增加而提高。为确保覆面空心板的质量要求，又能降低成本，需合理确定其覆面材料与木框的厚度关系。经实践证明，木框的厚度一般需为覆面空心板总厚度的 3/5～4/5；而覆面材料以 2.5～5mm 厚的胶合板为宜，其中以约 3mm 厚的为主，既经济，又能满足工艺要求。

对于需要增加覆面空心板厚度的造型，不必采取增加木框厚度的措施，而可采取在板边胶钉一定厚度的复条（木条或刨花板条、纤维板条）来满足造型的要求，这样可以降低制造成本。如图 3-41 所示，在某一椭圆形台面的底面周边胶钉复条以满足造型需要。又如图 3-42 所示的柜旁板内侧边缘胶钉复条，以满足成型封边条及门铰链安装的要求。

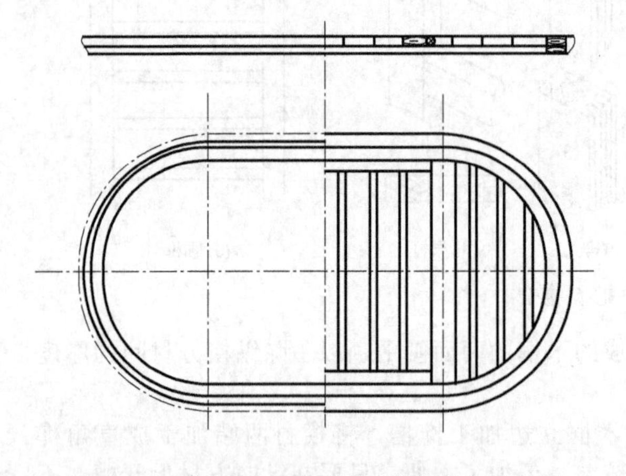

图 3-41 椭圆形台面底面周边胶钉复条示意图

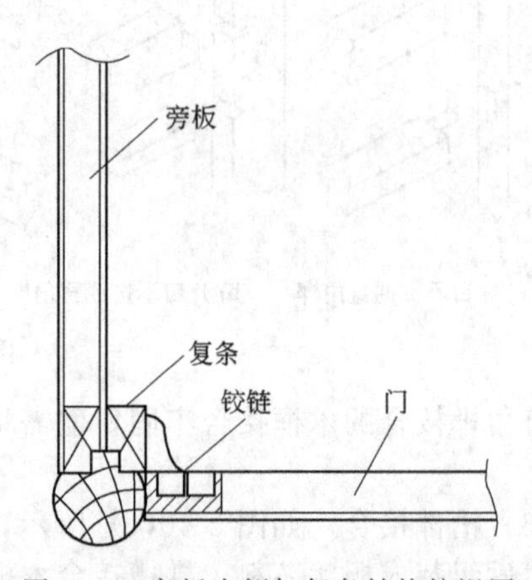

图 3-42 旁板内侧加复条结构俯视图

（7）框架方料宽度 对于框架方料的宽度的确定，则应注意两点。首先，当整个木框的厚度确定后，其刚度主要是随周边零件宽度的增加而提高。经实践证明，其木框周边零件的宽度一般为 25～50mm，对于幅面尺寸与受力都较大的覆面空心板，应取较大值；反之取较小值。

其次，木框的中衬宽度，应根据中衬在木框中的作用而定。若在其对应的位置需安装配件，则其宽度应满足安装尺寸的要求；对于仅起衬垫作用的中衬，可在 6～20mm 内，尽量取较小值，以节约木材。

为了消除覆面空心板的内应力，减少覆面板变形，在木框周边方材上也要钻孔或开槽，以供作覆面空心板榫压时排出水汽的通道。

木框周边也可以用齿形榫接长的方法，利用小料接长、拼宽而成，以提高木材利用率。

3.4.1.8　木框中衬的排列要求

木框的中衬包括横衬与立衬。横衬是与木框立边纵向垂直的木条，而与木框立边平行的木条就是立衬。除木框周边外，中衬在对保证板坯的结构性能上有不可忽视的作用。

（1）确保覆面空心板装配工艺的要求　如图 3-43 所示，家具为覆面空心板门，需要在其上面安装各种配件，如在柜门上要安装杯状弹簧铰链、拉手与锁，这就要求在其相对应的木框处设有符合安装尺寸要求的中衬。如图 3-44 所示，分别设计对称排列供安装铰链、拉手与锁的中衬。又如衣柜旁板的中衬排列，应满足铰链、搁板、挂衣棍及抽屉滑道的安装要求；桌、椅、凳面的中衬排列需满足与其脚架安装的要求，如图 3-45 所示。

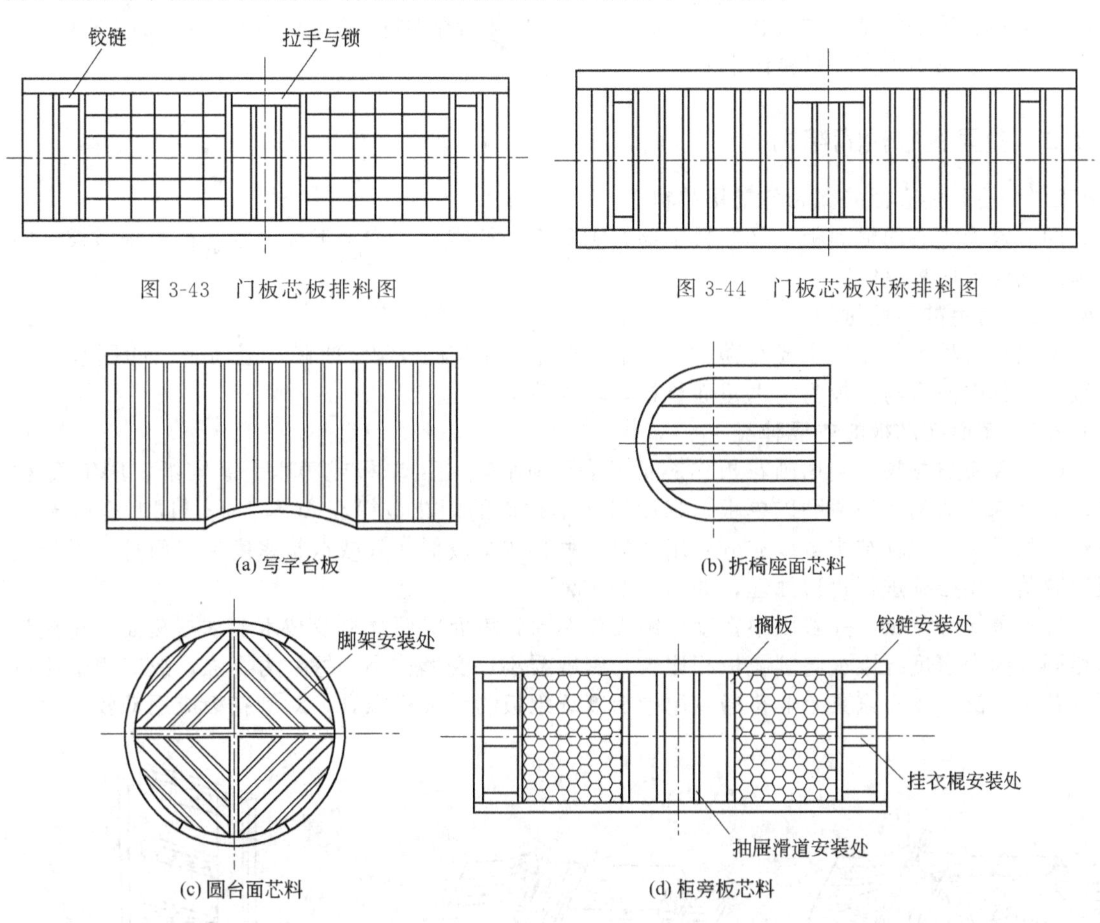

图 3-43　门板芯板排料图

图 3-44　门板芯板对称排料图

(a) 写字台板

(b) 折椅座面芯料

(c) 圆台面芯料

(d) 柜旁板芯料

图 3-45　常见覆面空心板的木框芯料结构

（2）力求对称排列　由于对于方形、矩形、圆形、椭圆形覆面空心板等难以分清上下、左右或前后的位置，就难以判定其中衬的确切位置。如在图 3-43 中，虽在木框中设置了供铰链、拉手与锁安装的中衬，但当木框与覆面材料胶合成覆面空心板后，装配时很难分清供安装铰链、拉手与锁的中衬在门板的左边还是右边，一旦判断失误，就安装不牢，造成产品报废。为此，对于这类覆面空心板的中衬，需按左右、上下对称排列。必须将图 3-43 设计为图 3-44 的形式，方能按图纸标注的尺寸，准确找到安装的位置。覆面空心板作对称排列，还能使其胶接应力平衡，减少变形。所以，覆面空心板的木框中衬应力求对称排列。

(3) *满足平整度的要求* 覆面空心板的中衬排列，尚需满足其表面平整度的要求。由于覆面材料与木框芯料在高压下胶合成覆面空心板后，在对应于木框的空格（中衬之间的净空处）部位，会或多或少地往里凹陷，且空格越大，凹陷就会越严重；甚至在中衬对应处，还会显现出中衬的压痕（俗称“排骨档”），而影响表面的平整度与美观性。显然，中衬之间的净空距离越小，其板面的平整度就越好，中衬的压痕越不明显。但增加中衬的数量，会降低生产率，提高制板的成本。为此，应根据家具的等级及板件在家具中的位置，合理确定中衬之间的净空距空距离。如各种门板、面板，由于处于家具的主视面，对表面平整度要求较高，故其中衬之间的净空距离应相对地减少，一般为 50～100mm；而柜的旁板、顶板处于非主视面，故其净空距离可为 100～130mm；搁板、隔板在柜的里面，其中衬在满足装配要求的前提下，净空距离可为 130～200mm。用于高级家具的应取较小值，用于普级家具的可取较大值，用于中级家具的介于两者之间。在把起骨架作用的木框周边方料与中衬接合后，也可将蜂窝纸或单板条、薄胶合板边条做成网格状芯料，填充在木框的空格内。这样不仅能减少木框的中衬数量，还可提高覆面空心板的平整度。如在图 3-43 所示的木框中填充了网格状单板芯料，在如图 3-45(d) 所示的旁板木框中填充了蜂窝纸芯料。

3.4.2 覆面实心板的结构

3.4.2.1 覆面实心板的概念与常用芯料

即芯料为实心的覆面板。其芯料主要有刨花板、纤维板、细木工板、胶合板、锯屑板、层压木及其他模压板材等。

3.4.2.2 常用的覆面材料

覆面材料种类很多，主要有薄木、单板、塑料贴面板、PVC 薄膜、浸渍纸、印刷装饰木纹纸等。其中薄木与单板为实木覆面材料，较为珍贵。

3.4.2.3 覆面实芯板的主要种类

(1) *覆面刨花板* 利用刨花板作芯板，表面则胶贴一层单板或薄木、装饰纸、PVC 等材料。如将刨花的两面均覆贴以单板，强度可比不贴面的刨花板提高 30%左右，同时也改善了刨花板的质量。这种结构可以充分利用木材，材料成本较低。其缺点是密度大，而且为了防止板边脱落，还必须进行封边处理，如图 3-46 所示。

(2) *覆面纤维板* 一般以中密度纤维板作芯料，表面覆面材料及技术要求与覆面刨花板基本相同。因中密度纤维板与刨花板相比较，密度要小，变形较小，握钉力要强，故应用也比覆面刨花板广泛。现在家具企业普遍应用中密度纤维板制作板式家具，对刨花板应用却较少。

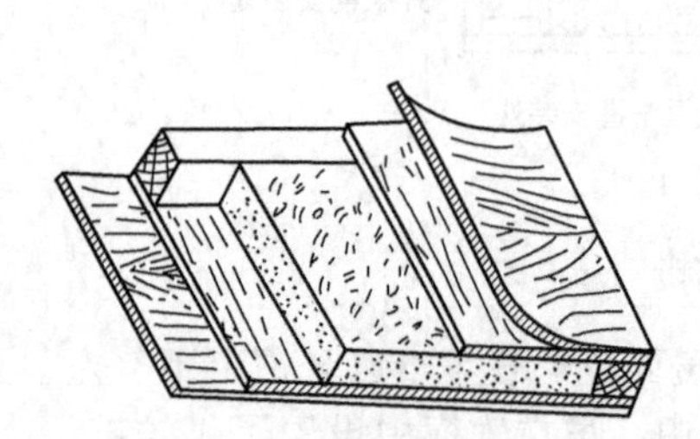
图 3-46 覆面刨花板

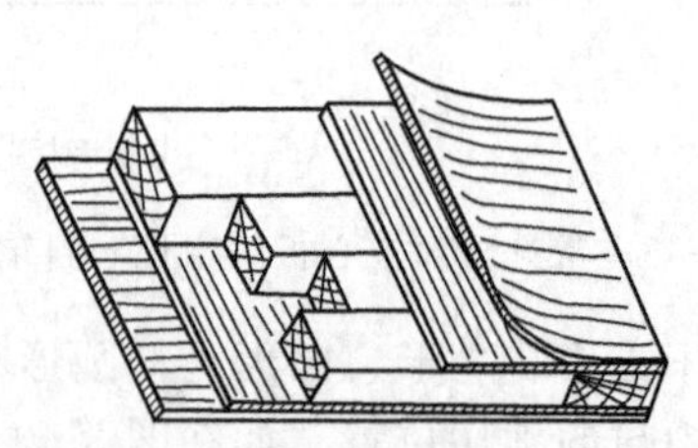
图 3-47 覆面细木工板

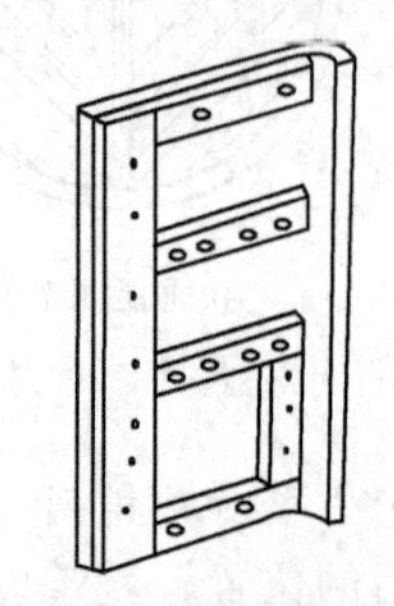
图 3-48 覆面胶合板

(3) *覆面细木工板* 芯板由许多有规则排列的小木条拼成，周边可根据部件尺寸要求制成定型框，上下表面均胶贴一层或两层单板，其表层最好覆贴装饰性能较好的薄木，以提高其装

饰效果。其结构如图 3-47 所示。此种板既有实木的特点，又有着幅面宽、结构稳定、使用方便、木材利用率高等优点。并可在任何部位开榫打眼，适应各种接合方法，是制造中、高级板式家具的理想原材料，应用十分广泛。

(4) *覆面胶合板* 利用多层单板胶压而成，一般板厚在 12mm 以上，然后在表层贴上薄木即可。使用时，根据部件幅面要求进行锯解，再进行封边处理便成所需要的部件。对于较薄的覆面胶合板，锯解成部件后，尚需在其反面的周边和中间部位，用 7～9mm 厚的胶合板条胶贴成框架，以增强部件的稳定性，并便于与其他部件连接，其结构如图 3-48 所示。

3.4.3 覆面板的封边结构

3.4.3.1 封边的作用

无论是覆面空心板还是覆面实心板，经过裁边后，都要进行封边处理。其作用是保护与美化覆面板。因为覆面板若不封边，其覆面材料与芯料周边的胶层裸露在外，不仅不美观，而且受大气层湿度变化的影响，很易脱胶而被破坏；尤其是刨花板、纤维板芯料周边会吸潮膨胀变形，引起刨花、纤维脱落，而使其使用寿命大大缩短。只要覆面板周边用其他材料封闭好，不但解决了美观问题，而且使其周边不受大气层的破坏，起到良好的保护作用。

3.4.3.2 封边的材料

封边的材料一般有薄木（或单板）、浸渍纸层压封边条、塑料薄膜封边带、预油漆纸封边条及实木条等多种。

3.4.3.3 封边的方法

根据覆面板周边的形状不同，可分为直线封边与曲线封边两种方法。

(1) *直线封边法* 用于覆面板周边为平直平面的封边，有以下几种封边方法。

① 用薄木或塑料封边带等较薄的材料进行封边 将用薄木、塑料贴面板、塑料薄膜、装饰纸等材料裁切成条状，使条的宽度略大于覆面板的厚度。然后利用胶黏剂，用直线封边机进行封边即可。对于小批量生产，常由人工利用胶进行封边。其封边结构如图 3-49 所示。

② 用实木条封边 对于覆面板需要造型美化的边，常用艺术性较好的成型面实木条进行封边，其接合方法主要靠胶液及无头圆钉配合进行封边。可以将木条先铣出成型面，也可在封边后再铣削成型。广泛应用于家具的各种面板、门板、旁板前面等的封边。实木条封边的几种型式如图 3-50 所示。

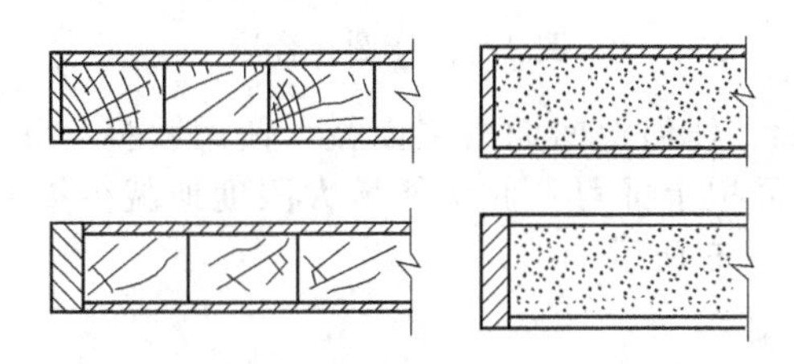

图 3-49 薄木封边结构

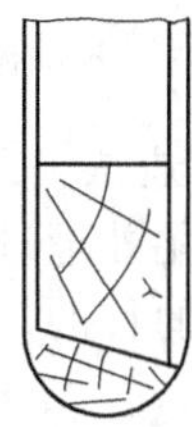

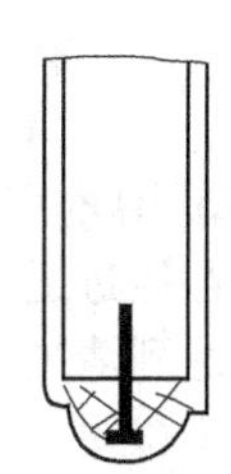

图 3-50 实木条封边的几种形式

③ 实木榫槽接合法 若实木封边条的厚度较大，一般大于 15mm，需采用榫槽接合，或用圆榫、插入板条进行接合。应当指出，对于芯料为碎料板、纤维板、刨花板的覆面板，采用此法封边时，板边不能开槽榫，只能开榫槽或钻圆孔，才能获得牢固的接合。实验证明，圆榫接合比插入板条接合强度大，它广泛地应用于门板、旁板、面板的封边。榫接法封边如图 3-51 所示。

因此，对于实木封边条厚度小于 10mm 的，可直接用胶接合即可；实木封边条的厚度大于 10mm 且小于 15mm 的，则需用无头圆钉与胶配合进行封边；若实木封边条的厚度大于 15mm 的，则需采用涂胶的榫槽、圆榫或穿条进行封边。实木封边条的成型面可以先铣出，亦可在封边后再行铣出。

④ 薄木板夹角封边法　高级家具，要求木材纹理清晰，四周看不出封边材料的横截面，因而采用夹角封边法。主要靠胶接合，如图 3-52 所示。这种结构可用于高级家具的门板、面板及旁板等的封边。

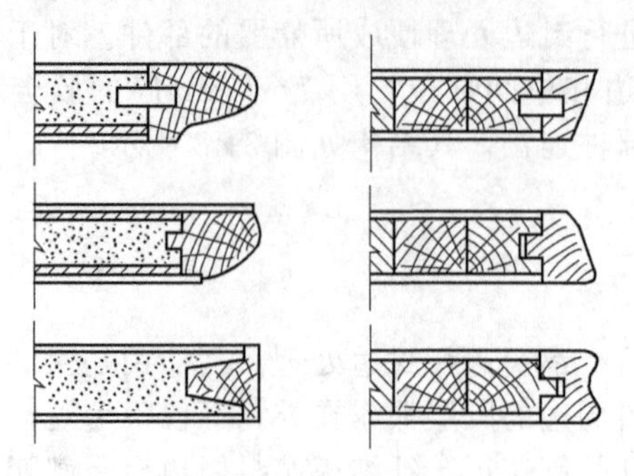

图 3-51　榫接法封边

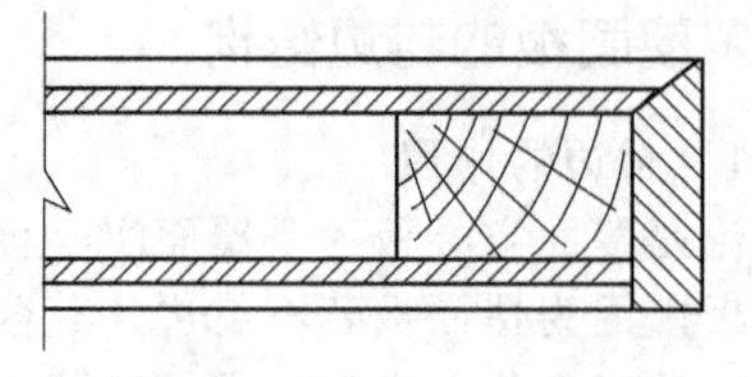

图 3-52　夹角包线法

(2) 曲线封边法　有些家具的覆面板为圆形或椭圆形，有的虽是矩形但具有圆角。其封边方法有以下几种。

① 实木镶角法　如图 3-53 所示，即先在覆面板的圆角处，采用胶料及无头圆钉接合，镶一块实木之后，再根据圆角半径的尺寸，在铣床上铣出合于规格的圆角。

② 锯圆或车圆接合法　根据覆面板的圆角半径尺寸，先用一块木材锯制或铣出与圆角半径相等的弧形封边件，用胶料贴于圆角处，再用无头圆钉加固，如图 3-54 所示。

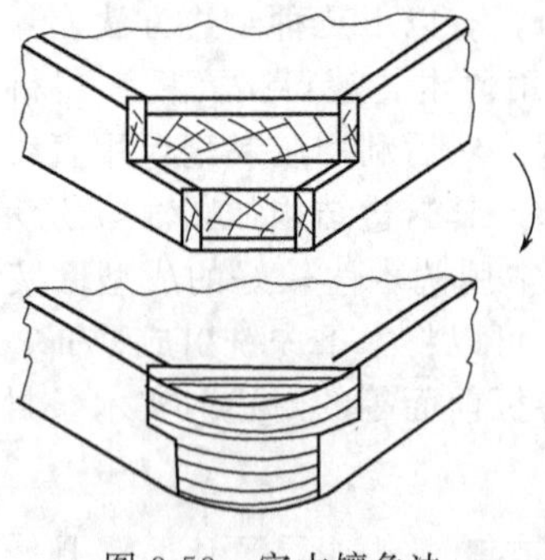

图 3-53　实木镶角法

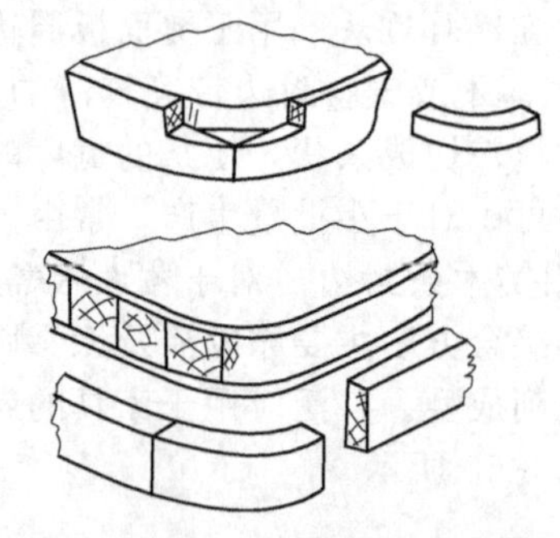

图 3-54　车圆接合法

③ 薄木用胶封边法　对于周边为圆形、椭圆形、任何弯曲面的覆面板，使用胶料与无头圆钉把经过适当软化处理过的薄木条胶贴或固定在周边上即可。此法能最大限度地减少接缝，并能达到清晰美观的目的。薄木用胶封方法，如图 3-55 所示。

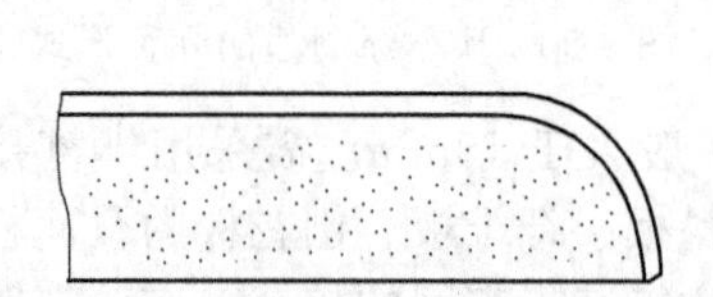

图 3-55　薄木用胶封边法

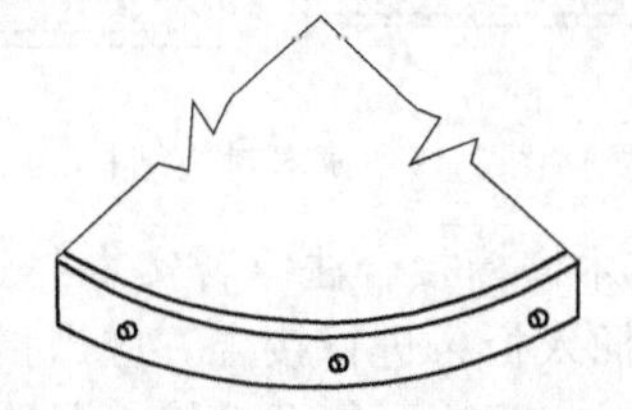

图 3-56　金属薄条封边法

④ 金属薄条封边法　可将金属铝板条、铜板条、不锈钢板条，借助螺钉固定在覆面板的曲线边缘上。常用于圆桌、椭圆桌和火车客车车厢内茶几的封边，如图 3-56 所示。

3.4.3.4　封边的技术要求

封边是一项质量要求高的工作。要求将每块覆面板件全部侧边封闭好，封边条的端头和侧

边都要平整，表面应洁净、平整、光滑，确保牢固、美观的要求。

3.5 弯曲件结构

家具产品的美在一些情况下是通过各种曲线表现出来的，曲线有圆滑、柔和、变化、活泼、动态感，故弯曲件在家具中的应用较为普遍，如圆形台面、椭圆形镜框、床头或座椅靠背、具有各种曲线形弧面的扶手等。为此，研究弯曲件的接合方法极为重要，现将常用的几种接合方法予以介绍。

3.5.1 锯制弯曲件

3.5.1.1 锯制弯曲件的特点

利用实木或木质人造板直接锯制而成的弯曲件的优点是生产工艺简单，不需要专门的弯曲设备，并能锯制形状较复杂的弯曲件，适合小批量弯曲件的制造，因而获得较为广泛地应用。这种弯曲工艺的缺点是由于锯制弯曲件在锯制过程中，有大量的木材纤维被割断，因而弯曲部位的强度较低，涂饰质量也会受到影响。弯曲度大的部件（如圆环形零件等），尚需由若干个弯曲零件拼接而成，加工工艺复杂，技术要求高，材料消耗大，制造成本也较高。

3.5.1.2 锯制弯曲件的接合方法

（1）直角榫接合　接合强度高，但加工麻烦。应用于曲线包脚、圆桌面镶边及圆形望板等，如图 3-57 所示。

（2）圆榫接合　接合强度比直角榫低，但加工方便，应用较广。如镜框、椅子扶手的圆角处等，如图 3-58 所示。

（3）交叉搭接　先在胶合件两端锯成阶梯状，然后进行搭接，并在搭接处用胶钉或木螺钉接合。此方法加工简单，接合强度高，但接缝较长，不够美观。常用于内部零件的接合，或表面用薄木覆盖，如图 3-59 所示。

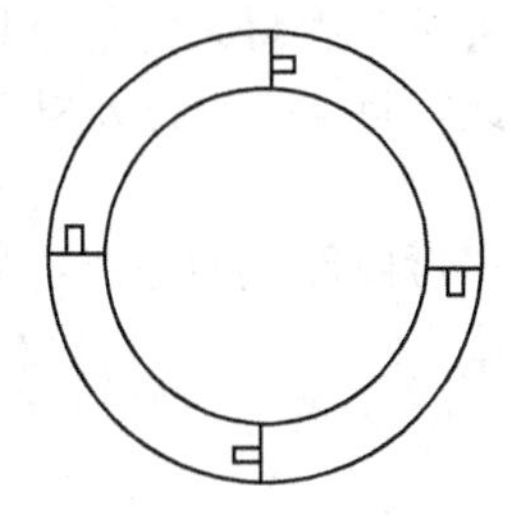

图 3-57　直角榫接合

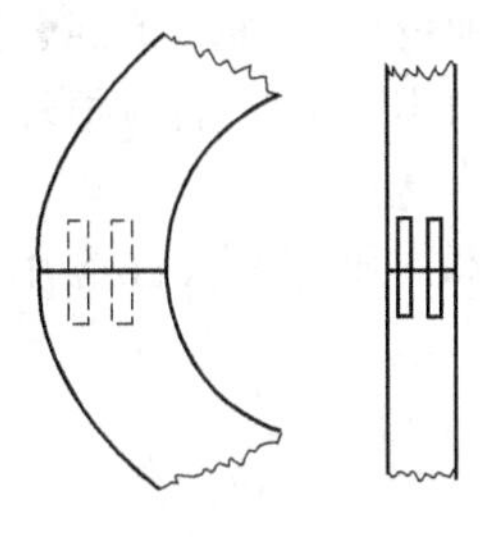

图 3-58　圆榫接合

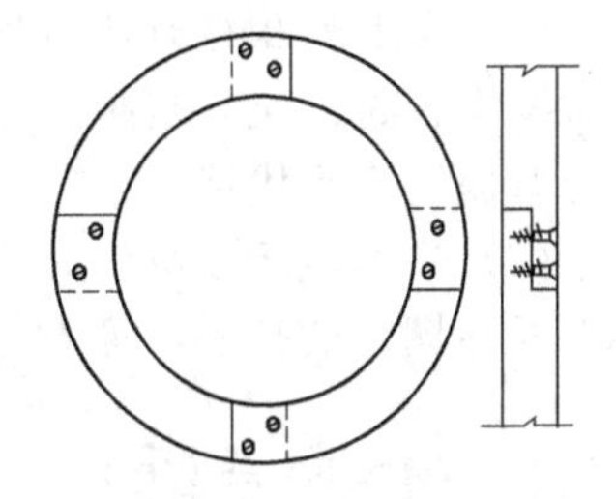

图 3-59　交叉接合

（4）穿条接合　在被接合件两端锯上槽，将木条施胶后插入槽内将两弯曲件对接好，如图 3-60 所示。其接合强度较高，加工方便，但欠美观。

（5）塞角接合　如图 3-61 所示，将两零件用木塞角胶接后，用圆榫或木螺钉进行加固。此方法加工简单，但木材端部显露在表面，适于做家具的内用部件。

（6）格角榫接合　如图 3-62 所示，桌子的脚与望板，借助于桌脚的格角榫接合，既牢固又美观。并可借助木螺钉将圆弧件旋紧在望板表面，以使桌脚与望板更牢固地接合在一起。此种接合结构，由于牢固而美观，所以常用于中、高级的圆形桌、椭圆形桌的脚架接合。

3.5.2 实木加压弯曲件的结构

（1）实木加压弯曲件的概念　就是利用实木条经过软化处理后，再利用模具进行加压弯

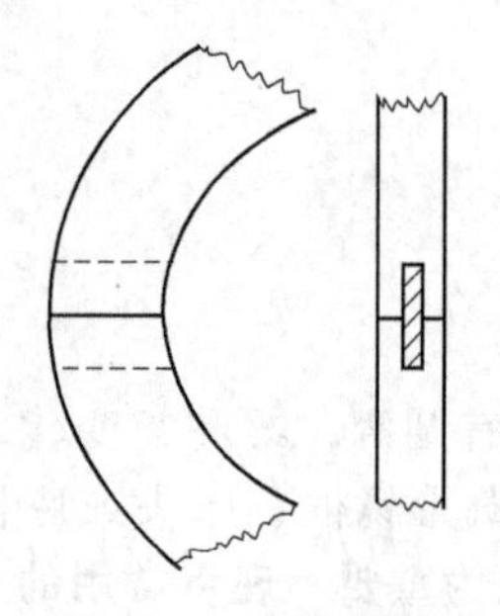

图 3-60 穿条接合

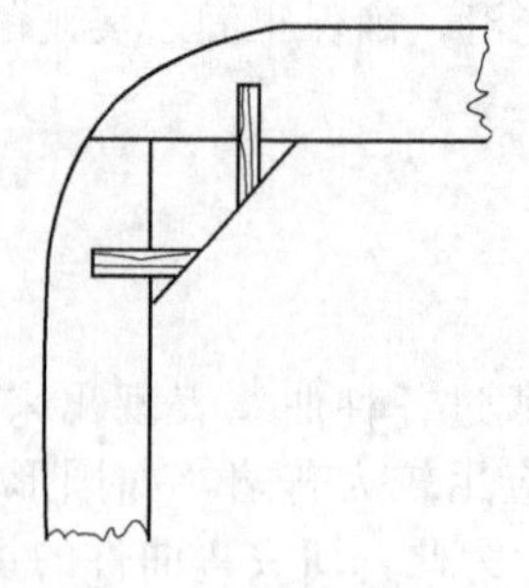

图 3-61 塞角接合

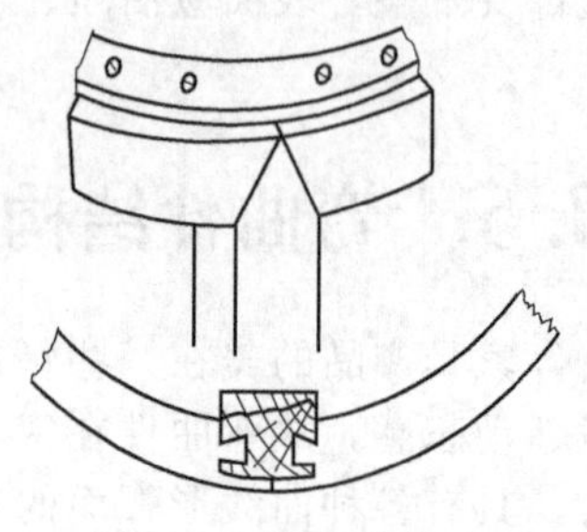

图 3-62 格角榫接合

曲、干燥定型、切削加工而成的弯曲件。实木加压弯曲工艺早在 19 世纪中叶，随着蒸汽压机的出现而被德国家具大师索耐特应用于家具生产之中，如图 3-63 所示为采用实木加压弯曲技术制造的早期产品，索耐特 14 号椅。如图 3-64 所示为实木加压弯曲椅，其扶手与靠背等零部件均可用实木加压弯曲而制成。

图 3-63 索耐特 14 号椅

图 3-64 实木加压弯曲椅

(2) *实木加压弯曲件的特点* 这种弯曲件外形美观，强度高，且省工、省料。但对木材的材质要求较高，尤其是制造弯曲度小的零件时，毛料损坏率较高。因此，近年来已逐步被薄木胶合弯曲工艺所代替。

(3) *实木加压弯曲件的应用* 实木加压弯曲往往应用于高级家具中弯曲部件的生产，如图 3-63 所示圈椅的扶手、靠背等。

3.5.3 薄木胶合弯曲

(1) *薄木胶合弯曲的概念* 就是将 摞涂了胶的薄板按零件厚度先配成板坯，然后在压模中进行加压弯曲，直到胶层固化，便可制成弯曲件。

(2) *薄木胶合弯曲的特点* 由于薄板弯曲性能好，所以能弯曲出曲率半径较小的薄板胶合弯曲件，并能提高木材利用率。其次，单板胶合弯曲工艺比较简单，可弯曲成形状与结构较复杂的弯曲件，如图 3-65 所示为“椅腿-椅座-椅背”联合部件休闲椅。一个弯曲部件可以代替几个零部件，既省工又省料。

此外，采用薄板胶合弯曲工艺还可制出各种多面弯曲形状复杂的部件，做成的制品轻便、牢固、美观。因此，薄板胶合弯曲成型工艺应用日益广泛。

薄木胶合弯曲工艺早在 20 世纪 30 年代就应用于家具生产中。薄木胶合弯曲运用在家具设计方面，当首推的是芬兰设计师阿尔瓦·阿尔托，于 1931 年为派米奥疗养院设计的派米奥椅如图 3-66 所示，它带有层压的桦木骨架和一块胶合板弯曲成反转涡卷形状的压模胶合板椅座

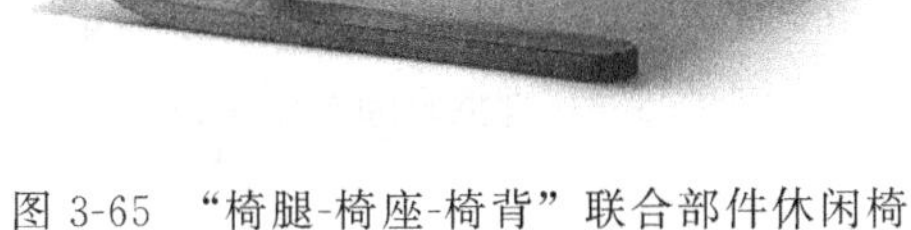

图 3-65　“椅腿-椅座-椅背”联合部件休闲椅

图 3-66　派米奥（Paimio）椅

和靠背。这种带扶手式椅腿的椅子非常稳固，且座位又具有弹性，坐感极为舒适。在现代，薄木胶合弯曲工艺日渐成熟，应用更为广泛。

3.6　脚架结构

脚架在家具中是承载最大的部件。它不仅在静力负荷作用下需平稳地支撑整个家具，而且要求正常使用时具有足够的强度，并在遇到某种突如其来的动载荷冲击下也有一定的稳定性。例如柜子被水平推动时，结构节点不致产生位移、翘坏或柜体错位变形。其式样还要与柜体整体造型相适应。因此，脚架在家具设计中是十分重要的组成部分。家具的脚架可归纳为亮脚型结构、包脚型结构、塞角型结构和装脚型结构等基本类型。

3.6.1　亮脚型脚架结构

3.6.1.1　亮脚型的概念

所谓亮脚架，是由三根或三根以上独立的脚与若干根牵脚档连接成一体的框架部件，一般由四个脚接合成方框形结构，属于框架结构，又称框架型脚架。亮脚造型千变万化，是家具整体造型的主要构件，可以具有很高的艺术观赏性。

3.6.1.2　亮脚型脚架的基本接合结构

当移动家具时，有较大的力作用在脚与牵脚档的接合处，为确保其接合强度，其脚架常采用闭口或半闭口直角榫接合。为加强中、高级家具脚架的接合强度，最好用格角榫接合。脚架需用木螺钉或金属连接件与其柜底板或椅、凳、台、几的面板进行接合，以使家具整体获得较牢固的接合强度。

根据亮脚的脚形是否弯曲，可分为直脚和弯脚两大类型。弯脚大多装于柜底板或椅、凳、台、几的面板的四边角，以使家具有较好的稳定感，如图 3-67 所示。直脚往往稍收藏于柜底板或椅、凳、台、几的面板内，使家具造型显得轻快，如图 3-68 所示。直脚常带有一定锥度，一般是上大下小，并向外微张，可产生既稳定又活泼的感觉，直脚有方尖脚和各种圆锥脚；弯脚变化较大，多为仿动物的脚或头冠形状。脚架的基本接合结构有下列多种。

（1）脚跟牵脚档采用直角双肩开口（半开口）单（双）榫接合。属于亮脚型的直脚结构，适用于会议桌、茶几、柜等脚架的接合，如图 3-69 所示。其结构较为复杂，稳定可靠。

（2）在脚的上端开有直角双肩单（双）榫或直角槽榫，直接与底板下面的直角榫眼接合，如图 3-70 所示，其接合结构简单而牢固。

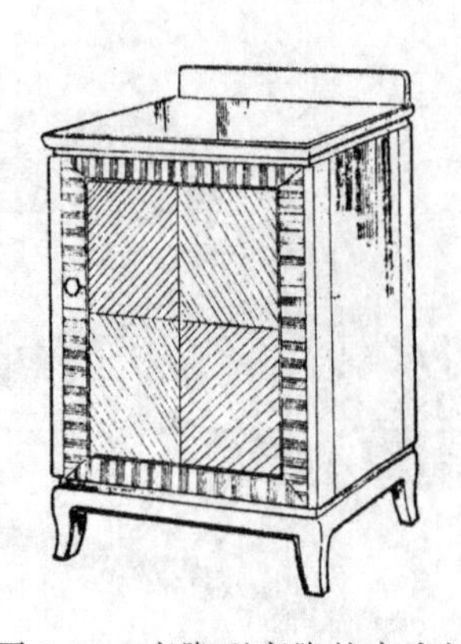

图 3-67　亮脚型弯脚的床头柜

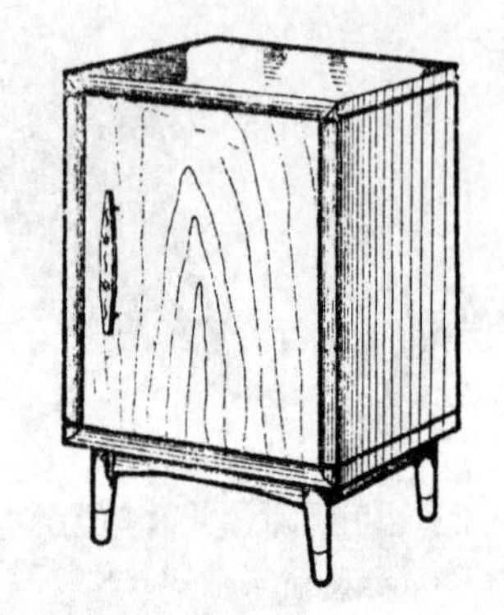

图 3-68　亮脚型直脚的床头柜

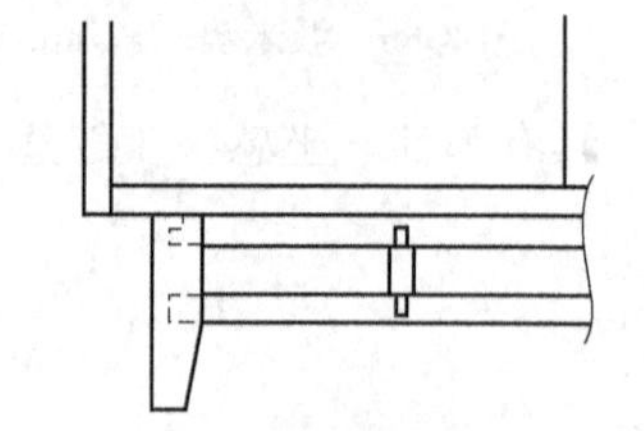
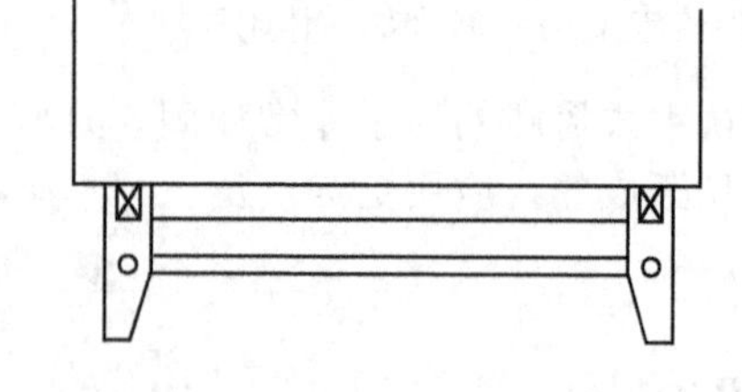

图 3-69　直角双肩开口（半开口）单（双）榫

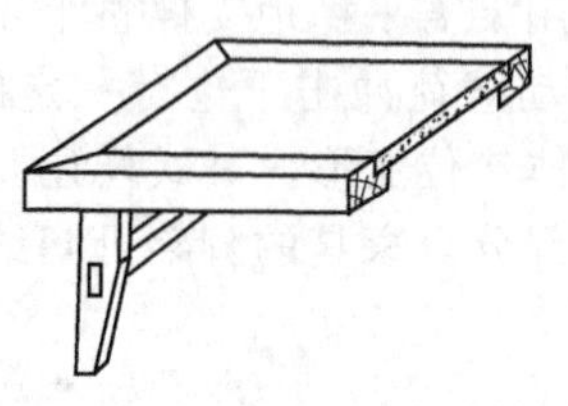
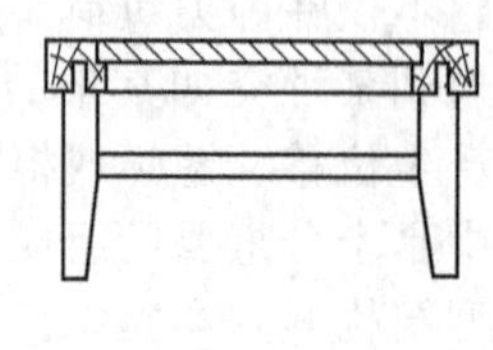
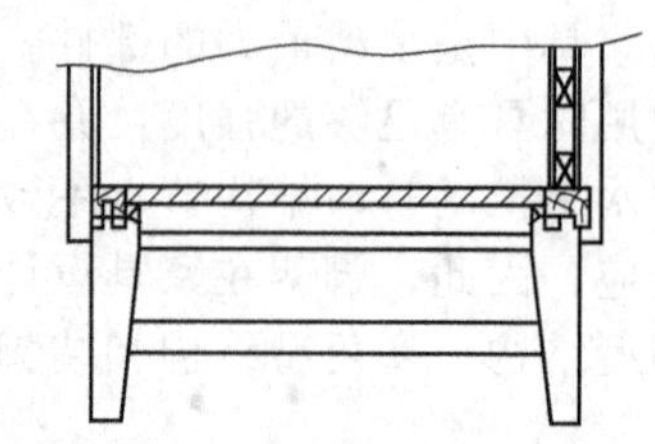

图 3-70　直角双肩单（双）榫

（3）脚与牵脚档采用直角三肩闭口单（双）榫接合。属于亮脚型的弯脚结构，如图 3-71 所示，其结构较为简单可靠。

（4）采用格角榫接合。接合强度高，使用寿命长，外表美观，主要用于中、高档家具的接合，如图 3-72 所示。

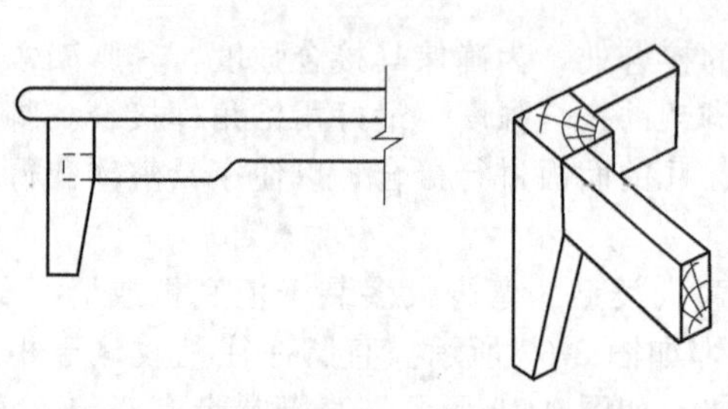
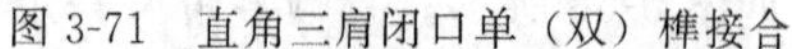

图 3-71　直角三肩闭口单（双）榫接合

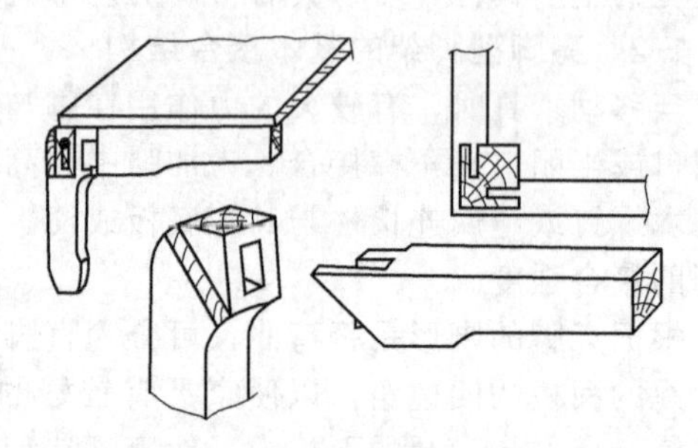

图 3-72　格角榫接合

3.6.2　包脚型脚架结构

3.6.2.1　包脚型的概念

脚型属于箱框结构，又称箱框型脚，一般是由三块或三块以上的木板接合而成，通常由四块木板接合成方形箱框。包脚型的底座能承受巨大的载荷，显得气派而稳定，应用较为广泛。

通常用于存放衣物、书籍和其他较重物品的大型家具。但是包脚型底座不便于通风透气和清扫卫生。为了柜体放置在不平的地面上时能保持稳定，在脚的底面中部切削出高为 20～30mm 的缺口，这样也有利于包脚下面的空气流通。

3.6.2.2 包脚型脚架的基本接合结构

包脚箱框的角接合，通常其前角为斜角接合，以使相接合板的端面都不外露，较为美观，但接合强度较低，常采用塞角来加固；而后角采用直角接合，相接合的板中有一块板的端面外露，常使其端面靠墙面摆放，这样既提高了接合强度，又不影响美观。

(1) 用全隐燕尾榫与半隐燕尾榫接合　如图 3-73 所示，包脚箱框的前角用全隐燕尾榫与塞角接合；后角用半隐燕尾榫接合。此种接合方法既美观，又牢固，是常用的一种接合方法。

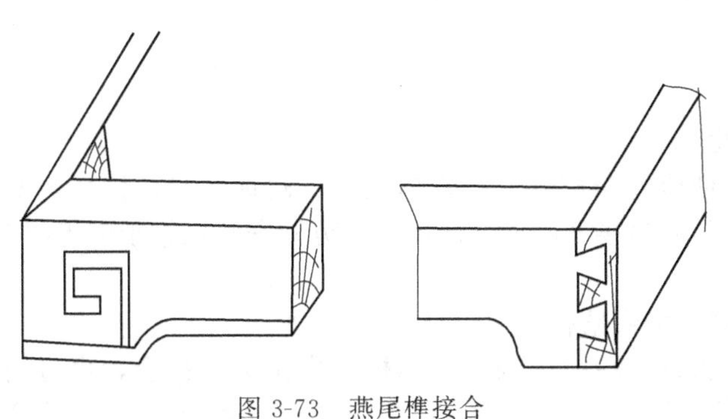

图 3-73　燕尾榫接合

(2) 穿条斜角接合　箱框的前角采用穿条接合与塞角加固的方法进行接合，如图 3-74 所示，其后角可采用圆榫或连接件接合。若前角为圆角，同样可用此种方法进行接合，如图 3-75 所示。

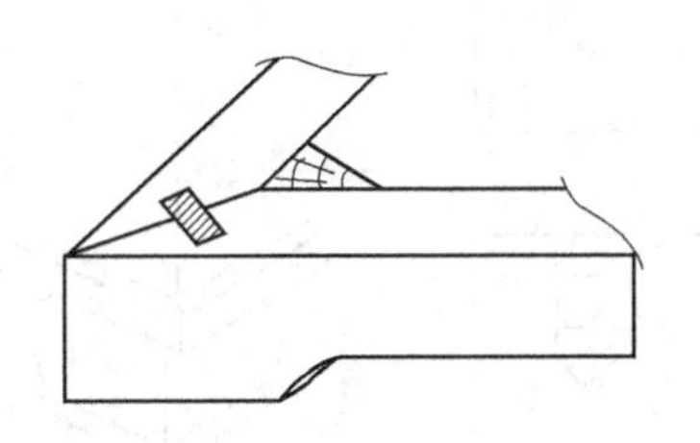

图 3-74　穿条斜角接合

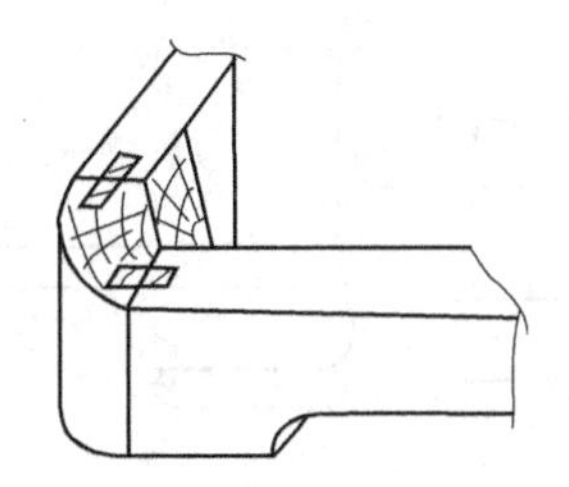

图 3-75　前面为圆面的斜角接合

(3) 借助旁板与望板组合为包脚　旁板落地承重，望板（或称踢脚板）与旁板接合，这是现代柜类家具的一种常用包脚形式，通常由自身的旁板与望板借助圆榫接合而成，如图 3-68 所示。此种接合方法简单、稳定、可靠，生产成本低，常用于普通家具的制造。

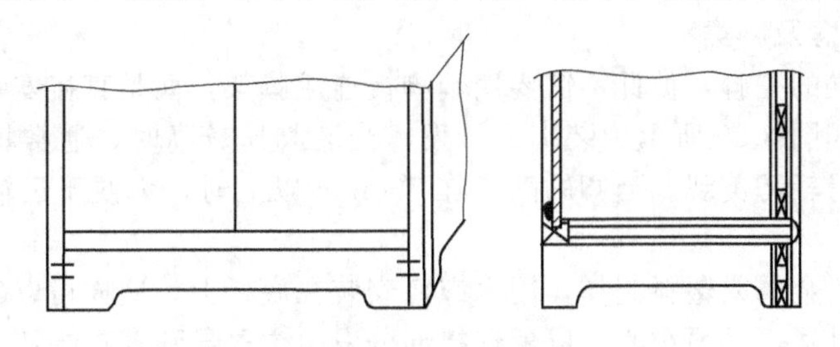

图 3-76　旁板与望板组合的包脚结构

(4) 由四块望板围合成包角后，再与上面的柜体接合　首先将四块望板（或称踢脚板）结合后组成脚架结构，再与柜体底板接合，如图 3-77 所示。

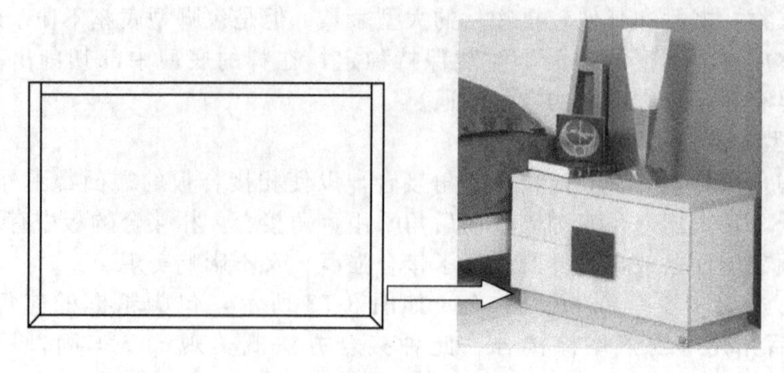

图 3-77 形成独立脚架的包脚结构

3.6.3 塞脚结构

3.6.3.1 塞脚的概念

仅由两块短板借助全隐燕尾榫、半隐燕尾榫、圆榫、穿条接合与塞角接合而成的独立的脚。也分为斜角接合与直角接合两种。使用时，分别安装在柜子底板的四个角上，与柜子的底板连成一体。

3.6.3.2 塞脚型的基本接合结构

(1) *柜子正面的塞脚* 一般用全隐燕尾榫与塞角进行接合，也可用圆榫或穿条与塞角接合，如图 3-78 所示。

(2) *柜子背面的塞脚* 一般用半隐燕尾榫与塞角接合，也可用圆榫与塞角接合，如图 3-79 所示。

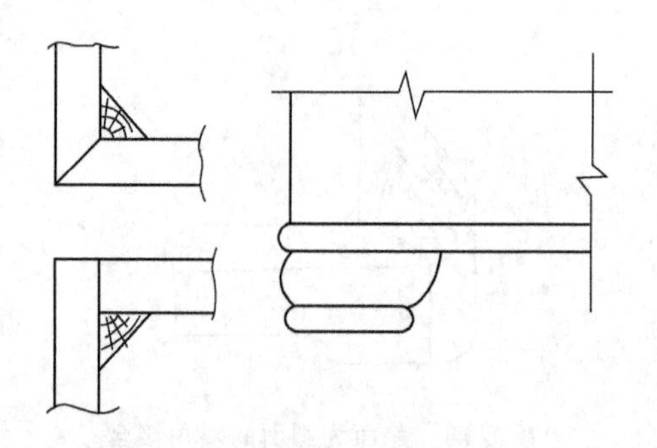

图 3-78 全隐燕尾榫和塞角接合结构

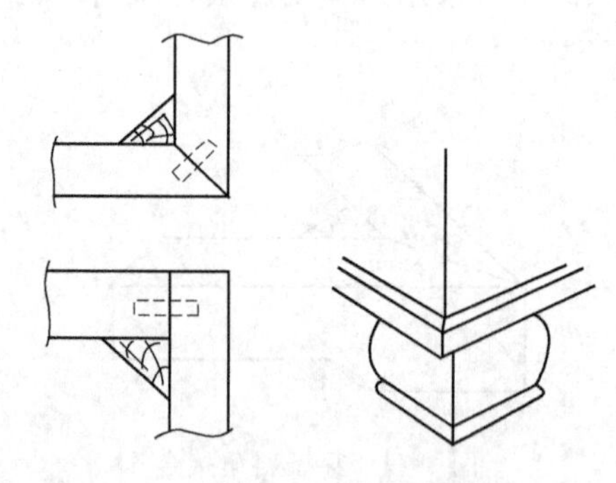

图 3-79 半隐燕尾榫与塞角接合结构

3.6.4 装脚的接合结构

3.6.4.1 装脚的概念及种类

装脚是一个独立的亮脚，彼此不需要用牵脚档连成脚架，而是直接安装在柜子的底板下或桌、几的面板下，如图 3-80 所示为装脚型沙发。当装脚比较高时，通常将装脚做成锥形，这样可使家具整体显得轻巧美观。当脚的高度在 700mm 以上时，为便于运输和保存，宜做成拆装式装脚。

装脚可用木材、金属或塑料制作，用木螺钉安装在底板上。这样可以提高运输效率，但移动柜体时用力不能过猛，必须小心，以免连接部分发生位移导致家具损坏。

3.6.4.2 装脚跟底、面板的接合方法

(1) *用榫接合* 较短的实木装脚，常用榫接合。即在脚的上端开出榫头使之与底面（面板）的榫与接合，并用木螺钉加固，如图 3-81 所示。

图 3-80 装脚型沙发

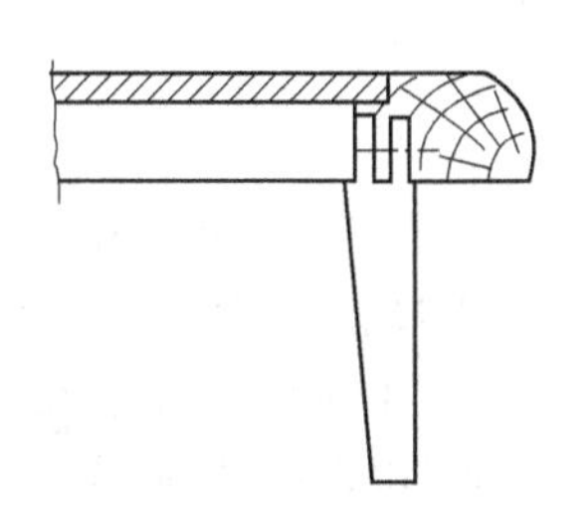

图 3-81 榫接合结构装脚

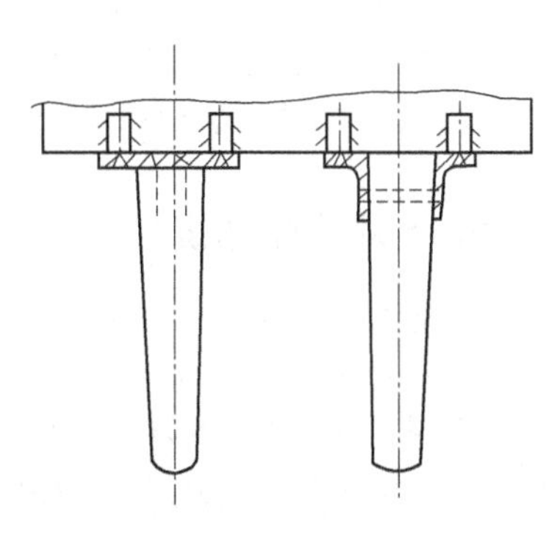

图 3-82 金属连接件接合的装脚结构

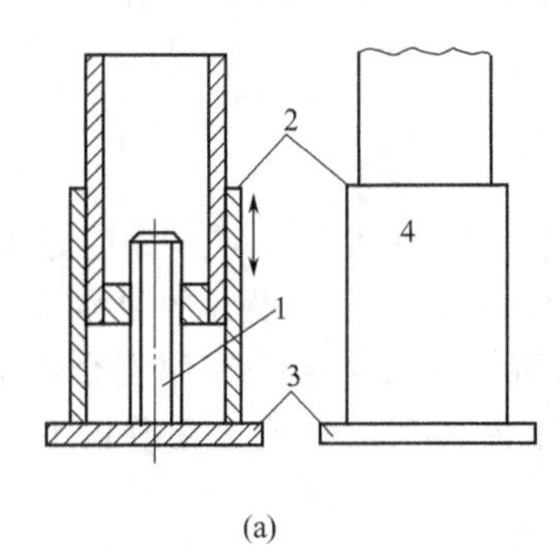

(a)

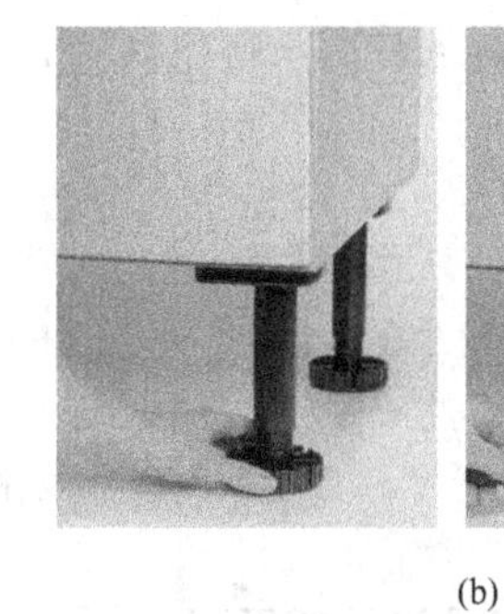

(b)

图 3-83 装有调节板（支座板）的活动脚

1—调节螺杆；2—套筒；3—支承座板；4—外形

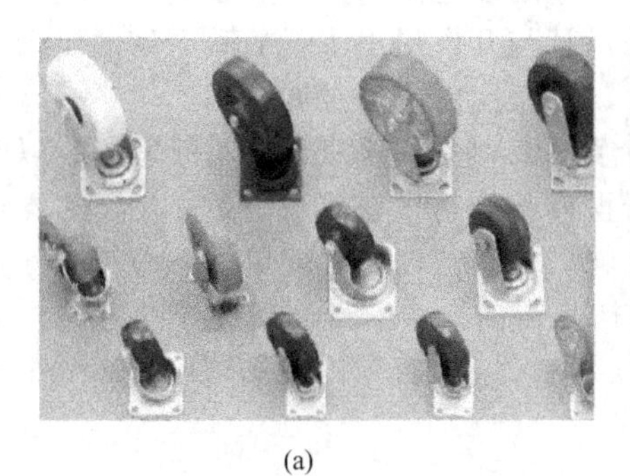

(a)

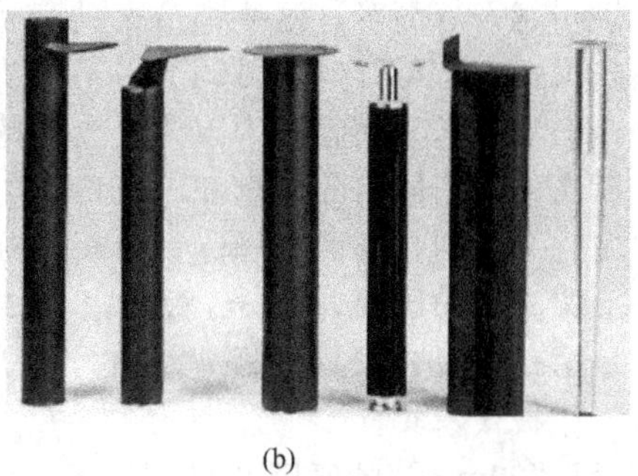

(b)

图 3-84 其他类型的装脚

（2）用金属连接件接合　对于较长较大的亮脚，可用金属板、金属法兰套筒，借助倒刺螺母连接件进行接合，如图 3-82 所示。此种方法简单可靠，并便于拆装。

（3）用镀铬钢管或塑料等制作的可调高度的装脚结构　如图 3-83 所示，为了适应地面不平，采用高度可调整的装脚结构。这种装脚已有定型产品出售，购置安装即可，较为方便。

（4）各种类型的橡胶装脚　如万向转轮型橡胶脚、万向球型脚等，应用十分广泛。如作床类、沙发类等家具的装脚，移动轻便，稳定可靠，颇受用户欢迎。如图 3-84 所示为其他类型的装脚。

3.7 柜类板式家具 32mm 可拆装结构

随着家具工业的飞速发展，标准化、通用化、系列化已经广泛地应用于板式家具的设计与制造之中，在不断满足现代工业化生产的同时，也充分地体现出多样化和个性化的特征。当前 32mm 系统设计已成为板式家具结构设计的语言。

3.7.1 32mm 系统原理概述

32mm 系统原理是进行 32mm 系列自装配柜类板式家具的设计依据。32mm 系统是以标准化的板式部件为基本单元，以五金件连接为基本接合方式，通过模数为 32mm 的标准“接口”，在结构装配上能实现快装、拆装或待装，在结构形式上能自由组合，在功能上能作适度调节或扩展，在资源消耗上能节省材料或少用优质木材，在物流上能降低运输成本，在制造上能运用简捷与高效的家具结构与制造体系。这个体系是在社会对家具的量与质的需求、木质新材料的出现、生产工艺与方式变革、制造设备的更新等诸多条件的相互作用下逐步发展起来的，它随家具关联技术的不断进步而飞速发展并日趋完善，目前已成为国际共识的板式家具设计与制造主流模式。

3.7.1.1 32mm 系统的概念

所谓 32mm 系统是指一种新型结构形式的柜类家具，“32mm”一词即描述这类旁板上前后、上下两孔之间的中心距离为 32mm 或 32mm 的倍数。32mm 家具设计的要素或者是基础性条件有两个，一是搁板支撑、抽屉滑道、门铰链、挂衣棍支撑件等各类专用五金连接件的发明和推广，如图 3-85～图 3-88 所示；二是以多轴多排钻床为代表的高速、精确的专用设备，如图 3-89 所示。

3.7.1.2 产生 32mm 板式家具设计的原因

（1）社会发展需求　当前社会正处于由工业社会向信息社会的转型期，人们的生活方式正在发生着巨大而深刻的变化：人们的居住形式由分散居住逐渐向集中居住演变；居住空间越来越小；居住楼层越来越高等，这些都给家具产品设计与开发提出了新的和更高的要求。要求家具产品必须向可拆装、可维修、可调节、易存放、易搬运的方向发展。

（2）行业发展需求　随着我国改革开放的持续深入，现代化建设的不断发展，以及国际化程度的日益提高。我国家具的产量和出口量均居世界首位，占世界总量的 1/4，这要求产品在标准化、通用化和系列化方面与国际行业规范接轨。只有这样，才能更好地参与国际竞争。

基于以上两方面的原因，32mm 板式家具结构是当前板式家具创新设计的方向，如果说单体组合家具是第一代板式家具，板式组合家具是第二代板式家具的话，那么 32mm 系列拆装家具就是第三代板式家具。

3.7.1.3 选用“32mm”的原因

为什么要以“32mm”为模数呢？主要是基于以下几个方面因素的考虑。

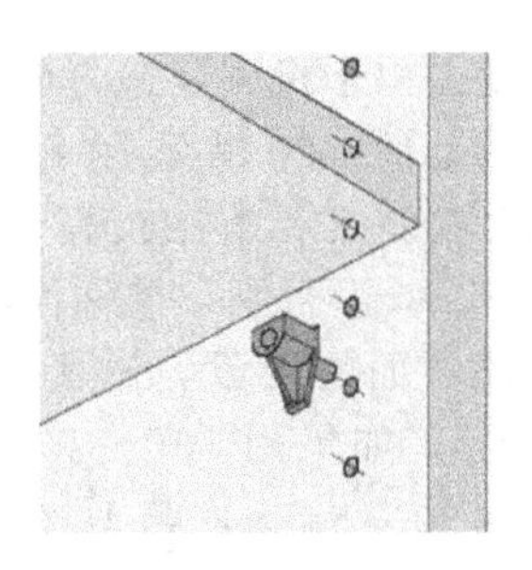

图 3-85　搁板支撑连接件

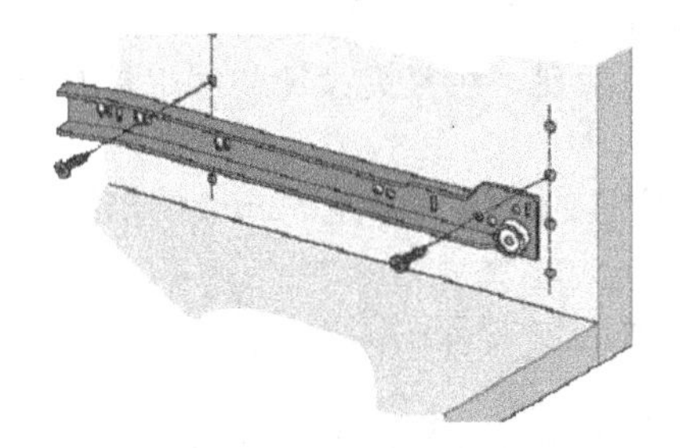

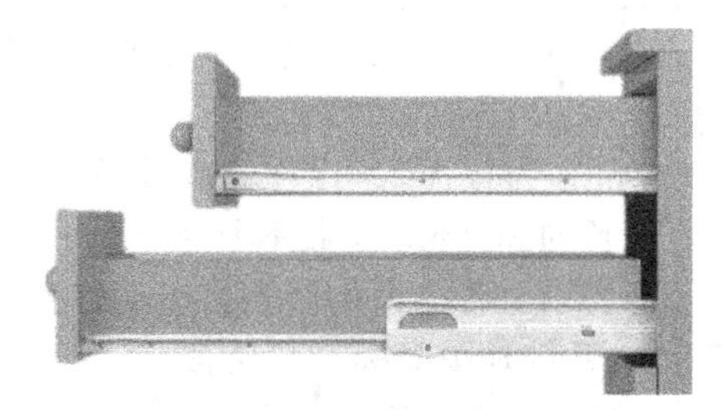

图 3-86　抽屉滑道

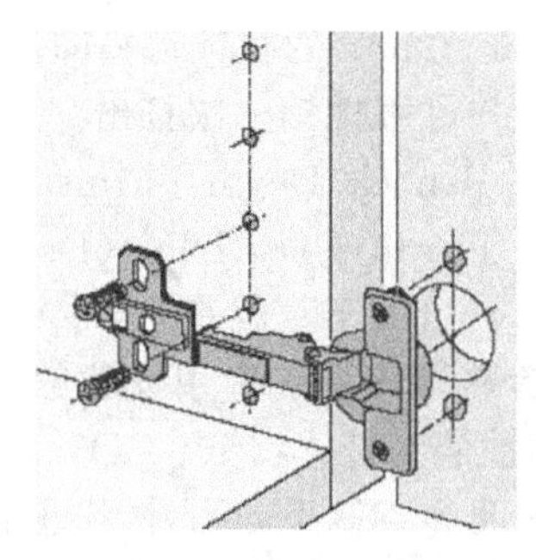

图 3-87　杯状门铰链

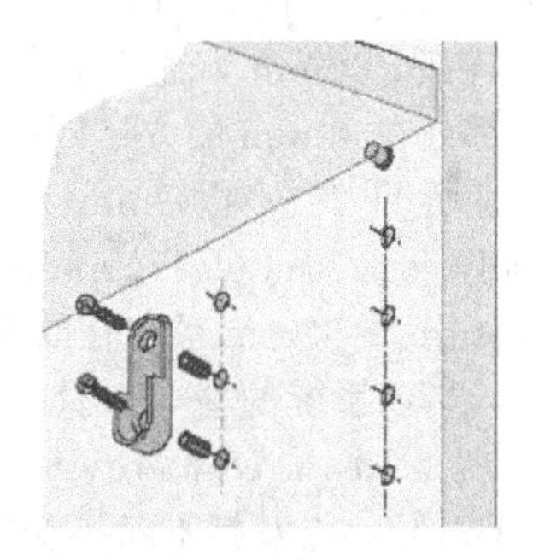

图 3-88　挂衣棍支撑件

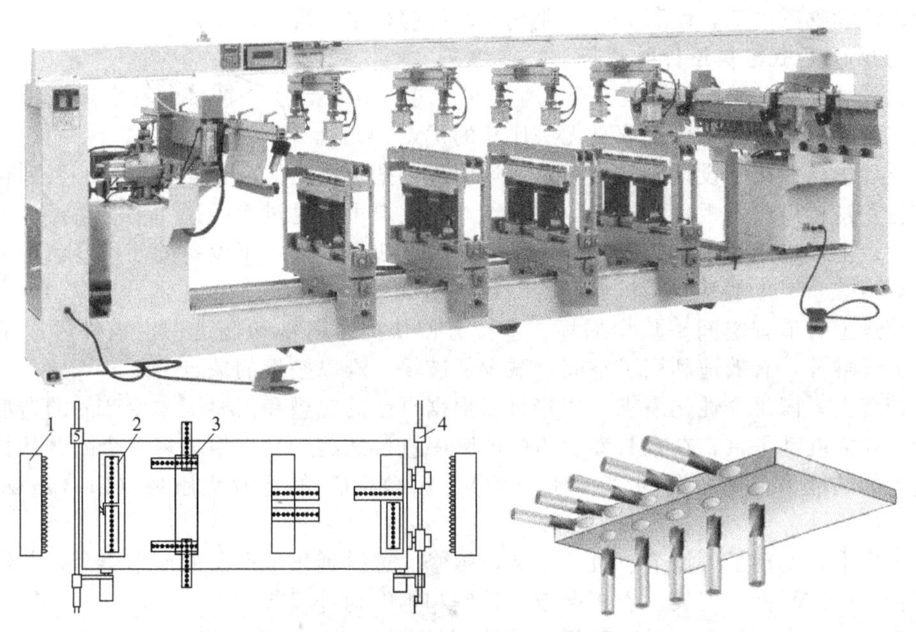

图 3-89　多轴多排钻床设备与加工示意

1—水平排钻；2—垂直排钻；3—排钻转 90°；4—侧挡板；5—挡块

第一，主要是由于机械制造方面的原因所引起的。用于加工安装连接件的多排钻相邻钻头之间是用齿轮传动的，20 世纪 70 年代的欧洲，在机械制造方面，通常对直径超过 40mm 的高速传动齿轮的制造技术要求比较高，而在 40mm 以下的会更容易制造；而且齿轮间合理的轴间距不应小于 32mm，否则，排钻齿轮传动装置将受很大的影响。

第二，习惯方面的因素，欧洲民间使用英寸的比较多，正如我国木匠使用的寸一样。1.0in＝25.4mm，如果用 1.0in 来作为两相邻钻头之间的距离似乎太小，而 1.2in 则比较合适，1.2in＝30.48mm，与现在所采用的 32mm 比较接近，而且，12in＝1.0ft，即，1.2in 为 1/10ft。

第三，是数学方面的原因。$32=2^5$，而 2 是偶数中最小的数，它在模数化方面起着非常重要的作用，以它为基数，可以演化出许多变化无穷的系列，在家具设计装配中具有很强的灵活性和适应性。

第四，32mm 作为板面孔间距模数，并不代表家具的外形尺寸是 32mm 的倍数，这样与我国的建筑行业推行的 300mm 模数不矛盾。

因此，考虑到以上各方面的因素，最后将孔距确定为 32mm。

3.7.1.4 32mm 系统是国际标准化语言

32mm 系统是一种国际通用的模数化、标准化板式的家具结构设计的语言。32mm 系统宗旨是要求对产品进行标准化、通用化、系列化和模块化的设计；使产品零件具有互换性和通用性的特征。32mm 系统要求零部件上的孔间距为 32mm 或者是 32mm 的整数倍，即：应使“接口”都处在 32mm 的方格网的交点上，以保证实现模数化，并可用排钻一次打出。

业界和学界对 32mm 系统可拆卸板式家具称为 KD（Knock Down Furniture），RTA（Ready to Assemble Furniture），ETA（Easy to Assemble Furniture），DIY（Do-it-yourself Furniture）；32mm 系统在欧洲还被称作“EURO”系统。其中，“E”就是 Essential Knowledge，指该系统的基本知识；“U”就是 Unique Tooling，指熟悉该系统专用设备的性能特点；“R”就是 Required Hardware，指熟悉该系统各种五金件的性能与技术参数；“O”就是 Ongoing Ability，指掌握不断更新的该系统的关键技术。由于在设计与制造过程中引进了标准化、通用化与系列化，“32mm 系统”将传统的家具设计与制造引入了一个新的境界，摆脱了传统的手工业作坊和熟练木工，使家具的工业化生产能够得以实现。

3.7.1.5 32mm 板式家具设计的优势

32mm 系列自装配家具适合大工业化生产的要求，在设计、生产、储存、运输、销售、安装、使用、废弃各阶段都有传统家具无法比拟的优点。

(1) 设计上，简化了设计。应用工业设计原理，把板块的标准化、通用化、系列化和模块化放在首位，这样简化了板块的规格、数量，并让用户可以通过产品说明书参与设计工作。

(2) 生产上，提高了工作效率和加工精度，降低成本，延长了设备的使用寿命，由于简化了板块的规格数量，也就减少了机械设备的频繁调试。

(3) 储运上，节省空间，减少损坏，上楼方便快捷。运输和储运中，板件可以用纸箱包装，并能大量堆放，有效地利用了空间，减少了破损，难以搬运的缺点。

(4) 销售上，满足个性化需求。用户可以根据自己的愿望和需要来改变产品的造型和色彩功能组合，建立互动平台，在家具专卖店的电脑中直接选购产品，根据每一个顾客的特别要求设计制造产品的能力，即所谓的“一对一（One-to-One）”的定制化服务（Customized Service）。

(5) 使用上，实现了可调节、可互换和可维修。这样延长了产品的使用寿命，节约了自然资源，保护了生态平衡。书架、衣柜搁板、抽屉和柜门均可调节。

(6) 废弃上，有利于再生循环利用。传统家具是：“生产-使用-废弃”，在当前生态文明时代应着力探讨新的低碳生活和生产方式，即：“生产-废弃-生产-再生”。32mm 系列自装配家具

突出的可拆卸性能，便于返厂或送到专业的处理工厂。目前正处在生态文明时代，人与自然要和谐发展，设计人员要有生态责任、生态意识，产品要做到生态性与环保性的统一。

3.7.2 32mm 系统的布局要素

32mm 系统可拆装板式家具设计，实际上是钻孔位置的定位设计，当板件的规格和钻孔位置确定之后，板件的设计也就完成了。32mm 系列自装配家具设计的关键是旁板的设计。在设计过程中，在旁板上出现两类不同概念的孔。分别是结构孔（Construct Hole）与系统孔（System Hole），结构孔就是形成柜类框架体所必不可少的结合孔；系统孔就是用于装配搁板、抽屉、柜门等所必需的孔。两类孔的布局合理与否，是 32mm 板式家具设计成败的关键。如图 3-90 所示为 32mm 旁板孔位基本布局形式。

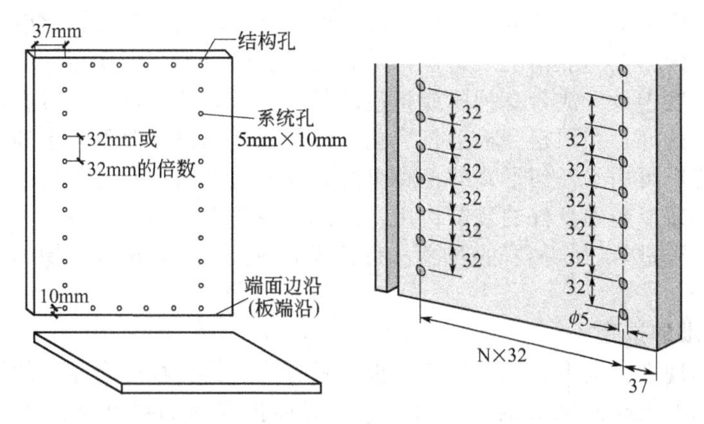

图 3-90 32mm 旁板孔位基本布局形式

旁板是板式家具的核心部件，是设计的关键所在。顶板、面板、底板、搁板、隔板、门、抽屉等均通过可拆装式的五金件连接到柜体旁板上，这样才能形成柜体。旁板上系统孔、结构孔间的距离为 32mm 或是 32mm 的整数倍；系统孔的直径为 5mm，孔深约为 10mm，结构孔的孔径根据五金连接件的要求而定，一般常用的孔径为 5mm、8mm、10mm、15mm、25mm 等；旁板上第一列竖排系统孔中心到旁板前边缘之间的距离，盖门式结构时为 37mm，嵌门式结构时为门的嵌入量加上 37mm。值得一提的是，32mm 体系是一个开放的系统，其还在不断发展与完善的过程中，上述的基本规范有可能被扩充或修正。

3.7.2.1 结构孔技术参数

旁板上沿的第一排结构孔与板端的距离及孔径根据板件的结构形式和选用的连接件而定，若结构形式为旁板盖顶板（面板），如图 3-91（a）所示，采用偏心连接件连接，则结构孔到旁板端的距离 $A=S+d_1/2$，孔径根据所选用的偏心连接件的大小而定；若结构形式为顶板（面

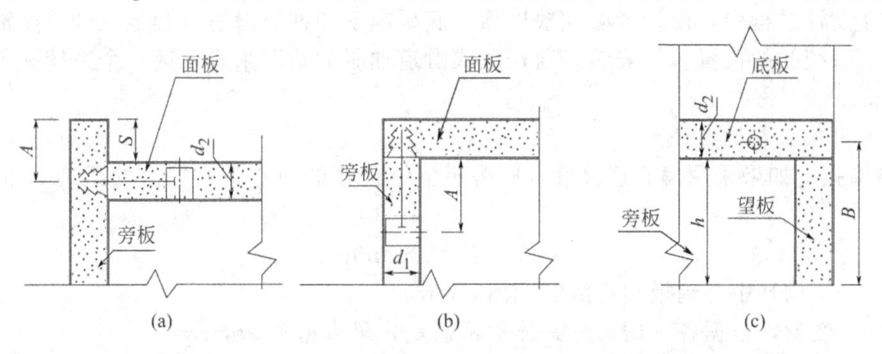

图 3-91 32mm 家具设计中结构孔的定位示意图

板）盖旁板，如图 3-91(b) 所示，则 A 应根据选用偏心件连接件吊杆的长度而定，一般 $A=24$mm，孔径为 15mm；下沿结构孔到旁板底端的距离 B 则与望板高度（h）、底板厚度（d_2）及连接形式有关，如图 3-91(c) 所示，$B=d_2/2+h$。

3.7.2.2 系统孔技术参数

系统孔一般设在垂直方向坐标上，分别位于旁板前沿和后沿，若采用盖门，前轴线到旁板前沿的距离 K 为 37mm；若采用嵌门或嵌抽屉，则应为 37mm 加上门板的厚度。同时，前后轴线之间及其辅助线之间均应保持 32mm 的整数倍距离。通用系统孔孔径为 5mm，孔深一般为 10mm，用于安放抽屉滑道、搁板支撑、门铰链、挂衣棍等五金连接件。当系统孔用作结构孔时，其孔径根据选用的连接件要求而定，一般常为 5mm、8mm、10mm、15mm、25mm 等。

在给定的旁板上，系统孔的位置和数量一般取决于旁板上容纳其他配件的方式和数量。例如：装抽屉时，旁板上的系统孔取决于抽屉滑道的位置与类型；要支撑比较多的搁板，可能要在旁板上打满孔，因为在一般情况下，设计中，为保证旁板的互换使用，一般都采用打满孔的形式；通常来说，底柜设计成带有抽屉或柜门的封闭实体，顶柜设计成带有搁板或玻璃柜门的开敞或隔透虚体，这样，在顶柜旁板上打满孔，以保证其根据需要而装上抽屉作底柜，而底柜旁板打满两排孔之后可用于任何形式的柜类组合，在开放空间中暂时不安装搁板时，孔上可以盖上小的彩色塑料塞以起到良好的装饰作用。因此，用户在使用过程中，在很短时间内，用螺丝刀和普通工具即可进行门与抽屉的互换，完成调节搁板高度和位置等操作，以改变家具的造型和使用功能。

3.7.2.3 参考基准的选定

系统孔仅仅出现在旁板上，在顶板和底板上只有为了与旁板结合相应的结构孔。这样，在进行 32mm 系列自装配板式家具的设计时，设计者应把局部的要点放在旁板上，就需要考虑布局的参考基准。在实际设计中常以底柜为参考基准，这是因为底柜上经常带有抽屉，可以直接根据抽屉的数量和所需的垂直空间高度来决定相应的旁板高度和抽屉滑道的孔位，最大限度地利用底柜的内部空间。

3.7.2.4 第一个系统孔和结构孔的孔位确定

(1) 采用螺纹、螺杆式连接件

① 结构孔　旁板上第一个结构孔位于顶板或底板厚度的中间部位，例如：顶（或底）板厚度为 19mm 时，结构孔的中心将位于距旁板端沿的 9.5mm 处；如果厚度为 20mm 时，结构孔的中心将位于距旁板端沿的 10mm 处。

② 系统孔　旁板上第一个系统孔距离结构孔之间的距离为 32mm，如果顶（或底）板厚度按 20mm 计算，第一个系统孔距旁板端边沿的距离为 42mm。那么用来安装抽屉滑道和其他连件的空间大小就是 42mm 减去 20mm 的板厚，等于 22mm，一般来讲其空间越大，五金件的安装越方便，在大多数情况下，22mm 的空间足够用，如图 3-89 所示。

当然在设计过程中，设计者必须根据顶、底板厚度和抽屉滑道及其他五金件所需的空间来决定第一个系统孔的位置。从安装普通托底式滑道抽屉的角度来看，第一个系统孔的位置应不小于 42mm。

(2) 采用偏心式连接件

① 结构孔　如果采用偏心连接件，则旁板上结构孔的中心距板端沿的距离 A 值可按下式计算：

$$A=S-X+8\text{mm}$$

式中　A——结构孔中心到板端边沿的距离，mm；

X——变量，根据各种偏心件具体规格确定，最大值为 9mm；

S——顶或底板厚度。

例如，如果设板厚 S 取最常见的 20mm，代入公式可计算出 $A=19$mm。

② 系统孔 上面螺纹、螺杆连接件确定的 42mm 的值，也适用于偏心连接件。

3.7.2.5 其他结构孔的确定

如果仅利用前面介绍旁板两端结构孔的位置和规格，能装配出如图 3-92(a) 所示的柜类框架，要满足如图 3-92(b) 所示的框架要求，例如柜体的底板一般不与地面接触，这样在柜体底板与地面之间的正立面方向可能要设计一块望板（或称为踢脚板、防尘板）。这样就必须要在旁板中间设计出其他的结构孔形式。这些结构孔与两端结构孔位于同一垂直线上，且距离取决于框架体中两水平板之间的距离。同时，水平板上相应的结构孔位置应与旁板上的结构孔位置相匹配。

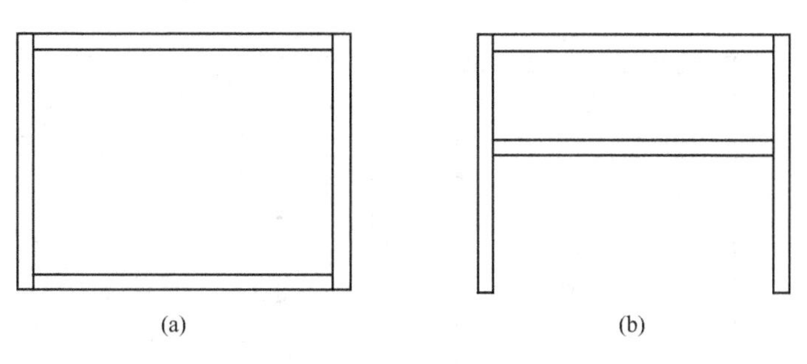

图 3-92 正立面柜体框架示意

结构孔的尺寸要根据所选用的连接件的类型来确定，钻孔的位置要根据家具的功能来确定，但安装顶板和底板的孔位按照一般的设计方法是可以统一或是预先确定的。如图 3-93 所示，安装顶板结构孔的尺寸应为：

$$H_1=T/2+h_1$$

安装底板结构孔的位置应为：

$$H_2=T/2+h_2$$

式中 T——顶板和底板的厚度；

h_1——顶板上表面到旁板顶边的距离；

h_2——底板下表面到旁板底边的距离，即踢脚板的高度。

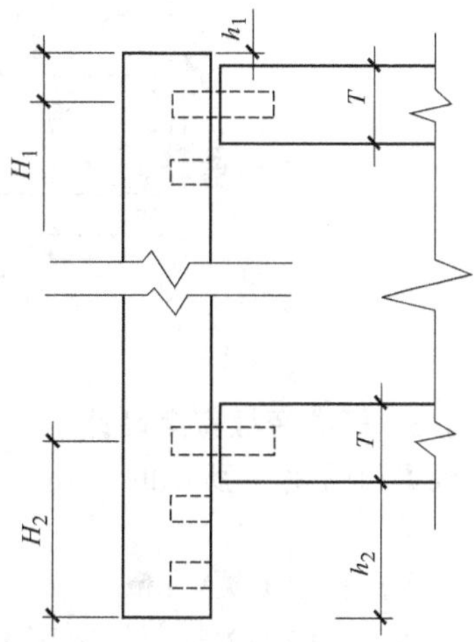

图 3-93 顶、底板结构孔的尺寸定位

3.7.3 32mm 自装配板式家具标准板设计

32mm 可拆装板式家具设计的关键在于旁板上的孔位设计，同时为尽可能确保板件具备标准化、通用性和互换性的优势，因此需进一步讨论标准板的尺寸与系统孔设计等问题。

3.7.3.1 标准板的定义

标准板是指在一系列产品的板件中可以互换使用的板件，一般以旁板为主。对 32mm 系列自装配板式家具中标准板的要求是自身要做到“左右协调”。这里所说的协调是指需要达到两方面的要求：一是在加工制造过程中，在打孔时，操作者把待加工的旁板放在工作台上，不用调整设备，打完一边，将板件水平旋转 180°就可以加工另一边；二是在装配过程中，顺手拿来同一系列的旁板，不分左右均能正确装配。

3.7.3.2 标准旁板高度设计

如图 3-94 所示为 32mm 旁板布局示意图。图中明确了对标准旁板尺寸和孔位的具体设计要求。因此，标准旁板的高度尺寸可按下列公式计算：

$$H=N\times 32+S$$

式中　H——旁板高，mm；

N——旁板上结构孔和系统孔之间的总间隔数（总数－1）；

32——两孔之间中心距离为 32mm；

S——顶、底板厚度。

下面举例说明这个公式的应用：假定在标准旁板高度方向上打 20 个孔，包括系统孔和板两端的结构孔，顶或底板的厚度为 20mm，根据上述公式计算，则旁板高度 H 为：$H=(20-1)\times32+20=628$（mm）。在设计实践中还应该考虑到柜体的底板一般不会直接落地［图 3-92(b)］，因此要考虑到柜体的脚高，通常在这种情况下，脚高设置为 72mm，那么经过宽度协调，该标准旁板的总高为 700mm。

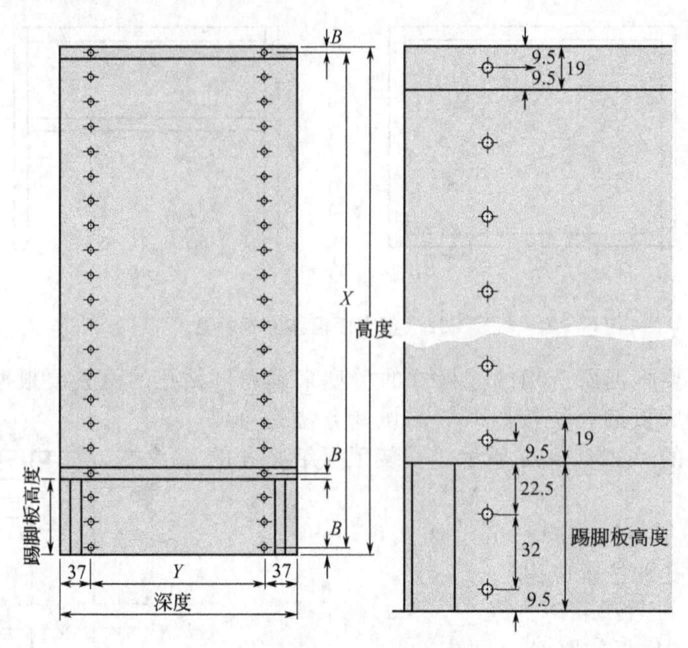

图 3-94　32mm 旁板布局示意图

3.7.3.3　标准旁板宽度设计

根据如图 3-94 所示的 32mm 旁板布局示意，标准旁板的宽度尺寸可按下列公式计算：

$$W=N\times32+74$$

式中　W——旁板宽，mm；

N——标准旁板前后两排系统孔之间 32mm 的间隔数；

74——系统孔距板的前沿或后沿各为 37mm，加起来就是 74mm。

例如：取 $N-13$ 可计算出标准旁板的协调宽度为：

$$W=13\times32+74=490\ (\text{mm})$$

另外在旁板的后沿还要开柜背板槽，这也属于宽度协调的范围。

下面举例说明这个公式的应用：假定在标准旁板宽度方向上前后两排系统孔之间 32mm 的间隔数为 13，根据上述公式计算，则旁板宽度 W 为：$W=13\times32+74=490$（mm）。在设计实践中还应该考虑到柜体旁板的后沿可能要开背板槽，一般采用裁口或槽榫嵌板形式，通常在这种情况下，设置背板开槽空间为 10mm，那么经过宽度协调，该标准旁板的总宽为 500mm。

3.7.3.4　标准旁板的协调性变化

在进行 32mm 可拆装板式家具系统设计中，要运用整体性思维，整体和部分不能协调时，部分服从于整体的需要。在设计过程中，有时要考虑标准板的整体协调性时，会失掉本身的一

些协调性。这种协调性主要反映在柜体的整体设计上有三点必须注意：第一，相邻柜体的脚高要一致；第二，相邻柜体的门和抽屉应成一条直线；第三，相邻柜体的柜体的高度要协调。如图 3-95 所示为组合柜体的协调性变化，图 3-95(a) 为相邻两柜不匹配，图 3-95(b) 是相邻两柜体经过协调性变化后的组合形式与效果。因此，为了满足这些整体的协调性，有时不得不打破标准板已建立的协调性。

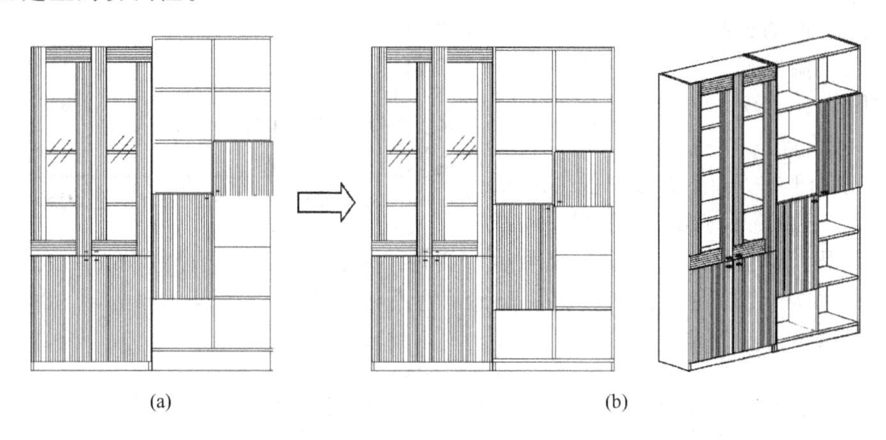

图 3-95 组合柜体的协调性变化

(1) 标准旁板在长度上的协调性变化　在上面的例子中，设相邻两柜体高度相差 8mm，如果要设计成将两柜体放在一起的形式，那么就必须对其进行协调性设计。多出来的 8mm 就应考虑在已协调好的旁板高度中解决，前面提到旁板第一个系统孔中心距板端边沿为 42mm，如果仅从旁板高度的某一端的 42mm 中减去 8mm，则原来的协调性就将会被完全破坏。解决这个问题最合理的方法是采用平衡原则，将 8mm 分开，从旁板高度的两端各减去 4mm，或者相邻两柜体一边减去 4mm、一边加上 4mm，这样第一个系统孔中心距板端边沿的距离就从原设计的 42mm 减少到 38mm。接下来要考虑的问题是，第一个系统孔中心距板端边沿的距离为 38mm，那么这个空间对安装五金连接件来说是否合适呢？38mm 减去 20mm 的顶、底板厚度，剩下的 18mm 的空间就是用于安装抽屉滑道或其他五金件的空间，通常情况下这个空间的大小是可以满足普通五金配件安装要求的。

(2) 标准旁板在宽度上的协调性变化　标准旁板在宽度上的协调性变化考虑方向集中在：可能要在旁板后沿开背板槽，并进行宽度方向上的协调。旁板宽度方向的尺寸不一定非要受 32mm 系统的限制，但考虑到加工方面的因素，最好能符合 32mm 系统设计的要求。在设计中，旁板的宽度要视家具的具体功能来定，没有强制性的规定，比如像衣柜，从功能和材料两个方面来考虑，将宽度定为 600mm 是比较合理的。

3.7.4 32mm 自装配板式家具其他零件设计

32mm 设计系统是建立在模数化基础上的零部件标准化，设计不是针对某一件产品，而应考虑一个系列。其中的系列部件因模数关系而相互关联，要实现单元组合和模数理论，保证装配质量，就必须将各个预钻孔的孔深和孔径预先设计、预钻加工，只有这样在装配过程中才不会出现混乱。因此，在设计过程中需要以 32mm 系统理论为基础，将家具零部件进行标准化设计，确定标准板件，并采用编码技术对其进行标准化管理，这样才能有效地减少家具零部件的数量，提高零部件的通用性。

32mm 自装配板式家具的主要零部件有：旁板、顶板、底板、搁板、抽屉、门等，前面已将旁板、顶板、底板等零部件的设计方法进行了介绍，剩下搁板、抽屉、门等这些零件还没有介绍，当这些零件的尺寸确定后，32mm 自装配板式家具设计就基本完成了。

3.7.4.1 搁板设计

以衣柜为例，顶板、搁板、底板上一般只有结构孔，第一个结构孔离板件的基准边的距离应与旁板相同，即 37mm，这样有利于与旁板配套，否则，旁板的结构孔需要重新定位。搁板上左右两端各钻有 4 个孔，其中两个孔为偏心连接件的连杆安装孔，另外两个孔为圆棒榫孔，搁板通过圆棒榫定位，偏心件紧固，如图 3-96 所示。

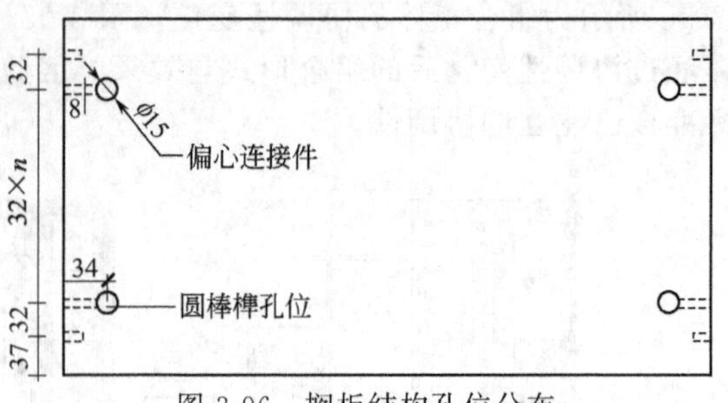

图 3-96 搁板结构孔位分布

3.7.4.2 门板设计

由于家具门的安装有嵌门（Inside Door）和包门（Outside Door）两种，如图 3-97 所示，因此，旁板系统孔的定位尺寸也有两种：一种是距板端边沿 37mm；另一种是距板端边沿 28mm。37mm 的用于安装嵌门，28mm 的用于安装包门。当 37mm 或 28mm 确定后，家具门的安装风格也就确定了。

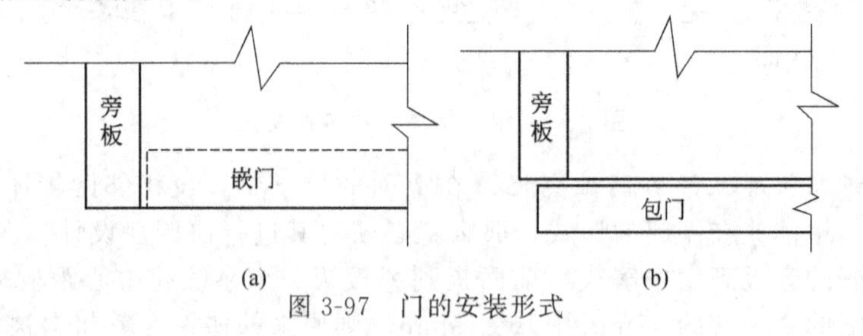

图 3-97 门的安装形式

3.7.4.3 抽屉设计

如图 3-98 所示，常用抽屉滑道的结构形式有两种：一种是托底式滚轮滑道；另一种是侧托式钢珠滑道。在 32mm 系统家具的设计中，抽屉的定位设计较为复杂。在很多情况下，要求抽屉面板的高度是一致的，而且可以互换，特别是对于上下叠加结构的抽屉，原则上要求最上面的与最下面的抽屉能互换。抽屉设计的复杂性在于在设计的过程中需要进行两次定位：第一次是屉旁板与屉面板的定位；第二次是屉面板与柜体旁板的定位。在此先以托底式滚轮滑道为例进行介绍。如图 3-99 所示是常用托底式滚轮滑道抽屉的定位，例如它在旁板上的系统安置孔与抽屉旁板底部的距离为 $L=11$mm，在这里把它称为偏移距，不同系列和品牌的抽屉滑道偏移距是不相同的，这个偏移距就是采用该种滑道的抽屉旁板与柜子旁板上系统孔的下定位尺寸。

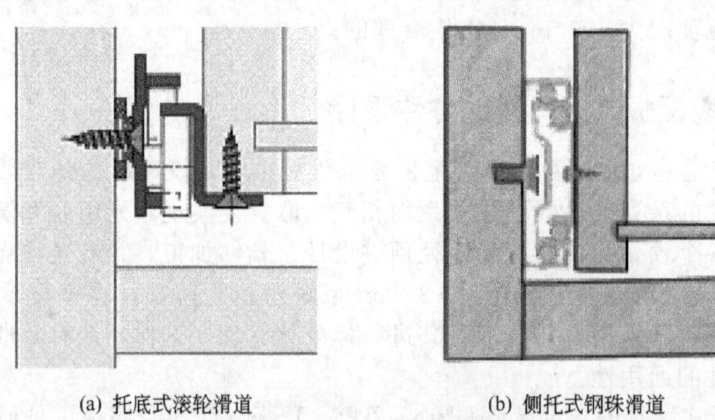

(a) 托底式滚轮滑道　　(b) 侧托式钢珠滑道

图 3-98 两种常用抽屉滑道的结构形式

如图 3-99 所示，对于使用托底式滚珠滑道安装的抽屉，为了简便起见，一般采用对称设

计原则，将抽屉旁板的上沿也增加相同的偏移距——L，那么，抽屉旁板的高度就为 $T_{ph}=32n+L+L=32n+2L$，其中 n 为自然数。在设计中，可将抽屉的面板设计成 32mm 的倍数，同样遵循对称设计原则，抽屉面板的高度应为：$T_{mh}=32n+32+32=32(n+2)$，这样，整个抽屉的位置也就确定了。

对于上下叠加结构的抽屉，若采用自关闭的抽屉滑道，最上面的屉旁板到柜子顶板下表面（或上一抽屉面板下边）至少留 16mm 的高度，而最下面抽屉的滑道装配孔是否能装在结构孔上第一个系统孔，则要看此系统孔距底板高度是否大于滑道所需的最小安装高度。抽屉面板上下边与抽屉旁板上下边的距离为 $32\text{mm}-L$，采用如图 3-99 所示的滑道，则 $32\text{mm}-L=32-11=22$（mm），22mm>16mm，这个距离完全满足下一个抽屉的安装。

对于采用侧托式钢珠滑道的抽屉，同样可以采用上述设计方式：如图 3-100 所示为侧托式钢珠滑道的安装尺寸定位，与图 3-99 中的托底式滚轮滑道进行比较，在其他条件都不变的情况下，只要将侧托式滑道在抽屉侧板上的系统安装孔定在 $32n+L$ 的位置上即可。

抽屉尺寸与安装孔位确定之后，可按照如图 3-101 所示的步骤对抽屉进行装配即可。

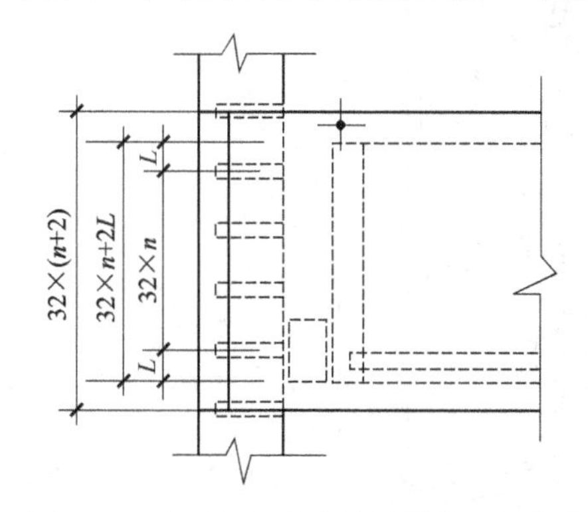

图 3-99 常用托底式滚轮滑道抽屉的定位

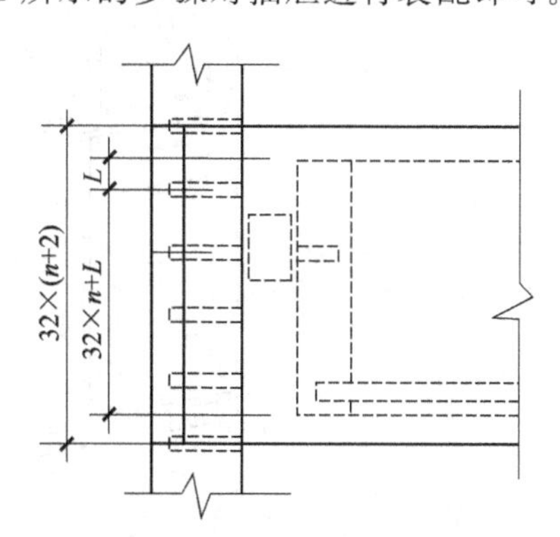

图 3-100 侧托式钢珠滑道的安装尺寸定位

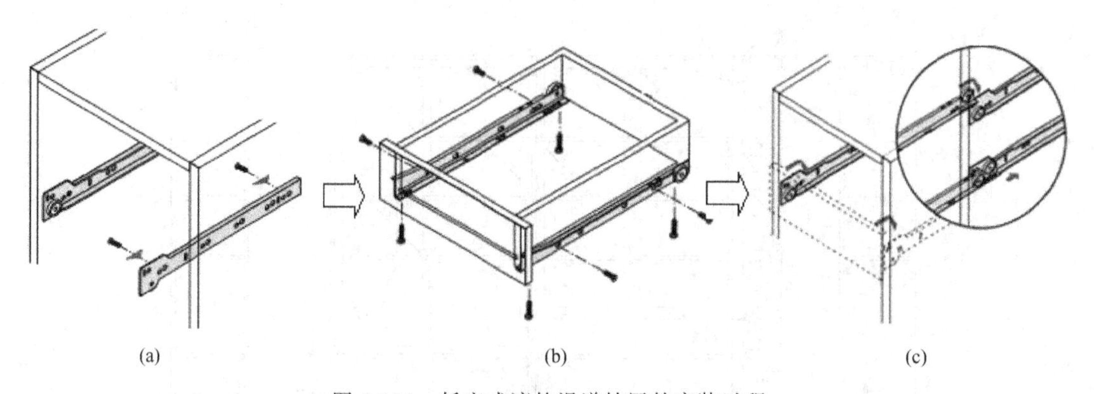

图 3-101 托底式滚轮滑道抽屉的安装过程

作为 32mm 系列自装配板式家具的设计者，应在整体性思维的指导下，把灵活性与规律性结合起来，科学地进行设计，其目标是使产品达到最优化的效果。

3.7.5 32mm 自装配板式家具设计实例

为了将 32mm 自装配板式家具的设计理论与企业设计实践实现无缝对接，下面引入两个具体设计实例以丰富和加深读者对 32mm 系统设计在实际操作层面上的理解。

3.7.5.1 设计两组并排摆放的书柜

根据个性化定制的市场新需求，按照 32mm 系列自装配板式家具设计的要求，设计两组并排摆放的书柜。设计要求：①每组柜体高 2200mm，宽 1000mm，深 350～400mm，板厚为 20mm；②每组书柜的功能分区不能相同，书柜应配备有抽屉、柜门、搁板等功能件；③设计步骤，首先画出三视图，接着画出标准旁板板的孔位图，并标注上抽屉滑道、铰链等的安装位置；④设计时应考虑标准板的协调性变化，特别是标准板长度和宽度方向的协调。设计方案如图 3-102～图 3-104 所示。

图 3-102　组合书柜效果图

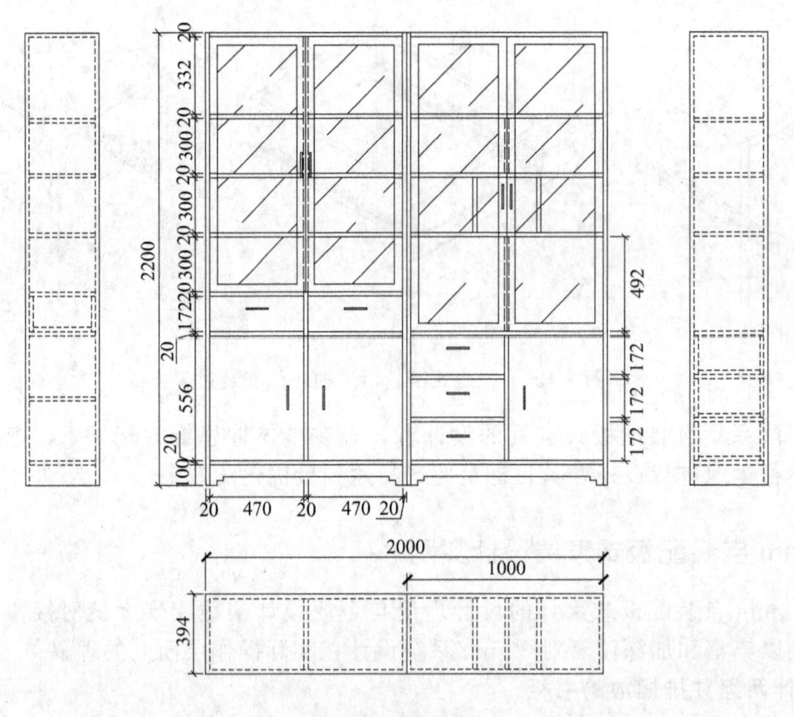

图 3-103　组合书柜三视图

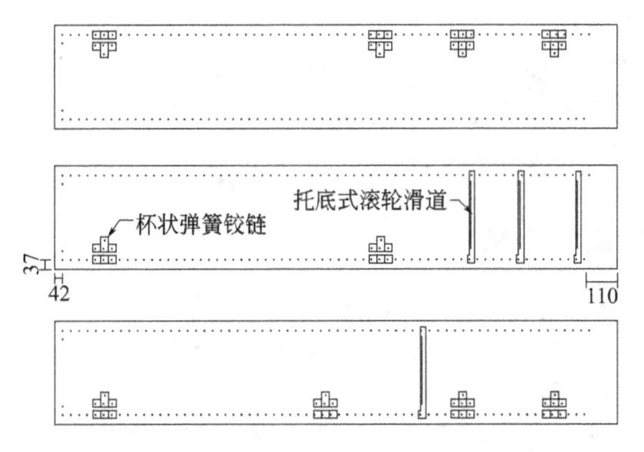

图 3-104 组合书柜标准板示意图

3.7.5.2 多功能可调节衣柜设计

32mm 可拆装板式家具设计，除了要实现可拆卸这一困扰生产与销售的关键问题外，还必须满足买方需求，也就是必须解决人们家居生活中出现的家具功能性与差异化较弱的问题。因此，在家具设计实践中，要力求通过可拆装实现板式家具的多功能组合；同时在现代家居生活中，人们对产品个性化的要求越来越高，还要力求通过多样化设计最大程度上满足家具使用者亲手拆装、自我体验的产品个性化构建模式。

如图 3-105 所示为同一尺寸衣柜柜体的多种组合形式，如图 3-106 所示为同一尺寸衣柜柜体的多种组合效果。

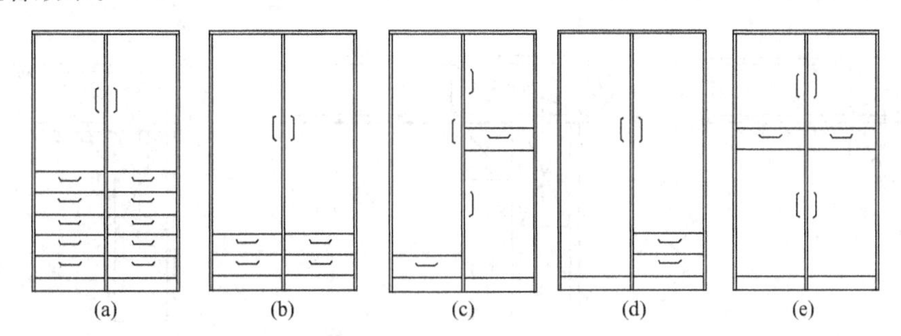

图 3-105 同一尺寸衣柜柜体的多种组合形式

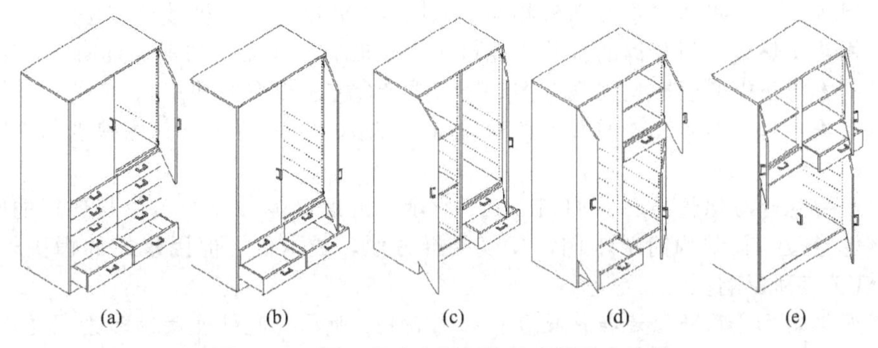

图 3-106 同一尺寸衣柜柜体的多种组合效果

3.8 家具的总装配结构

所谓家具的装配结构，实质上是指其部件的接合结构。家具的装配结构必须在全面考虑各零部件的接合方式、技术条件、加工质量、材料选用等的基础上，需确保家具的接合强度，并充分估计它在各种使用情况下能保持其形状的稳定性和牢固性。无论家具在静力负荷或动力负荷的作用下，都不得产生过大的变形，以适应家具的各种使用功能的要求。下面具体叙述柜类与桌台类家具的主要构件的装配结构。

3.8.1 柜类家具的总装配结构

柜类家具，无论是衣柜、食品柜、书柜或是写字柜等，都是由顶（面）板、底板（脚盘）、旁板、隔板、搁板、背板、抽屉、门板等部件彼此采用不同的接合方式装配而成。

3.8.1.1 柜类家具概念及类型

用于储藏物品的家具统称为柜类家具，又有胴体式家具之称，比拟人体的胸腹腔能储藏五脏六腑。柜类家具的类型主要有衣柜、书柜、食品柜、陈列柜、床头柜、梳妆柜、电视机柜、棉絮柜、音响柜、碗柜等多种。

3.8.1.2 旁板与顶（面）板的接合结构

柜类家具的面板高于视平线（约为1600mm）称为顶板，低于视平线的称为面板。顶板或面板可采用框架嵌板或是拼板、覆面实心板、覆面空心板等。顶板或面板与旁板有两种接合形式：一种是安装在旁板的上面；另一种是安装在两旁板之间。以下详细介绍旁板与顶（面）板的基本接合结构。

(1) *以圆榫定位，用木方条与木螺钉及螺栓接合* 如图3-107所示，此种接合方法，简单经济，稳定可靠，并能反复拆装。但螺栓帽头在顶板上面外露，对外观美有所影响。

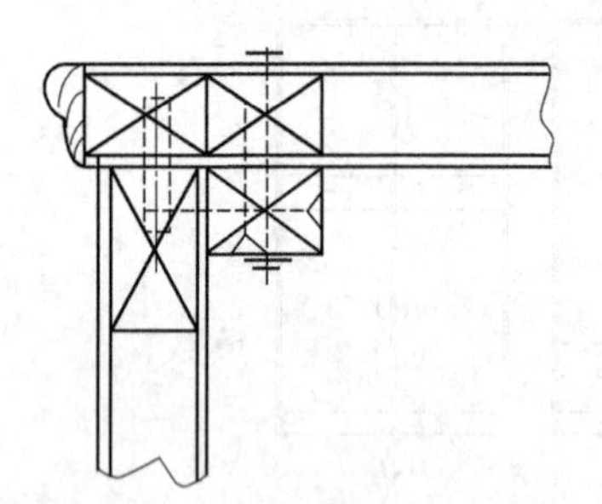
图3-107 木衬条与木螺栓接合

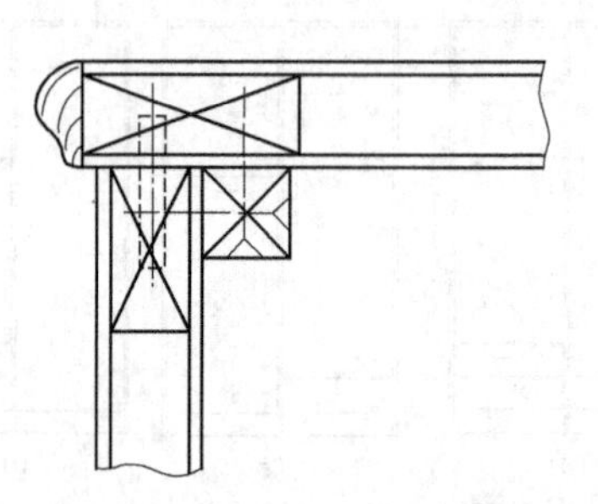
图3-108 木衬条与螺钉接合

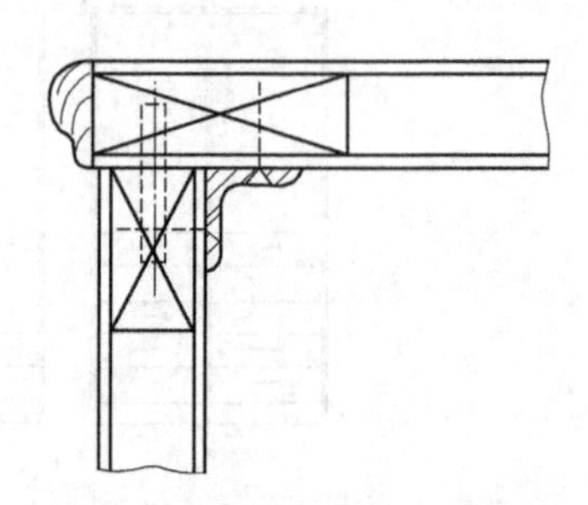
图3-109 角尺连接件接合

(2) *以圆榫定位，用木方条与螺钉接合* 如图3-108所示，此种接合方法，经济美观，稳定可靠，应用历史悠久。但装拆的次数不能过多，对玻璃门或无门的柜不宜用此方法接合，否则用于接合的木方条端面会影响美观（图3-107的接合方法也有此缺点）。

(3) *以圆榫定位，用角尺连接件与螺钉接合* 如图3-109所示，其优缺点与（2）的基本相同。

(4) *用螺钉螺母与螺栓接合* 如图3-110所示，因螺钉螺母具有定位与连接的双重作用，故不需用圆榫定位。其结构简单牢固，反复装拆方便，成本低。但因螺栓的帽头外露，对旁（顶）板外观美有所影响。

(5) *以圆榫定位，用凸轮连接件接合* 如图3-111所示，此种连接件多为尼龙件，简单经济，并能反复装拆，不影响外观美，应用较普遍。

(6) *以圆榫定位，用偏心连接件接合* 如图3-112所示，此种连接件安装技术较复杂，但反复装拆方便、迅速，不影响外观美，应用较普遍。

(7) *圆榫定位，采用倒刺螺母与螺栓接合* 如图3-113所示，此种连接件结构简单，成本低，装拆方便，并能反复装拆。但因其螺栓帽头外露，影响顶板外观美，主要用于不可见的顶板接合。

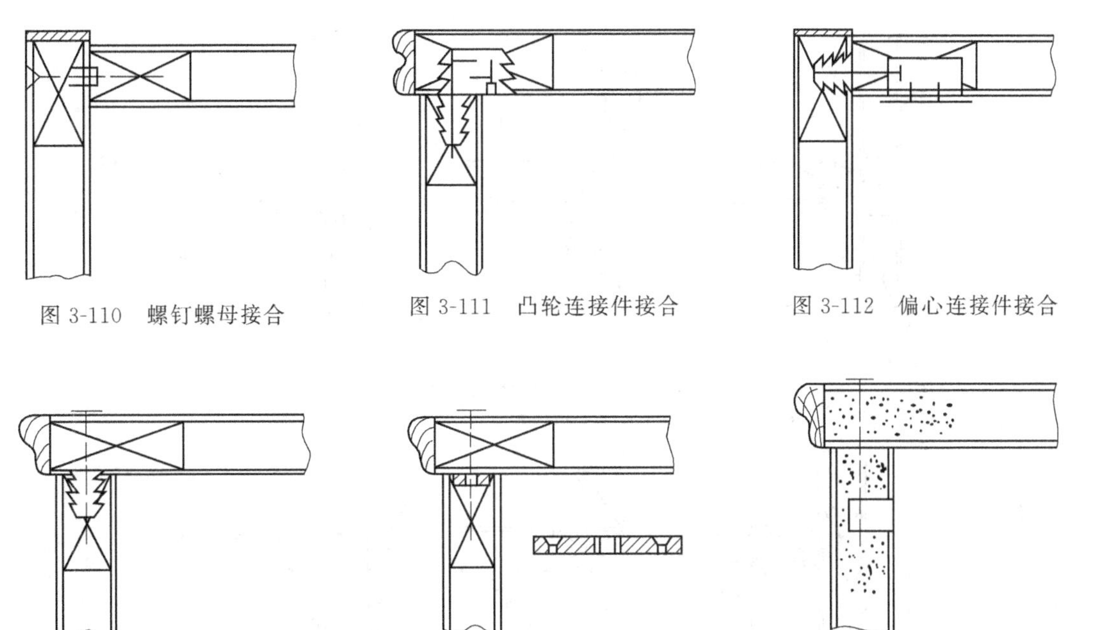

图 3-110 螺钉螺母接合　图 3-111 凸轮连接件接合　图 3-112 偏心连接件接合

图 3-113 倒刺螺母与螺栓接合　图 3-114 矩形板与螺钉和螺栓接合　图 3-115 圆柱螺母与螺栓接合

(8) *以圆榫定位，用带螺母的矩形板与螺钉和螺栓接合*　如图 3-114 所示，这是应用较早的一种连接件，经济可靠，能反复装拆。但因安装较麻烦，且其螺栓帽头外露，影响外观美，故其应用在不断减少。

(9) *以圆榫定位，用圆柱螺母与螺栓接合*　如图 3-115 所示，此种接合结构，简单、经济、可靠，装拆方便，适用范围广泛。因安装不要用木螺钉，故特别适合刨花板、纤维板家具的装配。

3.8.1.3 旁板与底板及脚架的基本接合结构

旁板和底板的接合结构与旁板和顶（面）板接合结构基本相同。柜子底板有包脚型、塞脚型、亮脚型的底板之分，所用连接件也有所不同。

(1) *包脚型底板或脚盘与旁板的接合结构*　包脚型现有三种类型。一种是旁板落地，在两旁板之间与底板下面前缘处加上一块望板构成包脚，如图 3-116(a) 所示。其底板与旁板的接合以圆榫定位，根据产品对外观美的要求，从旁板与顶（面）板的接合方法中，选择一种相适合的接合方法进行接合即可。二是底板与箱框型包脚盘接合，如图 3-116(b) 所示。首先在箱框型包脚盘的上表面胶钉一个薄板框架，并使薄板伸进箱框型包脚盘中约 10mm；再在伸进部分钻出若干个木螺钉孔；然后将旁板与底板按上述方法接合好；最后用木螺钉从箱框型包脚盘上薄板框架的孔中穿出，拧入柜底板使之牢固接合。三是另一种形式的旁板与底板接合后再与包脚接合，如图 3-116(c) 所示。首先使旁板与底板按上述方法接合好，然后在包脚的周边板上钻出若干个圆孔，装配时用木螺钉从圆孔中穿出，分别拧入旁板与底板下面，使之牢固接合即可。

无论哪种类型的包脚，均可选择旁板与顶（面）板的接合方法。若旁板与底板采用覆面空心板，其芯料的排列应满足包脚型装配结构的要求。

(2) *塞脚型脚盘与旁板及底板的接合结构*　如图 3-117(a) 所示，先将旁板与底板按上述方法接合好，再用一块加工成型的短木板件，以圆榫定位，用木螺钉接合，安装在旁板内侧与底板下面的前缘，便构成一个塞脚。如图 3-117(b) 和图 3-117(c) 所示，同样按上述方法，将旁板与底板接合好，再以圆榫定位，用木螺钉接合，将塞脚装在底板与旁板下面的四角即可。

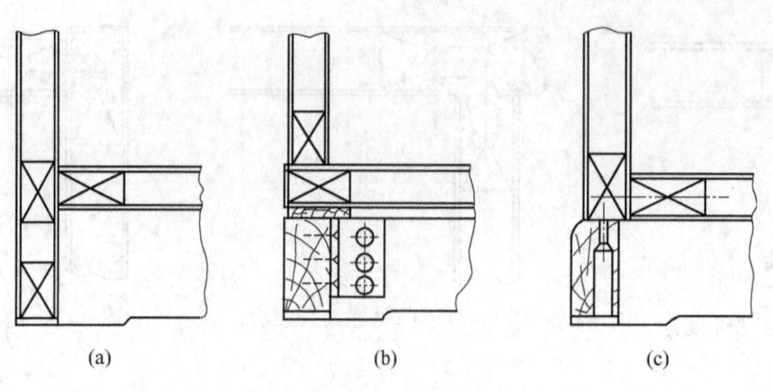

图 3-116 包脚型脚架结构

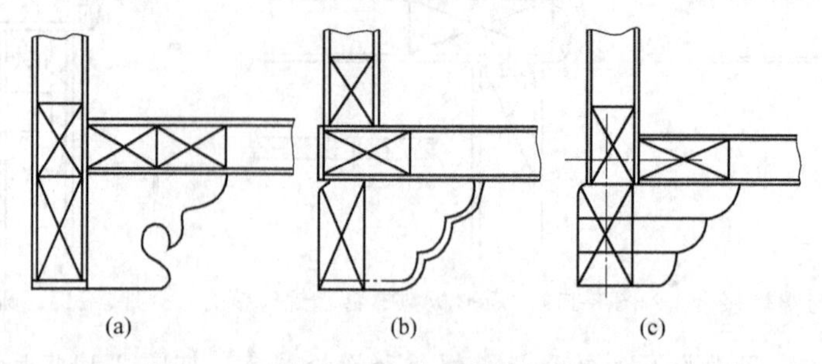

图 3-117 塞脚型脚架结构

（3）亮脚型脚架（盘）与旁板及底板的接合 亮脚型脚盘的两种基本类型：一种是四脚往底板内收；另一种是位于底板的四角，如图 3-118 所示。装配时，将旁板与底板按上述方法接合好，再以圆榫定位，用木螺钉接合，将亮脚型脚架与底板进行接合。若脚架的望板宽度超过 50mm 时，由望板内侧打螺钉斜孔，用木螺钉从孔中穿出拧入底板固定；若望板宽度小于 50mm 时，由望板下面向上打螺钉直孔，用木螺钉从孔中穿出拧入底板固定；若脚架上方有复条，先用木螺钉将复条固定于望板上，并在复条上钻出螺杆孔，然后用木螺钉穿出螺杆孔将脚架固定在底板上，如图 3-119 所示。

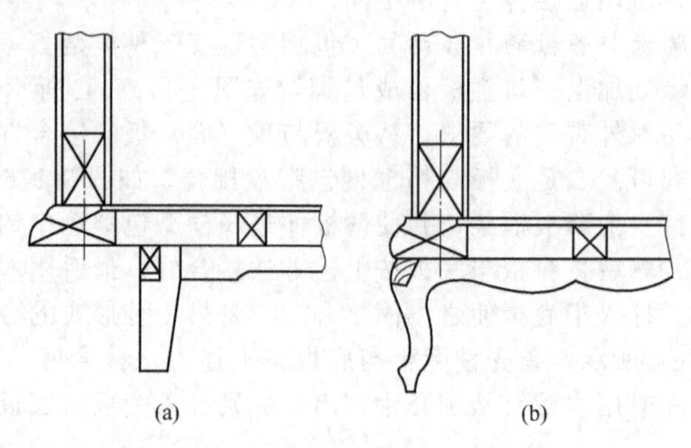

图 3-118 亮脚型脚架结构

3.8.1.4 搁板与旁板、隔板的基本接合结构

搁板为水平设置于柜体内的板件，以作为柜的水平分隔，用于放置物品。其厚度为 16～25mm，其接合法有：直角槽榫、燕尾槽榫、半燕尾槽榫、穿条、圆榫、直角多榫、方形木条和活动搁扦等多种。其中的直角槽榫、燕尾槽榫、半燕尾槽榫、穿条、直角多榫的接合，仅用于实木拼板型的搁板与旁板接合，不适用于覆面板型的搁板与旁板的接合。因要在旁板上开槽、加工榫眼而损坏旁板的结构，所以在家具中很少应用。

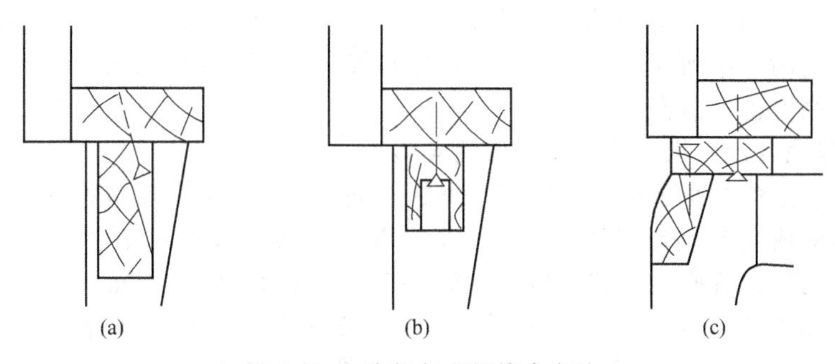

图 3-119　脚架与底板接合方法

如图 3-119 所示的接合方法，应用较为普遍。如图 3-120(a) 所示，为以金属搁板卡接合的旁板与搁板的结构，因为此种接合方法，结构简单可靠，安装方便，成本低，故应用较为广泛。

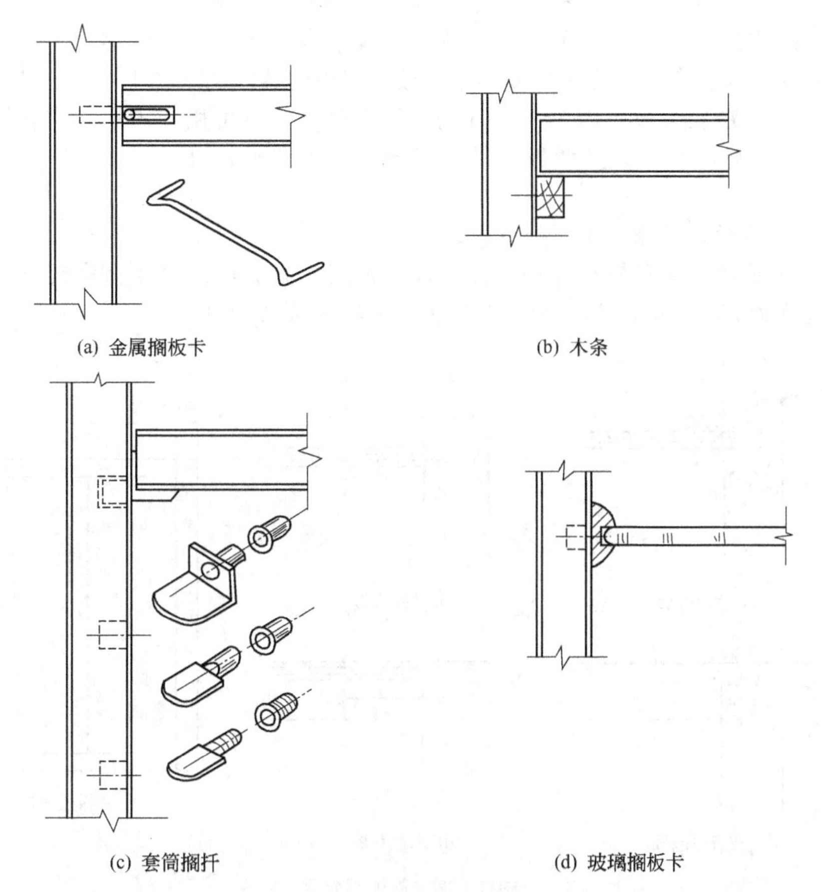

(a) 金属搁板卡　(b) 木条　(c) 套筒搁扦　(d) 玻璃搁板卡

图 3-120　活动搁板支承方式

如图 3-120(b) 所示，即用木螺钉将方形木条固定在旁板上，然后将搁板放在方形木条上面即可。此种方法，因方形木条的端面外露不美观，故不宜用于玻璃门柜的搁板安装。

如图 3-120(c) 所示，为活动搁板的接合方法。即在旁板内表面上先加工两排系列孔，分别将搁扦插入对应的孔中，再将搁板摆在搁扦上即可。这种搁板的高低位置，可根据使用要求随时进行调整，调整时只要将搁扦拔出插入所需高度的孔中，摆好搁板即可，非常便利。活动搁板的特点是，可根据使用要求，随时变更搁板的高度，对暂时不用的搁板可以拉出来作其他用途。

如图 3-120（d）所示，为玻璃搁板的安装结构。就是用带有槽的搁扦先插入旁板内侧表面上预先加工好的两排系列孔中，然后将玻璃搁板插入搁扦的槽中即可。此种搁板也具有活动搁板的特点，其高度也可进行调整。

3.8.1.5 隔板与顶（面）板、底板基本接合结构

顶板与底板或是搁板与顶板、底板或是搁板与搁板之间，需要用隔板进行纵向分割，通过隔板将内部再分隔成几个不同宽度的使用空间。柜类家具的隔板可为各种覆面板或实木拼板件。隔板与柜体的接合普遍采用圆榫接合，如图 3-121 所示，分别在隔板的每个端头预先插入两个圆棒榫。再在顶、底、搁板相对应的位置上钻出相配合的圆孔。然后在组装时，将隔板两端的圆榫插入相对应板件的圆孔中即可。

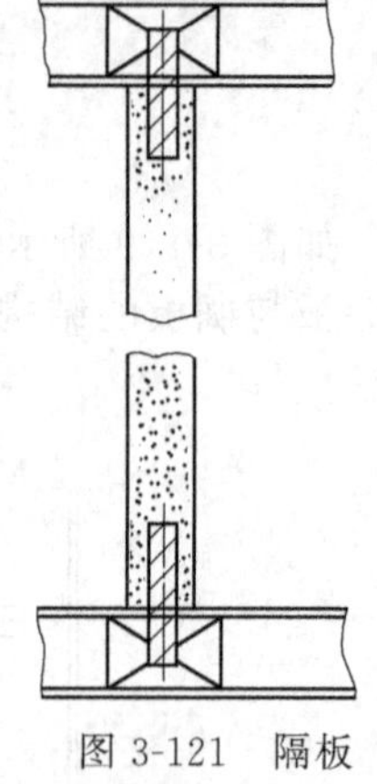
图 3-121 隔板接合的方法

3.8.1.6 背板装配结构

背板能将旁板、顶板、底板、隔板、搁板连接成为一个稳固的整体。背板装配的结构，可以为裁口嵌板结构或槽榫嵌板结构，如图 3-122 所示。裁口嵌板结构便于拆装，应用广泛。槽榫嵌板结构不能拆装，现很少被采用。背板可为胶合板、纤维板或实木拼板。嵌板的技术要求如下。

① 背板可用三层胶合板或用 3～5mm 的厚硬质纤维，也可用实木拼板。对于不靠墙摆放的柜子，其背板容易被碰撞且要求美观，可用覆面板制作。

② 安装好的背板，其侧面不可外露，以免影响美观。

③ 裁口嵌板适用于薄背板，方法简便，最为常用。旁板裁口深度为背板与其压条厚度之和。压条用宽度为 25～40mm 胶合板、纤维板条或实木板条均可。

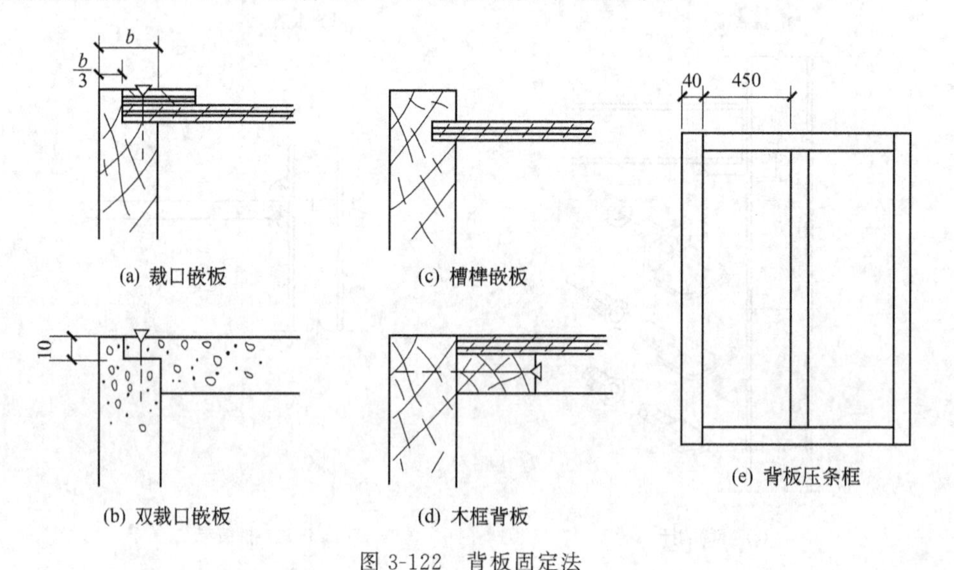

(a) 裁口嵌板　(b) 双裁口嵌板　(c) 槽榫嵌板　(d) 木框背板　(e) 背板压条框

图 3-122 背板固定法

④ 双裁口嵌板法适用于厚背板，背板搭接处应减薄至 10mm 左右，以便用木螺钉进行接合。

⑤ 槽榫嵌装法的背板需在柜体装配时一次性装入，但需预留背板伸缩缝，以免背板膨胀时变形，破坏柜的装配结构。

⑥ 预制木框背板，能构成平整的背面，适用于宽度较大的柜体，可利用木框的中撑加强薄背板刚度与平整性。

3.8.1.7 抽屉装配与安装结构

（1）抽屉的装配结构 抽屉是家具中的重要部件，有明抽屉和暗抽屉之分。前者的面板显

露在外面，后者是安装在柜门的里面。抽屉是由屉面板、屉旁板、屉后板形成箱框，并在屉旁板、屉面板下部内侧的槽中插入屉底板构成，如图 3-123 所示为抽屉基本装配结构。抽屉需承重，应牢固地接合。屉面板与屉旁板常采用圆榫、连接件、半隐燕尾榫接合等。屉旁板与屉后板接合常采用直角多榫、圆榫接合等。抽屉可由木材、覆面细木工板、覆面刨花板、覆面纤维板来制作。若柜门为覆面空心板，其抽屉面板也应用覆面空心板制作，且表面的木纹与门板应相对称或相匹配。抽屉底板一般采用较薄的胶合板、硬质纤维板等材料制成。如图 3-124 所示为抽屉基本结构形式。

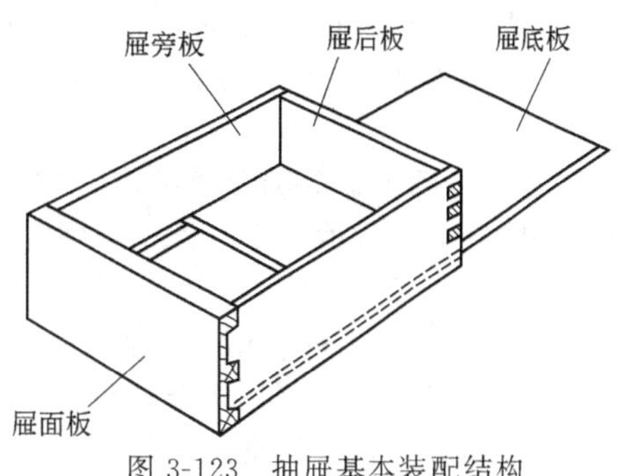

图 3-123　抽屉基本装配结构

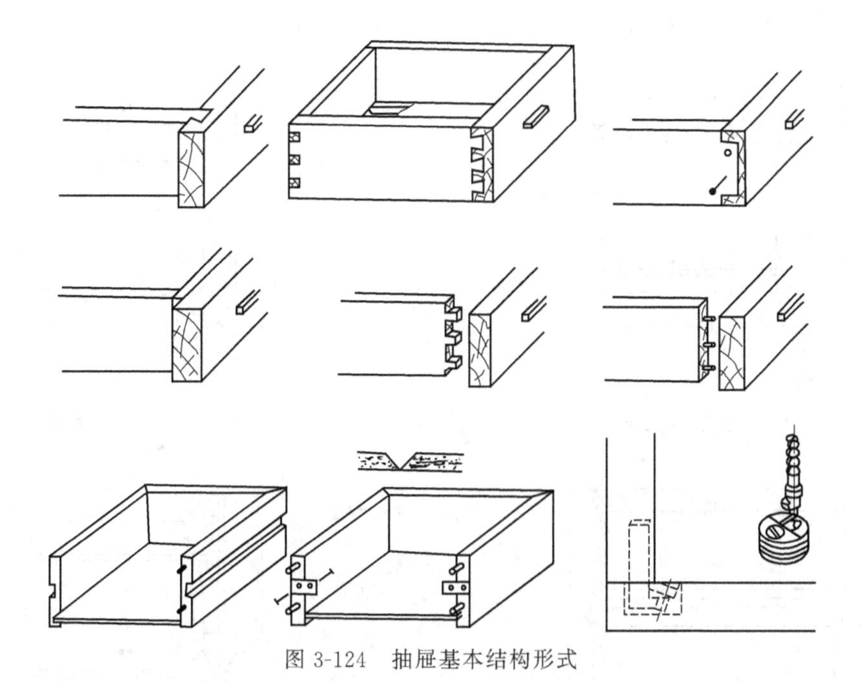

图 3-124　抽屉基本结构形式

（2）抽屉的安装结构

① 滚珠或滚轮滑道的安装结构　用木螺钉将钢珠或滚轮的阴、阳滑道固定在柜旁板（或隔板）与屉旁板上即可，如图 3-125 所示。这类抽屉滑道开关极其灵活、轻巧，应用日益广泛，早已实现专业制造。

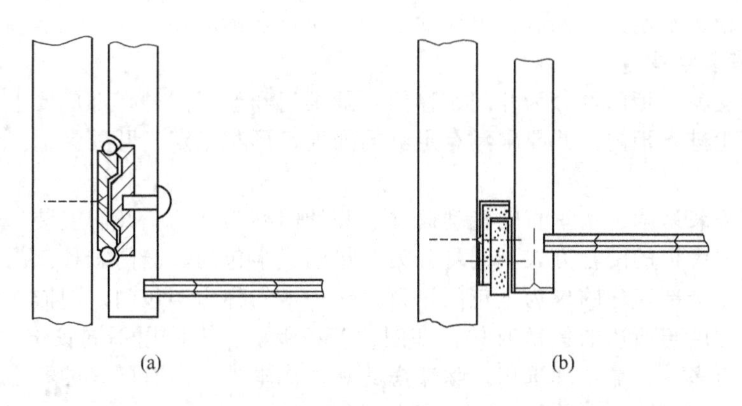

图 3-125　侧托钢珠与托底滚轮抽屉滑道

② 托屉框架与搁板组成抽屉滑道　即在旁板（或隔板）侧面安装托屉框架与柜的搁板组成抽屉滑道，如图 3-126 所示。无论明、暗抽屉均可用此种滑道，这种抽屉滑道稳定性好，使用较为广泛。

③ 木条与搁板组成的滑道结构　在旁板（或隔板）侧面安装方木条与柜的搁板形成抽屉滑道，如图 3-127 所示。方木条用圆榫定位，用螺钉紧固。此方法多用于暗抽屉的安装，比较经济。

④ 抽屉架滑道　即采用独立性的抽屉架，将多个抽屉安装在一起，如图 3-128 所示。这种抽屉架，可以移动，根据用户的要求，可放在柜的内部适当处，也可放在柜的外面。此种方式各抽屉使用方便，但制造成本较高。

⑤ 槽榫滑道（吊装）结构　即在抽屉旁板外侧上开一条槽，在柜的旁板（或隔板）安装一条小方条作为槽榫，安装时，将抽屉旁板的槽对准旁板上的小方条推进即可，如图 3-129 所示。这种方式结构简单，成本低，但仅适合于小抽屉的安装。

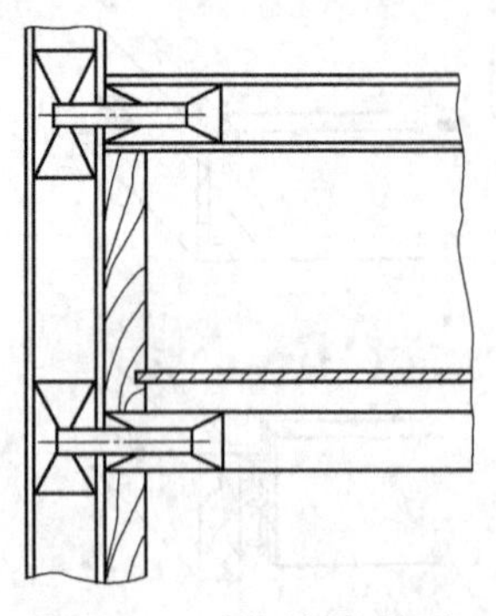
图 3-126　托屉框架滑道

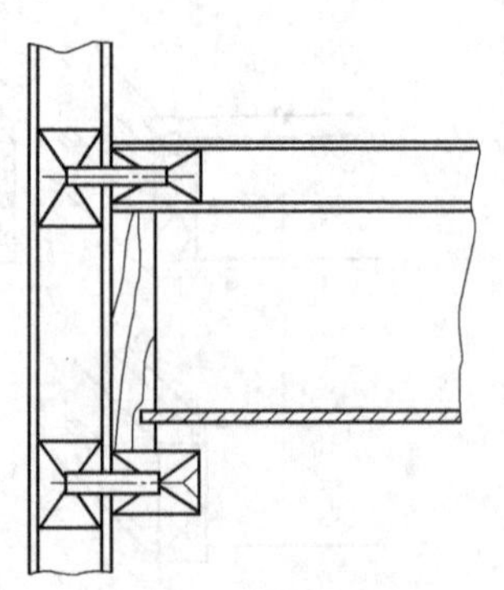
图 3-127　木条滑道

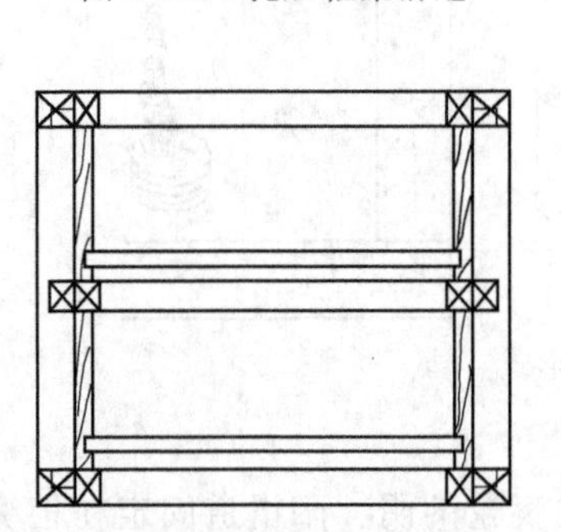
图 3-128　抽屉架滑道

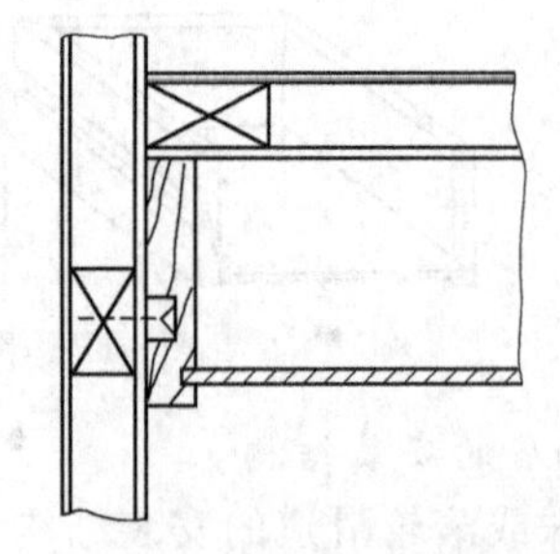
图 3-129　槽榫滑道

（3）*抽屉的安装技术要点*　抽屉安装除需确保抽屉滑道具有足够的承重强度外，还需使抽屉开关灵活、平稳、不偏歪，抽屉拉出后的下垂度应符合标准要求。

3.8.1.8　门的安装结构

（1）*柜门的类型*　柜门可分为开门、移门、翻板门和卷门四种，都应要求尺寸精确，关闭严密，以防止灰尘进入柜内。并要求具有足够的强度，形状稳定，开关灵活。下面介绍这几种柜门的安装结构。

（2）*开门的安装结构*　绕垂直轴转动而开、关的门称为开门。开门安装、使用方便，应用普遍。根据开门跟旁板的配合方式不同可分为全包门、半包门、嵌门三种。门盖住旁板前梃的称为包门，将旁板全部盖住的称为全包门，只盖住一半的称为半包门。门嵌入旁板之内的称为嵌门。门的开启程度与所用的铰链有关，如图 3-130 所示，为使用不同铰链的门开启的位置。安装开门的铰链有多种，需合理选用，除考虑美观、成本外，尚有门扇的开启度，即开启后的位置。不同的铰链有不同的安装结构，分别介绍如下。

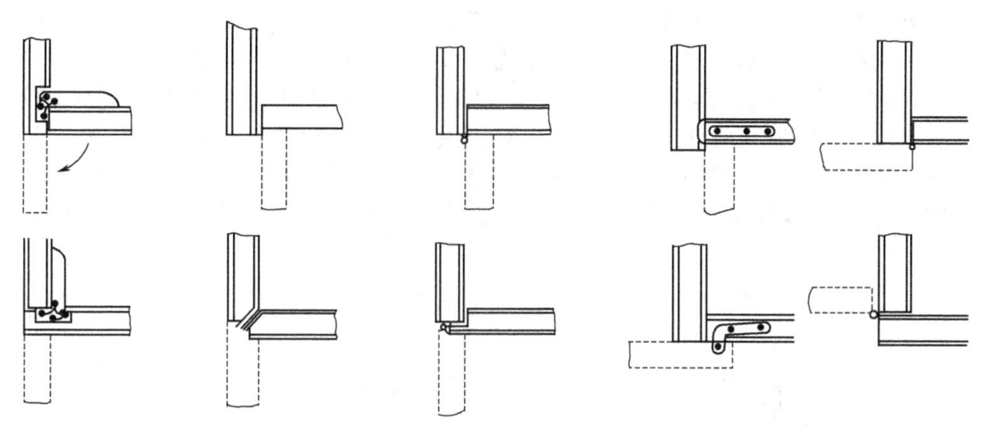

图 3-130 使用不同铰链的门开启的位置

① 杯状弹簧铰链安装门的结构 杯状弹簧铰链有直臂、小弯臂、大弯臂之分，分别用于全包门、半包门、嵌门的安装，如图 3-131 所示。杯状弹簧铰链安装后不外露，不影响美观，门关闭后不会自动开启，并可调整门的安装误差，但成本较高。如图 3-132 所示为铰链数与门板高度尺寸关系示意。

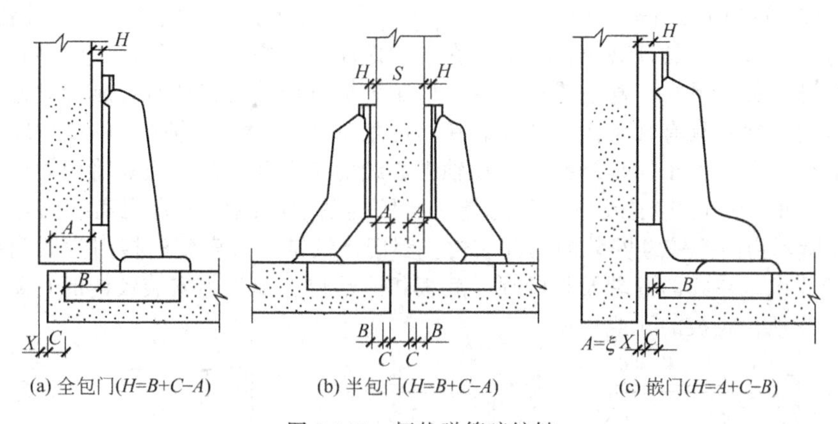

(a) 全包门($H=B+C-A$) (b) 半包门($H=B+C-A$) (c) 嵌门($H=A+C-B$)

图 3-131 杯状弹簧暗铰链

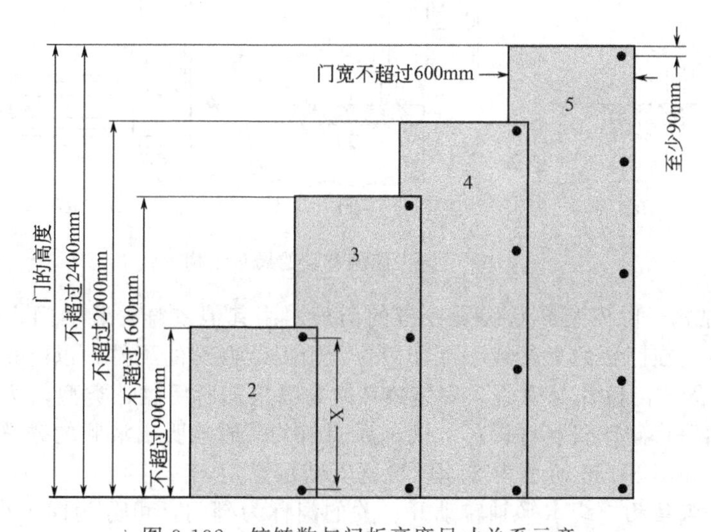

图 3-132 铰链数与门板高度尺寸关系示意

② 合页铰链安装门的结构 这是使用较早、较普遍的一种铰链，有长铰链与普通铰链之

分。长铰链与所要安装门的高度相等，每扇门只需安装一个，其主要目的是起装饰作用。普通铰链的长度一般为 40～60mm，门的高度若小于 1200mm，只需安装 2 个铰链；若超过 1200mm，根据超过的程度，则需安装 3～4 个铰链。合页铰链的优点是装配方便，较经济。缺点是门安装好，尚需安装碰珠或磁性门扎，否则关好后会自动打开，或关不严密。要求露在门外面的部分应美观，能起装饰作用。为此，高级家具所用的合页铰链，要求用铜合金、不锈钢等装饰性能好的金属材料来制造。如图 3-133 所示为用合页铰链安装包门与嵌门的局部结构。

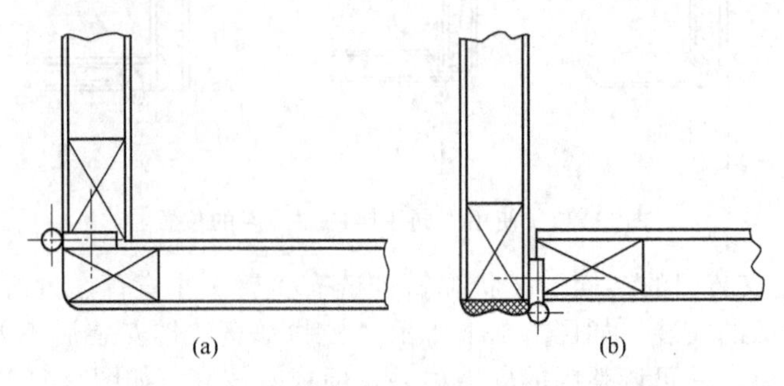

图 3-133 合页铰链安装包门与嵌门的局布结构

③ 门头铰链安装门的结构　门头铰链是上海地区 20 世纪 70 年代兴起的一种新型门铰链。它属于暗铰链，不影响制品外观美。需安装在门的两端头，要求两个铰链的转动轴在同一条中心线上，否则开、关不灵活，甚至难以开启。由于装拆方便，价格便宜，颇受欢迎，现仍在广泛使用。安装时，常将具有轴头的一片安装在门的两端头，将具有轴孔的一片安装在柜的顶、底板相对应的位置上。由于门是绕铰链转动轴中心线旋转而开、关，故需将门对应的旁板处铣成一条弧线，弧的半径应等于或略大于门侧棱至铰链轴中心线的垂直距离，门才能开、关自如。图 3-134 所示为门头铰链安装的局部结构。因门头铰链方式安装的柜门为嵌门结构，安装时，根据图纸要求，在门的两端及柜的顶、底板相应部位上加工出安装铰链的孔或槽，然后将铰链固定在门及顶、底板的孔或槽中。

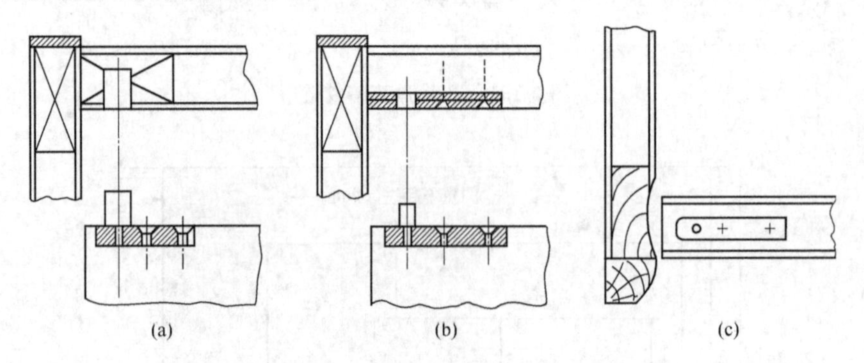

图 3-134 门头铰链安装的局布结构

④ 门碰珠的结构　除安装杯状弹簧铰链的门外，用其他铰链安装的门，则需要柜的顶板或底板上安装碰珠，在门板的上端或下端相应位置上安装碰珠的配件，以防止门自动开启，如图 3-135 所示为外露式门碰珠与磁碰。安装碰珠时，需根据所用碰珠类型，按设计图的要求进行钻孔或开槽。然后将碰珠安装好即可。装配后要求关门时能听出清脆的碰珠响声，门板闭合后不得自动启开。如图 3-136 所示为玻璃门磁碰安装示意。

（3）翻门的安装结构　绕水平轴转动开、关的门称为翻门，可分为向下翻和向上翻两种，如图 3-137 所示。翻门的宽度一般要大于高度，以方便开、关。其中下翻门较常用，因为它开启后可以兼作临时台面，但需要具有定位机构的专用门头铰链；也可使用上述开门所用的各种

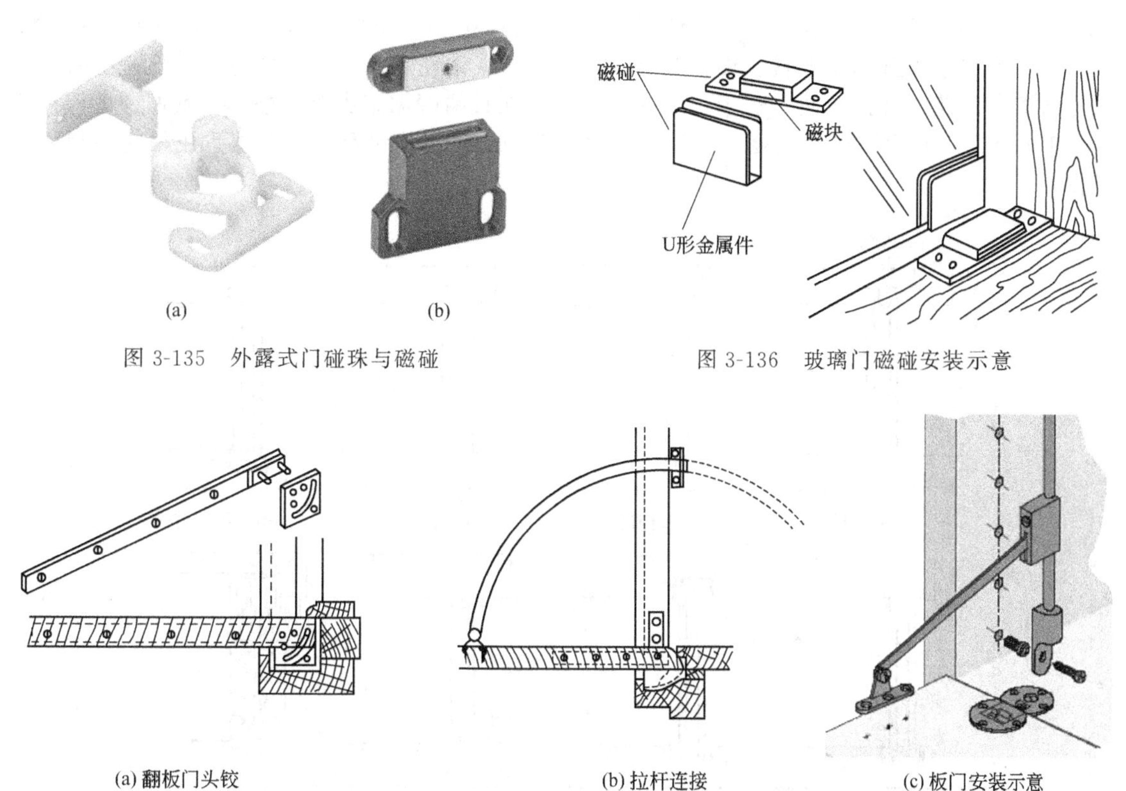

图 3-135　外露式门碰珠与磁碰

图 3-136　玻璃门磁碰安装示意

图 3-137　翻板门的安装

铰链来安装，但需用牵筋、拉杆来定位，借以保持门开启后的水平位置。上翻门仅用于高柜上面的门，以方便开、关。

翻板门的设计要点：翻门打开时，常作为陈设物品、梳妆或作写字台面用，故兼作台面用的翻板门最好在打开后与门里的搁板处在同一个水平面上，以获得宽阔的工作平面。为此，应采用门头铰或专用门头铰，并需设计美观、牢固的封边条，门的正面与背面需具有同等的质量与美观性要求。对于上翻门，开启后不要求保持水平位置，需使用专门带有撑杆的铰链进行安装。

(4) 移门的安装结构　沿水平滑道左右直线移动而开、关的门称为移门。其优点是移门开启不占柜前的空间，且打开或关闭时，柜体的重心不致偏移，能保持稳定。但每次开启的程度小于柜宽度的一半，多用于各种陈列柜、书柜、文件柜的门。现代的移门多为玻璃门，以便于观看与取放物品。

轨道槽沟的宽度需略大于门的厚度。对较厚的门板（主要为木质门），入槽部分的厚度需小于 10mm。移门上面的滑道深度应略大于门下面滑槽深度的两倍，以便安装或取出移门。

移门宜设凹槽式挖拉手，以使两移门能推拉至相互重叠，使门开启达到最大宽度，以方便存取物品。

移门的设计要点如下。

① 移门扇数　需同时设置双扇、双轨滑道，以便两扇门都能推、拉，并可将柜实行全严密关闭。

② 移门的高度　不宜过高，较高的移门推拉阻力较大，开关不灵活。门的宽高比以 1∶1.2 左右为宜。

③ 移门的轨道类型　移门的轨道有多种类型，如图 3-138 所示。可在柜的搁板、顶（面）板、底板上直接开槽用作移门的轨道，简便经济，常用于普通家具较轻的移门，但应保证图

3-138(a) 中的 $a_3>a_1+a_2$，便于门板取放自如；若在槽底衬以竹片作垫片，能使移门推拉轻便。较高级的家具宜选用塑料、铝合金以及带有滚珠、滚轮的滑道，这样能有效地减少移门推拉的摩擦力，使之推拉轻便。对于较厚的移门，需在其两端加工出单肩槽榫，其槽榫的厚度需小于 10mm，以减少滑槽的宽度。对于高度大于 1500mm 的重型移门，需要采用吊轮滑道进行安装。

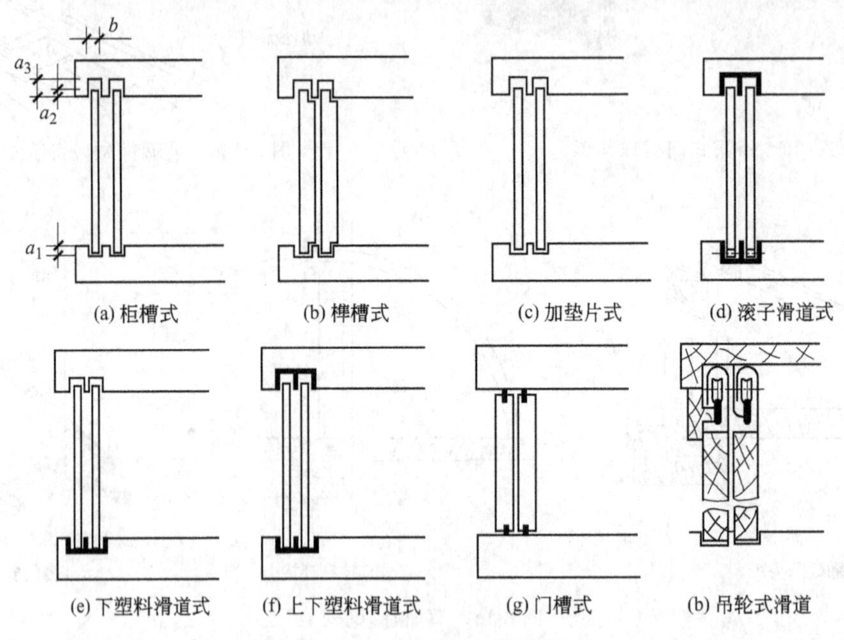

图 3-138　移门的轨道形式

(5) 卷门安装结构　如图 3-139 所示，可沿导轨槽滑动而卷曲开闭的门称为卷门。卷门可以是左右移动开闭的，也可以是上下移动开闭的。

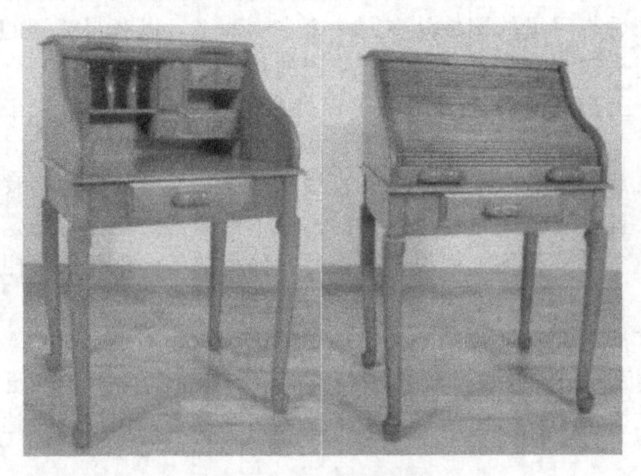

图 3-139　卷门家具

卷门风格别致，打开时不占据室内空间，又能使柜内全部敞开，但制造技术要求较高，费工费料，成本较高，主要用于高级电视柜、写字台、梳妆台、陈列柜等家具。

如图 3-140 所示，卷门的设计要点如下。

① 卷门的结构　多用半圆形木条胶钉在麻布、尼龙布或帆布等织物上制成。木条断面呈半圆形，其直径一般约为 15mm。木条之间的间距需小于 1mm。木条两端加工成单肩榫，肩榫厚度约为 8mm，以减少导轨槽的宽度。这样卷门安装后，可使榫肩遮盖住榫槽边沿，提高

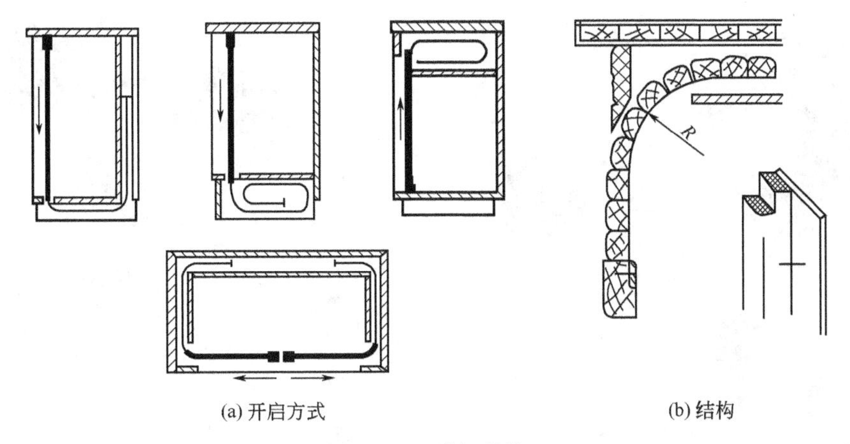

(a) 开启方式　　(b) 结构

图 3-140　卷门结构

美观性。卷门的外侧边的大木条常设计为拉手形，并兼作开启限位装置。

② 卷门导轨槽的结构　在柜体上开有导轨槽，其槽宽需比卷门榫头的厚度大 1～1.5mm；导轨槽转弯部分的曲率半径 R 不能小于 100mm，否则移动阻力较大，开关不灵活。

③ 卷门的类型　卷门分左右开启与上下开启两种。左右开启的又分为单扇门、双扇门两种，门扇推入柜内，可呈卷曲状或平伸状，需用胶合板屏蔽，以免影响美观。

④ 卷门的门框结构　需设有左右开启的左右门梃，或上下开启的上门梃，借以屏蔽推入柜内的卷门。其门梃通常为在表面上加工出呈半圆形条状的木板，与卷门的外观基本一致，以提高卷门的装饰效果。

⑤ 卷门的制造材料　除木条外，卷门还可用其他材料制造，如用胶合板作主要材料，粘贴在帆布上，然后用剪切机顺胶合板表面纤维方向将胶合板切成等宽的条状，切口深度接近帆布表面即可，便成为能卷曲的卷门。

(6) 拉手与锁的安装结构　在门与抽屉面板上尚需安装拉手与锁，如图 3-141～图 3-144 所示。锁通常安装在门的一侧中部，抽屉的锁安装在屉面板上侧的中部。门的拉手一般安装在一侧的中部；对于组合柜的顶柜拉手常安装在门一侧的下部；底柜拉手常安装在门一侧的上部；抽屉的拉手通常安装在屉面板的中央部位，以方便使用。

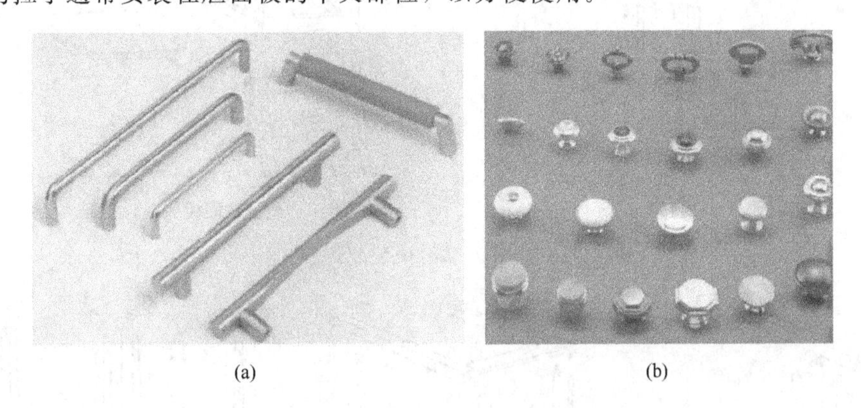

(a)　　(b)

图 3-141　现代与仿古风格家具拉手

3.8.2　椅、凳、台类框架结构家具的总装配结构

椅、凳、台、床架类家具多属于框架结构，其装配方法与柜类制品有所不同。它们的共同特点可以分为面板（凳面板、椅面板、台面板）与脚架两大部件。在此讲的装配结构是指其面板与其脚架的接合方法及接合结构。

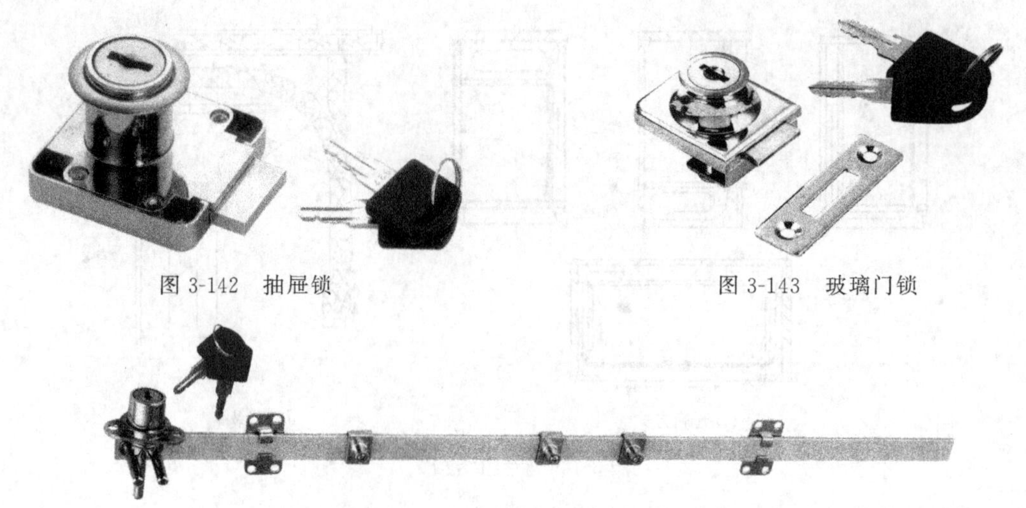

图 3-142 抽屉锁　　图 3-143 玻璃门锁

图 3-144 正面三合一抽屉锁

以椅、凳、台类为代表的框架结构家具产品是由各种零件利用各种形式的榫接合组装而成，大多为不可拆结构。古典家具，几乎都为框架结构。如图 3-145 和图 3-146 所示分别为靠背椅和桌子的装配过程。

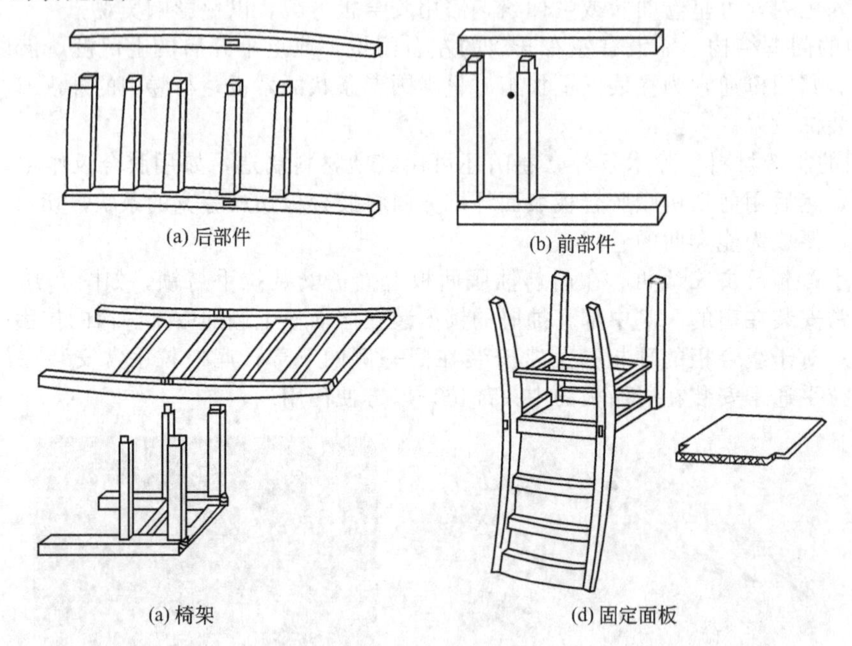

(a) 后部件　　(b) 前部件

(a) 椅架　　(d) 固定面板

图 3-145 靠背椅装配过程

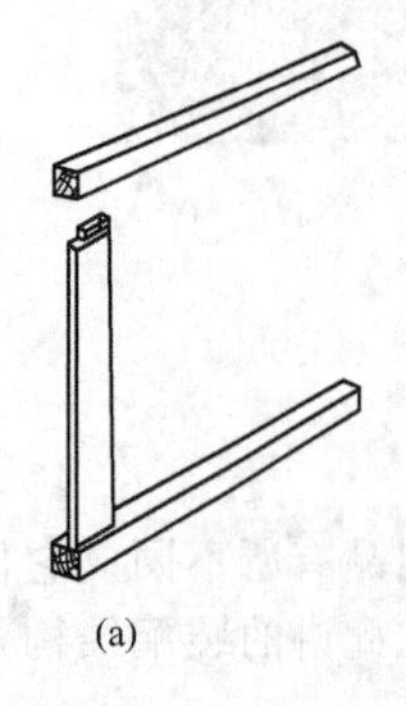
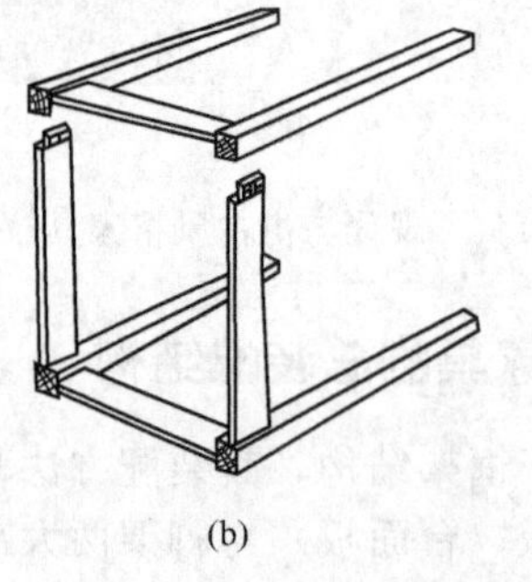
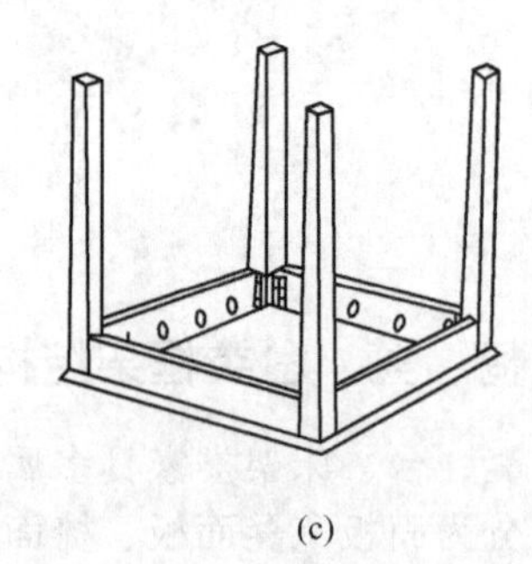

(a)　　(b)　　(c)

图 3-146 桌子装配过程

凡是能装配成部件的零件，先组装成部件，然后利用余下零件将部件连接起来总装成产品。如一般靠背椅的装配方法：首先将两后腿与靠背档、牵脚档装配成框架部件；再将两前腿与牵脚档装配成另一个框架部件；然后利用椅侧面的牵脚档将椅后腿组成的框架与椅前腿组成的框架装配成整体椅骨架；最后把椅座面装在椅骨架上即可。凳类产品的装配方法与椅子的基本相同，不再赘述。

3.8.2.1 木螺钉接合结构

即在牵脚档的内侧面或底面钻出若干个木螺钉孔，然后将木螺钉从牵脚档的木螺钉孔中穿出，再拧入面板中，使面板与脚架紧密接合在一起，如图 3-147 所示。所用木螺钉的多少，需根据脚架的长度与宽度尺寸而定，每一根牵脚档至少 2 个，两木螺钉的中心距离以 250～300mm 为宜。此种方法简单可靠，又经济，故应用极为普遍。但不宜多拆装，以免松动。

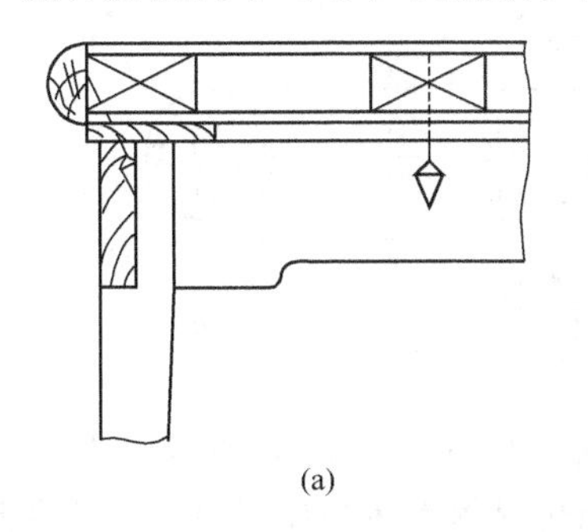

(a)

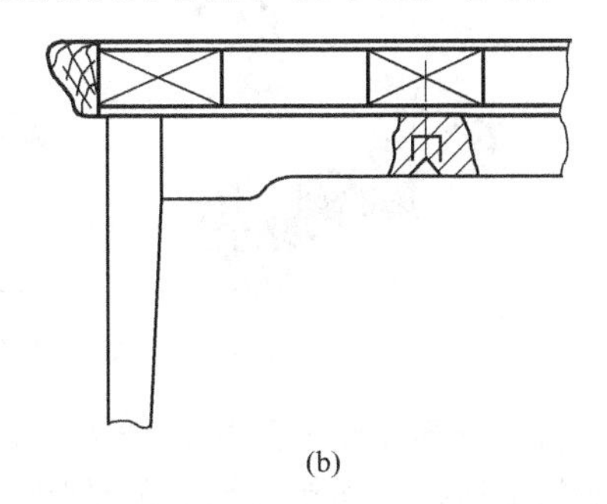

(b)

图 3-147 木螺钉接合

3.8.2.2 倒刺螺母连接件接合结构

为方便家具反复多次装拆，可采用倒刺螺母和螺栓接合。即将倒刺螺母先嵌入面板的对应位置上，然后用螺栓从牵脚档的螺孔下边穿出，拧入相对应的倒刺螺母中，以使面板与脚架紧密接合为一体，如图 3-148 所示。此种方法接合虽能反复拆装。但要求安装尺寸精度高，且成本也较高。

3.8.2.3 角尺连接件接合结构

先用木螺钉将角尺连接件固定在牵脚档的内侧两头，然后再用木螺钉从角尺连接件另一面的螺钉孔中穿出，拧入面板中，从而使面板与脚架紧密连接，如图 3-149 所示。

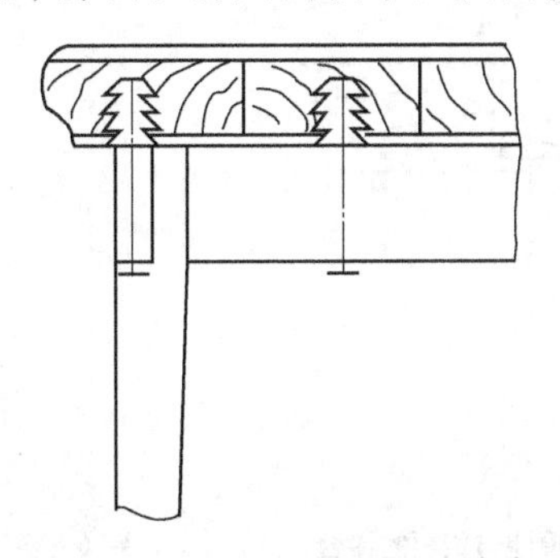

图 3-148 倒刺螺母与螺栓接合

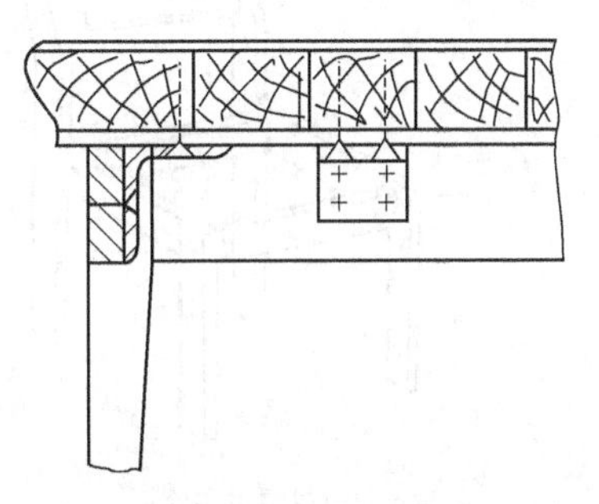

图 3-149 金属角尺件接合

3.8.2.4 脚架的拆装结构

为便于包装、运输，节约成本和方便拆卸，椅、凳、桌的脚架需采用专门的金属拆装连接件接合。如图 3-150 所示为螺杆螺母紧扣件（四合一中的一种），因其接合力强大，适用于拆装强度要求大的实木家具结构，如实木床、餐台类产品；如图 3-151 所示为螺杆螺母紧扣件（二合一中的一种），这种连接件的结合强度小于四合一形式，主要用于餐椅的装配。其拆装结构如图 3-152 所示。

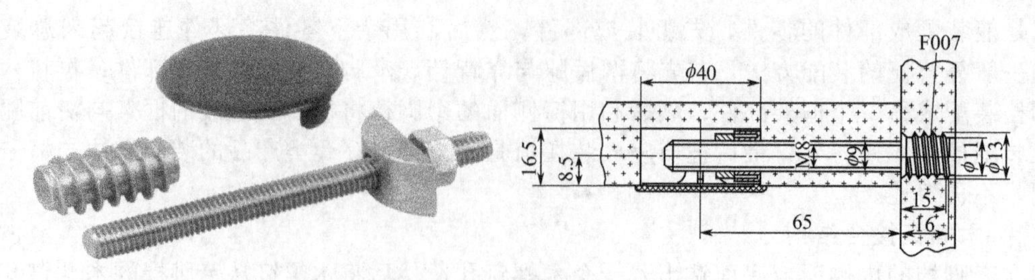

图 3-150 螺杆螺母紧扣件（四合一）

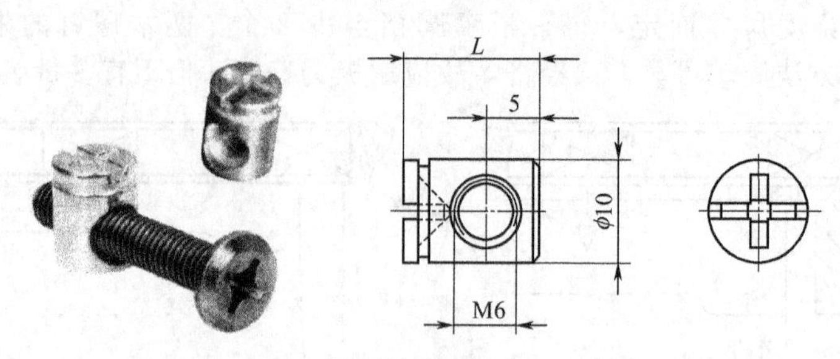

图 3-151 螺杆螺母紧扣件（二合一）

(1) 牵脚档与方形脚和圆形脚接合结构　如图 3-152(a)、(b) 所示为牵脚档与方形脚和圆形脚，采用专门金属拆装连接件接合的结构。先在牵脚档两端加工出缺口，在脚的上部嵌入一个倒刺螺母；装配时将连接件嵌入牵脚档的缺口中，然后用螺栓穿过连接件上的圆孔，拧入嵌入脚上端的倒刺螺母中，便可使牵脚档与脚牢固接合在一起。

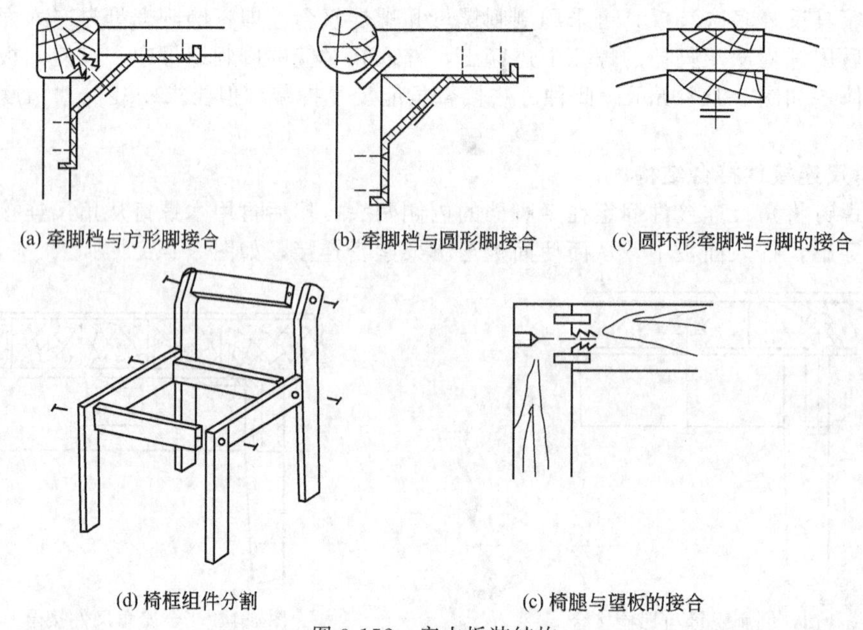

图 3-152 实木拆装结构

(2) 圆环形牵脚档与脚的接合结构　如图 3-152(c) 所示，为圆环形牵脚档与脚的接合结构，即在圆环形牵脚档接合处内、外表面上切除一部分，使留下部分的厚度等于脚上端槽的宽度；然后将圆环形牵脚档嵌入脚上端的槽中，插入螺栓拧紧螺母，即可牢固接合。

(3) 椅子脚架拆装的结构　如图 3-152(d)、(e) 为椅子脚架拆装的结构，即先用圆榫将椅脚与牵脚档定好位，再用倒刺螺母连接件进行连接，使之紧密接合。

以上椅子的脚架结构，均可反复装拆，便于包装储存与运输，可在用户家中进行装配。

3.8.2.5　床的拆装结构

床大多是由床头与床架通过拉挂式连接件或其他相关连接件组合而成的。床头可分为以框架件为主和以板式部件为主的床头结构形式，如图 3-153 和图 3-154 所示。床架可分为框架式床架与板式床箱结构，如图 3-155 和图 3-156 所示。

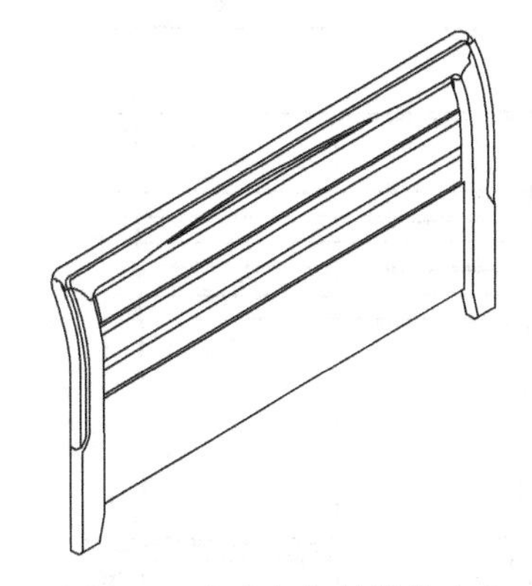

图 3-153　实木框架件结构床头

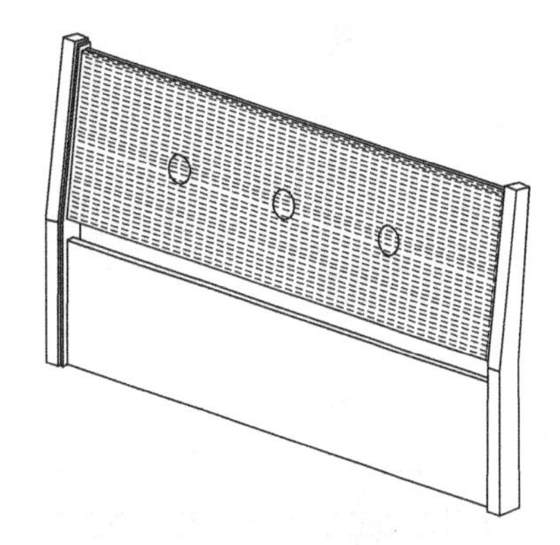

图 3-154　板式部件结构床头

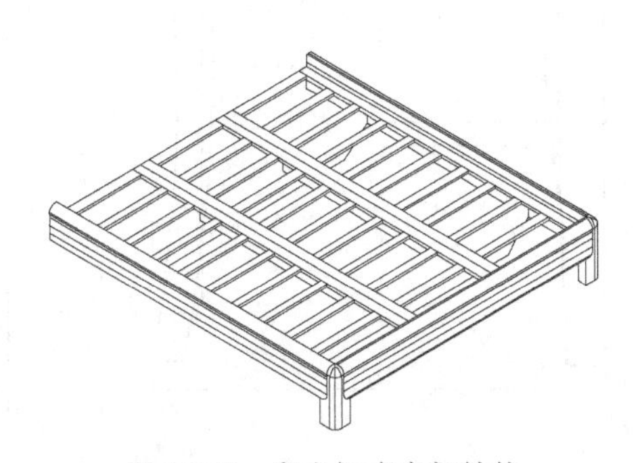

图 3-155　实木框式床架结构

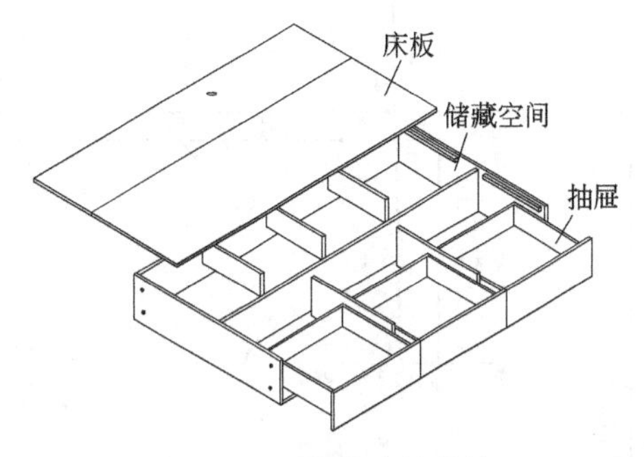

图 3-156　板式床箱结构

3.8.3　家具装配结构图示例

① 如图 3-157 所示为椅子总装配结构图。
② 如图 3-158 所示为沙发椅总装配结构图。
③ 如图 3-159 所示为方形餐桌总装配结构图。
④ 如图 3-160 所示为床头柜总装配结构图。

3.9　软体家具结构

软体家具主要用木材、钢材、塑料等硬质材料为支架，以弹簧或泡沫塑料等软体材料为芯料，以布料、皮革为面料制成具有一定弹性的家具。如沙发椅、沙发凳、沙发、沙发床垫、沙发榻等。也有不用支架而全部用软体材料制作的软体家具。另外还有用具有一定压力的气体与水作为弹性材料的软体家具，即充气或充水软体家具。

软体家具由于其性质是柔软而富有弹性的，特别适宜做坐、卧类家具。它能减轻人们在工作时的疲劳强度，作为休息时的良好用具。软体家具具有表面装饰色彩丰富、变化多样、更换方便等特点。软体家具常给人以华丽、温暖和舒适的感觉。柜类家具表面如果采用软体装饰，更有一种别致、高雅的风格。沙发和床垫是常用的软体家具，最为常见。故以沙发和床垫为例

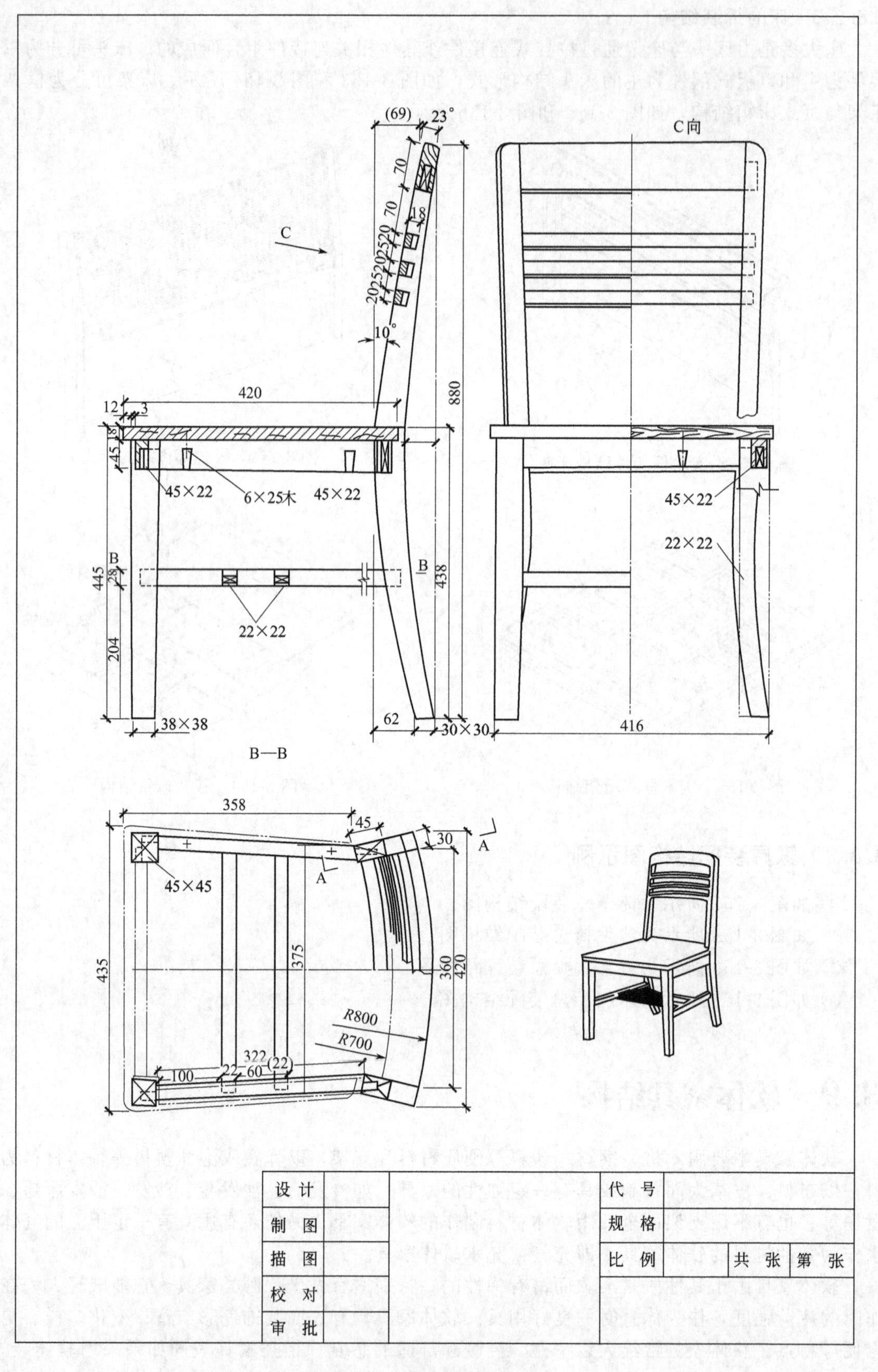

图 3-157　椅子总装配结构图

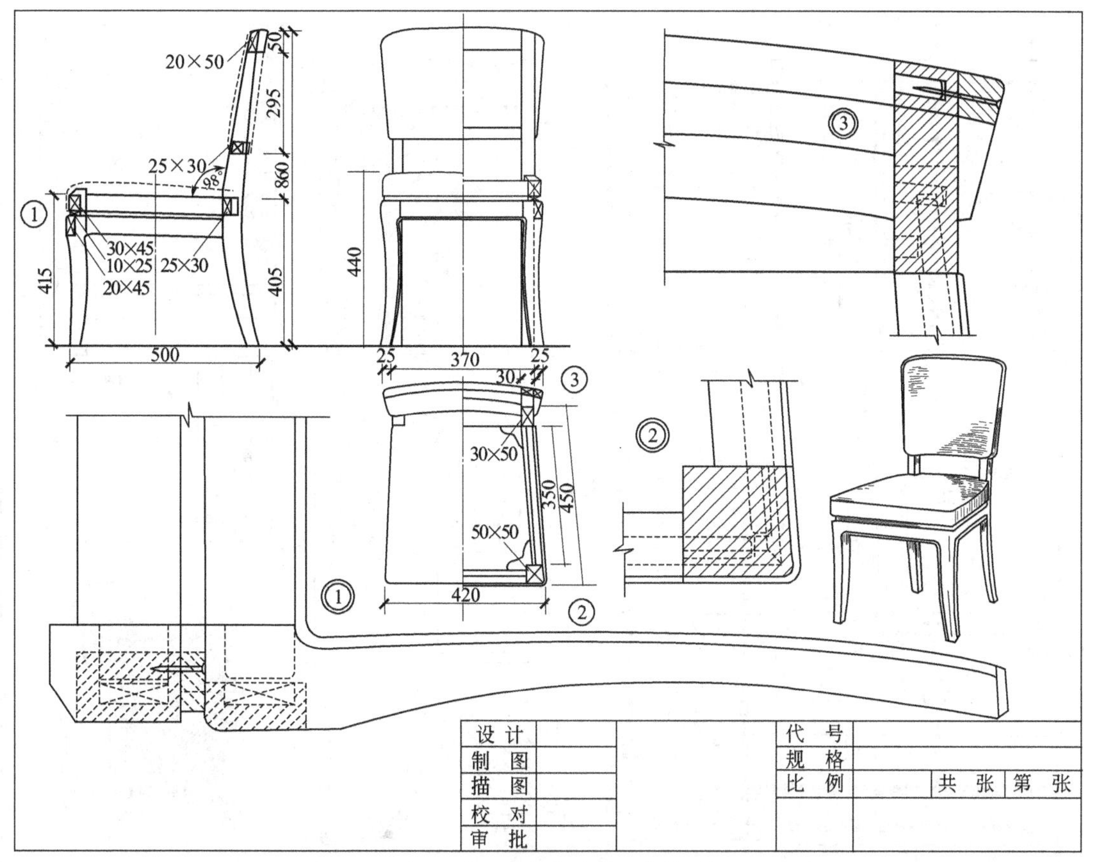

图 3-158 沙发椅总装配结构图

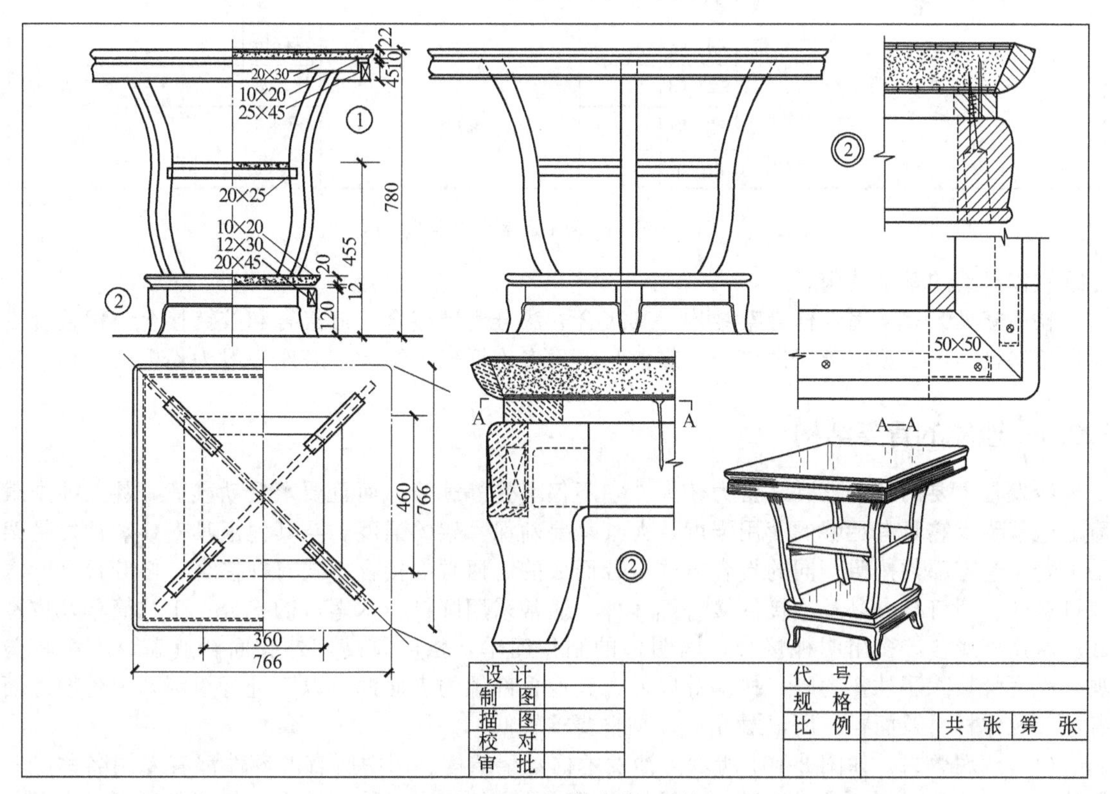

图 3-159 方形餐桌总装配结构图

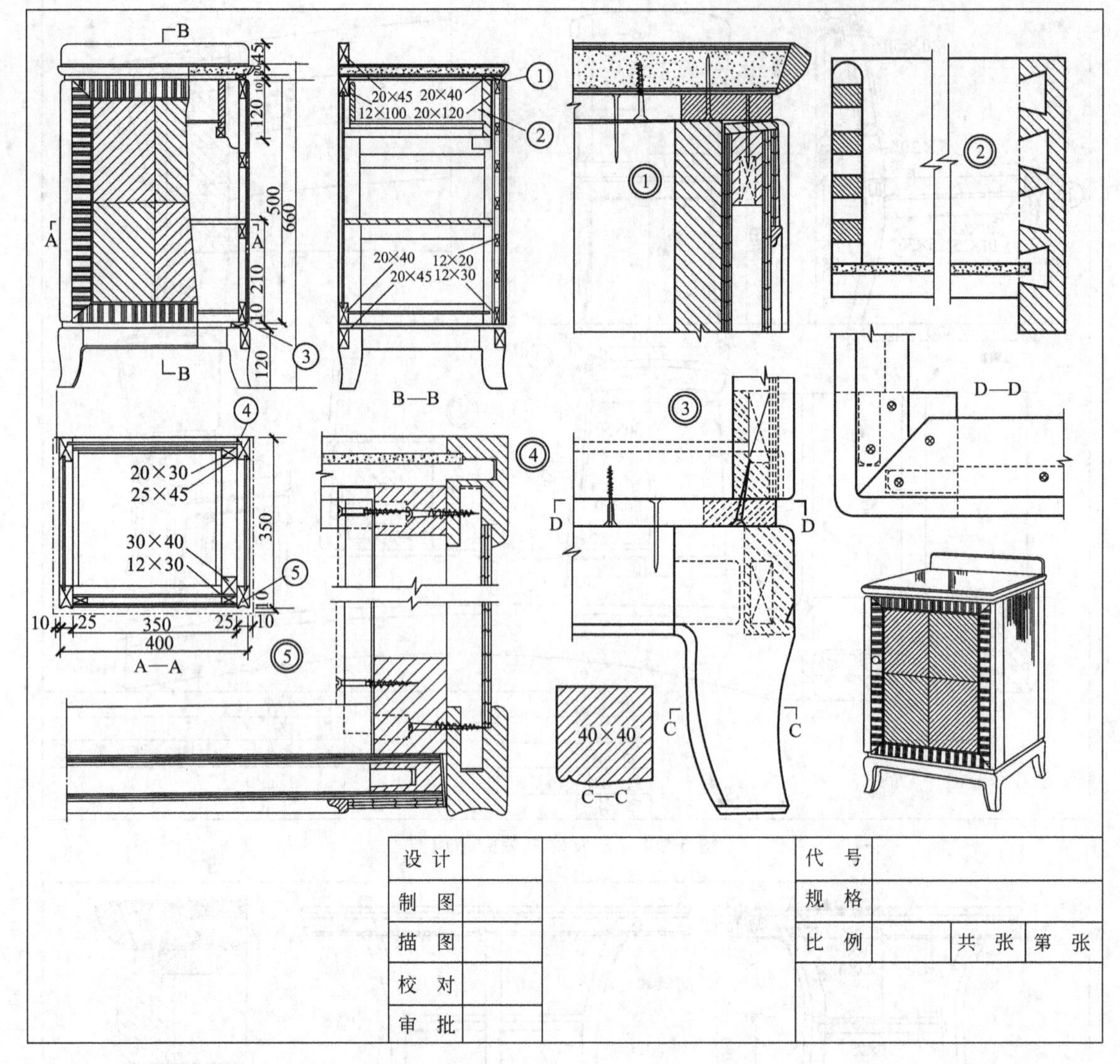

图 3-160 床头柜总装配结构图

介绍软体家具的基本结构。

软体家具大多采用木框骨架结构，其接合方法分为榫接合、钉接合和胶钉接合。榫接合多为直角榫接合，少数用燕尾榫接合。靠背与扶手多为框架式结构，底座一般为箱框式结构。

3.9.1 沙发的骨架结构

沙发是主要的坐类家具，受力较大，它不仅承受静载荷，而且要承受动载荷，甚至冲击载荷。这就要求它具有足够的使用强度，尤其是要确保骨架的强度。与其他家具一样，沙发骨架是由若干个零部件按照不同的接合方式组合而成的。通常的接合方式有榫接合、榫胶接合、木螺钉接合、圆钉接合以及连接件接合等多种。通常采用圆钉、木螺钉的接合，工艺简单，成本低。若用榫接合，多用明榫接合，因明榫的制作简单，强度较高，外有面料遮盖，不影响美观。沙发骨架除了外露的脚、扶手等以外，其他各部件的表面都可以不进行粗刨，因骨架外面需包装软体材料及面料，所以对光洁、平整要求较低。

(1) 沙发骨架　如图 3-161 所示为沙发木框骨架结构。图中所有的零件都有专用名称与专门的作用，并通过直角榫或钢钉、木螺钉牢固地接合为一个整体。沙发骨架零件所用的木材无

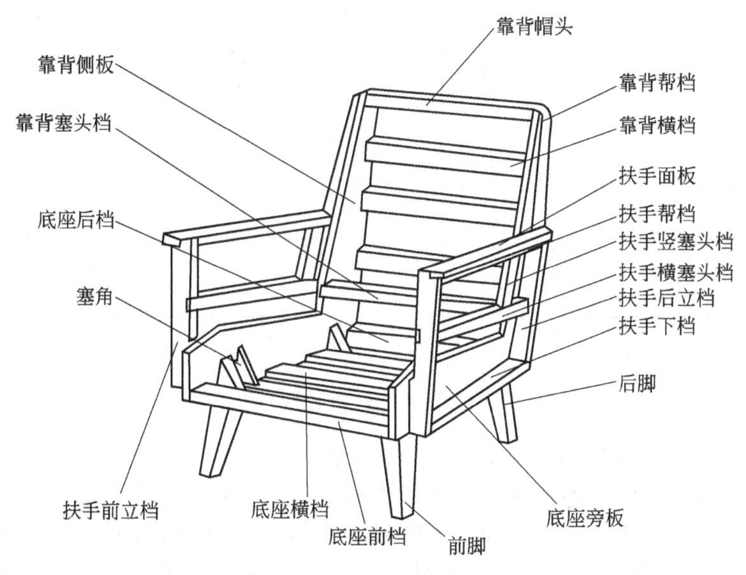

图 3-161　沙发木框骨架结构

特殊要求，但需具有较好的握钉力，以防所钉弹簧、底布、面料松动、脱落，而降低沙发的使用寿命。

(2) 沙发底座骨架与脚的明榫接合结构　如图 3-162 所示为沙发的底座骨架与脚的明榫接合结构，其脚的上端加工出单肩双榫，与底座骨架接合后，其中一个榫头在底座骨架前梃的内侧，形成明榫夹槽接合结构，并用塞角予以加固。此种接合结构，强度高，稳定性好，应用较普遍。

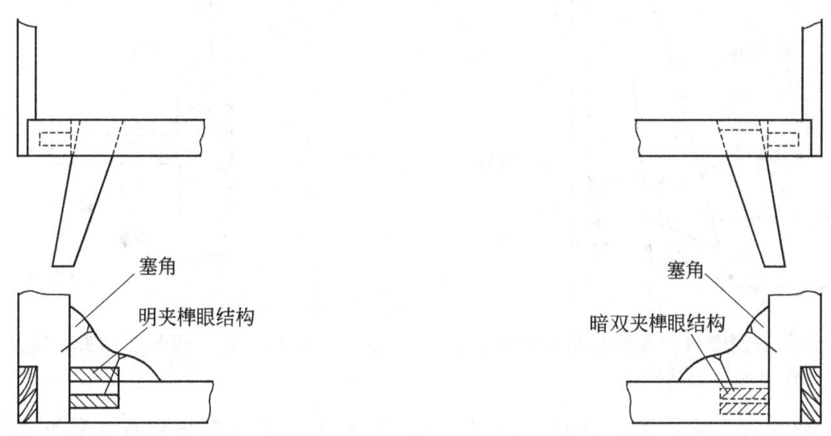

图 3-162　沙发的底座骨架与脚的明榫接合结构　　图 3-163　沙发的底座骨架与脚的暗榫接合结构

(3) 沙发底座骨架与脚的暗榫接合结构　如图 3-163 所示为沙发的底座骨架与脚的暗榫接合结构。此种接合结构与如图 3-162 所示的基本相同，只是采用暗榫接合结构，虽榫端不外露较美观，但加工较复杂，故在沙发骨架接合中应用较少。

(4) 沙发靠背骨架与其底座骨架的接合结构　如图 3-164(a) 所示为沙发靠背骨架与其底座骨架的接合结构，是利用靠背与底座的侧面板进行搭接，借助木螺钉牢固接合为一体。这种接合结构简单牢固，应用相当普遍。

(5) 沙发靠背骨架与其底座骨架采用榫接合的结构　如图 3-164(b) 所示也是沙发靠背骨架与其底座骨架采用榫接合的结构。采用榫接合结构，接合强度大，稳定性能好。但由于加工工艺较复杂，所以其应用不如如图 3-164(a) 所示的接合结构广泛。

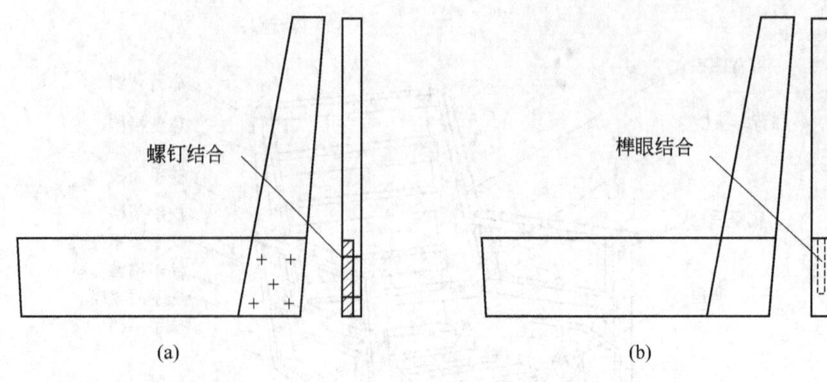

图 3-164 沙发背旁侧板与底旁侧板的接合

(6) *沙发底座骨架旁板与靠背骨架旁板的接合结构* 如图 3-165 所示为沙发底座骨架的旁板跟靠背骨架旁板的接合结构图。即在底座骨架旁板的后端加工出斜形缺口，将靠背骨架旁板的下端加工成与斜形缺口相吻合的斜面。装配时，将靠背骨架旁板下端斜面放入底座骨架旁板后面的斜形缺口上，并对整齐，然后在其内侧接口处放一块小木板，用木螺钉使之牢固地接合成一整体。此种接合方法与如图 3-164(a) 所示的搭接相比较，其工艺稍复杂，且稳定性也差些，故应用并不广泛。

(7) *沙发的前脚与前柱的接合结构* 如图 3-166 所示为沙发的前脚与前柱头采用木螺钉接合，而扶手骨架的面板则采用直角槽榫接合，这是一种简单易行的接合结构。

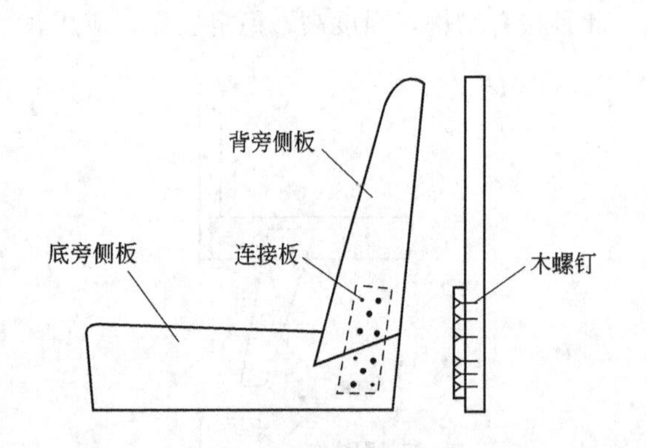

图 3-165 沙发底座旁板的骨架与靠背旁板骨架的接合结构图

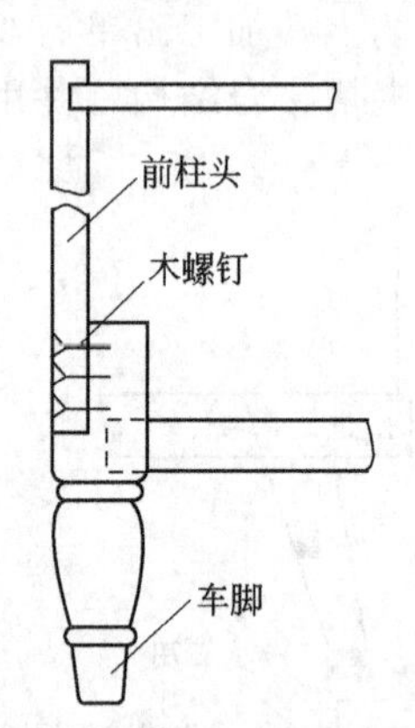

图 3-166 扶手板和前柱头的接合结构图

(8) *沙发椅座与靠背的装配结构* 如图 3-167 所示为沙发椅座与靠背的装配结构图。

(9) *扶手沙发装配结构* 如图 3-168 所示为扶手沙发装配结构图。

3.9.2 弹簧沙发内部结构

弹簧沙发主要以盘形弹簧、蛇形簧或拉簧等为主要的软性材料。单用蛇形弹簧制作的沙发，其工艺比盘形弹簧简单，但弹性要差，使用欠舒适。如图 3-169 所示为弹簧沙发局部剖析内部结构的透视图。如图所示，一般弹簧沙发常用在底座骨架与靠背骨架的横档上面，钉上盘形弹簧，再用绷绳分别将底座骨架与靠背骨架上的弹簧结扎为一整体，并借助鞋钉绷紧在骨架上；然后在弹簧上面包钉头层麻布，接着在头层麻布上面铺一层均匀的棕丝层，在棕丝上面再包钉第二层麻布。为了使沙发表面更为平整，在第二层麻布上面需用少量的棕丝铺平，再垫上较薄的泡沫塑料或棉花层，最后在沙发表层包钉上面料即成。

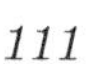

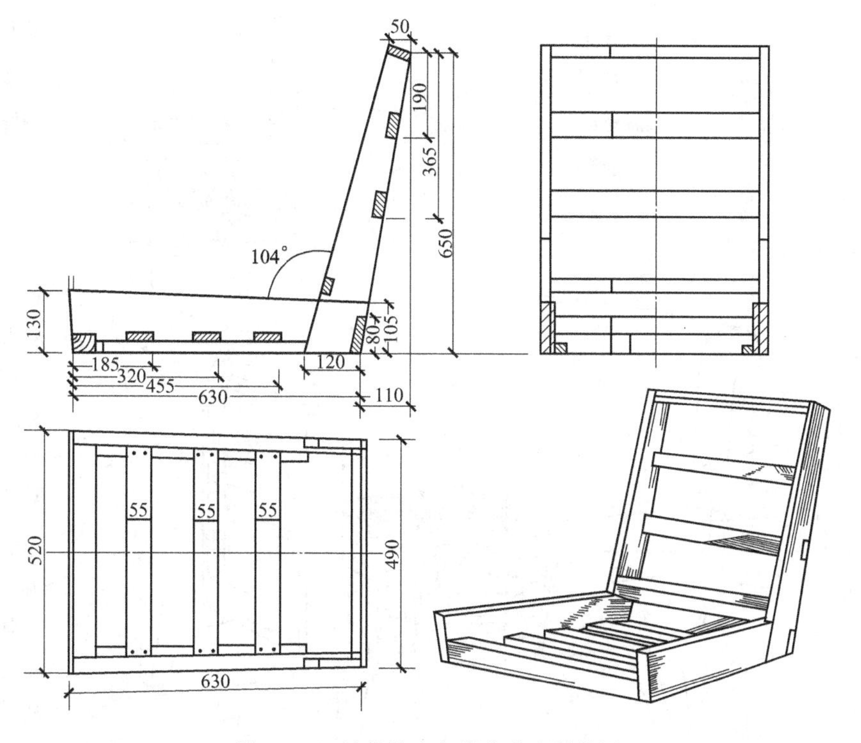

图 3-167　沙发椅座与靠背装配结构图

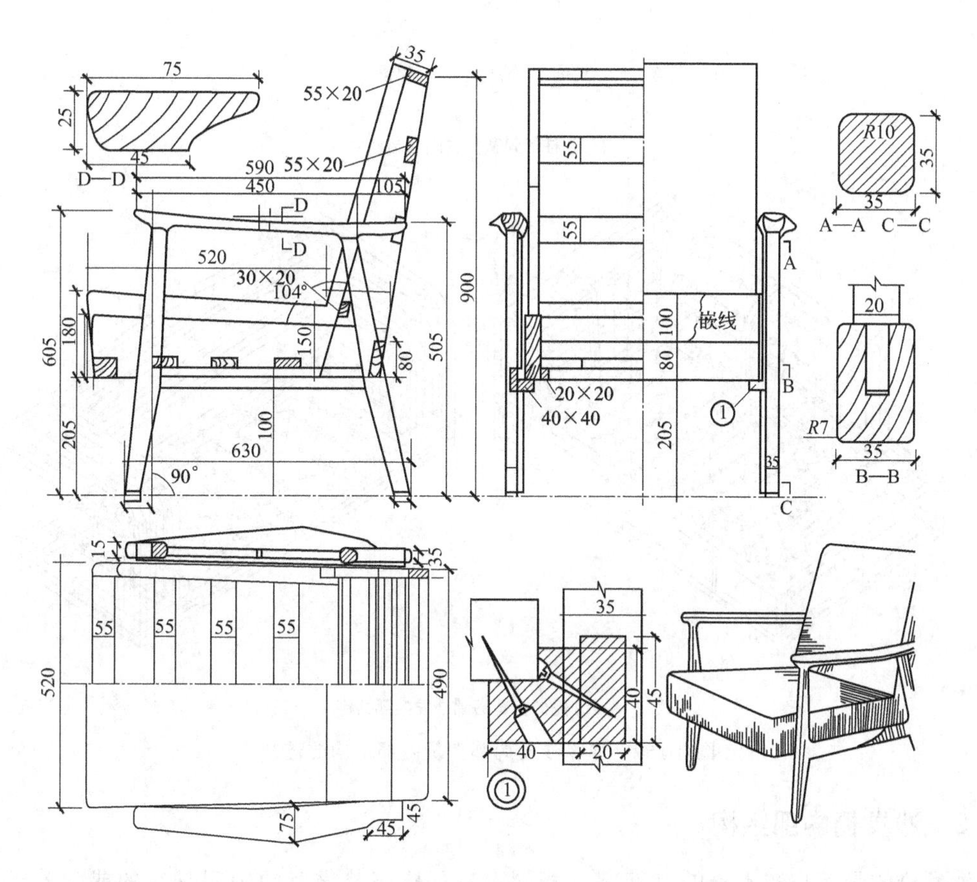

图 3-168　扶手沙发装配结构图

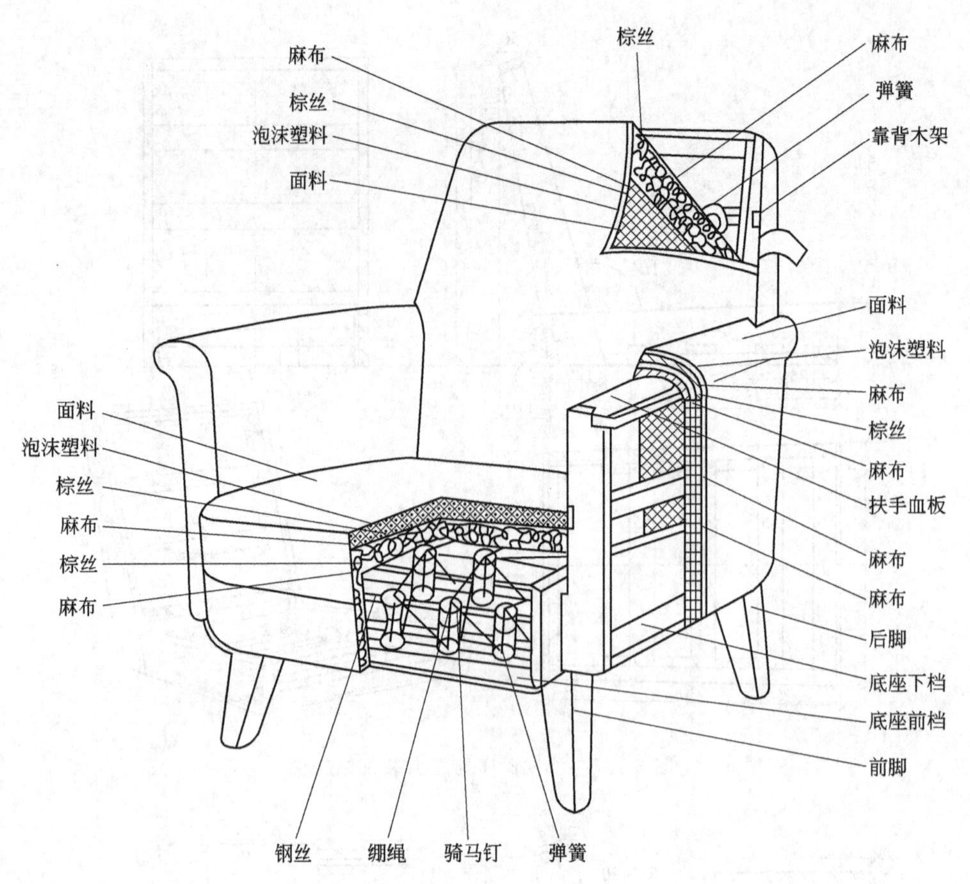

(a) 圆柱形弹簧沙发内部结构

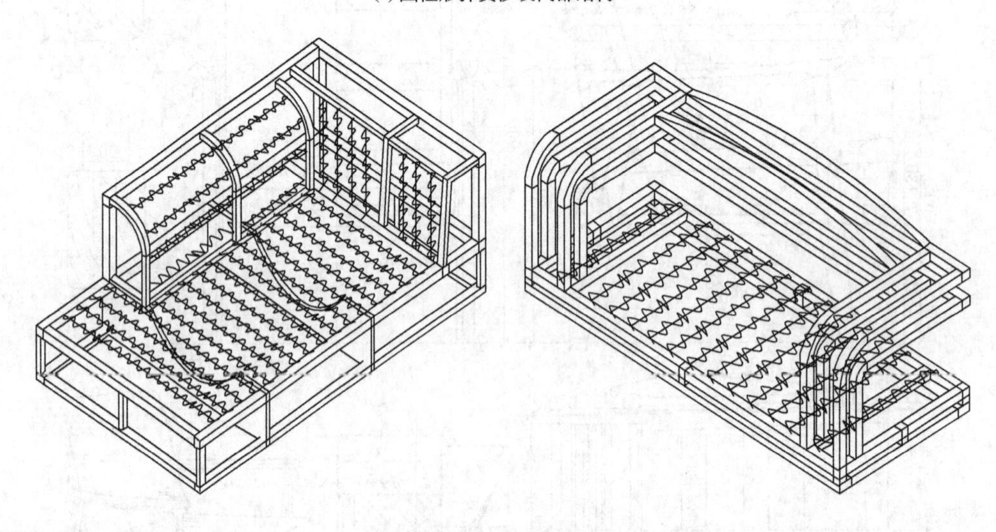

(b) 蛇形弹簧海绵沙发内部结构

图 3-169　弹簧沙发局部剖析内部结构的透视图

3.9.3　沙发椅内部结构

沙发椅的骨架与实木椅的骨架基本相同，只是椅座与靠背的中间是空的或为若干根木方条，以用于包钉软体材料。如图 3-170 所示为沙发椅的装配结构图。

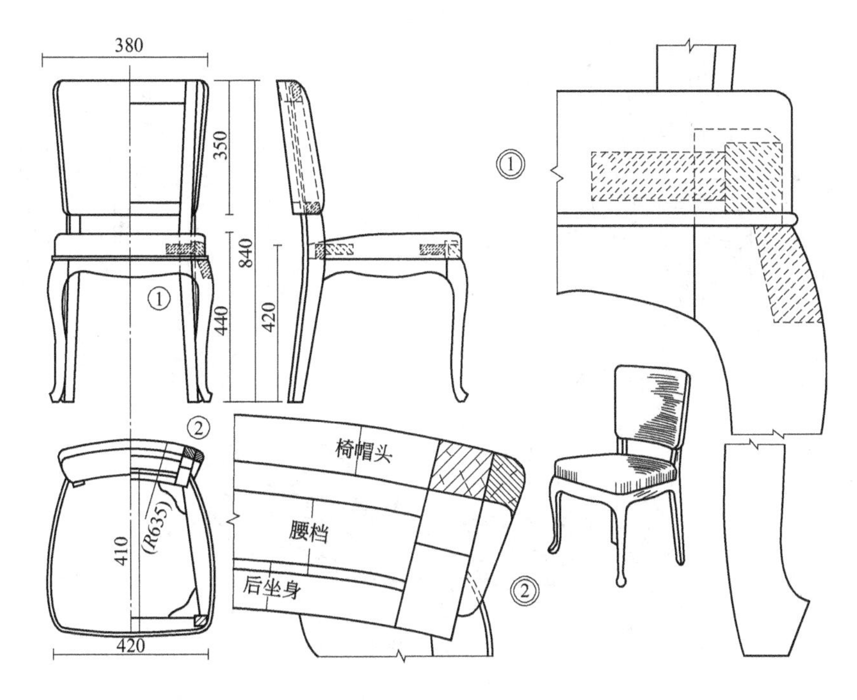

图 3-170 沙发椅的装配结构图

如图 3-171 所示为沙发椅座的骨架结构图，即在椅座框架上包钉棚带、蛇形弹簧或增加木条，以支承弹簧或其他软垫物。因为沙发椅座受力较大，一般需在椅座框架中增设木档，如图 3-171(a) 所示，其结构简单，且接合强度却有较大地增加。如图 3-171(b) 所示，椅座中的木档采用直角暗榫接合，接合强度高，牢固可靠，常用于高级沙发的制造。

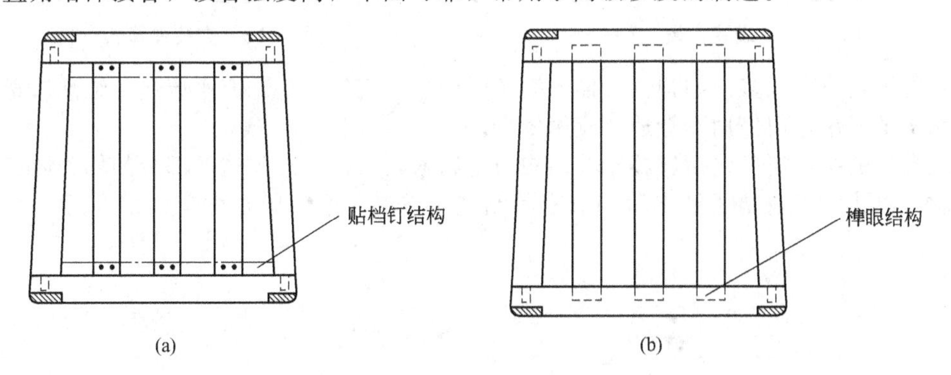

图 3-171 沙发椅座的骨架结构图

3.9.4 沙发椅、凳的木框骨架的基本结构

沙发椅木框骨架结构如图 3-172 所示。沙发凳木框骨架结构如图 3-173 所示。

3.9.5 弹簧床垫的基本结构

弹簧床垫通常是由弹簧芯、麻布、棕垫、泡沫塑料、面料等组成，如图 3-174 所示为其内部结构。

袋装弹簧床垫通常采用圆柱形螺旋弹簧，用布袋将弹簧逐个装好，缝好袋口，如图 3-175 所示。如图 3-176 所示为袋装弹簧软床垫。此种床垫制作工艺精细，使用舒适，属高级床垫。

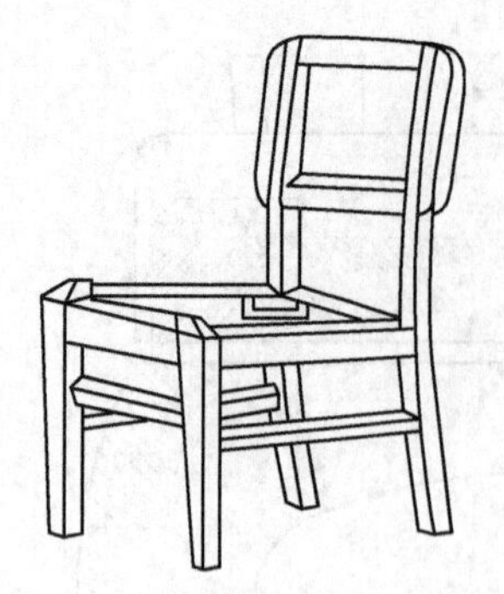

图 3-172 沙发椅木框骨架结构

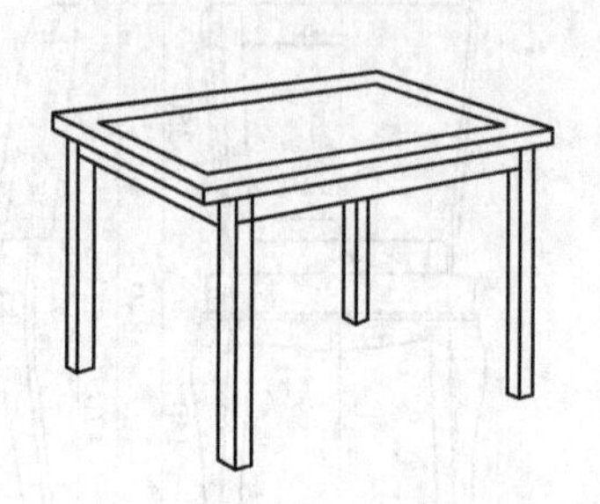

图 3-173 沙发凳木框骨架结构

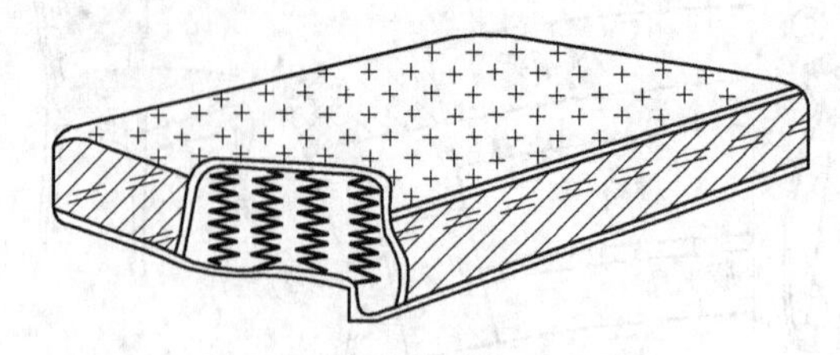

图 3-174 弹簧床垫基本结构

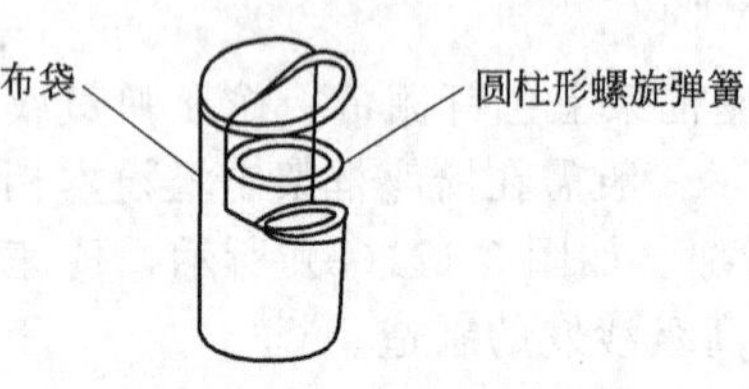

图 3-175 袋装弹簧

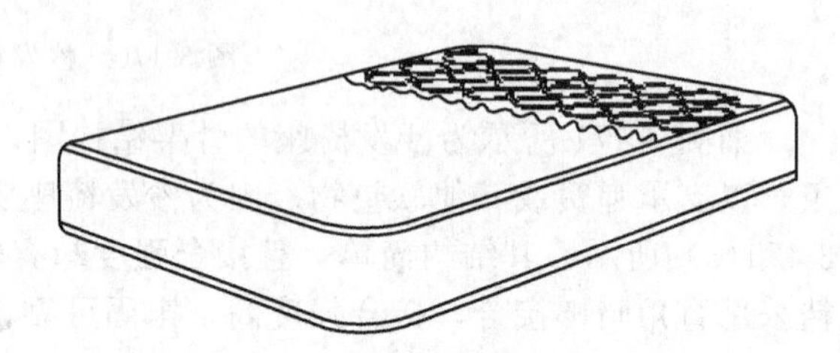

图 3-176 袋装弹簧软床垫

床垫的种类还有很多，如弹性欠佳的钢丝网床垫、充气床垫、充水床垫、纯泡沫塑料床垫等。其结构虽简单，但使用不舒适，应用较少。

现代家具的结构还应包括竹藤家具结构与金属家具结构，有关这两部分的相关内容在本书配套教材，由化学工业出版社出版的《家具制造工艺》（第二版）中有详细介绍，本书不再赘述。

第4章

家具艺术风格的演变

自从人类社会出现家具以来，其发展便再也没有停止过，家具是人类劳动与智慧的结晶。历史使人明智，探寻家具发展的轨迹，可以让设计师从历史的高度来俯视家具世界，更加完整地认识家具、理解家具，更加清晰地明辨家具发展的方向，更加科学地帮助自己在创作过程中进行合理的定位。下面将以中国家具风格演变和外国家具风格演变两大部分来展示家具艺术风格的发展概况。

4.1 中国家具风格演变

中国家具的历史，可以追溯到距今约5600年前。它的发展历史，是随着人们生活习惯和生产力的发展而变化的。在漫长的岁月中，中国家具形成了自己独特的风格，无论是商周时期的笨拙神秘型家具、春秋战国秦汉时期的浪漫神奇矮型家具、魏晋南北朝时期的婉雅秀逸渐高型家具、隋唐五代时期的华丽润妍高低型家具、宋元时期的简洁隽秀高型家具，还是古雅精美的明式家具、雍容华贵的清式家具，都以其富有美感的永恒魅力吸引着中外万千人士的钟爱和追求。尤其是明式家具的巨大成就，奠定了中国家具在世界历史中的重要地位。

4.1.1 中国古代家具

4.1.1.1 夏、商、西周时期的家具

夏商时期的家具是我国古代家具的初始时期，其特点是造型古朴，用料粗壮，结构简洁。这一时期家有青铜家具、石材家具和漆木镶嵌家具。漆木镶嵌蚌壳装饰，开后世漆木螺壳镶嵌家具之先河。由于当时人们思想意识中存在着浓厚的鬼神观念，所以商代家具装饰纹样往往有一种庄重、威严、凶猛之感。

4.1.1.2 春秋战国时期的家具

从战国到三国，人们习惯席地而坐，几、案、衣架和睡眠的床都很矮。而战国时代的大

床，周围绕以栏杆最为特殊。几的形状不止一种，有些几涂红漆和黑漆，其上描绘各种图案纹样，也偶有在家具表面上施以浮雕。

春秋战国时期的家具，以楚式漆木家具为典型代表，形成我国漆木家具体系的主要源头。楚式家具品种繁多，如各式的楚国俎、精美绝伦的楚式漆案漆几、具有特色的楚式小座屏等。楚式家具有绚丽无比的色彩，浪漫神奇的图案，以龙、凤、云、鸟纹为主题，充满着浓厚的巫术观念。楚式家具作为一种工艺美术的早期形式，其简练的造型对后世家具影响深远。如图4-1所示为春秋战国时期的家具。

图4-1 春秋战国时期的家具

4.1.1.3 秦汉时期的家具

汉朝时期，中国封建社会进入第一个鼎盛时期，整个汉朝家具工艺有了长足的发展。汉代漆木家具杰出的装饰，使得汉代漆木家具光亮照人，精美绝伦。汉代家具在低型家具大发展条件下，出现了坐榻、坐凳、框架式柜等一些新的类型。此外，还有各种玉制家具、竹制家具和陶质家具等，并形成了供席地起居完整组合形式的家具系列。可视为中国低矮型家具的代表时期。高型家具出现萌芽，漆饰继承了商周，同时又有很大发展，创造了不少新工艺、新做法。

汉朝的案已逐步加宽加长，或重叠一两层案供陈放器物，食案有方形、圆形。另外，还出现柜类和箱类家具。床的用途到汉代扩大到日常起居与接见宾客，不过这种床较小，称为榻，通常只坐一人。但有时也出现充满室内的大床，床上放置茶几，床的后面和侧面立有屏风，还有在屏风上装架子悬挂器物，长者、尊者则在榻上施帐。

4.1.1.4 三国两晋时期的家具

中国古代家具形式变化，主要围绕席地而坐和垂足而坐两种方式的变化而变化，出现了低型和高型两大家具系列。而三国、两晋、南北朝时期，在中国古代家具发展史上是一个重要的过渡时期：上承两汉，下启隋唐。这个时期佛教的流行，对家具影响很大，虽然席地而坐的习惯仍然未改，但低型家具继续完善和发展，如睡眠的床已增高，上部加床顶，周边施以可拆卸的矮屏。起居用的床榻加高加大，下部以壶门作装饰，可以坐在床上，也可以垂足坐于床边。这个时期胡床等高型家具从少数民族地区传入，并与中原家具融合，使得部分地区出现了渐高家具：各种形式的椅子、方凳、圆凳、束腰形圆凳等高坐具开始渐露头角。这些家具对当时人们的起居习惯与室内空间处理产生了一定影响，为以后逐步废止席地而坐打下了基础。但从总体上来说，低矮家具仍占主导地位。如图4-2所示为魏晋时期的家具。

4.1.1.5 隋唐、五代时期家具

隋唐时期是中国封建社会鼎盛时期，当时经济发展，社会财力雄厚，建造了许多华丽宅第

和园林。人们生活上席地而坐与使用床榻的习惯仍然广泛存在，但垂足而坐的生活方式从上层阶级起逐步普及全国。家具制作在继承和吸引过去和外来文化艺术营养的基础上，进入一个新的历史阶段。唐代家具在工艺制作上和装饰意匠上追求清新自由的格调。从而使得唐代家具制作的艺术风格，摆脱了商周、汉、六朝以来的古拙特色，取而代之是华丽润妍、丰满端庄的风格。

图 4-2 魏晋时期的家具

五代时期家具工艺风格在继承唐代家具风格的基础上，不断向前发展。这个时期家具是高低家具共存，向高型家具普及的一个特定过渡时期。家具功能区别日趋明显；一改大唐家具圆润富丽的风格而趋于简朴。如图 4-3 所示为隋唐、五代时期的家具。

图 4-3 隋唐、五代时期的家具

4.1.1.6 宋、辽、金、元时期家具

宋代，高型家具已经普及到一般家庭，如高足床、高几、巾架等高型家具；同时，产生许多新品种，如太师椅、抽屉厨等。家具造型和结构，出现了一些突出的变化。首先是梁柱式的框架结构，代替了隋唐时期沿用的箱形壶门结构。其次是大量应用装饰性的成型面（俗称线型、线脚）丰富了家具造型。桌、椅腿部的断面除了原有方、圆形外，往往做成马蹄形。桌面下开始用束腰、枭混曲线等方法进行装饰。宋代家具简洁工整、隽秀文雅，各种家具都以朴质的造型取胜，很少有繁缛的装饰，最多是局部画龙点

睛，如用装饰线脚，对家具脚部稍加点缀，但缺乏雄伟的气概。

元代是我国蒙古族建立的封建政权。由于蒙古族崇尚武力，追求豪华享受，反映在家具造型上，是形体厚重粗大，雕饰繁缛华丽，具有雄伟、豪放、华美的艺术风格。而且风格迥异，床榻尺寸较大、坐具多为马蹄足等。如图 4-4 所示为宋、辽、金、元时期的家具。

图 4-4 宋、辽、金、元时期的家具

4.1.1.7 明代时期的家具

进入明代，中国传统家具已十分成熟，这是由于当时商品的产量急剧增加，生产技术迅速发展，使明代家具无论从使用功能、艺术造型，还是制作工艺，都达到了我国家具发展的较高水平。这时的家具已不仅是生活用品，品种也十分齐全，遗留至今的主要有各种椅凳、几案、橱柜、床榻、台架等。

明代家具的主要类型可分为以下几种。

① 椅凳类 为宴坐休息之用。有杌、交杌、方凳、长方凳、条凳、梅花凳、官帽椅、灯挂椅、交椅、圈椅、鼓墩、瓜墩等。

② 几案类 为陈列物品之用。有琴几、条几、炕几、方几、香几、茶几、书案、条案、平头案、翘头案、架几案、方桌、八仙桌、月牙桌、三屉桌等。

明式家具是中国古典家具发展史上的辉煌时期。中国古代家具经历了数千年的发展，至明朝为大盛期，其中硬木家具最为世人所推崇和欣赏。明式家具用材讲究、古朴雅致。选用坚硬细腻、强度高、色泽和纹理美的硬质木材，以蜡涂饰清晰地表现天然纹理和色泽，浸润着明代文人追求古朴雅致的审美趣味。明式家具作为民族的精粹在我国古代家具史占有崇高的地位。从此，我国传统民族家具进入了一个前所未有的以“硬木家具”为代表的新纪元。

如图 4-5～图 4-22 所示为明代各种具有代表性的家具图集。

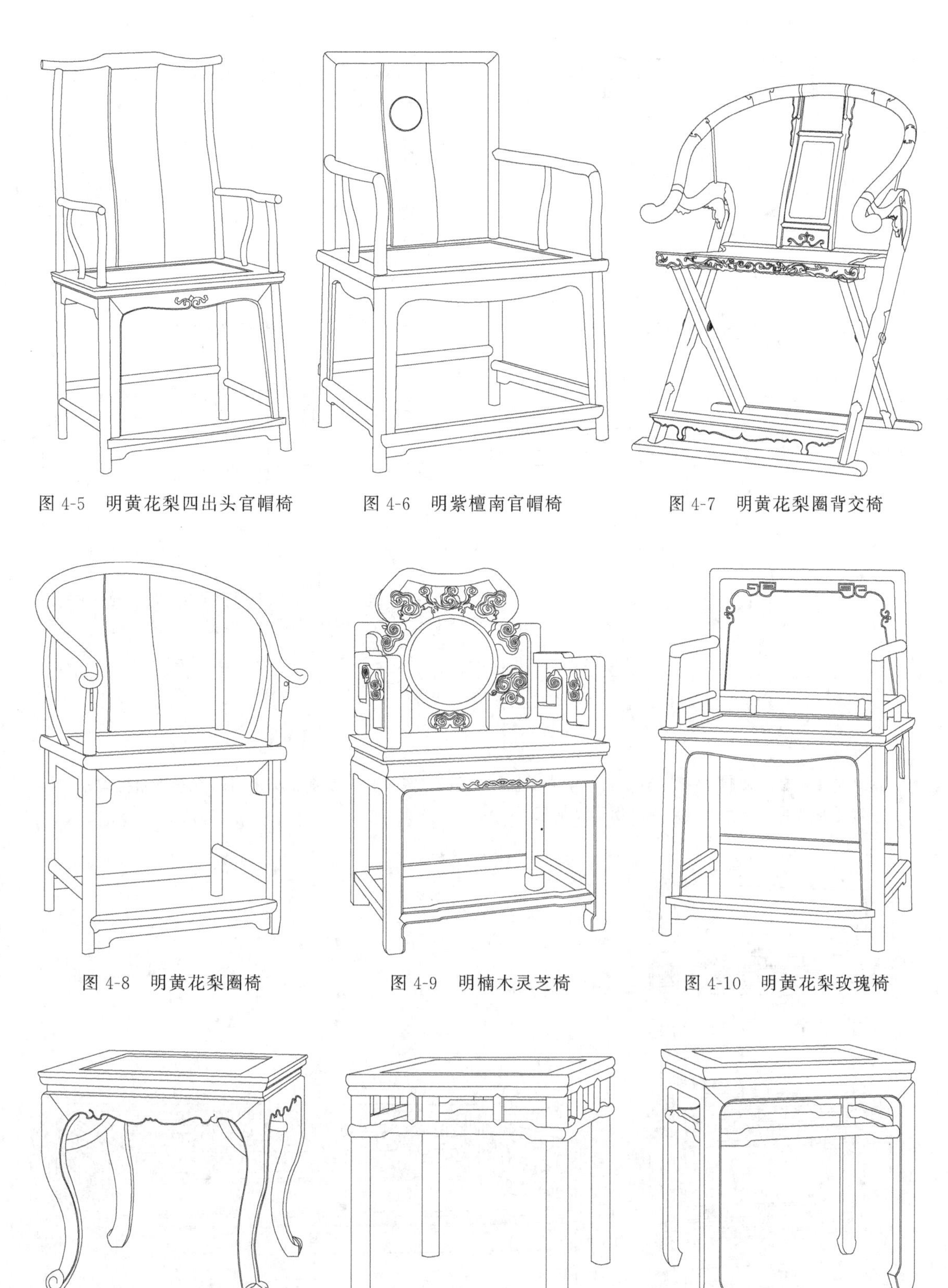

图 4-5 明黄花梨四出头官帽椅

图 4-6 明紫檀南官帽椅

图 4-7 明黄花梨圈背交椅

图 4-8 明黄花梨圈椅

图 4-9 明楠木灵芝椅

图 4-10 明黄花梨玫瑰椅

图 4-11 明黄花梨藤面有束腰三弯腿霸王枨方凳

图 4-12 明黄花梨藤面无束腰裹腿罗锅枨方凳

图 4-13 明黄花梨藤面有束腰罗锅枨方凳

图 4-14 明黄花梨木夹头榫小画桌

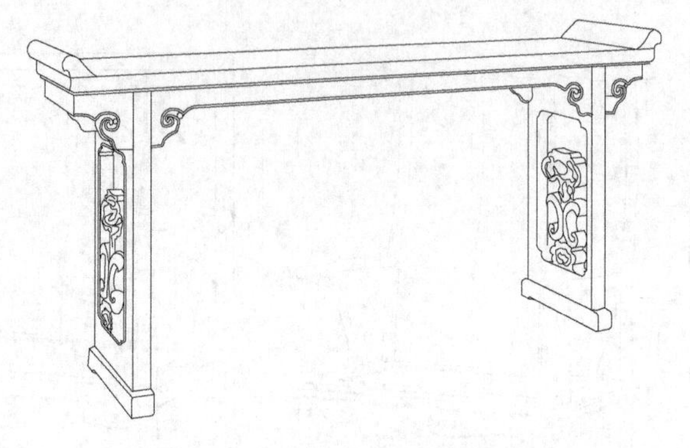

图 4-15 明柏木灵芝纹翘头案

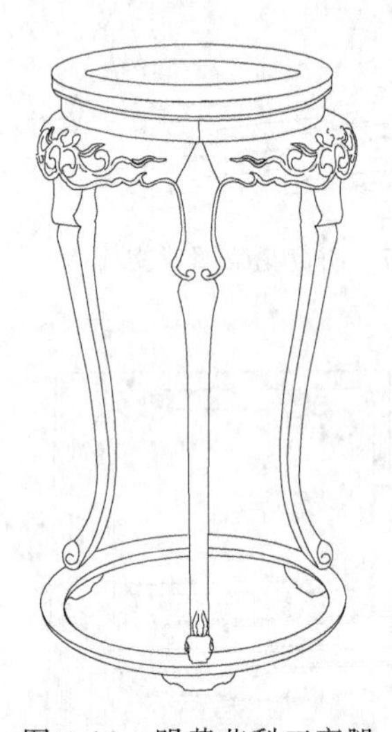

图 4-16 明黄花梨三弯腿带托泥高香

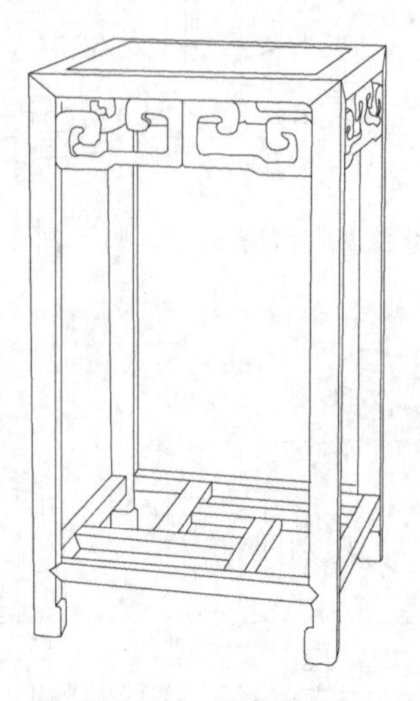

图 4-17 明瘿木面拐子纹茶几

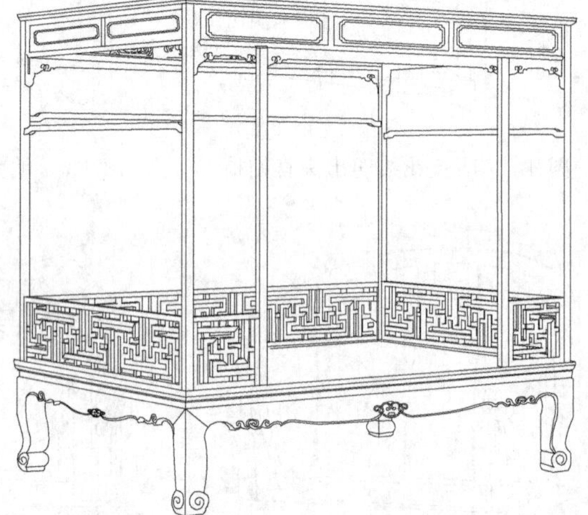

图 4-18 明黄花梨木门围万字格六柱架子床

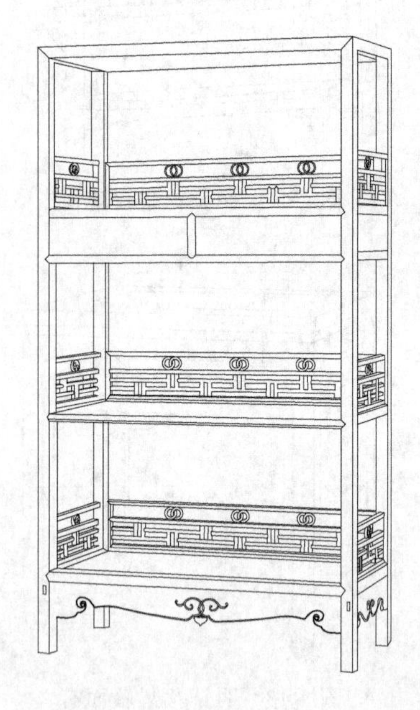

图 4-19 明黄花梨木龙纹栏杆书架

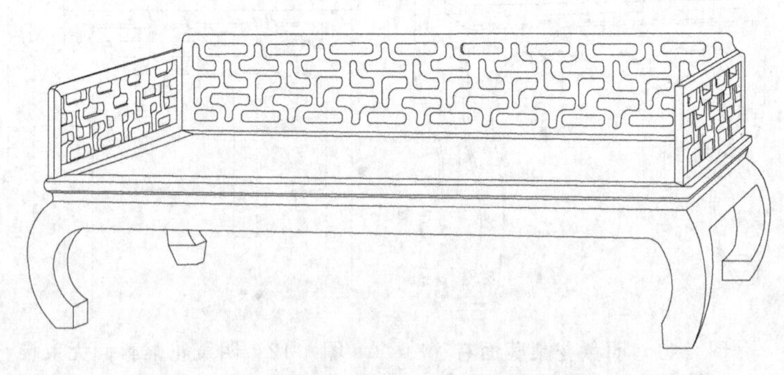

图 4-20 明铁力木紫檀围子屏风藤面罗汉床

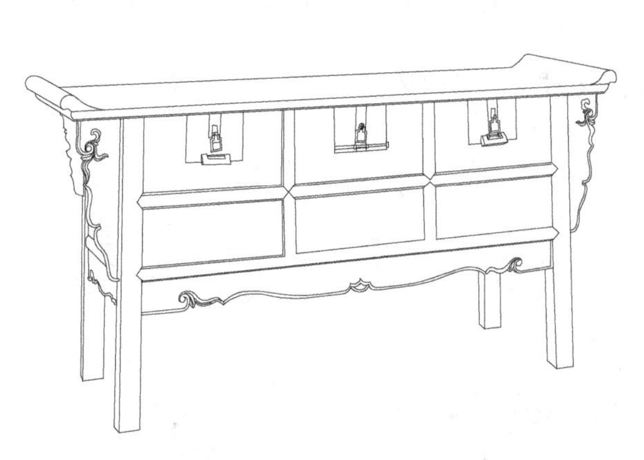

图 4-21　明红木带翘头联三橱

图 4-22　明铁力木紫檀木直棂架格

4.1.1.8　清代时期的家具

从 17 世纪中叶开始，经济由恢复进入繁荣和发展阶段，出现康熙、雍正、乾隆三代盛世。手工业、商业获得了空前发展，商业、民宅、园林等建筑大量兴起，给家具生产提供了物质基础和广泛应用的场所。如果说明代家具是以简洁清雅为见长，则清代家具更注重的是局部的装饰，尤其是宫廷家具。虽然在造型和结构上继承了明代家具的特点，但在装饰上喜爱繁复而华丽的花纹，有镂空雕、漆雕、填漆等，以及采用石料如大理石，甚至玉石、瓷、骨、珐琅、贝壳等镶嵌在家具上作为细部的装饰。又由于经济的繁荣，还形成了不同地区的家具风格，如京式、苏式、广式等，各具特色。清代家具的风格特点可归纳如下。

① 构件断面大，整体造型稳重，气势雄伟，富丽堂皇。与当时的民族特点、政治色彩、生活习惯、室内陈设十分匹配，使其体量关系及其气派与宫廷、府第、官邸的环境气氛相辉映，显得十分雄伟而壮观。

② 运用各种工艺美术的技艺使家具装饰有别于明代风格。清代家具装饰技艺高超精湛，达到了封建时期的高峰。其形式、用料多样，装饰题材内容丰富，动用了工艺美术一切装饰手法，集历代装饰精华于家具中，表现十分丰富。常用的装饰手法有雕刻、镶嵌、描金、堆漆、剔犀、镶金等。

图 4-23　清木胎黑漆描金有束腰带托泥大宝座

图 4-24　清红木拐子龙纹扶手椅

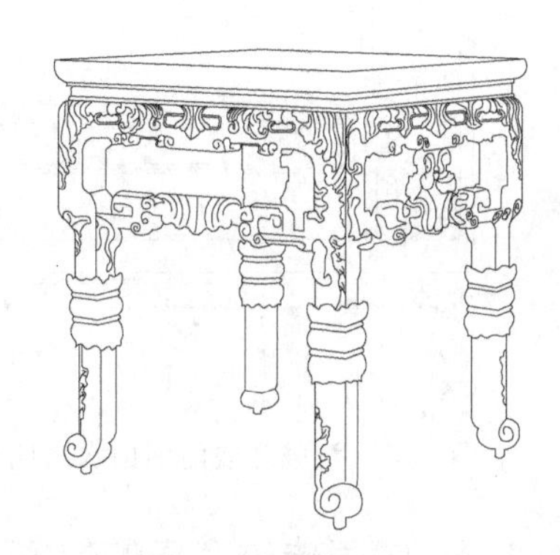

图 4-25　清紫檀木有束腰展腿式方凳

③ 清式家具在继承传统家具制作技术的过程中，还吸收了外来文化，形成了鲜明的时代风格。传教士和商人带入中国的西方家具，如禅椅、供桌、经柜以及一些生活用家具，对中国家具工匠的制作与设计产生了很大的影响。经过工匠的仿制与改进，而逐渐演变成中国传统家具行列中的新品种。

如图 4-23～图 4-32 所示为清代各种具有代表性的家具图集。

图 4-26 清紫檀木蝙蝠云纹四开光绣墩

图 4-27 清红木六足灵芝纹圆桌

图 4-28 清红木龙纹拉线茶几

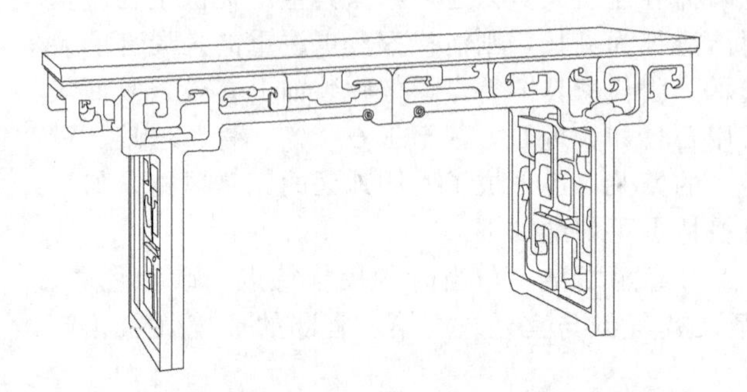

图 4-29 清红木供案式大画案

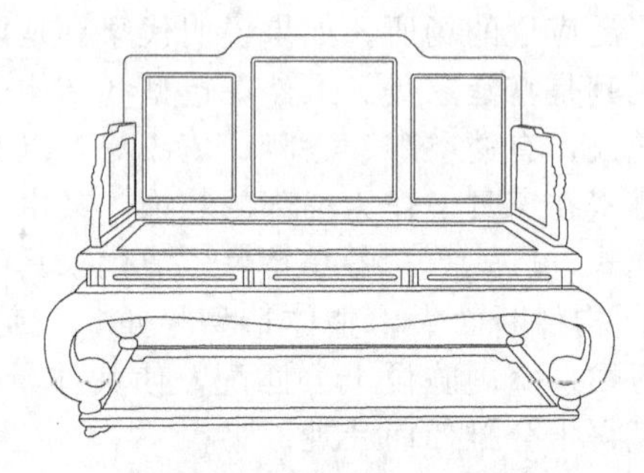

图 4-30 清红木鼓抛牙镶云石藤面弥陀榻

图 4-31 清鼓牙嵌门围山水纹四柱架子床

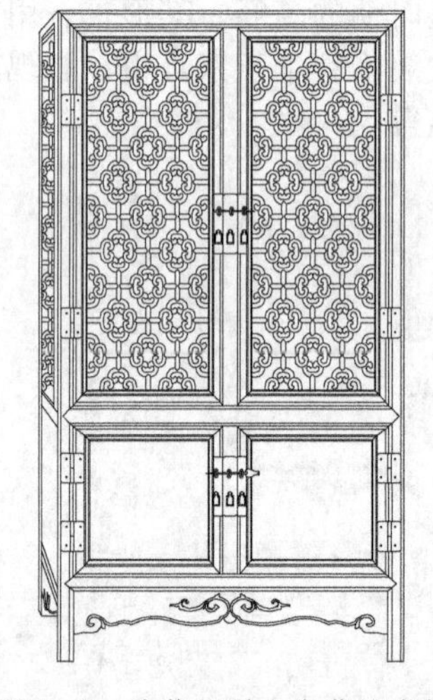

图 4-32 清黄花梨木卷草纹书柜

4.1.2 中国传统家具的特征

中国古代家具经历了数千年的发展，到明朝中期达到顶峰，其中硬木家具最为世人所推崇

和欣赏。一般来说，“明式家具”和中国传统家具几乎可以划上等号。当然，乾隆之后的清代家具，也是中国传统家具，但是，由于太堆砌，最终僵化，因此还是以明式家具来代表中国传统家具。中国传统家具包含和体现着中国传统的生活方式和审美情趣，具有深厚的文化和艺术内涵，其博大精深的文化、独具特色的造型、精益巧妙的结构、繁简相宜的装饰、典雅质朴的材料，无不凝聚着中国历代木工匠师的聪明才智和精湛技艺，是珍贵的历史文化遗产。

4.1.2.1 博大精深的文化

“人类学之父”泰勒把文化定义为“是一个复杂的总体，包括知识、信仰、艺术、道德、法律、风俗以及人类在社会里所获得的一切能力与习惯。”随着民族的产生，文化具有民族性，它通过民族语言、民族性格、生活方式等民族形式，形成民族传统与特色。这种特色具有唯一性、继承性、独立性。中国传统文化是中华民族发展过程中创造物质财富和精神财富的总和。传统家具文化是中国传统文化的重要组成部分。

家具在满足人们坐、卧、支撑或储藏等功能性需求之后，就成为了传统、特色和民族性的象征；成为了一种文化形态、文化载体和文化现象；成为了物质、精神、艺术文化的综合；更成为了由一定习俗、观念和规范所形成的某一群体的生活方式和行为模式。因此，家具所体现出来的历史信息与人文气息以及特殊的文化内涵，说明中国传统家具发展的进程就是一部展现中华民族文化的历史。

(1) 古代哲学、道德思想对传统家具的影响

中国古代哲学的核心是“天人合一”思想。早在周代，《易传·乾卦》中就有云：“夫大人者，与天地合其德，与日月合其明，与四时合其序，与鬼神合其吉凶；先天而天弗违，后天而奉天时。”道出了天人合一思想的主旨：自然的和谐、人与自然的和谐、人与人的和谐、人自我身心内外的和谐等“普遍和谐”的观念。表现在传统家具上，其一，在对质地坚硬、色泽幽雅、肌理华美珍贵木材的认识、运用中，力求充分展示木材本色的自然之美。其二，传统家具稳健凝重、简洁流畅均给人以舒展之感，有大气。其三是灵气，马蹄腿、三弯腿、椅子搭脑、牙板、撑子等曲线形式体现了予情于理、予动于静的哲学要义：黄花梨木圈椅不正是一番“问渠哪得清如许，为有源头活水来”的意境吗？其四，传统家具通体轮廓及装饰部件的轮廓讲求方中有圆、圆中求方。如图 4-33 所示，圈椅上圆下方的设计，就是源于中国古代的“天圆地方”、“承天象地”的哲学思想。其五，传统家具具有严密的比例关系，舒适宜人的尺度，家具的外形比例、尺度与其使用功能紧密联系起来，力求达到形式与功能的和谐统一。

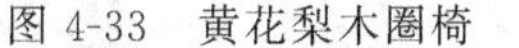

图 4-33 黄花梨木圈椅　　图 4-34 束腰带霸王枨方凳　　图 4-35 四出头官帽椅

中国古代道德以“中庸”为至高的德性。孔子在《论语·雍也》中说：“中庸之为德也，其至矣乎！”他的孙子，子思在《中庸》中强调：“和而不流”，“中立而不倚”，“中也者，天下

之大本也；和也者，天下之达道也。致中和，天地位焉，万物育焉。”中庸之道在形式上重视“中正”、“中行”，在内涵上主张凡事都不要过度，以免适得其反。表现在传统家具上，其一，传统家具着力塑造木材色泽与纹理之美，但在不影响整体效果的前提下，局部饰以小面积漆雕或透雕，以繁衬简，朴素而不俭，精美而不繁缛。束腰带霸王枨方凳就是一例，如图 4-34 所示。其二，传统家具整体的长、宽和高以及整体与局部，局部与局部的比例都非常适宜。例如，圆后背交椅的比例恰到好处，坐上令人感到非常惬意。其三，在传统家具，如各类御用宝座、太师椅、官帽椅（图 4-35）等的造型中以及在屏风、平头案、翘头案、品子栏杆橱架、书架等的雕刻图案上大多按中轴线对称分布，体现中规中矩之美，如图 4-36 所示。

（2）*古代宗教、学术思想对传统家具的影响* 中国历史自汉代以后，宗教和学术思想流派形成了主要是以儒、佛、道三家并举的文化格局，也就是通常所说的“以儒治世，以佛治心，以道治身”，三家共同维系着中国古代社会心理结构的和谐与稳定，因此自然也对中国传统家具的形成和发展产生过重要的影响。中国古代宗教学术思想的共同之处就在于：倡导顺应自然、崇俭抑奢的生活信条、不与物迁的处世原则和抱朴守真、寂空无为的价值取向。具体表现在传统家具上其特点是：空灵、飘逸、柔婉、沉穆等。其一，传统家具的造型多采用曲线与直线的对比与变化，集中了直线与曲线的优点，柔中带刚，虚中见实。如运用于圈椅、交椅（图 4-37）、笔杆椅（图 4-38）、灯挂椅、圆角柜、架子床等家具中的罗涡撑、搭脑、“S”形靠背、马蹄腿、三弯腿等简洁、流畅、舒展、刚劲的线型变化。其二，传统家具如束腰四足带托泥坐墩（图 4-39）、三弯腿带托泥高香几（图 4-40）和玫瑰椅均以上下构件为实、中间“开光”为虚和靠背留空的形制为其构造要素，如图 4-41 所示，让人产生在空灵寂静中而富含流动、在厚实弥笃中又处处向虚的意境，无不给人静谧、深邃之感。

图 4-36 中规中矩的雕刻

图 4-37 黄花梨圆后背交椅

图 4-38 笔杆椅

图 4-39 束腰四足带托泥坐墩

图 4-40 三弯腿带托泥高香几

图 4-41 无束腰裹腿罗锅枨加卡子花方凳

（3）古代审美思想观念对传统家具的影响　自中国进入文明社会后，审美观念就开始逐渐形成：早在夏朝以前的大禹时代，人们已知道在席子边缘包边，并开始使用漆来装饰器物；至春秋战国及两汉时期，油漆、彩绘、雕刻、镶嵌和错金银工艺空前发展；到明清时期各种工艺手法趋于完善，审美观念走向成熟。

图4-42　具有独特寓意的传统家具雕刻图案

审美思想观念是在满足使用功能的前提下，将家具的每个部件施以不同艺术造型，或以各种手法对构件表面装饰各类纹饰，使器物既具实用性，又具观赏性，在视觉效果上给人以心情舒畅的感受。对传统家具的影响主要体现在彩绘、雕刻、镶嵌图案的题材上，根据古代传统习俗立意选题，如图4-42所示。例如，在“飞禽”题材的选择上，传统风俗认为燕子落在好人家、凤凰落过出人才、白鹤到过有吉祥之兆、孔雀能给人们带来幸福和安宁、喜鹊报喜、相思鸟痴情、鸳鸯忠贞等。在“走兽”题材的选择上，传统风俗认为龙能兴云雨利万物；狮子猛以示心寓意中华太平；瑞象敦厚，喻五谷丰登；虎示圣明之世为祥为祯；麒麟祥瑞，喻人生有德，早生贵子；瑞鹿纯善，喻禄寿康宁。在植物题材的选择上，传统风俗把松、竹、梅并称为“岁寒三友”，把竹、梅、兰、菊并称为“四君子”，寓意高风亮节和傲霜斗雪的品格。此外，将吉祥要素相互组合成纹饰题材，如“六合同春”、“年年有余”、“凤穿牡丹”、“莲生贵子”、“祥云捧日”、“双龙戏珠”、“洪福齐天”、“五福捧寿”等。

4.1.2.2　独具特色的造型

中国传统家具落落大方的造型，具有浓厚的民族特色，其形体特征别具一格，造型简洁、秀丽、朴素，并强调家具的形体线条优美，体现明快、清新的艺术风格。

图4-43　以线之美体现形体之美

（1）以线为主要造型语言　传统家具借鉴传统青铜器、古玉器、陶瓷、建筑、书法、绘画等艺术形式中线型的运用，深得刚柔相济、流畅舒展之妙，用“线”之美来塑造家具的“形体”之美，如图4-43所示。传统家具通过框架结构，以线为主要造型语言，来塑造各种形体特征：一方面在家具形体的单个部件，进行线型的设计与加工，以构成家具的所有构件都能呈现出特定的线型感；另一方面，又将构件的线型融入家具整体的形体造型中，成为家具整体形象的直接体现。

（2）注重线脚的运用　传统家具在展示线型的同时，还尤其注意线脚的应用和变化。如图4-44所示，运用不同的线脚，区别家具的平面，将较大的平面转化为不同的较小平面，表现出起伏和线型的变化，使线脚在视觉中具有方向感、运动感和明暗变化。运用线脚来贯通整体，使家具的视觉形象完整地统一起来，从而让家具的造型更富有浑然一体的线型美。

（3）和谐的比例关系　传统家具具有严密的比例关系，其尺寸比例，尤其是关键部位的人体尺度，是经过认真推敲后确定的，基本上与现代的人体工程学原则相吻合，达到了家具形式

图 4-44 运用线脚统一视觉形象

与功能的和谐统一。以透雕圈椅为例，可以清楚地看出精到的比例关系：该椅椅座面的矩形符合黄金分割比，从正面看，椅腿略有收分，呈梯形空间，这些几何学上的比例关系，使家具获得了完美和谐的效果。

(4) 独特的腿部造型 在传统家具的椅凳、桌案、橱柜等类家具中，腿部造型尤为独特，可分为三类七种，即直腿（圆腿、方腿、外圆内方腿）、弯腿（马蹄腿、三弯腿）、片状腿（板腿、方框腿）。更独特之处在于，都可以看到其收分：腿部根据长短，大多是从下端向上逐渐收细，并略向里倾，使家具有稳健、挺拔和轻盈的视觉效果。

4.1.2.3 精益巧妙的结构

结构件及其连接方法，是家具结构两个主要组成部分。传统家具多种多样的构件，在结构中的作用均十分明确，根据受力情况和形式效果，在用料、做工上无不做到精益求精，在比例和关系上正确和谐。例如长边短抹、横枨、腿足等都是具体的结构件，其按照结构所需要的实际大小、形状和间距组合装配在一起，构成家具特定的实体形式，表现出家具形体的条理性、明晰性。即使一些看起来只起装饰作用的构件，也多是结构构件的加工变化，在家具形体中显得自然、紧凑。比如卡子花，如图 4-41 所示，一般是连接边抹和横枨的一个结构件，其实质可看做是装饰化的矮老。类似的构件，常常被称为装饰结构件，如牙条、角牙、券口等，它们对家具整体结构都起到了加固、充实和美化的作用。这些也体现了传统家具装饰与结构已达到了完美的境界。对于传统家具典型结构的介绍请参考本书第 2 章，在此就不再赘述。

4.1.2.4 繁简相宜的装饰

如图 4-45 所示，传统家具大多讲究适宜的装饰，采用雕刻、镶嵌、髹饰等多种用法，或结构装饰、或细部刻划，使结构与装饰、装饰与家具整体浑然融合。装饰为家具增饰添华，呈现出别具一格的悦目效果。装饰题材许多都是承传的，如祥云龙凤、缠枝花草、人物传说等，这些题材在织绣、陶瓷等产品中常能见到。此外植物纹、动物纹、风景纹、人物纹、几何纹也无所不有。装饰结构独特之处在于，以“拐子”组织装饰母题居多，如花草拐子、如意拐子、龙拐子、兽面拐子、回纹拐子等。

图 4-45 繁简相宜的装饰

4.1.2.5 典雅质朴的材料

传统家具之所以被赞誉为世界历史文化之瑰宝，其大量选用质地坚硬、色泽幽雅、肌理华美的珍贵木材是一个重要因素。黄花梨的温润、紫檀的静穆、乌木的深沉、铁力木的古朴、鸡翅木的典雅、榉木的柔婉等，均展现了天然木材的色泽和纹理之美，使家具极富艺术感染力。

黑格尔曾经说过：“只有民族的，才是世界的。”进入 21 世纪，信息技术的高速发展，使经济、生活、文化呈现全球化、趋同化的特点，从而导致了工业产品无个性的后果。因此，越富有个性和民族传统的东西就越能被这个丰富多彩的世界所接受。对传统的继承与发展已成为当前中国家具设计界面临的重大历史性课题。因

此，在具体设计实践中，不能只停留在把继承理解为将家具外形设计成与古代相近或相似的模样，在这样肤浅的层面上，用死搬硬套的方式来维护传统。因为仅仅将样式和结构作为家具设计考虑的要素，就会很容易落入单一俗套和条条框框之中去。因此，必须更深层次理解中国传统文化、传统思想和家具装饰、造型要素的内涵，领悟其实质，只有在把这些元素注入设计人员的大脑中，扎下根来，作为创作灵感的一部分之后，设计才能真正由必然王国走向自由王国，也才能很好地继承和发扬民族风格。继承和发扬明式家具特色应重点体现在：①对传统家具文化的超越与创新；②对传统家具功能的取舍与形式仿造；③对传统家具风格的修改与简化；④对传统家具造型符号（如构件、线脚、装饰图案等）的提炼与重构。

综上所述，对中华传统家具特征的深入理解与领会的过程，是不可能一帆风顺的，作为当代中国家具设计师，更应该以一种负责任的态度和无愧于民族、无愧于时代的姿态将自己深深根植于民族文化的沃土中，勇于借鉴国际先进文化和科学技术，站在时代的高度去创造凝聚中国风格、现代风范和人文精神的家具产品；去打造兼具民族、国际与时代性，富有强大生命力，经得起历史考验的本土家具精品。

4.1.3 中国近、现代家具

4.1.3.1 1911～1949 年的家具（民国时期的家具）

民国时期家具式样的演变，可分为三种类型：中国传统类型、中西结合类型、现代式样类型。

中国传统家具的制作历史悠久，工艺精湛，深受各阶层人士的喜爱，民国初期仍以制作传统家具为主，除了国内需求外，还远销日本、东南亚和欧美国家。

中西结合类家具（也称“海派”家具）大约出现在 19 世纪 20 年代。1902 年顺天府尹陈壁创办农工商部工艺局，提倡改良旧法和仿照西洋家具，并推广到全国，同时也把生产技术传入中国。在形式上，采用机器生产的旋木柱，带有对称曲线雕饰的遮檐装饰的橱柜，涡卷纹和平齿凹槽立柱的床和桌椅，用拱圆线脚、螺纹及蛋形纹样装饰的家具相继出现。家具式样是直接借鉴西方 18 世纪及 19 世纪初的古典家具造型和款式，揉入中国传统家具的一些造型因素，如束腰、马蹄脚、格角、罗锅撑等。

1919 年德国包豪斯工艺学校成立，成为现代家具的发祥地。影响到中国，一些文人开始自设工厂，改革家具结构、设计出具有民族特色的流线型新家具，同时金属家具开始普及，之后胶合板逐渐用于家具生产，使家具造型新颖美观，线条清晰流畅。在功能使用上出现了大床、床头柜、五斗柜、大衣柜、梳妆台、穿衣镜等，并逐渐向套装发展。

4.1.3.2 1950～1979 年的家具（中华人民共和国建国初期的家具）

20 世纪 50 年代是中华人民共和国建国后的前 10 年，是中国经济恢复和发展的时期，也是中国家具工业恢复和发展的时期。20 世纪 50 年代的中国家具业由于生产水平相对低下，大范围的家具市场流通机制也尚未建立，加上政治上与前苏联结盟，断绝了与欧美发达资本主义国家的一切往来，在这一特定的历史条件下，中国的家具业难以有大的提高与进步，家具产品的形式也相对简陋，仅适应短缺型、温饱型的生活需求。民用家具尚未形成健全的市场，在广大的农村和中小城市仍然是靠个体木工走家串户上门现场制作。除了办公、宾馆家具外，即使是大城市相互之间也没有远距离的家具流通和贸易，因此具有各自特色的地方家具在当时获得了发展，以满足解放后广大人民改善生活的需求。地方特色家具主要有湖南、江西等地区的杉木家具，南方各省的竹家具，浙江宁波的嵌骨家具，云南的嵌大理石家具等。这些家具立足于地方传统和自然特色，利用当地所拥有的自然资源优势和传统手工艺技术，既反映了大众化的审美情趣和时代风貌，又充满生活气息，是 20 世纪 50 年代中国广大地区特别是内地城市的主要家具形式。

城市之间虽然没有广泛的民用家具的流通，但相互之间的影响依然存在，经济较发达地区的家具式样仍然广泛影响和制约其他地区和城市家具流行的趋向，海派家具的延续就是这种影响的表现。“海派”家具在用材方面由进口珍贵木材改为国产硬杂木，家具表面的雕刻和镶嵌装饰也大为简略或完全消失。但家具的基本构成形态、品种和类型基本上保留了“海派”家具的风格特点，家具造型注重线型、线脚、脚型的变化与统一。由于上海仍然是中国计划经济的中心，也是新中国的轻工业基地，因此“海派”家具仍然领导着中国家具的潮流，其影响沿长江进入了武汉和重庆，沿东海岸线北边传播到了天津、青岛、大连，南边则影响到了杭州、宁波和温州等地，这种影响一直延续到 20 世纪 70 年代。

20 世纪 50 年代后期，以北京十大建筑为代表的楼堂管所建筑的出现，促进了全国各地公用建筑的发展，同时也带动了新中国最早的办公和公用家具的设计，新型的办公家具和公用家具也是 20 世纪 50 年代家具风格的代表形式之一。人民大会堂的室内和家具设计主要由以奚小彭为首的中央工艺美术学院的师生所完成的。人民大会堂的家具主要是接待厅和各省市会议厅家具、休息室家具、宴会厅家具和办公室家具。出现最多的是接待厅和各省厅的坐椅及茶几，其造型既有中国传统家具的形式要素，又有现代家具的简洁和舒适，将软体部分安放在一个具有民族特色的木构架上，与西方的沙发造型有着明显的不同，因而创造了中国公共环境家具的特色，并一直保留至今。在办公家具上，由于科技发展水平的限制，当时还没有气压或液压自动升降和旋转的大班椅，但在人民大会堂也有类似产品的雏形，真皮包衬的坐面上部固定在一个垂直的螺杆上，螺杆则在木质脚架的螺孔内旋转和升降。与传统的木椅相比，这种椅子又多了几分现代气息。

20 世纪 60～70 年代的中国家具由于与外界的隔离，加之物质生活水平低下，因而一直是在探索一种适应当时生活基本需求的具有明显时代痕迹的中国风格家具。当时的家具设计没有像后来的 80～90 年代一样抄袭国外的式样，完全是自己创新设计并逐步完善的。另外很重要的一点是它利用国产材料，因地制宜地开发，较好地满足了中国社会各阶层对家具的需求。这个时期民用家具在品种和格调上仍然是海派家具的延续，大衣柜、五屉柜、西式屏板床等都是海派家具的简化。它的最大特点是套装的概念，或者说是采用形式统一的手法。每套家具都包括床、床头柜、大衣柜、五屉柜、梳妆台、梳妆凳等卧室用家具，有时还包括餐桌、餐椅或餐凳。餐凳比餐椅更普及，因为它不占空间，不使用时可以放于餐桌下，几乎所有的新婚夫妇都以购买这样一套家具为时尚。由于流行一套家具 9 件 36 条腿，因而 36 条腿便成了当时最流行的家具时尚。由于住房紧张，屏板床也不一定在室内居中放置，而大多情况一边靠墙放，只配一个床头柜，也是常见的。当时的板式家具造型手法仍介于实木传统与现代板式家具的过渡形式阶段，十分讲究线型、线脚和脚架。套装家具设计要素的统一主要体现在线型（如顶面线型、侧板线型、底面线型）、线脚（如门面线脚、屉面线脚）以及脚型、脚架等造型要素的统一。脚架是这一时期家具造型的流行语言，板式部件构成的柜体，不直接落地，必须支放一个独立的部件即脚架上。脚架上框周边零件上钻有带台阶的孔，以便于从下往上装木螺钉，将柜体牢牢地固定在脚架上。当时流行的说法是中国南方气候潮湿，柜子下面安脚架像桌子一样有利于空气流通，防止柜子发霉，实际上在干燥的中国北方做法也一样，这与其说是功能的需要，还不如说是一种造型手法。在物质匮乏的年代，家具装饰也相对简陋，雕刻、镶嵌等传统的装饰艺术几乎在家具装饰中绝迹，重要的装饰形式是结合功能部件的线型、线脚、脚型和薄木贴面等装饰手法，如图 4-46～图 4-48 所示。

4.1.3.3 20 世纪 80 年代的家具

20 世纪 80 年代是中国现代家具业发展的起步阶段，在这一时期中国家具业的企业构成、家具用材、产品结构、产品风格和生产工艺都发生了根本的变化。

图 4-46 海派家具

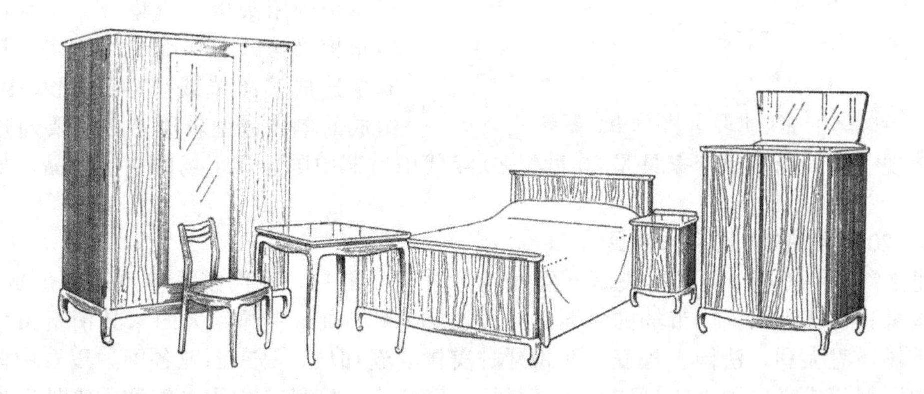

图 4-47 马蹄脚卧室套装家具

图 4-48 36 条腿套装家具

中国家具的结构在 20 世纪 60～70 年代一直是传统的框式结构，由外资厂引进的 32mm 系统板式家具，给中国的家具企业带来了一场革命。在用料方面，板式部件开始采用刨花板作为基材，或作为实芯板件和空芯板件，空芯板件则以刨花板条作为板式部件的边框和芯条，两面覆贴胶合板或中纤板（MDF）。表面常用三聚氰胺浸渍纸覆面，边部采用 PVC 封边条封边，从而节约了涂装工艺。以刨花板取代木材生产板式部件，以 32mm 系统拆装结构取代榫卯结构，以部件包装运输取代整体家具包装运输，大大地降低了家具生产的成本并大大提高了家具生产效率，从而促进了中国家具企业工业化水平的提高。

20 世纪 80 年代以前，中国的家具还都是单个配套的家具，直到 80 年代后期，随着板式家具的流行，中国才出现了组合家具。组合家具的原型来自意大利和德国的组合柜。组合的概念就是将不同功能、不同规格和不同形态的单件家具按一定标准模数组合在一起，使之成一个整体。当时主要有客厅多功能组合柜、组合书柜和文件柜、组合卧房家具等。客厅组合柜最为流行，它以电视、音响、陈列、装饰为主要功能，将不同功能的板式柜体、搁板组合在一起，有如建筑群一样，产生一种高低起伏、虚实相宜、闭透结合的丰富而多样的效果。组合书柜和文件柜则较为简洁，不同深度和宽度的有限单体按同一高度组合在一起，功能齐全且充分利用了室内空间。组合卧房家具则是将单个的床头柜、梳妆台、写字台，加上转角柜等与床高屏墙端面相连，甚至与人衣柜连成一条线或呈“L”形，卧房家具组成的单体造型较简单，主要通过组合的变化而体现一种时尚。组合家具是 20 世纪 80 年代中后期中国家具市场的主流产品，如图 4-49 所示。

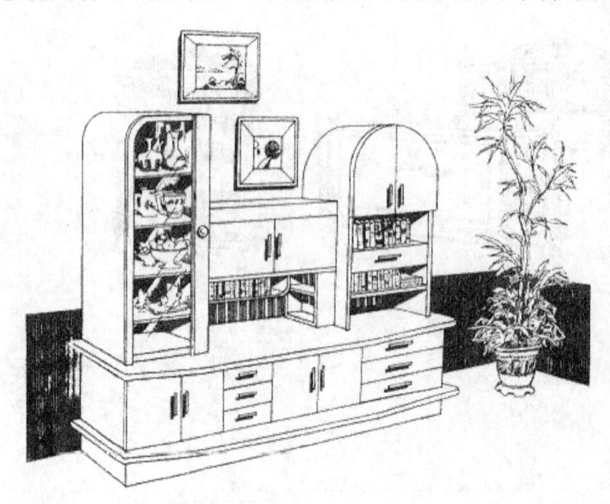

图 4-49 20 世纪 80 年代组合家具

4.1.3.4 20 世纪 90 年代后的家具

20 世纪 90 年代是中国家具快速全面发展的时期，是中国现代家具体系初步形成的时期，也是中国家具快速进入国际市场的时期。20 世纪 90 年代由于中国巨大的家具消费市场和低廉的劳务市场，意大利、法国、丹麦、西班牙、美国、新加坡、马来西亚各国，以及中国的台湾和香港地区都纷纷来中国大陆投资开办家具厂、家具店，特别是中国台湾和香港地区的家具企业更是集中地将家具厂搬到珠江三角洲和长江三角洲地区。这种产业大转移，大大地促进了中

国家具业在设计、生产、工艺、质量、销售以及国际贸易等方面的发展，加快了国内市场国际化的步伐。

20 世纪 90 年代初在中国大范围流行的“聚酯”家具，其含义不是指家具由聚酯树脂材料加工而成，而是指以刨花板为基材的板式部件上先施黑色底色，然后刮涂一层厚厚的透明的聚酯漆，经隔氧固化后再经水磨抛光，产品漆膜丰满，光彩照人。中国家具前几十年一直是以黄褐色调为主，黑色高贵的外观一下吸引了大众消费的兴趣，因而聚酯家具十分畅销，而且价格不菲。黑色浪潮般的聚酯家具，使不少刚上马的民营企业捞取了第一桶金，为以后的发展积累了资本。稍后为了延长聚酯家具的生命周期，又在黑色的聚酯漆表面施以“幻彩”、“珍珠花”等彩色图纹装饰。其实质就是在黑色的表面上不规则地点蘸不同颜色的涂料，然后喷上相配套的溶剂，使彩色漆溶化，并与相邻的色漆渗透，产生一种偶发型的幻彩效果，或大小不同的珍珠或石纹斑的特殊装饰效果，再用面漆加以保护。也有以铜线、铜铂构成植物花卉的图案，然后施以透明聚酯漆，图案就像琥珀一样嵌在厚厚的透明漆膜内。

中国的新生代，即 20 世纪 70～80 年代前后出生的一代，他们步入社会时正好赶上了中国进入小康社会。他们大多不愿意承受传统的负担，对中国的传统硬木家具更是“不屑一顾”。为了应对市场挑战，中国的传统硬木家具企业的设计师开始了新的探索：改变传统的形态，简化传统的装饰，改变传统的尺寸，引进人体工效学的原理，增加时尚功能并改进坐具的垫性，总的目的是创造一种新中式家具风格，并且能与现代生活方式的需求相吻合。既有广东深圳“友联”、浙江义乌“年年红”式的新红木家具的创新设计，也有跳出红木家具框架的新中式家具设计，如广东南海的“联邦”、河北廊坊的“华日”、浙江温州的“澳珀”，它们的新产品都十分富有创意，既不受传统家具的用材限制，也不受传统形式的束缚，而是创造了一种全新的中式风格，说它是中式是因为国外没有，不是“追风”，有如中山装，既非西装，也非长袍马褂。新中式家具要得到普及和流行，就必须与新的生活方式相结合，与新时期的审美情趣和价值观念相结合，并采用当代一般有效的技术与艺术手段使之与时代同步。只有这样，初步的独创才能形成相对稳定的时尚，并经沉淀形成新的中式风格，即一种现代化的中式风格。

综上所述，家具产品类型由过去品种单一的民用床、柜、桌、椅、板凳等发展到多种门类的家具，如卧房家具、客厅家具、儿童家具、厨房家具、卫浴家具、户外家具以及商用家具、宾馆家具、办公家具、学校用家具、公共场所家具等。在用材方面从单一的木质家具、钢家具发展到实木家具、板式家具、软体家具、藤竹家具、金属家具、玻璃家具。在家具款式和风格方面有现代简约风格家具、中式简约风格家具、欧式古典风格家具、美式乡村家具、意大利前卫家具、日本式实木家具、自然风情实木家具、中国传统家具等。不同品类、不同风格、不同档次的家具应有尽有，中国家具市场空前繁荣。如图 4-50～图 4-52 所示。

图 4-50 现代中式简约风格家具

图 4-51 美式乡村风格家具

(a) (b)

图 4-52 突出木材本色的自然风情座椅系列

4.2 国外家具风格演变

世界各国、各地区、各民族、各个历史时期由于风俗习惯、宗教信仰、文化背景、社会条件以及气候的不同，所用材料与制作条件的各异，呈现出不同的表达手法，创造了丰富多彩的家具文化。步入外国家具发展的历史长河，可以在家具领域中领略到人类所创造的激荡人心的文明成果。

4.2.1 国外古典家具

国外古典家具可分为三个历史阶段，即奴隶社会时期的古代家具、封建社会时期的中世纪家具和文艺复兴时期的近世纪家具。奴隶社会时期的古代家具包括古代埃及家具、古代西亚家具、古代希腊家具和古代罗马家具。在世界文化史上，公元前 6～7 世纪期间，古希腊的设计风格与埃及和波斯等古老王朝极为接近。自从著名的“帕特农”神殿在公元前 447～438 年完成后，欧洲文明终于摆脱了东方和东地中海文明的羁绊，古希腊和罗马文化接踵而起，并进而演变成为西洋文化的主流，为设计历史建立起最富影响力的古典风格，并进一步成为西洋传统风格的基本根源；从罗马帝国衰亡到文艺复兴的大约 1000 年时间，史称中古时期或中世纪，是基督教文化的时代，也是封建社会产生的时代。封建社会时期的中世纪家具包括拜占庭家具、罗马式家具、哥特式家具；文艺复兴时期的近世纪家具是从 15 世纪文艺复兴起，到 19 世纪的折中主义混乱风格止，包括文艺复兴家具、巴洛克家具、洛可可家具、新古典主义家具。

4.2.1.1 古代家具

（1）古代埃及家具　位于非洲东北部尼罗河下游的埃及，在公元前 1500 年前后的极盛时期，曾创造了灿烂的尼罗河流域的文化。古埃及以农耕为主，尼罗河水边生长枣椰树、马樱树及纸草、莲花。河谷周围山里可以采到石料，在埃及和红海之间的沙漠里产铜和金。埃及人利用这些材料制成劳动工具和家具。家具类型有椅、凳、桌、床、台、箱等，每一类型品种齐全，造型多样，椅、床的腿常雕成兽腿、牛蹄、狮爪、鸭嘴等形式，也有的帝王宝座的两边雕刻狮、鹰、眼镜蛇的形象，形式威严而庄重。靠背用窄薄板镶框，略呈斜曲状，座面多采用薄木板、绷皮革、编草或缠亚麻绳等。材料除木、石、金属外，还有镶嵌、纺织物等。当时的家具已具有相当的水平，取得了辉煌的成就。古代埃及家具文化艺术是表现埃及法老和宗教神灵的文化艺术，是表现君主和贵族等统治阶级生前死后均能享乐的文化艺术。家具作为特定历史的产物，其造型、装饰非常精致豪华，显示了作为神的化身——法老至高无上的神权和财富。

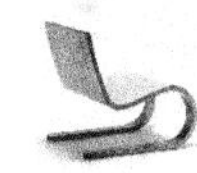

常见的家具有桌椅、折凳、矮凳、矮椅、榻、柜子等，其中矮凳和矮椅是当时最常见的坐具。它们由四条方腿支撑，座面多采用木板或编草制成。椅背用窄木板拼接，用竹钉与座面成直角接合。高级座椅的四腿大多采用动物腿型，显得粗壮有力。脚部为狮爪或牛蹄状，底部再接以高木块，使兽脚不直接与地面接触，更具装饰效果。四条腿的方位形状和动物走路姿态一样，作同一方向平行并列布置，形成了古埃及家具造型的一大特征。如图 4-53 所示为新王国时代十八王朝法老图坦哈蒙的黄金宝座。在彩色和纹样装饰上，多用油漆，并有各种动植物图案和几何图案，以红、蓝、绿、棕、黑、白色为主，并有各种镶嵌。榫接合技术和雕刻加工技术已相当成熟。如图 4-54 所示为后王朝时期最具代表性的家具——木制凳。

图 4-53 新王国时代十八王朝法老图坦哈蒙的黄金宝座

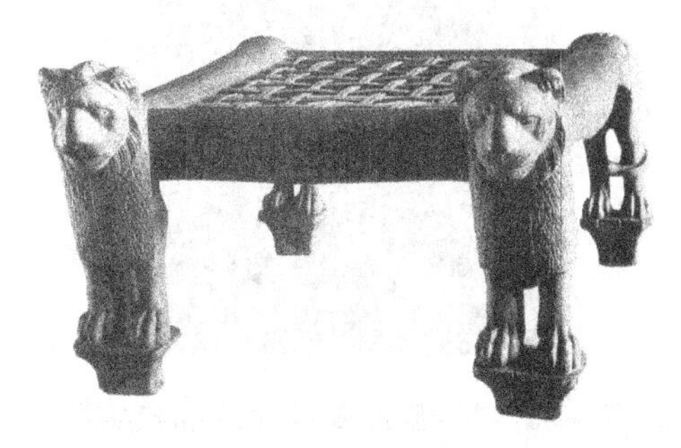

图 4-54 后王朝时期最具代表性的家具——木制凳

（2）古代西亚家具 主要是位于底格里斯河和幼发拉底河流域的古地亚、巴比伦家具。古代西亚文化艺术与古代埃及文化艺术几乎是同时产生的，都是人类文明的发祥地之一。古代西亚家具具有自然简朴、精雕细刻、旋木装饰的艺术风格，是各部族交替、融合的西亚文化艺术。古西亚与古埃及的东方文化艺术对欧洲诸国的家具文化的影响都极为深刻。家具多以木材为主要原料，材料有橄榄木、棕榈木、藤材、椰枣木、无花果木等。在这个时期所产生的镶嵌艺术、浮雕艺术、旋木艺术以及所制造的许多柱式、铭文等，都为后期的古希腊、古罗马、文艺复兴、巴洛克、洛可可乃至新古典等时期家具的文化艺术、装饰方法、工艺发掘等提供了扎实而确定的重要因素。

（3）古代希腊家具 公元前 6 世纪的希腊家具与同时期的埃及家具一样，都采用严格的长方形结构，同样具有狮爪或牛蹄状的腿、平直的椅背、椅座等。到公元前 5 世纪的希腊家具开始呈现出新的造型趋势，嵌木技术的出现推进了家具艺术的发展，充分显示出希腊人“唯理主义”的审美观念。这时期的椅坐形式已经变得更加自由活泼，椅背不是僵直的，而是由优美的曲线构成。椅腿变成具有旋木曲线的风格。方便自由的活动坐垫，使人坐得更加舒适。希腊家具的最大功绩就是创造了优美单纯的形式。如图 4-55 所示为古希腊古典时期的赫格索墓碑。

（4）古代罗马家具 古代罗马国家的中心地区是意大利，其地理范围包括意大利半岛及南端的西西里岛，罗马城则位于意大利半岛中部。古罗马帝国拥有巨大的财富，由此产生的家具必然带有奢华的风格。当时的木家具今已无存，但铜家具幸获保存。尽管在造型上与古希腊家具有相似之处，但具有凝重的罗马风格特征。当时的家具有单人椅、双人椅、靠背椅、折叠凳、长凳、坐榻、床和桌等。

4.2.1.2 中世纪家具

（1）拜占庭家具 拜占庭家具没有实物保留下来，对拜占庭家具的了解，只能从一些史料记载和传记中知道。拜占庭家具继承了罗马家具的形式，又融合了埃及、西亚风格，并掺和了波斯的细部装饰，以雕刻和镶嵌最为多见，有的则是通体施以浅雕。装饰手法常模仿罗马建筑上的拱券形式。无论旋木或镶嵌，装饰节奏感都很强。镶嵌常用象牙和金银，偶尔也有宝石等。凳椅都置厚软的坐垫和长型靠枕。装饰纹样以叶饰和象征基督教的十字架、圆环、花冠以及狮、马等纹样结合为基本特征，也常用东方几何纹样。如图 4-56 所示为拜占庭马克希曼王宝座。

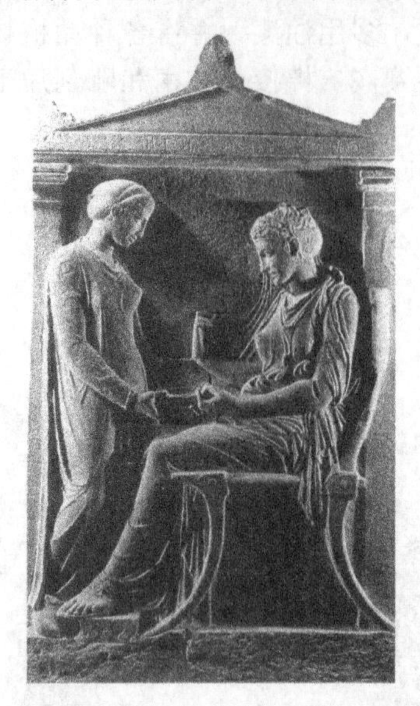
图 4-55 古希腊古典时期的赫格索墓碑

图 4-56 拜占庭马克希曼王宝座

(2) 仿罗马式家具 自罗马帝国衰亡以后，欧洲经济发生了较大的变化。意大利人将罗马文化与民间艺术糅和在一起，形成独特的“罗马风”，也成为 10～13 世纪在欧洲颇为流行的一种艺术风格，即称为仿罗马式。其主要特征是模仿建筑的拱券，最突出的是旋木技术的运用。有全部用旋木制作的扶手椅，橱柜顶端用两坡尖顶的形式，有的表面附加铁皮和铆钉，镶板上用浮雕及线雕。装饰题材有：几何纹、编织纹、卷草纹、十字架、基督、圣徒、天使、狮等。如图 4-57 所示为公元 1200 年的教堂讲台。

图 4-57 公元 1200 年的教堂讲台

(3) 哥特式家具 哥特式家具是在罗马式家具基础上发展起来的具有哥特式建筑风格的家具艺术。哥特式家具主要特征是与当时哥特建筑风格一致，模仿哥特建筑上的某些特征，如采用尖顶、尖拱、细柱垂饰、线雕、透雕的镶板装饰，以华丽、俊俏、高耸的视觉印象，营造出一种严肃、神秘的宗教气氛。哥特式家具通常采用的木材有像木、栗木、胡桃木等。哥特式家具艺术风格还在于精致的雕刻装饰，几乎家具每一处平面空间都被有规律地划成矩形，矩形内布满了藤萝、花叶、根茎和几何图案的浮雕，这些纹样大多具有基督教的象征意义。到了晚期，哥特式家具将雕刻、绘画及镀金技术结合在一起。各个国家文化背景的不同，使得哥特式家具的差别也很大，其中以法国的家具在比例上、装饰上最为优美，而且各部件之间配合也很协调。如图 4-58 所示为哥特式教堂座椅。

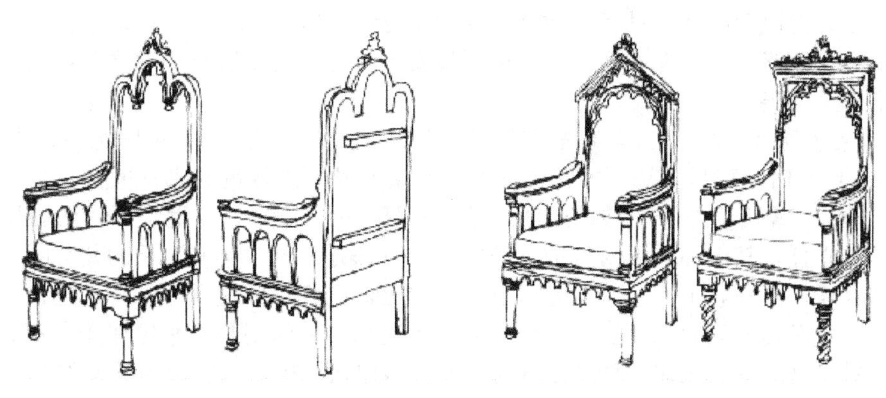

图 4-58　哥特式教堂座椅

4.2.1.3　近世纪家具

（1）文艺复兴家具　欧洲文艺复兴家具创始于 15 世纪后半期的意大利，在其后约 100 多年时间里风靡法国、尼德兰、德国、西班牙、英国等国家，在古代希腊罗马家具的古典文化基础上，吸收了东方中国家具文化，并结合各国不同的历史背景，不同的经济社会结构，以及不同的民族特性，形成了各个国家各自不同的文艺复兴家具风格特征。如严谨、华丽的意大利文艺复兴式，精湛、华美的法国文艺复兴式，精致、端庄的尼德兰文艺复兴式，稳重、挺拔的德国文艺复兴式，简洁、单纯的西班牙文艺复兴式，以及刚劲、质朴的英国文艺复兴式，这些特点又都融于欧洲文艺复兴文化艺术总的风格特征之中。欧洲文艺复兴家具强调实用与美观相结合，以人为本，追求舒适和安乐，赋予家具更多的理性和人情味，形成了实用、和谐、精致、平衡、华美的风格特征。

① 意大利文艺复兴家具　意大利文艺复兴时期家具主要吸收了古希腊罗马家具造型的某些因素，同时又赋予了新的表现手法，尤其突出地表现在吸收了建筑装饰的手法来处理家具造型。把建筑上的檐板、扶壁柱、台座、梁柱等建筑装饰局部形式移植到家具装饰上，同时还充分利用了绘画、镶木、雕刻和石膏浮雕等手法，形成了意大利文艺复兴家具风格。制作家具的材料主要是用胡桃木，经过染色处理和油漆涂饰之后，表面呈深褐色的暖色调，再加上精致的雕刻、镶嵌装饰，十分严谨华丽而又优美。如图 4-59 所示是 16 世纪中期罗马制造的胡桃木雕刻边柜，如同独具特色的窗户，也是一个独立的小建筑正面，这正是吸收了建筑造型的装饰手法，同时也吸收了古典有序手法。竖框的扶壁柱由两个爱奥尼柱式组成，对开柜门边框由外向里装饰轮廓线，高底座由下而上渐缩小，轮廓非常明晰强劲，柜顶由檐板和圆凸石膏模塑构成。这件在 16 世纪流行的家具庄重而严肃，纪念碑式外形透露出古典之美。如图 4-60 所示的 16 世纪中期佛罗伦萨的一件长椅也是意大利文艺复兴时期的代表作，这种家具来源于当时的长箱，又加设靠背和扶手，既有收藏物品的功能又有坐的功能，也是后世长沙发的雏形。下部底座较简洁，采用建筑的檐板、台座和扶壁柱形式。两边的扶壁柱相对涡卷纹中雕饰图案，座

图 4-59　16 世纪中期罗马制造的胡桃木雕刻边柜

图 4-60　16 世纪中期佛罗伦萨长椅

体凸起圆弧形光滑而无雕琢。扶手仿古罗马躺椅靠背造型，一上一下涡卷纹呈“S”形曲线，靠背顶部中央是家族纹章，左右两侧相连的裸体女人雕像分别半卧于涡卷饰曲线上。这件家具单纯、典雅而又优美。

② 法国文艺复兴家具　法国最先吸收意大利文艺复兴的影响。16 世纪中期的亨利二世（1547～1559 年）时期以后，法国文艺复兴家具开始形成本国特色的家具风格。椅子多为螺旋形柱腿和“H”形螺旋横撑，非常端庄和严谨。如图 4-61 所示是 16 世纪末的法国椅子，靠背空透仅有一个立杆，其上部浮雕对称的莨菪叶饰，下部是黑檀木镶嵌舒展的莨菪叶饰。曲线扶手前端雕刻着熊、羊头，下有一个涡卷形支撑柱，上面是莨菪叶浅浮雕。椅面望板下加一个浮雕，雕饰着两个对称的涡卷形莨菪叶，涡卷内雕玫瑰饰，中间则是女头像浮雕。座面下的望板和靠背上部用黑檀木象眼镶嵌。四腿之间是“H”形加强横撑，仅前腿是旋木的圆径部件和圆球脚，其余腿撑均是方直材。这件胡桃木家具轻快、典雅和挺秀，看来也受到中国明式家具的影响。如图 4-62 所示是法国文艺复兴后期 1635 年的扶手椅，椅的立柱和横撑都是螺旋纹旋木构件，扶手端处是人头像雕饰。前腿上端与座面连接处以及四个底脚端处是圆球形雕饰。这种圆球形是法国文艺复兴时期家具式样的一个特点。靠背低矮，座面和靠背都是华丽的织物包面。如图 4-63 所示是法国贵妇人使用的闲谈椅，“U”形座面上直立高而窄的靠背，这是法国文艺复兴时期流行的一种非常独特的椅子造型。框架式靠背嵌板中间凸起板面浮雕方形、椭圆形和花草纹装饰。顶端浮雕涡卷莨菪饰下装饰人面头像和玫瑰饰。扶手由靠背处向外曲线伸向前方，由两个蜜瓜式旋木柱支撑。有力度的圆柱腿间连接横撑呈梯形，下面为圆球形底足。座面望板下设以对称涡卷纹雕饰。整件家具较多的虚空间处理，以直线为主配以曲线，非常典雅、轻巧和优美。

图 4-61　16 世纪末的法国椅子

图 4-62　法国文艺复兴后期 1653 年的扶手椅

图 4-63　法国贵妇人使用的闲谈椅

③ 英国文艺复兴家具　如图 4-64 所示是 17 世纪早期都铎王朝的一件橡木桌，柱廊式旋木腿底座，方足间近于地面设以横撑。长桌侧面望板拱形，正面望板浮雕沟槽饰连续纹样非常精致，与粗犷质朴的旋木腿形成强烈对比，这是英国都铎王朝和雅各宾时期的室内最常见的典型长桌。如图 4-65 所示是 17 世纪早期一种边桌，桌面下正中抽屉面浮雕曲形的连续纹样，两侧斜面望板也浮雕同样连续纹样。柱式腿上方下圆方足，贴地面设一圈横撑，腿间上端望板下装饰连环拱廊造型。这件家具最大的特点在于桌面可调，梯形桌面长边一侧中轴有一个可回转运动腿支架，可支撑展开的桌面呈六边形。这件简洁质朴的英国家具强调家具的实用功能，充分

表现了文艺复兴文化艺术追求人性解放，追求舒适和安乐的人文主义思想。如图 4-66 所示是 17 世纪上半叶一件典型的古典风格的旋木椅，三角形木椅框架由直线旋木结构组成。旋木前腿直通到扶手端处蘑菇形收头，后腿直上到靠背顶端横档，对称三根串珠饰旋木斜撑由靠背顶端横档交于后腿连接。另有两根旋木斜撑却交于前腿，腿间横撑步步高错落连接，前腿间横撑与座面框又连有两个小旋木直棂。整件家具由旋木直杆构成，粗细相间，直斜相交，丰富的需空间处理，三角形结构造型，使这件家具显得轻巧独特，却仍不失刚劲和质朴。如图 4-67 所示是英国伊丽莎白时期流行的一种礼仪用椅。椅的前腿和扶手的支柱仍是蜜瓜形旋木部件。靠背是几何形、涡卷纹样、廊拱等图案浮雕，靠背顶部浮雕扇贝形装饰。座面下望板横饰带上浮雕橘瓣形纹样，家具严格的对称装饰，显得严谨、端庄。

图 4-64 17 世纪英国都铎王朝橡木桌

图 4-65 17 世纪早期英国边桌

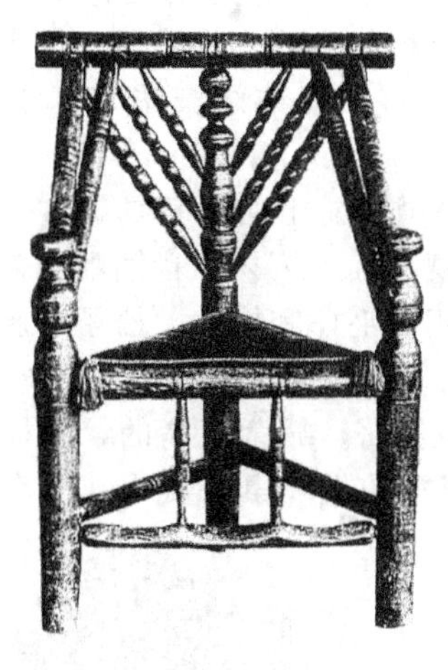

图 4-66 17 世纪上半叶英国旋木椅

图 4-67 英国伊丽莎白时期礼仪用椅

（2）巴洛克家具 巴洛克艺术是 16 世纪末始于意大利，17 世纪和 18 世纪初遍布欧洲和拉丁美洲大部分地区的一种艺术潮流。巴洛克艺术风格是在文艺复兴基础上发展起来的，但却一反文艺复兴艺术的静止、挺拔、理性的特征，表现为动势感、运动感、空间感、豪华感、激情感，追求新奇，戏剧性夸张，把建筑、家具、雕塑、绘画等艺术形式融为一体。巴洛克家具总的趋势是打破古典主义严肃、端正的静止状态，形成浪漫的曲直相间、曲线多变的生动形象，并集木工、雕刻、拼贴、镶嵌、旋木、缀织等多种技法为一体，追求豪华、宏伟、奔放、庄严和浪漫的艺术效果。从意大利发源的这股艺术潮流，从一个国家蔓延到另一个国家，尽管有着共同的渊源，但与当地的各种艺术倾向和艺术流派融合起来，形成了带有不同民族色彩和独特风格的艺术形式，如意大利巴洛克家具华丽，佛兰德尔巴洛克家具挺秀，荷兰巴洛克家具典雅，法国巴洛克家具豪华，德国巴洛克家具端庄，英国巴洛克家具精细，美国巴洛克家具朴实，西班牙巴洛克家具单纯。正是这些千差万别的艺术形式共同组成了“巴洛克艺术”。

① 意大利巴洛克家具 意大利的巴洛克家具 17 世纪以后发展到顶峰，家具是由家具师、

建筑师、雕刻家手工制作的。家具上的壁柱、圆柱、人柱像、贝壳、莨菪叶、涡卷形、狮子等高浮雕装饰，精雕细琢的细木工制作，是王侯贵族生活中高格调的贵族样式，是家具艺术、建筑艺术和雕刻艺术融合为一体的巴洛克艺术，极其华丽、多姿多彩。如图 4-68 所示是意大利巴洛克胡桃木雕刻椅，在 17 世纪的意大利非常流行，遍及整个意大利。椅子由直线结构构成，靠背两个立柱直通后腿，靠背顶端没有横档，中间上下两个弯曲形的挡板，上面浮雕涡卷纹饰和叶饰，中间椭圆形镶嵌涡卷叶饰纹样。梯形座面望板下的前腿内也设置上下两个涡卷叶饰纹样与上部呼应。靠背立柱和前腿一上一下雕有同样的叶脉饰，整件家具显得非常统一协调，但又有深浅两种颜色对比的处理，以及上下方向不同、外形不同的纹饰，又显得生动有趣。这件家具最大的不足之处就是不适合人使用，上部靠背纹饰使人不能靠，下部纹饰又约束人腿，限制人随意使用，非常不舒适。如图 4-69 所示的 1675～1700 年间制作的胡桃木雕刻扶手椅却是较多地考虑使人舒适地使用。靠背和座面都装上了软垫使人能舒适地享用。扶手波浪形曲线端部以涡卷纹收头。扶手支撑与前腿一根旋木柱设圆球脚，前后腿曲线横撑交织到中间雕一个凸起纹饰。深色的木框架与浅色精致织物面料的强烈对比，显得非常典雅、优美。如图 4-70 所示是另一件 1706 年意大利雕刻家完成的宫殿跪凳，这是意大利宫殿里的人用来祈祷上帝时所使用的家具。这件宫殿家具黑白分明、曲直相间，既豪华醒目，又端庄有力度。如图 4-71 所示是另一件 1678～1680 年间意大利建筑师制作的柜椅，柜体也就是靠背简直就是一个小型建筑，柜体顶端圆穹顶上如同塔尖的人物雕像，以及奔走和腾空跃起的马塑像。三角楣和楣板下四组科林斯柱式象牙雕饰，正中为圆拱门。柜门上分割的长方形和椭圆形内都用象牙雕刻图案装饰，下面抽屉面上点缀三个象牙雕花拉手。整个黑色乌木柜体与象牙的白色雕饰，白黑分明，对比强烈。座面下的支座则是纯粹的雕刻艺术，三个栩栩如生的人物雕塑，仿佛跪在台座上用后背来撑托整个高大的建筑。构思之巧妙，造型之奇特，装饰之豪华，真是令人赞叹不已。

② 法国巴洛克家具　法国的巴洛克家具一般被称为法国路易十四式家具，这个时期的家具主要是宫廷家具，大多是精致华丽的雕刻，以及精巧的镶嵌细木工艺和青铜雕饰镀金银，非常生动豪华。路易十四式椅子木构架都是雕刻制作，多采用山毛榉和橡木。椅子底脚或是有力的方形栏杆，或是椭圆形旋木雕饰，或是曲腿，带有凹槽、花叶饰、带枝树叶等浅浮雕装饰。底脚横撑为 X 形或 H 形。靠背和座面用华丽的葛布林织物包面。靠背高高的，象征着地位和权势。如图 4-72 所示是路易十四时期的扶手椅，一般在笨重的靠墙桌旁使用，所有木构件都

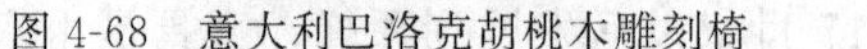

图 4-68　意大利巴洛克胡桃木雕刻椅

图 4-69　1675～1700 年间制作的胡桃木雕刻扶手椅

图 4-70　1706 年意大利雕刻家完成的宫殿跪凳

图 4-71　1678～1680 年间意大利建筑师制作的柜椅

是雕刻装饰。强有力的栏杆腿上，有方形和蜜瓜形，布满了浮雕纹样；底腿横撑由腿部扭曲交织到中心，连接成 X 形；带凹槽的弯曲扶手，由靠背处向前顺势而下，与座面前部的扶手支撑柱连为一体，成为一个涡卷形，有很强的动势感。座面和靠背是华丽的葛布林织物包面，整件家具庄严、厚重、豪华，表现了使用者的身份、地位和权势。如图 4-73 所示是法国路易十四时期后半期出现的非常罕见的安乐椅。椅的四腿和扶手支撑都是 S 形，并带有凹槽，腿底端处以涡卷纹收尾，腿间的横撑也是曲线的 X 形装饰。高靠背顶部为半圆形，两边附加以“耳状物”，一直连向扶手，并与靠背、座面同样覆以葛布林织物包面。这件安乐椅华丽、秀美、舒适，是巴洛克时期向洛可可时期过渡的家具作品。葛布林织物是一种缀织物，也就是在绣花底布上刺绣的一种装饰织物，大量用于家具覆面。这种织物非常结实，色彩也很鲜艳，并且可长久地保存而不变色。有的椅子造型虽然比较简单，但是由于华丽的缀织物包面，使家具倍加亮丽，增添光彩。

图 4-72　法国路易十四时期的扶手椅

图 4-73　法国路易十四时期后半期的安乐椅

③ 英国巴洛克家具　英国巴洛克家具的兴起和繁盛的时期是国王查理二世和安妮皇后之间的半个世纪中。早期的家具一方面是具有奢华精美风格的宫廷家具；另一方面则是受荷兰影响而在民间流行的风格朴素的胡桃木家具。威廉三世和安妮皇后时期巴洛克家具更多地呈现出独特的民族风格，其中以贴木技术和镶嵌细工最为杰出。此时期的镶嵌细工有两种主要形式：

一是在黑白底上用黄褐色或象牙镶嵌装饰各种花鸟纹样；二是在黄色贴木底上用深褐色木材镶嵌精细的蔓藤花饰，两者共同的特点就是纹样繁密、色彩高雅和技艺高超。英国受到中国风格的影响应用中国的油漆彩绘技艺装饰家具；也是由于受到中国风格的影响，安妮女王时期桌、椅、柜家具脚几乎普遍采用弯腿造型，取代了旋木直腿，并用爪球脚、涡卷脚、兽爪脚等形式为底足。弯腿形式是从中国经荷兰演变而来的，原来是一只龙爪抓住一颗金石，后来演变成各种式样，使单纯而庄严的荷兰式风格逐渐变为较柔软和富于变化的造型。安妮女王时期的家具轻巧典雅、优美舒适，已经趋向于洛可可风格。如图 4-74 所示是一件具有荷兰风格的英国巴洛克椅子，端庄、典雅，却采用了不同的处理手法。扶手椅是栏杆式构件，前腿底足是 C 形涡卷曲线，前腿间中部横撑是涡卷叶饰透雕装饰，靠背顶部和背板两侧都是涡卷叶饰雕刻纹样，靠背和座面是藤材编制。如图 4-75 所示是 1670～1680 年威廉玛利时期的漆柜，柜体正面是黑漆底彩色金银红绿等多彩的中国的花鸟风土人物，四周金色的合页、面页、包角点缀，既是装饰又起到功能作用。金色的柜架是法国路易十四式风格的豪华雕饰，四个美少年雕饰支脚，以叶板纹饰收底，两脚间花纹叶饰护拥着两个爱神小天使的透雕。整件家具豪华生动、富丽堂皇。如图 4-76 所示是一件 1715 年制作的扶手椅，是英国 17 世纪末 18 世纪初，上流社会最流行、最受欢迎的椅子。弯腿造型，高靠背包向前呈耳状，连接到扶手，扶手边缘向外呈涡卷形。整件家具的靠背和座面满包华丽的缀织物，线条流畅，外形优美，非常协调、舒适。如图 4-77 所示是英国安妮女王时期广泛流行高柜，高柜有纤细修长的弯腿，上面柜体为圆拱形

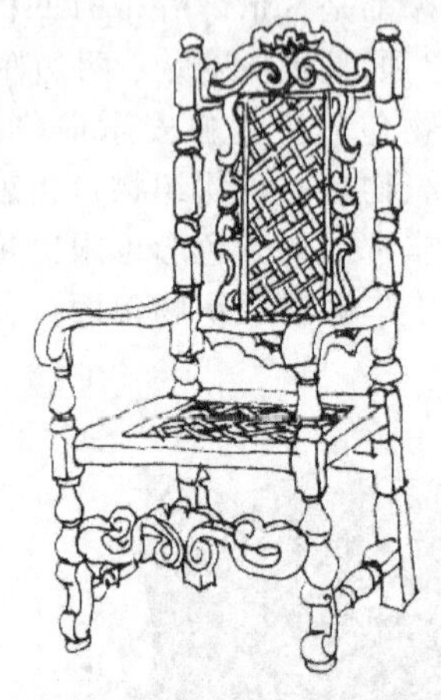

图 4-74　具有荷兰风格的英国巴洛克椅

图 4-75　1670～1680 年威廉玛利时期的漆柜

图 4-76　1715 年英国上流社会流行的扶手椅

图 4-77　英国安妮女王时期广泛流行的高柜

柜门框架嵌板，下面柜体的倾斜柜门翻下可做桌面板使用。

④ 美国巴洛克家具　16 世纪末 17 世纪初，大批移民主要是英国清教徒从欧洲迁入北美大陆创立了殖民地。美国的家具经过 1700～1725 年以模仿英国为主流的过渡时期以后，开始接受英国、荷兰、法国以及中国的影响，使美国家具进入了巴洛克时期以及以后的洛可可时期。设计史家将 1725～1780 年这段期间的家具风格称为美国殖民地时期家具。殖民地早期的家具在英国家具的基础上，从当时贫困的生活条件和实用主义出发，将家具的造型单纯化、简朴化。使家具的造型与功能结合，形成了美国简朴、实用的巴洛克家具风格。美国巴洛克的椅子多用旋木构件组成，有的椅靠背是由多根旋木杆件构成，有的是由雕刻嵌板构成，有的则是由等距横条板构成。如图 4-78 所示是一件美国大学授予学位的板条椅，窄而特别高的靠背圆立柱直通到后腿，靠背间是一排排有节奏排列的波浪形横板，富有运动感。薄座面下望板边缘有波浪形装饰。前腿上细下粗，锥形旋木柱间横撑也是旋木装饰。整件家具上窄下宽，挺拔向上，象征着一种权势和地位，却又不失轻巧和典雅。如图 4-79 所示是 1700～1770 年间的美国靠背椅，枫木框架前腿和横撑旋木件，高靠背曲形圆木立柱与后腿相连。靠背纵板软垫包覆皮革面呈 S 形曲线，是适合人体脊椎的曲线，明显可见这是吸收了中国明式家具靠背椅的曲线造型。皮革周边两条钉子装饰线随着靠背曲线而起伏，座面软垫皮革包覆呈前方后圆、前大后小。这件简朴的家具既融合了东西方家具文化艺术，又具有美国民族特色。

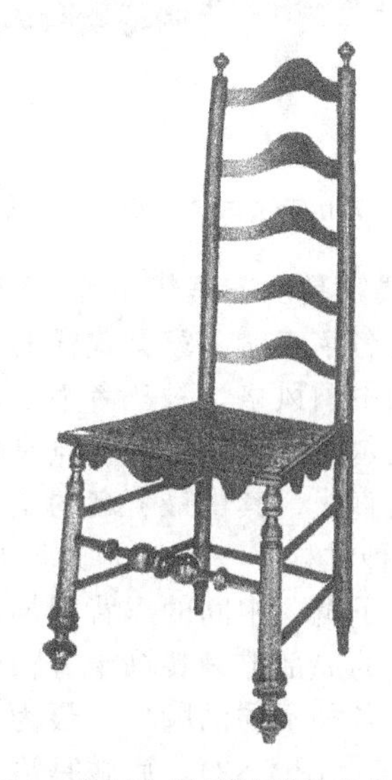

图 4-78　美国大学授予学位的板条椅

图 4-79　1700～1770 年间的美国靠背椅

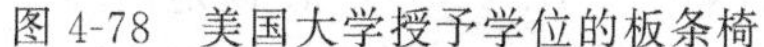

（3）洛可可家具　18 世纪初在法国宫廷滋长了一种“洛可可”风气，由于法国在欧洲的先进地位，使欧洲的其他国家也出现了这种艺术风格，以致形成了 18 世纪中期在欧洲占统治地位的“洛可可”式的艺术形式。洛可可家具是在巴洛可家具的基础上发展演变的一种具有独特个性的家具风格，在外国古典家具历史中，这两者都是具有浪漫抒情、委婉华丽的动态曲线型家具，然而两者却又有各自不同的特色：巴洛克家具具有豪华、雄壮、奔放的男人性格；洛可可家具则是秀丽、柔婉、活泼的女人气质。洛可可家具在造型手法上，其流动自如的曲线和曲面应用，应该是巴洛克曲线造型的升华。因此，有的学者把这两者统称为浪漫时期家具。欧洲各国的洛可可家具各有其不同的特色：法国洛可可家具柔软优美，英国洛可可家具轻巧典雅，意大利洛可可家具精致柔丽，德国洛可可家具精巧华丽，美国洛可可家具简洁单纯，荷兰洛可可家具严谨端庄，俄国洛可可家具精密鲜明。

① 法国洛可可家具　法国路易十五时期家具又称为洛可可家具，它以其不对称的轻快纤细曲线著称，以其回旋曲折的贝壳形曲线和精细纤巧的雕饰为主要特征，以其凸曲线和弯脚作

为主要造型基调，以研究中国漆为基础，发展流行一种既有中国风味又有欧洲独自特点的涂饰技法。路易十五时期中有扶手椅、安乐椅、长沙发、长椅、躺椅等大量的椅子家具。适应沙龙文化的小型集会、家庭聚会，并逐渐形成的以上层社会女性为主的亲密化的社会交往。路易十五时期的椅子多数是精雕细作，优美的曲线、精美的雕饰、华丽的色泽显示了诱人的魅力。如图 4-80 所示的这件家具由凸曲线构成，弯腿，框架用花和带枝树叶雕饰，粉红色的底上用红色、蓝色、白色和绿色等多色漆装饰，令人耳目一新。法国于 1740 年还出现了躺椅（图 4-81）。这种躺椅能满足追求享乐的私人生活，很快得到上层女性社会的青睐，被誉为“公爵夫人”的贵族气派家具，并有表现出各种各样的外形。“公爵夫人之船”的躺椅，船形两端，左侧是高靠背和扶手，右侧则是较低矮的靠背，是常见的路易十五时期的凸曲线，谨慎而优美。

图 4-80　法国路易十五时期扶手椅

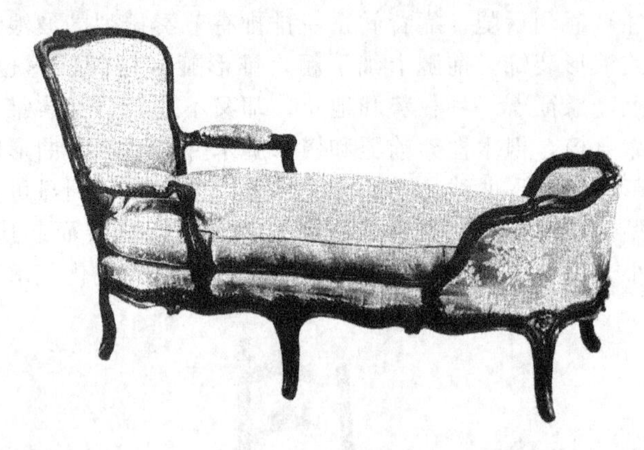

图 4-81　1740 年法国“公爵夫人”躺椅

② 英国洛可可家具　英国洛可可时期主要是齐宾代尔式家具。齐宾代尔是 18 世纪英国乔治王时代杰出的家具大师，他是第一个不以统治国家的帝王名字来命名家具式样的人。他在英国本土前期家具的基础上，大胆地吸收了法国洛可可风格和中国风格，融三者为一体，并还试图从哥特装饰艺术吸取设计营养，形成了独具特色的齐宾代尔式家具。家具特点是形态坚稳匀称，局部雕刻装饰，前期多用优雅轻快的曲线，后期则多用直线。其中最著名的是“齐宾代尔式”坐椅（图 4-82）。典型的齐宾代尔式座椅靠背可分为三种式样：一是立板透雕成提琴式或缠带曲线式；二是中国窗格式；三是梯形横格式，通常上比下宽，中间的靠背板均从顶部边连到座位的后框架，背板顶部常设有呈弯曲形的帽头。有节制的局部雕刻装饰十分精美。椅座多用梯形铺装呢绒或锦缎软垫。最常用的木材是桃花心木。有各种不同的脚型，最为流行的是爪子抓球的脚型。齐宾代尔 1775 年设计的一件中国风味的桌子（图 4-83），底腿是洛可可式纤细修长的弯腿爪抓球底足。四腿间设置弓形凸曲线的横撑，纤细的涡卷曲线交织到中间又雕以塔形装饰。波形桌面上设置栏杆，是中国的格子装饰和哥特的尖拱形的结合体。这件家具轻快、优美，是融几种风格于一体的最好典范。齐宾代尔设计的一件书柜（图 4-84），柜顶部破开三角楣装饰，上部柜体玻璃柜门采用中国式的木花格形式，下部柜体两侧抽屉也吸收了中国式的形式，并设置了环扣作为拉手。这件家具把中国风格融入自己本民族风格之中。齐兵代尔设计的一件大型柜类家具更是奇异怪诞（图 4-85），这件家具混合东方的中国形式、法国的洛可可和中世纪的哥特式三种风格为一体创作的。一排对称五个高低大小不同柜体的顶部，分别都是大同小异的中国古建筑挑檐的屋顶，檐下的空间处理却充分发挥了英国设计师的幻想能力，造型奇异。柜体采用中国式的木花格装饰，中间下面柜体采用曲线花格形式。柜体下望板采用哥特式的圆拱装饰和倒置的小塔尖，垂直的高柱腿下又设置了洛可可式的弯曲形底脚。遥远东方中国的风格已经西方化了。综合而言，齐宾代尔式家具的特色表现在单纯而有力的线形结构上，具有一种厚重、雄伟而庄严的英国绅士感觉。英国洛可可时期的其他设计师虽然没有形成个人风格，但也为英国家具的发展做出了贡献。如图 4-86 所示为一件 1735 年制作的英国洛可

可长椅，靠背由三个靠背连接而成，中间椭圆形镂空，背顶端部以涡卷纹收尾，两靠背相交处涡卷纹上又雕以贝壳装饰。几个前腿和扶手端头都是以涡卷纹装饰。座面下望板饰以波浪形纹样，靠背、扶手和底腿都饰以金垂叶式纹样和花纹。整件家具非常轻巧、别致。

图 4-82　1750 年英国“齐宾代尔式”坐椅

图 4-83　1755 年英国齐宾代尔设计的具有中国风味桌子

图 4-84　英国齐宾代尔设计的书柜

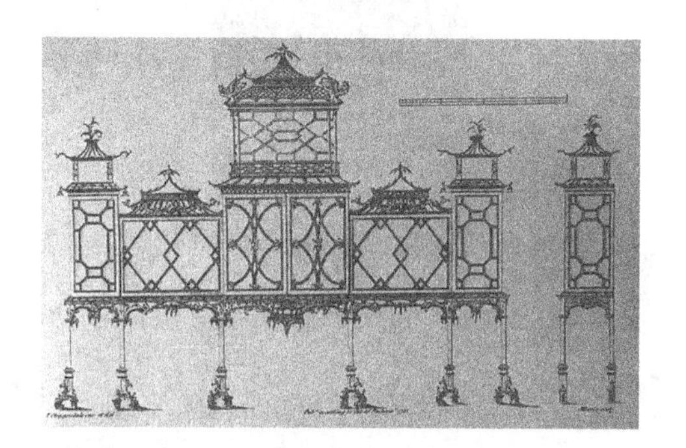

图 4-85　英国齐宾代尔设计的大型柜

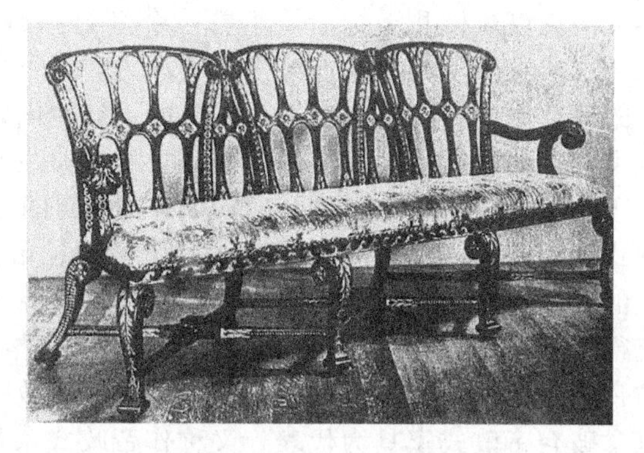

图 4-86　1735 年制作的英国洛可可长椅

③ 美国洛可可家具　从 1725 年开始，美国东海岸各大城市快速发展，社会财富剧增，社会呈现一片繁荣景象。美国的家具开始接受英国、荷兰、法兰西以及中国的影响，主要是模仿英国安妮女王式和齐宾代尔式的巴洛克及洛可可风格的家具。后人将 1725～1780 年之间的家具风格，称为美国殖民地时期，其后期的家具则是洛可可风格。美国殖民地家具后期主要是桌椅、写字台、抽屉柜、高脚柜、低脚柜等，其最大的特点是弯腿和爪抓球底足。其中最有代表

性的是柜类家具。如图4-87所示为1760～1775年美国齐宾代尔式高脚柜，由两部分构成，柜上部顶端是断开的三角楣式装饰，涡卷莨菪饰中间雕塑人物胸像。下部底座由两行抽屉组成，下行两个小抽屉中间嵌板上，雕刻着中国花鸟、灵芝、卷草的装饰纹样。底部边线是波浪状曲线雕饰涡卷纹样。底部连接的弯腿上部也雕饰涡卷纹样，底足是爪抓球脚。周边饰以卷草纹雕饰带，桃花心木的抽屉面上，对称地雕饰着精致的金色拉手。齐宾代尔式椅多用桃花心木制作，靠背采用弓形顶与透雕背板连接，座面前宽后窄的直线梯形，弯腿上端雕刻莨菪饰，底足爪抓球脚，整件家具端庄、轻巧、优美。还有一种温莎椅（图4-88），是1720年从英国引进的轻便坐椅。传说英王乔治一世在温莎公园狩猎遇雨，到附近的农家避雨时坐了这种椅，回城后便命人仿制在王室中使用，英国的贵族阶层也纷纷效仿，并被命名为温莎椅。传入美国后，由于这种椅子非常适合殖民地的简朴生活，很快就流行开来。美国的温莎椅比英国的温莎椅更加精致，如图4-88所示为北美胡桃木制作的长靠椅，靠背由多根细细的直棂构成，18世纪初曾被称为“指挥棒”结构。底部6个旋木腿由上至下向外倾斜挺立。整件家具纤巧、优美，别具一格。

图4-87　1760～1775年美国齐宾代尔式高脚柜

图4-88　美国温莎椅

（4）新古典主义家具　洛克克风格几乎统治了整整一个世纪，到了18世纪后期，才出现了一种新的艺术风格——新古典主义风格。新古典主义者认为，洛可可与巴洛克式家具滥用曲线，完全违背了古典主义的理性原则。因此，新古典主义的设计原则是采用垂直与水平线条进行组合，完全抛弃了洛可可时期的曲线造型和精细的装饰。新古典主义家具的发展，大致可分为两个阶段。一个是盛行于18世纪后半叶（1760～1800年）期间的法国路易十六式，英国的亚当、赫伯怀特和谢拉顿式，美国的联邦时期以及意大利、德国、俄国等国18世纪后期的家具式样，都属于前一阶段的新古典家具文化，并以路易十六式的家具为代表，又称作路易十六式家具风格。另一个是流行于19世纪前期（1800～1830年）的法国帝政时期的拿破仑式，英国的摄政时期，美国的仿帝政时期以及意大利、德国、俄国等的帝政式样都属于后一阶段的新古典家具文化，并主要以拿破仑帝政式家具为代表，又称作帝政式家具风格。

① 路易十六式　路易十六式家具的特色主要在于取消了曲线的结构和过分的装饰，而将设计重点放在水平与垂直的结构主体上，发挥直线在造型中的主导作用。形式多以朴素的四方形为主，即使采用曲线，也是较为规整的曲线，而非自由多变的曲线形式。艺术趣味重新回到单纯、秩序、几何形体和坚固持久的形以及古典的对称。家具外框采用长方形，体积有意缩小，腿部采用向下逐渐缩小，即上大下小的圆锥柱或方锥柱，表面平直或刻有沟槽，呈现修长形态，形成纤巧秀美的家具造型，同时整个家具也显示出一种力量的美感。路易十六式家具在

表面装饰上很少用镀金的青铜饰件，而是多采用拼木镶嵌涂漆的手法进行装饰，仅有的包铜装饰也只是在支架和突起的边框上使用。家具的贴片多用桃花心木、杉木、檀木等，装饰图案则采用古典的纹饰如檐式、柱式、花绶、莨菪叶饰、月桂叶饰、棕榈叶等纹样。相对于路易十五时期的家具，路易十六式的椅子，更加结实有力，更加严谨、简洁，椅背的造型主要有方形、梯形、把手形、帽子形、椭圆形、盾形、球拍形等形式。腿的造型采用由上而下逐渐收缩的古典柱式。座面则多为圆形或方中带圆形。靠背、座面包覆锦毡、缎子、天鹅绒、印花绸、刺绣、印花布等织物，色泽则流行粉红、玫瑰色、蓝、黄、绿、淡紫、灰、白等，多数为优雅而瑰丽的色彩。如图 4-89～图 4-92 所示。

图 4-89 法国路易十六式椅靠背造型

图 4-90 1780 年法国路易十六式椅

图 4-91 法国路易十六式女王用椅

图 4-92 1769 年法国宫殿路易十六式椅子

② 亚当式 1770 年英国著名建筑师罗伯特·亚当首先在英国掀起了古典复兴运动的热潮，成为英国新古典运动的先驱者。亚当和他的兄弟詹姆斯·约翰和威廉全力开展新古典主义的建筑设计和室内设计，并且还设计了大量新古典风格的家具，以使之与新古典式的建筑和室内装饰取得统一效果。从而形成了英国新古典家具的亚当风格。亚当式家具典雅、优美，多用直线结构，简单而朴素，线条明晰而稳健，装饰题材多采用圆盘形或椭圆形装饰，花垂形、棕榈叶饰、涡卷纹饰、悬挂帐幕式、古典的瓮等装饰。亚当式家具中的椅子靠背多为方形，偶有盾形，靠背板一般采用实木。椅腿多为由上而下渐细的方形或圆形，方腿下为块状或马蹄状腿，圆腿下则采用旋木腿。如图 4-93 所示是 1776 年英国亚当白漆彩绘装饰椅，方背方腿，直线结构，白漆底上彩绘纹样装饰，尤其是靠背背板上花瓶的装饰图案，形成了独具特色的亚当式彩绘家具。如图 4-94 所示是英国亚当沙发凳，是亚当时代非常流行的家具。这是模仿古罗马躺椅的家具，两侧扶手向外弯曲，端部涡卷状。但却又

有英国亚当式特色。凳下望板白色底上彩绘连环拱廊图案，底腿由上而下渐细圆形彩绘凹槽装饰。

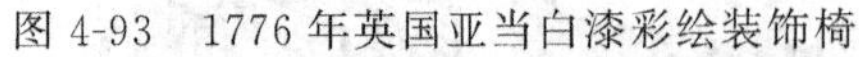

图 4-93 1776 年英国亚当白漆彩绘装饰椅

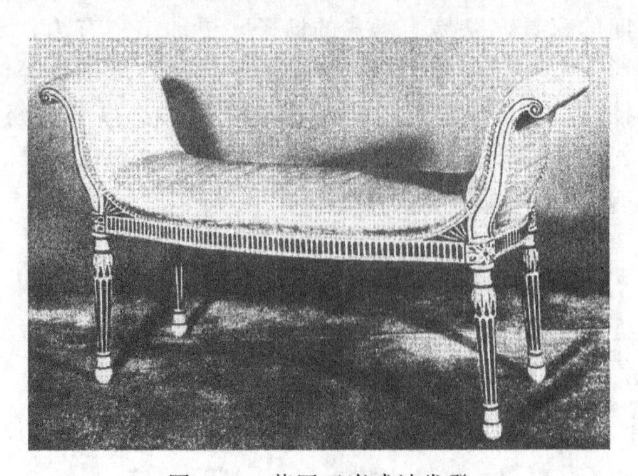

图 4-94 英国亚当式沙发凳

③ 赫普怀特式 亚当式家具是由亚当兄弟设计的，而制作却是由当时英国的著名家具制作师来承担，其中最享盛名的是乔治·赫普怀特（1700～1786 年）。赫普怀特也是英国新古典时期的一位家具设计大师，受到亚当式家具和法国式家具的影响，他设计的作品比例协调优美，造型纤巧雅致，具有高雅的古典艺术之美。赫普怀特的靠椅设计最富盛誉，他主要采用优美的曲线形式，将装饰重点放在靠背上。椅背多为盾形，中间镂空饰以英国王子的羽毛标志、麦穗、古瓶和竖琴等图案。椅背底部框架不是直接与座位框架连接，而是由两根弯木支撑连接，由此更加显示出优美曲线造型的完整。扶手较短呈弯曲形与下垂连接到前腿的弯曲支撑连接。前腿多为方形直腿，由上而下渐细并带凹槽，后腿则是后弯曲腿，如图 4-95 所示。

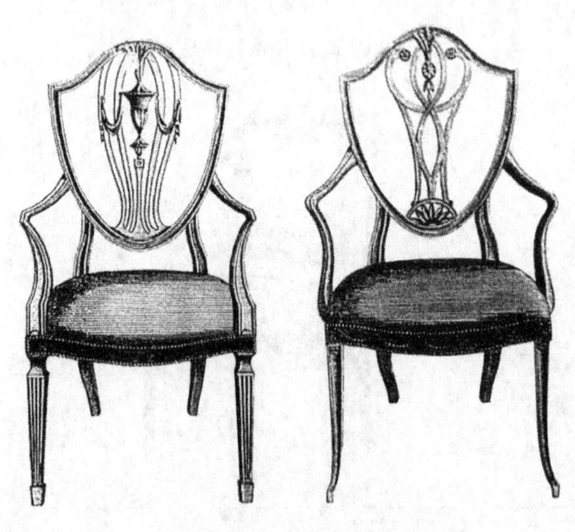

图 4-95 英国赫普怀特盾形靠背椅

④ 谢立顿式 18 世纪后期英国新古典时期的后起之秀托马斯·谢立顿是英国家具黄金时代最后一位家具设计师和制作师。谢立顿受到法国路易十六式、赫普怀特和亚当家具风格的影响，所设计的家具比例协调，外形修长优美，结构坚固耐用。直线构成的家具将实用性、简洁的结构和淳朴优雅的形体，完美地融合为一体，给人以精致而玲珑之感。谢立顿的椅子设计多采用由上而下渐细的方形直腿或凹槽圆腿或旋木直腿，椅背则多呈方形，中间镂空透雕，装饰古瓶、竖琴、古瓮、旋木杆式等图案。靠背纵板安装在靠背下横档上，纵板上端往往高出椅背上横档。谢立顿的椅子设计精细而有力度，比赫普怀特的设计更为复杂，如图 4-96 所示。

⑤ 帝政式 帝政式是法国大革命后，拿破仑执政时期的家具风格，其特点是将古希腊、古罗马时代的建筑造型，用于家具装饰。如家具上的圆柱、方柱、檐口、神像、狮身人像、狮爪形等装饰构件，以其粗重刻板的造型及线条来显示其宏伟及庄严。其意义是表现军人的气质及炫耀战功，并充分体现出王权的力量。帝政式椅类家具前腿支柱多采用怪兽，结构单纯庞大，显示出生硬笨重之感。拿破仑宝座是典型的帝政式家具代表作，显示了至高无上的权势地

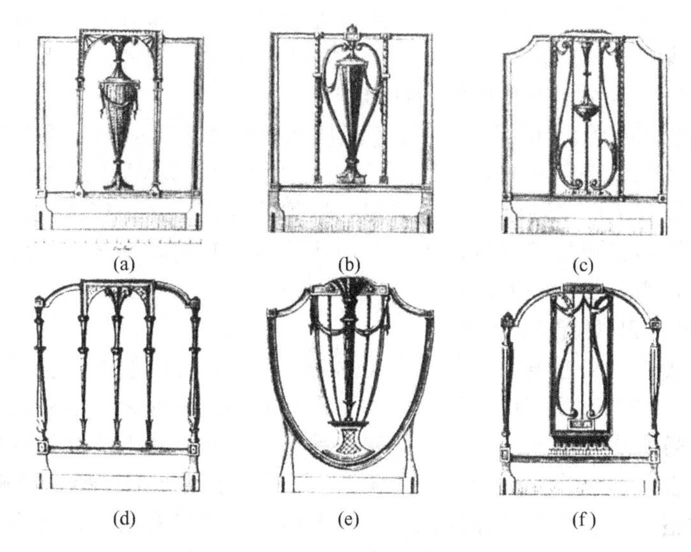

图 4-96　英国谢立顿椅背

位。宝座为木制框架镀黄金色，圆靠背、圆座面，前腿兽头兽脚，周边是古代的棕榈饰、玫瑰饰、串珠饰等雕饰点缀，深红的天鹅绒包覆的面料，用金线绣出装饰图案，中间金色的“N”字则是拿破仑名字的字头。整件家具表现出严肃庄重的形象，雕塑般的造型，构成了纪念碑式的形式，把拿破仑军事独裁夸大的、充满好战精神的“帝国风格”表现得淋漓尽致，如图 4-97 所示。

图 4-97　法国帝政式拿破仑宝座

（5）折中主义家具　新古典主义后期的欧洲帝政式家具结束以后的 19 世纪上半期，出现了折中主义家具。当时一些家具设计者对于如何适应时代的形式缺少明确的认识，使整个家具界面对着社会形态和生产方式的急剧变化感到困惑。在社会上，工业革命后新兴的资产阶级缺少生活修养而盲目地追求奢华，需要新奇感。猎奇已成为对产品形式的一个主要要求，他们对任何一种古典形式都感到不满足。他们唯一能做到的是用虚饰的手法来炫耀个人的富有，为了迎合这种趋势，折中主义迎刃而生，它不问背景与内容地把所有古典与外国式样云集一身，如古罗马、古希腊、巴洛克、洛可可、哥特、新古典等，折中主义在欧美盛行一时。此时期正是英国的维多利亚女皇时代，因此其家具式样称为维多利亚式。同时期的美国家具受到英国维多利亚式的影响，形成了美国维多利亚式家具。两种家具式样极为相似，只是美国维多利亚式家具形体较为轻巧，装饰较为单纯。在法国则是路易·菲利普家具，以及第二帝政式家具或拿破仑三世家具。此时期的家具形式混乱，是传统的古典家具与现代家具两者之间的一段无法衔接的空白阶段，是外国古典家具的尾声。

4.2.2　国外现代家具

19 世纪末西方家具的混乱与庸俗，可以说是传统与现代之间无法衔接的一段空白表现，工业革命虽然已经经历了半个世纪的历史，社会各界仍然鲜有睿智人士真正了解这个新兴时代的无穷发展潜力，这是从手工艺制作的旧设计型式演变到机械生产的新设计方式之间所不可避

免的必然现象。随着社会的不断进步和科技的飞速发展，现代家具有了全新的面貌，更加贴近人们的起居生活，现代家具的发展历程是从19世纪末20世纪初开始，形成了许多不同的家具风格，出现了大量的优秀设计师和他们的优秀作品。

19世纪末20世纪初至20世纪50年代，家具从工艺美术运动的探索开始最终形成了功能至上和理性设计的现代主义风格家具；20世纪60～90年代，家具从具有反叛精神波普设计和激进主义设计最终形成了反对理性主义、关注人性的后现代主义风格家具。20世纪90年代末至今，各种设计风格和思潮相继形成、流行，造成了这一时期多姿多彩的设计多元化格局，各种风格和谐并进，新的风格在平静之中酝酿。

4.2.2.1 19世纪末～20世纪50年代

（1）*工艺美术运动* 工艺美术运动提出美术与技术相结合的原则，主张艺术家从事产品设计，追求自然纹样的装饰动机，重视设计、改良设计的实践和探索，这场运动打破了矫饰主义盛行的沉闷之风，唤醒了艺术家的社会责任感和社会对工业模式下产品设计的关注。这一运动的倡导人威廉·莫里斯被誉为“现代设计之父”，特别注重表面的装饰，忽略了整体的造型和功能，忽略了当时整个社会组织已经建立在机械上面，坚持只有采用精密手工制作方式才能获得高质量的产品。因而极力反对全部用机器来制造产品，提倡要以中古时代的创造感情来生产19世纪的手工艺品。在莫里斯的影响下，一批年轻的艺术家、建筑师效仿他的主张与尝试，对家具等一系列产品的设计进行了新的改革，终于创造出一种简单平实而充满乡村感觉的新兴家具形式。但他们相信莫里斯的“只有艺术家动手做出来的东西才是真正完美的”理论，反对机械制造与工业化生产，认为一旦批量生产，就会出现重复、单调的东西，无美可言。工艺美术运动只走到反对纯艺术，主张艺术与技术相结合这一步就停住了，它否认大机器的工业生产，将美的设计与机械生产完全对立起来，未能找到艺术与大工业的契合点，未能把握到大工业生产方式下产品设计的真正脉搏，所以，这场运动存在明显的不足和缺陷。这个时期的家具如图4-98所示。

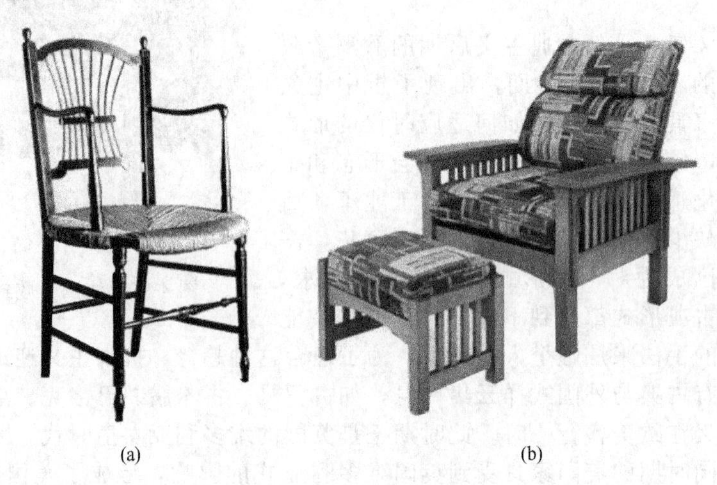
(a) (b)

图4-98 工艺美术运动时期的家具

（2）*新艺术运动* 19世纪末，欧洲在“工艺美术运动”思潮的影响下，掀起了新艺术运动。新艺术运动（Art Nouveau）首先在法国展开，之后传播到欧洲和美国，至1900年的巴黎博览会而登峰造极，延续至1910年前后。这一运动首先标明的就是新颖，力图寻求一种丝毫不从属于过去的新风格，且注重手工艺有损于工业化发展，而又在结构上产生了不合理的地方，加之价格昂贵，因此在第一次世界大战后就日趋衰亡了。新艺术运动继承了英国工艺美术运动的思想和设计探索，希望在矫揉造作风气泛滥的时期、在工业化风格浮现的时期，以自然主义（非复古主义）的风格开设计新鲜气息的先河。这场运动使人们开始懂得应当从历史的模

仿中解脱出来，并探讨新的设计途径。这个时期的家具如图 4-99 所示。

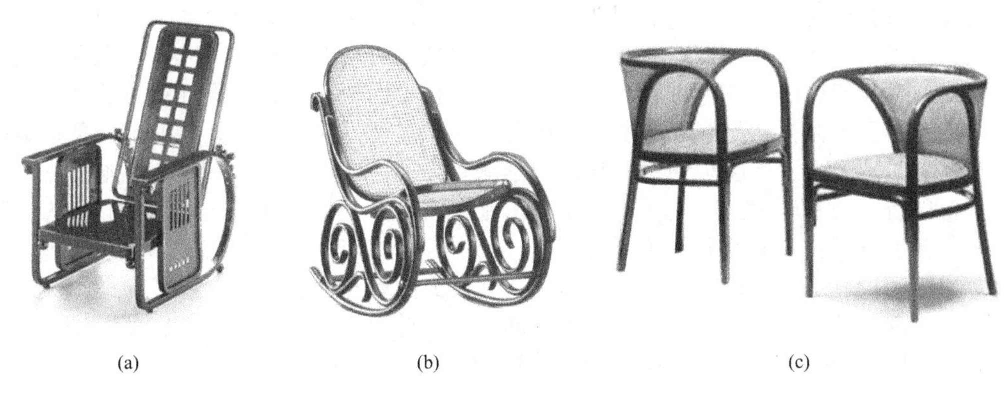

(a) (b) (c)

图 4-99 新艺术运动时期的家具

（3）荷兰风格派 1914～1918 年间的第一次世界大战使设计师们的探索和努力几乎处于停滞状态，但这期间的荷兰则作为中立国逃脱了战争的蹂躏，为从其他国家来避难的艺术家、设计师们提供了一个庇护所。1917 年，由皮耶·蒙德里安（Pjer Mondrian）、特奥·凡·杜斯博格（Theo Van Doesburg）、格里特·托马斯·里特维尔德（Gerrit Thomas Ri ietveld）等一些荷兰人组成了“风格派”。风格派认为机械化大生产是生产大众家具的最佳途径，而几何形的组合才是适合机械化大生产的最佳形式。在这些年轻人中，里特维尔德是对风格派家具设计贡献最大的人。在现代设计运动中，他创造了很多具有革命性意义的家具形式。其中，“红蓝椅”成为现代主义设计在形式探索方面划时代的作品，对现代主义设计运动产生了深刻的影响。风格派所强调的“以数学标准创造视觉平衡”的理念正好适应了机械化生产方式。荷兰风格派家具如图 4-100 所示。

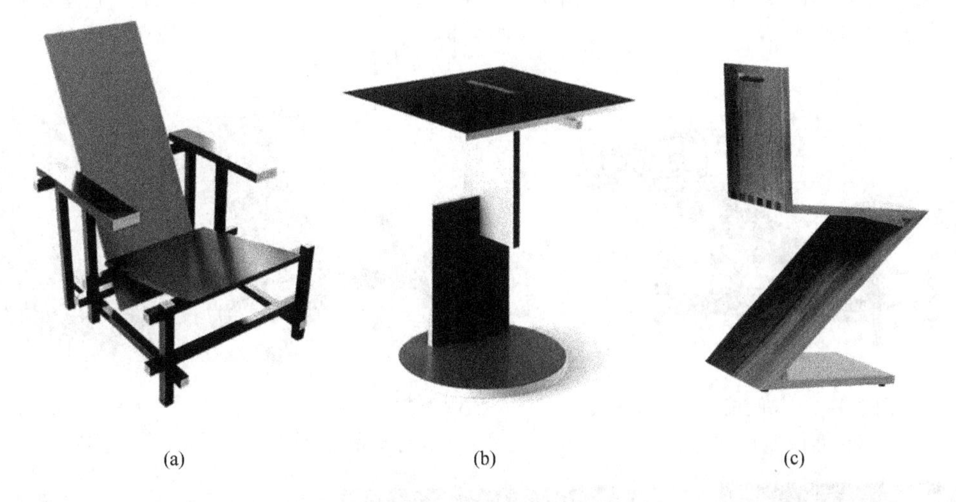

(a) (b) (c)

图 4-100 荷兰风格派家具

（4）现代主义设计 德国是现代主义设计的真正摇篮，20 世纪初，工艺美术运动接近尾声的时候，一场更加彻底的改革在德国发生了。这时的德国已经成为世界工业发展最快的国家，赫曼·穆特修斯（Herman Muthesius）、彼得·贝伦斯（Peter Behrens）、理查德·里莫舒密特（Rchard Riemerschmd）等人更加坚定地认识到机械化大生产是设计改革取得成功的金钥匙。他们主张利用工业化方式生产出简洁实用、价格合理的大众家具。在他们的共同努力下建立起来的德意志制造联盟最终成为设计领域最具影响力和号召力的团体之一。1919 年，瓦尔特·格罗皮乌斯（Walter Gropius）接受魏玛大公的任命，接管了魏玛艺术学院和魏玛艺术与工艺学校，并将两校合并，成立了“国立包豪斯学院（Bauhaus）”，它是世界上第一所完全为发展设计教育而建立的学院。包豪斯不但奠定了现代主义设计的教育体系，同时培养了一批现代主义思想的设计大师，在产品设计的程序、理论、风格上对德国、欧美及世界各国都产生了巨大影响。他们提出了三个重要观点：①艺术与技术的新统一；②设计的目的是人而不是产品；③设计必须遵循自然与客观的法则来进行。这三点使现代工业设计走上了一条正确的道路。以学院为基地形式发展起来的“包豪斯”学派，在20年代创造了一套以功能、技术和经济为主的新创造方法和教学法，主张“以新技术来经济地解决新功能”，并极力主张从功能的观点出发，着重发挥技术和结构本身的形式美。认为形式是设计的结果，而不是设计的出发点。它对德国和世界工业设计产生了巨大影响，其形成的教育体系、教育思想和设计观念至今仍是德国设计理论教学和设计哲学的核心组成部分。它奠定了欧洲功能主义、理性设计风格的基础，对20世纪后期工业设计的发展有着不同寻常的意义。如图4-101～图4-111所示为具有代表性的现代主义家具设计作品。

图4-101　魏玛校舍扶手椅（格罗皮乌斯）

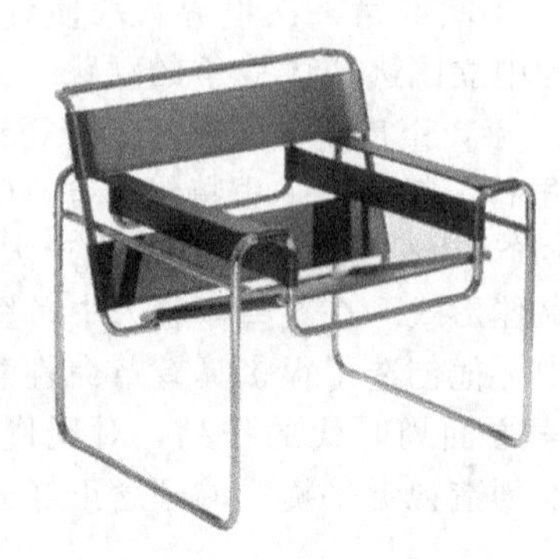

图4-102　瓦希里椅（布鲁耶）

图4-103　巴塞罗那椅（密斯·凡德罗）

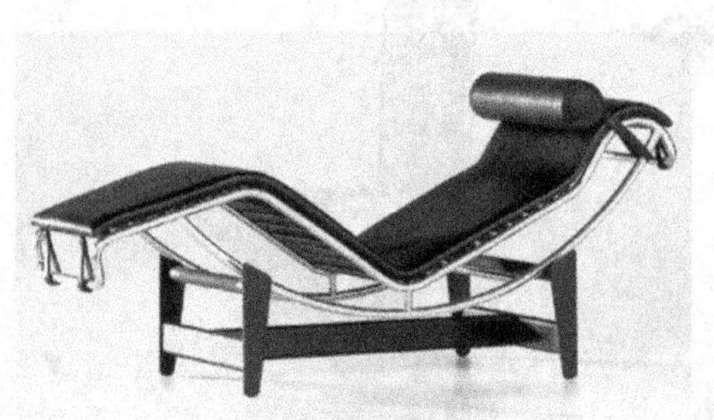

图4-104　长躺椅（柯布西耶）

图4-105　Deck椅（卡瑞·克林特）

图4-106　孔雀椅（汉斯·韦格纳）

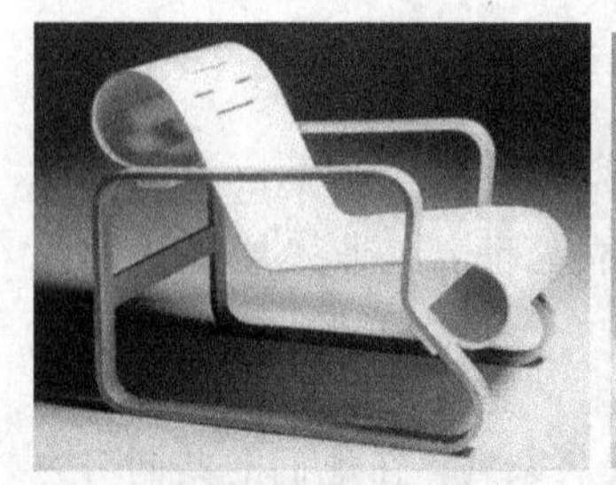

图4-107　帕米奥扶手椅（阿瓦·阿图）

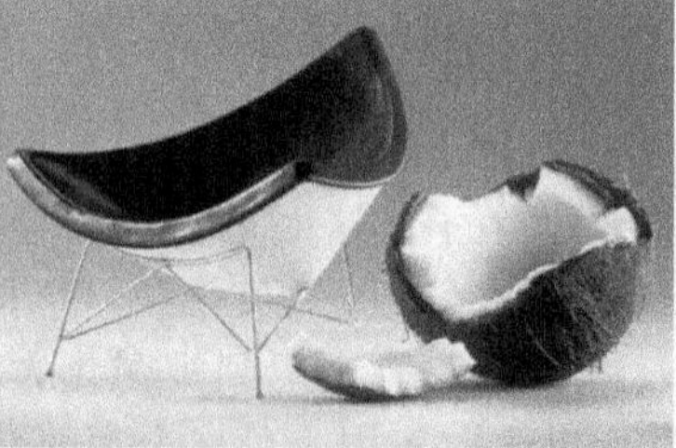

图4-108　椰子椅（乔治·尼尔森）

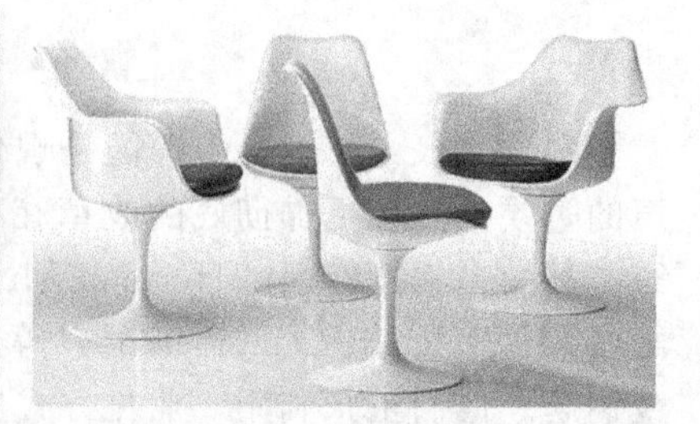

图4-109　郁金香椅（埃罗·萨里宁）

图 4-110 休闲椅及脚踏（伊莫斯夫妇）

图 4-111 天鹅椅和蛋椅（阿尔内·雅各布森）

4.2.2.2 20世纪60～90年代

（1）*波普风格* 20世纪60年代的最有代表性的设计风格是波普艺术（Pop Art）。波普艺术是流行艺术的简称。这种设计风格是在美国现代文明的影响下产生的一种国际性艺术运动，它代表着20世纪60年代工业设计追求形式上的异化及娱乐化的表现主义倾向，反映了第二次世界大战后成长起来的青年一代的社会与文化价值观，即生活就是"嬉皮和酷"，力求表现自我，追求标新立异的心理。从设计上来说，波普风格并不是一种单纯的、一致性的风格，而是多种风格的混杂。它倡导的是"大众的、短暂的、消费的、低价的、批量生产的、年轻的、诙谐的、性感的、风趣的、有魅力的及大量交易的"艺术。波普艺术"短暂的、可变的"设计指导思想，在家具设计中最具体的表现便是英国设计师彼得·墨多齐设计的纸板椅。这种只有三五个月寿命的座椅，被赋予光亮的、带小圆点图案的花纸贴面，使家具变得像时装一样容易更换。波普风格在不同国家有不同的形式。如意大利的波普家具设计通过视觉上与别的物品的联想来强调其非功能性，比如把沙发设计成嘴唇状或者一只大手套形；德国的波普家具设计由一些现成的建筑构件组成，比如由两个古典柱头构成的床头柜。"波普"基本上是一场自发的运动，没有系统的设计理论。大部分波普设计出自年轻人之手，也只有追求新奇的年轻人愿意一试，而服务的对象只是少数人。但新奇一过，它们也就被抛弃了。这也许正是波普设计的目标之一。波普设计的本质是形式主义的，它违背了工业生产中的经济法则、工效学原理等工业设计的基本原则，因而很快便销声匿迹了。但是波普设计的影响是广泛的，特别是在利用色彩和装饰形式方面为设计领域吹进了一股新鲜空气，并且刺激了在前卫设计方面的探索。如图4-112～图4-117所示为具有代表性的波普风格家具设计作品。

（2）*后现代主义风格* "后现代主义设计"，从本质上说，它是一场反叛现代主义的设计思潮和设计运动。这种反叛从20世纪60年代开始，延续到70年代以后，传统的现代主义设计思想、理念和方法，随着社会的发展和人们的审美情趣及价值取向的改变，而失去了昔日的荣耀。到了20世纪70年代后期，现代主义设计确实已经发展到了走投无路的境地。代之而起的是80年代正式确立的后现代主义设计。后现代主义设计风格的主要观点为：①反对设计形式单一化，主张设计形式多样化；②反对理性主义，关注人性；③强调形态的隐喻、符号和

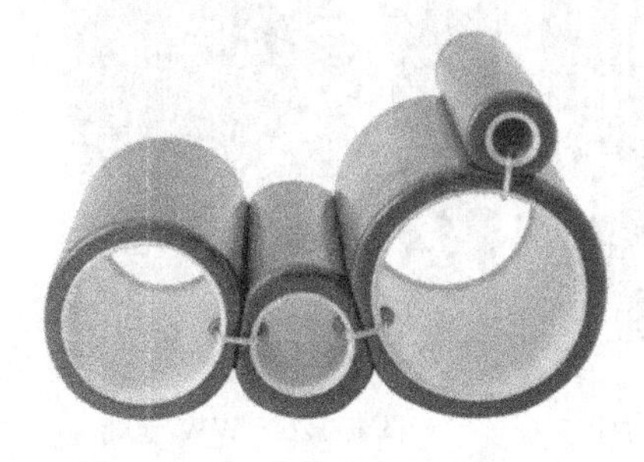

图 4-112 多功能管状椅（乔·科隆博）

图 4-113 爱奥尼亚椅

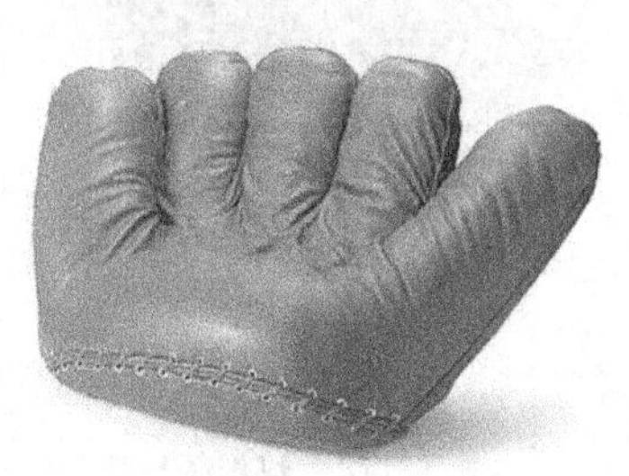

图 4-114 Joe椅

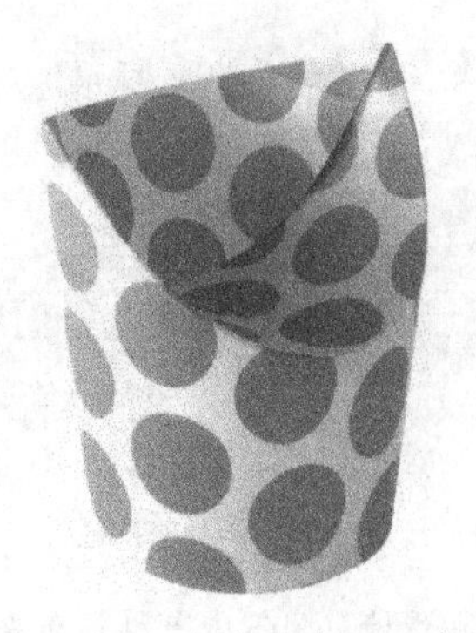

图 4-115 圆斑童椅（彼德·默多克）

图 4-116 枪椅

图 4-117 飘带椅（皮埃尔·保兰）

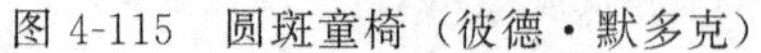

文化的历史，注重产品的人文含义，主张新旧糅合，主张兼容并蓄；④关注设计作品与环境的关系，认识到设计的后果与社会的可持续发展紧密联系在一起。

1981 年，意大利设计大师索特萨斯带领 7 位年轻设计师，在米兰成立了后现代主义设计中最有影响的组织——孟菲斯集团。该组织反对一切固有观念，认为整个世界是通过感性来认识的，没有先验的模式。索特萨斯认为，设计活动的过程就是设计一种生活方式，设计不是结论而是假设，没有确定性只有可能性，它只是一个瞬间。孟菲斯的设计师们把材料看做一种交流感情的媒介和自我表现的细胞，廉价材料与贵重材料的组合，粗糙材料与光滑材料的组合，发光材料与不发光材料的组合等。材料的运用在孟菲斯的设计中有着突破性的进展，形成了孟菲斯独特的材料质感。孟菲斯设计致力于样式和色彩的不寻常组合，如在构图上常常打破传统的水平垂直线条，采用自由曲线或曲直线，产生新奇的效果。在色彩上也喜欢对室内环境、家具、陈设品等进行全部协调处理，且常常产生明快、丰富的色彩效果，有时甚至带有舞台布景的效果。他们认为色彩是产品传递信息的重要语言。孟菲斯装饰一般是抽象的图像，它往往布满产品的所有表面，使产品结构显示出活跃和动感。

20 世纪 80 年代以后，家具设计中的后现代主义设计风格简直就是“群雄并起”，精彩纷呈，归纳起来有如下几种：①高科技风格；②过渡高科技风格；③极少主义风格；④解构主义风格。如图 4-118～图 4-123 所示为具有代表性的后现代主义家具设计作品。

4.2.2.3 20 世纪 90 年代末至今

各种设计风格和思潮在 20 世纪后半期，特别是 80 年代以后相继形成、流行，不仅极大地丰富了 20 世纪的设计语汇，活跃和繁荣了 20 世纪的设计局面，造成了这一时期多姿多彩的设计多元化格局，而且为 21 世纪新的设计理念、方法、风格的形成，奠定了良好的基础。20 世纪 90 年代以后的设计界是和谐的，各国设计师们都开始不约而同地追求个性化的设计语言，

图 4-118 玫瑰椅
（梅田正德）

图 4-119 “文丘里的收藏”系列椅
（文丘里）

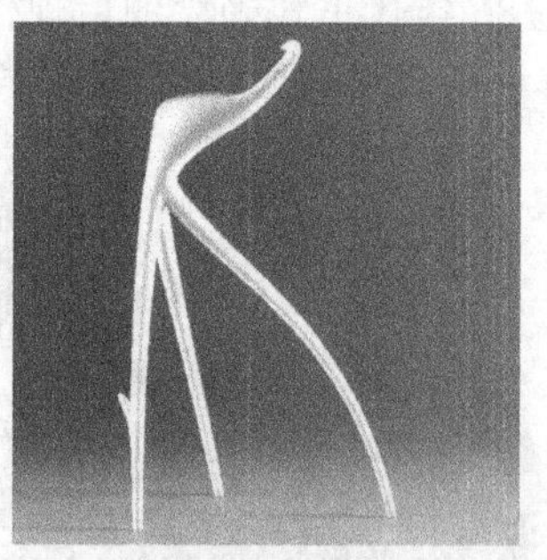

图 4-120 WW 坐凳
（菲利普·斯塔克）

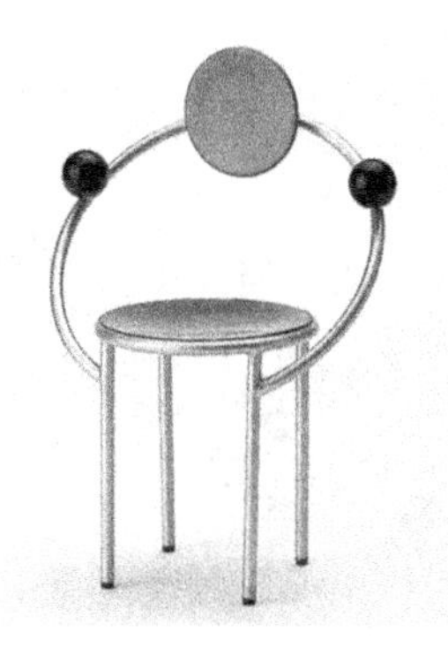

图 4-121　第一椅
（米凯莱·德卢基）

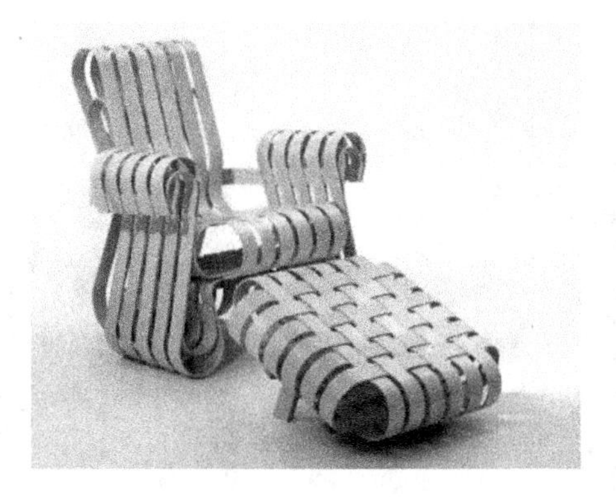

图 4-122　交叉格扶手椅
（弗兰克·盖里）

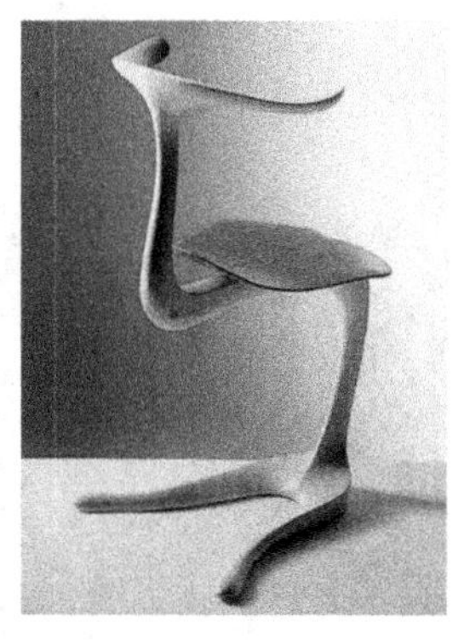

图 4-123　骨椅
（罗斯·洛夫格罗夫）

彼此之间再也没有喋喋不休的争论，再也没有谁是谁非的指责，在这短暂的十年间，个性化、环保意识、高科技、甜美、纯洁、愉悦的心情等要素融合在一起，构成了新的设计观念。这种局面一直持续至今，家具设计虽没有了轰轰烈烈的运动思潮，但它真正开始渗透入每个人的日常生活。概括来说，主要有新现代主义设计、生态设计、循环设计、多功能组合设计、人性化设计、民族化设计等主流设计趋势。

（1）新现代主义设计　新现代主义风格是一种对于现代主义进行重新研究和探索发展的设计风格，与后现代主义对于现代主义的冷嘲热讽相反，新现代主义是坚持现代主义的传统和原则，完全依照现代主义的基本语汇进行设计，而根据需要加入了新的简单形式的象征意义。因此，新现代主义风格既具有现代主义严谨的功能主义和理性主义特点，又具有独特的个人表现和象征特征。如图 4-124 所示为 Matali Crasset 设计的白桦木组合桌椅。如图 4-125 所示为以色列 Animi Causa 的家居产品设计。

（2）绿色生态设计　绿色设计（Green Disign）的概念是 20 世纪 80 年代末出现的一股设计潮流。它是一个内涵相当宽泛的概念，由于其含义与生态设计、环境设计、生命周期设计或环境意识设计等概念比较接近，都强调生产与消费需要一种对环境影响最小的设计，因而在各种场合几种概念经常被互换使用。实质上，绿色设计并不是一种单纯的设计风格的变迁，也不是一般工作方法的调整，严格地讲，它是一种设计策略的大变动，一种牵动世界诸多政治与经济问题的全球性思路，一种关系到人类社会的今天与未来的文化反省。生态设计是 20 世纪 90 年代初出现的关于产品设计的一个新概念。指设计师按照生态学原理和生态思想，预先构思设计的事物的形式和功能，使所设计事物的蓝图等符合生态保护的要求，从而使产品与环境融

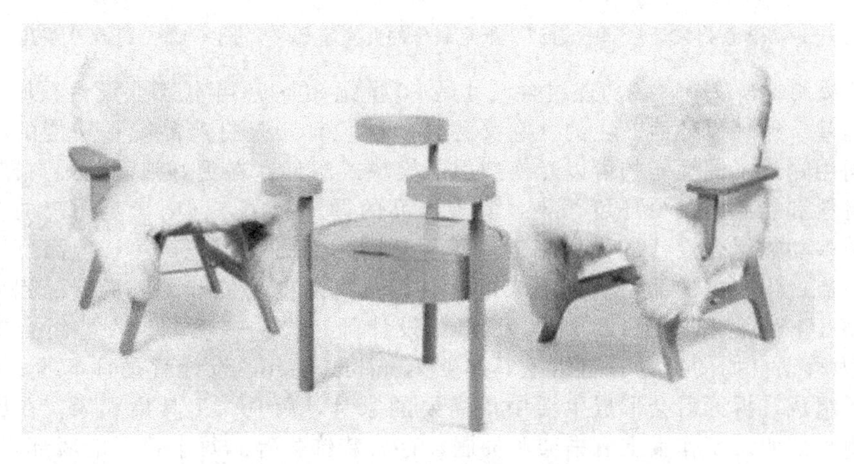

图 4-124　Matali Crasset 设计的白桦木组合桌椅

(a)

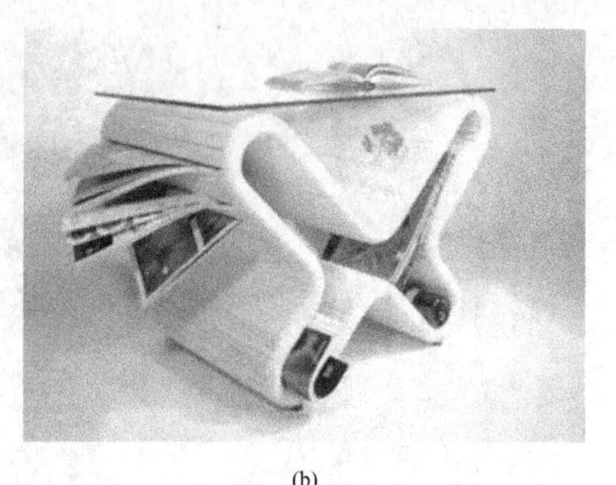

(b)

图 4-125 以色列 Animi Causa 的家居产品设计

合，使生态学成为设计思想的一部分。概括来说，生态设计主要包括两个方面的含义：一是从保护环境的角度考虑，减少资源消耗，实现可持续发展战略；二是从商业角度考虑，降低成本，减少潜在的责任风险，以提高竞争能力。如图 4-126 所示为挪威插画家兼设计师 Amy Hunting 设计的 Patchwork 系列家具。这一系列采用废弃的木头和从工厂中搜集的木材边角料作为主要材料。如图 4-127 所示为拉脱维亚的 Merci Design 利用可回收的纸浆制作的儿童家具。这是让人眼前一亮、打破传统五颜六色设计的超级环保的儿童家具设计。如图 4-128 所示为泰国公司 Ayodhya 出品的环保草茶几和报纸茶几。

图 4-126 Patchwork 系列家具

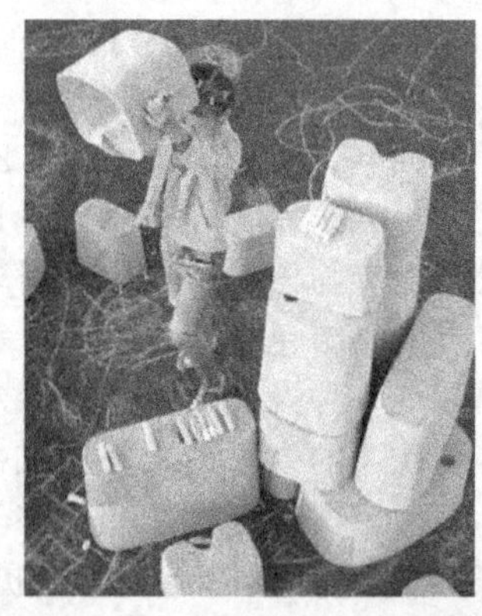

图 4-127 纸浆制作的儿童家具

图 4-128 环保草茶几和报纸茶几

（3）多功能组合设计　多功能组合设计是 20 世纪 80～90 年代工业设计领域中提出的一个概念，是基于循环设计而产生的。它又称模块化设计，是将产品统一功能的单元，设计成具有不同用途或不同性能的可以互换选用的模块式组件，在更好地满足用户需要的同时，达到节约材料和能源，减少环境污染，实现产品的循环利用，同时满足用户的多种功能需求。伴随着多功能组合设计的大量出现，一种新的生产方式随之产生：产品可以按部件的方式设计制造，用改进的部件更新原来的部件，具有新的功能和外观的产品因此产生，而不用更换整个产品。如图 4-129 所示为 NEL 设计师带来的一套“灵性”组合家具。如图 4-130所示为移动自如的家具，这组家具名叫 Kenchikukagu，设计者是日本的 Atelier OPA，由三个箱子组成，拆开后会形成生活中最需要的家具，厨具、工具桌和床。在厨具掀开后也有灯，用于照明；工作桌上有书架和抽屉，存放装饰物等。每个箱子的底部也都有轮子，方便在室内移动。

(a)

(b)

图 4-129 “灵性”组合家具

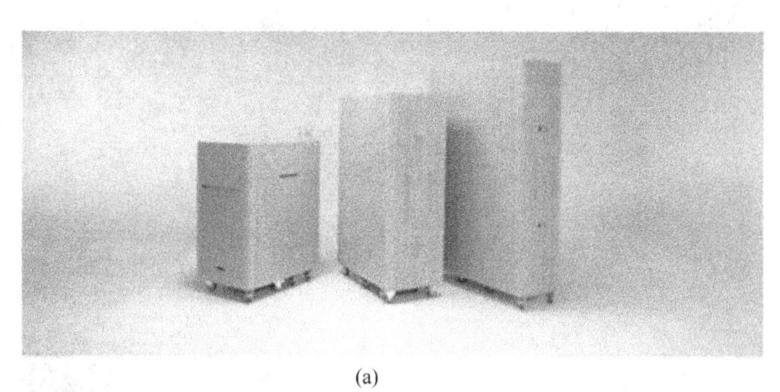

(a)

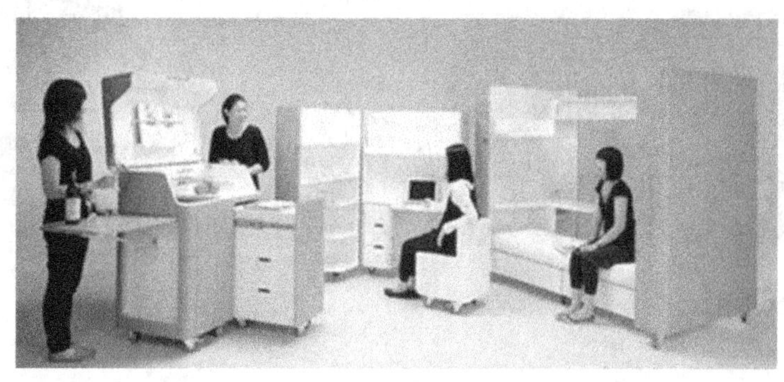

(b)

图 4-130 移动自如的家具

（4）人性化设计　人性化设计是指设计中体现以人为本的设计原则。设计始终以人为中心，主要运用人体工效学的原理，从生理和心理的角度围绕使用者的需求来进行设计。首先，要满足使用功能，也就是从物质上来满足要求。如座椅，就是最大程度上使人的肌肉得到充分的放松和休息，柜类家具则要满足储藏的功能。在家具设计时除了满足静态功能要求的同时还要注意在动态条件下对生理状况的满足；其次，从精神功能的角度上讲，从造型、色彩、材料搭配等方面，要给使用者心理上带来愉悦。如图 4-131 所示为人性化的室外家具设计。

（5）民族化设计　家具是一种深具文化内涵的产品。它实际上表现了一个时代、一个民族的消费水准和生活习俗。它的演变实际上表现了社会、文化及人的心理和行为的认知，然而在 20 世纪中叶人们推断世界将大统，在设计理论上“国际主义”占了主导地位，它导致了传统

图 4-131 人性化的室外家具设计

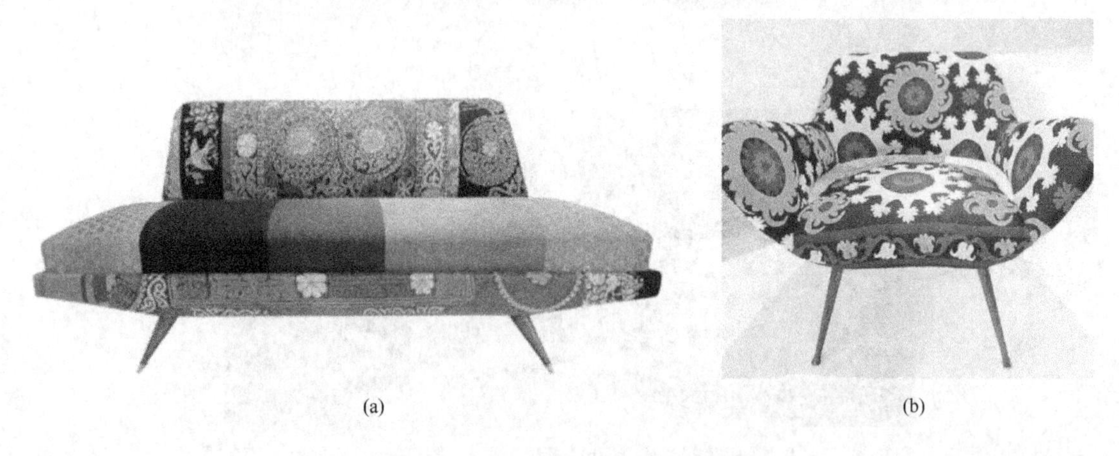

(a) (b)

图 4-132 富有中东特色的沙发设计

图 4-133 富有中国特色的沙发设计

图 4-134 富有东南亚特色的沙发设计

文化和地区文化的削弱，这无疑是对传统文化和民族文化的一个沉痛打击。所幸的是，人们逐渐认识到传统文化和民族文化的丰厚内涵和历史的积淀是家具设计的生命与源泉，“只有民族的才是世界的”已被设计界所公认。家具设计师应该要以本土文化为依托，对自己文化土壤的理解，可以使家具设计结出多彩的丰硕果实。

如图 4-132 所示为黎巴嫩设计师 Huda Baroudi 和 Maria Hibri 设计的一系列具有中东特色的沙发。如图 4-133 所示为富有中国特色的沙发设计。如图 4-134 所示为富有东南亚特色的沙发设计。

综上所述，家具既是传统产品，又是时尚产品。传统与时尚既是对立的，又是可以相互转换的。经过一个相当长时期的积淀，从而使其具有了相对稳定的风格与式样，并为大众所接受和认可，这便形成了某种传统。历久的传统在新的时代背景下，又可以吸纳新的功能与形式要素而进行创新；反之则是时尚产品从传统中传承经典要素，并根据时代要求进行重构，从而达到创新的目的。

第5章

家具造型设计

进入 21 世纪，随着社会、经济和文化事业的不断发展，人们的审美观念也正在改变，逐步由单纯的满足使用需求，发展成为兼容文化审美内涵，追求个性审美意味，充分体现人的自身价值与室内居住环境的融合与统一。因此，家具产品的设计应该竭尽全力去思考、探究、开发和创造出消费者渴求的家具产品。建构在精神和审美层面上的产品艺术，是家具造型设计的主要任务。

5.1 家具的类型

随着科学技术的发展与社会的进步，每一个历史时期都产生出各种具有新的使用功能和审美价值的家具。特别是在现代社会，为了最大限度地满足人们的需求，创造出许多前所未有的家具新品种和新式样，帮助人们创建出更舒适、更美观、更科学、更赋予文化艺术品位的生活环境与工作环境。现代家具的另一个特点是材料、结构、工艺技术的多样化及造型风格的多元化。从而导致家具品种繁多，形体千姿百态，使用功能不断增加，应用环境不断扩大。为此，家具分类相当复杂，至今仍难以将所有的家具进行详尽地分类。现仅按人们较为熟悉的方法进行分类以加深对家具产品的理解。

5.1.1 按家具的基本功能分类

按家具的基本应用功能，可将家具分为支承式家具和储藏式家具两大类。

（1）支承式家具　支承式家具一般指专供人坐、卧、支撑的椅、凳、沙发、床榻类家具和几、台、桌、案类家具，可供人伏案学习、工作、用餐，也可用于摆放或储藏其他物品。如图 5-1 所示为支承式家具。

（2）储藏式家具　是指用于储藏食品、衣服、被褥、器具、书籍、商品、装饰品等物件的

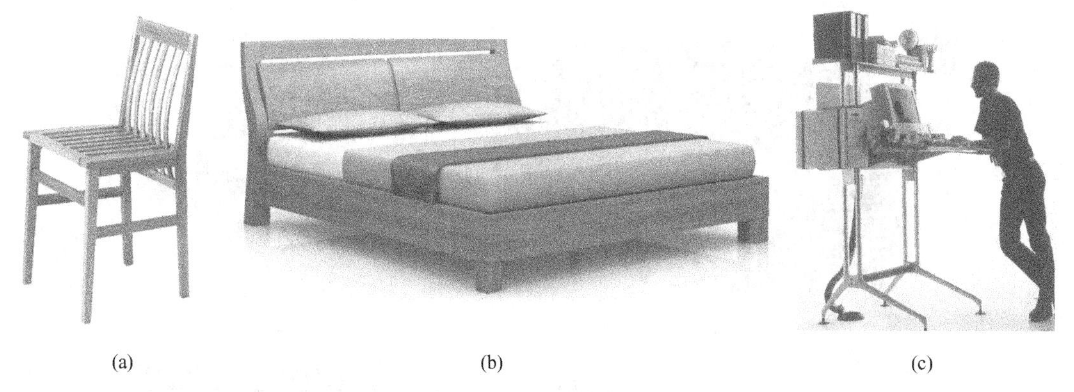

(a)　(b)　(c)

图 5-1　支承式家具

柜类家具。储藏式家具主要是处理被储藏物品之间的关系，好似人的胸腹腔有序地储藏着五肠六腑，故亦有“胴体式家具”之称。同时，也要满足使用者存取物品的方便。

用于陈列书籍、商品、装饰品等物件的柜类家具，现多为玻璃家具或玻璃门家具。由于此类家具连同被陈列的物品对室内有较好的装饰作用，故亦有“装饰类家具”之称。如图 5-2 所示为储藏类家具。

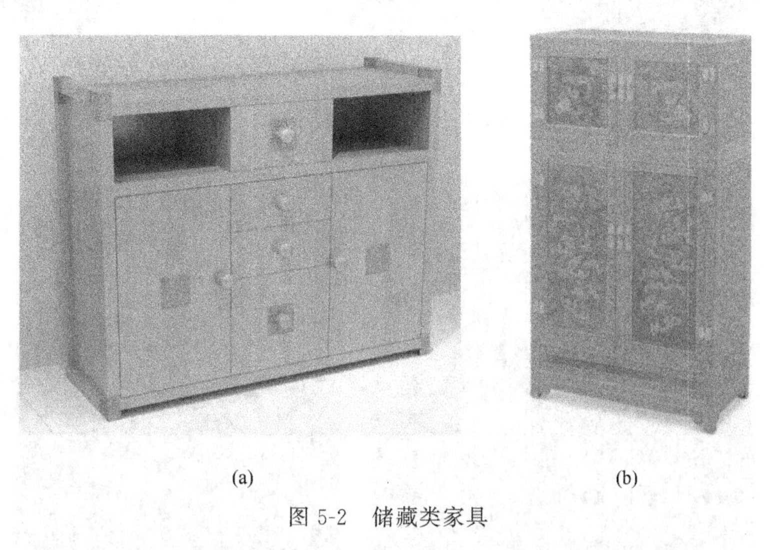

(a)　(b)

图 5-2　储藏类家具

5.1.2　按家具的基本品种分类

这里的所谓的家具基本品种，就是指在区分家具基本结构基础之上，按照满足人们的使用需求与使用场所的不同，而对家具进行的分类。

（1）椅凳类家具　这是指各种式样、各种规格的椅子、凳子与沙发。如图 5-3 所示为现代椅、凳类家具。

（2）柜类家具　这是指各种式样、规格的衣柜、被柜、鞋柜、食品柜、书柜、文件柜、陈列柜、电视柜、酒吧柜、杂品柜等柜类家具。柜的俗称为橱，如将衣柜称为衣橱。如图 5-4 所示为柜类家具。

（3）几桌类家具　这是指各式各样的茶几、花几、餐桌、书桌、炕桌、电脑桌、电视桌、台球桌、会议桌、实验台、琴台、神案（用于摆祭品的桌台）等几、案、台、桌类家具。如图 5-5 所示为清代花几与方桌。

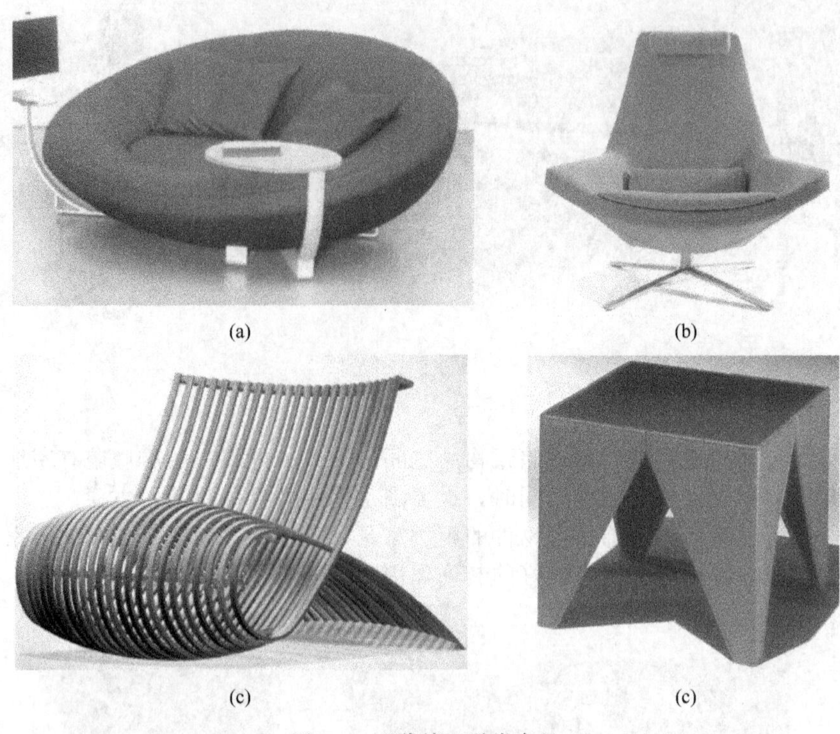

(a) (b)

(c) (c)

图 5-3 现代椅、凳类家具

(a) (b)

图 5-4 柜类家具

（4）床类家具 床的式样规格亦较多，有单人床、双人床、单层床、双层床、架子床、高低屏床、折叠床、多功能床、儿童床、软垫床、医疗床、健身床等。古代将床称为榻，后来将狭长而较矮的床叫做榻，如竹榻、藤榻、沙发榻等，坐、卧两用，十分便利。如图 5-6 所示为床类家具。

5.1.3 按家具的使用功能数目分类

（1）单用家具 仅满足一种使用功能的专用家具，如餐桌、餐凳、写字台。

（2）两用家具 能满足两种不同使用功能的家具，如梳妆、写字两用台，坐、卧两用沙发，书柜、写字两用台等。如图 5-7 所示为坐、卧两用沙发。

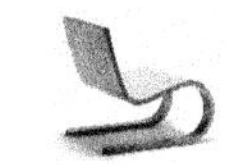

(a)

(b)

图 5-5 清代花几与方桌

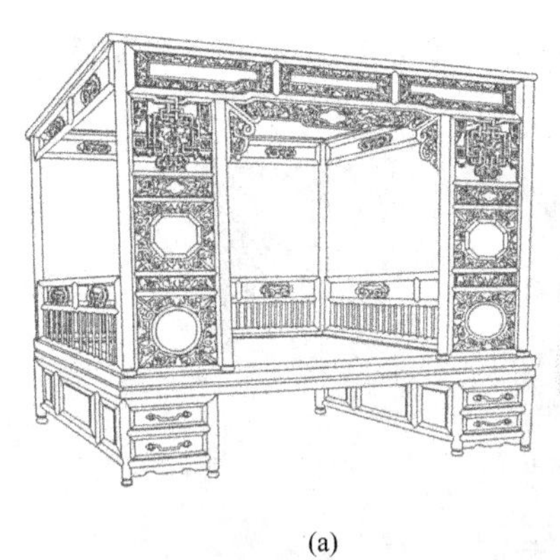

(a)

(b)

图 5-6 床类家具

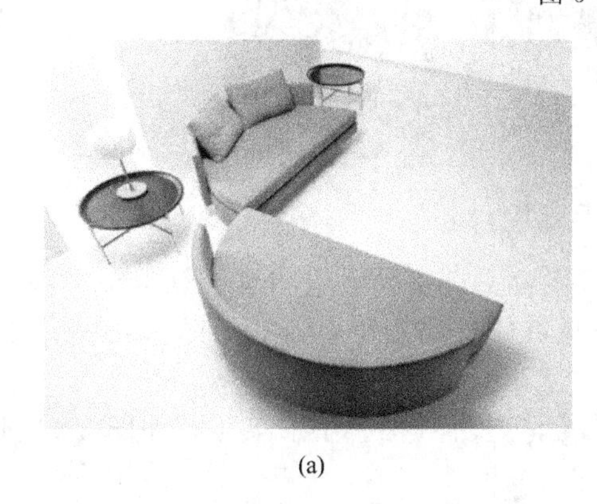

(a)

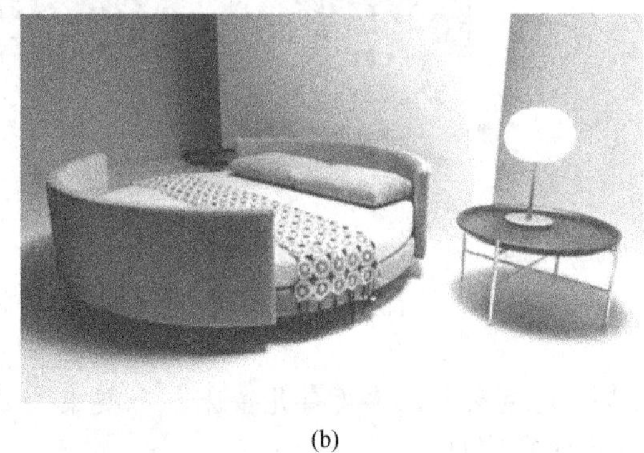

(b)

图 5-7 坐、卧两用沙发

(3) 多用家具 能满足三种或三种以上使用功能的家具，如：坐、卧、储物三用沙发，卧、健身、学习、储物四用床等。

5.1.4 按家具的使用环境分类

(1) 民用家具 它是指城乡居民家中日常生活所用的家具，为人类生活必需品。故此类家

具式样最多，销量最大。可以分为卧室、起居室、工作室、儿童室、餐厅、厨房等家具。

① 卧室家具　主要有双人床、床头柜、五屉柜、衣柜或壁柜、梳妆台或梳妆柜、沙发、安乐椅等多种类型。如图 5-8 所示为卧室家具。

图 5-8　卧室家具

② 起居室家具　起居室又称为客厅，主要家具有沙发、靠背椅、安乐椅、咖啡桌、牌桌、茶几、花架、视听组合柜、鞋柜、玄关柜等。如图 5-9 所示为中式客厅家具。

图 5-9　中式客厅家具

③ 书房家具　书房又称工作室，主要家具有写字台、打字台、电脑桌、靠背椅、扶手转椅、书架、书柜等。宽敞的书房尚可摆设沙发、茶几供休息或接待客人。如图 5-10 所示为书房家具。

④ 少年儿童家具　主要有儿童床、玩耍桌、儿童椅、玩具柜、小书桌等。如图 5-11 所示为少年儿童居室家具。

⑤ 餐厅家具　主要由餐桌、餐椅、餐凳、餐具柜等家具组成。如图 5-12 所示为餐厅家具。

⑥ 厨房家具　主要有餐具柜、食品柜，洗涤柜。多为矮柜、壁柜或吊柜，如图 5-13 所示。矮柜兼作灶台、切菜台、配菜台。壁柜或吊柜能充分利用厨房空间，可放一些不常用的餐具、储藏期限较长的食品等。

（2）公用家具　公用家具指公共的建筑、室内所用的家具，根据社会活动内容而定，专业性强，每一类场所类型不多，但数量较大。有些家具虽然与日用家具相差不多，但要求条件要

图 5-10　书房家具

(a)

(b)

(c)

图 5-11　少年儿童居室家具

(a)

(b)

图 5-12　餐厅家具

图 5-13 厨房家具

高些，在造型上要适应环境气氛，在功能上要符合使用性能，并要求充分利用有效空间。

① 办公家具 办公家具指大规模公共场合所用的家具，由于经济的发展，办公家具可分为传统式办公家具和现代化办公家具。传统式办公家只用在封闭式房间，多为单件家具，如常见的写字台、靠背椅、文件柜之类传统式样的家具。现代化办公家具则由隔断、屏风、办公桌椅加上自动化办公设施组成，如图 5-14 所示为现代办公家具。

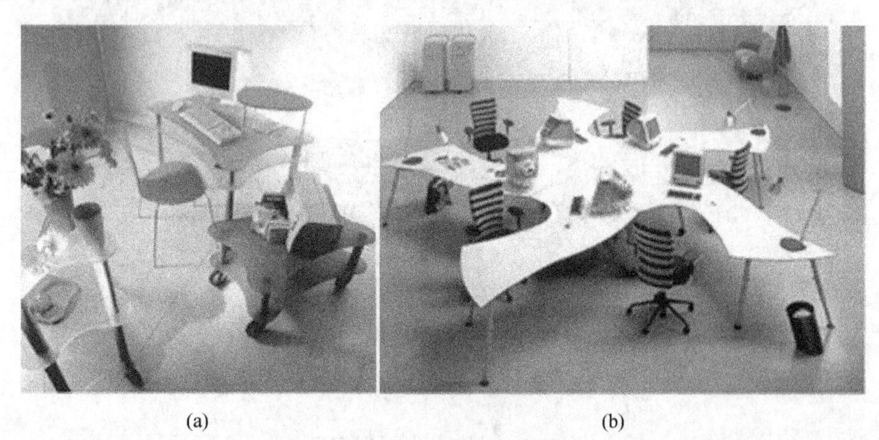

(a) (b)

图 5-14 现代办公家具

② 商店家具 商店家具指营业厅中售货用的专业性家具，包括展台、展柜、展架、柜台、陈列柜、收款台等，要求正确地陈列商品，吸引顾客的注意力，造成顾客购货的最好条件。

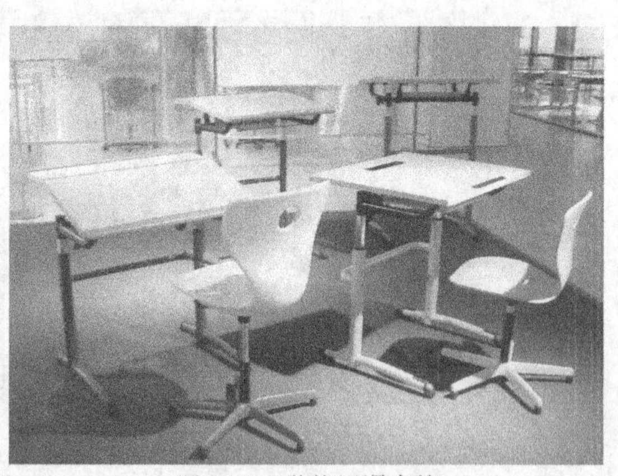

图 5-15 学校用课桌椅

③ 餐饮业家具 餐饮业家具分为两种：一种是快餐使用的轻型造型简洁的家具，这类家具并不希望顾客久留，但造型上却要求能吸引顾客；另一种是使用时间较长的正餐家具，它不但要求舒适，还要配合室内设计表达出一定的风格特点。

④ 会场与影剧院家具 影剧院家具主要

是坐椅，是在各种尺寸严格要求下来满足看得清楚、坐得舒服的条件下做出设计的。

⑤ 学校家具　主要有课桌、课椅及宿舍、图书馆、实验室、设计室、绘画室的家具。课桌、椅，必须适合学生不同年龄身高的情况，需分成几个年龄段进行设计。如图 5-15 所示为学校用课桌椅。

(3) 室（户）外家具　室外家具主要是指居室阳台上、平台上、花园中的家具，居民小区、机关、企事业单位的林阴道边与花园中的家具，公园与城市风光带中供游人休闲、观赏的家具等。室外家具主要是椅、凳类家具，其次桌类家具。这类家具需具有抗御外界各种气候条件的功能，不怕日晒雨淋，坚固耐用，并要造型美观，注重色彩处理，以加强环境美与生活的情趣。如图 5-16 所示为各种室（户）外家具。

(a)

(b)

图 5-16　各种室（户）外家具

5.1.5 按家具的原材料分类

把家具按材料分类主要是便于掌握不同材料家具的特点。现代家具日益趋向于多种材质的组合，传统意义中的单一材料的家具在逐渐减少。因此，在家具按材料分类中仅仅是按照一件家具的主要材料来分类。

(1) 实木家具　木材的视觉感、触觉感以及独特的美丽纹理、绝热性、绝缘性、弹性、透气性、易加工性、易雕刻性是其他材料无法超越的。所以，木材一直为古今中外家具设计与制造的首选材料，尤其是造型优美、做工精细的酸枝木、紫檀木、花梨木等名贵材家具，将永远是最高级的家具，是其他任何家具所无可比拟的。我国的明、清式家具，欧洲的巴洛克、洛可可式家具，直到今天仍然是家具的典范，备受人们的喜爱。根雕家具是实木家具的分支，具有自然的艺术美，有较高的装饰效果与观赏性。如图 5-17 所示为根雕家具与实木家具。

(2) 竹藤家具　竹藤家具主要有竹家具、竹编家具、藤编家具、柳条家具，以及现代化学工业生产的仿真纤维材料编织家具。在品种上多以椅子、沙发、茶几、书架、席子、屏风为主。如图 5-18 所示为竹藤类家具。

竹藤家具历史悠久，创造出许多为人们所喜闻乐见的优秀品种，而进入千家万户与楼堂馆所。有的还登上了高雅大堂，不仅是舒适的使用品，而且成为亮丽的装饰品。

竹、藤是生长最快的绿色材料，国内资源丰富。在木材资源紧缺的当代，以竹代木，创造出各式各样的绿色家具，不仅能充分利用竹材资源，而且能创造出较高的经济与社会效益。竹藤家具是绿色家具的典范，并具有独特的材质与编织纹理，轻便舒适，将会日益受到当代人们的喜爱，尤其是迎合了现代社会“返璞归真”、回归大自然的国际潮流，因而会拥有广阔的市场。

(3) 木质人造板家具　由于木材，特别是名贵木材生长期较长，资源日益缺乏，远不能满足生产发展的需求。所以，木质人造板——胶合板、纤维板、刨花板便成为现代板式家具的主

(a)

(b)

图 5-17　根雕家具与实木家具

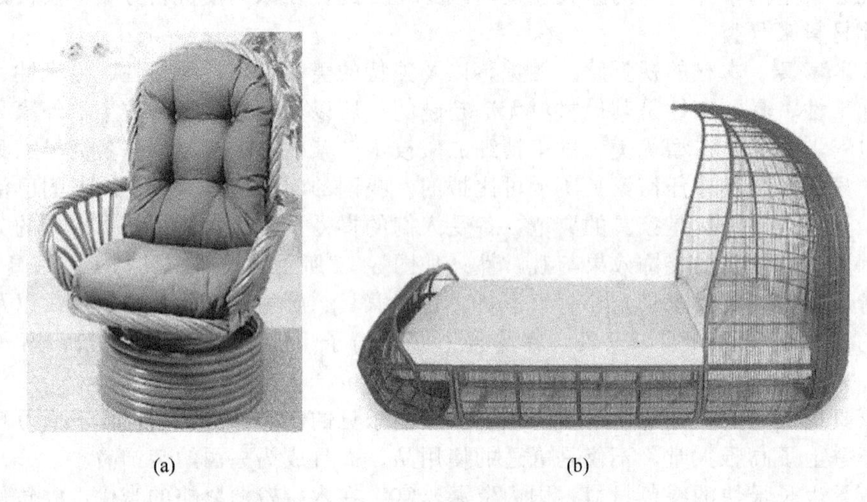

(a)　　(b)

图 5-18　竹藤类家具

要原材料，为板式家具的发展做出了积极的贡献。这类家具类型较多，应用十分普遍。但由于使用了含有甲醛等有害物质的胶黏剂，再加上纤维板与刨花板尚存在容重大、握钉力差、易翘曲变形等缺点，越来越受到人们的抵制。为此，人造板务必使用无毒或低毒胶黏剂，全面提高质量。

（4）金属家具　由于金属具有强度高、耐磨性好、不燃烧、易于弯曲造型、易于铸造成型

等优点，适合现代大工业化制造，从而成为现代家具重要的原材料。用于制造家具的金属材料主要有各类型钢、铝合金、铜合金、不锈钢、铸铁等。

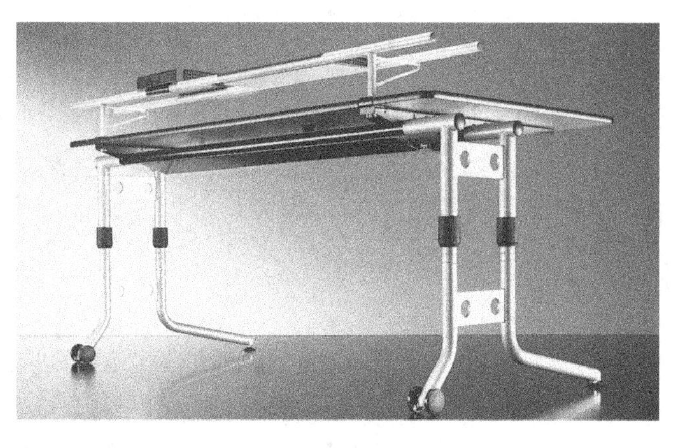

图 5-19 金属家具

现代金属家具多以金属构件为骨架，与木材、人造板、塑料、玻璃、皮革、帆布等材料制成的部件组合而成，如图 5-19 所示。具有造型精致、坚固耐用、便于拆装、安全防火等优点。

铸铁多用于制造户外家具及大会堂、大教室、影剧院、候车室等公共场所的座椅骨架。型钢主要用于制造公用家具及沙发的骨架。铝合金、铜合金钢多用于制造玻璃柜的骨架及木质家具的配件。现代亦有不少的居室家具与办公家具，以不锈钢或电镀的型钢为骨架构件，造型十分优美，颇受用户喜爱。以金属材料代替木材，节约木材资源，是现代家具发展的一个重要方向。

（5）*塑料家具* 由于高分子材料的迅速发展，出现了各种强度高、耐磨、耐温、耐腐蚀、表面光滑、成本较低的有机复合材料，并易于模压成型和脱模。因此，很快在工家具制造业中获得了较广泛地应用。从而使家具造型从装配组合成型转向整体模压成型，开创出不少新产品，如天鹅椅、蛋壳椅都是塑料家具的典范。如图 5-20 所示为塑料家具。

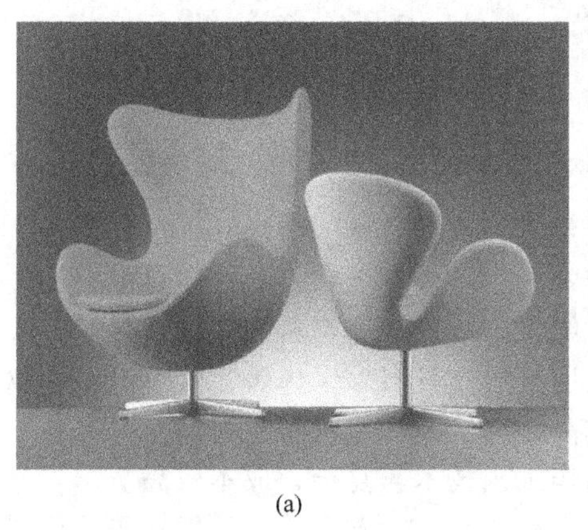

(a)

(b)

图 5-20 塑料家具

（6）*玻璃家具* 玻璃是一种晶莹剔透的人造材料，具有平滑光洁透明的独特材质美感。现代家具的一个流行趋势就是把木材、铝合金，不锈钢与玻璃相结合，极大的增强了家具的装饰观赏价值。如图 5-21 所示，为玻璃茶几。

现代家具正在走向多种材质的组合，在这方面，玻璃在家具中的使用起了主导性作用。由于玻璃现代加工技术的提高，雕刻玻璃、磨砂玻璃、彩绘玻璃，车边玻璃、镶嵌夹玻璃、冰花玻璃、热弯玻璃、镀膜玻璃等各具不同装饰效果。玻璃大量应用于现代家具，尤其是在陈列展示性家具以及承重不大的餐桌、茶几等家具上，玻璃更是成为主要的家具用材。

（7）*石材家具* 石材质地坚硬、耐磨、耐候、耐温、耐腐蚀，经久耐用。天然石材的种类很多，在家具中主要使用花岗岩和大理石两大类。花岗岩有印度红、中国红、四川红、虎皮黄、菊花青、森林绿、芝麻黑、花石白等之分。大理石有大花白、大花绿、贵妃红、汉白玉等

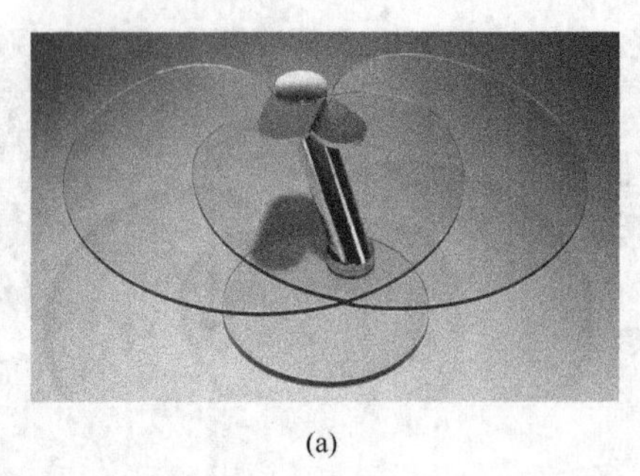
(a)

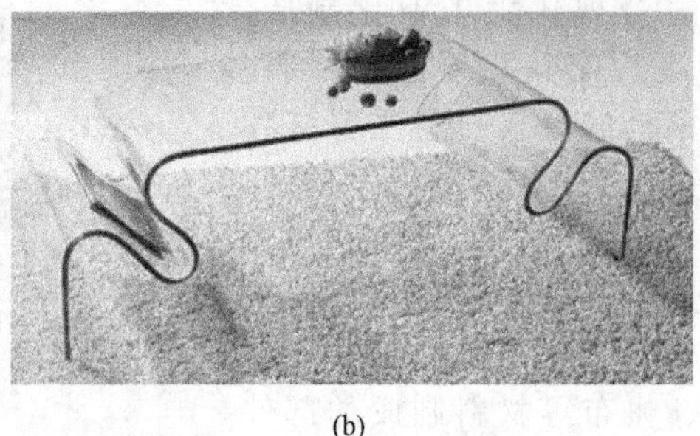
(b)

图 5-21 玻璃茶几

之分。石材因品种、产地与年代的不同，故其容重、色泽、花纹的差异较大，价格相距甚远。一些奇特的石材，经琢磨之后，可放出奇光异彩，而成为宝石，其价值连城。如图 5-22 所示为地铁车站站台上的候车石凳。

图 5-22 地铁车站站台上的候车石凳

在现代家具的设计与制造中，常用天然大理石材做桌、台、几、案的面板，以充分发挥石材的坚硬耐磨与天然肌理的装饰作用。也常用作一些高级家具的镶嵌材料，如在椅背上、床屏上、衣柜上镶嵌具有较高观赏价值云石、绿宝石，以提高家具的装饰效果。

(8) 软体材料家具 传统软体家具是以木材作骨架，以弹簧、天然纤维为软质材料；现代软体家具多以型钢作骨架，以泡沫塑料或高压气、高压水为软质材料。两者相比，前者属绿色家具，使用舒适，使用期限较长，但其制作工艺技术较复杂，成本较高。

软体家具的主要品种有沙发、沙发椅、沙发凳、沙发床垫、沙发榻等，应用日益广泛。如图 5-23 所示为一些软体材料类家具。

5.1.6 按家具的造型与结构的特征分类

(1) 框架式家具 它是指以木材零件通过榫接合为框架或以这种框架与板式部件所构成的家具，统称为框架式家具。框架式家具为传统家具，多为不可拆装的家具。如椅、凳、桌、几、古代的柜、床等多为框架式家具。如图 5-24 所示为框架式家具。

其优点是接合强度高，稳定性好，经久耐用。缺点是工艺复杂，对工艺技术要求高，生产效率低，制造成本较高。

(2) 板式家具 即由细木工板、纤维板、刨花板等板式部件构成的家具，其板式部件通常是采用圆棒榫定位，利用连接件接合进行装配而成。由于一般连接便于拆卸与连接，所以，利用各种连接件装配的板式家具，可以反复多次进行装拆，故又有板式拆装家具之称。这类家具

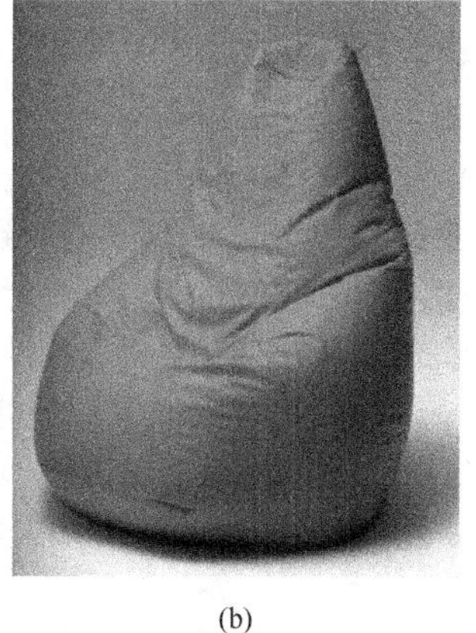

(a) (b)

图 5-23 软体材料家具

(a) (b)

图 5-24 框架式家具

的优点是生产工艺简单，生产效率高，成本低，拆装、运输方便，是当今最为流行的普级家具，如图 5-25 所示。

(3) 组合式家具 由一组单体家具组合摆设而成为各种形式的家具。类似小朋友搭积木一样，将各种规格的木块堆积组合成不同的形式。故又将这种家具称为积木式家具。一般家具单体分为底层柜、中层柜、顶层柜、中高柜、高柜等类型。组合式家具如图 5-25 所示。

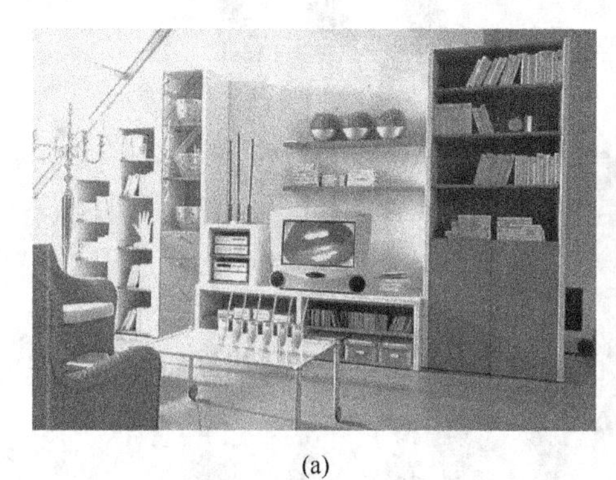

(a) (b)

图 5-25 板式组合家具

中高柜的高度＝底层柜高＋中层柜高。

高柜的高度=底层柜高+中层柜高+顶层柜高。

顶层柜高：400～500mm。

中层柜高：1000～1200mm。

底层柜高：600～700mm。

柜的宽度：600～1000mm（能一致，则组合时灵活性大）。

柜的深度：500～650mm（同一组合柜的单体家具的深度要求一致，以方便组合）。

（4）拆装式家具　即用各种连接件组装而成的可以反复拆装的家具。一般板式家具属于这类家具。椅、凳、沙发也可以采用连接件装配成为可反复拆装的家具，以方便库存与降低运输成本。拆装家具的优点：生产工艺较为简单，有利于实现零部件标准化与系列化制造，方便包装、运输。如图5-26所示为拆装式家具。

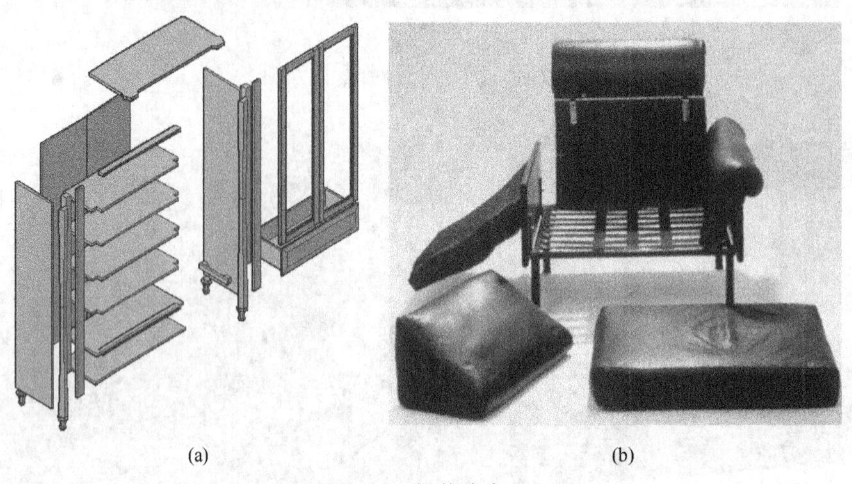

(a)　(b)

图5-26　拆装式家具

（5）折叠式家具　不使用时，能够折叠的家具统称为折叠家具。因不用时可以折叠合拢，可缩小占地面积，故很受居住面积小的用户或需经常流动的野战部队、马戏团、牧民等的欢迎。

折叠家具应轻便灵活，并要求力学性能好，需用优质材料（水曲柳、榉木、樟木等硬阔叶材）制造。所用的金属连接件强度要可靠，折叠要灵活，外形要美观。如图5-27所示为可折叠和堆叠家具。

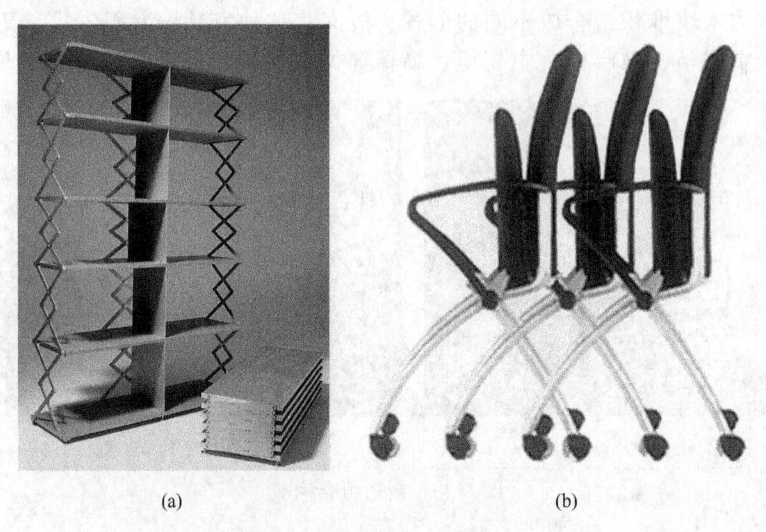

(a)　(b)

图5-27　可折叠和堆叠家具

（6）弯曲式家具 俗称曲木家具，其主要零、部件由弯曲件组装而成的家具。弯曲零件包括由实木锯制弯曲、实木加压弯曲及薄木胶合弯曲零件。曲木家具形态优美、活泼，给人以柔和多变、富有生机之感，即所谓曲线美，而备受欢迎。现市场上较为流行的曲木家具多为椅类。如图 5-28 所示为弯曲式家具。

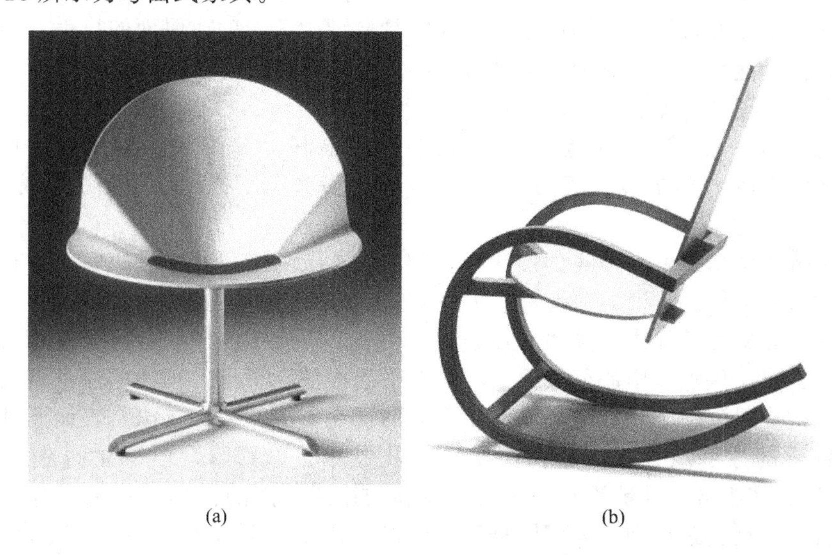

(a) (b)

图 5-28 弯曲式家具

（7）支架式家具 一般是由方木条采用榫接合而制成的框架式家具。如图书馆里的书架，商店里的货架，仓库中的物品架等。其特点是高，以充分利用空间，存放的物品多。它可以放在地上，也可以吊在天花板上，还可固定在墙上，根据使用要求而定。

5.2 家具形态的构成要素

家具造型设计是指在设计中每个设计者依据自身对艺术的理解，运用造型的一般规律和方法，对家具的形态、结构、材料、工艺、色彩和肌理等要素进行综合处理，塑造出完美的家具造型形象。其中，形态是造型的中心，其他要素都是围绕它来进行的。

在人们居住的生活环境中，除了天空、大地、树木等生物、景观形态外，还有许多人工制造的形态，比如建筑、家具、道路、桥梁、车辆、电器等。人们每时每刻都在亲身体验这个由各种各样的形态组成的物质世界。家具的形态丰富多彩，不同功能的家具有不同的形态，不同地域的家具也有不同的形态，同样功能的家具在不同的文化背景中会表现出不同的造型形态，就像欧洲的巴洛克与洛可可式坐椅与中国明式坐椅的形态就截然不同，所以在进行家具设计时必须很好地了解形态和掌握形态的内涵。家具设计者要从基本的形态出发去塑造出多变的形态，是造型设计的精髓。为了便于对形态进行深入研究，完全彻底地了解并掌握其规律，一般将形态划分为一些更为具体的构成要素。下面，将分别对形态的构成要素：点、线、面、体和它们在家具造型设计中的应用加以论述。

5.2.1 点

点是基本的形态要素之一，也是造型设计中的重要内容，其出现往往会起到画龙点睛的作用，会特别引人注目。可见，点虽小，却具有很强的美学表现力。

（1）点的概念　在几何学的概念里，点是只有位置没有大小的，但在家具造型设计中，点必须具有一定的面积或体积，否则就失去了存在的意义。那么多大的面积或体积可以称为点呢？这是不能用绝对的概念来规定的，它只能用相对的概念来确定。凡相对于整体或背景而言，其面积或体积较小的形状均可称为点。同样一个点，相对于大的背景可称为点，而相对于小的背景则失去了点的特征而成为面或体。在家具造型中，柜门或屉面的拉手、锁孔，沙发软垫上的装饰包扣、泡钉以及家具上的局部装饰小五金件等，相对于家具整体而言，都是较小的形状，所以都可以理解为点。

（2）点的形状　上述概念的点，在形状上并无限制。点的理想形状是圆形或是球体。点也可以是椭圆形、长方形、正方形、三角形、多边形、星形、几何曲线形、不规则形等。

（3）点的情感特征　就点本身的形状而言，曲线点（如圆形）饱满充实，富有运动感；直线点（如正方形）坚稳、严谨，具有静止的感觉。

（4）点在家具造型设计中的应用　点是力的中心，点在空间中起着标明位置的作用，在视觉上可以产生亮点、焦点、中心的效果。在一个平面内放一个点，视线的注意力就会被吸引到这个点上来，构成视觉中心，从而提高整个表面的视观重要性。如果家具表面通过安装一定形状、质地和色彩的拉手或其他五金件，便可打破板件的单调感，丰富立面造型。通过拉手（点）的不同排列和组合，还能形成一定的节奏和韵律感。点的排列方式主要有两种形式：一是等间隔排列；二是变距排列。等间隔排列，会产生规则、整齐的效果，具有静止的安详感。而变距排列（或有规则地变化），则产生动感，显示个性，形成富于变化的画面。如图 5-29 所示为点在家具造型设计中的应用实例。

图 5-29　点在家具造型设计中的应用实例

5.2.2 线

（1）线的概念　在几何学的定义里，线是点移动的轨迹，有长度、方向和位置，而没有宽度和厚度。作为造型要素的线，在平面上它必须有宽度，在空间必须有粗细，这样对于视觉才有存在的意义。在造型中，通常把长与宽之比相差悬殊者称为线，即线在人们的视觉中，有一定的基本比例，超越了这个范围就不视其为线而应为面了。另外，一连串的虚点也可构成消极的虚线。

（2）线的分类　线是构成一切物体的轮廓形状的基本要素。直线与曲线是线的两大体系。点的移动方向一定时就成为直线；点的移动方向不断变化时就成为曲线。线型分类示意见表 5-1。

表 5-1 线型分类示意

线	直线	水平线	
		垂直线	
		倾斜线	
	曲线	几何曲线	螺旋线
			圆锥曲线(圆、椭圆、抛物线、双曲线)
			渐开线
			摆线
			弧线
		自由曲线	有规律曲线
			无规律曲线
			手绘曲线

(3) 线的情感特征　在造型设计中，线是最富有表现力的要素，比点具有更强的心理效果。

① 直线　直线具有简单、单纯、简朴、严谨、坚硬、明快、正直、刚毅、顽强等男性美的特征，分类如下。

a. 水平线　显得安详、静止、稳定、永久、松弛。

b. 垂直线　显得挺拔、端庄。

c. 斜直线　显得不稳定、运动、飞跃、向上、前冲、倾倒。

d. 粗线　显得强健、力量、钝重、粗笨、粗犷。

e. 细线　显得轻快、敏捷、锐利。

② 曲线　曲线具有温和、柔软、圆润、流动、优雅、轻松、愉快、弹力、运动、流畅、活泼等女性美的特征，分类如下。

a. 几何曲线　指具有某种特定规律的曲线。给人以柔软、圆润、活泼、丰满、明快、高尚、理智、流畅、对称、含蓄之感。

b. 自由曲线　不依照一定的规律自由绘制的曲线。给人以优雅、轻快、流畅、柔和、圆润、奔放之感。

(4) 线在家具造型设计中的应用　线在家具造型设计中的应用十分广泛，不仅常见于支撑架类，也可见于平面或立面的板式构件部位上，既有实体形的线状功能性构件，也有装饰线，或分划线。由线构成的家具基本形式有直线构成，曲线构成，直、曲线混合构成三种。如图5-30 所示为线在家具造型设计中的应用实例。

5.2.3 面（形）

(1) 面（形）的概念　在几何学中，面的概念是指线以某种规律运动后的轨迹，不同的线以不同的规律运动，如平移、回转、波动而形成如平面、回转面、曲面等既无厚度，又无界限的不同的面。而在造型学中，面不仅有厚度，而且还有大小；由轮廓线包围且比“点”感觉更大，比“线”感觉更宽的形象称为“面”。由此可见，点、线、面之间没有绝对的界限，点扩大即为面，线加宽也可成为面，线旋转、移动、摆动等均可成为面。造型设计中的面可分为平面和曲面两类，所有的面在造型中均表现为不同的“形”。

(2) 面（形）的分类　面有平面和曲面两大类，而平面在空间中常表现为不同的形。平面形状主要有几何形和非几何形两大类。几何形是以数学的方式构成的，非几何形是无数学规律的图形。正方形和圆形是相互对立的形态，同时具有规则的、构造单纯的共性，若从正方形开

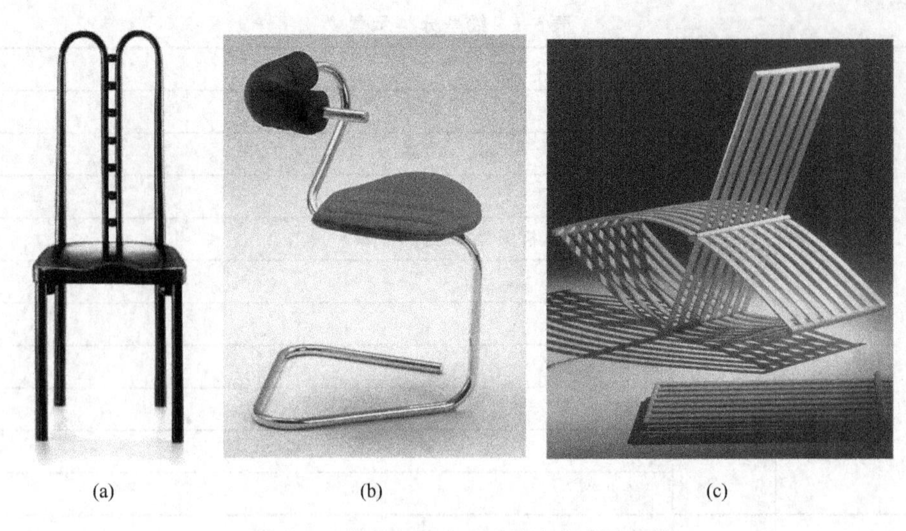

(a)　(b)　(c)

图 5-30　线在家具造型设计中的应用实例

始，经五边形、六边形……多边形，就会逐渐变到圆形，由圆经椭圆、半椭圆这样的变形和分割，一方面可以得到新的图形；另一方面可以体现图形的相互近似性、亲近性或对立性等。如果以正方形和圆形作为基本形，将正方形作为直线系的出发点，圆形作为曲线系的出发点，两者的中间则增加由直线和曲线构成的图形，可以配组出各种各样的图形。有机形是以自由曲线为主构成的平面图形，它不如几何图形那么严谨，却也不违反自然法则，它常取形于自然界的某些有机体造型。不规则形则是指人有意创造或无意中产生的平面图形。除了平面图形外，在造型设计中还要用到曲面。曲面有旋转曲面、非旋转曲面以及自由曲面。面在造型中表现的形的分类见表 5-2。

表 5-2　面在造型中表现的形的分类

<table>
<tr><td rowspan="12">面在造型中的形</td><td rowspan="10">几何形</td><td rowspan="7">直线形</td><td>正方形</td></tr>
<tr><td>长方形(矩形)</td></tr>
<tr><td>梯形</td></tr>
<tr><td>三角形</td></tr>
<tr><td>菱形</td></tr>
<tr><td>平行四边形</td></tr>
<tr><td>其他正多边形</td></tr>
<tr><td rowspan="2">曲线形</td><td>圆形</td></tr>
<tr><td>椭圆形</td></tr>
<tr><td colspan="2">曲直线组合形</td></tr>
<tr><td rowspan="2">非几何形</td><td colspan="2">有机形</td></tr>
<tr><td colspan="2">不规则形</td></tr>
</table>

(3) 面（形）的情感特征

① 几何形　几何形是由直线或曲线构成或两者组合构成的图形。直线所构成的几何形具有明朗、秩序、端正、简洁、醒目、信号感强等特征，往往也具有呆板、单调之感；曲线所构成的几何形具有柔软、理性与秩序感等特征。

a. 正方形　由垂直和水平两组线条组成，所以对任何方向都能呈现安定的秩序感。它象征坚固、强壮、稳健大方、明确、严肃、单纯、安定、静止、规矩、朴实、端正、正直和庄

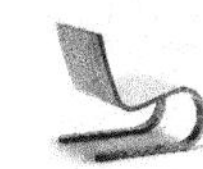

严。但正方形却有使人感到单调的感觉。为了克服这一缺陷，可以通过与之配合的其他的面或线的变化来丰富造型，打破单调感。

b. 矩形 水平方向的矩形稳定、规矩、庄重；垂直方向的矩形挺拔、崇高、庄严。

c. 三角形 斜线是它的主要特征，它丰富了角与形的变化，显得比较活泼，正立的三角形能唤起人们对山丘、金字塔的联想，具有扎实、稳定、坚定、锐利之感；倒置的三角形具有不稳定、运动之感，作为家具造型总体中的一个构件，能使人感到轻松活泼。

d. 梯形 正梯形上小下大，具有良好的稳定感和完美的支持承重效果。家具中呈梯形状向外倾斜的桌、椅脚，有着优雅轻快的支持效果和视觉上的平稳感。倒梯形具有上大下小的轻巧的运动感。

e. 菱形 具有大方、明确、活跃、轻盈感。

f. 正多边形 具有生动、明确、安定、规矩、稳定感。

g. 圆形 圆由一条连贯的环形线所构成，具有永恒的运动感，象征着完美与简洁，同时有圆润、饱满、温暖、柔和、愉快、肯定、统一感。但缺少变化，显得呆板。

h. 椭圆形 有长短轴的对比变化，更具有安详、明快、圆润、柔和、单纯、亲切感。在家具设计中运用椭圆能产生流畅、秀丽、温馨的感觉。

② 非几何形 非几何形可产生幽雅、柔和、亲切、温暖感，能充分突出使用者的个性特征。

a. 有机形 给人以活泼、奔放感，但也会引起散漫、无序、繁杂的感受。

b. 不规则形 不规则就是个性化的特征，常给人以轻松活泼的感觉，在家具中采用不规则形是仿生手法之一，会使家具形象丰富、性格突出。

③ 曲面 曲面温和、柔软，具有动感和很浓的亲切感。几何曲面具有理智和感情，而自由曲面则性格奔放，具有丰富的抒情效果。曲面在软包家具和塑料家具中得到广泛应用。

(4) 面（形）在家具设计中的应用 面（形）在家具设计中的应用均以几何形或非几何形的形式出现，分四个方面：一是以板面或其他板状实体的形式出现；二是由条块零件排列构成；三是由形面包围构成，基本形式有平面构成、曲面构成和平、曲面混合构成三种；四是由线面混合构成。如图5-31所示为面（形）在家具造型设计中的应用实例。

图5-31 面（形）在家具造型设计中的应用实例

5.2.4 体

(1) 体的概念 在几何学中，体是指通过面的移动、堆积、旋转而构成的三维空间内的抽象概念。体也可以理解为由点、线、面包围起来所构成的空间。体不同于点、线、面，它不仅仅是抽象的几何概念，也是现实生活中真实客观的存在，需要占据一定的三维空间。

(2) 体的分类 体有几何体和非几何体两大类，几何体有正方体、长方体、椎体、柱体、球体等，非几何体指一切不规则的形体。一切几何体，特别是长方体在家具造型中得到广泛的应用。长方体按其三维尺度的比例关系不同可分为块状体、线状体和板状体。这三种形式的长方体通过自身的叠加或递减可以相互转换。非几何形体中的仿生的有机体也是家具经常采用的形体。造型设计中的体，还有实体和虚体之分。由块立体构成或由面包围而成的体叫实体，由线构成或由面、线结合构成，以及具有开放空间的面构成的体称为虚体。虚体根据其空间的开放形式，又可以分为通透型、开敞型与隔透型。通透型即用线或用面围成的空间，至少要有一个方向不加封闭，保持前后或左右贯通。开敞型即盒子式的虚体，保持一个方向无遮挡，向外敞开。隔透型即用玻璃等透明材料围合的面，在一向或多向具有视觉上的开敞型的空间，也是虚体的一种构成形式。体的虚实之分是产生视觉上的体量感的决定性因素。

(3) 体的情感特征　几何体所表现的情感与几何形相似，但立体会给人在视觉上感到一定的分量，这就是体量感。任何几何体和非几何体都可形成一定的体量感。体的视觉感受除了与其轮廓线的形态特征有关外，还与其体量有关联。

① 细高的体量　具有纤柔、轻盈、崇高、向上的视觉感受。

② 水平的体量　具有平衡、舒展的视觉感觉。

③ 矮小的体量　具有沉稳的视觉感受，同时给人小巧、轻盈、亲近感。

④ 高大的体量　使人感到形体突出，产生力量和重量感，具有雄伟、庄重的视觉感受，也使人产生压抑感。

⑤ 实体　给人以稳固牢实之感。

⑥ 虚体　具有开放、方便、轻巧活泼的视觉感受。

(4) 体在家具造型设计中的应用　在现代风格及后现代风格的家具设计中，除长方体外，所有几何形体均得到广泛应用。体在家具设计中常常以堆积构成和切割构成的方式出现。

① 体的堆积构成　家具中的沙发和柜类，在视觉上常以不同形状和大小的体块形式出现，尽管它的内部是一个储存空间或结构空间，但仍把它看作体。体的堆积可以理解为不同形体的组合，而不管它结构上是否为一个整体。在结构上表现为一个整体时，是单件家具；在结构上表现为多个单体时便是组合家具，如组合柜、组合沙发等。从体的数量上分，有双体、三体组合或多体组合。从堆积形式上看有垂直方向堆积、水平方向堆积、二维（垂直或水平）堆积以及全方位堆积。全方位堆积就是在上下、左右、前后三向均有堆积层次出现，一般在室内居中出现，四面均可使用，形似一个小岛，所以又可称为孤岛式组合。在大的室内空间，柜类和沙发的组合、办公家具和儿童家具均可以采用这种组合形式。体的堆积是柜类和沙发的主要组合形式。

② 体的切割构成　切割是设计思维上的切割，是相对于简单的几何体而言。切割是为了功能或造型的需要，把家具形体设计成有凹口或凸块的形态，使其与简单的几何体相比，好像切割掉某些部分后所留下的体。借用切割概念与手法，可以使家具形体凹凸分明，层次丰富，变化无穷。体的切割构成包括平面切割构成和曲面切割构成。平面切割的形体刚劲有力，曲面切割的形体委婉动情。有时候某一形体既可以看作是切割构成，也可以理解为堆积构成，但这并不影响人们概念上的划分，对于设计实践也毫无影响。切割构成的形式常表现在桌面、柜体或沙发的形体变化上。如图 5-32 所示为体在家具造型设计中的应用实例。

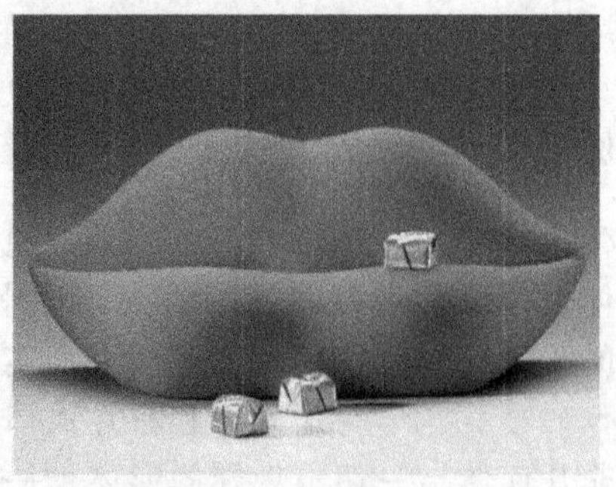

图 5-32　体在家具造型设计中的应用实例

5.3 家具造型设计中的色彩与肌理

色彩与肌理是家具造型设计的构成要素之一。一般而言，一件家具给人的第一印象首先是色彩，其次是形态，最后是质感。色彩在家具中不能独立存在，它必须依附材料和造型，在光的作用下，才能呈现。如各种木材丰富的天然本色与木肌理，鲜艳的塑料、透明的玻璃、闪光的金属、染色的皮革、染织的布艺、多彩的涂料等。一件完美的家具通过艺术造型、材质肌理、色彩装饰的综合构成，传递着视觉与触觉的美感信息。

5.3.1 色彩

5.3.1.1 色彩的基本原理

（1）*色彩的概念*　色彩在人们生活中是一种不可缺少的视觉感受。人们生活在一个色彩绚丽的世界上，凡是具有正常视觉能力的人，只要一睁开眼睛，就能看到各种不同的色彩和色彩组合。要想科学地认识什么是色彩，需要横跨物理学、生理学、心理学三个学术领域。

经过历代科学家的努力，特别是近代的物理学、化学、生理学、心理学以及美学等方面的科学家的努力，使人们越来越清楚地认识到：色彩是人的视觉器官对可见光的感觉。如果给色彩下定义，如：色是“光刺激眼睛而产生的视感觉，一切光源都含有色素的成分；自然界中的一切色彩都是在光的映射下形成的。”《美国大百科全书》中对色彩的定义为：色彩是光进入人眼的视网膜所产生的感知。这里的光可以是光源所发出的直射光，也可以是反射光。……颜色感知取决于不同波长的光对眼睛不同程度的刺激。

（2）*色彩的三要素*　在日常生活中，人们可以感受到许许多多的色彩，这些色彩可以分为无彩色和有彩色两大类：一类是从光谱中反映出来的红、橙、黄、绿、青、蓝、紫所组成的有色系统；另一类是光谱中不存在的黑、白、灰组成的无彩色系统。有彩色系统突出的是色相，又具有纯度和明度；而无彩色系统只有明度的变化，而不具备纯度的变化。光谱中的红、橙、黄、绿、青、蓝、紫为基本色，基本色之间不同量的混合会产生出成千上万种有彩色，而基本色与黑、白、灰色之间不同量的相互混合，又会出现无穷无尽的变化。所以，色彩是无数的。正因为色彩丰富，所以为了研究的方便，按其性质和特点，归纳出色彩的三个要素。

① 色相（Hue）　色相亦称为色调，是指色彩的相貌，主要是与色的波长有关，是色彩的质的特征。不同波长的光刺激人的视觉形成了不同的色彩，为了区别它们，人们规定了许多名称，如红色、橙色、黄色、绿色、青色、蓝色、紫色等。光谱中的红、橙、黄、绿、蓝、紫色为六种基本色相。

② 明度（Value）　明度，指色彩的明暗程度，也可称作色彩的亮度，主要由光波中的振幅来决定。无彩色中，黑色最暗，白色最亮；有彩色中，黄色最亮，紫色最暗，其他彩色的亮度处于黄、紫之间。有彩色加白，明度会随之提高；加黑明度会随之降低。任何色彩都具有明度，所以色彩一旦存在，明暗关系就会同时出现。

③ 纯度（Saturation）　纯度，是指色彩的鲜艳程度，亦称彩度或饱和度，取决于一种颜色的波长单一程度。基本色相的纯度最高，如果在这些颜色中加进白色、黑色、灰色或加水稀释，纯度就会降低。纯度描述色相的纯净，纯度越高，色相表现越明显，色彩越鲜艳、强烈、活跃、刺激；纯度越低，色相表现越模糊，色彩越浑浊、稳重、平淡、柔和。纯度体现了色彩的内向品格，一种颜色，哪怕纯度发生了细微的变化，也会导致色彩性格上的变化。因此，在实际的设计工作中，对纯度的选择往往是决定一种颜色的关键。

（3）*色彩的物理学理论*　不管眼前放着如何美丽的家具，在没有光线的地方如暗室中，色彩和形状都是看不见的。这一简单事实说明没有光就没有色，光是形成色的首要因素。因此，研究家具的色彩需要了解光与色的关系，光和色的关系是物理学的研究范畴。

英国物理学家牛顿在1666年研究了光与色的关系，他在暗室中将一束太阳光通过三棱镜投射到屏幕上，结果看到了红、橙、黄、绿、蓝、紫的光谱，即牛顿的白光分光光谱。他又将各种颜色的光线通过三棱镜聚合在一起，结果又复原成接近太阳光的白光。光学理论告诉人们，光是一种以电磁波形式存在的辐射能，电磁波包括：宇宙射线、X射线、紫外线、可见光、红外线、无线电波、交流电波等，其中只有波长在380～780nm之间的电磁波能引起人的视觉感和色彩感觉，因而被称为可见光。光的物理性质取决于振幅和波长两个要素，色彩的明度主要由光波中的振幅来决定，色相主要是与色的波长有关，纯度取决于一种颜色的波长单一程度。波长不同对应不同的颜色（表5-3），当光波照射物体时，光波和物体相互作用，一般呈现两种效应：一种是速度减慢引起的折射和双折射现象；另一种是光能减弱的消光现象。消光现象中，将光能转换成其他形式的能量，是吸收现象；光波沿其他方向传播，是反射现象。物体之所以能呈现出各种彩色，是因为物体对可见光中不同波长的光线，具有不同的吸收与反射的缘故。白色物体是因为将照射在物体上的光线全部被反射回去；透明物体如透明玻璃制品是因为照射的光线经折射而全部被透过；灰色物体是因为物体能较均匀地吸收各种光波可见光线的一部分，而反射另一部分；黑色物体是因为物体把照射它的白光全部吸收；彩色物体是因为该彩色被反射，其补色被吸收。

表5-3 不同波长光线的颜色

波长/nm	400～430	430～480	480～500	500～560	560～590	590～620	620～760
颜色	紫色	蓝色	青色	绿色	黄色	橙色	红色

牛顿的白色分光光谱经一次分光的光线再次通过棱镜，不能进一步分解的称为一次色，如红、绿、紫色光称为一次色。光谱中的黄色光（波长589nm）可以再次分解，红色光与绿色光以一定比例混合的色光给予人们眼睛的感觉是完全一样的，称为二次色，由此可知黄色光是两种色光的合成刺激。三种一次色混合时，在光的场合还原为白光；而在色料的场合则为深灰色或近黑色，这样的混合明度降低，称为减法混合。光的一次色是橙红、绿、靛蓝，而色料的一次色是黄（耐光黄）、蓝（绿蓝）、红（品红）。

（4）色彩的化学理论　人们能看见的植物、动物以及矿物质的大部分色彩都来源于色素。色素是在反射某些光线时吸收了其他光线的波长的化学物质。很多动物和植物都能分泌出溶于水的色素，这种可溶性色素被称为染料，如海参能喷射出一种叫做龙胆紫的紫色染料，蕉鹃艳丽的翅羽来自一种叫做蕉鹃羽红素的染料。化学家研制的颜料、涂料、染料为人造着色剂，其色彩不同于自然界物体的色彩，它是通过相应的工艺技术涂饰于产品表面上而使产品获得新的色彩，家具的色彩就是依赖于高分子化学染料和颜料而获得。所以，为了设计理想的家具色彩，就要熟悉颜料与染料的化学性质以及染料配色的知识。

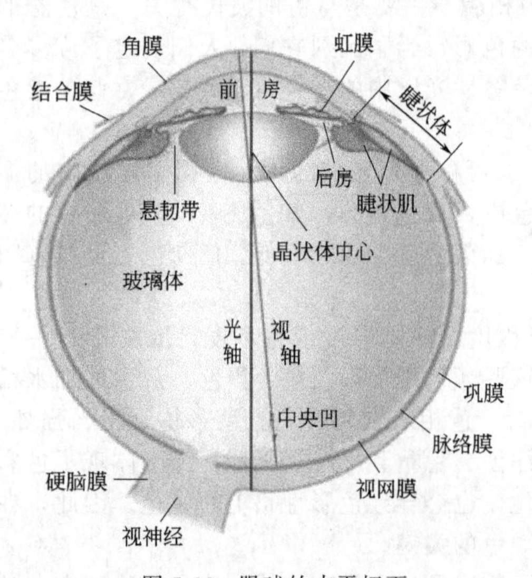

图5-33 眼球的水平切面

（5）色彩的生理学理论　有时虽有光线，但仍看不见家具上美丽的颜色。那是因为生理器官——眼睛的问题，或是眼睛看不见或是眼闭着。这说明认识颜色是物理问题，同时也是生理问题。颜色的感觉是由于光刺激视神经的结果，是属于生理学的研究范围。因此，生理学家及眼科医生

对颜色与眼睛的关系，以及颜色与身体上其他器官的关系进行了较为系统地研究。

由生理学的理论可知，人的眼球壁内层是透明的视网膜（图 5-33），它是视觉的感光部分，布满着柱状细胞和锥状细胞。柱状细胞能感受光线的强弱，但不能分辨色彩。锥状细胞具有分辨色彩的能力，能使健康的眼睛分辨出 17000 多种细微的色彩差别，其感色机能是与红、绿、蓝光波长响应，这三种感色细胞在响应中出现复杂的、大量的信息交替刺激着视神经，通过视神经分别与大脑相联系。当眼睛注视外界物体时，物体反射的光线通过角膜、水晶体及玻璃体的折射，使物像聚焦于视网膜中心窝部位。视网膜的感光细胞将接受到的色光信号转化为视神经冲动，经视觉神经传送至大脑皮层的视觉中枢，从而产生色感。

此外，色彩具有生理性效应，科学研究表明，红色能使血压升高，脉搏加速，呼吸加快；蓝色能使躯体活动减弱，头脑清醒等。因此，可以根据色彩的生理性效应，针对人们的生理需要进行色彩设计，如高血压病人使用的家具不宜采用红色，办公家具为了使办公人员头脑清醒从而提高办公效率宜采用蓝色。

（6）色彩的心理学理论

① 色彩的知觉

a. 色彩的对比　所谓色彩的对比是指两种或两种以上的色彩在同时存在的条件下，由于相互影响而使各自的特征更加突出或改变的现象。表 5-4 就主要的对比类型的色彩效果加以阐述，供色彩设计时参考。

表 5-4　色彩的对比

对比类型	对比效果
同时对比	同时看到色彩对比的现象称为同时对比。对比的双方都会把对方推向自己的补色。例如：黑色与白色相对比，黑色显得更黑，白色显得更白
连续对比	先后看到色彩对比的现象称为连续对比。当人眼长时间地注视某种颜色后，将该色移走或转而注视其他地方，会在视觉背景中出现原来颜色的补色。如先看红，再看紫，则不见紫而是呈现青绿色，定视后才看到紫色
明度对比	低长调：暗色调的明度强对比。效果清晰、激烈、不安、有冲击力 低中调：暗色调的明度中对比。效果沉着、稳重、迟钝、深沉 低短调：暗色调的明度弱对比。效果模糊、沉闷、阴暗、神秘 中长调：中灰色调的明度强对比。效果充实、深刻、敏锐、坚硬、力度感强 中中调：中间灰调的明度中对比。效果饱满、丰富、较含蓄 中短调：中间灰调的明度弱对比。效果朦胧、模糊、混沌、深奥 高长调：亮色调的明度强对比。效果明亮、清晰、活泼、有动感 高中调：亮色调的明度中对比。效果柔和、欢快、明朗而又安稳 高短调：亮色调的明度弱对比。效果极其明亮、辉煌、轻柔 全长调：暗色和亮色面积相等的明度强对比。效果矛盾、生硬、明确、单纯
色相对比	同类色相对比：相隔 15°以内的色相对比。这是最弱的色相对比 对比的效果单纯、雅致，但易单调、呆板，应通过明度和纯度的关系来调整 类似色相对比：相隔 30°左右的色相对比，仍属于弱对比 对比的效果随和、统一，比同类色对比的效果丰富 邻近色相对比：相隔 60°左右的色相对比，属色相的中对比 对比的效果更加丰满、活泼 对比色相对比：相隔 120°左右的色相对比，属色相的强对比 对比的效果强烈、兴奋，处理不当会产生烦躁、不安之感 互补色相对比：相隔 180°左右的色相对比，是最强烈的色相对比关系 对比的效果更完整、更充实、更刺激。它的优点是饱满、活跃、生动、刺激。不足之处是不含蓄、不雅致，过分的刺激易引起视觉疲劳
纯度对比	纯度强对比：纯度差大的对比 色彩效果明确、肯定，给人以兴奋、鲜明、艳丽、生动、活泼、刺激的感觉 如果处理不当，会显得生硬和过分刺激 纯度弱对比：纯度差小的对比 色彩变化非常微妙，形象模糊不清，适于表达某种特殊的环境气氛 纯度中对比：色彩效果介于强对比与弱对比之间 对比效果柔和、朦胧又不失变化
冷暖对比	由色彩冷暖感觉的差异而形成的对比，与物理上的热量有关 越是接近黑色，吸收的热量就越多；越是接近白色，反射的热量就越多
面积对比	色彩必须通过一定的面积才能表现出来，两种或两种以上的颜色因面积上的差别而形成的对比。可以使色彩的对比效果加强或减弱
综合对比	因明度、色相、纯度等两种以上性质的差别而形成的色彩对比。如黄与紫既是补色对比又是明度对比；蓝与橙既是冷暖对比又是补色对比

b. 色彩的视认性和诱目性　色彩的视认性就是指色彩是不是可以让人看得清楚。发挥色彩的认识功能时，色彩的视认性很重要。实验证明，视认性与照明情况，图形的大小和复杂程度，背景色与图形色的三属性的差别等因素有关，其中以背景色与图形色的明度差对色彩的视认性影响最大。表 5-5 和表 5-6 分别列出视认性高低的排列次序，供色彩设计时参考。

表 5-5　视认性高的配色

顺序	1	2	3	4	5	6	7	8	9	10
底色	黑	黄	黑	紫	紫	蓝	绿	白	黄	黄
图色	黄	黑	白	黄	白	白	白	黑	绿	蓝

表 5-6　视认性低的配色

顺序	1	2	3	4	5	6	7	8	9	10
底色	黄	白	红	红	黑	紫	灰	红	绿	黑
图色	白	黄	绿	蓝	紫	黑	绿	紫	红	蓝

色彩的诱目性是指色彩是不是容易引起人们的注意。“注意”是心理学的研究范畴，根据心理学对消费者的研究可知，产品能否引起人们的注意关系到消费者的购买行为。所以，要通过色彩设计引起消费者对设计产品的购买欲。一般而言，高明度、高纯度、暖色系的彩色的注意程度比低明度、低纯度、冷色系的彩色及无彩色的要高。另外，生活中不常见的色或周围没有与之相类似的色，都能引起醒目的效果。

② 色彩的联想、情感与象征

a. 色彩的联想　由于人们长期生活在色彩世界中，当看到某种色彩时，就会把眼前的色彩与过去的视觉经验联系在一起，这就称为“色彩的联想”。色彩的联想分为具体联想与抽象联想（表 5-7）。

表 5-7　色彩的联想

色彩	具 体 联 想	抽 象 联 想
红色	火、血、太阳、红旗	喜庆、热烈、温暖、危险、革命
橙色	橘子、炉火、阳光	明朗、温暖、华丽、辉煌
黄色	香蕉、月亮、阳光	光明、温暖、华丽、亲切、柔和
绿色	田野、森林、草原	青春、生命、希望、和平、繁荣
蓝色	天空、海洋、远山	凉爽、宁静、深远、轻柔
紫色	葡萄、霞光、伤痕、鲜花	华丽、娇艳、忧郁、古朴
黑色	深夜、煤炭、钢铁	坚实、沉着、庄重、安静、悲哀
白色	冰雪、棉花、白云、医院	寒冷、轻软、纯洁、卫生
灰色	阴天、炉灰、水泥	阴郁、忧闷、平凡、单调、含蓄

从表 5-7 可知，由色彩引起的联想可以是积极的，也可能是消极的。而在进行色彩设计时，要尽可能使色彩的联想对人们产生积极的作用。

b. 色彩的情感　色彩本身没有灵魂，它只是一种物理现象，但人们却能够感受到它的情感。心理学家认为，这是因为人们长期生活在一个色彩的世界中，积累了许多视觉经验，一旦视觉经验与外来刺激发生一定的呼应时，就会在人的心理上引发某种情绪。

21 世纪家具设计的发展趋势之一是人性化设计，情感需求是人的共性之一。色彩本身无所谓情感，但是色彩能唤起人们的情感。关于色彩的情感详述资料，见表 5-8。

c. 色彩的象征　色彩本身只是一种物理现象，但是由于人们生活在色彩的世界，时时刻刻受到各种色彩的影响，对它们有着深刻的印象，并赋予色彩特定的含义，这就是色彩的象征（表 5-9）。色彩的象征意义是人类文化的组成部分。如今，人们逐渐认识到传统文化和民族文

化的丰厚内涵及历史的积淀是家具设计的生命与源泉。所以色彩的象征意义是家具文化设计的来源之一。

表 5-8　色彩的情感

色彩的感觉	色彩的感觉和色彩三要素的关系及应用举例
冷暖感	取决于色相，与明度、纯度也有关。一般来说，红、橙、黄为暖色系；蓝、青、蓝紫为冷色系；绿和紫为中性色系。色彩的冷暖是比较而言的，如紫与红相比，紫显得冷一些，而紫与蓝相比，紫就显得暖一些。明度高、纯度低的有冷感，明度低、纯度高的有暖感。在地下室、不朝阳的房间里摆上暖色家具，可以给人温暖感；在热加工车间、冷饮店和朝阳房间里摆设冷色家具，则给人凉爽、清静之感
距离感	与色相、明度和纯度都有关。可归纳为：暖的近，冷的远；明的近，暗的远；纯的近，灰的远；鲜明的近，模糊的远；对比强烈的近，对比微弱的远。给同样形体的两件家具赋冷色和暖色，暖色家具比冷色家具体积显得大。在居住面积小的情况下，家具采用浅色、冷色可以调节心理上的空间感
轻重感	取决于明度。明度低的有重感，明度高的有轻感。家具造型设计力求重量感时宜用深色；力求轻巧感时宜用浅色
胀缩感	主要与色相、明度有关。一般来说，明度高的暖色，看起来会觉得比实际大，也比较靠近，故称为膨胀色或前进色；明度低的冷色，看起来会觉得比实际小，也比较退后，故称为收缩色或后褪色。在无彩色系中，白色有膨胀性，黑色有收缩性
软硬感	取决于明度和纯度。高明度的含灰色具有软感，低明度的纯色具有硬感
舒适与疲劳感	纯度过强、色相过多、明度反差过大的对比色组容易使人疲劳；过分暖的配色也容易使人疲劳。绿色是视觉中最为舒适的色
兴奋与沉静感	在色相方面，红、橙、黄色具有兴奋感，青、蓝、蓝紫色具有沉静感，绿与紫为中性；在明度方面，高明度色具有兴奋感，低明度色具有沉静感；在纯度方面，高纯度色具有兴奋感，低纯度色具有沉静感。色彩组合的对比强弱程度直接影响兴奋与沉静感，强者容易使人兴奋，弱者容易使人沉静
华丽与朴素感	主要受色相影响，其次是纯度与明度。红、黄等暖色和鲜艳而明亮的色彩具有华丽感，青、蓝等冷色和浑浊而灰暗的色彩具有朴素感。有彩色系具有华丽感，无彩色系具有朴素感。色相对比的配色具有华丽感，其中以补色组合为最华丽。金、银色的运用是增加色彩华丽感的常见手法
明快与忧郁感	与色相、明度、纯度、配色对比均有关，受明度影响最大。暖色、高明度色、高纯度色有明快感；冷色、低明度色、低纯度色有忧郁感。无彩色中，黑与深灰易使人产生忧郁感，白与浅灰易使人产生明快感。对比强的色有明快感；对比弱的色有忧郁感。纯色与白组合易明快，浊色与黑组合易忧郁
通感	在心理学上，把一种感觉引起的其他领域的感觉，称为通感。例如欣赏一幅优秀的色彩艺术作品时，似乎从中能“听”到用颜色谱写的乐曲；欣赏一首优美动听的乐曲时，似乎从中能“看”到用音符描绘的色彩。这就是所谓的“色听”通感

表 5-9　色彩的象征

色相	象征意义
红	喜悦、热情、喜事、幸福、爱情、革命、热心、活力、势力、愤怒、活泼
橙	快活、华贵、积极、跃动、喜悦、温情、任性、精力旺盛、嫉妒、虚伪
黄	希望、快活、愉快、发展、光明、欢喜、明快、和平、轻薄、冷淡、黄金
绿	安息、安慰、平静、智慧、亲爱、稳健、公平、理想、纯情、柔和、和平
青	沉静、高深、消极、悠久、磊落、海洋、真实、冷淡、理智、未熟
紫	优美、神秘、不安、永远、高贵、温厚、温柔、优雅、轻率
黑	寂静、悲哀、绝望、沉默、黑暗、恐怖、死亡、坚实、严肃、罪恶
白	欢喜、明快、纯真、神圣、朴素、清楚、纯洁、清净、信仰
灰	中庸、平凡、温和、谦让、忏悔、不得要领、中立

5.3.1.2　家具色彩设计

（1）家具色彩设计的概念　由于家具设计包括形态、结构、色彩、材料及各生产环节的系统性综合过程。因此，家具色彩设计只是家具设计这个综合过程中的一个环节，是根据色彩的科学理论设计出人类生活、工作、环境中所需要的家具色彩，是为家具使用对象服务的设计活动。涉及如何确切地选用色料，如何把选用的色料组合调配，如何确定色彩在家具中的存在状态，即存在的面积、形状和具体位置等。

（2）家具色彩的形成　家具装饰色彩主要通过以下途径获得。

① 木材的固有色　家具是以木质为主要基材的一种工业产品。木材是一种天然材料，附

在木材上的本色就是木材的固有色。木材种类繁多，固有色十分丰富，如栗木的暗褐、红木的暗红、檀木的黄色、椴木的象牙黄、白松的奶油白等。木材的固有色或深沉或淡雅，通过透明涂饰或打蜡抛光而表现出来。保持木材固有色和天然纹理的家具一直受到世人的青睐。

② 保护性的涂饰色　涂饰色是家具色彩获得的一种古老而普遍的途径。由于中国很早就有漆树，漆树皮层中流溢出的黏稠状液体即生漆，是一种优质天然涂料，初呈乳白色，渐转为灰、褐、赭、赤和黑色。生漆很早直至今天作为一种涂料用于家具上，形成家具的涂饰色。涂饰色的工艺有透明涂饰工艺、不透明涂饰工艺等，涂饰方法有手工涂饰，也有机械喷涂和淋涂等。目前，大多数家具都进行涂饰处理，以提高其耐久性和装饰性。透明涂饰纹理可见，不透明涂饰覆盖纹理。透明涂饰大多数需进行染色处理，染色可以改变木材的固有色，使深色变浅，浅色变深；使木材色泽更加均匀一致；使低档木材具有名贵木材的外观特征。不透明涂饰是一种人造色，色彩加入涂料中，使木材纹理和固有色完全覆盖，可有相当丰富的色彩供选用，在流行家具中得到广泛运用。

③ 覆盖材料的装饰色　现代家具大多采用人造板（胶合板、纤维板、刨花板等）作为基材，为了充分利用人造板，常对它们进行覆盖处理。覆盖材料的装饰色既可以模拟珍贵木材的色泽纹理，也可以加工成多样的色彩及图案。

④ 金属、塑料配件的工业色彩　家具生产中常常要用到金属和塑料配件，特别是钢家具。钢管通过电镀得到的富丽豪华的金、银色，以及彩色电镀和喷塑，进一步丰富了家具的色彩；通过各种成型工艺加工的塑料配件，是形成家具局部色彩的重要途径。

⑤ 软包家具的织物附加色　床垫、沙发、躺椅、软靠等家具及其附属物、包面织物的色彩对床、椅、凳、沙发等人体类家具的色彩常起着支配或主导作用，是形成家具色彩的又一种重要方法。织物色的工艺主要是印染工艺等，我国从建国开始到改革开放的30年间，印染产品色泽单调，花形简单。印染技术和发达国家比较，相对落后。改革开放以后，国家对印染企业的技术改造开始予以重视，不断引进国际上新的印染机械。随着印染行业的技术进步，印染色彩十分丰富。

家具色彩不论从哪一种途径获得，都对应一定的材料和工艺，色彩依附的材料工艺形成一定的行业，因此进行家具色彩设计必须加强与这些行业的联系，关注色彩材料工艺的发展，使家具色彩设计的色域丰富、技术性提高。

(3) 家具色彩设计的相关因素分析　研究家具色彩设计涉及人与家具、人与人、人与环境、人与社会等方面的关系。现从家具、人、社会、环境四个方面来探讨家具色彩设计的相关因素，对形成家具色彩设计的系统理论具有重要意义。

① 家具因素

a. 家具材料　进行家具色彩设计时，应注重材料的色彩美与肌理美。材料的色彩与肌理是相互影响的，没有色彩的渲染，肌理就失去了光泽，没有肌理的辅助，色彩就失去了表现力。对于具有天然良好色泽的材料，应保持其本色。如在世界享有盛名的明式家具，较多地充分表现出材料本身的自然色泽和纹理美。对于色彩效果较差的材料，可通过人工着色处理，以获取新颖的色彩。

色彩本身存在质感：复色、明度暗、彩度高的色彩有粗糙、质朴感，如驼红、熟褐、蓝灰等；色相较艳，明度亮、彩度略低时，有细腻丰润感，如牙黄、粉红、果绿等。对于家具材料的质感和肌理，将在其后单独论述其在家具造型设计中的应用。

b. 家具形体　色彩与形体都是家具造型的要素，两者各具表现力。但是如果家具色彩设计不考虑到与形体表现的统一，两者的表现力就会相互削弱；相反，则会相得益彰。家具的形体有的力求庄重稳定（如图5-34所示的弯脚型家具）；有的力求轻巧活泼（如图5-35所示的圆锥椅），有的力求雕塑感（如图5-36所示的Tulip椅）等，利用色彩的特性配合形体的表现，则会收到更好的艺术效果。例如，给弯脚型家具（尤其是虎脚型家具）涂饰庄重的深红灰

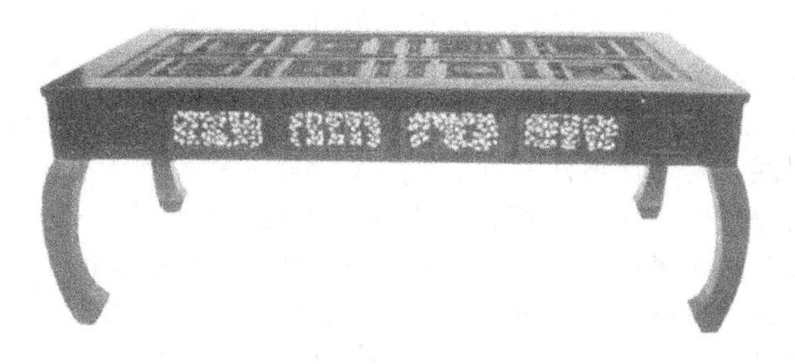

图 5-34　弯脚型家具

图 5-35　圆锥椅

图 5-36　Tulip 椅

复色，给形体活泼的家具涂饰较艳丽的红色，给富有雕塑感的家具赋以紫红色，都能取得较好的装饰效果。

此外，家具形体是依一定结构而组成的，由于功能要求、技术条件等因素的制约，不可避免地会出现有损表现力的无奈因素。当然，也可以改善形体以适应结构的需要，但利用色彩的优势就在于不必大动干戈，只在原设计形体表面做文章，就能容易地现实。例如，一件四门大衣柜，用于储藏四季的衣物，其正面造型缺少变化，通过将衣橱的四扇门分别漆上草绿、黄、粉红、浅棕四种不同的颜色，不但弥补了不足，而且显得雅致清新，同时又可以用来代表一年四季而分放不同季节的衣服，便于识别。事实证明这种尝试已受到一些用户的欢迎。

c. 家具风格　风格是指一种精神风貌和格调，是通过造型艺术语言而呈现出来的。风格可以创造情调，提高观看者的兴趣，增加人的愉悦程度。风格具有感染力，可感染环境，调动人们的情绪。在家具发展史上，家具风格多种多样，已逐渐走向成熟。一种成熟的家具风格所用的色彩有着较固定的模式。因为所有的因素（包括色彩）都参与风格的建构，如产生于中国、印度和日本等东方国家的东方风格的家具其色调多深沉凝重，家具表面常做亮光处理，使整个家具沉着但不沉闷，还有几分轻巧与精致。形成于斯堪的纳维亚半岛的北欧风格的家具，其色彩强调保持原材料的天然色泽，体现自然、质朴和粗犷的特征。形成于地中海沿岸的地中海风格的家具其色彩多为白色、海蓝色和浅绿色，表面处理为以色彩遮盖的亚光形式。还有国际上广泛流行的国际风格的家具，其色彩或是含蓄的黑、白、灰，或是无拘无束的五彩绚丽。因此，在家具设计面对使用者的特定风格要求时，在色彩处理上不得不从众多风格的色彩特征中寻求参照。

② 人的因素　据调查资料表明，儿童喜爱艳丽、彩度高的色彩，如婴儿对红色和黄色较敏感。4～9 岁儿童最爱红色。9 岁以上的儿童最喜欢绿色。7～15 岁的学生，男生喜爱的色彩依次为绿、红、青、黄、白、黑，女生喜欢的色彩依次为绿、红、白、青、黄、黑。一般女生比男生更偏爱白色，绿和红是男女生共同喜爱的色彩，黑色在他们中不怎么受欢迎。青年人喜

好明亮度高、对比强烈的色彩，如黄色、橙色、粉红色。年龄大些的人，则趋向于平淡色调，如中年人倾向于沉着丰富的色彩；老年人对色彩的爱好趋向老成、庄重、稳定。一般而言，明快色彩更易受女性青睐，若把任意色彩以白色冲淡，提高其明度，会更受女性的嗜好；相反若以黑色加深降低其明度，则增加男性的嗜好度。文化素养较高和大部分脑力劳动者偏爱调和、素雅、温柔、深沉的冷色调。司机、炼钢工人偏爱淡雅的冷色调。医生偏爱暖色调和对比色调。性格较急躁的人多喜欢暖色、对比强烈和明快的色调。性格忧郁、怯弱、沉默的人喜欢冷色及柔和、素雅的色调。性格活泼、热情、朝气蓬勃的人喜欢跳跃的暖色、对比色和艳丽的色调。理智、深沉、性格内向的人喜欢调和、稳重的色调。可见，色彩与人的年龄、性别、职业、文化程度、性格、气质等个性因素都有关。

家具设计、生产出来是要面向消费者的，消费者接受不接受是衡量设计、生产成功与否的关键因素。根据消费者行为学的研究，心理因素是影响消费者购买行为的重要因素。而消费者的色彩心理与其个性因素有关，因此进行家具色彩设计时应考虑消费者的个性因素对色彩心理的影响。如进行青少年家具的色彩设计，多采用鲜艳、丰富多彩的色调。如女孩房用粉红、淡紫的色彩，男孩房用草绿、浅蓝的色彩，如图 5-37 和图 5-38 所示。事实证明这种用色受到了青少年的普遍喜爱。

图 5-37　女孩房的家具色彩

图 5-38　男孩房的家具色彩

③ 社会因素

a. 政治制度　在计划经济时代，家具的色彩非常的沉闷、保守，带有浓郁的政治色彩。改革开放以后，人们从“文化大革命”的政治束缚中解放出来，冲破了严格规定性的家具色彩，开始追求家具个性解放和个性表现的审美性家具色彩。可见社会政治制度对家具色彩的设计会产生较大的影响。

图 5-39　泡沫椅

b. 科技因素

ⓐ 科技成果　社会中重大的科技成果，不仅给人们的物质生活带来了效益，也使其精神生活更充实，同时也影响到了家具的色彩设计。20 世纪 60 年代，人类的宇宙飞船终于进入宇宙，人们注目着宇宙，也向往着宇宙，这就使蓝色的宇宙色在世界各地的流行。如芬兰家具设计师艾诺·阿尼奥 1968 年设计的“泡沫椅”，其色彩就是采用的代表宇宙的蓝色，即“宇宙色”，如图 5-39 所示。

20 世纪 80 年代初，家具色彩设计已经注入了现代生活的节奏，以高级的工业色料，创造与工业化社会相吻合的新色彩。而到 20 世纪 80 年代末，人们开始厌恶工业文明所带来的城市环境的污染等，向往大自然的色彩，于是家具的色彩又开始回归自然，木纹本色家具十分流行。由此可见，不能忽视科技的发展对社会环境的影响，以及对家具色彩审美趋向的影响。

ⓑ 化学因素　在此所说的家具色彩形成的化学因素，即工业着色剂的使用。着色剂可分为染料和颜料。染料能改变木材纤维的色彩，具有强烈的着色力，色泽鲜艳，色谱齐全，木材经染料溶液染色后其纹理仍然十分清楚，着色效果好。根据颜料的化学组成，可分为无机颜料和有机颜料两类，无机颜料耐热、耐光、耐溶剂性能比有机颜料的优良。无论是无机颜料或是有机颜料均不溶于溶剂，只能制成浑浊液涂在家具的表面上，以在家具表面上形成新的色彩涂层，但不能改变木材纤维的色彩。颜料虽能使家具获得新的色彩，但却掩盖了木材表面上的自然木纹，丧失了木材的天然美。所以，同一色彩选用不同的着色剂会获得不同的装饰效果。就塑料而言，染料着色能使塑料制品色泽鲜艳透明，无机颜料使塑料制品透明度下降，色光不鲜艳。因此，家具的色彩设计要根据着色剂的特点，结合实际需求，选择适当的着色剂，在可能范围中寻求最佳色彩效果。

ⓒ 工艺因素　这里的工艺因素是指家具色彩的成色工艺，即实现家具色彩的生产技术方法。实现家具色彩的方法是多种多样的，最常见的是涂料喷涂，另外还可以通过机械加工（抛光、滚压等）、电化学处理（电镀、电抛光等）和喷塑等方法。同一色彩用不同的工艺方法，会取得不同的色彩效果，如金属灰色，可以采用涂饰的方法，也可以采用电镀铬的方法，各显示出不同的色彩效果（图5-40）。所以，在家具色彩设计中应考虑不同的着色方法对色彩的影响，选择恰当的着色方法实现设计的色彩效果。

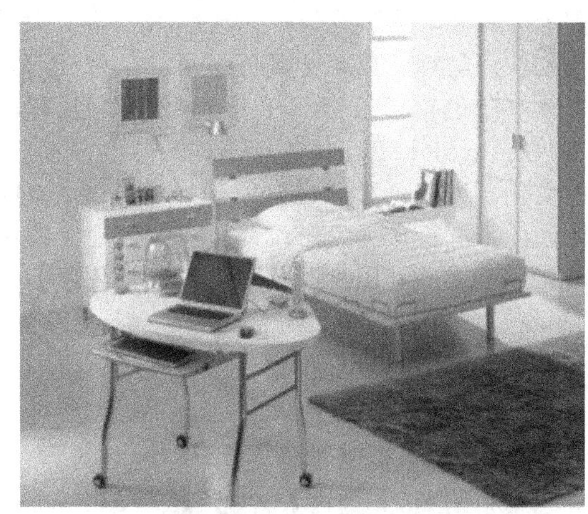

图5-40　电镀灰和涂饰灰

另一方面，工艺过程是着色的一系列工作的总和。其中的工序控制对家具色彩的形成与表现都是很重要的，如果控制不好，就难以获得预计的效果。如涂饰绿木纹玉石色，要经过表面处理→嵌补→给木材纤维着色→涂底漆→揩涂硝基清漆→填纹孔→进一步揩净表面浮粉→涂一度漂白虫胶清漆封闭纹孔，干后砂磨光滑。其工艺较为麻烦，但是为了获得这一色彩的效果，至今仍无法省略。而且，在填纹孔和揩净浮粉这两步要控制好，否则色彩对比效果不强烈，木纹不明显，不能获得设计的色彩效果。

c. 意识形态　中国古人的思想观念认为，天地间的运动、朝代的变更是受五行（即木、火、土、金、水）支配且周而复始。占天地间五行之一的人才能当天子，而五行与五色有一定的对应关系（表5-10）。

表5-10　五行与五色

五行	金	木	水	火	土
色彩	白	青	黑	赤	黄

据文字记载：黄帝时代是土气胜，尚黄色；夏朝是占木德而成天下，尚青色；商朝是占金德而得天下，尚白色；周朝是占火德而成天下，尚红色；秦始皇时，因占水德而得天下，尚黑色；汉高祖刘邦从南方起兵，而占火德，得天下后尚红色。后来怕深青乱紫，赤黑之间的紫和赤白之间的绯，由原来卑贱的象征，转化为富贵的标志。宋代以紫为贵，清代黄色至高无上。这影响了各朝代的家具用色，如夏商周时期青铜家具兴盛；秦代漆木家具以红、黑两色为主；宋代之后的明清家具采用黄花梨、紫檀制作家具，家具色彩以黄色、紫色象征富贵。

d. 文化内涵　国家、民族以及宗教信仰的不同，对色彩有不同的喜好与禁忌。因为同一色彩在不同的国家和民族有不同的文化内涵，例如许多国家的民族均喜欢绿色；而法国和比利时人却憎恶，因为墨绿色会让他们联想到德国纳粹的军服，想到被占领、被奴役的往事。很多国家都认为白色象征纯洁和神圣，而摩洛哥人忌用白色，在他们眼中白色意味着贫困，一无所有。黄色在古代中国是皇帝的专用色，象征皇权和高贵，而在西方的某些民族则认为黄色有邪恶之意等。此外，宗教的代表色彩会影响教徒的心理，如“佛祖”释迦牟尼的代表色彩是白色和橙黄色。佛教教徒希望通过模仿崇拜物来寻求崇拜物的护佑。所以，进行家具色彩设计要考虑色彩的文化内涵，一方面可以利用色彩的象征意义形成具有象征性的色彩美；另一方面要防止把属于特定文化环境的色彩用到人文背景不同的区域，这样不易为人所接受。

④ 环境因素

a. 光环境

ⓐ 光源色　有光才有色，光产生于光源。光源有自然光源和人造光源两类，自然光源如太阳光和月光，人造光源如灯光、火光等。太阳光在早晨、中午和黄昏，色彩是有变化的：早晚日光往往呈红、橙或金黄色，正午呈白光。人造光源也有自己的色彩特征，观察可知，同一件家具（白色椅子）在正午日光下呈白色（图 5-41）；在早晨，阳光照射下呈橙黄色（图 5-42）；在白炽灯下带有黄色；在日光灯下偏青色。可见，家具色彩会因为光源的色彩特征的变化而变化。运用色彩的混合原理，结合光源的色彩特征，可以分析出光源色对家具色彩的影响。因此，进行家具色彩设计时应该考虑光源色的因素，要防止光源色对家具固有色的不良视觉效果，要充分利用光源色来丰富家具色彩的表现效果。

图 5-41　正午日光照射下的白色家具

图 5-42　晨光照射下的白色家具

ⓑ 光照强度和光照角度　光照强度是表示光源在某一方向上发光强弱的物理量。家具的色彩直接受到光照强度的影响。光照强度提高，家具色彩的明度就会提高，同时色相及纯度也会起变化。而光照强度减弱，家具色彩的明度会降低，色彩较饱和。在极强或极弱的情况下，容易产生眩晕和模糊的现象，家具色彩也就失去了原貌。如：月光下的家具色彩会变得模糊灰暗，丧失了色相感，接近黑色。家具在强烈的光照下，高光处的色彩几乎是白色。光照角度不同，也会使家具表面色彩发生变化，影响家具不同部位的色彩明度和色相，如单色家具由于不同部位的迎光、侧光和背光的不同而呈现不同的色彩效果，如图 5-43 所示。

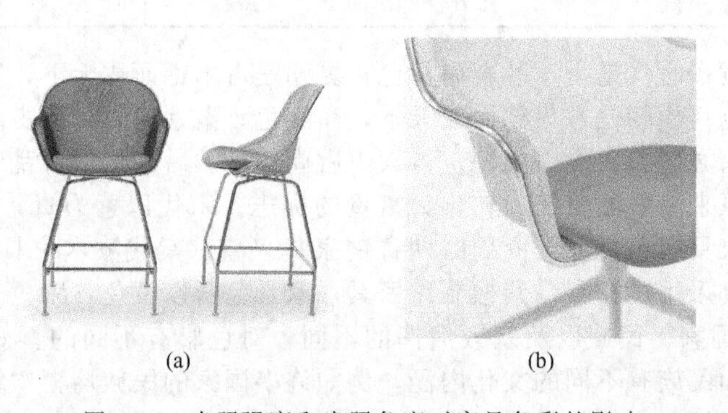

(a)　(b)

图 5-43　光照强度和光照角度对家具色彩的影响

b. 空间环境

ⓐ 空间尺度　室内空间的尺度会使人们的心理产生空旷感或拥挤感，而色彩可以在一定程度上调节人们的空间感。一般来说，现代家具在现代居室空间中所占面积为45%左右，有的甚至高达70%。因此，家具色彩在室内色彩的构成中占有重要地位，同一室内空间的家具分别着暖色和冷色，会因为色彩的错觉，产生一个空间大一个空间小的感觉，如图5-44所示。所以室内家具的色彩设计可利用色彩的进退感调节较大空间的空旷感或较小空间的拥挤感。

(a)

(b)

图5-44　不同色彩的家具对空间尺度的影响

ⓑ 空间气氛　色彩是营造气氛的一种手段。不同的室内气氛对室内的家具色彩有一定的要求。例如儿童游戏间需要热闹的气氛，室内的家具宜采用暖色调。因为暖色会让人产生开朗、兴奋与刺激的感觉，可以让孩子在充满开朗、活泼而快乐的空间中嬉戏；在青少年休闲、阅读、休息的空间，需要安定与沉静的气氛，室内的家具宜采用冷色调。因为冷色能给人以安定与沉静的感觉。让人身处其中，自然而然由内而外地产生沉静与安定之感。因此，室内家具的色彩设计可以成为满足室内气氛要求的手段之一。

ⓒ 室内风格　室内风格的形成是不同的时代思潮和地区特点通过构思、创作和表现逐渐发展成为具有代表性的室内设计形式。一种典型风格的形式，在其家具的色彩搭配上有其一定的特点，如简朴淡雅的室内风格喜欢用浅色、木材本色；华丽高贵的风格喜欢用金色、黄色、红木色；传统中式风格色彩古朴、庄重。若在一个充满了所谓“欧陆风情”浪漫气息的厅堂里摆设古色古香的红木家具；在弥散着乡土气息的书房里陈设绝对现代派的家具，这便显得“不伦不类”。家具与室内装饰风格共处一个空间，作为一个整体，不论是使用什么设计手法（对比、变化、韵律等）都应该显出一种整体和谐的美学风格，不应有一种杂乱、破碎、不协调的感觉。

现代室内设计流派相当多，较有影响的有白色派、繁琐派、超现实派和历史派等。各个派别都形成自己的用色特点，如白色派以白色为基调，配色淡雅而统一；繁琐派大量采用表面光滑和反光性强的材料，色彩豪华、艳丽，光彩夺目；超现实派色彩浓重等。因此为了使室内环境色彩协调，为特定室内设计流派所设计的室内家具，其色彩应与之相适应，才能获得认可。例如室内设计流派中的白色派，在设计时大量运用白色调，因而室内家具通常采用鲜艳的色彩，从而形成室内色彩的重点，这是一种家具色彩设计的适宜手法。意大利的彩色塑料家具，由于其色彩在白色调室内中的装饰效果非常好，被许多人所喜爱，因此风行世界、大获成功就是明证。如图5-45所示，客厅采用白色派的设计主题，家具采用鲜艳的织物色与白色相互陪衬，有画龙点睛的效果。

ⓓ 环境性质　家具需是在一定的环境中被使用，使用环境性质不同，对家具色彩有不同的要求。家具按使用环境的性质来分类有：文化性环境中的家具，包括各类学校、文化馆、博物馆以及一些展览、观演类环境中所使用的家具，其家具色彩宜明净高雅，与其文化品味相辉

(a)

(b)

图 5-45　白色派室内家具色彩设计

映；居住性环境中的家具，其色彩设计应舒适、安宁，追求协调一致，宜选择恬淡柔和的暖色调；旅馆家具，虽有一定的商业性，其色彩性格应稍艳丽与适度对比；商业性环境中的家具，正如商业的行业品类繁多一样，其色彩环境需多式多样，由于广告性要求，有的即使很出格，也毫不奇怪；办公环境中的家具，其色彩不要太艳丽，要相对稳重些；体育娱乐环境中的家具，其色彩关系会比较跳跃和刺激等。

c. 流行环境　色彩的流行现象自古有之，但流行色概念的提出是近、现代的事。所谓流行色是指某个地区的某个时期内，在群众中广泛流传的带有倾向性的色彩，英文名称是“Fashion Colour”，意指时髦的、时兴的色彩。

ⓐ 流行色的特点

ⅰ. 时代性　不同时代对色彩有不同的要求。原始社会，人们就懂得运用天然的带色物质来纹面、纹身，佩戴装饰器物；封建社会品级职务的服装制度，以色彩区别职务高低；现代社会，人们尽情地享受自己喜爱的色彩。如 20 世纪 60 年代苏联制定发布的“宇宙色”，美国色彩专家们制定发布的“太空色”，20 世纪 80 年代国际流行色委员会发布的“沙漠”色，中国发布的“敦煌色”，还有近些年来人们因厌恶城市污染而向往大自然的色彩，因而流行海洋色、森林色、泉水色、田野色等。人们处在不同的时代，就有不同的时代精神向往。当一些色彩被赋予象征时代精神的意义，迎合人们的认识、理想、兴趣、爱好、希望时，这些色彩很有可能成为流行色。

ⅱ. 社会性　某种色彩一旦流行，市场上纺织、服装、鞋帽、室内外装潢、产品包装等都会竞相效仿。流行色的社会性在国外市场表现得更为突出，一旦某种色彩流行，来自几十个国家的数万个时装店、陈列馆、商品橱窗、招贴广告、书籍装帧和家用电器都按最时新的流行色来布置和使用。

ⅲ. 自然环境特性　色彩的流行与所处的自然环境有关。处于南半球的人喜欢强烈的色彩，处于北半球的人喜欢柔和的色彩。意大利学者对日光所做的测定，发现北欧的阳光偏近发蓝的日光灯色，北欧人喜欢青绿色。南欧意大利的阳光偏近发黄的灯光色，意达利人喜欢黄、红砖色。美国以纽约为中心的大西洋沿海城市喜欢含灰色，旧金山太平洋沿岸的地区喜欢鲜明色。日本的东部喜欢樱红色，南部喜欢鲜红色。

ⅳ. 民族特性　不同的国家和民族，由于风土人情、传统习惯、社会背景、宗教信仰、经济状况、生活方式的不同，对流行色彩的理解不同。例如中国人传统婚礼服用红色，而西方国家用白色。世界各大洲由于人种、发色、肤色不同，对色彩的喜好不同。白种人喜欢与乳白、米黄、棕、褐等相近的色彩；黑种人喜欢明亮的白、浅绿、浅蓝、粉红、淡红、草绿等的对比色彩。我国南方地区喜欢明亮的色彩，北方地区喜欢较深暗的色彩，平原地区喜欢柔和对比

色，草原地区喜欢纯度较高的对比色。

ⅴ.季节特性　国内外预测流行色，均分为春夏季和秋冬季，每季的流行色都要显出季节的特色。流行色的季节性变化很有规律，季节流行色是以前季受欢迎的流行色为基础，再加上富有新鲜感和魅力的季节色彩。四季的色调各有其基调，比如春夏季节人们偏爱淡雅、明快、柔和的色调。

ⅵ.暧昧性　流行色的暧昧性，表现为流行色具有模糊与不确定性质。在实际色彩设计工作中认识流行色的暧昧性能够指导设计向多品类、多花色的方向发展。能够使设计师在深刻理解流行色意义的同时，积极拓展设计思路，从而使设计既符合流行趋势，又具有一定的层次与品味。

ⓑ 家具流行色　家具也有流行色，例如近些年来，家具流行奶油咖啡色（图 5-46）、胡桃木等深色系列（图 5-47）。家具流行色受到了服装色的影响，如奶油、咖啡色的流行就是因为西欧人多穿米色、棕色服装，而米色、棕色服装配上西欧人的碧眼、白肤、金发，十分协调，因此成为西欧人传统爱好的基本色，这种服装色流行到中国，再运用到家具上来，就成为中国家具的一种流行色。

图 5-46　家具流行色——“奶油咖啡色”

图 5-47　家具流行色——“深色系列”

家具流行色具有规律性，如家具流行浅色后，深色家具开始走俏市场，成为一种崭新的家居时尚。譬如，前些年，沿海一些家具商猛推深色家具系列，深色系列的胡桃木、樱桃红、深棕色等家具开始在各种展销会上崭露头角，并逐渐受到消费者青睐。这股流行风很快就影响到内地市场，曾经十分流行的浅木纹贴面家具开始在市场上滞销，而从深圳、广州等地引进的深色系列家具走势看好。沙发销售也受到波及，白色、乳白色等系列不像以前那样好卖，原来不被看好的蓝色系列，反而成了畅销品，咖啡色、深棕色、棕红色、宝蓝色的真皮沙发也颇受用户的喜爱。深色木纹的家具，色调高雅富丽，同时又满足了人们怀旧的精神情怀。可见家具流行色显示出从深色到浅色再到深色，从沿海到内地的流行规律。

（4）家具色彩设计的原则

① 适用原则　所谓适用原则就是指进行家具色彩设计时对颜色的选择和搭配组合要能满足家具使用目的的要求，其次才是其他因素。人们知道，家具是实用性和审美性的统一，但家具的实用性是第一位的。所以，如果家具色彩设计妨碍到家具实用性的实现，不能满足家具使用目的的要求，则家具色彩无论设计得如何美观，都是失败的家具色彩设计；相反，家具色彩设计若能遵循适用性原则，则会增添家具的审美价值，因为“功能的最佳体现本身就是一种美”。以餐桌为例，餐桌的使用目的是为了进餐，但色彩学告诉人们，灰色、芥末黄色、紫色和青绿色等可能会使人减小食欲，甚至倒胃口；蓝色、绿色，可能使人减少进食，但并不会影响胃口；棕色、棕黄、肉色则能促进食欲。适用性原则体现在餐桌色彩设计，选用后两种颜色及其组合，避免第一组的颜色，以满足餐桌使用目的——进餐要求。

② 整体原则　艺术必须通过一个整体向世界说话。所以家具艺术的色彩设计无论采用什么方法，或运用什么原理，最后的目的都应该达到一种整体的效果。整体性原则有以下三层含义。

a. 家具的整体色彩与局部色彩的关系　一般来说，成功的家具色彩设计都是靠十分恰当地处理好整体色与局部色的关系而产生的，即是通过整体色调统一、局部色彩变化而构成的。家具的局部色彩具有依附性和独立性。局部色彩的美需依附于整体色调而存在，同时它又能在整体色调中产生多样性的变化，有时能起到画龙点睛的强调作用。而家具的整体色调具有一种自主性和决定性的作用，当人们看到一套与众不同的家具时，会激起一种新鲜感，这种新鲜感的获得就是依赖于视觉观察统一的整体而直接感知。所以作为各个局部色彩有机结合起来的整体色具有色彩面貌的自主性，是决定色彩设计成败的关键。

图 5-48 “梦巴黎”系列家具

如图 5-48 所示为某家具公司的“梦巴黎”系列家具，整体色调统一，局部采用高贵的水晶樱桃木和变幻自由的单板拼花，统一中有变化，与整体的色调非常的协调，是“新巴洛克风格”在家居领域的智慧演绎。

b. 家具色彩应与环境色相协调　室内家具色彩与室内界面、室内其他陈设的色彩共存一个空间，如果整个空间环境色彩相协调，形成有机整体，则会使人产生强烈的美感；相反，杂乱无章则会失去这种美感。作为室内主要生活用品的家具，其色彩关系到室内色彩的统一与和谐问题，就算同一家具的色彩处理不同，也能够起到烘托出不同室内气氛的作用，为环境增添不同的情趣。所以，家具的色彩设计要想从室内整体把握，不能单从家具的制造角度来讲，需更多地考虑家具色彩与环境色彩的配合问题，使家具色彩成为室内环境色调的“最佳配角”。让家具色彩与整个室内色调相协调，达到统一和谐、相映生辉的效果。也就是要做到色彩相互调和，给人以视觉上的舒服感。根据这一要求，家具色彩的整体设计一般采用大调和、小对比的方式，即在连体、大块的家具上采用同类色和相近色与室内调和的方法，如在淡绿色的大块面环境色和深绿色地毯上，配以豆绿色组合家具，使室内整体呈现出统一在绿色调中的自然色变化的效果；或在米灰色调室内环境中放置浅棕色家具、淡褐色沙发，利用都含有与黄色成分相近色来反映室内整体环境中的统一又有微妙变化的色调倾向，如图 5-49 所示。对于零散的小家具则是采用与环境色相对比的补色设计，以达到鲜明艳丽的对比感。因为小家具往往是室内环境中个性化的代表，用补色相互衬托，则更具有强烈的视觉冲击力。

(a)

(b)

图 5-49　家具色彩与环境色相协调

c. 家具色彩的品牌形象 在经济、文化一体化发展的今天，任何一款家具一经推向市场，就意味着要面临激烈的市场竞争，在竞争中能否处于优势地位、获得消费者的认同，取决于其品牌能否在消费者心目中树立美好的形象。家具企业要求生存、发展和壮大，除了在生产技术、经营管理等方面狠下工夫外，最主要的是要创造自己的品牌。树立品牌，色彩设计也是重要的手段之一。

③ 创新原则 心理学理论告诉人们，人对任何事物不断接受，都会产生腻烦的感觉。所以家具色彩设计需要创新。创新需要灵感，家具色彩的创新灵感有以下四个来源。

a. 来自大自然的色彩启示 大自然是个色彩世界，自然界中的许多事物和现象本身就有色彩，如植物的色彩、动物的色彩等，它们以其招人喜爱的色彩面貌争芳斗艳于自然界，从而为设计家提供了丰富的色彩素材。家具设计者如果对它们进行细致的观察，会给设计创意带来启示，开拓新的思路。

b. 来自姊妹艺术的色彩启示 在设计创造和艺术创作活动领域中，各种艺术形式都有各自的特点，形成了相互之间的差异和区别。同时，各种艺术设计、艺术创造又都有其共同点，并在彼此的相互联系和互相影响的过程中得到不断发展。家具色彩设计也同样能够在其他艺术领域中得到设计创意的诱发和启示，诸如绘画、音乐、电影、戏剧、建筑、服装及其他工艺美术等艺术形式的色彩及表现形式，都可能对家具色彩设计创意有很大的启示价值。

c. 来自社会信息的启示 通过准确、及时的社会信息，可以分析和了解人们对于家具色彩的消费意识和审美需求心理，由此得到符合市场消费需求的服饰色彩。色彩的社会信息也就是社会中的色彩消费现象，这种现象往往表现为在一定的时期内出现一种为一个集团、阶层的多数人所接受和使用的家具色彩，即所谓流行色。色彩流行现象的出现，从客观上说是一种经济现象，它反映了消费者收入水平的提高和生产技术的进步。从主观上说是一种心理现象，它反映了消费者渴望变化、求新欲望和自我表现等心理上及精神上的需求。这种家具色彩的信息以及人们情报的预测资料必然经过一定的传播渠道，如报纸、杂志、电影、电视，设计者即可利用万变的社会信息来指导家具色彩设计的构思，使设计的产品适销对路，满足不同消费层次的需求。

d. 来自民族色彩的启示 人类社会的许多民族所处的地理位置、自然环境、生活方式、宗教信仰、风俗习惯的不同，往往表现出不同的审美意识、审美理想、审美模式。深入分析这些社会现象和民俗风情，对于进行家具色彩设计和构思，促进产品适应社会变化的时尚潮流和提高人们的审美水平，具有十分重要的意义。

④ 环保原则 当前，社会形态正由工业社会进入信息社会，人类文明正由工业文明走向生态文明，而生态文明的核心理念就是倡导人与自然的和谐发展，从而建立起人—社会—生态环境之间的协调关系。在新的历史条件下，新的文化、新的设计思想将给家具设计注入新的内涵。所以，绿色化原则也是指导家具色彩设计的一个重要原则。如图5-50所示为家具色彩污染的实例。

图5-50 家具色彩污染的实例

家具色彩设计符合人体工效学，就是要适应和满足人的生理、心理需求，即避免引起色彩污染，色彩污染会引起人们心情烦躁、产生精神激动、疲劳，记忆力、注意力、自控能力下降等症状；相反，色彩良好的家具会令人赏心悦目，增加温馨宁静、舒适惬意之感。

家具色彩设计对环保条件的满足，主要表现为要以绿色材料、绿色工艺的选择为前提。譬如，一些树种面临危害、濒临消失，如乌木、非洲柚木、紫檀、桃花心木等，影响到生态平

衡，任何纤维在漂白、染色、防虫等处理过程中，都可能附有对人体有害的化学物质。涂饰涂料释放甲醛等挥发性的有毒气体，严重污染环境，对人类健康造成了很大程度的威胁。一般来说，有些涂料的制造原料含有汞、镉等有害人体的成分。因此，进行家具色彩设计时应多采用木材本色与浅色，以减少木纤维的染色与漂白工艺。

5.3.2 质感与肌理

(1) 质感与肌理的概念　肌理是指物质材料因物理属性而表现出来的表面组织构造。材料的质地特征作用于人眼所产生的感觉即为质感。肌理是材料的客观物质属性，而质感是人的主观心理感受。由于材料的物理属性不同，表面的组织、排列、构造各不相同，因而产生不同的粗糙感、光滑感、软硬感等。

(2) 质感与肌理的分类　一般而言，人们对肌理的感受是以触觉为基础的，但由于人们触觉对物体的长期体验，会产生感知记忆，以至于不必触摸，便会在视觉上感到质地的不同，可称它为视觉质感。因此，肌理有视觉肌理和触觉肌理之分。质感与肌理的分类示意见表 5-11。

表 5-11　质感与肌理的分类示意

质感(肌理)	触觉肌理	粗与细	质感(肌理)	视觉肌理	有光与无光
		凹与凸			细腻与粗糙
		软与硬			有纹理与无纹理
		冷与热			

根据材料来源不同，材质还可以分为天然肌理和人造肌理。不同的材料有不同的质感，即使同一种材料，由于加工方法不同也会产生不同的质感。为了在造型中获得不同的质感以产生对比的效果，可根据设计总体要求，将不同质地的材料配合使用，或采用不同的加工方法，以形成不同的质地，丰富家具造型，起到装饰作用。特别要注意的是充分发挥天然材料的材质美是现代家具设计的重要手法之一。科学技术的发展为人们提供了日益丰富的新材料和新工艺，多姿多彩的塑料，闪闪发光的镀镍钢管与铝合金，似隐似现的茶色玻璃，逼真诱人的人造革……均为丰富现代家具的表现力创造了条件。

(3) 质感与肌理的情感特征　在设计实践中，对材料的选择应用不仅考虑其强度、耐磨性等物理指标，而且还要充分考虑材料与人之间情感关系的远近。不同材料的肌理具有不同的质感，能给人以不同的心理感受，如玻璃、钢材等工业材料可以赋予家具理性气质，而木材、竹藤、石材、皮革、织物等天然材料可以赋予产品自然、古朴、人情味等感性气质。就主要的典型的几种肌理而言，它们分别具有如下情感特征：

① 粗糙无光时，显得笨重、含蓄、温和；

② 细腻光滑时，显得轻快、柔和、洁净；

③ 质地柔软时，显得友善、可爱、诱人；

④ 质地坚硬时，显得沉重、排斥、引人注目。

(4) 质感与肌理在家具造型设计中的应用　家具产品应是所有工业产品中使用材料范围最广泛的，涉及现实世界中各种有机和无机材料。每种材料有各自特有的材质，不同的材质会给人们以不同的心理感受，这种感受称为质感。质感包括两方面的含义：一是视觉上的质感，即通过眼睛看出有光或无光、有纹理或无纹理等；二是触觉上的质感，即通过触觉感受到是粗糙还是细腻、是软还是硬、是冷还是热等。可见，色彩与质感是两个不同的概念，但两者是相互影响、相互促进的。

下面分析触觉质感对家具色彩设计的影响。先假设两种材料（图 5-51）：材料 1 的表面较粗糙，材料 2 的表面较光洁。然后分别给它们涂以同样的色彩（如黄色），在同样的光照条件

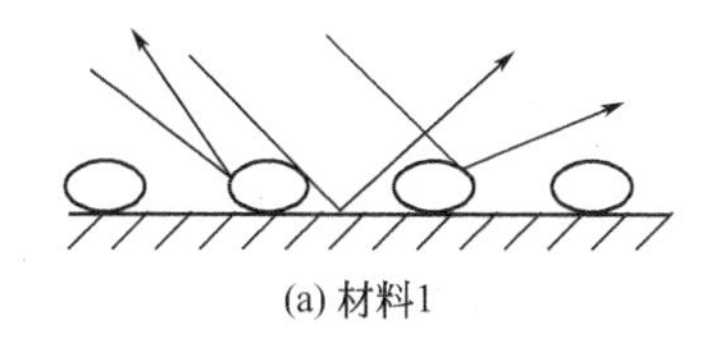

(a) 材料1

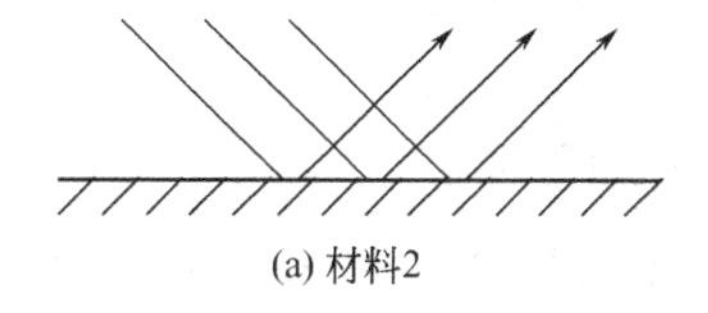

(a) 材料2

图 5-51 不同肌理的材料对色彩效果的影响

下，分析它们的色彩差别。根据光学的理论，可以得知材料 1 由于表面粗糙，即表面凹凸不平的小颗粒而产生了光的漫反射，因此色彩的明度有所降低；同时这些小颗粒在光照下有了光区和阴影，它们伴随着这些小颗粒也均匀地分布在材料 1 的表面。因此，虽然给它的表面涂上一种色彩，但由根据色彩混合的原理可知，反映到人眼中的色彩并不是原来的色彩，而是经过了"混合"的色彩——原色彩与灰色（小颗粒的光区和阴影）的混合色光。而材料 2 并不存在这种情况，由于表面光洁，它所反射的光线更多的是平行反射光线，因而色彩明度较高，且色光柔和。如同一种黄色在塑料家具的光滑表面上与在布艺家具的粗糙表面上，会呈现不同的色彩效果。

家具用材丰富多彩，家具肌理随之千变万化。一般认为家具用材以木质材料为主，而天然的和人造的木质材料种类数不胜数。木纹是家具产品特有的装饰要素，粗木纹、细木纹、扭曲的木纹、通直的木纹、显眼的木纹、浅淡的木纹，均可根据设计需要而进行选择与搭配。木材表面通过涂饰处理又可以获得高光、亚光、消光等不同的质地和视觉效果。通过涂饰工艺处理还可以使木纹纹孔显线，更富于立体感和真实自然感。对于纹理不漂亮的木材或人造板表面，则可以通过不透明涂饰而获得不同的质感，如涂饰砂面漆可以得到像砂纸一样的粗糙的质地，使木材表面金属化。同时，金属、皮革、玻璃、织物、藤草、石材等既可以单独作为家具用材，也可以进行相互间搭配组合使用，得到不同的质感，从而丰富感觉效果。如图 5-52 所示为质感与肌理在家具造型设计中的效果。

(a) (b)

图 5-52 质感与肌理在家具造型设计中的效果

5.4 家具造型设计中的形式美法则

美学形式法则是前人千百年来在实践活动中形成的创造形式美的规律，是人们分析、判断和创造美的对象的基本原则。通过对这些原则的学习、理解和灵活运用，把美学形式法则与家具产品良好的功能效用和技术性能统一在家具造型设计中，对产品质量的全面提高起着重要的作用。造型设计是使形式美符合自然法则的规律，与人的官能快感相统一的创造性活动。自然规律的形式包括尺度与比例、变化与统一、均衡与稳定、重复与韵律以及模拟与仿生等，是家具造型设计应遵循的美学形式法则。

5.4.1 比例与尺度

比例与尺度是与数学相关的构成物体完美和谐的数理美感的法则。对于家具造型设计而言，必须要有合适的比例与合理的尺度，这既是其功能的要求，也是形式美最基本、最重要的原则之一。

5.4.1.1 比例

(1) 比例的概念　造型设计中的比例是人们在长期的生活实践中所创造的一种审美度量关系，是一种以数比来表现现代生活和技术美学的基本理论。

任何形状的物体，都存在着长、宽、高的度量，即三维空间尺寸。比例就是指物体长、宽、高三维空间尺寸之间、局部和整体之间、局部和局部之间的匀称关系。家具的比例是指家具整体或局部构件外形的长、宽、高之间的比例关系及家具与其所处的室内空间之间的比例关系。

(2) 家具比例的形成因素

① 功能因素　不同类型的家具有不同的比例，同类家具由于使用对象不同也有不同的比例。这种比例关系是数千年来人们在生活和劳动过程中逐渐形成的认知习惯，习惯成自然，功能的比例也就转化为自然的美的比例。

② 科技水平的变化因素　由于科学技术的不断发展进步，使制作家具所用的材料、工艺、结构、设备与工艺条件不断得到改进，随之也会影响到家具的形体比例的变化。在欧洲中世纪的时候，人们很少采用拼板结构，更谈不上使用胶合板，所以板件的宽度受到了限制，形成了高而窄的比例。中国传统的木家具，采用榫卯结构，其构件断面较大，使整体具有粗壮、稳重的比例效果。现代金属家具由于金属腿支架强度较高，用很小断面就能满足使用强度要求，所以可以形成纤细、活泼的比例效果。由此，可以看出不同结构和不同材料的运用，使家具的基本比例产生较大差别。

③ 时代因素　比例是具有时代性的，随着时代的不断发展，人类的审美观也在发生变化，也会产生新的比例关系认知。

④ 民族习性方面的因素　不同地区不同民族的生活环境和生活习惯也形成了家具的不同比例。例如中国北方的炕桌、日本人使用的榻榻米适合于保留古代席地而坐的习惯，在形式上比较低矮，具有十分特殊的比例。又如中国西藏的藏式家具，则具有多功能、较低矮的特点，比例特殊，这也是为了适应藏居的高层低矮的室内空间。

⑤ 政教思想方面的因素　在中外家具发展史上，由于某种社会思想意识或宗教意识的影响，当时的家具设计师为了把这些思想观念融于家具造型中，有意识地采用艺术夸张的手法，扩大或缩小家具某些零部件的相对比例和尺寸，以造出庄严、华贵、雄伟的气氛，例如皇帝的宝座、法官的高背椅、哥特式高背椅等都是存在特殊比例的，为的是显示帝王至高无上的权威、法官的威严或渲染某种宗教气氛。

⑥ 人为因素　由于某一特定时期的君王或其他重要人物喜好或出于某种需要，采用了一些特定的比例，并为大众所采纳，形成某种风格。如路易十四式、路易十五式、安妮女王式、齐宾代尔式家具等。

(3) 家具造型的比例设计

① 家具造型的比例必须与人体尺寸及生活习惯联系起来。因为家具的比例不仅与使用方式、存放物品的种类及大小有关，而且与人体及使用方式有密切联系。一般来说，是以人身的尺寸为依据，根据使用要求而定。如席地而坐的家具与垂足而坐的家具，其比例就不同，儿童与成年人使用的家具比例也会有差异。

② 家具本身的比例关系是决定造型美的一个非常重要的因素。主要包含两方面的内容：一方面是整体或者是其局部本身的长、宽、高之间的尺寸关系；另一方面是整体与局部，或者是各局部彼此之间的尺寸关系。因为家具是由多种不同部件组成的，这些部件都在形体的比例之中。即使是同一功能要求的家具，由于比例不同，所得到的艺术效果也不同。如两个相同的长方形立面，一个是以任意边长组成，一个是以正方形对角线作为长边而构成的长方形，两者相比，后者的比例关系比较适当，形体较美。粗壮厚重的家具其部件的尺寸也需相应加大，而纤细轻巧的家具部件尺寸则要相应缩小，这样才能使整体与部件互相协调，取得整体与局部之间的比例匀称美。如图 5-53 所示为用不同比例设计的柜子形体相对比，其中一个形体显得均称，一个显得粗壮。

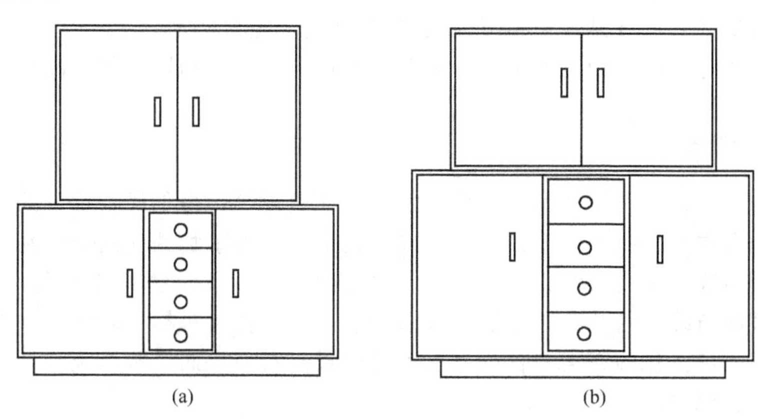

图 5-53　不同比例设计的柜子形体相对比的造型

③ 家具制造时受到技术、材料、功能要求、传统和社会思想意识等客观因素的制约。因此特定的生产技术、制作材料和功能要求又是形成特定比例的物质基础。任何家具造型都依赖当时的材料和技术，传统的木家具，采用榫卯结构，其构件断面较大，使整体具有粗壮、稳重的比例效果。现代金属家具由于金属腿支架强度较高，用很小断面就能满足使用强度要求，所以形成纤细、活泼的比例效果。采用塑料成型的家具，改变了几千年所沿用的榫结构技术，使产品造型产生了质的飞跃，其力学结构达到了完美的应用，其比例关系也显得匀称有度。由此，可以看出不同结构和不同材料的运用，使家具的基本比例产生较大差别。

5.4.1.2　尺度

（1）*尺度的概念*　尺度是指家具设计根据人体的尺度及家具的使用功能、机械强度、形体美观等的要求而确定的尺寸范围。需要根据家具整体与部件、家具容量与被储藏物体、家具体积与室内空间等的恰当比例关系来衡量。

（2）*决定尺度感的因素*　尺度感主要是由以下两方面的因素决定的。

① 取决于家具的用途和贯穿在家具造型艺术形象中的思想内容　材料与结构对于所要设计的家具的尺度起着重要的作用，尺度必须符合功能使用要求和材料的合理选用。如椅子类家具有工作用、生产用、生活用和休息用等各种不同的用途，这种不同的使用要求决定了不同的座椅高度以及与之相应的尺度，而且使用材料及制品加工方式的不同，也会产生不同的尺度感。

② 取决于人的传统观念　它对家具尺度的感觉有着很大的影响，这些传统观念是在人们的文化知识、艺术修养和生活经验的基础上形成的，对家具的部件形式变化和尺寸变化有着一定的知觉定式，超出这个知觉范围，人们就会感到家具过高或过低、过大或过小。

（3）*家具造型设计中的尺度问题*　家具造型设计中的尺度问题不仅涉及形成某种尺寸印象问题，还涉及设计者要选择一种什么样的尺寸体系问题。把有尺度表现力的、相互补充的一切因素联合起来，反映家具尺度特点的统一表现，就是家具尺度体系。一般来说尺度体系可以分为三种类型：自然尺度、雄伟尺度和亲切尺度。

① 自然尺度　自然尺度是家具符合功能要求的本身尺寸，日常生活中所使用的家具都是自然尺度，优秀的自然尺度，常常是随着功能糅合在设计之中，使用的人在他持续活动中，会产生尺度的愉快感与功能舒适感。

② 雄伟尺度　雄伟尺度是企图使家具显得尽可能的大，使之与周围环境相适应，有助于与高大室内空间共同建立起一种宏大宽阔的尺度感，多用在宫殿、庙宇、教堂、纪念性建筑和许多公共建筑中，这里的家具对精神方面的要求有时会大大超过功能要求。

③ 亲切尺度　亲切尺度是把家具的尺寸做得比它的实际尺寸明显小些，这种家具的功能是单一的，以便适用于小面积的房间中。

人为了获得良好的尺度感，除了从功能要求出发确定合理的尺寸外，还要从审美要求出发，调整家具在特定环境中相应的尺度，以获得家具与人、与物以及与室内环境的协调。

5.4.2　变化与统一

变化与统一是适合于任何艺术表现形式的一个普遍规律，也是最为重要的构图法则。多样或繁多体现不同事物个性的千差万别，统一或一致则是多种事物共性的结合及整体的和谐。单有多样或样式繁多容易造成杂乱无章、涣散无序之感，而仅仅是统一或一致，又会觉得单调、贫乏、呆板。多样与统一的结合，才能给人以美感。从变化和多样中求统一，在统一中又包含多样性，力求统一与变化的完美结合，力求表现形式丰富多样而又和谐统一，这便是家具造型设计必须采用的表现手法。

一般在设计中，应坚持以统一为主，变化为辅，在统一中求变化，变化中有统一的设计原则，以便在最终设计方案中既能保持整体形态的一致性，又可有适度的变化。否则只有统一而没有变化，易于形成死板、单调感，而且统一的美感也不能持久。变化是刺激的源泉，但必须用某种规律加以限制，否则强调多变，则无主题，视觉效果杂乱无章，陷于认知抵制，所以变化必须在统一中产生。

5.4.2.1　变化

变化是指把性质存在差异的物质并置在一起，进行比较后产生对重点与规律的把握。变化是家具形式构图中贯穿一切的重要法则。其在家具形式构图中的具体应用主要体现在对比与韵律两个方面。

（1）对比　某一造型因素（例如体量、色彩等）中两种差异程度显著的表现称为对比。对比的条件必须是同一造型要素，如线与线对比，形与形对比等。在家具造型设计中，常见的对比形式如下。

① 线与线、线与形、形与形的对比　线与线的对比主要表现为长与短、曲与直、粗与细、横与竖的对比等，线与形的对比则表现为曲线与直线的对比，或圆形与方形的组合以取得形体上的形态对比；形与形的对比则表现为大与小、方与圆、宽与窄等形状的对比。

② 体量的对比　家具形态设计中，对具有明确分界线的各部件之间体积分量可形成大与小、轻与重、稳重与轻巧的对比，使外形变化更加丰富，以便突出主要部分的量感，也可使小的部分显得更为细致、精巧，从而形成造型的主次关系，突出特点。

③ 虚实的对比　家具形态设计中主要表现为凸与凹、实与空、疏与密、粗与细、空间的开敞与半开敞及封闭等关系的对比。虚是指家具透明或空透的部位所形成的通透、轻巧感；实是指家具的实体部位所形成的厚实、沉重和封闭感。在设计中，实的部位大多为重点表现的主体，虚的部位起衬托作用。通过虚实形成对比，能使家具的形体表现得更为丰富。

④ 方向的对比　家具设计中方向的对比主要表现为水平与垂直、端正与倾斜、高与低等。其中水平与垂直方向的对比用得比较多。

⑤ 材质的对比　家具设计中材质的对比主要表现为粗糙与细腻、坚硬与柔软、有纹理与无纹理、有光泽与无光泽、天然与人造等。材质的对比一般不会改变家具的形态，但可以加强家具的感染力，丰富人的心理感受。

⑥ 大小的对比　家具设计中利用不同部位形面大小的差异形成对比。常采用较小的形体来衬托一个较大的形体，以便突出重点。

⑦ 色彩的对比　家具设计中不同的色相、明度、纯度之间可以形成对比，由此产生出整体或局部的冷暖、明暗、进退、扩张与收缩等对比。

（2）韵律　韵律是一种周期性的律动作用于形态组成的有组织的变化或有规律的重复，且可以被人的知觉器官所感知。在家具设计中，韵律是获得节奏统一的重要设计方法之一，常见的韵律形式主要有连续的韵律、渐变的韵律、起伏的韵律和交错的韵律四种形式。

① 连续的韵律　指在造型中由一种或几种造型要素按某种规律连续重复地排列产生的韵律。这种韵律主要是通过其组成部分的重复或它们之间的距离重复而取得的。在家具设计中可以利用构件的排列取得连续的韵律感，如椅子的靠背，橱柜的拉手，家具的格栅等。

② 渐变的韵律　造型要素按照一定节奏做有规律地逐渐增加或减少时所产生的韵律。它呈现一种阶段性的、调和的秩序。渐变是多方面的，有大小的渐变、间隔的渐变、方向的渐变、位置的渐变、形象的渐变、色彩的渐变、明暗的渐变等。如在家具造型设计中常见的成组套几或有渐变序列的橱柜。

③ 起伏的韵律　指造型中各组成部分作有规律的增加或减少而产生的韵律。它与渐变的韵律的区别在于，渐变的韵律只是选取增加或减少其中之一进行变化，而起伏的韵律则增减同时存在，因而呈波浪起伏状；另外，渐变的韵律无论在增加或减少方面都是缓减进行的，而起伏的韵律的增减则可大可小，因而起伏明显。在家具造型中，壳体家具的有机造型起伏变化、高低错列的家具排列、家具中的车木构件、热压胶板的起伏造型都是起伏韵律手法的应用。

④ 交错的韵律　指造型中按照一定的规律进行交错组合而产生的韵律。其特点是造型要素间的对比度大，给人以醒目的作用。在家具造型中，中国传统家具的博古架、竹藤家具中的编织花纹及木纹拼花等，都是交错韵律的体现。

5.4.2.2　统一

统一是指性质相像或类似的物质并置在一起，造成一种一致的或具有一致趋势的感觉，是有秩序的表现。就家具设计而言，由于功能的要求及材料结构的不同导致了部件形体的多样性，如果不加入有规律的统一化处理，结果常常造成家具没有整体的形态。因此，家具设计的一个重要手段，是有意识地将多种多样的不同范畴的功能、结构和构成的诸要素有机地形成一个完整的整体，这就是通常所称的家具造型设计的统一性。在家具造型设计中，统一主要表现在以下几个方面。

（1）协调

① 风格特征的协调　通过某种特定的零部件或造型装饰元素，使各家具间产生某种联系。

② 线的协调　家具整体造型中以直线或以曲线为主。

③ 形的协调　构成家具的各零部件外形相似或相同。

④ 装饰线和木纹线与形的协调　部件装饰线和木纹线与形的长度方向应一致。

⑤ 色彩的协调　色相与明度应相似

（2）主从

① 局部的主从　任何一件家具均可分为主要部分和从属部分，即使是组合家具中也可分出主体和从属体。其划分一般以使用功能的主从为原则。如椅子的座面与靠背、写字台的立面和橱柜的立面等都是处于主要部位。在设计时应从主要部位入手，力求主从分明，以便达到视觉和知觉上的集中、紧凑，从而取得整体统一的效果。

② 体量的主从　如果将两个同样大小的长方体放在一起，其中一个立放，另一个倒放，

那么较高的立即具有支配另一个长方体的视觉感知作用。在设计时，如果用低部位来衬托高部位要比用高部来衬托低部位容易收敛，同时也有助于加强高体量以便取得主从的统一感。

(3) 呼应　家具中的呼应关系主要体现在构件和细部装饰上的呼应。在必要和可能的条件下，可运用相同或相似的构件配置各个不同的局部或形体，使之出现重复，以取得它们之间的呼应。在细部的装饰上，也可采用相似的线型及细部装饰等处理手法，以求得整体的联系与呼应。

如图 5-54 所示是变化与统一在家具造型设计中的应用图例。

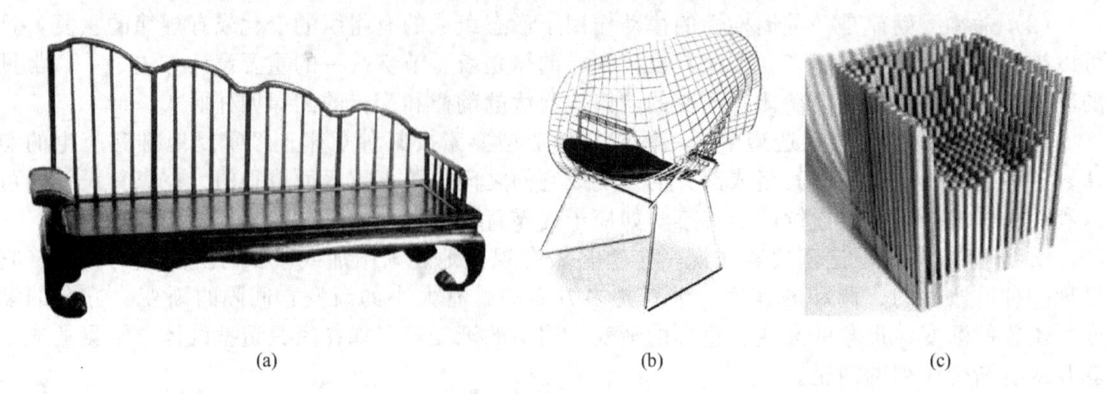

图 5-54　变化与统一在家具造型设计中的应用图例

5.4.3 均衡与稳定

家具是由一定的体量和不同的材料组合而成的，常常表现出一定的重量感，因此家具造型必须处理好家具重量感方面的均衡与稳定的问题。平衡是指家具具备部分相对的轻重感关系。学习和运用平衡法则，是为了获得家具设计上的完整感与安定感。如图 5-55 所示为均衡与稳定的基本形式。

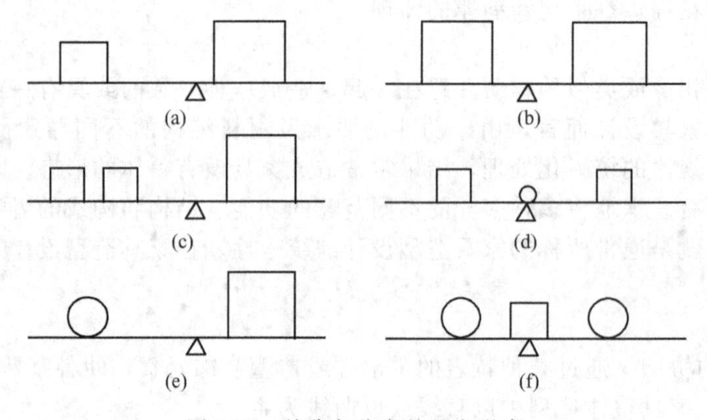

图 5-55　均衡与稳定的基本形式

5.4.3.1 均衡与生动

所谓均衡是指家具前、后、左、右之间的轻重关系趋于稳定，也即平衡。均衡有两大类型，即静态均衡与动态均衡。静态均衡是沿中心轴左右构成的对称形态，具有端庄、严肃、安稳的效果；动态均衡是以支点为重心保持异形双方力平衡的一种形式，是对称形式的发展，是一种不对称形式的视觉认知、心理感知的平衡形式，具有生动、活泼、轻快的效果。

(1) 静态均衡的手法（对称）　要获得家具的静态均衡感，最普遍的手法就是以对称的形式安排形体。历史证明，早在人类文化发展的初期，人们就具有对称的概念，并按照对称的法则建造房屋、制造家具及生活用品。先民们在造物过程中对对称的应用，不仅是实用功能的要

求，也是人类对美的要求。对称的形式很多，在家具造型中常用的对称形式有以下几类。

① 镜面对称　镜面对称是最简单的对称形式，是基于几何图形两半相互反照的均衡，这两半彼此相对地配置同形、同量、同色的形体，有如物体在镜子中的形象一样，也称绝对对称。

② 轴对称　轴对称是围绕相应的对称轴用旋转图形的方法取得的。它可以是三条、四条、五条、六条中轴线作多面均齐式对称，在活动转轴家具中多用这种方法。

③ 旋转对称　旋转对称是以中轴线交点为圆心，图形绕圆心旋转，单元图形本身不对称，由此而形成的两面、三面、四面、五面等旋转式图形即旋转对称。

用镜面对称、轴对称和旋转对称手法设计的家具，易得到一种静态的力感和安定的效果，如果处理不当，则有呆板的感觉。

(2) *动态均衡的手法*　由于家具的功能多样，在造型上无法全都用对称的手法来表现。对于不能用对称形体安排来实现均衡的家具，常用动态均衡的手法达到平衡。动态均衡的构图方法之一是等量均衡，即在中心线两边的形体和色彩不相同的情况下，通过组合单体或部件之间的疏密、大小、明暗及色彩的安排，对局部的形体和色彩做适当调整，把握形势均衡，使其左右视觉分量相等，以求得平衡效果。这种均衡是对称的演变，在大小、数量、远近、轻重、高低的形象之间，以重力的概念予以平衡处理，具有活泼优美的特征。动态均衡的构图手法之二是异量均衡，形体中无中心线划分，其形状、大小、位置可以不相同。在家具造型中，常将一些使用功能不同、大小不等、方向不一、组成单体数量不均的体、面、线作不规则的配置。有时将一侧设计得高一点而窄一点，另一侧低一点而宽一点，以使其在整体上显得均衡。有时一侧用一个大体量或大表面与另一侧的几个小体量或小面积相配合，借以获得均衡。尽管它们的大小、形状、位置各异，但在气势上却取得了平稳、统一、均衡的效果。这种异量均衡的形式比同量形式的均衡具有更多的可变性和灵活性。

5.4.3.2　稳定与轻巧

自然界中的物体，为了维持自身的稳定，靠近地面的部分在体量上往往重而大。人们从这些现象中得出一个规律，那就是重心低的物体是稳定的，底面积大的物体也是稳定的。树的形态也是稳定的，发达的根系也就是它的底面积，叶茂必定根深。中国的建筑、埃及的金字塔以及古今中外大部分建筑都明显符合这一规律。古代人崇拜重力和粗壮的美，坚固的砖石建筑、粗大的橡木家具、石桌石凳、粗大的陶制器皿、笨重的金属盔甲……无不与稳固的审美观有关。稳定是指物体上下之间的轻重关系在视觉和知觉上达到平衡。稳定的基本条件是指物体重心必须在物的支撑面以内，且重心越低，越靠近支撑面的中心部位，则其稳定性越好。轻巧则是在稳定的外观上赋予活泼的处理手法。稳定与轻巧是家具构图的法则之一，也是家具形式美的构成要素之一。

(1) *稳定*　稳定是指家具上下之间的轻重关系在视觉和知觉上达到平衡。稳定有“物理稳定”和“视觉稳定”两类，前者是指物体实体的物理重心符合稳定条件所达到的稳定；后者是指以物体的外部体量关系来衡量其是否满足视觉上的稳定感。由于家具是处于人们的生活和工作空间中，出于安全和视觉心理的考虑，两种稳定都是至关重要的。一般情况下，在实际使用中物理稳定的家具在视觉上也是稳定的。具体来讲，在实际使用过程中，家具发生不稳定的情况有两种：一是家具的上部构件超出了支撑范围，若上部构件受到一定的外力作用时可能发生倾倒；二是在侧向推力作用下，当家具的物理重心超出其基础轮廓范围时也将发生翻到。所以在进行家具设计时，应尽量采取措施加强家具的稳定能力。如在结构上，把家具的脚设计成向外伸展或靠近轮廓范围边缘，底部大一点、体量重一点；上部小一点、体量轻一点。另外，在视觉效果上，一是根据实际使用的经验，使其具有底面积大而重心低的特点；二是线条的应用上，一般选用具有稳定性的线条；三是在体量的位置处理上，应采用下实上虚的位置配置；四是在颜色的应用上，应在下部施用深色加强视觉稳定性。

(2) 轻巧　轻巧是指物体上下之间的大小关系经过配置产生的视觉与心理上的轻松愉悦感，即在满足“物理稳定”的前提下，用设计创造的方法，使造型给人以轻盈、灵巧的视觉美感。在设计上轻巧的实现主要方法有：提高重心、缩小底部支撑面积、作内收或架空处理，适当多用曲线、曲面等；同时还可以在色彩和装饰设计中采用提高色彩的明度，利用材质给人以心理联想，或者采用上置装饰线脚等方法来获得轻巧感。

如图 5-56 所示是均衡与稳定在家具造型设计中的应用图例。

图 5-56　均衡与稳定在家具造型设计中的应用实例

5.4.4 模拟与仿生

家具是一种既具物质功能又具精神功能的产品，在不违反人类功效学原则的前提下，借助生活中常见的某种形体、形象或仿照生物的某些原理与特征，进行创造性的构思，设计出神似某种形体或符合某种生物学原理与特征的家具，就是所谓家具模拟与仿生的造型设计。模拟与仿生，自古以来就是家具造型设计的重要手法。模拟与仿生可以给设计者多方面的提示与启发，使产品造型具有独特的形象和鲜明的个性特征；可以给使用者在观赏和使用中产生对某事物的联想，体现出一定的情感与趣味。应用这种手法可以丰富造型和体现思想感情，因为这是一种较为直观的和具象的形式，所以较易于博得使用者的理解与共鸣。模拟与仿生的共同之处就是模仿，前者主要是模仿某种事物的形象或暗示某种思想情绪，而后者重点是模仿某种自然物的合理存在的原理，用以改进产品的结构性能，同时以此丰富产品的造型和形象。

5.4.4.1 模拟

模拟是较为直接地模仿自然形象或通过具象的事物形象来寄寓、暗示、折射某种思想感情。这种情感的形成需要通过联想这一心理过程来获得由一种事物到另一事物的思维的推移与呼应。利用模仿的手法具有再现自然的意义，具有这种特征的家具造型，往往会引起人们对美好的回忆与联想，丰富家具的艺术特色与思想寓意。在家具造型设计中，常见的模拟与联想的形式与内容如下。

(1) 局部构件上的模拟　模拟的主体是家具的某些功能构件，如桌椅的脚及床头板、椅子扶手等。有时则不一定是功能件，而是附加的装饰品，如文艺复兴时期的柜类家具，家具表面用檐板和半柱装饰，这些部位都装饰有雕塑的人体，主要起装饰作用。被模拟的对象除了人体

外，还有动植物以及人造物。

（2）整体造型上的模拟　在整体造型上进行模仿，家具的外形塑造类同一件雕塑作品。这种塑造可以是具象的、也可以是抽象的，还可以介于两者之间。模仿的对象可以是人体或人体的某一部分，也可以是动、植物，或者别的自然物和人造物。模仿人体的家具早在公元1世纪的罗马家具中就有出现，在文艺复兴时期得到了充分的表现，人体像柱、半像柱，特别是女塑像柱得到了广泛的应用。在整体上模仿人体的家具一般是抽象艺术与现代工业材料及技术相结合的产物，它所表现的一般是抽象的人体美。大部分仿人体家具或人体器官家具，都是高度概括了人体美的特征，并较好地结合了使用功能而创造出来的。一般来说由于受到家具功能、材料、工艺的制练，抽象模拟是主要手法，抽象模拟重神似，要求形象简练、概括、含蓄。

（3）表面装饰上的模拟　在家具的表面装饰过程中，将各类动物或植物、或其他图案形式描绘在家具板件的面板上，再对家具的表面进行透明涂饰或其他简单的裁切加工。这种方式较简单并易于取得较好的模拟装饰效果，并根据民族文化，形态上具有传统风格，内涵上普遍具有良好的寓意。

如图5-57所示是模拟在家具造型设计中的应用图例。

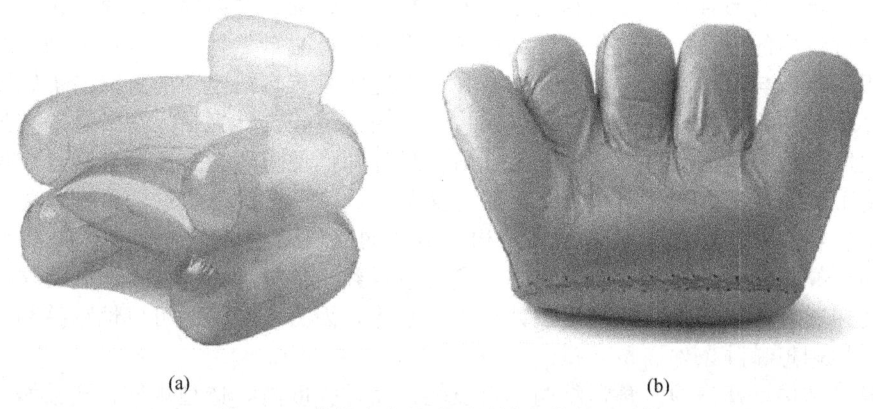

(a)　(b)

图5-57　模拟在家具造型设计中的应用图例

5.4.4.2　仿生

早在地球上出现人类之前，生物种群已在大自然中生活了亿万年，在为生存而斗争的长期进化中，获得了各种与大自然相适应的能力。在人类和自然界形形色色的生物相伴共生的漫长岁月里，鸟儿在天空飞，鱼儿在水里游，自然生物各显神通的本领总会使人浮想联翩、心驰神往，吸引着人类去探求、想象和模仿。人类希望像鸟儿一样飞翔，于是模仿鸟类制作了会飞的木鸟——“木亓”（传说是春秋时代的著名工匠鲁班制作的）、“机械鸽子”（古希腊）、“机械鹰”（德国）；人类希望像鱼儿一样在水中畅游，就模仿鱼类的形体造船（相传是在古代大禹时期），以木桨仿鱼鳍、以橹和舵仿鱼尾。

尽管人类仿生思想与实践的历史源远流长，但是直到20世纪50年代以来，人类才开始认识到生物系统是开辟新技术的主要途径之一，并更加自觉地把对生物的模拟作为思想观念和创造发明的源泉。这不仅促进了生物学的极大发展，在各行各业的技术革命中取得了成功，而且与工程技术学科结合在一起，互相渗透，孕育出一门新生的科学——仿生学。

仿生学的重要意义在于创新和用科学的思想及实践的经验建立人与社会、人与自然的和谐关系，仿生学是科学技术取之不尽、用之不竭的创新源泉，为设计和新技术提供了新原理、新方法和新途径。仿生设计是有着深厚历史积淀与丰富实践经验的，同时又是最新鲜、最具活力的设计创新方法，是设计回归自然、追求人性化的具体、可行的方法，正逐渐成为设计发展过程中新的亮点。

家具仿生设计的内容可以从不同的角度产生不同的层次和方向。基于生物特征认知与家具构成要素的相关性，可以将家具仿生设计的主要内容归纳为以下几个方面。

（1）仿生物形态的设计　客观上生物形态反映的是自然生存的状态与过程，是生物内在自然属性的外在表现，所以生物的形态首先是功能的形态、结构的形态。从某种意义上来说，生物形态脱离自然环境、时间、功能、结构等因素就没有意义。但对于仿生设计来说，单纯的生物形态本身也具有丰富的意义和启示作用。仿生物形态的设计主要是针对单纯的生物外部形态的设计，是在对自然生物体，包括动物、植物、微生物、人类等所具有的典型外部形态的认知基础上，对生物体最具视觉特征的部分进行单纯性、视觉化的再现，寻求对家具形态的突破与创新。

（2）仿生物表面肌理与质感的设计　大自然中存在着大量不同的生物肌理，甚至一种生物就可能有好几种截然不同的色彩花纹与肌理。自然肌理作为一种设计模拟素材的处理手段，是全面体现物体表面质感特性，体现被设计物的品质及风格的一项不可或缺的视觉或触觉要素，还代表某种内在功能的需要，具有深层次的生命意义。通过对生物表面肌理与质感的设计应用，能为简洁、经典的家具外形作有力的细节补充，使平凡的造型变得丰富起来，增强家具形态的功能意义和表现力，是一种有效的构成手法。

（3）仿生物结构的设计　生物结构是自然选择与进化的重要内容，是决定生命形式与种类的因素，具有鲜明的生命特征与意义。结构仿生设计通过对自然生物由内而外的结构特征的认知，结合不同概念与设计目的进行设计创新，使人造物具有自然生命的意义与美感特征。

例如壳体结构是生物存在的一种典型结构，蛋壳、龟壳、蚌壳、人头颅骨等，虽然这些壳体壁厚都很薄，但却具有抵抗外力的非凡能力。设计师们便应用这一原理和塑料成型工艺等新技术，制造了许多色彩多样、形式新奇、工艺简单、成本低廉的薄壳结构的塑料椅。

又如，生物体中存在着大量的充气结构，柔软的充气结构使得生物机体提高了抗震、缓冲、抗压和支撑的能力。如肝、肾被皮膜包裹着，得到了良好的保护。人们利用这一原理设计了充气沙发和充气床垫，并由此启发设计出了充水床，因为水的温度可以恒温控制，从而实现了冬暖夏凉的埋想睡卧条件。

再如蜂窝结构，蜂房的六角形结构不仅质轻，而且强度高，造型规整，连数学家都为之折服。人们利用蜂窝结构原理设计生产了蜂窝板并用于家具制造工业。这种纸质蜂窝板使得家具的重量降低了一半以上，而且具有足够的刚性与强度，因而特别适合于制造柜门之类的部件，减轻了铰链的负荷。

还有海星的结构，它的放射状的多足形体，具有特别的稳定性。人们利用海星的这一特殊结构设计出了海星脚型办公椅。这种结构的座椅，不但旋转和任意方向移动自如，而且特别稳定，人体重心转向任何一个方向都不会引起倾倒。

（4）仿生物功能的设计　功能仿生设计主要研究自然生物的客观功能原理与特征，从中得到启示以促进产品功能改进或新产品功能的开发。人类社会模拟生物功能并不是新鲜的想法，早在4000多年前，我们的祖先“见飞蓬转而知为车”，即见到随风旋转的飞蓬草而制造出轮子，做成装有轮子的车。第一次世界大战期间，人们从毒气战幸存的野猪身上获得启示，模仿其鼻子设计出了防毒面具等。值得注意的是，对生物功能的把握需要进行长时间认真踏实的科学调查和现象概括，同时不仅需要关注生物的效能、功效与环境间的相互关系，还需要强调尽可能地得出生物各自的功能体现和发展规律的结论，从而更本质地将其运用到设计中。

（5）仿生物色彩的设计　自然生物的色彩首先是生命存在的特征与需要，对设计来说更是自然美感的主要内容。其丰富、纷繁的色彩关系和个性特征，对家具色彩设计具有重要意义。仿生物色彩设计是把自然生物色彩作为取之不尽、用之不竭的设计源泉，将科学、抽象的色彩规律与感性、直觉的色彩把握相结合，为家具色彩设计开拓新的领域、创造独特的家具色彩视

觉效果、丰富家具产品语义与造型语言的表现力。

（6）仿生物形式美感的设计　自然界有大量不同的生命形式，有的依着他物而生，如丝瓜、菟丝草缠绕在附近其他植物的表面，盘旋向上生长；有的运动协调能力非常好，如圆筒形的水螅是出色的“舞蹈家”，它的触手东飘西荡，身体左右摇摆，能做出各种迷人的动作；还有的从出生到成年有很多不同的形态，如青蛙、蝴蝶等。不光如此，大部分生物从色彩、形态到内部结构、表面纹理都有很强的形式美感，从而成为设计创作的源泉。在人类社会中有一套公认的形式美法则，即对称与均衡、对比与协调等，当事物的色彩、形态、结构、材质与肌理等各要素符合这些形式原理时，就会产生美的效果。仿生物形式美感的设计是从人类的审美需求出发，发现和归纳自然生物所蕴涵的美感规律，更好地进行产品美感与意义的整合设计。仿生物形式美感的设计往往受到诸如功能结构、生产技术、时尚流行等因素的影响。在运用形式美感法则时，应特别强调以充分发挥产品的实用功能为前提，以实用价值与审美价值相统一的形式为最高原则。

（7）仿生物意象的设计　生物的意象是在人类认识自然的经验与情感积累的过程中产生的，仿生物意象的设计对产品语义和表情特征的体现具有重要作用。仿生物意象的设计是在对生物意象认知的基础上，运用联想、想象、移情等作用，使人产生一定的生理、心理效应和情感的呼应。仿生物意象产品设计一般采用象征、比喻、借用等方法，对形态、色彩、结构等进行综合设计。在这个过程中，生物的意象特征与产品的概念、功能、品牌特征以及产品的使用对象、方式、环境特征之间的关系决定了生物意象的选择与表现。

如图 5-58 所示是仿生在家具造型设计中的应用图例。

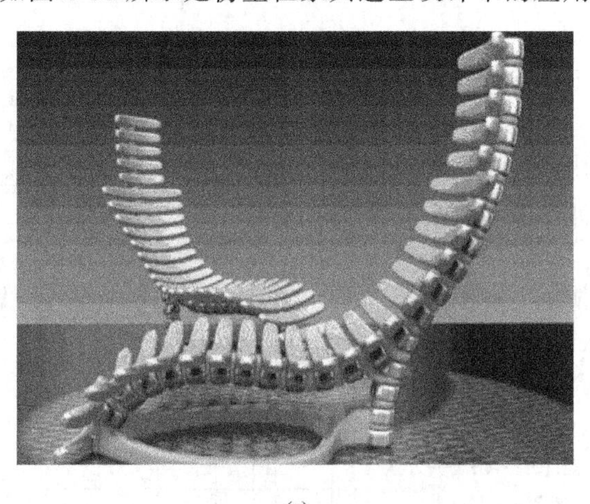

(a)

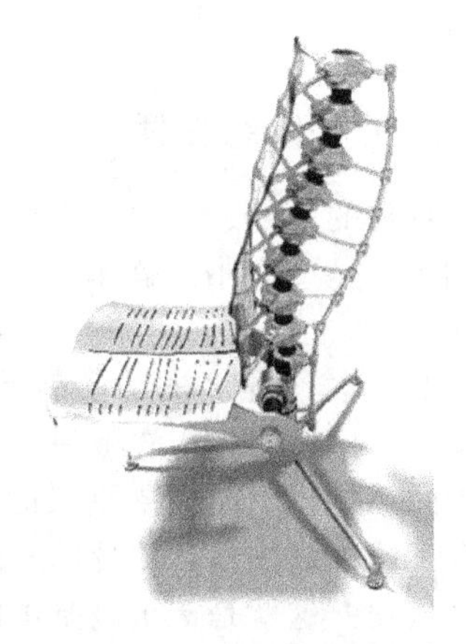

(b)

(c)

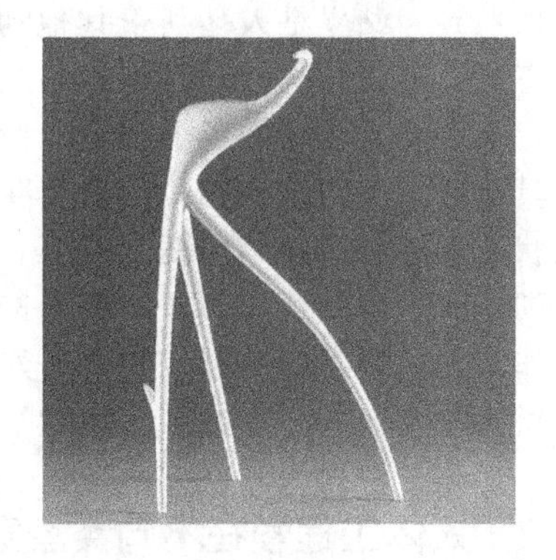

(d)

图 5-58　仿生在家具造型设计中的应用图例

5.5 家具造型设计中的人体工程学

家具的造型设计不是一个单纯形态的塑造过程，它涉及物质功能设计和精神功能设计的完美结合。精神功能设计是指把家具作为一种新的艺术文化产品，考虑其欣赏愉悦的艺术功能，它的实现是通过一定的美学法则，在物质功能的基础上，以材料为载体，为使用者传达一种视觉效果。家具的物质功能设计是指家具作为物质产品，以功能为主，科学分析人、家具、环境三者之间的关系，这正符合人体工程学的研究内容。

人体工程学是一门比较年轻的学科，它的命名比较多。不论是在国外还是在国内，都是如此。在我国，由于专业领域的不同，有人体工程学、人机工程学、人类工效学、人因工程学等，在建筑室内与家具设计领域普遍使用人体工程学来命名这一学科。人体工程学（ergonomics）是从希腊文“ergon”（工作）和“nomos”（规律）而来的，是研究人与工具互相作用时产生的心理上和生理上的规律及法则的科学，研究人-机（包括各种机械、家具、工具等）-环境系统中相互作用着的各目标指数（效率、健康、安全、舒适等），以及这些指数在工作环境中、家庭中以及休闲情况下如何达到最佳化的问题。人体工程学首先是一种理念，它把使用产品的人作为产品设计的核心，要求产品的外形、色彩、性能等，都要围绕人的生理、心理特点来设计。狭义的人体工程学主要侧重于人体尺度的测量，尽管这是重要而又必不可少的，但对于家具设计而言却是不够的。以人的整个生理和心理为目标，进行动态研究的广义上的人体工程学应当成为家具设计的指针，由此所做出的设计才是有生命力的、经得起时间与地域考验的。

5.5.1 人类的作息原理

人们日常的坐卧、站立、行走、跑跳等基本动作有着不同的尺度、幅度和空间的范围。在家具设计中，要分别了解坐、立、卧三种人体的动作形态。

（1）坐　椅（凳）的功能就是支撑人体的“坐”。当人体坐下时，由于盆骨与脊椎失去了直立状态下的自然平衡，躯干的结构就不能保持原来的姿势，椅子的座平面和靠背便对人体加以支撑，使骨骼和肌肉在人坐下来时能获得合理的松弛。这就是椅子最基本的功能。如图5-59所示为人坐着上肢活动的尺度。

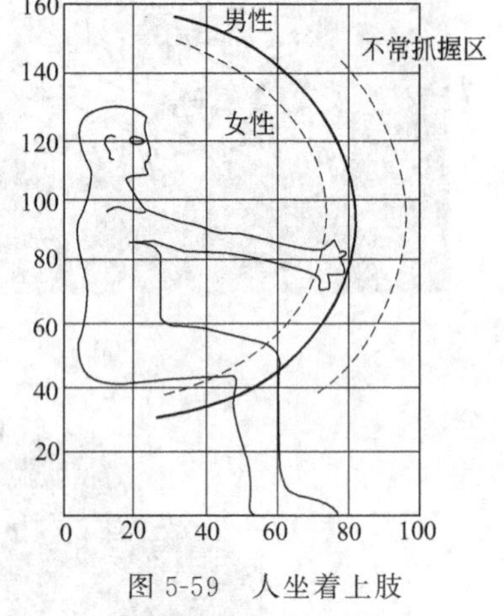

图5-59　人坐着上肢活动的尺度（单位：cm）

（2）立　站立是人区别于其他动物的基本动作，在站立状态下人进行各种活动时，骨骼肌肉和韧带时时在自然调节，从而使人体结构各个关节点发生变化。人体在站立时手具有最大的工作范围和活动幅度。如图5-60所示为人站立状态上下肢活动的尺度。

（3）卧　“卧”作为人体特殊的动作形态，不能简单地看作为站立姿态的平卧，因为人处在“卧”与“立”时，脊椎的状态完全不同，平“卧”时处于松弛状态接近于直线，而站时基本上是自然的“S”形。

5.5.2 人体工程学在不同类型家具功能设计中的应用原理

人体工程学理论，为家具设计提供了科学的依据，不仅要求家具的尺寸、曲线等方面更符合人体的尺寸与曲线，而且还考虑家具的造型、材质及色彩对人的生理和心理的影响，使家具

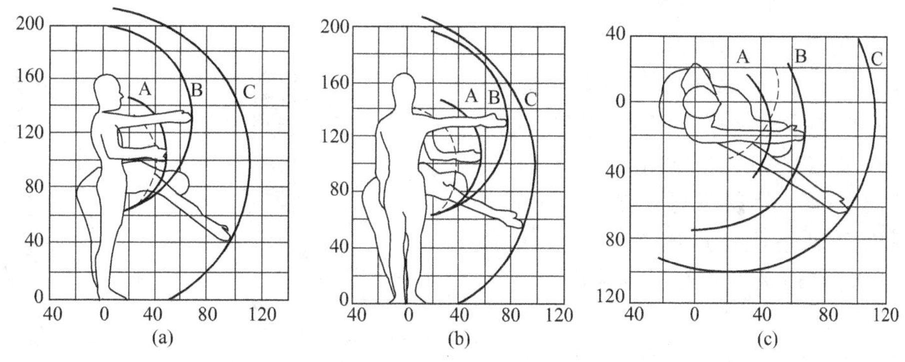

图 5-60　人站立状态上下肢活动的尺度（单位：cm）

A—曲臂；B—直臂；C—伸臂

设计更为科学合理。下面分析人体工程学理论在几种常用家具中的运用。

科学研究证明，由于人体各个部位的肌肉、骨骼、神经等有差异，使得人体各部位在不同的姿态下，对疲劳、压力、疼痛等的感觉是不相同的，对血液循环的阻碍程度也不同。因此，座椅、床等家具的设计应考虑在不同姿势下人体肌肉、骨骼、血液循环等均能保持良好的状态、尽量避免过快产生疲劳感。对于书桌、办公桌、绘图桌、课桌等家具，应有利于提高工作与学习效率，不易产生疲劳，不损害人体健康。

5.5.2.1　座椅

据统计，发达国家中坐姿工作的人的比例已经超过 2/3，今后还将继续攀升。这也是我国现代化进程中的必然趋势。可见生活中椅子的重要，说明对椅子进行深入研究很有必要。人的尺寸和比例对选择各种类型的椅子尺寸的影响非常大。实践证明，座椅的设计，较理想的形式是应能便于人调整姿态，最大限度地减轻全身疲劳。这对于长时间坐着工作的人来说，显得尤为重要。座椅的合理功能尺寸和形态，应随就坐者的目的要求而异。

（1）*座椅的分类*　根据就坐者的目的要求，可将座椅分为以下几种。

① 工作座椅（简称工作椅）　就坐者的主要要求是在胸腹前的桌面上进行手工操作或视觉作业，多以上身前倾的姿势进行伏案读、写、绘图、打字、精细检测、装配、修理等操作。

② 休息用椅（简称休息椅）　就坐者的主要要求是放松休息，例如候车室和候诊室的座椅、影剧院座椅、公交车客车椅、公园休闲椅、沙发、安乐椅、躺椅等。

③ 办公室用椅、会议室用椅、教室中的学生座椅等　它们介于前面两种座椅之间，就坐者有时要低头读、写，有时上身要后仰着说或听，其中以办公椅为代表，故统称为办公椅。

（2）*工作椅的设计要点*　下面将以工作椅的功能尺寸为分析重点，兼及其他类型的椅子。

根据坐姿解剖生理基础，针对一般工作场所（含计算机房、打字室、控制室、交换台等场所）坐姿操作人员的座椅，GB/T 14774—1993《工作座椅一般人类工效学要求》提出工作座椅的设计要点如下。

① 结构形式适合操作要求，使操作者在工作过程中身体舒适、稳定，能准确进行操作。

② 座高和腰靠高能方便地调节，调节后能进行可靠的紧固。适宜的人体尺寸调节范围为：从女子 5%到男子 95%，即座高 360～480mm，可无级或以 20mm 为一挡的有级调节；腰靠高 165～210mm，无级调节。

③ 外露部分不得有易伤人的尖角、锐边、突头。

④ 结构材料应无毒、阻燃、耐用；坐垫、腰靠、扶手的覆盖层材料应柔软、防滑、透气、吸汗、不导电。

（3）*座椅的基本参数设计原理*　座椅是否舒适，主要取决于椅子的座面形状、座面倾角、座高、座深、座宽、靠背高度及其倾斜度、椅垫的软硬性能等基本参数。如图 5-61 所示为座椅靠背支撑人背部的位置及角度。

① 座面形状　有的椅面（在冠状面内）被设计成弧凹形，本意是与人的臀部形状较为一致。但解剖学分析表明，若弧凹形的高度差较大（例如大于 25mm），人坐在这样的椅面上时，股骨两侧会被往上推移，使髋部肌肉受到挤压，造成不适，因此并不合适。还是普通接近平面形的椅面为好。

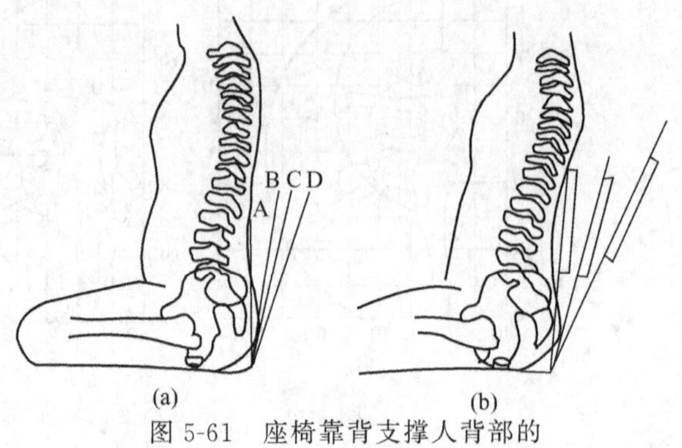

图 5-61　座椅靠背支撑人背部的位置及角度

② 座面倾角

a. 工作座椅　通常把前缘翘起的椅子的座面倾角定义为正值；反之，为负值。

虽然人们日常见到的座椅倾角多为正值，但研究表明，用于读、写、打字、精细操作等身躯前倾工作的工作椅，座面倾角取正值并不合适。老办公室中的座椅总是椅面前缘的油漆被磨得光光的，而椅面后部还没变样，足以说明就坐者大腿近腘窝处总是受到椅面前缘较大的压力，而这显然是不舒适的。

因此，工作座椅的合理座面倾角，与工作姿势即工作中上身的前倾程度密切相关。综合起来可简要归结为以下 3 点。

ⓐ 一般办公椅的座面倾角可取 0°～5°，常推荐取 3°～4°。

ⓑ 主要用于前倾工作的座椅，椅面前缘应低一点，即座面倾角约略取为负值。若工作时前倾程度大且持续时间长，则适当加大座面倾角的负值。但人在这样的椅子上要往下滑。解决问题的方法是增加一个带有软垫的“膝靠”，对人的膝部提供支承。

如图 5-62 所示的“重力平衡椅”就是这样的设计，它们颇受专职打字员的青睐。它的特点是坐面前倾，在坐面下方有一个托垫来承托两膝；入坐时，大腿与腹部自然形成理想的张开角度，可避免躯干压迫内脏而影响呼吸和血液循环。两膝跪在托垫上，大大减轻了臀部的压力，足踝也得以自由。它最大好处是使脊柱挺直，骨节间平均受压，避免变形增生，使人体的躯干自动挺直，从而形成一个使肌肉放松的最佳干平衡状态。

ⓒ 办公椅最好能提供前倾工作和后倚放松两种可能，新式办公椅可以顺应这两种工作姿势的要求，在一定范围内自动地调节座面倾角和靠背倾角，使两种状态下都有较舒适的姿势，如图 5-63 所示。

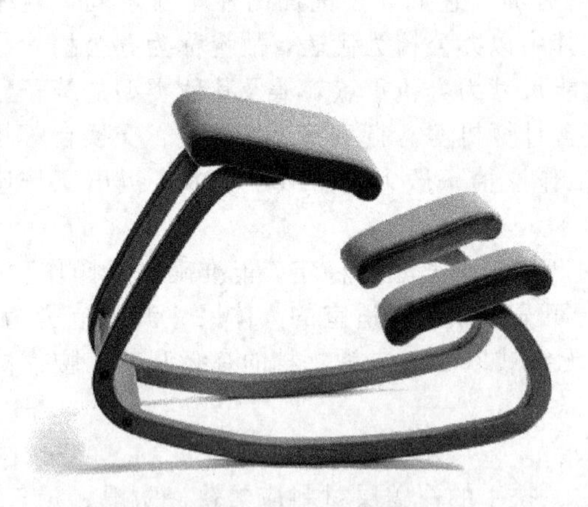

图 5-62　重力平衡椅

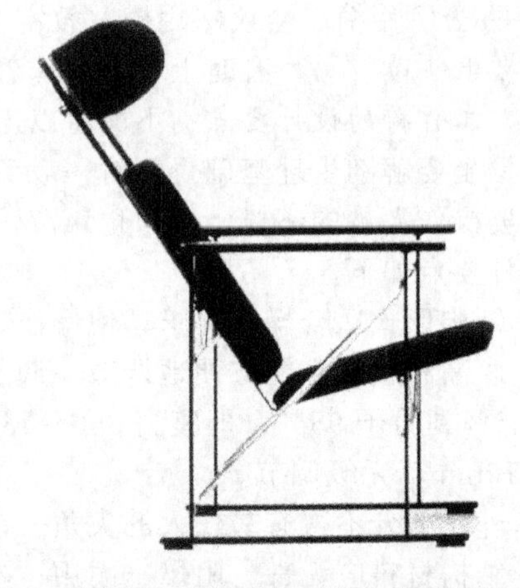

图 5-63　座面倾角和靠背倾角可自动调节的办工椅

b. 休息椅　休息椅多取椅面前缘翘起。坐在休息椅上，上身自然地后倚在靠背上，使背肌放松，躯干稳定舒适。越是以休息放松为主的座椅，座面倾角越应取较大数值；公交车等振

动环境下的座椅，为避免在振动中身体下滑，也应适当加大座面倾角值。表 5-12 为几种非工作椅的座面倾角参考值。

表 5-12　几种非工作椅的座面倾角参考值

座椅类型	会议室椅	影剧院座椅	公园休闲椅	公交车座椅	一般沙发	安乐椅
座面倾角/(°)	约 5	5～10	约 10	约 10	8～15	可达 20

③ 座面高度

a. 工作椅　座面过高会使两脚悬空，使大腿底部产生压力，阻碍血液循环，时间久了会使小腿产生麻木肿胀的感觉。若座高过低，小腿需支持大腿的重量，稍久会引起小腿酸软不适。座面过低，还会引起人体上肢前倾，增大了背部肌肉的活动度。人体的重心过低，起身时双膝用力较困难，尤其对于膝关节功能逐渐降低的老年人来说，坐高不宜过低。所以工作椅座面前缘高度（简称座高）的设计要点是：ⓐ大腿基本水平，小腿垂直置放在地面上，使小腿重量获得支撑；ⓑ腘窝不受压；ⓒ臀部边缘及腘窝后部的大腿在椅面获得“弹性支承”。综上所述，恰当的座高应是略小于小腿的长度。一般来说，椅面高度与 GB/T 10000—1988《坐姿人体尺寸》中的“小腿加足高”接近或稍小时，有利于获得合理的椅面体压分布。中国男女通用工作椅座高尺寸的调节范围为 350～460mm。

对于工作椅座高，以下三点值得注意。

ⓐ 高身材男子和低身材女子适宜的工作椅座高差值很大，达 460mm－350mm＝110mm 之多。同是男子用椅或同是女子用椅，差值也不小，也会明显影响坐姿舒适性。可见工作椅座高不适于通用，这就是工作椅座高应该做成可调的原因。

ⓑ 个人专用的工作座椅，宜按本人身材确定座高，这对健康、舒适和工作效率均颇有裨益。

ⓒ 从脊柱形态、体压几方面综合来看，工作椅座高比适宜值稍低一些，问题不太大；而座高过高，引起的不利影响较为明显。

b. 非工作椅　对于非工作椅，其座高应适合其使用特点，与工作椅的要求不尽相同。大部分非工作椅为了坐姿的舒适，就坐时小腿是往前伸出而不是垂直于地面的，因此座高通常比工作椅低一些。例如从会议室用椅、影剧院座椅、候车室座椅、公园休闲椅、沙发、安乐椅等到躺椅，座高应依次降低。但座高过低，会使老年人站立起身困难，应予以考虑。特殊用途的座椅，则应根据使用特性确定其座高。

④ 座深

a. 工作椅　座深主要是指椅座面前沿至椅背前面的尺度。座深恰当与否，也是坐姿舒适度的关键。正确的座深，应略小于坐姿状态下大腿的水平长度。过深与过浅的座面尺度，都会引起人的不适感。座深过深，小腿腘窝受压，会使小腿产生麻木感，同时会使背部失去有效支撑而易产生疲劳感。座深过浅，会使大腿前部悬空，将部分重量压在小腿上而增加腿部肌肉的负荷，很快就会感到疲劳。所以工作椅座深的设计要点是：ⓐ座面有必要的支承面积，臀部边缘及大腿在椅面的“弹性支承”能辅助上身的稳定，减少背肌负担；ⓑ在腘窝不受压的条件下，腰背部容易获得腰靠的支托。符合上述要求的最适合的座深是使座面前沿离开小腿腘窝 40～60mm 距离，这样可防止小腿腘窝受压，同时小腿也能活动自如。以我国人体的平均坐姿大腿水平长度，男性为 445mm，女性为 425mm，再减去前沿 60mm 的空隙，以 420mm 作为座深的尺寸是比较合适的。

b. 非工作椅　办公椅座深宜等于或稍大于工作椅座深。休息椅座深可以比办公椅座深再大一些，这是因为就坐者小腿前伸，腘窝不易受压；也是为了增大臀部与座面接触面积，降低座面体压。但休息椅加大座深有个原则，就是不让腰椎总是后凸造成不适。大沙发座深过大，就必须配加“腰枕”。另外对于老年人用椅，若座深过深，则老年人要从椅子上站起来会感到费力和困难，所以座深最多不宜超过530mm。

⑤ 座宽 舒适的座椅，应能够便于人体变换坐姿，这样才不会因为长时间保持一种姿势而产生疲劳。座椅的座宽是影响人体坐姿变换是否舒适的直接因素。合适的座宽应使臀部完全受到支撑，一般以人的平均肩宽尺寸再适当放宽一些，以大于460mm为宜。但也不能过宽，尤其是扶手椅，若太宽不便于人的手放在扶手上。两扶手之间的距离需根据成人的胖瘦而定，但不能小于475mm。

⑥ 背斜角 即靠背与座面的夹角，靠背的高度、与座面适度的斜度以及材质的软硬程度，会使人产生不同程度的舒适感，而且有助于保持人体的平衡，并分担部分体重。高靠背使人有躺的感觉，因此高靠背适合于休息用椅。低靠背适合工作学习，因其高度在肩胛骨以下，既能有效地支撑腰部，又不妨碍上肢的活动，因此靠背的最合适高度为360～630mm。对于工作座椅，人的肘部活动较多，可能会经常碰到靠背，所以靠背宽度在325～375mm范围内为宜。

靠背的高和宽只是问题的一个方面，更重要的是能使脊椎保持松弛的姿势。因此，靠背的形状和角度也很重要。脊柱弯曲状态因人而异，所以高度与形状之间的关系较复杂。

此外，骶骨和臀部是稍向后突出的，在设计靠背时，应注意在保证腰部靠在靠背上的同时，在座面上方即靠背下部要留125～200mm高的空隙，以适应人的脊椎弯曲特点。靠背和座面成一定倾角，有两方面的作用：第一，它可以防止坐者向前滑；第二，它可以更好地支撑腰背部。从人体测量学观点来看，只适宜的背斜角为115°。椅座面适当向后倾斜，与水平面成3°～5°，有利于人体坐姿保持平衡。但对于工作用椅来说，靠背后倾角度过大，则不合适。因为人坐着工作时，通常重心是前倾的，如果座面后倾角度过大，就会影响坐姿的保持，从而影响工作效率，而且还会因背部肌肉活动量的增加易产生疲劳。

⑦ 扶手高度 扶手功能主要有：落座、起身或需要调节体位时用手臂支撑身体；这对躺椅、安乐椅尤其必要；支承手臂重量，减轻肩部负担；对座位相邻者形成隔离的界线，这一点有实际的和心理的两方面作用。

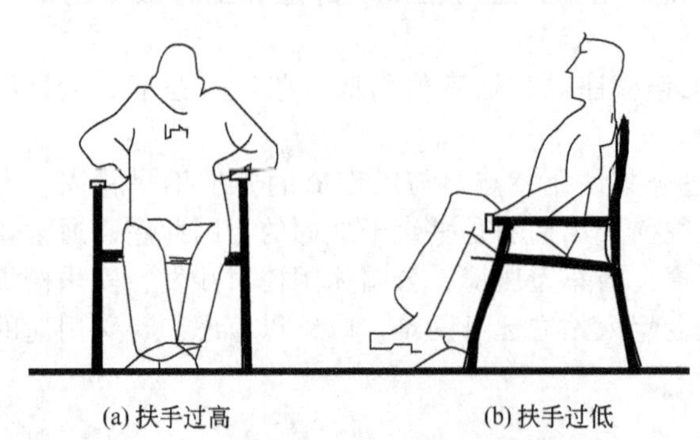
(a) 扶手过高 (b) 扶手过低

图5-64 扶手过高与过低

从扶手的三项功能可知，扶手设计的关键参数是它的高度：若扶手过高，人的上臂不能自然下垂，人的双手放在上面会造成双肩高耸，而使肩、背和手都感到不适，如图5-64(a)所示；若扶手过低，人的手臂为了有所依托，会倾斜身体以使两肘能落在扶手上，人的躯干则不能保持自然舒适的姿势，容易产生疲劳，如图5-64(b)所示。因此，适宜的扶手高度为座面以上200～240mm之间。角度可随座面的倾角而倾斜，一般与座面平行即可。

对于老年人用椅，加高扶手有利于扶着入坐和起身，应予考虑。另外礼堂、影剧院座椅间的“扶手”，主要作用一般是将邻坐者从身体和心理上互相隔离开来，而并不一定要把前臂搁在上面，因此适当高一些是合理的。

⑧ 椅垫的软硬性能 椅垫性能的生理学评价有以下两方面的要素：a. 椅垫的软硬性能(即力学性能)；b. 椅垫材质对于体肤的生理舒适性。

硬椅面使人体的局部体压过于集中，造成不舒的感觉；而椅垫过软，在体压下会发生很大的变形，椅垫甚至顺应人体轮廓形成“包裹”人体的形态，也使人不舒适，如图5-65所示为椅座的柔软程度与人体的关系。如图5-66所示为压力的分布状况。

这种不舒适的原因在以下几方面：a. 坐骨骨尖下等适于承压的部位和不宜承受较大压力的部位趋于“同等待遇”，不符合生理解剖要求；b. 不能通过改变坐姿来进行生理调节；c. 过

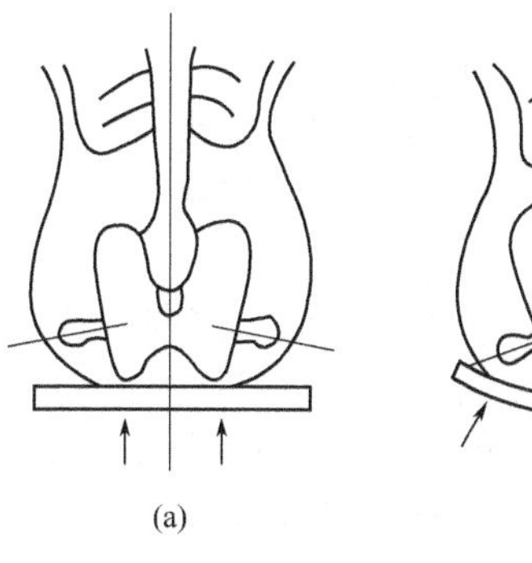

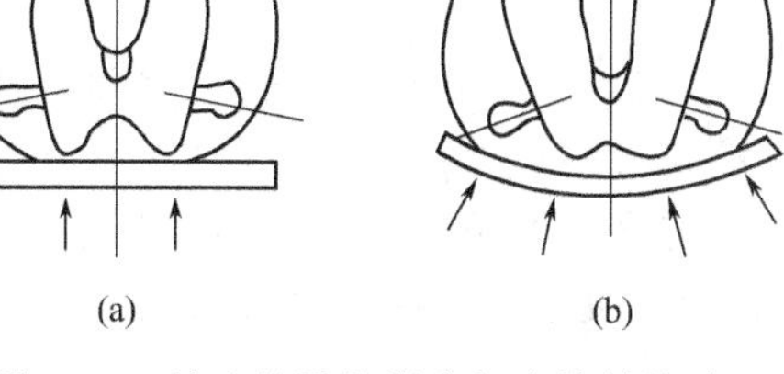

(a) (b)

图 5-65 椅座的柔软程度与人体的关系

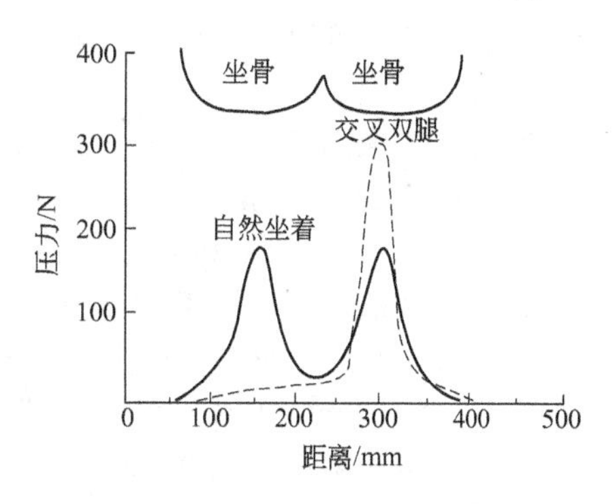

图 5-66 压力的分布状况

于柔软的椅垫让人体产生动摇不定、不稳定的感觉，使全身肌肉紧张收缩起来容易疲劳；d. 过于柔软的座椅还会减少对大脑的刺激，使大脑反应迟钝，所以工作椅的椅垫尤其不可太软太厚。

沙发椅表面的材料宜采用棉纤维、皮革等材料，既可以透气，又可减少身体下滑；塑料面不透气，表面太滑，不宜做坐垫面。

5.5.2.2 床

床的功能是使人能够很好地休息，消除疲劳，恢复体力。要满足这一要求，就应对人体卧姿时的脊柱曲线有所了解，才能使设计达到合理、科学的要求。

人的脊柱大致呈S形，从侧面看有四个生理弯曲。因此，要达到良好的坐姿和卧姿，其必要条件是使人体能产生最适当的压力分布于脊椎的椎间盘上，以及在肌肉组织上适当而均匀的静负荷。因此，人的卧姿要达到最佳的效果，必须使人躺着时脊柱曲线最接近其自然状态。弹力过大、过小的床垫都会使脊柱产生不正常弯曲，使人感觉不舒适。若床垫的弹力能根据人体各部位的不同压力而加以调整，则可使人仰卧的脊柱曲线符合生理特点，感到舒适。如图 5-67 所示为人体仰卧在不同弹力的床垫上的姿态。

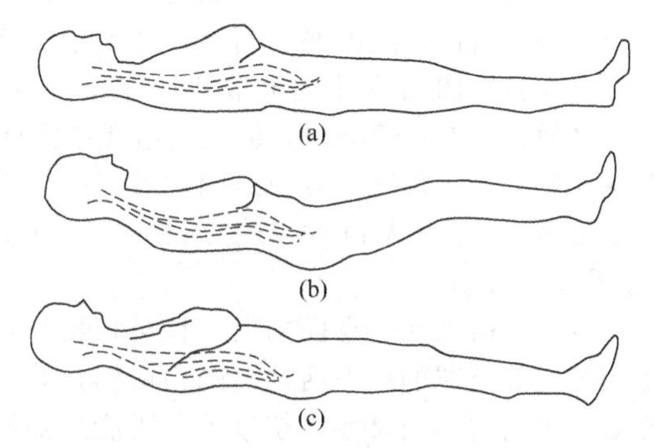

图 5-67 人体仰卧在不同弹力的床垫上的姿态

图 5-67(a) 为人体仰卧在弹力较大的床垫上或木板上，与人体站立时的自然姿态相差较大。

图 5-67(b) 为人体仰卧在弹力较小床垫上，脊椎相当弯曲，腰椎向上突出。

图 5-67(c) 是将床垫不同部位弹簧的弹力加以调整，使人体仰卧时下沉量最大的臀部弹簧的弹力适当加大，则人体在仰卧时脊柱曲线较为自然。

前面两种仰卧姿态使人都感觉不舒服，甚至还会产生腰痛；后一种仰卧姿态让人感觉舒适。此外，床的尺寸大小需满足人的睡眠要求。根据研究得知，人在进入睡眠状态时，每晚会进行 20 余次翻身，以调整卧姿。如果床的宽度过窄，就会使人处于紧张状态而减少翻身次数，得不到充分的休息。因此，床的尺寸需按如下方式确定。

(1) 床的宽度　需为人的平均肩宽的 2～3 倍，按成年男子平均肩宽 400mm 计算，一般单人床宽应为 800～1200mm，可取值为 800mm、900mm、1000mm、1100mm、1200mm；折叠床为了节省占地面积，最低宽度可降至 700mm；双人床宽度一般为 1500～1800mm，可取值为 1500mm、1800mm。如果是嵌垫式床，其床面宽度应在上面各档尺寸基础上增加 20mm。

(2) 床的长度　床的长度除了考虑人体的长度以外，还应考虑头、脚的两端留有一定的余量，一般床的长度通常采用下列公式计算：

床长＝人高度×1.05＋头上余量十脚余量

通常成人床的长度为1920～2000mm。国家标准GB 3328—1997规定床的长度如下：双屏床的床面长为1920mm、1970mm、2020mm、2120mm，单屏床的床面长为1900mm、1950mm、2000mm、2100mm。

(3) 床面高度　主要考虑方便人起、坐及穿衣、脱鞋等活动，一般床高与椅高一致，以400～500mm为宜，如果放置床垫，床面高为240～280mm。对于老年人使用的床，高度应高些，以500～600mm为宜，以方便腿脚不灵活的老年人；民用卧室的床宜略低一点，以减少室内的拥挤感，增加开阔感；医院的床宜高一点，以方便病人使用，减少动作的难度；宾馆的床也宜高一点，以方便服务员清扫和整理卧具。

随着现代生活的发展，床的概念也不再拘泥于一种传统的模式，床的高度被降低了，甚至简化为在地板上放一张弹簧床垫。设计应结合室内整体环境考虑，与个人的喜好、生活习惯有密切联系。

根据实验得知，人体每晚会排出一定的汗量，如果不能有效散发，人体便会感到闷热不适。因此，床垫需具有良好的透气性。

5.5.2.3 桌类家具

(1) 桌子的高度　桌子的高度是最基本的尺寸之一，是保证桌子使用舒适的首要条件。尺寸过高或过低，都会使背部、肩部肌肉紧张而易产生疲劳。对于正在成长发育的青少年来说，不合适的桌面高度还会影响他们的身体健康，如造成脊椎不正常的弯曲和眼睛近视等。因此，桌子的正确尺寸应该是与椅、凳的座高保持一定的比例关系。桌子的高度通常是根据座高来确定的，即是由椅、凳的座面高度，加上桌面与座面之间的高度差。

桌面与座面高差是一个常数，1979年国际标准（ISO）确定为300mm，根据这些原则，一般桌面高700～760mm。茶几也通常划为桌类家具，其高度应视沙发的高度而定，应考虑人坐在沙发上取、放物品方便。因此其高度可略低于沙发扶手的高度，即350～450mm。而对于绘图桌或一些主要以站立使用的桌子（如讲台），高度应根据使用情况确定，一般为800～950mm。

(2) 桌面尺寸　桌面的尺寸也会直接影响人的工作效率。一般来讲，桌子尺寸是以人的坐姿状态，其上肢的水平活动范围为依据，并根据功能要求和所放物品多少来确定。尤其对于办公桌，太大的桌面尺寸，超过了手所能达到的范围，造成使用不方便；太小则不能保证足够的面积放置物品，而影响有效的工作秩序与工作效率。较为适宜的长度尺寸为1200～2000mm，宽600～800mm。但一般餐桌宽度可为700～1000mm。

对于两人面对面使用或并排使用的桌子，则应考虑两人的活动范围，需将桌面适当加宽。对于办公桌，为避免干扰，还可在两人之间设置半高的挡板，以遮挡视线。多人并排使用的桌子，应考虑每个人的动作幅度，而将桌面适当加长。

对于一些课桌、阅览桌，桌面可设置为15°的斜角，让人能用正确而舒适的坐姿阅读书刊。

一般餐桌的桌面尺寸，则应根据中、西餐的不同而有差异。一般圆桌，根据使用人数的不同，其尺寸需有大小之分，通常直径为800～1800mm。矩形或椭圆形桌面的长度尺寸为1300～1800mm，宽度尺寸为650～900mm。正方形桌面的尺寸一般为700～800mm。

(3) 桌的净空尺寸　人在使用桌子时，双脚应能伸进桌面下的空间并能自由活动（如腿的伸直、交叉等），以便变换姿势，减轻疲劳。因此桌面下需有足够大的空间，否则会影响人双腿活动。桌子下若有抽屉，则抽屉底面不能太低，应保证椅面距抽屉底面至少有178mm的净空高度。

(4) 桌子的颜色　人在使用桌子时，尤其是写字台、办公桌，眼睛往往是长时间注视桌面

上的书籍或纸张，桌面颜色会对眼睛广生很大影响，甚至会影响到工作效率。如果桌面色彩过于鲜艳，亮度过大，使视觉中枢受到强烈的刺激而产生较强的兴奋感，易引起视力不能集中，且易疲劳。所以桌面的色彩，以冷色调或三次（黄灰、蓝灰、红灰）色调为宜，最好采用亚光涂饰。

5.5.2.4 柜类家具

（1）柜体的高度　柜类家具的基本人机学要求，依然是与人体尺寸适应，便于使用。如图5-68(a) 所示是柜类家具内部空间的三个区域。第一区域的上限距地面约 1870mm，是考虑了穿鞋修正量的女子双臂功能上举高度值；第一区域的下限距地面约 603mm，是仅需略微弯腰而不必蹲下就可取物的高度。第一区域是取物方便的区域，其中又以肩高（男女肩高的平均值加穿鞋修正量）1328mm 附近为最方便。高度 603mm 以下是第二区域，要蹲下取物，不方便。高度 1870mm 以上视线够不着，要踮脚甚至站在凳子上或用梯子才能取物，更不方便，这是第三区域。如图 5-68(b) 所示是抽屉高度的上限和下限，考虑取物时的手臂动作和视线，抽屉上沿的上限和下限高度分别约为 1360mm 和 300mm。

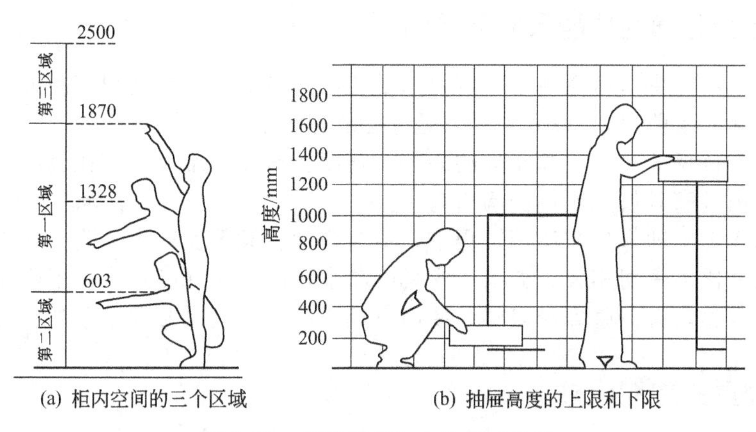

(a) 柜内空间的三个区域　　(b) 抽屉高度的上限和下限

图 5-68　柜类家具与人体尺寸关系

表 5-13 为柜类家具的存取空间示意

表 5-13　柜类家具的存取空间示意

序号	区间	高度/mm	存放物品	应用举例
第一区间	弯蹲存取空间	小于 603	不常用，较重物品	箱、鞋、盒
第二区间	方便存取空间	603～1870	常用物品	应季衣服、日常生活用品
第三区间	超高存取空间	大于 1870	不常用物品	过季衣物、棉被

在这三个储存区间内，根据人体动作范围及储存物品的种类可以设置搁板、抽屉、挂衣棍等。在设置搁板时，搁板的深度和间距除考虑物品存放方式及物体的尺寸外，还需考虑人的视线，搁板间距越大，人的视域越好，但空间浪费较多，所以设计时要统筹安排。

（2）深度和宽度　至于橱、柜、架等储存性家具的深度和宽度，是由存放物的种类、数量、存放方式以及室内空间的布局等因素来确定的，如衣柜>530mm、书柜 300～400mm、文件柜 400～450mm 等。

5.5.2.5 家具的细节尺寸

还应注意家具细节与人体的关系。例如人在一些低柜或工作台边可能站得比较近，在这些家具的支脚部位留有“容足空间”就有必要，如图 5-69（a）所示。容足空间对于沙发前的长茶几尤其值得重视：因为人们为了舒服，坐沙发时常把小腿往前伸出，长茶几又不宜远离沙发放置，若小腿伸不进茶几下部，必影响到就座沙发的自由放松。又例如无论是用拖把还是用吸尘器，家具底部留有必要的空档是必要的，空档高度应不小于 130mm，如图 5-69(b) 所示。

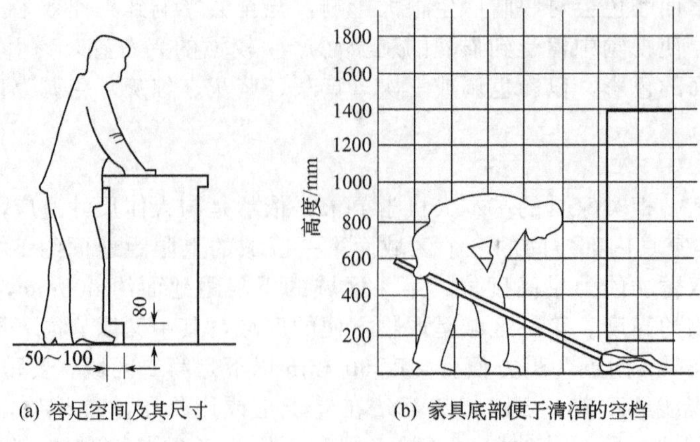

(a) 容足空间及其尺寸　(b) 家具底部便于清洁的空档

图 5-69　其他值得注意的家具尺寸细节

5.5.3 家具造型与确定功能尺寸的原则

(1) 满足使用功能要求的原则　一定要满足使用功能要求，让用户使用方便，有利于使用者身心健康。这是先决前提，“以人为本”是务必要保证的核心原则。

(2) 形体比例协调的原则　即家具的高度、宽度、深度三维尺寸的比例应基本协调；同时应满足室内环境内各家具尺寸比例协调与统一。

(3) 稳定性原则　即家具在使用过程中，不会松动、倾倒而产生危险，使人感觉安全。家具的稳定性与尺寸比例密切相关，如某一家具的高度过高，而深度过小，不仅比例不协调，而且给人造成不稳定感，有一碰即倒之感，使用户提心吊胆，这是必须避免的缺陷。

5.5.4 常用家具的功能尺寸

常用家具的功能尺寸在 GB 3324～3330—82 中有详细规定。

(1) 椅的功能尺寸　如图 5-70 所示为椅子尺寸标注。表 5-14 为椅子的功能尺寸。

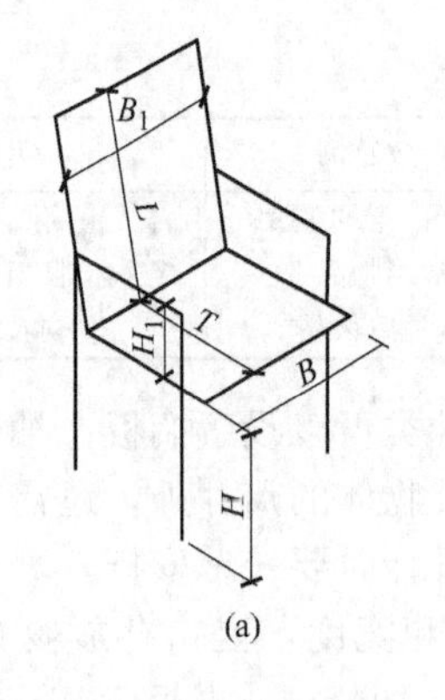

(a)

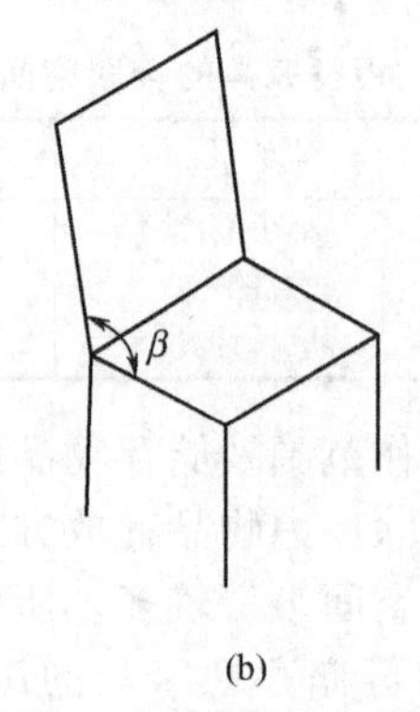

(b)

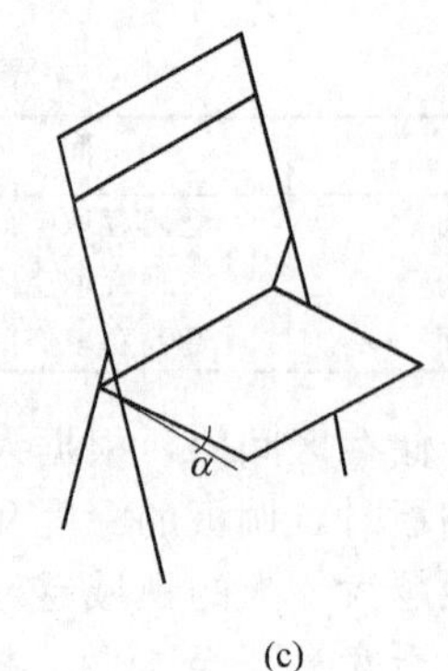

(c)

图 5-70　椅子尺寸标注

表 5-14　椅子的功能尺寸

项　目	扶手椅	靠背椅	折　椅	级　差
座高 H/mm	400～440	400～440	400～440	20
座宽 B/mm	＞460	＞380	340～400	10
座深 T/mm	400～440	340～420	340～400	10
背宽 B_1/mm	＞400	＞270	＞270	10
背长 L/mm	＞270	＞270	＞270	10
背斜角 β/(°)	95～100	95～100	100～110	1
座斜角 α/(°)	1～4	1～4	3～5	1
扶手高度 H_1/mm	200～250			10

（2）凳的功能尺寸　如图 5-71 所示为凳子尺寸标注。表 5-15 为凳子的功能尺寸。

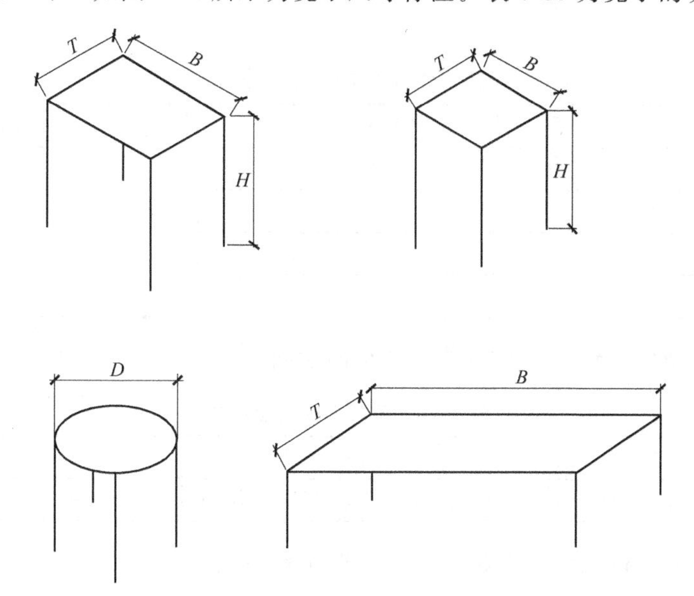

图 5-71　凳子尺寸标注

表 5-15　凳子的功能尺寸

项　　目	长方凳	方凳	圆凳	长凳	级差
座高 H/mm	400～440	400～440	400～440	400～440	20
座宽 B/mm	320～380（级差 20）	边长 260～300（级差 20）	直径 260～300（级差 20）	长 900～1050	50
				宽 120～150	10
座深 T/mm	240～280				20
宽深比	1.3～1.4				

（3）双柜桌的功能尺寸　如图 5-72 所示为双柜桌尺寸标注。表 5-16 为双柜桌的功能尺寸。

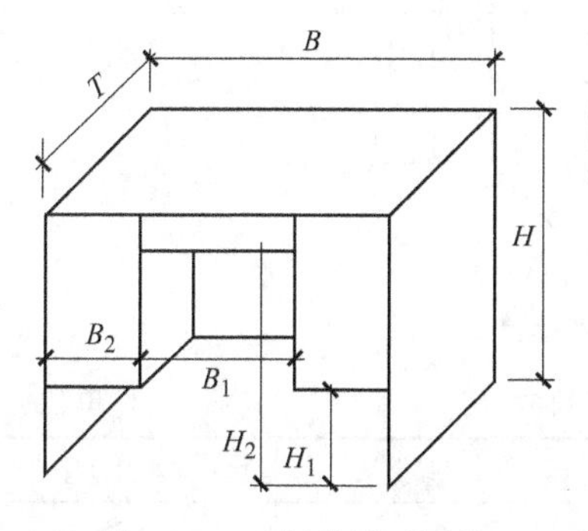

图 5-72　双柜桌尺寸标注

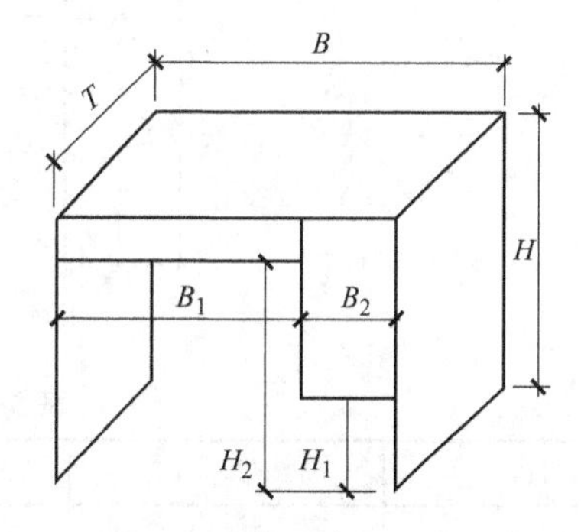

图 5-73　单柜桌尺寸标注

表 5-16　双柜桌的功能尺寸

项　　目	桌面高（H）/mm	面宽（B）/mm	面深（T）/mm	脚净空高（H_1）/mm	中间净空高（H_2）/mm	中间净空宽（B_1）/mm	侧柜内宽（B_2）/mm
	700/760	1200/1400	600/750	＞100	＞580	＞520	＞230
级差	20	100	50				
宽深比	B/T=1.8～2.0						

(4) 单柜桌的功能尺寸　如图 5-73 所示为单柜桌尺寸标注。表 5-17 为单柜桌的功能尺寸。

表 5-17　单柜桌的功能尺寸　　单位：mm

桌面深 T	500～600	级差 50
脚净空高 H_1	＞100	宽深比为 1.8～2.0
中间净空高 H_2	＞580	
中间净空宽 B_1	＞520	
侧柜、抽屉内宽 B_2	＞230	

(5) 单层桌的功能尺寸　表 5-18 为单层桌的功能尺寸。

表 5-18　单层桌的功能尺寸　　单位：mm

桌面高 H	700～760	级差(20)	桌面深 T	500～600	级差(50)
桌面宽 B	900～1200	级差(200)	中间净空高 H_1	＞580	宽深比 1.8～2.0

(6) 方、圆桌的功能尺寸　表 5-19 为方、圆桌的功能尺寸。

表 5-19　方、圆桌的功能尺寸　　单位：mm

桌面高 H	700～760	级差(200)
桌面边长(或直径)	750/1000	级差(50)
中间净空高	＞580	

(7) 梳妆桌功能尺寸　如图 5-74 所示为梳妆桌尺寸标注。表 5-20 为梳妆桌的功能尺寸。

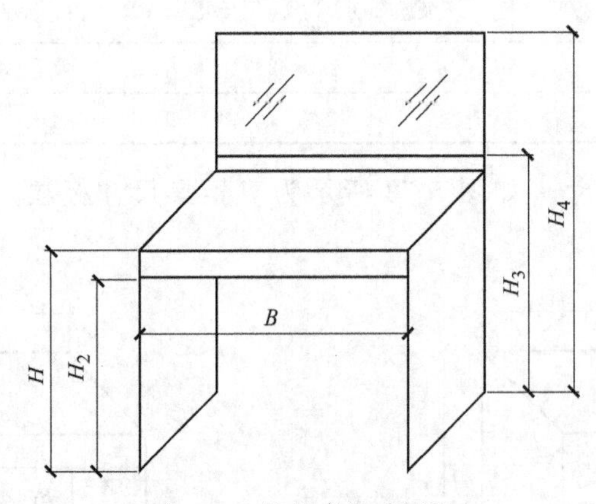

图 5-74　梳妆桌尺寸标注

表 5-20　梳妆桌的功能尺寸　　单位：mm

H	H_2	B	H_3	H_4
≤740	≥580	≥500	≥1000	≥1600

(8) 衣柜的功能尺寸　如图 5-75 所示为衣柜尺寸标注。

① 挂衣辊下沿至底板内表面距离 H：用于挂长外衣＞1400mm；用于挂短外衣＞900mm。

② 挂衣辊上沿至顶板下表面距离 H_1：40～60mm。

③ 柜净空深 T：用于挂衣净空深 T＞500mm；用于摆放折叠衣物净空深 T＞450mm。

④ 柜净空宽 B＞500mm。

⑤ 柜脚净空高（H_2）：亮脚净空高＞100mm；包脚（塞脚）净空高＞60mm。

⑥ 衣镜上沿离地面高 H_2>1650mm（装饰镜不受高度限制）。

（9）书柜的功能尺寸　如图 5-76 所示为书柜的标注尺寸，表 5-21 为书柜的功能尺寸。

表 5-21　书柜的功能尺寸　　单位：mm

项目	尺寸	级差	项目	尺寸	级差
高 H	1200～1800	50 200 优先	层内高 H_1	>220	
宽 B	750～900	50	脚净空高 H_2	>60	
深 T	300～400	10			

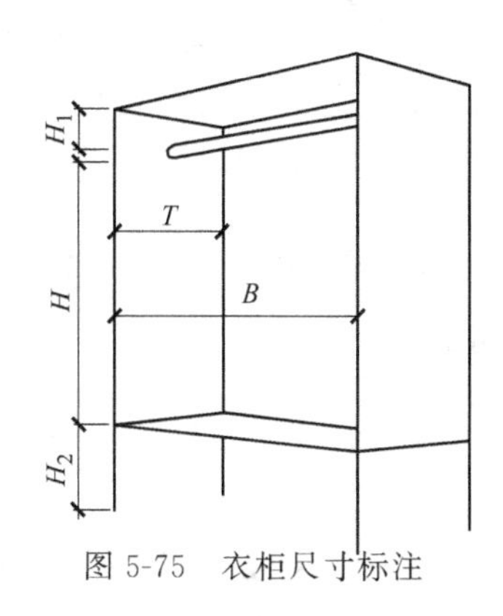

图 5-75　衣柜尺寸标注

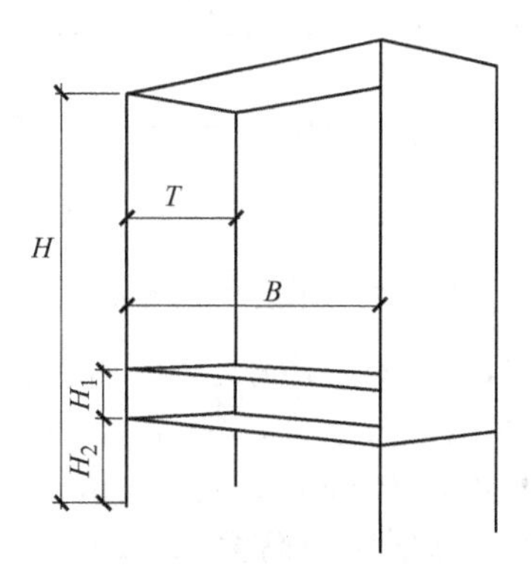

图 5-76　书柜尺寸标注

（10）文件柜的功能尺寸　如图 5-77 所示为文件柜尺寸标注，表 5-22 为文件柜的功能尺寸。

表 5-22　文件柜的功能尺寸　　单位：mm

项　　目	尺寸	级差	项　　目	尺寸	级差
柜高 H	1800		上层屉面上沿离地高度	<1250	
柜深 T	400～450	10	柜脚净空高 H_1	>100	
柜宽 B	900～1050	50			

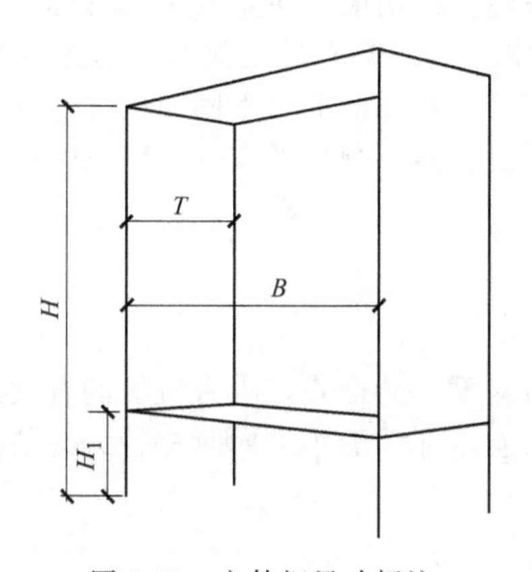

图 5-77　文件柜尺寸标注

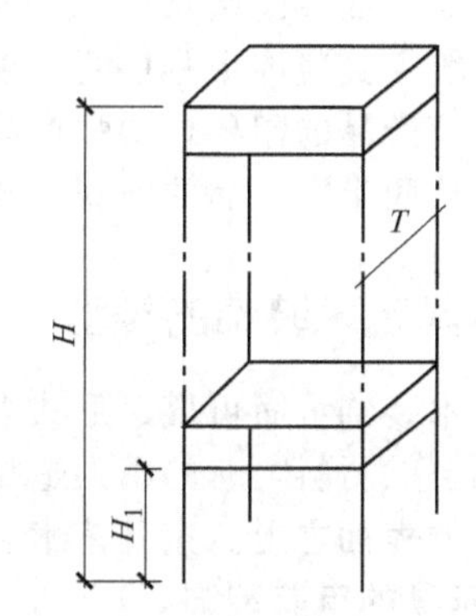

图 5-78　抽屉柜尺寸标注

（11）抽屉的安装尺寸　如图 5-78 所示为抽屉柜尺寸标注。

① 顶层屉面上沿离地面高 H<1250mm；

② 底层屉面下沿离地面高 H>60mm；

③ 抽屉深度 T 为 400～500mm。

（12）*单层床的功能尺寸*　如图5-79所示为单层床尺寸标注。

铺面净长 L=1920mm、2000mm、2020mm、2100mm。

铺面宽 B：单人床800mm、900mm、1000mm、1200mm；双人床1200mm、1350mm、1500mm、1800mm、2000mm。

铺面离地高现未作统一规定，根据各地区习惯而定，但一般为400～440mm。

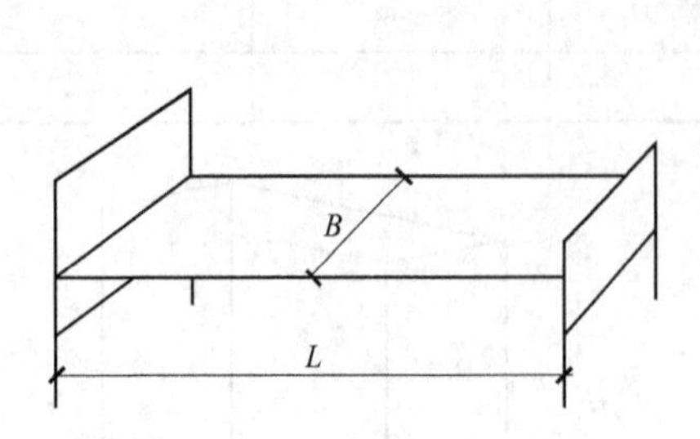

图5-79　单层床尺寸标注

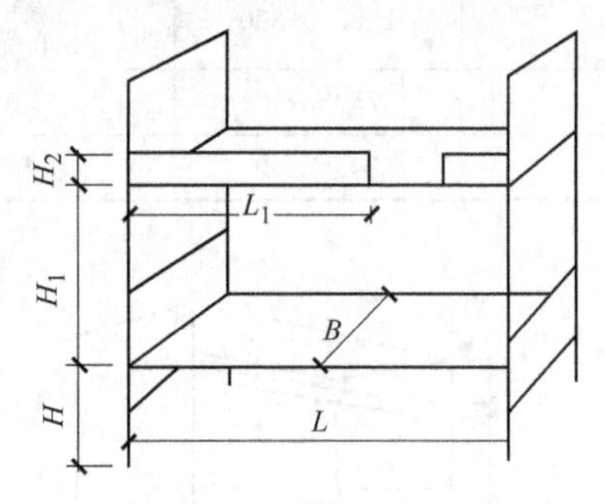

图5-80　双层床尺寸标注

（13）*双层床的功能尺寸*　如图5-80所示为双层床尺寸标注。

① 铺面净长 L=1920mm、2000mm、2020mm、2100mm。

② 铺面宽 B=800mm、900mm、1000mm。

③ 底层铺面离地高度 $H_1<420$mm。

④ 层间净高 $H_2>950$mm。

⑤ 安全栏板长 $L_2>900$mm（缺口长≤600mm）。

⑥ 安全栏板高 $H_3>120$mm。

5.6　家具艺术装饰

5.6.1　家具艺术装饰的概念

家具艺术装饰就是对家具形体表面的美化。一般来说，由功能所决定的家具形体是家具造型的主要方面，而表面装饰则从属于形体，附着于形体之上，但家具表面装饰也绝非可有可无。对于传统家具装饰十分重要，现代家具也是如此，只是装饰的形式不同而已。好的装饰能强化接受者对产品的印象，增强产品的美感。在同一形式、同一规格的家具上可以进行不同的装饰处理，从而丰富产品的外观形式。

5.6.2　家具艺术装饰的类型

家具艺术装饰可简可繁、形式多样。在装饰手段上有手工的形式，也有机械的方式，在用料上有的用自然材料，有的用人造材料。有的装饰与功能零部件的生产同时进行，有的则附加于功能部件的表面之上。家具艺术装饰的类型见表5-23。

5.6.2.1　家具的审美装饰

家具的审美装饰是指附着于家具构件之上、与使用功能无关、仅起美化作用的装饰方法。在传统家具中常见的有以下几类。

（1）*雕刻装饰*　雕刻是一种古老的装饰艺术，很早就被世界各地的劳动人民应用于建筑、家具及各类木质工艺品上。木材雕刻是我国古代家具的重要艺术表现技法，特别是明清家具的雕刻艺术驰名中外，备受人们喜爱。目前我国各地的古建筑、佛像、家具及工艺品上仍保存着

表 5-23 家具艺术装饰的类型

家具装饰	审美装饰	雕刻装饰
		镶嵌装饰
		模塑件装饰
		镀金装饰
		绘画装饰
		烙花装饰
	功能性装饰	涂饰装饰
		贴面装饰
		五金件装饰
		织物装饰
		灯具装饰
		商标装饰

很多有传统艺术性的优秀雕刻。现在木材雕刻仍是家具、工艺品和建筑构件的重要装饰方法之一，国内外的高级家具大多用雕刻来装饰。全国已发展的有黄杨木雕、红木雕、龙眼木雕、金木雕、金达莱根雕和东阳木雕六大类木雕产品。我国常见的古典家具雕刻图案有龙凤、云鹤、牡丹等雕刻纹样；西方风行的家具雕刻图案有鹰爪、兽腿、人体、柱头、雄狮、蟠龙、花草纹和神像等图案。雕刻装饰使家具装饰艺术达到了很高的境界。家具中的雕刻装饰按照所形成的图案与背景的相对位置不同分为平雕、浮雕、圆雕、透雕等形式。

① 平雕　图案高出或低于背景，且图案处在同一个平面上的一种雕刻方法。

② 浮雕　图案高出背景且与背景不分离而凸起的图案纹样，呈立体状浮于衬底面之上，较平雕更富于立体感。浮雕图案按凸出高度不同而可分为浅浮雕、中浮雕和深浮雕三种。在背景上仅浮出一层极薄的物象图样，且物象还要借助一些抽象线条等表现方法的浮雕叫浅浮雕；在背景上浮起较高，物象接近于实物的称为深浮雕。介于低浮雕与高浮雕之间的叫中浮雕。

③ 圆雕　图案与背景完全分离、任一方位均可独立形成图案的一种立体雕刻形式，类似于雕塑。圆雕题材范围很广，从人物、动物到植物等都可以表现。常用于家具的支承构件上，尤其是支架构件。

④ 透雕　将图案或背景完全镂空而形成的一种装饰雕刻形式，透雕分为两种形式：在背景上把图案纹样镂空穿透成为透空的称为阴透雕；把背景上除图案纹样之外的背景部分全部镂空，仅保留图案纹样的称为阳透雕。透雕多用于家具中的板状构件。

(2) 镶嵌装饰　先将不同颜色的木块、木条、兽骨、金属、象牙、玉石、螺钿等，组成平滑的花草、山水、树木、人物及各种自然界题材的图案花纹，然后再嵌粘到已铣刻好花纹槽(沟)的家具部件的表面上，这种方法案称为镶嵌装饰。

(3) 模塑件装饰　模塑件装饰就是用可塑性材料经过模塑加工得到具有装饰效果的零部件的装饰方法。过去常用的简单方法是用石膏粉浇注成型，用于家具表面装饰。现代广泛应用聚乙烯、聚氯乙烯等材料进行模压或浇注等成型工艺，既可以生产雕刻图案纹样附着于家具主体进行装饰，也可以将雕刻件与家具部件一次成型，如柜门和屉面等。模塑装饰既具有雕刻件同样精确的形状，而且可以仿制出木材的纹理和色泽，是运用机械手段批量生产传统家具的有效方法。

(4) 镀金装饰　镀金即家具表面金属化，也就是在家具装饰表面覆盖上一层薄金属。最常见的是覆盖金、银和青铜，使家具表面具有贵重金属的外观质地。装饰用的金有真金与铜锌合金之分。真金很昂贵，在家具装饰应用中极少见到，主要用的是铜锌合金，其色泽与真金基本相同，只是较易褪色失光，须在其表面涂饰清漆层予以保色保光，同样能获得真金的装饰效果，故现在应用较为广泛。镀金装饰的施工方法有以下几种。

① 贴金　就是以涂料为粘接剂，将极薄的金箔贴于家具表面上以形成经久不褪色而闪闪发光的设计图案。我国应用贴金装饰历史悠久，如寺庙里的金身佛像和华丽建筑的装饰。目前这种装饰方法仍用于古代艺术品的修复及纪念性建筑物、工艺品及家具的装饰。贴金用的金箔分真金箔和人造金箔（即合金箔）。真金箔是用真金锻打加工制成，价格昂贵，但光泽黄亮，保色性强。根据厚度和重量分为重金箔、中金箔和轻金箔三种。重金箔用于室外制品装饰，中金箔适用于家具和其他室内制品的装饰，轻金箔只可用于弯曲面或板件的成型面等的装饰。合金箔只宜用于室内制品的装饰，而且其表面必须涂饰无色透明的清漆涂层以防变色。

贴金的表面与不透明涂料一样，必须经过仔细的加工，务必使其平滑坚硬。然后在这样的表面上涂刷广漆或特种清漆，一般要涂 2～3 遍，但整个涂层要薄，要防止雕刻的花纹深处和线脚四处淤漆太多后皱皮。等头道涂层干后方可涂第二道和第三道。当涂层干至触指不粘而尚保存有黏着力的时候，即可胶贴金箔。贴金时，将金箔精心地铺在待贴表面上，每张金箔的边缘应稍稍重叠，然后用细软而有弹性的平头金笔刷贴平，再用排笔弹去多余的金箔。发现有漏贴处，要立即补贴。最后涂一层广漆或颜色较浅的大漆，大漆的涂漆方法与广漆施工相同，或用蚕丝团辊涂。

② 烫金　烫金是借助特殊的烫印箔（又称转移薄膜），通过加热、加压，将其上面的金属箔转印到木家具表面上的一种装饰技术。因烫印时不需使用液态的涂料和胶黏剂，工艺简单，成本低，节能，装饰效果好。所以广为应用，小至木制品上的商标、装饰条及拉手等上的图案纹样，大到家具表面装饰。

烫印金箔是烫印工艺的主要组成部分。载体为 12～30μm 厚的聚酯薄膜，耐热，又有较强的柔韧性。载体在烫印后要与留在家具上的金属箔分离，因此要有由蜡构成的脱膜层。用丙烯酸树脂涂料的涂膜保护里面的金属箔层，通常为透明层，当需颜色时，也可在涂料中加入着色剂。每层涂膜的厚度为 1.25～1.5μm，可涂一两层或多层。一般金属箔厚度为 20～25μm。

烫印的方法有平压和辊压两种。烫印箔在高温烫印模的压力和加热下，烫印箔反面的胶黏剂被活化黏附在被装饰的工件上，蜡质的脱膜层与金属箔层分离，使金属箔层从聚酯膜上转移到工件上，冷却时即将金属箔牢固地粘贴在家具表面上。

③ 涂金　就是用金粉涂料装饰家具。其方法是将金粉拌入清漆中，搅拌均匀，用画笔蘸取，在家具表面上描绘图案或线条，待图案干后，再涂饰清漆涂层予以保护即可。

(5) 绘画装饰　绘画装饰就是用油性颜料在家具表面徒手绘制，或采用磨漆画工艺对家具表面进行装饰的方法。现多用于工艺家具或民间家具。对于简单的图案，也可以用丝网漏印法取代手绘。在意大利文艺复兴时期的家具中，上层人士常请名画家为自己的家具绘画装饰。在现代仿古家具中，用绘画装饰柜门等家具部件均有广泛应用；儿童家具也常采用喷绘的画面进行装饰。

(6) 烙花装饰　烙花装饰就是利用木材被加热后会炭化变色的原理而进行的。当木材被加热到 150℃以上时，在炭化以前，随着加热温度的不同，在木材表面可以产生不同深浅的棕色，烙花就是利用这一原理和方法获得的装饰画面。烙花可以用于木材表面，也可以用于竹材表面。

烙花的方法有笔烙、模烙、漏烙、焰烙等方法。笔烙即用加热的烙铁，通过端部的笔头在木材表面按构图进行烙烩。可以通过更换笔头来获得不同粗细效果的线条。模烙即用加热的金属凸模图样对装饰部位进行烙印。漏烙即把要烙印的图样在金属薄板上刻成漏模，将漏模置于装饰表面，用喷灯或加热的细砂，透过漏模对家具表面进行烙花。焰烙是一种辅助烙法，是以喷灯喷出的火焰对烙烩的画面进行灼燎，可对画面起到烘托渲染的作用，使画面更富于水墨韵味。烙花对基材的要求是纹理细腻、色彩白净。最适于烙花装饰的国产树种是椴木。

5.6.2.2 家具的功能性装饰

家具的功能性装饰是指该种装饰既是构成家具所必不可少的功能构件，又能起到良好的审美效果的装饰形式。常见的有以下几种类型。

（1）涂饰装饰　涂饰装饰是将涂料涂布于家具表面形成一层坚韧的保护膜的装饰方式。经涂饰处理后的家具，不但易于保持其表面的清洁，而且能使木材表面纤维与空气隔绝，免受日光、水分和化学物质的直接侵蚀，防止木材表面变色和木材因吸湿而产生的变形、开裂、腐朽、虫蛀等，从而提高家具使用的耐久性。涂料装饰主要有以下三类。

① 透明涂饰　透明涂饰是用透明涂料涂饰于木材表面。透明涂饰不仅可以保留木材的天然纹理与色彩，而且通过透明涂饰的特殊工艺处理，使纹理更清晰，木质感更强，颜色更加鲜艳悦目。透明涂饰多用于名贵木材或优质阔叶树材制成的家具。通过染色处理，可以使某些低档木材具有名贵木材的固有色，实现模拟装饰，提高产品档次。

② 不透明涂饰　不透明涂饰是用含有颜料的不透明涂料，如各类磁漆和调和漆等涂饰于木材表面。通过不透明涂饰，可以完全覆盖木材原有的纹理与色泽。涂饰的颜色可以任意选择和调配，所以特别适合于木材纹理和色泽较差的散孔材或针叶材制成的家具，也适合于直接涂饰用刨花板或中密度纤维板制成的家具。

③ 大漆涂饰　大漆涂饰就是用一种天然的涂料对家具进行装饰，主要是指生漆和精制漆。生漆是从漆树的韧皮层内流出的一种乳白色黏稠液体，生漆经过加工处理即成为精制漆，又称熟漆。大漆具有良好的理化性能与装饰效果。长沙马王堆汉墓出土的2000多年前用大漆装饰的漆器、漆几等仍完好如新。现在，中国大漆已十分珍贵，除了少数产区仍使用大漆装饰家具外，工厂批量生产中一般只用于供外贸出口的工艺雕刻家具和艺术漆器家具的装饰。

（2）贴面装饰

① 薄木贴面装饰　薄木依产品需求，根据各种花样图纸上所画纹理、角度、尺寸，经裁切裁好后，用水胶纸黏合，拼成大面积，且制成各种花型的过程，叫薄木拼花。将这种设计好的薄木拼花贴于人造板或直接贴于被装饰的家具表面，这种装饰方法就称为薄木贴面装饰。这种方法可使普通木材制造的家具具有珍贵木材的美丽的纹理和色泽。这种装饰既能减少珍贵木材的消耗，又能使人们享受到少有的自然美。

根据加工工艺和装饰特征的差异，常用的薄木有三种：一种是用天然珍贵木材直接刨切得到的薄木，称天然薄木；另一种是将普通木材刨得的薄木染色后，将色彩深浅不一的薄木依次间隔同向排列胶压成厚方材，然后再按一定的方向刨切而得的薄木，称再生薄木，再生薄木也具有类似某些珍贵木材的纹理和色彩；还有一种是用珍贵木材的木块按设计的拼花图案先胶拼成大木方，然后再刨切成大张的或长条的刨切拼花薄木，称为集成薄木。

在拼花设计中，关键还是拼花图案设计，即要设计出拼花的几何图案，并将薄木材质、色泽、纹理按一定形式进行组合搭配，以达到特定的装饰效果。

如图5-81所示为常见的一些规则的薄木拼花形式。

如图5-82所示为复合拼花的常见形式，复合拼花也称嵌套拼花，是指两种或两种以上的拼花单元组合而成的具有多层嵌套结构的拼花组合，是在各种简单拼花基础上，加上各种边条、饰条或饰块等拼合而成。有时为增加艺术效果，还会将拼花边缘做成曲线形状或多层嵌套的样式。也经常把不同材质或纹理的薄木拼合在一起，形成强烈的视觉冲击效果。这类拼花形式在实际应用中最为广泛，变化也最为丰富多彩，常用于桌类的面板、柜类的面板及门板、床头正面等特别重要的部位，作为整件家具的亮点展现出来。

如图5-83所示为薄木艺术拼花效果图，从形式上讲，前述各种拼花也称规则拼花，即构成拼花的各单元的形状多为几何形，并有一定规律可循。艺术拼花则不同，注重拼花图案的意境，通常表现为花鸟虫鱼、各种抽象画等图案，是将其他艺术图案通过薄木拼花的方式表现出来。在具体实现上通常要用到激光雕刻技术，并利用薄木的天然色泽和纹理进行构图嵌套拼合

图 5-81 常见的一些规则的薄木拼花形式

1—顺纹拼；2—人字形拼花；3，4—菱形拼花；5—辐射形拼花；6—盒状拼花；7—席形拼花；8—框架拼花；9—圆形拼花

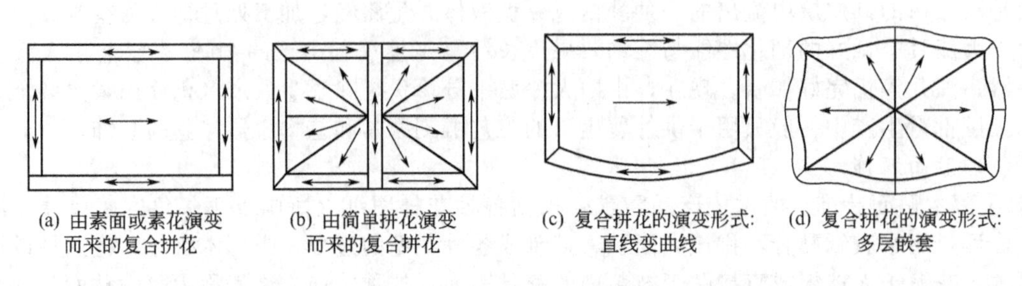

图 5-82 复合拼花的常见形式

而成，以达到特定的艺术效果。此类拼花主要用于木门表面装饰，也可用于家具的表面装饰，可以得到比彩绘家具更真实、更具立体感的装饰效果。

② 其他贴面装饰方法 家具的贴面装饰除了薄木拼花进行贴面外，还可以用许多其他材料进行贴面装饰，如印刷装饰纸贴面、合成树脂浸渍纸或薄膜贴面、纺织品贴面、金属薄板贴面、编织竹席贴面、旋切薄竹板（竹单板）贴面、藤皮贴面等，可以使家具表面色泽、肌理更富于变化和表现力。

图 5-83 薄木艺术拼花效果图

(3) 五金件装饰 从古到今，五金件都是家具装饰的重要内容。如在明代家具中，柜门的门扇上常用吊牌、面页和合页等进行装饰，形成了明式家具的一大装饰特征。这些五金件常用白铜或黄铜制作，造型优美，形式多样，在深沉色调的家具上倍增光彩。而现代家具随着各种新型五金件的不断开发应用，出现了脚轮、铰链、活页、拉手、连接件到沙发上的起泡钉等应有尽有、丰富多彩的五金件形式和装饰内容。尽管这些配件的形状或体量很小，然而却是家具使用上必不可少的装置，同时又起着重要的装饰作用，为家具的美观点缀灵巧别致的奇趣效果，有的甚至起到了画龙点睛的装饰作用。

(4) 织物装饰　软包家具在现代家具中的比例越来越大，用织物装饰家具也显得越来越重要。织物具有丰富多彩的花纹图案和肌理。织物不仅可用于软包家具，也可用于与家具配套使用的台布、床罩、帷帐等，给家具增添色彩。用特制的刺绣、织锦等装饰家具，则更具装饰特色。

(5) 灯具装饰　在家具内安装灯具，既有照明作用，也有装饰效果，这在现代家具中已屡见不鲜，如在组合床的床头箱内，组合柜的写字台上方，或玻璃陈列柜顶部，均可用灯光进行装饰。应用灯光装饰时应对照明部位、遮挡形式、灯光照度和色彩进行精心设计。

(6) 商标装饰　定型产品都应有商标和标牌，商标本身有一定的美感，能发挥一定的装饰作用。商标的突出不在于其形状和大小，主要在于装饰部位的适当和设计的精美。商标图案的设计要简洁明快，轮廓清晰和便于识别。以前商标的加工一般用铝皮冲压，再进行晒板染色或氧化喷漆处理。在现代家具中用不干胶粘贴彩印、烫金的商标装饰家具更为普遍。

5.6.3 家具艺术装饰的要素

当前，家具生产正向专业化、自动化和标准化方向发展。要实现专业化、自动化的大批量生产，就要求家具线条简洁、朴实，而在这种前提下，如何在家具的造型中适当地运用各种装饰手法，就显得尤为重要。这些装饰要素虽然在产品的整个加工过程中所占比例一般较小，但对丰富家具的造型和实现产品的多样化具有十分重要的意义。家具的装饰要素通常有如下一些形式。

5.6.3.1 脚型

家具的脚在家具中起支撑作用，使家具底板能腾空，具有良好的通风性，在支承式家具中决定面板（凳面、台面）离地高度。同时，也是家具形体艺术美的重要表现部位。古代不少家具由于脚型独特的艺术美，形成独特的风格而区别于其他的家具。家具脚型的艺术变化是无穷的，前人已创造出无数争奇斗艳的脚型，为广大群众所喜爱。脚型的艺术方法可归纳为以下几种。

(1) 由有规则的几何形体组合而成的亮脚型

① 单一几何形体的脚型　如圆柱体、圆锥体、螺旋体、方形体、方锥体、等边或不等边的多棱柱体等几何体直接形成的脚型，线条流畅，形体简朴，如图 5-84 所示。

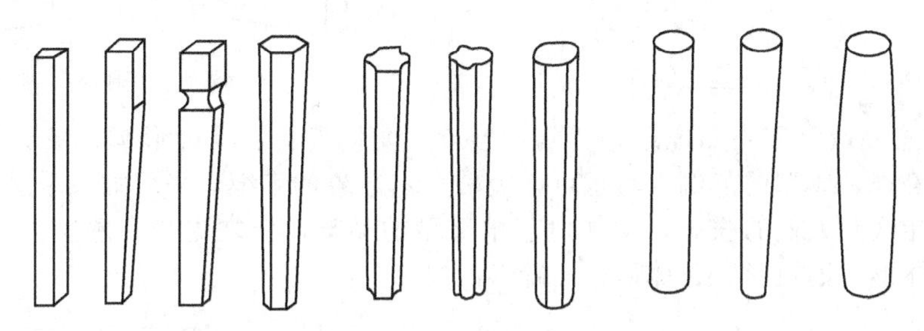

图 5-84　单一几何形体的脚型

② 复合几何形体的脚型　由上述几何形组合而成的脚型，其变化较多，可以创造许多形体优美的脚型，如图 5-85 所示。由于单一几何形体的脚型与多种几何形组合的脚型，其脚的中心线多为直线，故又有直脚型之称。

(2) 仿生物脚型　由于大自然界有着千姿百态、美丽动人的动、植物形态，其中有很多被人们所熟悉、所喜爱，有的成为吉祥物、权威地位的象征。所以自然界中的花卉、果子、禽兽等可成为家具设计师取之不尽、用之不竭的艺术源泉，以此为素材塑造出来的脚型变幻无穷。

一般常采用写真与写意两种手法进行取材。写真是在真实的自然形象基础上，进行剪裁舍取，对其真实的特征稍加艺术处理，使其更具有典型性和代表性。

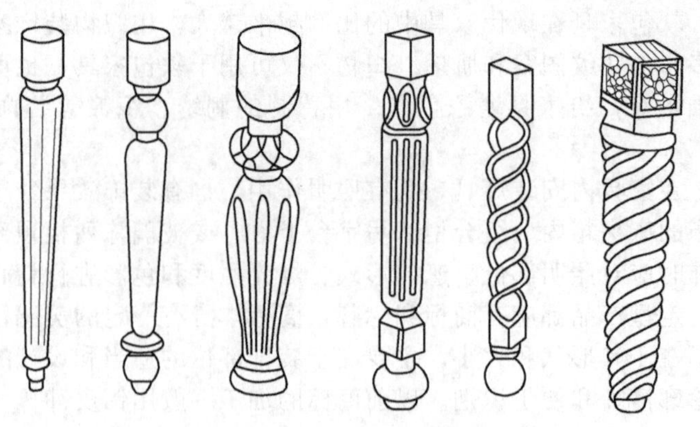

图 5-85 复合几何形体的脚型

① 仿竹子、树木等植物的根、茎、花的脚型 对竹子、树木等植物的根、茎、花进行造型处理处，常给人以挺拔向上、盘曲缭绕或圆润清奇之感。若配以适当雕刻，更会趣味盎然，有贴近自然、回归自然的舒适感，如图 5-86 所示为仿竹子、玉兰花的脚型。

② 仿虎、狮、鹰的脚型 此类脚型可使家具的形体显得威严、勇猛，成为用户权力与地位的象征。如我国历代统治者，多喜欢虎脚与狮脚家具，统称为弯脚家具。故又将弯脚家具称为中式家具。现代人们喜爱这种脚型的家具，是表达人们对这些真禽猛兽的喜爱，同时显示出人们征服真禽猛兽的巨大力量。如图 5-87 所示为仿狮体的脚型。

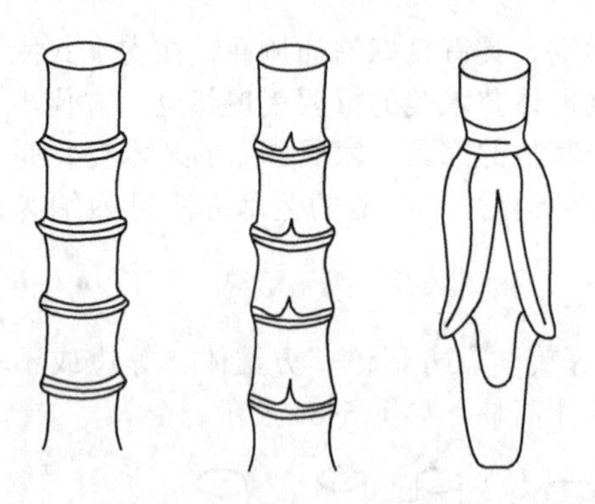

图 5-86 仿竹子、玉兰花的脚

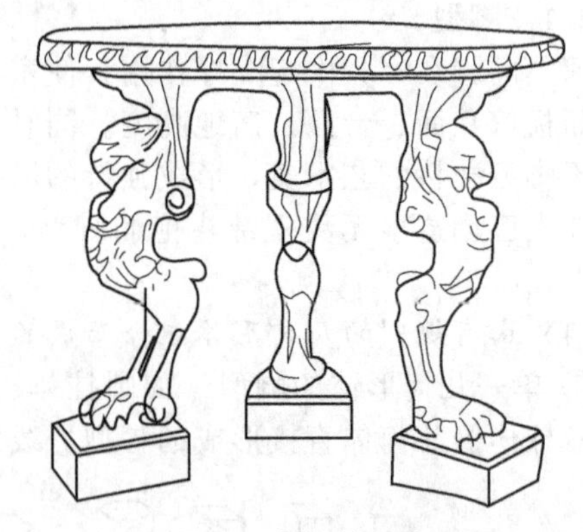

图 5-87 仿狮体的脚型

③ 通过写意创造脚型 如虎形脚、鹅冠形脚、龙体形脚、马蹄形脚、象鼻脚、玉米棒形脚、橄榄形脚等都是典型的范例。写意可以突破自然形象的束缚，采取抽象手法，使形体更具有神韵，往往能唤起人们的联想，增加对艺术造型的品味，使之更具有感染力。如图 5-88 所示为写意的虎体形、鹅冠形、龙体形、马蹄形的脚型。

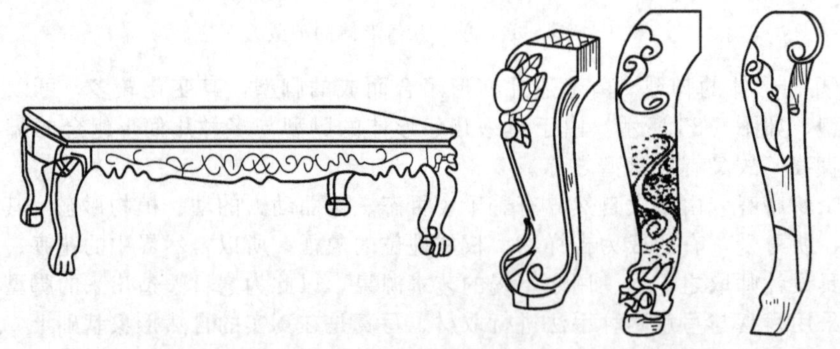

图 5-88 写意的虎体形、鹅冠形、龙体形、马蹄形的脚型

仿生物造型，若获得成功，往往会引发人们的联想，唤起人们追求大自然的情趣，从而增加消费的欲望，使设计的产品具有较强的市场竞争力。几何体脚型、仿生物脚型多属于亮脚型。

（3）组合脚型　用各种不同形体的零部件组合而成的脚型，称为组合脚型。组合脚型形式丰富多彩，有柜式、柱形、框架式等组合脚型，

① 带底盘的脚型　如图 5-89 所示，这种脚型由亮脚与底盘组合而成，不仅显得整洁美观，而且有保护亮脚的作用。

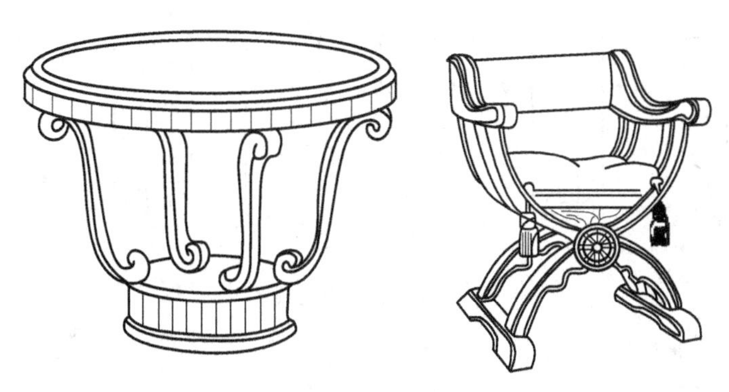

图 5-89　带底盘的脚型

② 包脚型　为箱框结构，在箱框的正视面及侧视面，可用各种线型、雕刻、图案进行修饰。多为柜类家具的脚型，如图 5-90 所示。

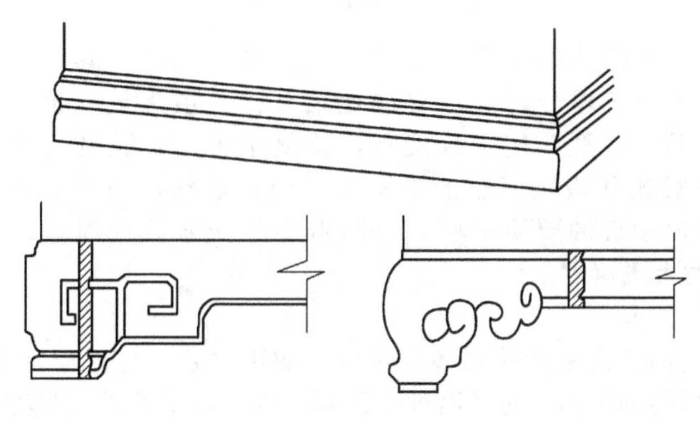

图 5-90　包脚型

③ 塞脚型　这种脚型虽结构简单，但稳定性能好，而自成体系。其形体也是可以多变的，多为柜类脚型，如图 5-91 所示。

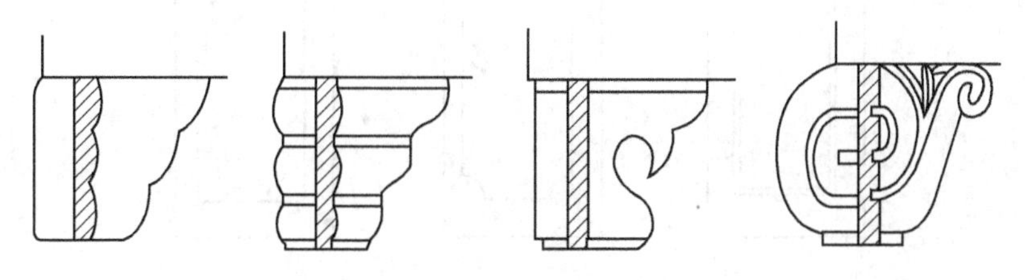

图 5-91　塞脚型

5.6.3.2　线型

线型的概念　这里所指的“线型”，是家具顶（面）板、旁板、底板、望板等的边沿成型面。常称作“边线”、“线角”、“型线”。实则为“成型面”。如图 5-92 所示为柜顶、面板的线型，如图 5-93 所示为柜旁板的线型，如图 5-94 所示为柜底板的线型。

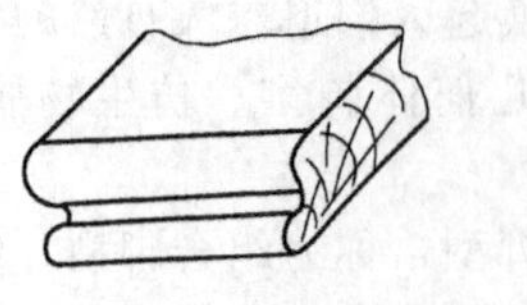
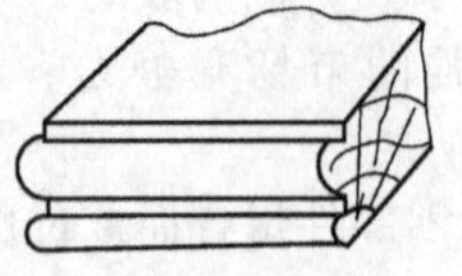
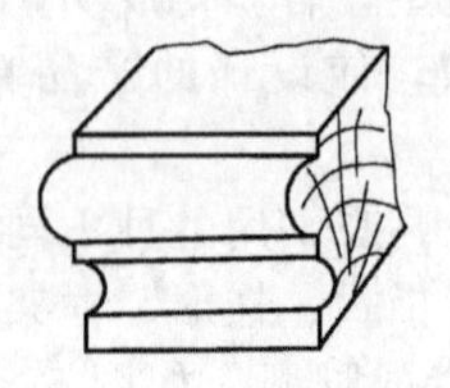

图 5-92 柜顶、面板的线型

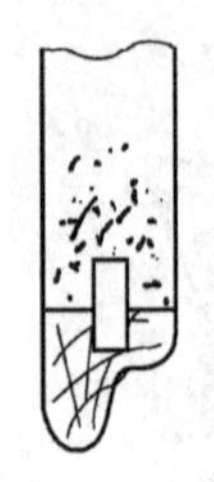
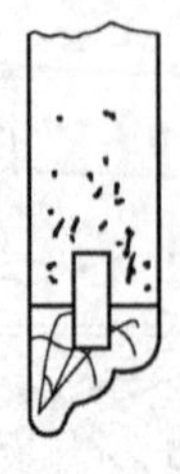
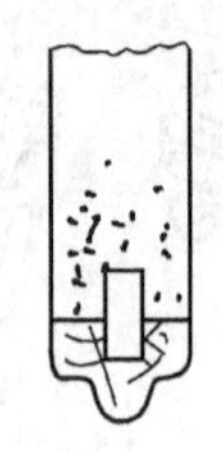
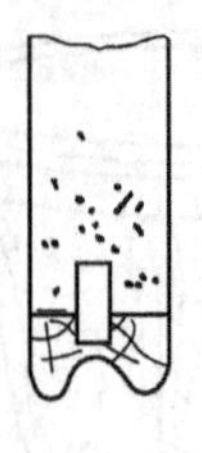
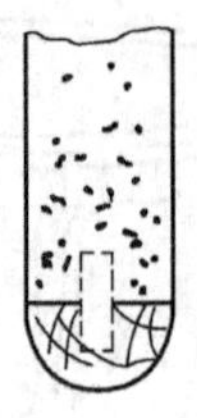
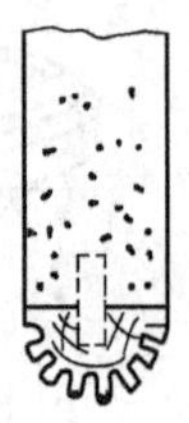

图 5-93 柜旁板的线型

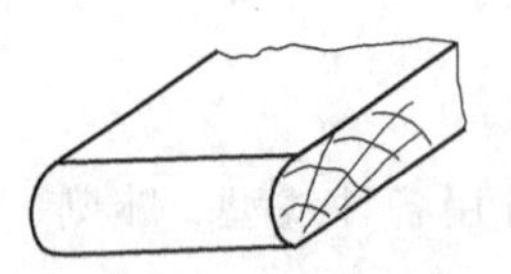
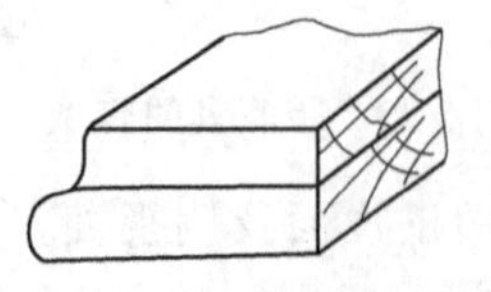
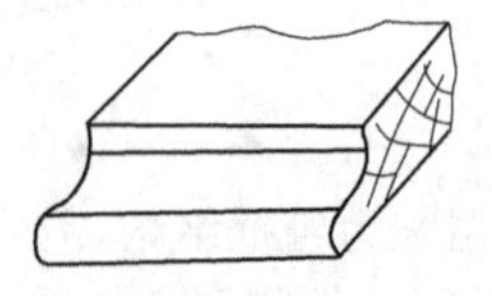

图 5-94 柜底板的线型

顶板、面板、旁板等部件的边沿处于家具外表显眼位置，其线型是否美观，直接影响家具的美观性，是家具艺术处理的重要部位之一。一般来说，顶板、面板的正面与侧面边沿位置最显眼，其“线型”应十分美观，要复杂得多，其变化无穷。旁板的前沿线型，位置最显眼，一般比顶板、面板的更讲究。因柜底板的位置很低，不是显眼处，不太注目，故其线型可比顶板的要简单些，以降低生产成本，同时运用对比的手法，使顶（面）板的“线型”显得更美。

5.6.3.3 嵌线

嵌线是指在面板、门板的表面镶嵌各种线条，如用木条、有色金属条、不锈钢条、芦苇秆、柳树枝条等，嵌成各种图形，对平面进行分割，以消除平面的呆板性，使之富有立体感，增加活泼性。如图 5-95 所示为在柜门表面上的嵌线图案。

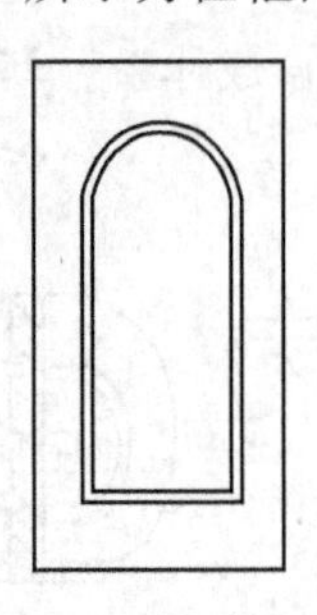
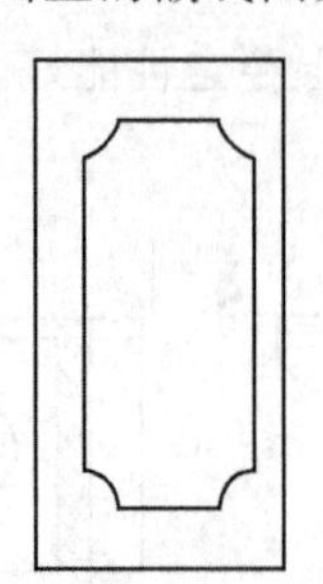
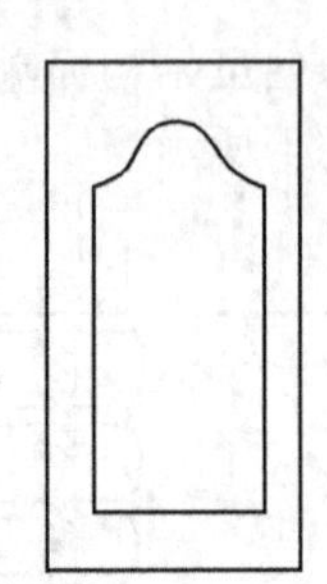

图 5-95 柜门表面上的嵌线图案

5.6.3.4 顶饰

所谓顶饰是指家具顶部的装饰。多指柜类家具的顶部装饰。顶饰是柜类家具除门面嵌线与脚型装饰之外的另一种主要装饰形式，多反映出一件家具的造型风格，常见于西洋传统柜类家具，是西洋传统家具的重要装饰要素之一。

5.6.3.5　床屏与椅背

（1）床屏　指床类家具端头连接支承床挺（架）的部件。床屏是床类家具的主要装饰部件，也是卧室家具中最重要、最活跃的装饰要素之一。它的装饰形式往往决定卧室家具的装饰风格，也是卧室家具的视觉中心。床屏的造型千姿百态，装饰形式也丰富多彩。

（2）椅背　指椅类家具中承受人体背部压力的部件。椅背的外形处于人们视线的显要位置，因而椅背的装饰形式对椅子的外观质量至关重要，同样功能尺寸的椅背可以有多种多样的椅背造型。

5.6.4　家具装饰设计中应注意的问题

（1）恰当合理　家具装饰的形式和装饰的程度，应根据家具的风格和产品档次而定。不论采用何种装饰都必须与家具形体有机地结合，不能破坏家具的整体形象。对于现代家具而言，主要是通过色彩和肌理的组织对家具表面进行美化，达到装饰的目的。对于传统家具而言，主要是应用特种装饰工艺，有节制地对家具的某些部位进行装饰，体现出某种装饰风格和艺术特色。

（2）配套一致　室内使用的家具不是单一存在的，而是成套使用。所谓成套家具是指由造型的基本因素相同而使用功能不同的各种家具的组合体。如由大衣柜、小衣柜、床、床头柜、梳妆台等组成的套装卧房家具；由沙发、电视音响柜、茶几等组成的套装客厅家具；由餐桌、餐椅（凳）、食品柜、餐具柜等组成的套装餐厅家具等；由卧房家具、客厅家具、餐厅家具组成一个家庭的成套家具等。如图 5-96 所示为成套家具在装饰处理上的一致性。成套家具在装饰上应该注意其一致性，同一套家具的线型、脚型、图案、拉手、色泽等应基本相同，主要是体积上的放大或缩小的变化。如脚有长有短，有大有小，但形状相同。如老虎脚型卧室家具，大衣柜用大老虎脚型，小衣柜用中老虎脚型，床头柜用小老虎脚型。其他线型、拉手、图案照此类推。此外，成套家具还应该注意色彩的一致性，摆放后显得整齐协调，以提高室内及整个家庭的装饰效果。

图 5-96　成套家具在装饰处理上的一致性

（3）注重功能　家具造型设计只能利用自身结构中不可能缺少的零部件来进行，一般不允许增加与使用和功能无关的装饰件。这是与纯工艺品显然不同之处。由于家具是实用品，只能

在满足功能的前提下，力争美观与经济。若增加与使用功能无关的装饰件，不仅要提高成本，而且有时还会给人一种画蛇添足的感觉，不能表现家具自然形态美。

（4）掩盖装配误差　家具造型设计需要有利于掩盖或消除家具在装配中所产生的误差。如图 5-97 所示为掩盖柜类或桌类家具的面板与旁板装配误差的实例。

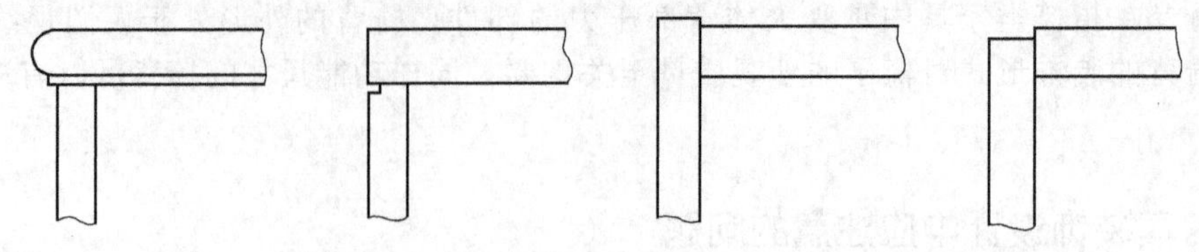

图 5-97　掩盖柜类或桌类家具的面板与旁板装配误差的实例

（5）结合工艺　在进行家具设计时，首先应考虑的是能否制造出来，用什么方法制造出来，制造的精度是否高，成本是否大，也就是工艺是否好。若设计的造型与使用功能很满意，要是工艺性不好，或制造不出来，或制造的技术难度很大，则设计意图难以实现。

所以要求设计者对自己所设计家具中的每一个零、部件的加工工艺过程都要熟悉，并能在生产现场进行指导。

（6）适应环境　同样使用功能的家具，由于使用环境不同，其尺寸的大小与外部形状不尽相同，有时差异很大。例如同样是讲台，对大会场所用的讲台，应使其形体高大庄严，以显现其突出的中心位置，与大会热烈的气氛与场面相对应。而学生课堂的讲台，因人员少，场地也小，宜设计得小巧精致，以不遮盖同学的视线为准。又如法官坐的审判椅应设计得宏伟些，靠背应与座面垂直，以显示法庭的庄严。

第6章

家具透视图表现技法

由于透视图反映物体外形比轴测图更具有真实感，与人们直接观察物体的形状基本相同，所绘出的图形与照片相同，故在家具造型设计中得到普遍应用。建筑设计与服装的造型设计同样也是采用透视图。

6.1 透视的基础知识

6.1.1 透视原理

6.1.1.1 透视的概念

在观看某一物体时，设想在人们眼睛与物体之间的视线被一个透明的铅垂面所截得的图形，称为透视图，简称透视。可以设想从实物的每一个特征点与视点间引直线，每一条直线与铅垂面（画面）有一交点——即特征点在画面上的投影。然后用线条把这些相应的交点连接起来，即为该实物的透视，如图 6-1 所示。

人们把这个透明的铅垂面称为画面，把眼睛称为视点。所谓透视就是以视点为投影中心，以画面为投影面的中心投影。画面可以是平面，也可以是曲面（圆柱面，球面）。由于曲面的视图失真性大，一般只用于美术作品的画面。家具透视的画面一般是采用平面。

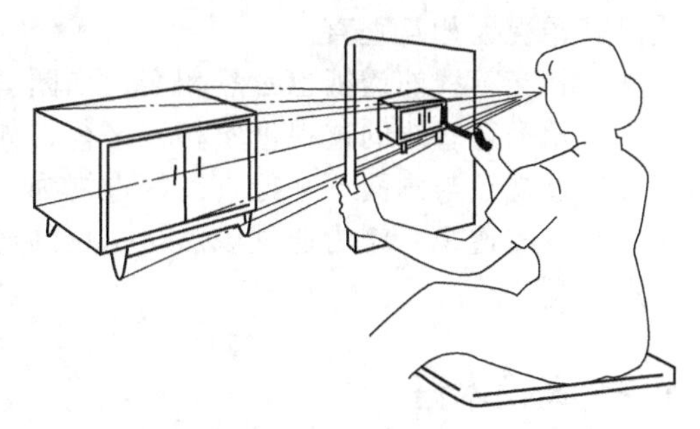

图 6-1　透视原理图

6.1.1.2 透视的特点

（1）近大远小　（即透视变形）是指物体离视点越近，其透视就越大，越远则越小。这与人们眼睛看物一样，大小相同的物体，而在视网膜上的图像，是近大远小，如图 6-2 所示。当人们

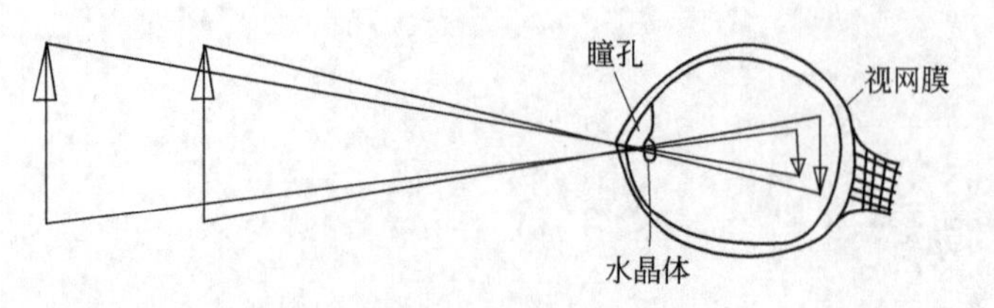

图 6-2 在视网膜上成像原理

在观看两条相互平行的铁轨时，但在视觉中变得不平行了，它们之间的距离越远越小，最后相聚为一点。根据这一原理，在绘制透视图时，凡与画面不平行的所有相互平行的直线，它们之间的距离，离视点越远越小，最后会聚到一点。如图 6-3 所示为成角透视与平行透视，都体现出近大远小这一原理。

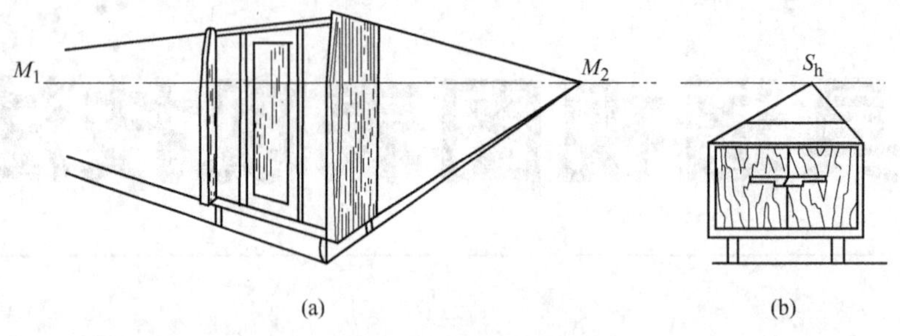

图 6-3 成角透视与平形透视

（2）与画面平行的地面垂直线的透视仍然相互平行，但仍是近大远小，如图 6-4 所示箱子高度线（棱角线）的透视。所有家具的高度线，如柜的棱角线都是垂直地面而又相互平行的直线，故其透视也是相互平行的。

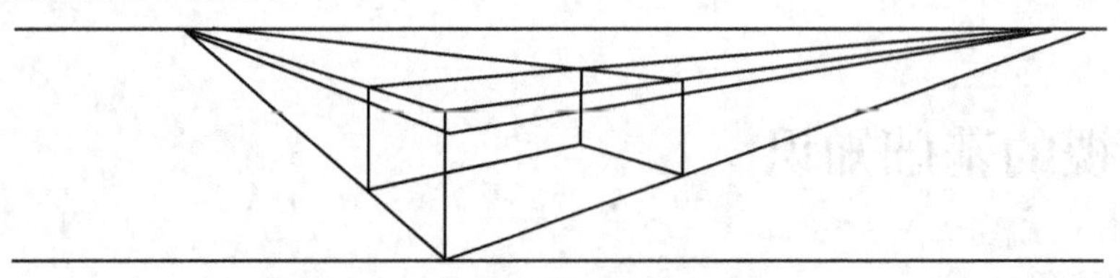

图 6-4 箱子高度线的透视

（3）与画面相重合的线段的透视就是线段本身。根据这一原理，在绘制成角透视时，有意让被画物体的一条高度线（如衣柜前面的一条棱边）与画面重合。

（4）与画面相重合的平面的透视就是平面本身。在绘制平行透视图时有意让物体的主视面与画面重合，这就给绘透视图带来很大的方便。

（5）与画面平行的平面的透视仍与画面平行，只是近大远小。透视中线段的透视长度比，与其实物中相应线段的长度比相等。在实物中相互平行的线段其透视仍然相互平行，相互垂直的线段其透视也相互垂直。

（6）相交直线的透视也必然相交，如图 6-5 所示。

（7）相平行直线的透视仍然相互平行，如图 6-6 所示。

（8）过视点与画面不平行直线的透视为一点。

（9）点的透视，应为通过该点与视点的连线与画面的交点。如果点在画面上，则其透视即为该点本身。

6.1.2 透视术语

透视术语图标如图 6-7 所示。

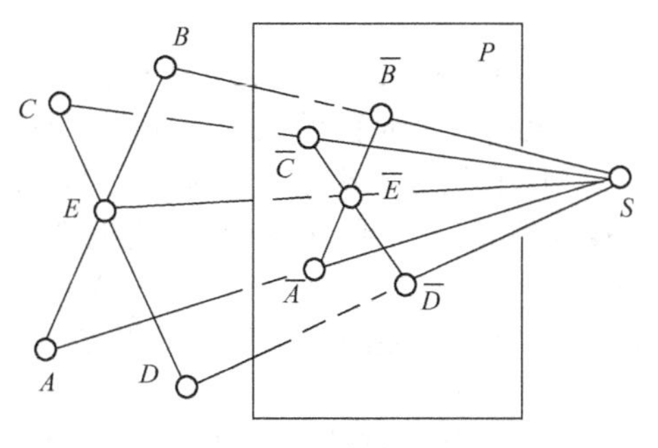

图 6-5　相交直线的透视

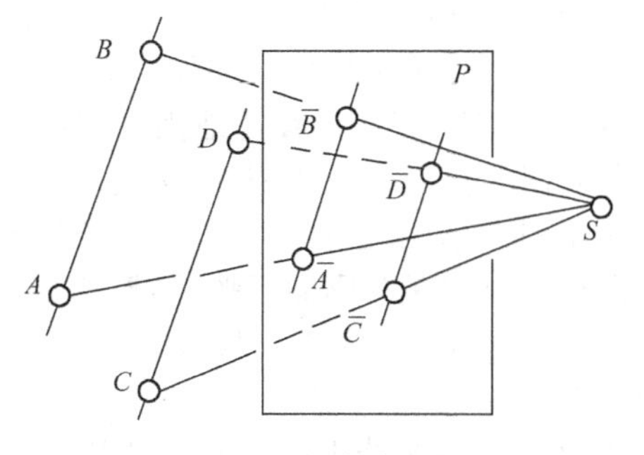

图 6-6　平行直线的透视

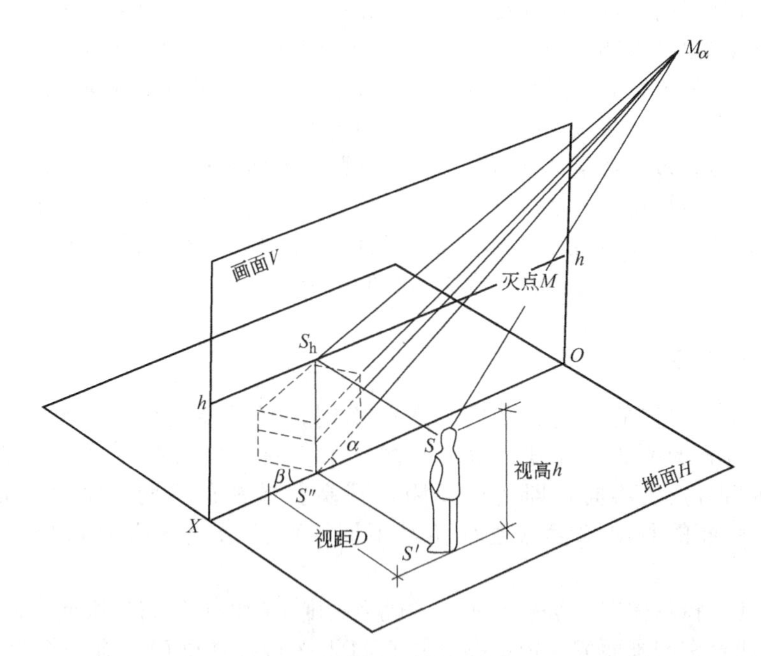

图 6-7　透视术语图标

(1) 地平面（H）　放置物体的平面，又可称为基面。

(2) 画面（V）　设想在画者眼睛与实物之间的铅垂面，用于反映实物图像的平面。

(3) 视点（S）　画者或观察者眼睛所在位置。

(4) 主视点（心点）（S_h）　视点在画面上的垂足。

(5) 站点（S'）　视点在地平面上的垂足，即观察者站立的位置。

(6) 地平线（OX）　画面与地平面的交线。

(7) 视平线（hh）　在画面上过主点与地平线平行的直线。

(8) 视高（SS'）　视点至站点的垂直距离。

(9) 主视线（SS_h）　视点至画面的垂线。

(10) 视距（$S'S''$）　站点至画面的垂线（视点至画面的距离）。

(11) 透视角（α/β）　被画物体的正面或侧面与画面的夹角。

(12) 灭点或矩点（M）　将在下面予以论述。

6.1.3　灭点的确定

(1) 灭点的定义　实物中与画面不平行的一组地面平行线，如柜的宽度平行线，到无穷远处会消失到一点 M_α，这个无穷远处点 M_α 在画面上的透视（即在画面上的中心投影）就称作这组平行线的灭点（M）。

(2) 灭点位置的确定　如图 6-7 所示，通过视点 S 引一条辅助线 SM_α 使之与被画物体（箱）的一组不平行于画面的地面平行线（即箱旁板跟箱盖面、箱底面的交线）平行，设 M_1 为它与画面的交点，又设 M_α 点为这一组地面平行线与 SM_α 直线在无穷远处的交点，M_α 既在直线 SM_α 上，又在这组平行线上。那么 SM_α 直线上所有的点（包括 M_α 点）的透视都是 M 点。所以，M 也是与画面不平行的一组地面平行线的灭点。

(3) 灭点位置的特点　从以上的分析可知，凡不平行画面的一组地面平行线的灭点位置都有以下两个特点。

① 灭点在视平线上，因为过视点的地面平行线上的所有点至地面的距离都等于视高，而在画面上至地面等于视高的点，都在视平线上，即灭点的位置必在视平线上。

② 灭点在过视点而与家具一组不平行画面的地面平行线平行的直线上。

综上所述，灭点的位置的特点是通过视点而与家具一组不平行于画面的地面平行线相平行的直线与视平线的交点，即为这一组地面平行线的灭点。

(4) 确定灭点的作用　当家具一组不平行于画面的地面平行线的灭点确定后，就确定了这组地面平行线的一个透视端点。这时只要设法再确定这组地面平行线的另一个透视端点，那么这组地面平行线的透视就被确定。而家具基本是由三组（高，宽，深）互相垂直的平行线组成，故只要分别找到它们的灭点，就不难做出它们的透视。

6.1.4　透视图的种类

人都知道，观察物体的距离、高度、角度不同，所看到物体的形状就不一样。正如照相一样，由于摄影的距离、高度、角度不同，拍下的影片也不一样。同理，绘透视图，由于物体与画面相对位置不同，即所谓视距、视高、透视角不同，绘出的物体图像也不同。根据物体与画面的相对角度（透视角）不同，而把透视分为成角透视、平行透视、斜角透视三种。

(1) 成角透视　指物体有一组平行线（一般为高度平行线）平行于画面，而另外两组（宽度与深度）平行线分别与画面成一定的角，那么每组平行线在画面上有一个灭点，共两个灭点，故又称为两点透视。如图 6-8(a) 所示的成角透视。

(2) 平行透视　指物体的一个面（一般为宽度与高度两组平行线所组成的面。即物体的前面）平行于画面（或跟画面相重合）的透视。因只有一组地面平行线与画面不平行，只有一个灭点，故又称一点透视。如图 6-8(b) 所示的平行透视。

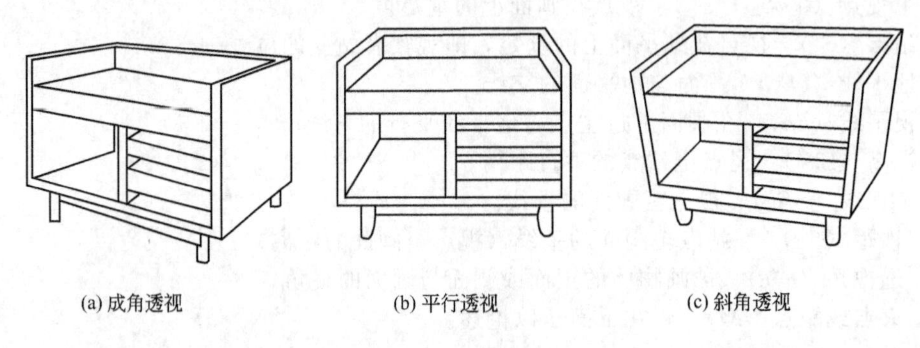

图 6-8　透视图种类

(3) 斜角透视　指物体的三组（高，宽，深）平行线都不与画面平行的透视。因它有三个灭点，故称三点透视。如图 6-8(c) 所示的斜角透视。由于绘制较麻烦，且失真大，故工业设计一般不采用，不作论述。

6.2　成角透视的画法

6.2.1　成角透视的布局

为使透视具有较强的真实感，能符合人们正常观看物体的情形，就必须正确选择视点、画面、物体三者的位置，即所谓视图布局。正如摄影选择位置一样，需确定视角、视距与视高。

6.2.1.1　透视角的确定

透视角是家具的宽度和深度两组相互垂直的平行线分别与画面的夹角（即物体前面与侧面分别与画面的夹角，如图 6-7 所示）。根据作图的经验，对于长方体家具（如衣柜、写字台等），选择主要面（正视面）与画面成 30°～35°的夹角较为理想。对近似正方形的家具（如方桌、方凳）采用 35°～40°的夹角为好。因用这样的透视角绘出透视图其主视面的图像失真较小，不仅使正视面的细小部位能清楚地绘制出来，而且也能使侧面透视图较为清楚。因为正视面与画面的夹角越小，正视面透视图的真实感就越强，若夹角为 0°，正视面就与画面重合，其透视图就是正面本身，成为正投影图，完全真实。但侧面透视成为一条直线，什么都看不到。这样就会大大削弱整个透视的真实感。

6.2.1.2　真高线的确定

为了作图方便，往往使物体的一个角（常使家具正面跟侧面相交线）与画面相重合。根据透视原理，与画面相重合线段的透视就是线段本身，即反映线段的实长，按绘图比例定选取即可。把这种与画面相重合的直线称为真高线，便可在真高线上按比例选取出被画物体的实际高度。当物体在真高线上的高度确定后，也就能确定家具宽度和深度两组平行线的一个透视端点。如果再找到它们的灭点，就确定了它们的透视方向。只要确定真高线与灭点位置，就会很方便地作两组平行线的透视方向线，如图 6-9 所示。

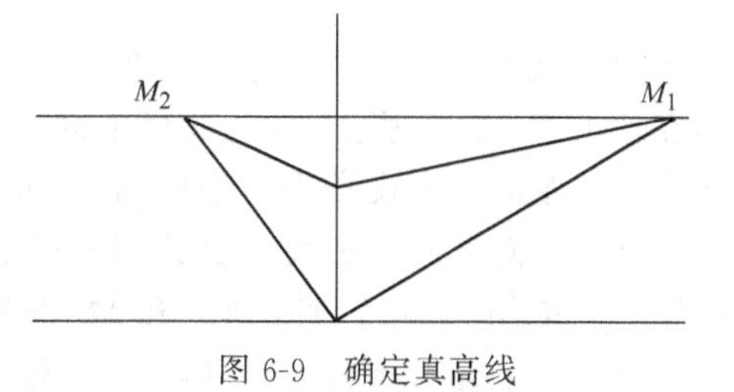

图 6-9　确定真高线

6.2.1.3　视距的确定

在室内观察物体，视距一般为 3～5m。为此，透视图的视距也在此范围选取。对较矮小的物品（床头柜、方凳等）应取较小值，对较高的物品（如大衣柜、陈列柜等）应取较大值。要根据所绘物品高度合理选择。

6.2.1.4　视高的确定

我国成人高度一般视高为 1.5～1.7m，故绘视图的视高也应在此范围内选择。对于较矮的物品取小值，对较高的取大值。

对于过于矮的物品（凳、椅、床头柜等），可把视高选得更小些（1～1.4m），以增强其透视的立体感。否则好似在高空摄影一样，连高山、房屋也变得很矮了。

6.2.1.5　透视比例的确定

透视的比例与正投影图一样。应根据图幅而定，没有统一规定。现根据多数家具设计者的习惯，多用 A4 图纸绘造型图，采用（1∶10）～（1∶15）的透视比例较合适。

6.2.2　放射线法作成角透视

已知条件：衣箱外形尺寸，包括箱盖高及锁的位置；假设视距为 D，视高为 H，视角为 α 以及比例等。

求作：用放射线法（又称视线法）作衣箱的透视图，如图 6-10 所示。

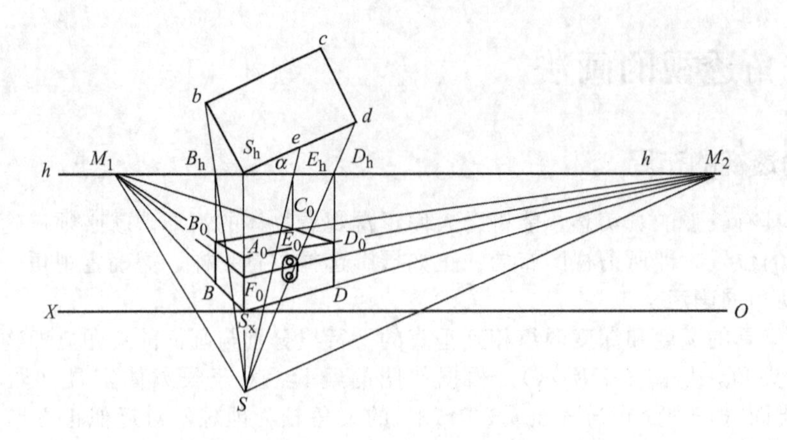

图 6-10 衣箱的成角透视

作图步骤如下。

(1) 作出衣箱的辅助平面图　即衣箱的正投影俯视图 S_hbcd。

(2) 确定透视角　过衣箱一个角 S_h 画一条直线 hh 与衣箱正视面 S_hd 成一定夹角 α（图中为 30°）。设直线 hh 为画面与地平面的交线，即地平线。这样布局图，是使衣箱的一条棱角线与画面相重合，使之成为衣箱的真高线。

(3) 确定视距　从 S_h 点引直线 S_hS 与 hh 直线相垂直，并使之等于视距 D（4m）。S 点即为视点。

(4) 确定视高　设想将本来垂直于地面的画面放平，并与辅助平面 S_hbcd 重合。同时将画面在地平面上的投影 hh 作为画面上的视平线。在直线 hh 下面作一条平行线 OX，并使两平行线之间的距离等于视高 H（图中为 1.5m），则 OX 就是地平线。

(5) 确定灭点　过视点 S 分别引衣箱两边直线 S_hb 和 S_hd 的平行线，使之与视平线 hh 相交于 M_1 和 M_2 两点。那么 M_1 和 M_2 分别为衣箱深度和宽度方向平行线的火点。

(6) 作衣箱前角的透视（即作真高线）　设 S_x 点为 SS_h 与 OX 的交点。再在 S_xS_h 上取 S_xA_0 等于衣箱实高。取 F_0A_0 等于箱盖高。这已不难看出，S_x、F_0、A_0 便是衣箱深度和宽度方向两组平行线透视方向的一个端点。上面找出的 M_1、M_2 分别为它们的另一端点。这就能方便确定这两组平行线的透视方向。

(7) 作出衣箱的宽度与深度方向的两组平行线的透视方向线　分别从 M_1、M_2 与衣箱真高线上的 S_x、F_0、A_0 各点引连线，便分别得到深度与宽度两组平行线的透视方向线 M_1A_0、M_1S_x、M_1F_0 和 M_2A_0、M_2S_x、M_2F_0。

(8) 确定宽度与深度两组地面平行线的透视长度　从视点 S 分别与辅助平面图上的 b、d 点引连线 Sb、Sd，与视平线 hh 分别相交于 B_h、D_h 点。过 B_h、D_h 点分别引垂线与 M_1A_0、M_2A_0 相交于 B_0、D_0 点。则 A_0B_0 即为 S_hb 的透视，A_0D_0 便为 S_hd 的透视。

(9) 作衣箱的透视　作 M_1D_0、M_2B_0 的连线，得交点 C_0，这便作出衣箱顶的透视。分别从 B_0、D_0 点引垂线跟 M_1S_h、M_2S_h 分别相交于 B、D 点，到此衣箱的外部轮廓的透视已作出。

(10) 作出衣箱盖的透视　分别引连线 M_1F_0、M_2F_0 分别与 B_0B、D_0D 线相交即是。

(11) 作出衣箱细小部分的透视　对物体上面无规则的零件、图案，如拉手、雕刻、绘画、锁等细部，用写生的方法描绘而成，其方法是先确定其透视的位置及大致范围，然后再绘图。

作图小结：从以上作图过程中知道，为确定灭点和透视长度，需要作出物体的辅助平面图，给定视点，并从视点引出无数条放射线，故将这种绘图法称为放射法作图。

6.2.3　迹点法作成角透视

提示：直线或线段的迹点，即该直线或该线段延长线与画面的交点，直线或线段的透视必然通过该直线或线段的迹点。

已知条件：同上例。

求作：用迹点法作出衣箱的透视。

作图步骤：参照图 6-11。

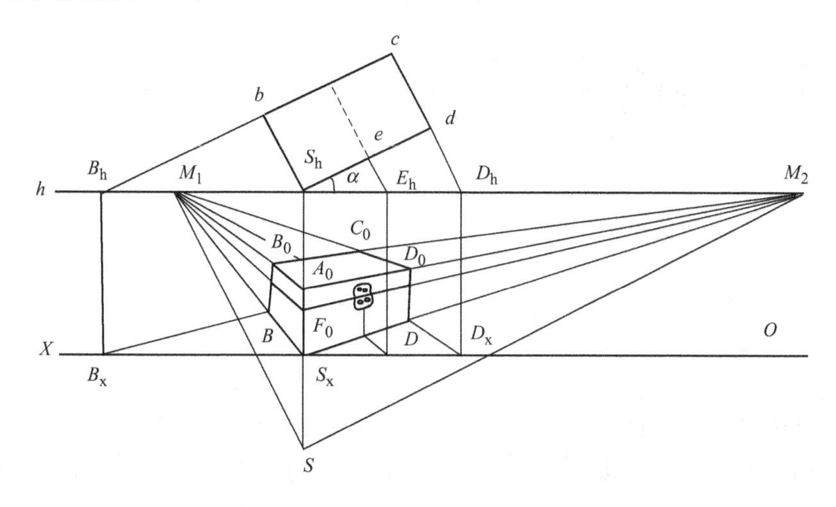

图 6-11　迹点法作成角透视

（1）确定物体、视点和画面三者的位置（同放射线法）。

（2）确立灭点 M_1、M_2（同放射线法）。

（3）作地平线 OX 使之与 hh 的垂直距离为视高 H，并与 SS_h 相交于 S_x 点。

（4）在真高线 S_xS_h 上截取 S_xA_0 等于衣箱实高，A_0F_0 等于箱盖实高。

（5）从衣箱前角 S_x、A_0、F_0 各点分别向灭点 M_1、M_2 引连线，得到衣箱前面与左侧面的两组平行线的透视方向。

（6）确定 S_hb、$S_h\mathrm{d}$ 的透视长度，方法是在辅助平面图上分别延长线段 cb、cd 使之与 hh 线分别相交于 B_h、D_h 两点（称为迹点），然后过这两点引垂线分别与 OX 相交于 B_x、D_x 两点。

（7）过 B_x、D_x 分别向灭点 M_1、M_2 连线与 S_xM_1、S_xM_2 线相交于 B、D 两点（图中不可见），过 B、D 引垂线分别交 A_0M_1、A_0M_2 于 B_0、D_0 两点。

（8）连接 B_0M_2、D_0M_1，两线相交于 C_0，至此衣箱各主要点的透视均已确定，即作出衣箱的透视。

（9）锁的位置，其外形可用写生的方法画出。

6.2.4　量点法作成角透视

提示：地平面（或平行于地平面的平面）上的线段的透视长度可以借助量点来确定。方法是从线段一端的透视起，在地平线上（或在相应高度的与地平线平行的水平线上）直接量取物体线段的实长，然后从这些线段的两端分别向对应的灭点、量点引连线，两连线的交点即为线段透视长度的端点。相互平行的线段有共同的量点，量点至灭点的距离正好等于视点至灭点的距离。

已知条件：同上例。

求作：用量点法作出衣箱的成角透视（参照图 6-12）。

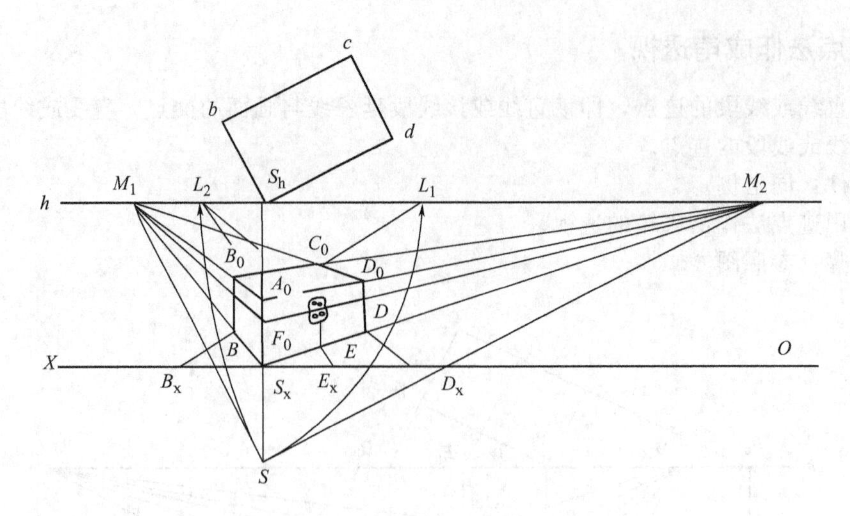

图 6-12 量点法作衣箱的成角透视

（1）确定物体、画面、视点三者的位置（同放射线法）。

（2）确定灭点 M_1、M_2（同放射线法）。

（3）作地平线 OX，使其与 hh 的垂直距离等于视高 H，并与 SS_h 相交于 S_x。

（4）在真高线 S_xS_h 上截取 S_xA_0 等于衣箱实高，A_0F_0 等于箱盖实高。

（5）从衣箱前角 S_x、A_0、F_0 各点向灭点 M_1、M_2 分别连线得到衣箱正面与左侧面的两组透视方向线。

（6）定量点，方法是先后以 M_1、M_2 为圆心，以灭点至视点的距离 M_1S、M_2S 为半径作弧分别交 hh 于 L_1、L_2 两点，即为 M_1、M_2 对应的量点。

（7）在地平面 OX 上自 S_x 分别从左右两边截取衣箱深度和宽度方向的实长得 B_x、D_x 两点，过 B_x、D_x 分别向对应的量点 L_1、L_2 引连线并与对应的透视方向线相交于 B、D，分别过 B、D 向上引垂线分别交 A_0M_1、A_0M_2 于 B_0、D_0 两点。

（8）过 B_0、D_0 分别向对应的灭点 M_1、M_2 引连线并相交于 C_0 点，至此便作出了衣箱外形的透视。

（9）按放射线法确定锁的位置，并徒手绘出其外形。

作图小结：上述三种方法中均需画出物体的水平投影，或者叫辅助平面图，辅助平面在放射线法和迹点法中既有确定灭点的作用，还有确定透视长度的作用。但在量点法中却仅有确定灭点的作用，如果这一作用能为其他方法所代替，辅助平面图便可省略。

6.2.5 用计算法和量点法作成角透视

计算法和量点法绘制透视图就是用计算法确定视平线上灭点及量点的位置，用量点法确定与画面倾斜而又与地面平行的线段的透视长度。

6.2.5.1 用计算法求灭点的位置

由图 6-12 成角透视可知，只要设定透视角和视距，利用三角函数公式就能计算出灭点在视平线上至主点 S_h 的距离。如图 6-13 所示，设视距为 a、透视角为 α_1（α_2），求灭点 M_2 至心点 S_h 的距离 b。因为 $b/a=\cot\alpha_2$，所以 $b=a\cot\alpha_2$。即灭点至心点的距离等于视距与透视角 α 的余切的乘积，这样每确定一组 α_1 和 α_2 值，便可求出相对应的 b 值，以确定灭点的位置。灭点至心点的距离，见表 6-1。

6.2.5.2 用量点法确定透视长度

如图 6-14 所示，hh 为视平线，OX 为地平线，S 为视点，S_hA 为辅助平面图上的一个线

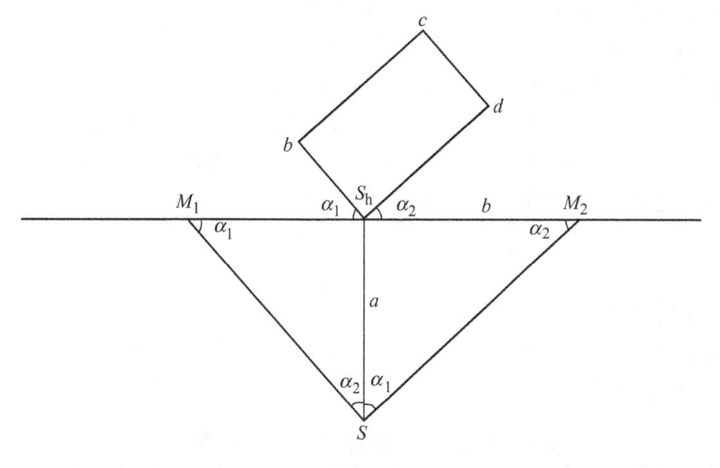

图 6-13　计算灭点位置的方法

表 6-1　灭点至心点的距离 *b*　　单位：m

a/m	α/(°)				
	20	30	45	60	70
3	8.2	5.2	3.0	1.7	1.1
4	11.0	7.0	4.0	2.3	1.5
5	13.5	8.7	5.0	2.9	1.8

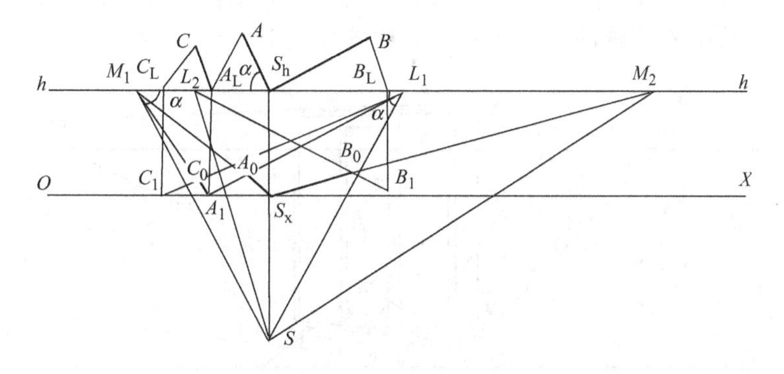

图 6-14　求量点的方法

段，M_1 为这一线段的灭点。求线段 S_hA 的透视长度。作图过程如下。

(1) 在视平线 hh 上取 A_L 点　令 $S_hA_L=S_hA$，并连接 AA_L 直线。

(2) 求线段 AA_L 的灭点　从视点 S 引 AA_L 的平行线与 hh 线相交于 L_1 点，L_1 点便成为 AA_L 线段的灭点。

(3) 作出 S_hA_L 线段的透视　从 A_L 点引 hh 线的垂线与 OX 线相交于 A_1 点，那么 S_xA_1 便是 S_hA_L 的透视。因在画面上线段的透视就是线段本身，故 $S_xA_1=S_hA_L$。

(4) 作出 S_hA 线段的透视长度　从 S_x 点向灭点 M_1 引连线得 S_hA 的透视方向线 S_xM_1。

同理从 A_1 点向 L_1 点引连线得 AA_L 线段的透视方向线 A_1L_1，与 S_xM_1 相交于 A_0 点，A_1L_1 与 S_xM_1 的交点 A_0，即为 S_hA、AA_L 两直线的交点 A 的透视。那么 S_xA_0 便是所求线段 S_hA 的透视。因为两直线相交，其透视必然相交，所以两直线透视的交点，即为两直线交点的透视。用同样的方法，可以作出与画面不平行的任何与地面平行线段的透视，如图 S_hB_0 的透视。且同一组地面平行线（如图中 $A_LC//S_hA$）有相同的灭点和量点。图中 L_1 点的作用是用于截取线段 S_kA 的透视长度，故称为量点。用量点作透视图称为量点法作图。

(5) 结论　从上面作图过程中可得出如下的两个结论。

① 平行于地面线段的透视，可借助量点法确定，其方法是从该线段透视的一个端点（S_x）起，在地平线上量取线段的实长（S_xA_1），然后从这线段的两端点（S_x、A_1）分别向灭点（M_1）和量点（L_1）引连线，两连线的交点即为该线段（S_hA）透视的另一个端点。

② 互相平行的线段，具有相同的量点，且量点至灭点的距离（L_1M_1）等于视点至灭点的距离，即等于视距除以线段透视角的正弦函数值。即：

$$M_1L_1 = SM_1 = \frac{a}{\sin\alpha}$$

式中，α 为 S_hA 的透视角；a 为视距。

量点数值通过上述公式，每给定一组 a、α 值便能求出一组相对应的灭点（M）至量点（L）的数值（y），见表 6-2。

表 6-2　灭点（M）至量点（L）的数值（y）　　单位：m

a/m	α/(°)				
	20	30	45	60	70
3	8.8	6.0	4.2	3.5	3.2
4	11.7	8.0	5.7	4.6	4.2
5	14.6	10.0	7.1	5.8	5.3

6.2.5.3　用计算法和量点法作图步骤（图 6-15）

设：①柜宽＝1500mm，高 2000mm，深 600mm；②柜前面透视角 $\alpha=30°$；③柜前侧透视角 $\beta=60°$；④视距＝4m；⑤视高＝1.6m；⑥透视图比例 1∶10。

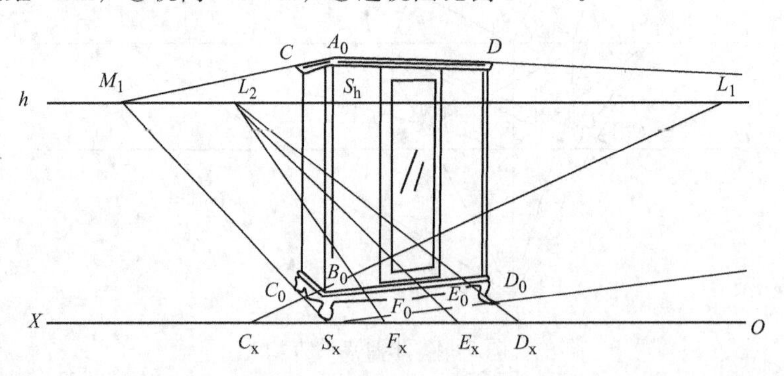

图 6-15　计算法和量点法作图

(1) 作出视平线 hh，地平线 OX，使两者平行，且之间的距离等于视高（1.6m）。令 S_xA_0 为真高线。

(2) 在 S_xS_h 真高线上量取柜的实高线 $S_xA=2.0$m。

(3) 查表得灭点 $S_hM_1=2.3$m，$S_hM_2=7$m（M_2 已超出图纸范围）。

(4) 查表得量点 $M_1L_1=4.6$m，$M_2L_2=8$m。

(5) 从衣柜角真高线上各特征点 S_x、B_0、A_0（S_xB_0 为柜脚高）分别向灭点 M_1、M_2 引连线，得柜轮廓线的透视方向。

(6) 在地平线 OX 上分别量取 $S_xC_x=600$mm（柜深），$S_xD_x=1500$mm（柜宽），令 $S_xE_x=400$mm（左边门宽），$E_xF_x=700$mm（中门宽），右门 $F_xD_x=400$mm。

(7) 从 C_x、D_x 点引连线 C_xL_1、D_xL_2 分别与 M_1S_x、M_2S_x 相交于 C_0、D_0 点。

(8) 分别从 C_0、D_0 点引垂线，与 M_1A_0、M_2A_0 相交于 C、D 点，便得柜轮廓线的透视。

(9) 作出柜门的透视：分别从 E_x、F_x 引连线 L_2E_x、L_2E_x 与 M_2S_x、M_1S_x 相交于 F_0、

E_0 点。再过 F_0、E_0 点分别引垂线与柜的顶、底板内面相交即可。

（10）顶板、底板、旁板的厚度，中门镜面及拉手、锁等可估计或利用写生法绘出即可。

6.2.5.4　用网格法作成角透视

通过上面的作图过程可以得知，只要当视角、视距、视高以及绘图的比例确定后，便可用计算法在视平线上找到灭点和量点的位置，从而就能确定家具各组平行线的透视方向与透视长度，很方便地绘制出家具的透视。

根据上述原理，可以制出一种辅助坐标网格和透视尺，作为制图的底模。绘图时，只要用透明绘图纸覆盖在底模上，就能很方便地绘出家具的透视图。

辅助网格制取方法如下。

设：视角为 30°/60°，视距为 4m，视高为 1.6m，比例为 1∶12.5。

（1）作出视平线 hh。

（2）作出地平线 XX，使 $XX//hh$，两者的垂直距离为 1.6m。

（3）作出真高线，交地平线为 O 点，交视平线条为 O'。

（4）查表得灭点 $O'M_1=7$m，$O'M_2=2.3$m，得灭点 M_1、M_2。

（5）在真高线上按比例取 $OO''=3$m 高，并分别按 100mm 进行等分，再从各等分点分别向灭点 M_1、M_2 引连线，便得到所需的辅助网格透视方向线。

（6）在地平线上，以 O 点为起点按比例取 3m 长，并分别按比例 100mm 进行等分得 1、2、3、4、5、6 及 1′、2′、3′、4′、5′、6′各等分点。

（7）确定量点：查表得量点 $M_1L_1=8$m，$M_2L_2=4.6$m，便得量点 L_1、L_2。

（8）分别从 1、2、3、4、5、6 及 1′、2′、3′、4′、5′、6′各等分点，向 L_1、L_2 引连线，与 OM_1、OM_2 相交，再从各交点引垂线与 $O''M_1$、$O''M_2$ 相交，便制得如图 6-16 所示的辅助网格。

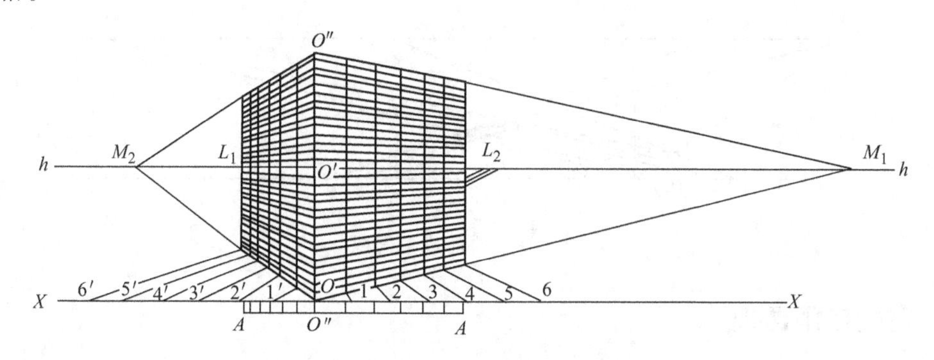

图 6-16　辅助网格

在辅助网格中的透视尺的制作方法：在图 6-16 中 XX 地平线下面作一平行线 AA，并于真高线交于 O''点。两平行线之间的距离等于尺宽。再将辅助网格中的所垂直线延长与 AA 线段相交，便制得总长度为 6m 的透视尺 AA。

利用辅助网格作透视图，如图 6-17 所示（请注意：图中宽度与深度的透视尺是按 1m 进行等分的），其透视图的透视方向参照辅助网格中相对应的透视方向，其透视长度在透视尺对应的尺寸上，向上引垂线与透视图的透视方向线相交确定即是。

6.2.6　曲面成角透视

如图 6-18 所示，将曲面纳入矩形网格之中，先作出矩形网格的透视，然后在矩形网格透视中找出曲面轮廓线与矩形网格各相交点的透视点，再用曲线把各透视点圆滑连接起来，便是曲面的透视。

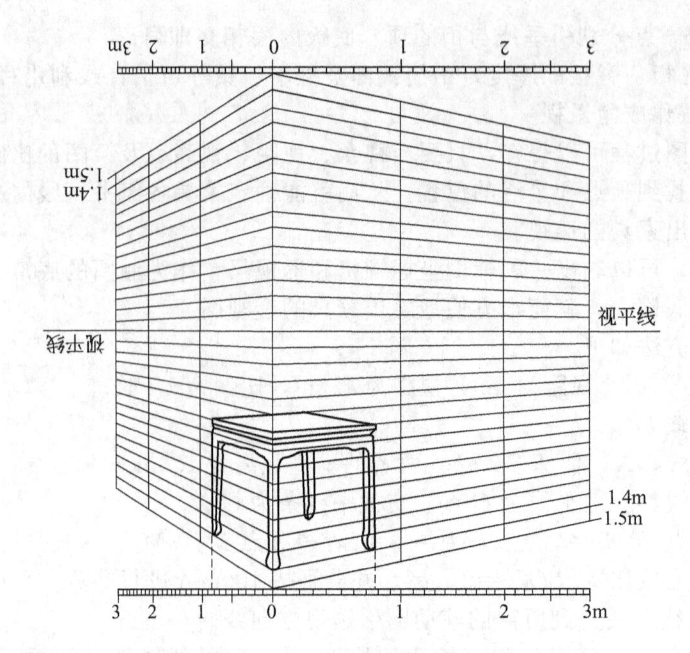

图 6-17 利用辅助网格作透视图

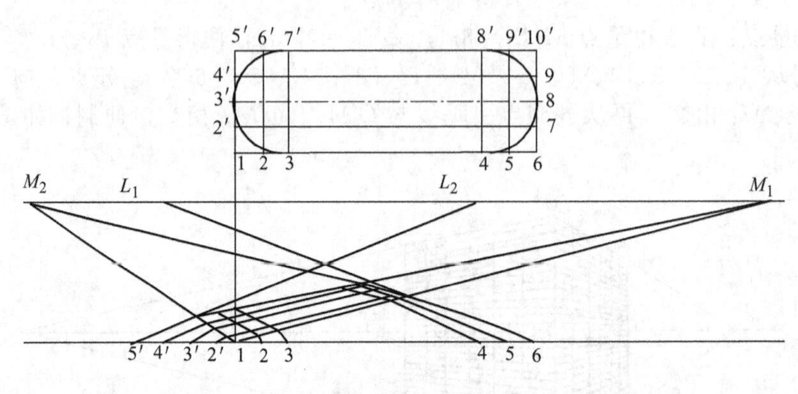

图 6-18 曲面成角透视

6.2.7 室内成角透视

画室内成角透视可以画室内某一角落以重点表现，而一般需绘制完整的室内空间透视。对于初学者来说，利用网格法可以确定室内陈设品在地面上的透视位置及其宽、深、高三维尺寸，运用透视基本知识与作图技巧进行局部修整，能很方便地绘制室内透视图，收到事半功倍的效果。作图步骤如下。

6.2.7.1 绘制室内平面网格图

设已知室内的长为 4m，宽为 3m，并分别按 0.5m 进行等分，绘制出网格，如图 6-19 所示。

6.2.7.2 绘制室内平面布置图

即先绘制室内平面网格，如图 6-20 所示。再按家具及其他陈设品在室内的摆放位置，在其平面网格上的对应位置上，逐一地绘出其辅助平面图。

6.2.7.3 作室内成角透视网格图

按照图 6-19 室内平面网格图，作出室内成角透视网格图。设室内的高度为 3m、视高为 2m、透视角为 30°、视距为 4m，作出室内成角透视网格图，如图 6-21 所示。

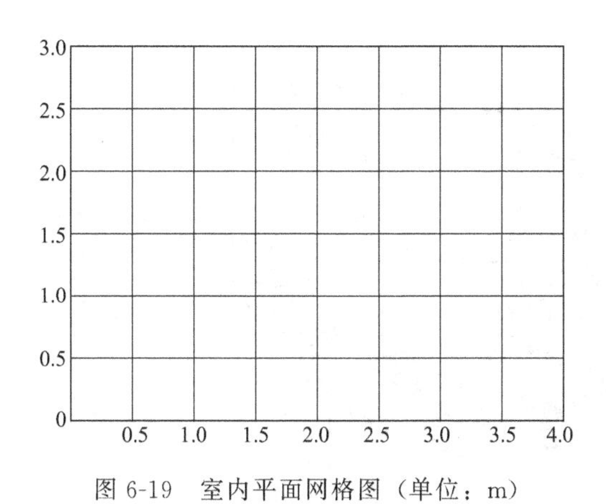

图 6-19　室内平面网格图（单位：m）

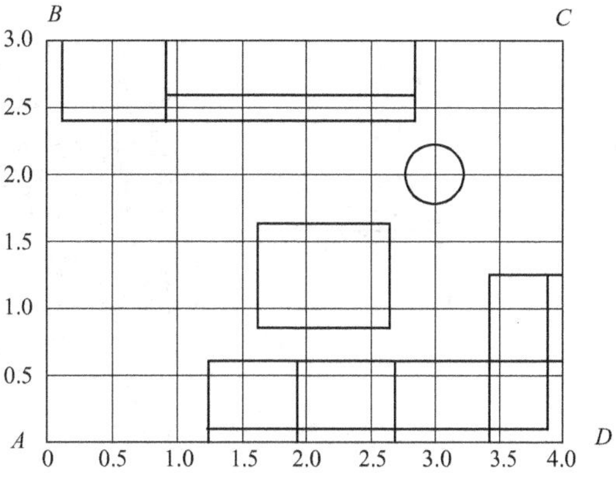

图 6-20　室内平面布置图（单位：m）

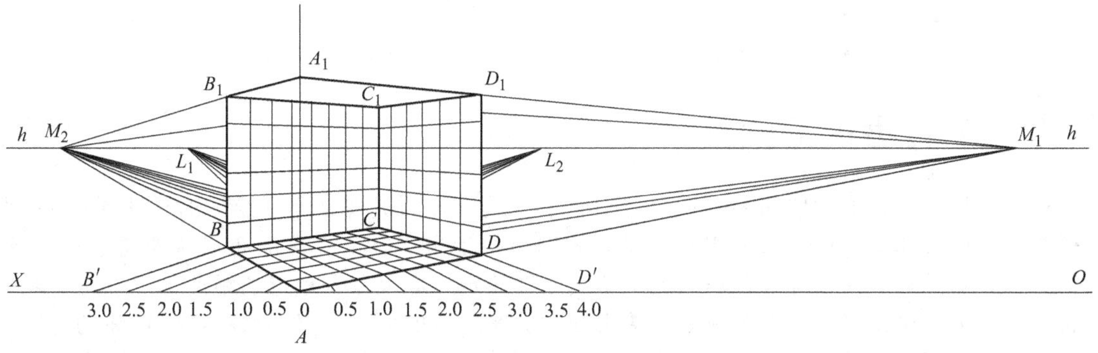

图 6-21　室内成角透视网格图（单位：m）

6.2.7.4　绘室内家具成角透视网格平面布置图

按家具及其他陈设品在图 6-20 上的布置情况，将其绘到图 6-21 室内平面透视网格上，即获得如图 6-22 所示的室内成角透视网格平面布置图。

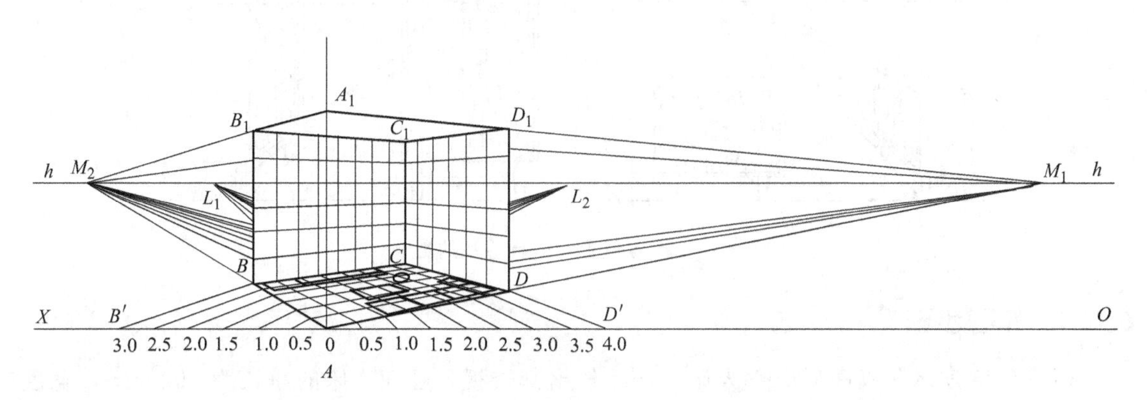

图 6-22　室内成角透视网格平面布置图（单位：m）

6.2.7.5　作家具室内透视图

根据如图 6-22 所示的室内透视网格平面布置图，分别作出各家具及其他陈设品的透视图。家具的高、宽、深的尺寸，均在所处的透视网格中量取。其宽、深尺寸在所处地平面透视网格中量取，高度尺寸所处地平面透视网格的对应墙面透视网格中量取。最终获得如图 6-23 所示的室内家具成角透视图。

图 6-23　室内家具成角透视图

6.3　平行透视的画法

所谓平行透视，即物体的一个平面与画面平行或重合的透视（实际绘图时使之重合）。平行透视的布局大体上与成角透视相同，但它的透视角 α 为 0°，所以它的布局主要是定灭点 S_h 的位置。灭点的位置一经确定，矩点的位置也随即确定，即灭点至矩点的距离等于视距。在平行透视中，灭点的位置与透视的效果有着密切的关系。一般情况下灭点取在物体正面的透视幅度范围之内，但在画成套家具时，却取在物体正面的透视幅度范围之外，这时透视图会反映家具的 2～3 个表面，但这种图形失真较大，所以画单件家具时一般不采用。但当物体在视平线以上时，宜将灭点取在物体正面透视范围外，这时透视可反映家具的正面和一个侧面，否则仅反映家具的正面，与正投影一样，毫无立体感。灭点位置对平行透视的影响如图 6-24 所示。

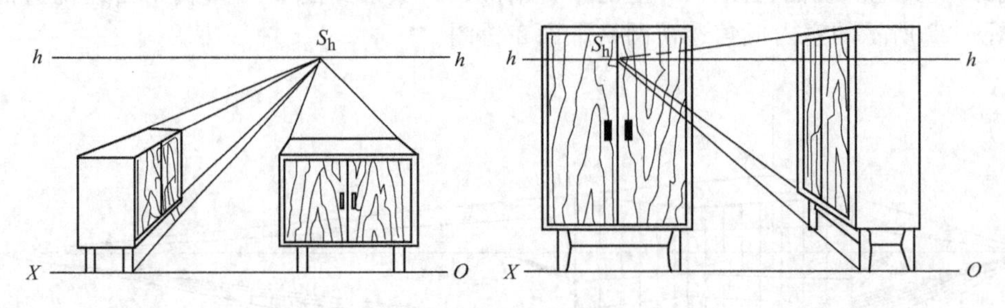

图 6-24　灭点位置对平行透视的影响

6.3.1　作图步骤

如图 6-25 所示，以高低屏双人床为例，作出其透视。已知：床的净长为 1920mm，宽度为 1350mm，低屏高度为 640mm，高屏高度为 900mm，高、低屏厚度为 40mm，床面高度为 400m，视高为 1.6m，作图比例为 1∶10。

其作图步骤如下。

（1）根据视高作出视平线 hh，地平线 OX，并使两平行线垂直距离为 1.6m。

（2）作低屏透视与真高线。设低屏与画面相重合，故按正投影图绘制低屏主视图 $A_0B_0C_0D_0$，并在低屏的透视图中确定床面高度为 E_0F_0 及高屏真高线 D_0G_0。

（3）作床的深度透视方向线。在低屏透视宽度 A_0B_0 的对应范围内于视平线 hh 上取灭点

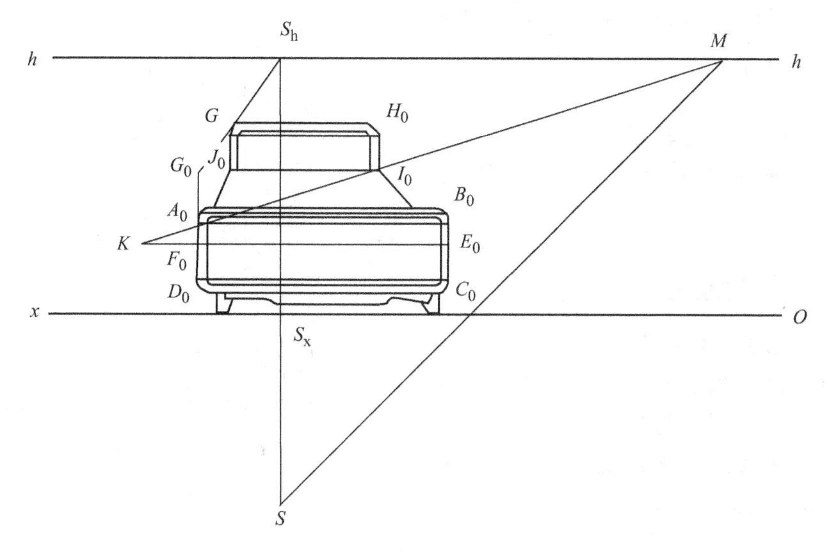

图 6-25　高低屏双人床的透视

S_h，连接 S_hE_0、S_hF_0、S_hG_0，即为床的深度透视方向线。

（4）确定床的透视深度。作辅助线 E_0K，使 E_0K＝1920mm＋40mm（床净长＋低屏厚）。

（5）确定距点 M。在视平线 hh 上取 M 点，并使 S_hM＝视距＝4m，M 称为距点（是过视点而与画面成 45°夹角的地面平行线的灭点），即 SM 线是过视点而与画面成 45°夹角的地面平行线。

（6）确定床铺面的透视深度。连接 MK 交 S_hE_0 于 I_0，E_0I_0 便是床铺面透视深度，因为 KI_0 是为实物中正方形的对角线，也是与画面成 45°夹角的地面平行线，其灭点也是 M 点。

（7）作出床的全透视。过 I_0 作 OX 的平行线与 S_hF_0 相交于 J_0，从 J_0 作垂线与 S_hG_0 相交于 G 点，从 G 点作 I_0J_0 的平行线，使之与从 I_0 作出的垂线相交于 H_0，并作出高屏厚度透视线（可作出或估计高屏的厚度），便作出床的全透视。

6.3.2　确定平行透视深度的原理

利用实物中正方形的对角线与画面成 45°夹角来确定透视深度。在作图时设 S_hM＝SS_h＝视距＝4m，所以 SM 是过视点而与画面成 45°夹角的地面平行线。故 M 点为与画面成 45°夹角的地面平行线的灭点，即距点。距点到心点的距离＝视距。在作图时，因 K_0I_0 是通过距点 M 的，在实物中 KI_0 直线是以边长为 E_0K 的正方形对角线，也是与画面成 45°夹角的地面平行线。实物中的 EI＝EK＝铺面长＋低屏厚＝E_0K。所以 E_0K_0 即为床的透视深度。

结论：平行透视，其深度方向地面平行线的透视深度，可在宽度方向上截取实物的实际深度，并利用距点与被截取的实际深度线终点的连线和深度线的透视方向线的交点来确定。

6.3.3　平行透视的特点

（1）平行于画面的平行线段的透视，仍然相互平行，只有近大远小的变化。

（2）垂直于画面的线段有共同的灭点。当物体的高度低于视平线，灭点的位置可在物体宽度透视对应的范围内选取。否则就应在对应范围以外选取，以提高透视的真实感。

（3）物体的深度线（即垂直于画面的线）的透视，需要利用距点与等于被画实物深度辅助线端点的连线及深度透视线的交点来确定。

（4）平行透视能准确地反映出与画面相重合的物体表面形状和尺寸，作图原理与正投影法相同。

（5）单件图的立体感较成角透视差，其室内透视的效果较好，绘图也简便，故应用较普遍。

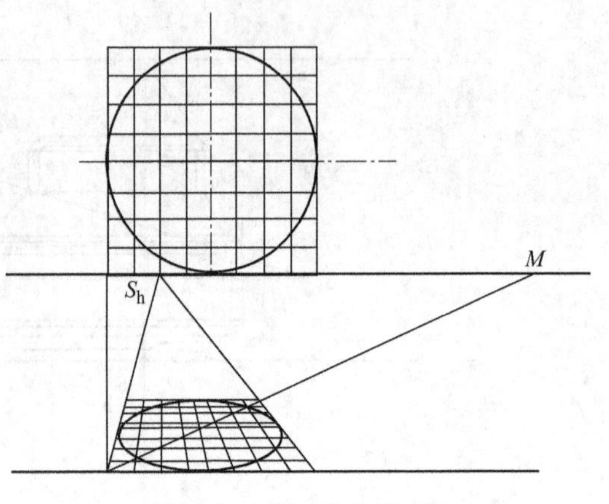

图 6-26 曲面的平行透视

6.3.4 曲面的平行透视

如图 6-26 所示，先将曲面纳入矩形网格中，然后作出矩形网格的平形透视。在矩形网格透视中找出曲面轮廓线与矩形网格各相交点的透视交点，用曲线把各透视交点圆滑地连接起来，就是曲面的透视。

6.3.5 室内平行透视的绘制方法

室内平行透视在绘图过程中应注意以下几点：室内平行透视主要是为了反映室内空间的全貌，为了使效果生动，视点的位置不应在后墙面的正中间，而是需偏左或偏右一点，在后面墙宽度的 1/3～2/5 处；前墙面或后墙面与画面重叠（缩小或放大）；视高约为 2m；视距按理想效果确定（一般为 3～4 倍的视高）。

在实践中，常常利用网格法可以很方便地确定室内陈设的透视位置，能收到事半功倍的效果。

（1）绘出室内家具平面布置网格图　仍采用如图 6-19 所示的室内平面图。

（2）绘出室内平行透视网格图　在如图 6-19 所示的室内平面网格图中，绘制室内家具装饰品的平面布置图，如图 6-27 所示。

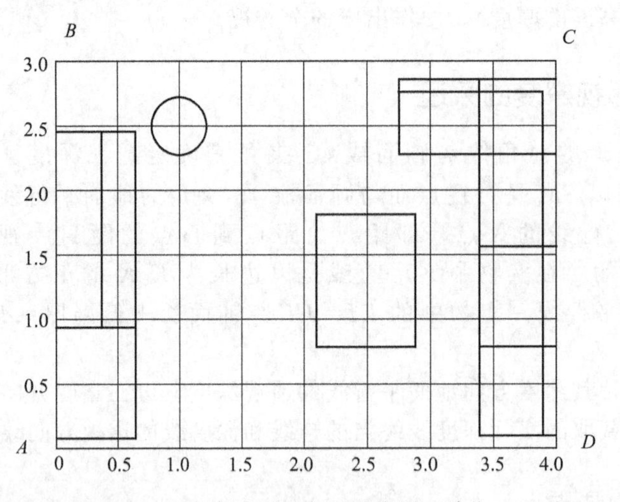

图 6-27 室内家具平面布置网格图（单位：m）

（3）绘出室内平行透视网格图　根据如图 6-19 所示的室内平面图，依据学过的平行透视知识，作出室内平行透视网格图。设室内的高度为 3m、视高为 2m、视距为 4m，作出室内平行透视网格图，如图 6-28 所示。

（4）绘出室内家具平行透视图　按照家具及其他陈设品在图 6-27 平面网格上的布置，将其绘到图 6-28 室内透视平面网格上，得到如图 6-29 所示的室内平行透视网格平面布置图。

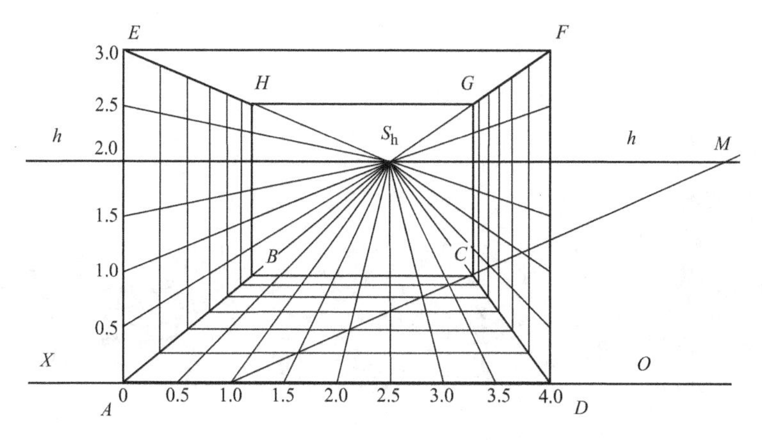

图 6-28 室内平行透视网格图（单位：m）

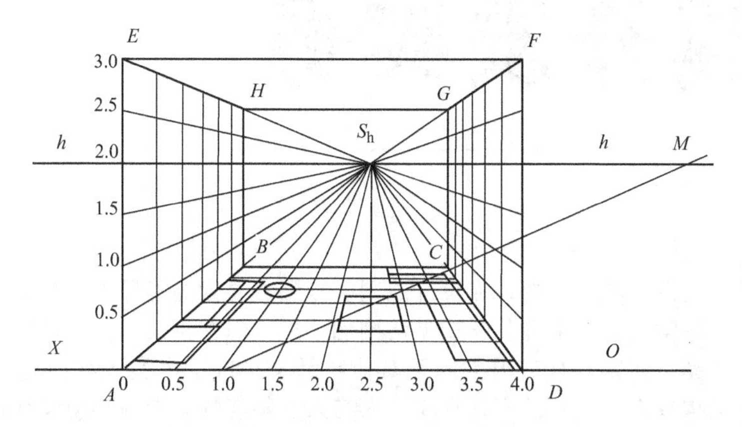

图 6-29 室内平行透视网格平面布置图（单位：m）

（5）作室内家具平行透视　根据如图 6-29 所示的室内平行透视网格平面布置图，依据所学过的平行透视的知识，分别作出各家具及其他陈设品的平行透视。家具的宽、深、高的透视尺寸，均在所处的透视网格中量取。其宽、深透视尺寸在其所处的地平面透视网格中量取，高度尺寸在其所处地平面透视网格的对应墙面透视网格中量取。绘制出如图 6-30 所示的室内家具平行透视。

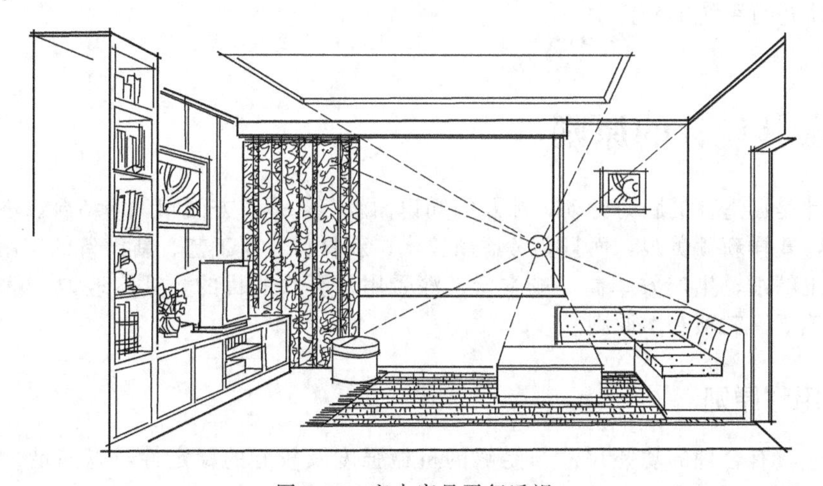

图 6-30 室内家具平行透视

第7章

家具开发实务

设计开发实务是以市场为导向，在设计原则、步骤、要素的指导下，为人类生活服务，其目的是运用现代的科学技术成果和美学造型法则创造出人们在生活、工作和社会活动中所必需的商品——家具产品。而家具与室内空间及其他物品又构成了人类生存的室内环境，与建筑物、庭院、园林又构成人类生存的室外环境。人与人、物与物、人与环境又构成了社会。从广泛的概念出发，家具设计的目的是使人与人、人与物、人与环境、人与社会相互协调，其核心是更好地为人类服务。就人而言，也有双重属性，人既属于生物的范畴，又属于社会的范畴。人的需求也具有双重意义，作为生物的人，要求家具满足人的生理需要和不断发展的工作方式及生活方式的需要；作为社会的人，对家具和由家具构成的环境的要求则是审美功能、象征功能、教育功能、娱乐功能等。此外，家具作为一种工业产品和商品，必须适应市场需求，遵循市场规律。因此，必须对家具新产品开发的原则、步骤、要素、过程等实务方面的基础理论知识与基本技术进行系统的研究学习。

7.1 家具设计的原则

产品设计是创造性的脑力劳动，涉及的知识面较广，是各方面知识的结合。不仅要确保产品使用性强，式样新颖美观，而且要考虑新技术、新材料、新工艺、新设备的应用，以达到省工省料，做工精细，生产效率高，成本低，深受用户喜欢的目的。具体地说，就是满足“实用、经济、美观”三项基本原则。

7.1.1 实用性原则

指产品应具有合理的功能尺寸与足够的机械强度及较好的稳定性，以满足合理的使用要求，使用户使用方便、安全、有利于身心健康。

实用性原则重点是应用人体工程学原理指导家具设计。在确定家具的尺度、色彩、涂层光

泽度以及椅子的座倾角和靠斜度、软体家具弹性的时候，都要根据人体尺寸、人体动作尺度以及人的各种生理特征来进行设计。并且根据使用功能的性质，如休息、作业的不同要求分别进行不同的处理。最终目的就是要克服因家具设计不当而带来的低效、疲劳、事故、紧张、忧患、环境生态破坏及各种有形的损失。应使人和家具之间处于一种最佳的状态，人和家具及环境之间相互协调，使人的生理和心理均得到最大的满足，从而提高工作与休息的效率。

(1) 功能尺寸的合理性　满足使用功能要求：使用安全方便，有利身体健康。

(2) 强度的科学性

① 合理确定零部件的几何尺寸，使之具有足够的机械强度与刚度，以确保产品的使用安全与使用寿命。

② 合理选择接合方法，确保家具的接合强度。家具的接合强度，虽与零部件的加工精度、光洁度、木材含水率等因素有关，但接合方法的选择却十分重要。接合的方法多种多样，需根据家具的接合强度要求而合理选择，如椅、凳、桌类家具，需要经常搬动，并且所承受的作用力变化较大。为确保其接合强度与稳定性，须采用高精度的榫结合，其座面与脚架应采用螺钉接合而不能用钉接合。

7.1.2　经济性原则

就是要千方百计降低家具的生产成本，提高经济与社会效益。这是个综合性的指标，牵涉的因素很广，但家具的制造工艺与合理用材是最为重要的技术因素。

7.1.2.1　合理利用原材料

选用原材料应遵循以下的用材原则：大材不小用，长材不短用，优质材不劣用，低质材合理使用，做到材尽其用，最大限度地提高其利用率。这是家具设计人员在确定每个零部件的材种、材级时应掌握的基本原则。

(1) 合理利用成材　在不影响家具的强度和外观美的前提下，提出以下用材原则：能用等外材的就不用正品材，如覆面空心板的芯料，覆面细木工板的芯料，可用等外材或中纤板、刨花板的边条；零部件尺寸能小的就不要大；对可有可无的零件，就坚决不用，不要为造型美观，而特地给家具增设与使用功能或结构无关的零件，否则会提高材料成本与生产成本；能用普通木材的零部件就不要用名贵木材，名贵木材只能用于制造中、高档家具的外观零部件。

(2) 合理利用人造板　人造板一般幅面大，若使用不合理，会造成很大的浪费。为此，在确定家具尺寸时，首先要根据所用人造板的幅面尺寸全面考虑。争取做到不影响家具“实用性”的前提下，尽可能地提高人造板的利用率。例如，有设计者利用3mm×915mm×1820mm胶合板制造三门衣柜时，将旁板宽度定为530mm，边门为360mm，两者之和为890mm，还剩下25mm作为切削余量。旁板与门板的高为1800mm，加工余量为20mm。这样整块板刚好用完，其利用率高达97.27%（人造板的利用率应达到90%以上）。这样设计，一块人造板正好一剖为二，既省料又省工。在家具的设计过程中，必须先对人造板进行“套裁”设计，设计出板材开料图，凡可大可小的零部件其尺寸，应以充分利用人造板来确定。对锯裁下来的稍宽点的边条，尚可用于做柜背板安装的压条，或作覆面空心板的芯料。

(3) 弯曲件的设计　凡有条件的单位，应设计成薄木胶合弯曲或实木加压弯曲。这样既省料又牢固美观。在生态文明的时代，我国正在用以人为本，全面、协调和可持续的科学发展观统领经济，促进社会全面协调发展，家具设计者也应考虑经济的可持续发展因素。家具虽需应用各种不同的物质材料加工而成，但最主要的原材料是木材和木质材料。这是因为天然木材具有最佳的宜人视觉效果和易于加工成型的特性，而成为家具的首选材料。但由于优质木材生长周期长，资源的日益减少，因而日显珍贵。为此，在设计家具时必须考虑木材资源的持续利用，要尽量利用以速生材、小径材、边角材加工的刨花板和中纤维板为原料，减少大径木材的消耗。对于珍贵木材应以薄木的形式覆贴在人造板上，以提高珍贵木材的利用率。对珍贵树种应做到有节制和有计划地采伐，以实现人类生存环境的和谐发展和木材资源可持续利用。

7.1.2.2 合理的工艺性

所谓合理的工艺性就是指家具的造型结构在满足合理的使用强度和美观的前提下，应力求有利于大批量机械化与自动化生产，尽可能地减少高难度的手工技术操作。如：能用圆榫接合的就不用直角榫接合；能用胶接合的就不用其他方法接合；能用板式部件结构的就不用框架件结构；还应做到尽可能地掩盖或修饰家具装配出现的误差。如旁板与面板装配出现的误差，可用开槽的方法来掩盖装配后所产生的误差，可以给装配带来很大的方便。只有家具具有良好的工艺性，才可能获得较好的经济价值。

7.1.2.3 务必满足需求

需求是发明之母。需求是人类进步过程中不断产生的新的欲望与要求。设计的根本目的就是如何及时地满足人们不断增长的新的需求，因而满足需求也是一条重要的设计原则。

人的需求是由低层次向高层次发展的。美国心理学家马斯洛（Maslow）将人的需求分为五个层次：生理需求、安全需求、社交需求、自尊需求和自我实现需求。其形式如同宝塔。人类的需求往往通过自然环境、人为环境、人造物的满足而实现。家具与室内环境是人类生存和发展中的重要需求内容之一。设计者应从需求者、消费群体中，通过调查而得到直接的需求信息，特别是要从生活方式的变化迹象中预测和推断出潜在的社会需求，以此作为新产品开发的依据。

7.1.3 美观性原则

家具应具有一定的艺术感染力，以满足审美的要求。随着社会发展和人们物质与精神生活水平的提高，对家具美观性的要求将越来越高。这是摆在每个家具设计者面前的重大课题，需要大家永远为之去努力创造。家具的美观性主要从以下诸方面去探求：尺寸比例协调、形体优美、做工精细、表面装潢精美及色彩新颖。这些在造型设计一章中已基本研讨过，在此不再详述。

我国历代高级家具无论对结构或造型都十分讲究，具有独特的民族风格。如明清家具在艺术上取得了辉煌的成就，至今仍在国内外享有盛誉。其主要特点是尺寸比例协调，做工细致，结构精密，线条流畅，并配以高超的雕刻艺术，乃是实用与美观相结合的典范。在产品设计中应遵循美观性原则，具备创造性品质与流行性审美要求。

（1）*创造性品质* 设计的核心就是创造，设计过程就是创造的过程，创造性是设计的核心品质。家具新功能的拓展、家具新形式的构想、家具新材料、新结构和新技术的开发都是设计者通过创造性思维和应用创新技法的过程。这种创造的能力人皆有之，人的创造力的强弱往往是以他的吸收能力、记忆能力和理解能力为基础，通过联想和对平时经验的积累、剖析、判断与综合运用来进行提高。一个有创造能力的设计师应掌握现代设计科学的基本理论和现代设计方法，去进行创造性的设计与新产品的开发。

（2）*流行性审美要求* 设计的流行性的原则，就是要求设计的产品表现时代的特征，符合流行的时尚。这需要设计者能经常地、及时地推出适销对路的产品，以满足市场的需要。要成功地应用流行性的原则，就必须研究有关流行规律与理论。美及人们的审美观念都是社会历史的产物，带有明显的时代特征，表现出时代的差异性与流行性。如明式家具的简练、清代家具的凝重、路易式的豪华，都具有不同的时代特征，由此而产生了不同的流行款式与流行风格。

新材料、新工艺的应用，往往是新产品形态发展的先导。新的生活方式的变化和当代文化思想的影响是新形式、新特点的动力。经济的发展与社会安定是产生流行的条件。

7.1.4 辩证构思的原则

辩证构思即应用辩证思维的设计原理与方法进行构思，家具是一类具有物质功能与精神功能的复合体。它不能纯粹用形式构图的法则，即单一的形式美的法则去处理家具的造型。在处理家具的造型时，它不仅要符合艺术造型规律，还要符合科学技术的规律，不仅要考虑造型的风格与特点，如民族的、地域的、时代的特点，还要考虑用材、结构、设备和加工工艺以及生产效率与经济效益。辩证构思的原则也是工业设计的原理和技术美学的原理。应用辩证构思的原理就是要综合各种设计要素，辩证地处理家具的造型与功能等问题。

应用辩证构思的原则，正确处理“实用、经济、美观”三者的辩证关系。

实用是前提，无论涉及什么制品，都必须满足实用，即实用功能的要求。否则再经济、再美观的制品也是没有使用价值的，无人需要它。经济性：必须在满足实用与美观的前提下，尽可能地节约材料，降低加工成本，力争创造较好的经济效益。

经济性与美观性的关系，是对设计不同级别家具而言的。对于普级家具需在经济的前提下力求美观，要求千方百计地降低生产成本。而对于高级家具应在美观的前提下，力求经济，则要求千方百计地提高美观性。对于中级家具而言，其美观性与经济性需两者兼顾，处于普级家具与高级家具之间。

为使所设计的家具符合“实用、经济、美观”三项基本原则，设计人员除牢固掌握和熟练运用家具造型设计与结构设计的基础理论知识外，尚需熟悉生产工艺和生产材料，还需深入生活，精心观察、体验、解剖各种名牌家具与中外古典家具，吸收它们的优点，发挥自己的创造精神，力求不断地设计出受市场欢迎的新颖家具。

7.2 家具设计的步骤

家具设计的基本步骤包括造型设计、结构设计、材料计算、质量标准等基本步骤。现分述如下。

7.2.1 造型设计

7.2.1.1 概念

就是指设计者将自己所想象的家具外部形状，用透视图详细表示出来，给人以直观的印象。

7.2.1.2 作用

可以用来征求生产厂家和用户的意见，更好地进行改进设计；并可以帮助生产工人更好地理解结构图。由于结构图较复杂，一些生产工人难以读懂，但若结合造型图，则能使工人较容易地读懂结构图，以更好地指导生产。这也是要求结构中绘上造型图的原因所在。

7.2.1.3 对造型图的要求

① 确保真实感。要力求较真实地反映家具的外部形状。包括成型面、拼花图案、雕刻、嵌线、烙花、外露配件（拉手、锁、铰链等）等都要表示出来。如图 7-1 所示为梳妆柜造型图。

② 要求标注外形尺寸及主要部件尺寸，借以了解家具的基本数据。

7.2.1.4 造型设计应掌握的第一手资料

① 产品主要用途与次要用途。

② 产品的等级与提供的成本价。

③ 产品使用的环境。

④ 原材料的供应情况。

⑤ 生产设备条件。

⑥ 工人的技术水平。

⑦ 用户的要求等。

然后根据以上实际情况进行构思设计，只有这样才可设计出比较切实可行的造型图。但造型图尚需根据最终结构图修改定型，如图 7-2 所示为家具最终的结构图与造型三视图。

图 7-1 梳妆柜造型图

7.2.2 结构设计

7.2.2.1 概念与要求

在造型图的基础上，进而确定家具所有零、部件的几何尺寸、几何形状、装配尺寸以及它们的内在结构与结合方法。要绘出家具的装配结构图、部件图、主要零件图、放大图，这是指导生产与检验产品的技术文件，要求图纸详细具体，一丝不苟，不允许存在差错。如图 7-3 所示为靠背椅总装结构图。

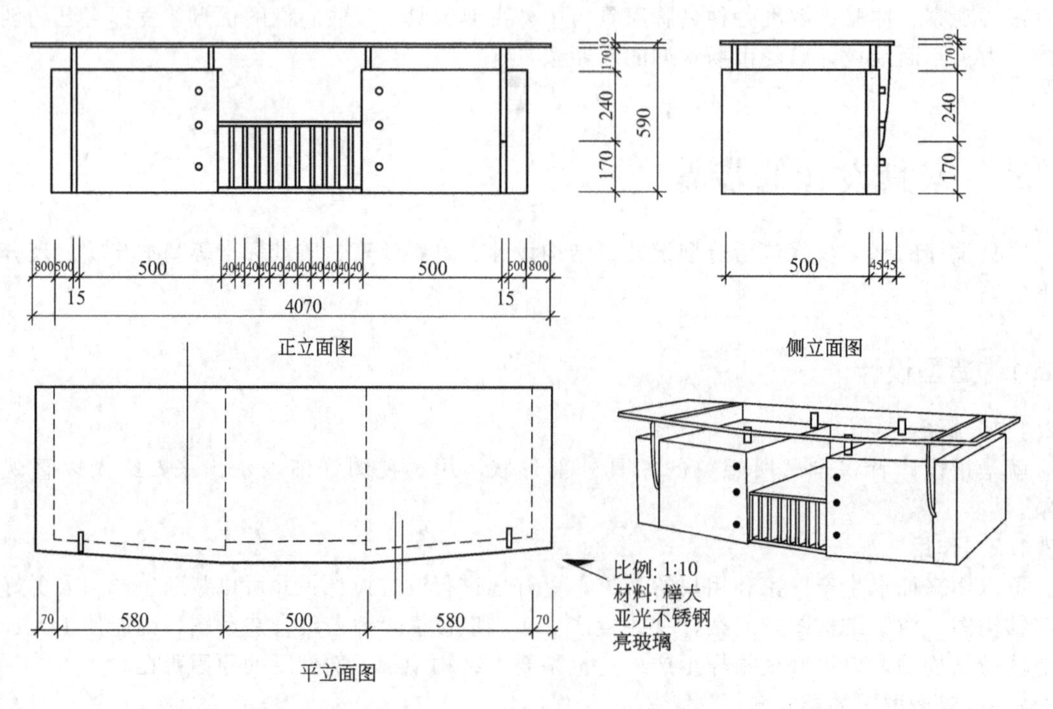

图 7-2 家具最终的结构图与造型三视图

7.2.2.2 家具结构图的剖面符号及图例

（1）当家具总装结构图或零、部件画成剖视及剖面图时，被剖切的零部件，一般应画出其剖面符号，以表示已被剖切零部件的材料类别。剖视符号的剖面线，均为细实线。家具结构图的剖面符号及图例见表 7-1。

（2）零、部件横截面为方形木材，其横剖面的剖面符号以相交两直线表示；若为圆形或不规则形状或为板材，其剖面符号不得用相交两直线，而是用木材的年轮线，即用细曲线表示。

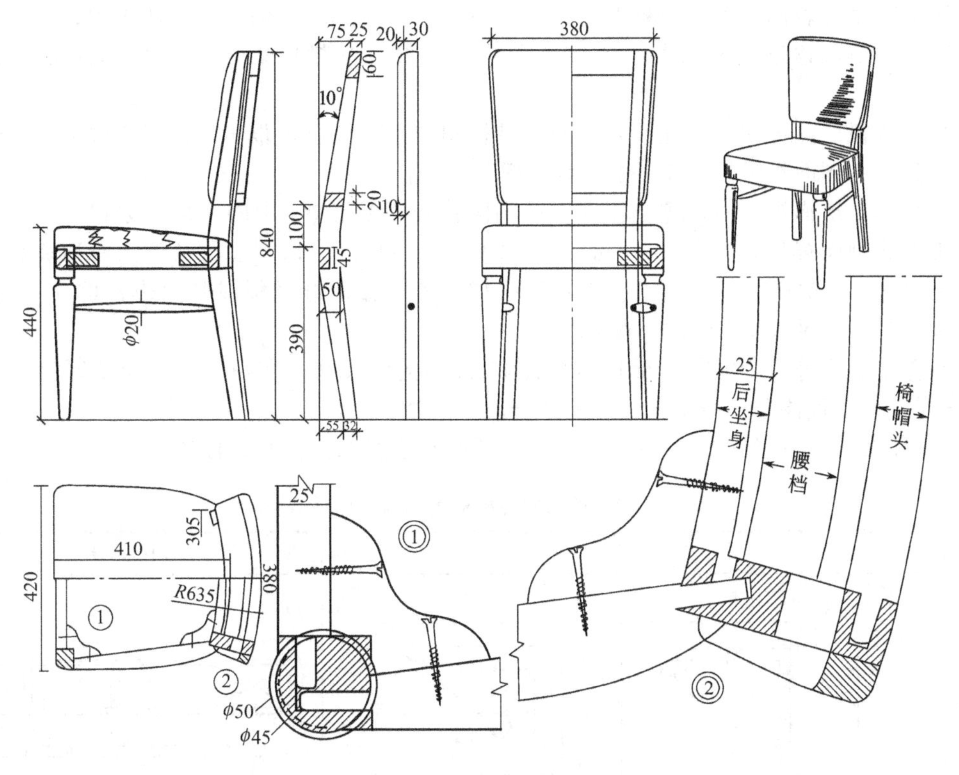

图 7-3 靠背椅总装结构图

表 7-1 家具结构图的剖面符号及图例

名称			图例	名称	图例
木材	横剖（断面）	方材		纤维板	
		板材		薄木（薄皮）	
	纵剖			金属	
胶合板（不分层数）				塑料、有机玻璃、橡胶	
覆面刨花板				软质填充料	
细木工板	横剖			砖石料	
	纵剖				

在本视图中对木材表面纹理有特殊要求时，其纵剖面需用细实线画出木材的纹理；但为不影响图面清晰，一般可省略剖面符号。表 7-1 中的“木材”一栏中表示了木材不同形状剖面的画法。

(3) 胶合板层数可用文字注明，在家具结构图中由于胶合板很薄，可以不画剖面符号。其分层与不分层的剖面符号见表 7-1 中“胶合板”一栏。

(4) 在家具结构视图中，覆面刨花板的剖面符号，见表 7-1 中的“覆面刨花板”一栏。覆面细木工板的剖面符号，见表 7-1 中的“细木工板”一栏，分横剖面与纵剖面两种表示法。纤维板的剖面符号，见表 7-1 中的“纤维板”一栏，若为覆面纤维板在其两边各增画一条实线。薄木的剖面符号，见表 7-1 中的“薄木”一栏。

(5) 金属剖面符号为与其主要轮廓线成 45°倾斜的细实线。在视图中当金属厚度等于或小于 2mm 时，则剖面涂黑，见表 7-1 中的“金属”一栏。

(6) 覆面细木工板的表示方法。表 7-2 为覆面空心板的图例与剖面符号。

表 7-2　覆面空心板的图例与剖面符号

名称	例　图	剖面符号
空心板	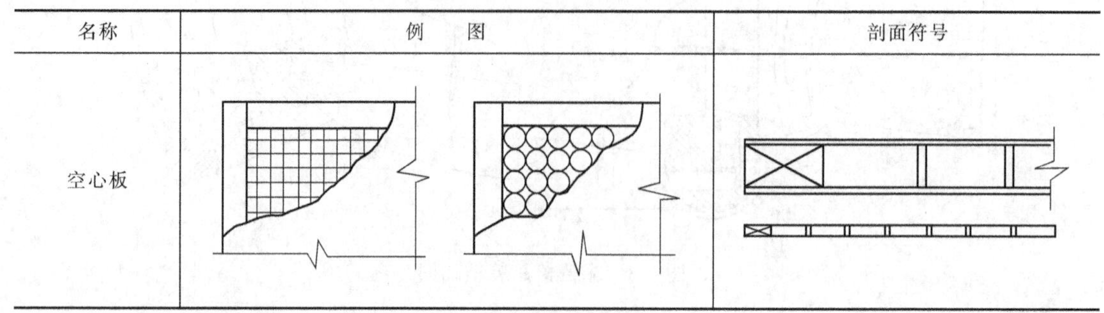	

(7) 玻璃、镜子、编竹、藤织、网纱等材料在视图中不仅需用其剖面符号表示，而且需用其图例表示。其表示法见表 7-3。

(8) 弹簧的简易画法。见表 7-3 中“弹簧”一栏，为蛇簧、拉簧、盘形弹簧的简易画法，是一种形象表示方法。

表 7-3　多种材料的表示法

名称	图例	剖面符号	名称	图例	剖面符号
玻璃			镜子		
编竹			藤织		
网纱			弹簧		

(9) 多层薄型材料剖面符号的表示方法。如图 7-4 所示为多层材料结构的剖面表示法。

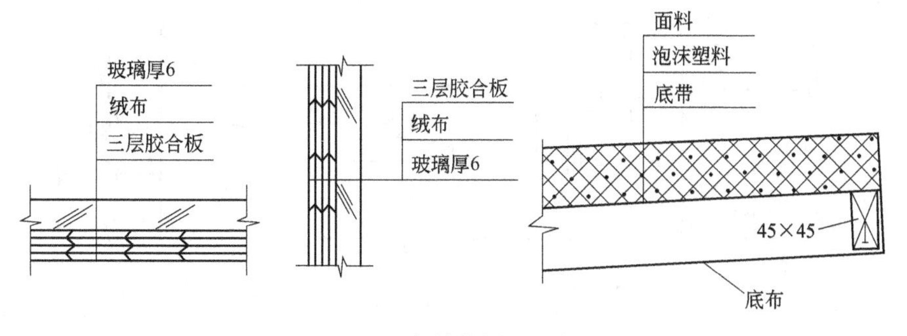

图 7-4 多层材料结构剖面的表示方法

7.2.2.3 榫接合结构的表示方法

（1）榫头横断面的表示方法：无论剖视图或外形视图，榫头横断面均需涂成淡墨色，以显示榫头端面形状和大小，如图 7-5 所示为榫头横断面的表示法。同一榫头有长有短时，只涂长的端部，如图 7-5(d) 所示。

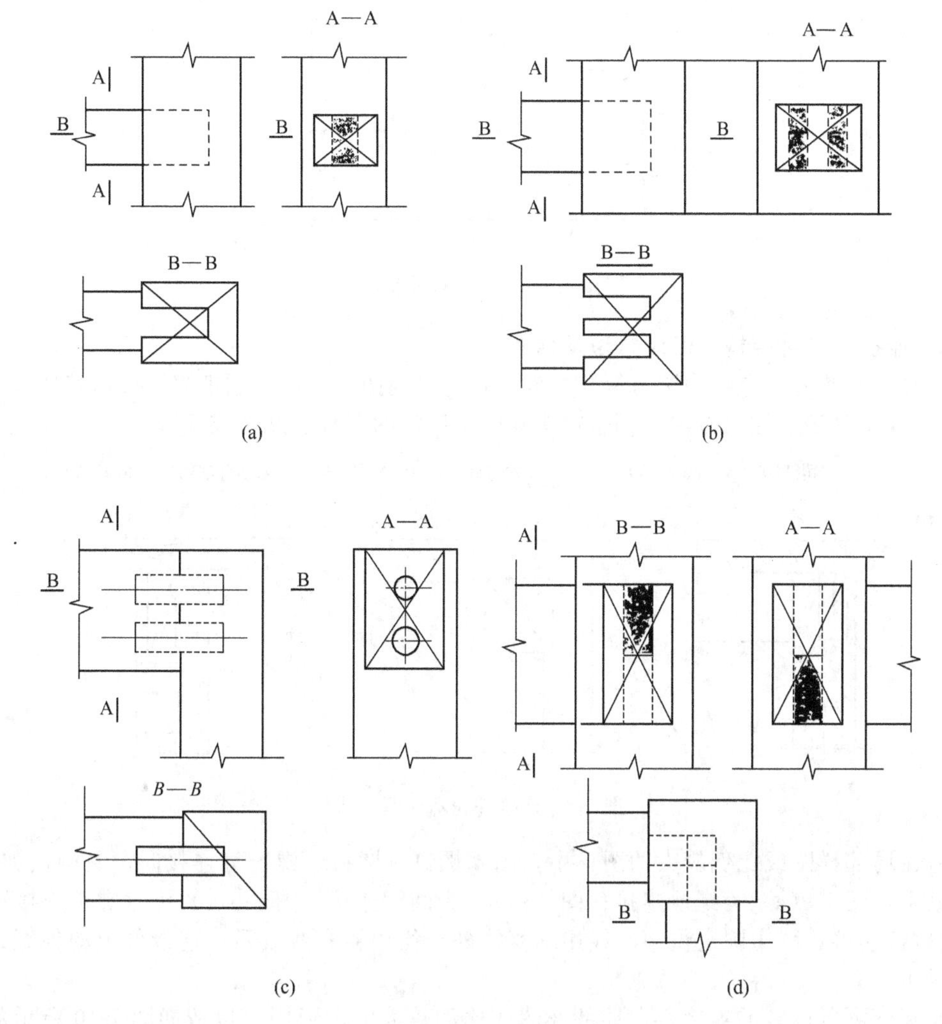

图 7-5 榫头横断面的表示法

（2）榫头端面除了涂色表示外，也可以用一组不少于三条的细实线来表示。如图 7-6 所示为榫头端面表示法。其榫端细实线应该画成平行于长边的长线。

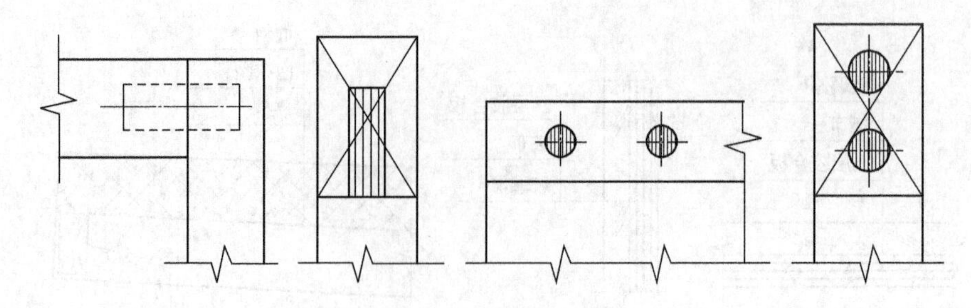

图 7-6 榫头端面表示法

（3）无论用涂色或画细实线来表示榫头端面，木材剖面符号尽可能用相交细实线，不用纹理表示，以保持图形清晰。

（4）对于可以拆装连接、采用定位圆榫的横截面可按如图 7-7 所示画法表示，以与不可拆装连接的圆榫接合相区别。其中两条相互垂直的细实线，与被接合零件的主要轮廓线成 45°倾斜。

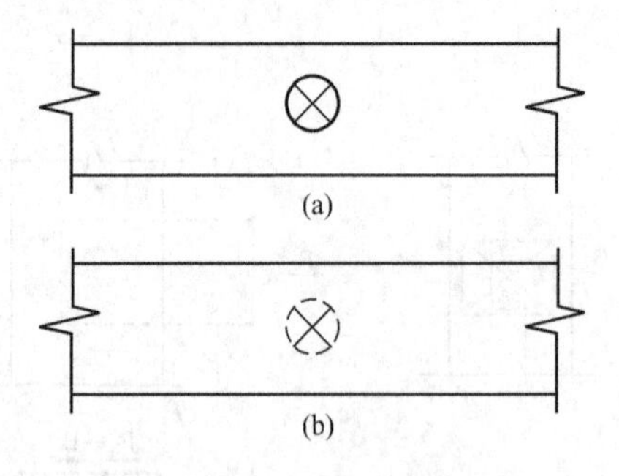

图 7-7 定位圆榫表示法

7.2.2.4 连接件接合结构的表示方法及标注

（1）对于木螺钉、螺栓、圆钉等连接件，在基本视图上一般可用细实线表示其位置。如图 7-8 所示为连接件表示注明方法，用带箭头的引出线注明名称、规格或代号。

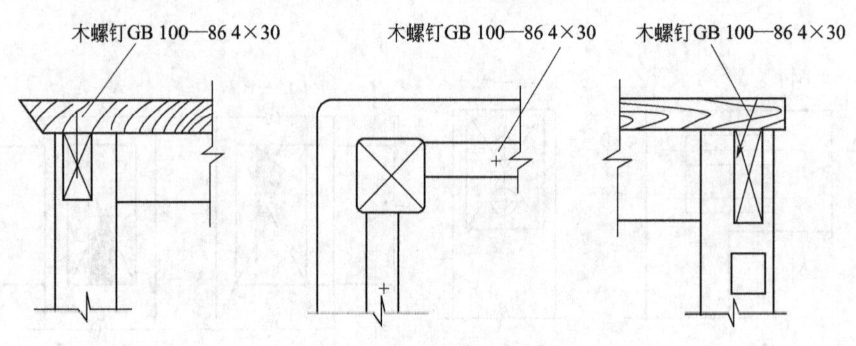

图 7-8 连接件表示注明方法

（2）在局部详图或比例较大的图形中，用木螺钉、圆钉、螺栓等连接时，其画法如图 7-9 所示。其中，图 7-9(a) 为螺栓连接；图 7-9(b) 为圆钉连接；图 7-9(c) 为木螺钉连接；图 7-9(d) 为铆钉连接。图中除定位中心线用细实线外，均用粗实线表示，连接件上的外螺纹则用粗虚线画出。

（3）部分可以拆装的连接，在局部详图或比例较大的图形中可以按如图 7-10 所示的简化画法，必要时注明名称、代号及规格。图 7-10 中，（a）为矩形连接；（b）为空芯螺钉连接；（c）为圆柱螺母连接件连接；（d）为对接式连接件连接；（e）为螺栓偏心连接件连接；（f）为凸轮柱连接件连接。

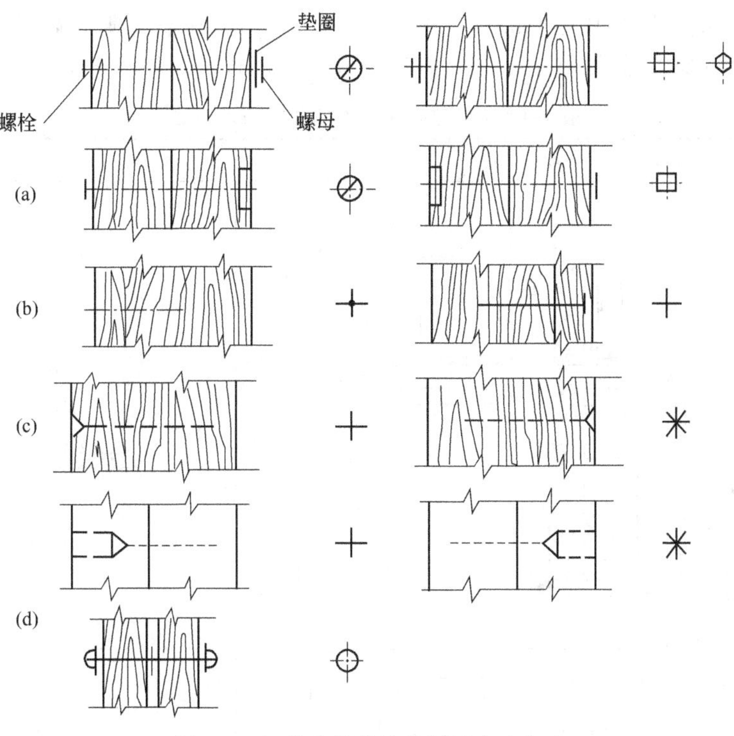

图 7-9　部分连接件局部详图表示方法

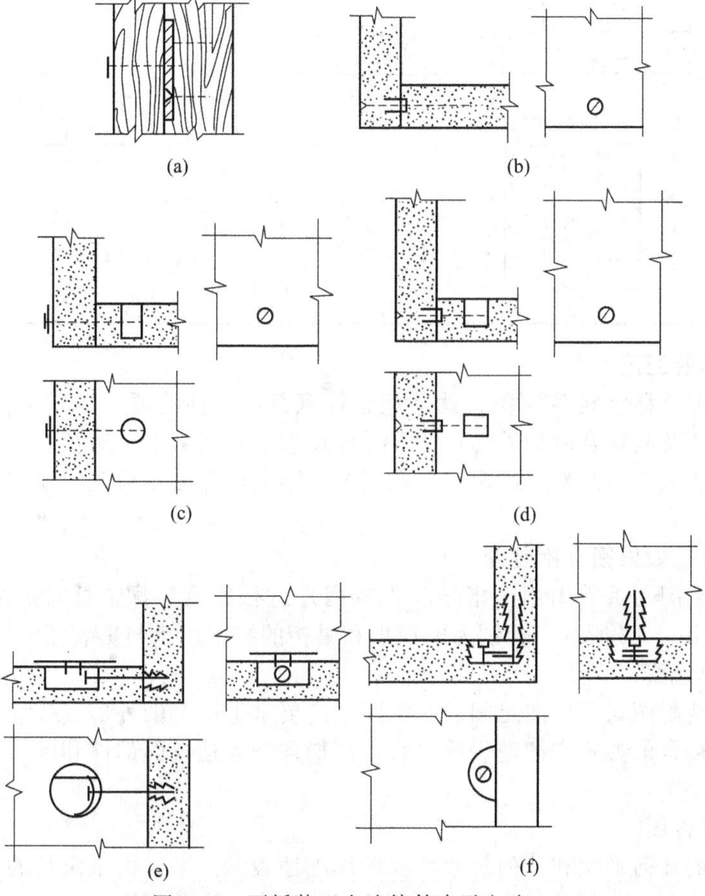

图 7-10　可拆装五金连接件表示方法

（4）杯状暗铰链可以按其外形进行简化画出，见表 7-4。其中类型 A 表示用于包门的直臂杯状暗铰链的简化画法；类型 B 表示用于嵌门的大弯臂杯状暗铰链的简化画法。

表 7-4 杯状暗铰链外形简化图表示方法

类型	局部详图上	基本视图上
A	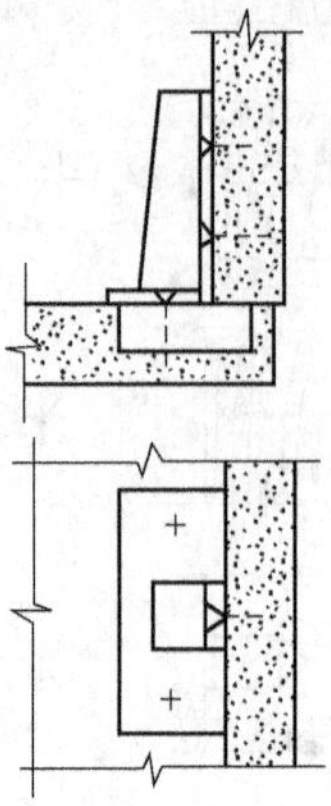	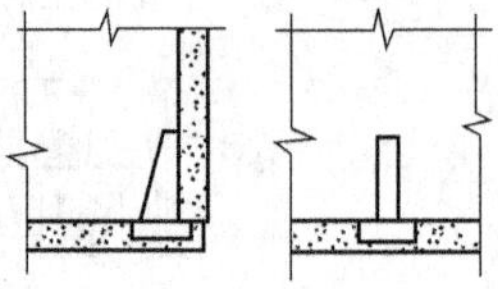
B	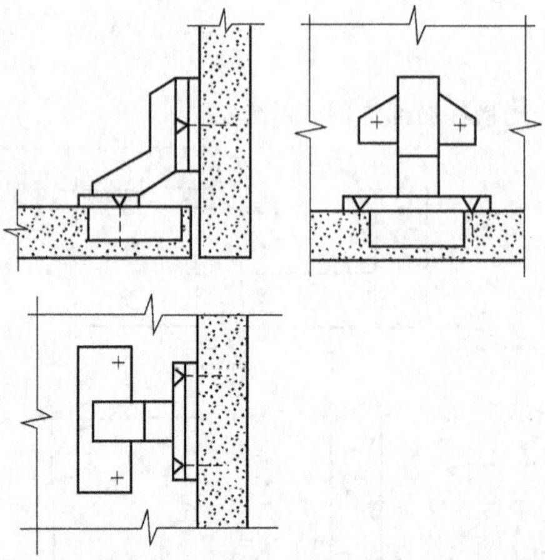	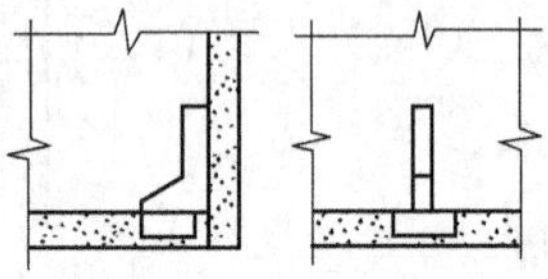

7.2.2.5 家具总装配图

家具总装配图亦称结构装配图，就是把整件家具中的所有零、部件的几何形状、几何尺寸、相互接合方式及其接合后的外形尺寸等详细地表示在图纸上。对在总装配图中难以表示清楚的，需用局部放大图清楚地表示出来。在图纸中不允许存在不清楚的地方，应处处让人看得明白，如图 7-3 所示。

7.2.2.6 家具总装效果图及拆装图

家具装配效果图与拆装图用于指导工人或用户进行家具装配，这对拆装家具显得尤为重要。如图 7-11 和图 7-12 所示，分别为电视柜和书柜的装配效果与拆装图。

7.2.2.7 家具部件图

这是介于总装配图与零件图之间的一种图纸。要求把部件的外形、尺寸及其所有零件的形状、尺寸和相互接合的方式详细地表示出来，例如详细表达桌面部件和脚架部件结构时，需要绘制上述家具部件图。

7.2.2.8 家具零件图

就是将零件的几何形状和几何尺寸用视图详细地表示出来。由于家具的多数零件的几何形状为矩形，在总装配图与部件图中都能清楚地表示出来，为节省设计开支，现大多实木家具生

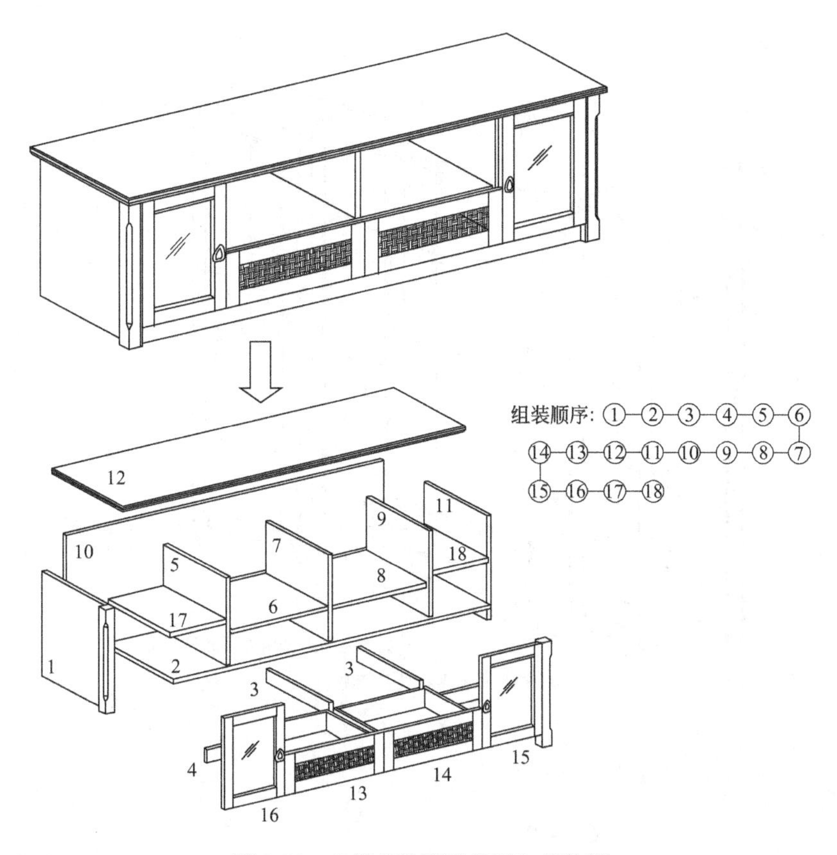

图 7-11 电视柜装配效果图与拆装图

产单位已很少用零件图去指导生产，只是对少量结构、形状较复杂的零件（各种脚、扶手、椅靠背等）才绘制零件图。然而，对于板式拆装家具的结构设计，则要求绘制出每块板件的孔位与接合结构图。

7.2.2.9 零件的放大图与放大样

在家具中，若零件的几何形状由较为复杂而无规则的曲线、曲面构成，则在总装配图或部件图中难以精确表示出来。为了保证零件的制造精度，需用 1∶1 的比例绘出图样。这种图称为放大图或大样图。然后再把这种放大图贴到薄板上（胶合板、纤维板、木板），按轮廓线锯下来修整好，作为生产划线的样板，则这种样板被称为放大样。如果要把这种图案比例缩小，以便交流或保存，则需用标注网格纸，进行描点绘制图样（缩小的图样）。如图 7-13 所示为某零件的放大图。

7.2.2.10 家具产品包装设计

包装是现代商品生产和营销的最重要的环节之一。随着商品经济的深入发展，商品包装作为一种视觉传达工具，已成为商品的“脸面”，是商品价值的外在表现形式。包装设计要考虑多方面的内容，如形态与色彩宜人、包装结构稳定、运输装卸便利、材料生态环保等。

家具包装的最根本目的就是保护家具、维持或提升其价值感。它的功能有：为家具产品设计、生产、销售的品牌化服务；为家具企业资源整合信息化、产品通用化、生产销售即时化服务；为家具产品消费者服务等。

尽管家具包装设计是家具设计极为重要的组成部分，但到目前为止，在相关专业书籍中还没有见到过有专门介绍家具包装设计的内容，因此本书将多著笔墨于此处，对家具包装设计进行系统而深入的介绍。

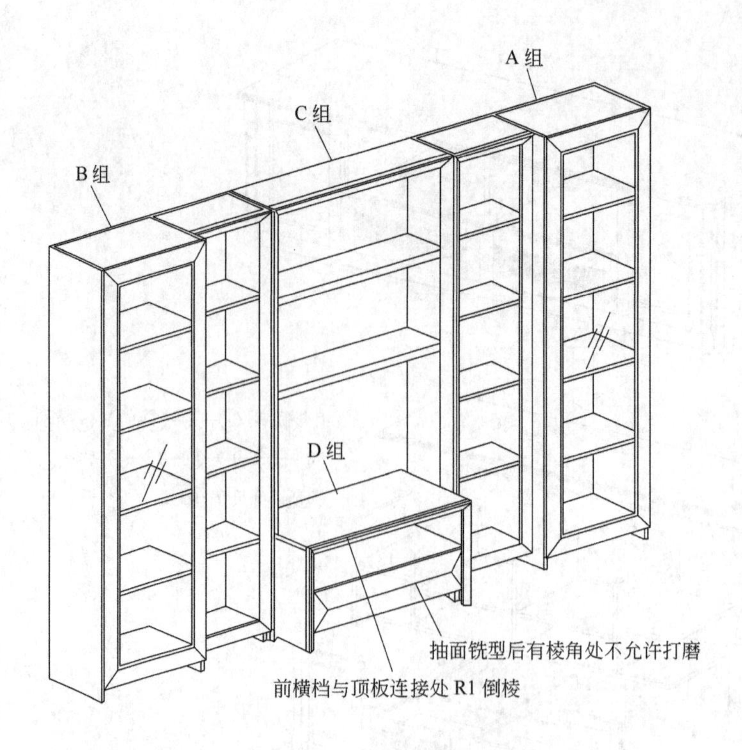

说明:A、B、C、D组合

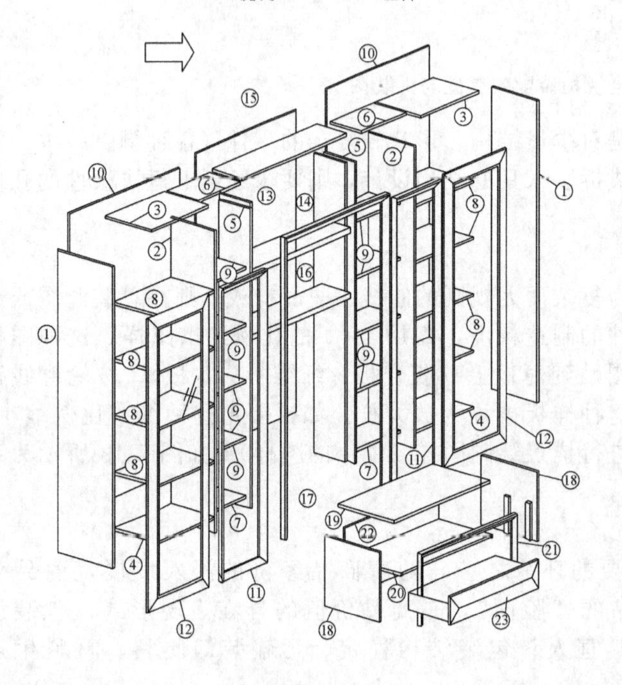

A组 ①—②—③—④—⑤—⑥—⑦—⑧
8为大隔板,9为小隔板 ⑫—⑪—⑩—⑨
B组 ①—②—③—④—⑤—⑥—⑦—⑧
8为大隔板,9为小隔板 ⑫—⑪—⑩—⑨
C组 ⑬—⑭—⑮—⑯—⑰
D组 ⑱—⑲—⑳—㉑—㉒—㉓

说明:A、B、C、D组拆装图

设计			书柜	型号		
制图				规格		
更改			拆装图 1	第	张	共 张
校对						
审核						

图 7-12　书柜装配立体图与立体拆装图

(1) 家具包装设计方法概述

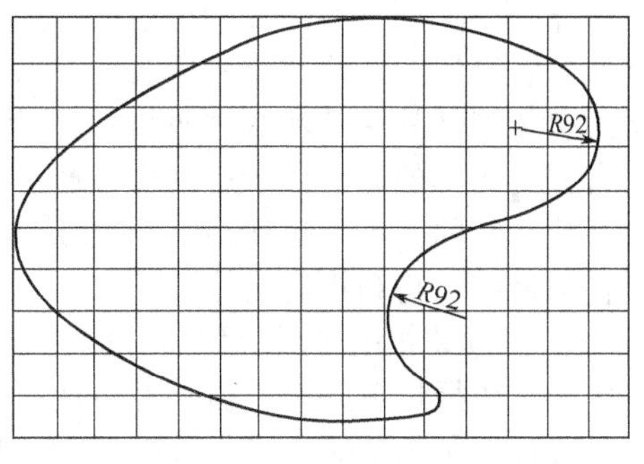

图 7-13 某零件放大样图

① 家具包装设计的定义 家具包装设计依据其目的与内容要求，参照人们对包装的理解，可以定义为：利用适当的包装材料及包装技术；运用设计规律、美学原理；为家具产品提供容器、造型和包装美化而进行的创造性构思，并用图纸或模型将其表达出来的全过程。家具包装设计与家具产品设计是一种辩证关系。它为家具产品在生产、储存、运输、销售过程中提供适度保护并体现产品个性、生产企业的企业文化和设计文化。家具包装设计实际已融入家具产品的造型、规格、材料、编号、结构、工艺等设计的全过程之中。

② 家具包装的作用与功能

a. 为家具产品提供适度保护是家具包装的主要功能 家具产品从生产到使用是一个长时间和空间的转化过程。这个过程包括家具产品的储存、运输、销售、组装几个步骤。家具产品的价值只有在好的包装设计下才能避免因湿度、温度、机械碰撞、生物因素等变化造成的不利影响。当家具到达消费者这一最后环节时，家具产品的造型、外观、结构没发生干裂、湿胀、翘曲、霉变、漆膜脱落、大理石或玻璃破裂等现象，家具的价值才能最终实现。

b. 为家具产品设计、生产、销售的品牌化服务是家具包装的重要功能 家具包装的成本是生产成本，如果一流的家具配上三流的包装就只能销售二流的价格，同时该产品很难给使用者信心。家具企业的企业文化、服务素质、产品品质的体现也依赖家具包装。家具的包装设计不仅仅是包装箱的设计与美化，它还包括企业、产品标志的设计与标志技术处理和产品说明书、售后服务、使用须知等细节。总之家具包装给家具制造商的品牌化经营提供了广阔的舞台。

c. 家具包装的特别功能 家具的包装外箱统一规格，封口胶纸采用条形码处理技术；经过包装入库后，产品的名称、型号、规格、零部件数量、颜色、材料、生产成本、销售目的、出厂日期、产品 King Size/Queen size 等参数都可统一录入 EXCEL 数据库并与条形码链接，满足企业的整体运行、市场调查、年度总结、集装箱装箱计算等需要。外箱统一规格通用可以减少纸箱的库存量。不同家具产品可以用同一规格的外箱。如：不同的铁艺软椅或实木餐椅产品（DIY 结构），零部件造型不同，但包装外箱尺寸却可以考虑一致性。

d. 为家具产品的消费者服务是家具包装的最终目的 人们在谈及家具设计时，最喜欢的口号是“人本主义”、“绿色化设计”。家具产品尤其是 DIY（Do It Yourself）家具和 KD（Knocked Down）家具，要有一个好的家具包装才能够真正实现为消费者服务。优秀的家具包装包括以下几个有利于消费者使用的方面：五金配件位置醒目，配件宜多不宜少；组装图清晰规范，组装步骤简洁易懂，具有英文介绍说明；部件按组装顺序取拿，容易辨知；有详细的使用注意事项，有材料、工艺、结构、造型设计等中英文说明；有明确的售后服务内容和消费者权益说明。

③ 家具包装设计的方法与要求 家具包装设计包含下面几个部分：选择合适的部件组装工艺、绘制组装示意图；选择合适的部件搭配；确定同一包装箱中各零部件的位置和固定形式；选择合适的包装材料，确定包装材料的使用规格，制定包装材料明细表；绘制产品拆装示意图，进行零部件标注；产品说明书制作；条形码信息编制；外箱外形设计、标识设计、标志牌设计；中英文翻译。

a. 考虑合适的部件组装工艺 对于面板是玻璃材料的家具来说，如果采用射钉枪强行射钉工艺，玻璃面板与射钉枪的机械碰撞难以避免，玻璃就会发花或产生内应力，因此需要根据产品结构与材料特征设计合适的部件组装工艺才能满足家具产品包装的需要。当然如果能在家具产品设计中通过对结构、外形尺寸的修订处理会更好。

b. 合适的部件搭配　部件搭配应该遵循以下原则。部件相关性原则：只有部件有相关性，才能便于客户使用。比如套房床头的零部件共用一个外箱（如果把床头中的某一零部件与化妆凳共用包装箱，就属于不适宜包装）。使用空间最小化原则：对于能够做到的生产企业或销售商而言，用最低的运输成本运最多的产品是他们永恒的追求。在模拟包装过程中必须反复比较包装耗费空间的大小，选择最小包装状态。对于 DIY 家具，包装设计还必须要求产品设计提供最佳的拆装结构和拆装尺寸。

c. 确定包装箱中各零部件的合适位置和固定形式　包装箱中各零部件的位置和固定形式的确定应该依据以下几个方面。对称性原则：对称性原则考虑到了家具在运输、储存、销售过程中的各种不可知状态，确保包装箱内家具产品的稳定性，同时为客户使用和产品认知提供方便。稳定性原则：确定包装箱中的零部件各自位置，避免在流通过程中发生相互移位造成机械碰撞。固定结构不损伤产品的审美价值原则：固定绷带、胶绳的射钉或透明胶对漆膜和结构不能有不良影响。在考虑上述原则时，可采用计算机虚拟和实物测试技术。

d. 选择合适的包装材料，确定包装材料的使用规格，制定包装材料明细表　在选择包装材料、包装形式、确定包装规格方面要考虑以下几个原则。辩证构思原则：包装材料过多，包装过度会造成资源浪费，增加包装体积和容重比，同时还影响包装后的美观性；但包装不到位，则会产生包装事故，影响产品质量。绿色化设计原则：对于包装材料的选择，考虑现在流行的绿色化设计要求，包装材料应选用可降解材料。经济合理性原则：这里包括对包装材料的选用、制作和使用过程中的生产成本考核；从消费者的角度来考虑，要有最大化的经济合理性，才能提高产品的竞争力。

e. 条形码信息编制　每一套条形码的内容，如尺寸、同生产批次数量、整套产品包装箱数量等其他参数通过 Excel 处理成数据库形式，通过数据链接条形码与数据库内容。

（2）家具包装设计实践　当前，在我国家具产业中，家具产品包装类型主要有：国内销售家具产品分坐、卧、支撑和储藏类四种家具类型，另外，还有一类是出口家具产品，通常采用的整体包装形式。下面就分别从这五类家具包装所需要考虑的造型、结构、使用功能、运输情况等特点出发，用实际案例对这五类的家具包装设计进行逐一分析和阐述。

① 坐类家具的包装设计　坐类家具多为框架式结构，包装多采用不可拆装的整体包装设计形式。为了节约包装的空间，在包装时将两把椅子搭放在一起进行包装。为了防止在包装或运输过程中座面产生碰划，因此椅子的各个部位先用 PE 布（俗称珍珠棉布）包好，为了使餐椅在包装箱内能够稳定，椅子周边一般设置三根木框进行支撑保护；另外为了防止椅脑和餐椅的腿产生磨损，要进行护边处理。如图 7-14 所示为餐椅包装设计图。

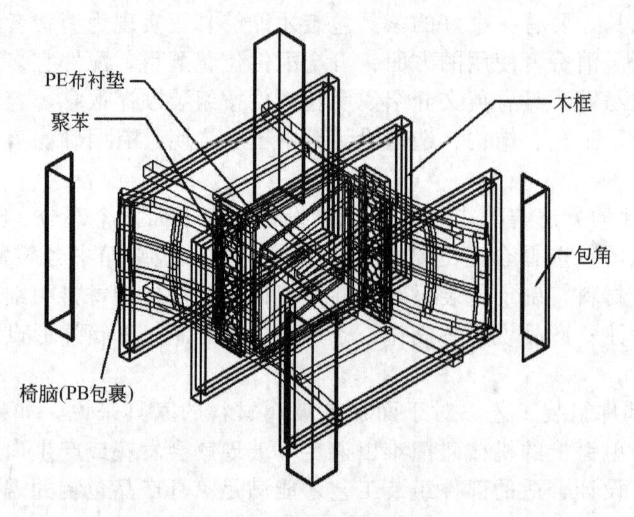

图 7-14　餐椅包装设计图

② 卧类家具的包装设计　卧类家具的代表当然是床，难度较大的是带床箱的床（图 7-15），就像大衣柜等家具产品因体积庞大，很难采用整体包装的方法进行搬运、仓储。当前，在家具企业中这类家具结构大多设计成板式可拆装结构，因产品的零部件比较多，在家具生产中，基本是采用散件分包包装方法保护产品。其目的就在于优化单包重量和体积，利于运输、装卸和储存，并保护产品在上述流转过程中不被损坏。

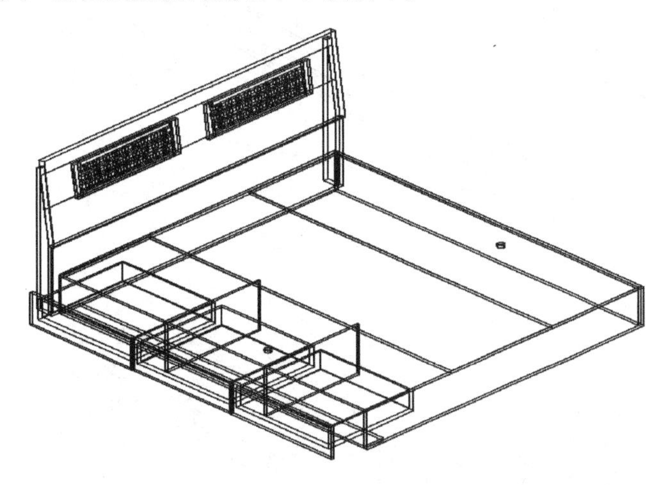

图 7-15　双人床（带床箱）结构示意图

这里首先要谈到的是设计和分包的原则。单件包装重量一般不超过 45kg，包装内部的零部件整体不能晃动，板件之间不相互窜动以避免板件表面损伤。根据板件的材质、线形、体量的不同做不同的包装保护。板式产品的表面如果是采用不容易划伤的饰面板，则可尽量打在一个包装内，用 0.5mm 厚的软片垫层做整体包装，这样包装内径的厚、宽、长之和相应减少。涂装的部件在包装时需要对每个板件都做保护，包装内径尺寸根据不同包装的内容加留适度的余量。

形状比较复杂的部件，例如床头应该用 2mm 的 PE 包好，线形凸出及直接接触的部位要用多层 PE 包装并固定，并根据实际情况在空隙处再用聚苯（泡沫塑料）、BHO、纸板做支撑填充物，以防止纸箱塌陷，并保证床头在箱内不发生晃动。由于实例中的床是由床头和床箱两部分组成的，其中床箱是由三块较大的床板与床边、中立板、高头立板等板件组成，因此，为了实现在包装时间与空间便利性，可分为三包设计，如图 7-16～图 7-18 所示。

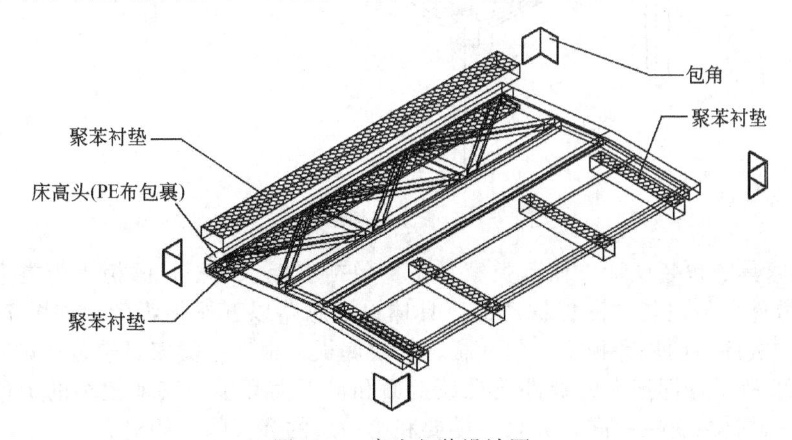

图 7-16　床头包装设计图

③ 支撑类家具的包装设计　支撑类家具主要是指桌类家具，这类家具通常是可拆装结构，保护的重点在于避免桌面划伤，四个脚必须各自独立包裹，如图 7-19 和图 7-20 所示。

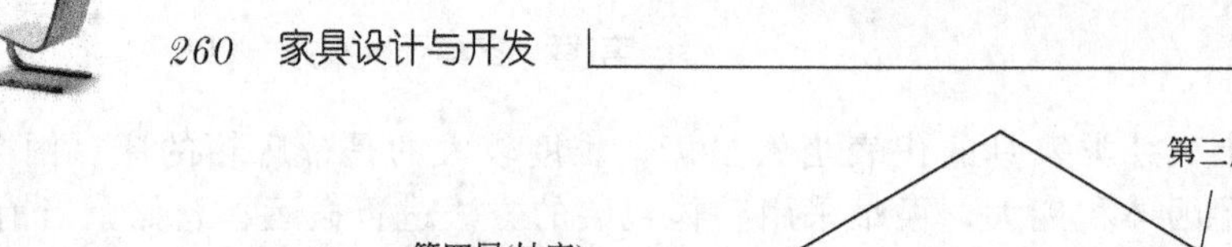

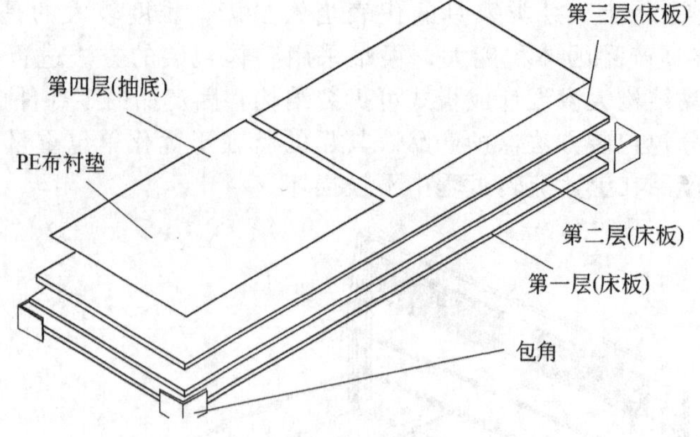

图 7-17　床箱大板件包装设计图

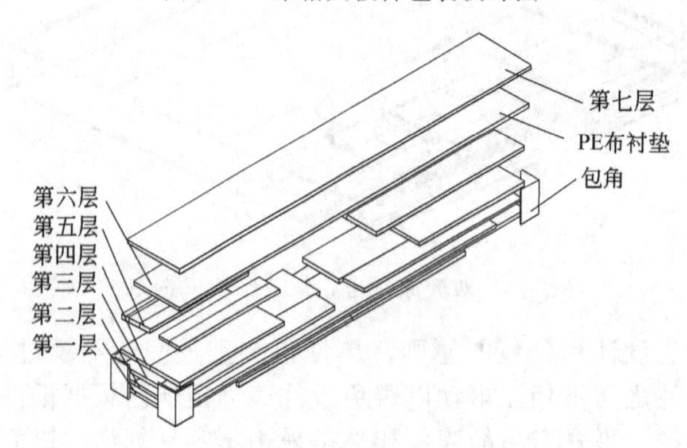

图 7-18　床箱小板件包装设计图

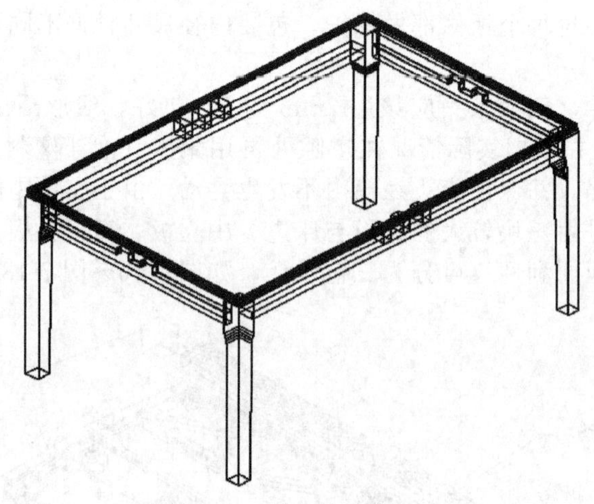

图 7-19　餐桌结构示意图

④ 储藏类家具的包装设计　储藏类家具主要包括衣柜、书柜、酒柜等柜类家具，这类家具基本是采用散件分包包装方法保护产品。具体设计思路以五屉柜为例，如图 7-21 所示，五屉柜有四块大的板件：两块旁板、一块面板、一块底板。根据柜类家具包装原则：填满上下留中间，如图 7-22 所示，即把大的板件放在最上面和最下面几层，其他较小的板件如抽面、横撑、加强条等，并排放置在中间，并且一端要和第一层的旁板的一侧对齐。

对于酒柜、书柜、餐边柜一类带有玻璃的家具，应将玻璃等易碎部件进行独立包装。先以正常包装方式用纸箱包装好，在纸箱外用木制的包装箱保护。包装箱一般采用刨花板、杂木、多层板等制成木箱，木箱的形式如图 7-23 和图 7-24 所示。

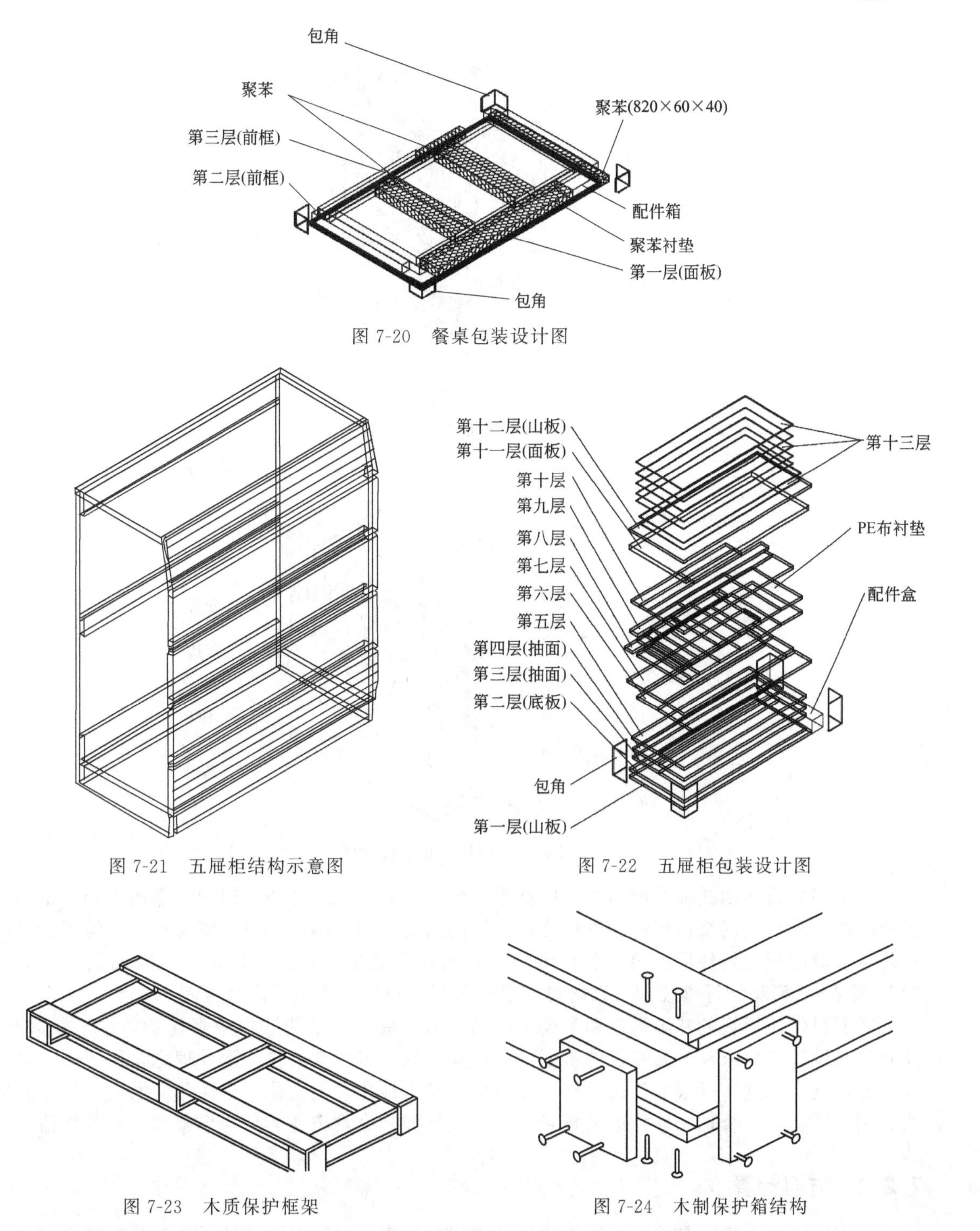

图 7-20　餐桌包装设计图

图 7-21　五屉柜结构示意图

图 7-22　五屉柜包装设计图

图 7-23　木质保护框架

图 7-24　木制保护箱结构

⑤ 出口家具包装案例　我国绝大多数家具出口企业属于 OEM（Original Equipment Manufacturer，照来样加工）的出口型家具制造商，海外公司会在包装上提出非常苛刻的要求。有时包装设计、外箱装潢设计方面全由他们提供。一般来讲，由于考虑到产品需要装船海运，国外的组装工有可能对国内家具的组装方法不熟悉，因此，外销家具产品的结构设计大多采用框架式不可拆装结构，在进行包装设计时大多采用整体包装设计形式。出口家具包装形式如图 7-25 和图 7-26 所示。

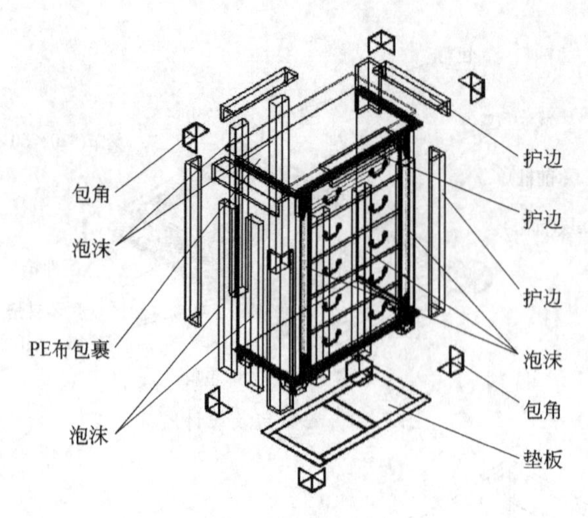

图 7-25 五屉柜包装设计图

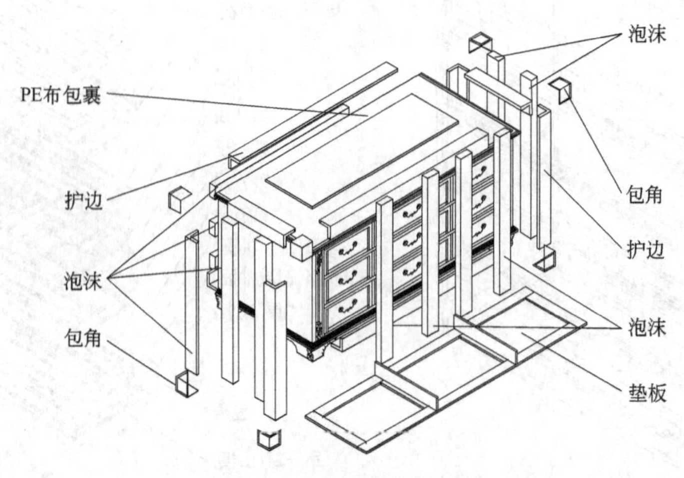

图 7-26 梳妆台包装设计图

对于柜内有活动插板的产品，应用空箱或泡沫填充，以保证插板得到可靠的固定。柜内有挂衣杆的产品，应用纸模板将挂衣杆支座上端的活动块固定牢固。对于镶有玻璃、镜子和灯的产品，玻璃层板应另外用纸箱包装好置于柜顶或柜内合适的位置并固定好。背面的镜子应按"X"或"S"形粘贴纤维胶带，以防镜子意外破损时掉下划伤柜子内部板面。

随着科学发展观的持续推进和市场经济的深入发展，为了能够在激烈的竞争中不断进步，家具包装设计作为家具产品开发的重要内容，应在绿色可持续的包装设计理念指引下，立足于保护好家具产品这一最根本目的，努力设计出兼具人性化、人文化、个性化的家具产品包装形式，用最完美、最合理、最贴近消费者的包装设计提升家具企业的品牌形象和产品附加值。

7.2.3 材料计算

根据结构图，将家具的所有零件的尺寸规格、数量、材料以及其他辅助材料都要详细地计算出来，并列表说明，作为采购、生产和成本核算的依据。

7.2.3.1 成材与人造板的计算

成材与人造板的计算，是根据零件净料规格计算（对于弯曲件应根据消耗的方料净料计算），并作出如下用料明细表，表 7-5 为按照家具的归类零件进行统计计算的用料明细表；表 7-6 为按照家具的部件归类进行统计计算的用料明细表，较前者更清楚明晰。对于人造板，可用表面积来代替材积，人造板名称可在明细表中的备注栏里注明。

表 7-5　家具用料明细表（一）

编号	零件名称	规格	数量	材种	材级	材积	备注

表 7-6　家具用料明细表（二）

编号	部件名称	零件名称	规格	数量	材种	材级	材积	备注
1	旁板	帽头						
		立边						
		横衬						
		立衬						
		覆面板						
2								

7.2.3.2　辅助材料计算

辅助材料是指涂料、胶料、砂纸、钢钉、玻璃、镜子、连接件、拉手、锁、刀具等，以每件或每套家具的实际消耗数来统计计算，可按表 7-7 所示明细表进行统计。

表 7-7　辅助材料明细表

编号	材料名称	型号规格	单位	数量	备注

7.2.4　家具技术质量标准

7.2.4.1　用料要求

（1）材种要求　是指实木家具和双包镶覆面空心板家具所使用的材种要求。

① 实木家具用料要求　如产品明示标识为全花梨木家具，产品中所有零部件必须都是用花梨木制作，但镜子背面托板除外；产品明示标识为花梨木家具，产品外部的零部件必须是花梨木，产品内部、背板及隐蔽处的零部件可采用其他树种制成。

② 双包镶覆面空心板家具的用料要求　同一板件的芯料，其树种应无明显差异，针、阔叶材不得混合使用；板件外表使用胶合板树种应一致，其背面所用胶合板的树种不作限制。

③ 刨花板、中密度纤维板为基材及其表面装饰用料要求　在由若干零件组成的一个部件中刨花板和中密度纤维板不得混同使用；仿照木质纹理的人造装饰材料贴面的家具，不得冒充名贵树种的木单板或薄木贴面家具。

④ 材质要求　对于虫蛀材未经杀虫处理、昆虫尚在继续侵蚀、虫孔未经修补的木材不得使用；零件上的腐朽材面积超过零件面积 15%、深度超过材厚 25%的木材不得使用；斜纹材的斜纹程度超过受力部位 20%的木材不得使用；节子材的节子宽度超过材宽 1/3 或节子直径超过 12mm 的木材不得使用；有贯通裂缝的木材不得使用；有树脂囊的木材不得使用；有局部裂缝和钝棱等缺陷的木材未经修补不得使用。

（2）木材含水率要求　木材含水率是木家具质量中至关重要的技术参数指标。国家标准规定木材含水率应符合产品所在地区年平均木材平衡含水率要求。我国南方和北方，年平均木材平衡含水率差距很大，南方一般为 16%～18%，北方一般为 12%～14%，南、北方平均为 15%左右。就是在一个地区，雨季与旱季、冬季与夏季的变化也是很大的。用在家具上的木材，含水率过高或过低，随着空气中温度、相对湿度的变化，就会引起木制件的收缩或膨胀、弯曲变形或开裂，务必执行国家标准。

(3) 对人造板的质量要求

① 刨花板的技术要求 按GB 4897—85刨花板技术要求规定，每100g刨花板的甲醛释放量不超过50mg。其物理力学性能均需符合标准要求。

② 中密度纤维板技术要求 按GB 11718.2—89中密度纤维板技术要求规定，其物理性能指标，出厂含水率应为10%～18%；每张板的平均密度不得超过公称密度的±10%；吸水厚度膨胀率不得超过12%；板内甲醛释放量，每100g重的板材总抽出的甲醛量不得超过70mg。

7.2.4.2 家具尺寸要求

家具尺寸分设计尺寸、极限偏差尺寸、形状和位置公差尺寸3种。

(1) 设计尺寸 设计尺寸是指产品图样上标注的尺寸。如产品高、宽、深的外形尺寸。主要尺寸亦称产品的功能尺寸，是指产品某一个部位的设计尺寸，这个部位的尺寸必须符合标准要求。如挂衣柜的净空深，标准规定应≥530mm，设计尺寸必须符合此项要求。

(2) 极限偏差尺寸 极限偏差尺寸是指产品实物经测量所得的实际尺寸减去产品设计尺寸所得的差值。标准规定的极限偏差：非折叠式家具为±5mm；折叠式家具为±6mm。

(3) 形状和位置公差 分翘曲度、平整度、邻边垂直度、位差度、抽屉摆动度、抽屉下垂度、产品脚底着地不平度、分缝八项。翘曲度是指产品（部件）表面上的整体平整程度。标准规定面板、正视面板件，若对角线长度L<700mm，允许差值<1mm。平整度是指产品（部件）表面在0～150mm范围内的局部的平整程度。标准规定的不平度应≤0.2mm。邻边垂直度是指产品（部件）外形为矩形时的不矩程度。标准规定对面板测量两个对角线长度L允许差值≤2mm；框架对角线长度L≥1000mm，允许差值≤3mm；框架对角线长度L<1000mm，允许差值≤2mm。位差度是指产品中门与框架、门与门、门与抽屉、抽屉与框架、抽屉与抽屉相邻两表面间的距离。标准规定门与框架、门与门相邻两表面间折距离偏差（非设计要求的距离）允许≤2mm，抽屉与框架、抽屉与门、抽屉与抽屉相邻两表面间的距离偏差（非设计要求的距离）允许≤1mm。抽屉摆动度、下垂度是指抽屉与框架的配合精度。标准规定将抽屉拉出深度的2/3时，摆动度应≤15mm，下垂度应≤20mm。产品脚底着地不平度，是指产品脚底着地时的平稳性。标准规定不平度应≤2mm。分缝是指产品外部启闭部件与框架间的配合间隙。标准规定最大分缝不得超过2mm和1.5mm。

7.2.4.3 产品外观要求

产品外观要求是对木材机械加工、涂饰加工、五金配件安装后的技术要求。

(1) 木材机械加工完成后的产品不允许存在以下缺陷 人造板制成的部件应经封边处理而未经封边处理的；覆面材料胶贴后存在脱胶、鼓泡、拼接处离缝和透胶；零部件接合处、榫孔结合处，装板部件和各种支承件存在松动、离缝、断裂；产品外表倒楞，圆线、圆角不均匀、不对称；雕刻、车木加工后存在花型、线型不对称、铲底不平、有刀痕、破痕；产品外表没有达到精光、内表没有达到细光、粗光部件存在锯毛和刨痕。

(2) 涂饰加工后的产品不允许存在以下缺陷 整件产品或成套产品有明显色差；产品表面涂膜皱皮、发黏和漏漆；涂膜有明显雾光、白楞、白点、油白、流挂、缩孔、刷毛、积粉、杂渣、划伤、鼓泡和脱皮；软、硬质覆面材料表面存在凹陷、麻点、划伤、裂痕、崩角和刃口；产品不涂饰部位和产品内部不清洁。

(3) 五金配件安装后的产品不允许存在以下缺陷 配件缺件，有安装孔缺安装件；安装件漏钉、透钉；活动部件启动不灵活；配件安装不牢固有松动；安装孔周边有崩茬与毛刺。

7.2.4.4 涂层理化性能要求

漆膜涂层理化性能测定项目有：耐液、耐湿热、耐干热、附着力、耐磨性、耐冷热温差、抗冲击和光泽度八项。

(1) 耐液测定 指对家具表面漆膜接触到各种可能液体时，能起到抗化学反应的测定。标准规定允许有轻微的变色印痕。

(2) 耐湿热测定 指对家具表面漆膜触到85℃热水时所引起变化的测定。标准规定允许试区近乎完整的环痕或圈痕及轻微变色。

(3) 耐干热测定 指对家具表面漆膜接触温度70℃时，漆膜所引起变化的测定。标准规定允许试区近乎完整的环痕或圈痕及轻微变色。

(4) 附着力测定 指漆膜与基材的结合强度测定。标准规定允许漆膜沿割痕有断续剥落。

(5) 耐磨性测定 指家具表面漆膜抗磨损的强度测定。标准规定经2000转磨损后，允许漆膜局部露白。

(6) 耐冷热温差测定 指家具表面漆膜在60℃温度和低于−40℃温度的状态下，经过周期试验后漆膜所引起的变化。标准规定不允许有裂纹、鼓泡、明显失光和变色等缺陷。

(7) 抗冲击测定 指家具表面漆膜抗外来物冲击能力的测定。标准规定允许漆膜表面有轻度的裂纹，通常有1～2圈环裂或弧裂。

(8) 光泽度测定 指以漆膜表面的正反射光量与同一条件下标准板表面的正反射光量之比。标准规定漆膜表面原光为70%～79%，抛光为65%～74%，填孔亚光为≤14%，显孔亚光为25%～35%。深色名贵硬木家具表面漆膜理化性能要求另有规定。

7.2.4.5 产品力学性能要求

家具力学性能试验项目：桌类有强度、稳定性和耐久性试验；椅、凳类有强度、稳定性和耐久性试验；柜类有强度、稳定性和耐久性试验；床类有强度和耐久性试验。均可根据有关国标进行试验。

强度试验包括静载荷试验和冲击试验。静载荷试验，是指产品在可能遇到重载荷条件下所具有的强度试验。冲击试验是指产品在偶然遇到的冲击载荷条件下所具有的强度的模拟试验。稳定性试验是指椅、凳类家具在日常使用时承受载荷条件下及柜类家具在日常使用时承受载荷或空载的条件下，所具有抗倾翻力能力的模拟试验。耐久性试验是指产品在重复使用、重复加载条件下所具有疲劳强度的模拟试验。

7.3 家具开发工作要考虑的几个重要问题

7.3.1 人的问题

家具是为人所用，服务于全人类，因此需要用一定的材料和科技手段创造出有益于人类生活及工作的家具。家具与人、家具与环境以及人与环境协调在一个特定的环境中，其核心是人。人属于生物，但更重要的是人又属于社会，因此人的因素应包含人的生理与心理两大要素。

7.3.1.1 人的生理方面

作为生物的人，家具设计必须对以下问题进行研究。

(1) 人体的测量值 功效学研究的一个重要内容就是人体测量学，为了使人们在使用家具时处于一种舒适的状态和易于操作，就应考虑人体的尺度和使用家具的姿势，如坐姿、站姿等。通过人体测量可为设计者提供人体身高以及人体各部分的尺寸数据，以更好地研究各类家具尺度与人体尺度之间的关系，使人与家具处于一种最佳的配合状态。如图7-27所示为人体在各种状态下的测量值，可作为家具尺寸设计的主要依据。

人体测量值包括静态与动态两类，并且男女有别，成年人与儿童差别更大些。人体静态的测量值又分站姿与坐姿两种状态。与家具密切的人体静态测量值有人体身高、正立时人眼睛的高度、坐姿时人眼睛的高度、上臂长度、上身高度、臀部宽度、上腿长度、下腿长度、坐姿身高、大腿水平长度、肘关节至椅面高度等。

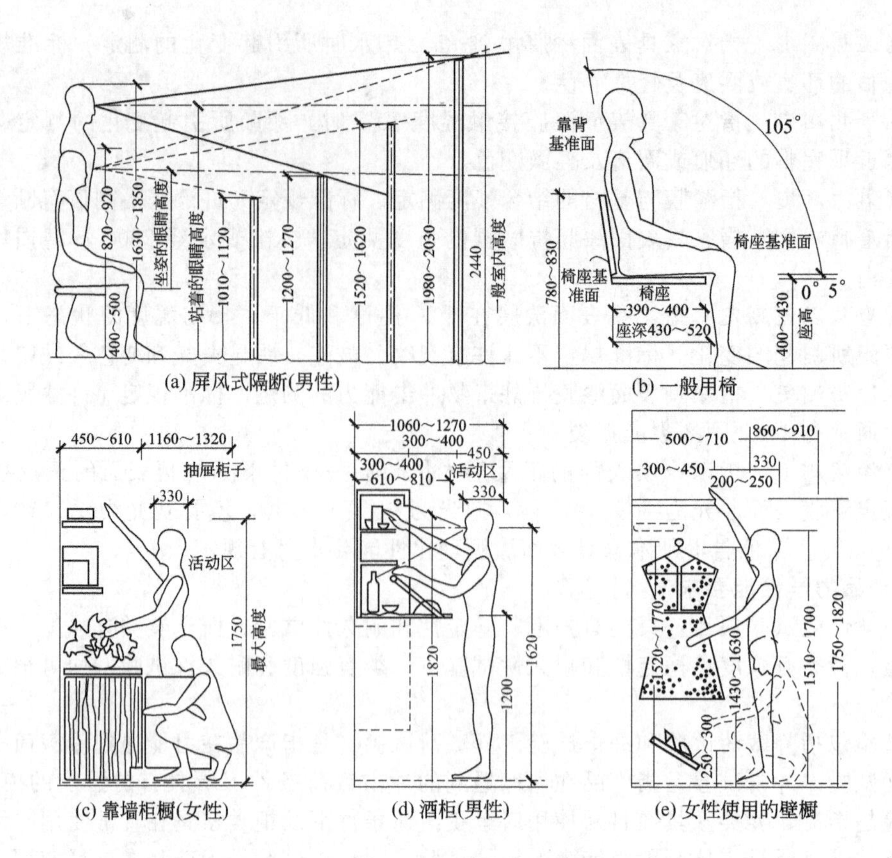

图 7-27 人体在各种状态下的测量值

人体的动态测量值，指人在作业时的空间动作尺寸范围，与家具设计有关的动态测量值有手臂的平面作业范围，手臂在空间的垂直作业范围以及最佳空间作业范围。手臂平面尺寸范围，是用于指导作业性台面尺寸的设计。手臂的垂直作业范围，是用于指导设计柜子高度，特别是吊柜的高度。最佳空间作业范围，可以用于柜类家具储藏功能区域的划分。

(2) 人体生理要素 人体生理要素很多，人在使用家具时，在不同状态下的体温、肌肉疲劳程度都是要考虑的因素，如人体坐卧时的体表压力分布、体表温度。在不同的条件下，如在不同材料、不同柔软度的家具上，会产生不同的体表温度和发汗情况，是指导软体家具弹性设计的重要依据。适度的弹性则可以获得良好的体压分布，改善散热条件，提高休息效率。

7.3.1.2 人的心理方面

(1) 心理效应 研究产品的审美功能、象征功能，就必须研究哲学、社会学、心理学等基础理论。而心理效应又是最直接地促使这种功能发挥作用，需认真地进行研究。

从认知心理学的观点看，人的心理活动是对各种信息的吸取、加工、传递与交换。家具艺术的心理功能在于它是一种特定的信息交流形式，是设计师通过家具的某些特定形式，把从生活中获取的视觉信息和非视觉信息，经过形象思维进行编码加工，再进行艺术设计和制作，把这些形象信息传递给消费者，构成了设计师与消费者之间的审美信息交流。从而使消费者在使用和观赏过程中，发挥其精神影响，体现其特有的审美功能和象征功能。如家具造型的体量效应，就是这种心理效应的具体体现。

家具形式是设计师运用木材及其他材料，通过一定的艺术与技术手段对其形态、色彩、肌理、装饰等人们可以感知的信息进行加工，获得的编码系列。这些编码系列有组织地传递着视觉信息，使审美主体的视觉器官受到刺激而产生兴奋，这时家具造型所表现的空间感、质感、量感、力度感、节奏感、和谐感等，就会对观赏者与使用者审美情绪的激活产生一定的诱发和

心理暗示作用。这种情绪激活，通过观赏者的习惯知觉定势和艺术作品具体情境的知觉因素之间的交叉与重合，产生一定的心理效应，如量感效应、动感效应等。

当走进故宫博物院，看到明清历代皇帝使用过的“金銮宝座”时，它那雕龙金漆，镶嵌有大量宝石的椅背，金龙翻腾的椅身和立柱，夸张的尺度和高大的楠木台底座，使人不由得产生一种神秘、茫然而略带肃然敬畏之感，这种心理现象就是畏感效应。当看到欧洲中世纪教堂带华盖的主教座椅时，同样也有这种畏感效应。当看到一般与人体尺度相适应的现代居室家具，则可给人以亲切感，这种心理现象就是实感效应。而看到小巧玲珑或造型奇特、色彩明丽的儿童家具时，则会给人一种新鲜和情趣之感，这种心理现象就是趣感效应。

产生这种心理现象的原因，除了社会的、宗教的和环境气氛的原因外，主要是家具在体量方面的变化。因此，这些心理效应又可以统称为量感效应。量感效应来自家具造型的物理量和观赏者心理量之间的交叉或重合，也就是家具作品具体情境的知觉因素与观赏者经验的知觉定势之间，在量感方面的交叉或重合。

所谓物质量：一是指形式的绝对物质量；二是相对物质量。绝对物质量是指家具的空间体量，是可以用量度单位来表示的。相对物质量，是环境中各种物体和人体相互参照而被人感知的物质量。例如在室内扩大家具在空间中的比例，则空间便相对缩小了；反之亦然。

所谓心理量，是人们在长期知觉经验基础上形成的知觉定势。这种定势是在人的空间知觉的参照体系中建立起来的。如卧室床、床头柜、梳妆台之间的比例，长时间被人们反复感知，它们之间的比例关系便在主体的心理上形成一个固定的知觉印象，即形成一种定势。

畏感效应是物质量大于心理量。畏感效应能使人对家具作品产生高大、雄伟、庄严、神秘等感觉。趣感效应是心理量大于物质量，能使人感到轻快、精巧的艺术效果。实感效应是物质量与心理量基本接近，符合大众在比例概念上的心理定势，因而在设计上普遍采用，不但为了使用上的便利，也是为了获得一种亲切、真实的心理效应。

物质量的变化还会带来形式力度感的变化，其一般规律是物质量越大则力度感越强；物质量越小则力度感越弱，物质量与力度感成正比。

(2) 审美联想　当欣赏一首诗歌的时候，首先是通过构成诗歌的词去认识诗的美，再通过对语言含义的理解来进行思维活动，审美中的形象思维的主要形式是联想。对家具艺术的认识活动同样也要通过对形式语言的理解和联想活动来进行。如看到中世纪粗笨的大体量的家具就会想到古代全身披挂的武士。当看到18世纪安妮女皇式的女式家具又会想到窈窕淑女。当看到了我国民间家具上的一些雕刻题材，也会产生一系列的联想，如从“佛手”想到多“福”，从石榴想到多子，从“八仙”想到逍遥自由，从松树想到高尚，从竹子想到虚心等。这些都是时空上的无限联想。

在审美认知过程中，联想的作用在于提高主体认识的主动性和目的性。联想是美感体验的主要途径，没有联想就没有美的感受。以上仅从审美的角度来探索设计中要考虑的心理要素。此外人的心理方面还包括人的欲望、人的价值观念、人的生活意识等。

7.3.2 技术问题

家具设计中的技术问题包括材料、工艺、设备以及工艺装置等，每一类家具都有其各自不同的特点和相应的技术要素。

7.3.2.1 材料

材料是实现家具形态的物质手段，是构成家具功能的物质要素。家具用材十分丰富，因而造就了千姿百态的各类家具。在生产方式落后的古代，除了用木材生产家具外，人们还用石材、铜、铁等材料生产家具。在科技高度发展的今天，人们又开发了以不锈钢、铝型材、高强度玻璃、塑料为基材的各类家具。然而时至今日，人们仍对木材情有独钟，家具工业仍以木材或木质人造板为主要原材料。这是因为木材具有特殊的纹理、色调和光泽，通过不同的工艺处理，如漂白、染色、弯曲、拼花、镶嵌、雕刻等技术与艺术手段，产生高品位的艺术装饰效果，形成一系列的审美要素。同时，木材又是一种自然材料，具有良好的触觉性、宜人性、吸潮性、透气性、绝热性、绝缘性及一定的弹性，因而一年四季受人喜用。在回归自然设计思潮的指引下，人们更把木材作为对家具用材的第一选择。此外，木材还具有良好的加工性能和可塑性，这也是木材从古到今被广泛应用的重要原因之一。

木材是一种自然资源，由于人类长期的盲目采伐，致使全世界的木材积蓄量已远远不能满足人类日益增长的消费需求。为了实现木材资源的持续利用，因此木材加工行业便开发出了以木材为原料，制造出具有木材相似性能的人造板，如胶合板、纤维板、刨花板、细木工板等。特别是中密度纤维板和刨花板，以其较好的物理力学性能和可持续利用的资源优势，已成为当今家具的重要原材料。

除了木材和木质人造板以外，竹材、藤材、金属材料、塑料也是构成家具的重要材料。金属材料主要以型材、管材或薄板等形态出现在家具上。塑料则多以一次挤压成型家具零部件、发泡填料、仿皮人造革或充气薄膜的形态应用在家具上。

选择家具用材，是家具设计中首先要考虑的问题之一，因为不同材料的家具，会产生不同的形态特征和装饰效果。不同材料的家具还有不同的加工工艺和生产设备。即使是同种材料因加工工艺的不同也可以产生不同的效果。如不同的木材有不同的纹理，有的高雅，有的平淡。又如聚氨酯既可以一次浇注成型生产出仿古雕刻装饰的家具部件，又可以通过发泡而生产出人造海绵作为软家具填料。因此，在构思家具形态时，必须同时选择材种和相应的装饰形式，同时也就确定了产品的档次和市场定位。因此家具用材是家具设计中的重要的技术要素之一。

7.3.2.2 工艺

工艺是指通过一定的技术手段改变其材料的形状、尺寸和表面状态，甚至改变其性质，使之达到设计目的，满足设计要求的过程。在选择材料以后，选用适合于材料性质的加工工艺路线和先进、科学的加工方法是决定设计成败的关键。设计师必须十分熟悉与之相关的工艺，以保证所设计的新产品具有良好的工艺性，也保证产品能实现最佳的质量控制和达到最佳的经济效益。因此，工艺也是构成家具的重要技术要素之一。

7.3.2.3 设备与工艺装置

不同的材料和不同的工艺，需要应用相适应的机械设备进行加工。在加工过程中还要用到不同的刀具、夹具、模具等，以保证所加工的零部件的形状与尺寸精度符合设计图的要求。因此，设计产品时，特别是设计有曲线、异形零部件的产品时，要同时考虑专用的机械设备与相应的工艺装备。如用铣刀加工曲线部件时，所设计的最小曲率应与最小的铣刀头半径相吻合，否则就要手工修整。

在考虑设备这一因素时，要与工厂的实际条件情况相结合，不要脱离生产条件的实际状况，使所设计的产品无法投产。也不要因循守旧，应及时了解行业的技术进步情况，根据新产品开发的需要和工厂的能力，及时采用新的技术与设备，满足生产需要，加快新产品开发的速度。还要注意发挥人的主观能动性，尽量在现有条件下进行技术改造，扩大设备的应用范围。有时以简易的电动工具来替代机械设备，如手提式电钻机，装上铣刀，亦可发挥铣床起线、开槽等作用。有时以手工来取代设备也很必要，如手工封边、手工粘贴装饰纸，则可放弃昂贵的封边机、压机与真空覆膜机等，达到同样的功能效果，这对小型企业尤为重要。

7.3.2.4 结构

家具设计所选定的材料，还必须通过一定的结构才能实现预定的效果。不同材料的家具有不同的接合形式与结构，同样材料的家具也可以采用不同的接合结构。如木材的接合，传统的接合方式是榫卯接合，榫卯结构是中国传统家具的精华。但是榫卯结构费工费料，而且不能拆装，装配后就万世长存，不能适应目前家具工业大市场大流通的需要。而目前的木构件，特别

是板式部件则多采用32mm系统的拆装结构。在32mm系统的结构设计中，部件之间的接合完全是标准的接口形式，改传统的方榫眼为圆榫孔，孔径也实现了标准化。扦入圆孔中的连接件也是规范的标准件，如偏心连接件、直角连接件、螺栓连接件等，都可以实现反复拆装，从而实现部件生产，纸箱包装，现场装配。采用32mm系统的结构技术，可以大大地简化生产工艺，缩短生产周期，减少仓储与运输体积，从而降低生产与销售成本，提高经济效率。32mm系统的拆装结构不仅适合于现代家具，同样也适应于仿古家具，因为它只是一种以接合技术为主的新生产体系，它并不妨碍产品风格和装饰多样化。

结构因素是一个重要的因素，除了实现接合的功能外，有时还具有装饰功能，如杯形弹簧暗铰链，在门面、门侧均看不到门铰，使外观更加简洁，而且门与旁板的位置可以任意选定，为设计提供了方便。又如玻璃门铰、拉手、脚轮等，不仅具有相应的功能，而且还有较强的装饰作用。

7.3.3 环境问题

近年来环境问题已成为全人类共同关心的社会问题。人们都在努力创造新的美好环境，竭力谋求人、自然、社会之间的和谐，建立起新的相互协调的体系。但是环境污染所带来的危害已成为全球的共识，自然环境的破坏，生态平衡的失调所造成的潜在危机，正在威胁着人类。

随着工业革命的产生和迅速发展，尽管它带来了世界性的经济繁荣、人们生活水平的提高及物质财富的巨大增长，然而由它而带来的环境问题也日益严重，大量的工业废水、废渣、废气，堆积如山的垃圾等严重地威胁着人们的生存环境。水源的污染，森林的破坏，绿地的沙漠化，野生动物的日益减少，对生态系统带来了严重的破坏。

当进行家具产品设计时，不仅要考虑人与自然环境的关系，还要充分考虑设计所处的社会环境、经济环境、文化环境和室内小环境等环境因素。

7.3.3.1 自然环境

自然环境对设计产生作用的主要因素有环境保护与资源的合理开发利用、地理位置与气候条件等。

（1）环境保护与资源开发　环境保护与资源合理开发利用是同一个问题的两个方面。在设计中如何考虑环境保护的问题，就家具产品而言，主要从如下方面进行构想。一是尽可能采用天然材料加工，减少或避免使用塑料、人造革等人造材料，特别是要避免使用那种在使用中或使用后对环境造成污染的人造材料。尽量利用天然实木、木质人造板、竹材、藤材制作家具，即使是软体家具也应从面料和填充材料两方面尽可能采用天然材料，如真皮、棉麻织物等面料，棕丝、椰壳绒、棉花等填充材料。二是在家具的表面装饰方面也要减少有机溶剂的耗用量，控制有害气体（VOC，Volatile Organic Compounds，挥发性有机化合物）的挥发，特别是要控制那种不易干透，长期挥发出甲苯、二甲苯、丙酮、乙醚等有害气体的涂料的使用。

从环境要素考虑的另一个问题是资源的合理开发与利用。在构思家具时必然涉及材料问题，而天然材料是有限的。特别是森林资源的过分采伐，正是全球环境问题的症结所在。因此，必须注意从如下几方面进行努力：一是就近开发非珍贵用材，通过现代科技做到劣材优用，小材大用；二是广泛应用速生材，开发那种生长周期短而又有利用价值的新材料，如泡桐，正日益受到了家具厂商的重视；三是尽量应用木质或非木质人造板。通过家具用材的合理开发而实现森林资源的持续利用，这也是环境保护的重要因素。

（2）地理位置与气候条件　地理位置与气候条件也是设计构思中的自然要素，不同的地理位置，有不同的气候条件，而不同的气候条件对家具的审美与工艺质量均有不同的要求。如干寒带地区，气候寒冷，空气干燥，其家具的色彩应多为深色与暖色；而热带地区的家具，宜多用浅色、木材本色或冷色。这也是华南与华北地区家具色彩的差异。另外，从温湿带地区生产的家具销往干寒带地区时，还必须注意木材含水率的变化。也就是说，我国南方生产的家具销往北方时，必须将木材的含水率干燥到北方的年平均含水率的标准，以防止产品北上时因大气含水率的变化而引起产品干缩变形，甚至散架等严重质量问题。

7.3.3.2 社会环境

社会环境要素是一个包罗万象的问题，构思家具时主要考虑的是社会的政治环境、社会经济环境以及社会文化环境。

(1) 社会政治环境　社会政治环境对社会政治制度与产品设计有一定的制约或促进作用。政局稳定、政治制度优越，就会促进社会的发展，同样也能促进产品设计的进步。目前我国正处于社会主义的初级阶段，由于全面推行对外开发、对内搞活的改革开放策略，国民经济获得了持续稳定的发展，人们生活质量逐步改善。随着住房制度的改革和房地产业的开发，大大地促进了家具工业与室内装饰业的发展。家具设计也成了名正言顺的社会职业之一。因而设计家具时应充分考虑这些政治要素，开发出符合时代精神的产品。

(2) 社会经济环境　社会经济状况、社会生产发展水平、人们的收入水平以及市场与流通状况等要素，共同构成了社会经济环境。经济环境的优劣同样要促进或制约设计构思，或者说进行家具设计时，对家具的风格、家具的档次、家具的品质、家具的功能、家具的价格等方面进行决策时，绝不可以脱离具体的社会经济环境而主观臆造。

(3) 社会文化环境　正如前述，家具是一种物质文化形态，家具文化是物质文化、精神文化与艺术文化的整合。因此，家具设计必须要关注社会文化环境的发展与变化。

社会文化环境是指当代文化的发展状况，当代艺术思潮与流派以及文化对设计的影响与作用，广大人民群众对文化的追求与爱好，文化对生活方式的影响等。这些都将对家具的造型设计与艺术处理有着深刻的影响。

7.3.3.3 室内环境

室内环境是人类社会为自身的生存需要而创造的人为生息环境。现代民居的室内环境，更是人们自由支配和享受工作外闲暇时间的场所，也是充分发挥个人创造性设计，体现个人审美情趣的小天地。室内环境不仅是一个生息繁衍的物质功能环境，也是一个能折射人的精神、富于情感的心理环境。为此，家具设计必须处理好与室内环境的关系。

(1) 家具是室内的主要陈设品　如何设计、选择以及布置家具，是室内设计的重要内容，这是因为家具是室内的主要陈设物，也是室内的主要功能物品与装饰品。在一般条件下，起居室、客厅、办公室等场所中的家具占地面积为室内面积的30%～40%，而房间面积较小时，家具占地率甚至高达50%以上，而在餐厅、剧场、食堂等公共场所，家具占地面积都很大，所以室内气氛在很大程度上为家具的造型、色彩、肌理、风格所制约。

(2) 家具设计必须服从和服务于室内设计的总要求　家具是室内最大的组成部分，家具要为烘托室内气氛、营造室内某种特定的意境服务。家具的华丽或浑朴，精致或粗犷，秀雅或雄奇，古雅或现代都必须与室内气氛相协调，而不能孤立地表现自己，置室内环境而不顾。否则就会破坏室内气氛，违反设计的总体要求。

同时还必须认识到，家具在室内多种功能的发挥。家具在室内可以作为灵活隔断而分割空间，通过家具在室内布置，可以组织人们在室内的活动路线，划分出不同性质的空间或在心理上划分出相对独立的心理空间。家具在室内还可以填补空间。此外，通过家具的造型设计与装饰风格还可以反映出不同的民族或地域风格、传统或现代风格，从而帮助形成设定的室内氛围，酝造出特殊的意境。

7.3.4 经济问题

产品的开发和设计，其目的是以新产品占领市场，并获取利润。能否获取利润以及利润的高低是评估新产品开发项目的重要因素之一，也是产品设计能否成功的关键。因此，作为批量生产、市场销售的家具产品设计，务必考虑经济要素。经济要素中最直接的要素是产品成本，其次是价格与利润两大要素。

7.3.4.1 成本

产品成本就是以货币形式表现的企业生产和销售产品过程的全部费用支出。产品成本是转移到产品中已被消耗的生产资料价值和劳动者支出的必要劳动所创造的价值两大部分的总和，是反映企业生产经营管理水平和工作质量的一个综合性指标，也是衡量设计质量的一项重要指标。在设计产品的过程中主要从如下要素方面进行构思。

(1) *原辅材料* 就木家具而言，家具的原辅材料包括木材、人造板、覆面材料、封边材料、涂料、胶料、五金及其他配件等。在设计产品时，需要同时确定产品的用材，不仅要确定用材的类别，而且要确定具体的规格，甚至确定供应商或生产厂家。确定用材的原则是根据产品定位而选材，优质优价，货真价实，不搞假冒伪劣，不坑害消费者。但并不排斥在功能合理的前提下，对产品用材进行综合优化配置。如当前市场上的实木柜，一般是人造板的柜体，配上实木的门和抽屉以及装饰线条。因为人造板的柜体其强度和稳定性并不亚于实木，装饰性和工艺性也很好，但原料成本和制造成本均可以大为下降，对厂家和消费者均有利。而实木的门面则可以给人以实木家具的效果，以满足消费心理的需要。有时候实木门也可以部分采用人造板，如实木镶板门，其镶板可以用表面覆贴珍贵微薄木的中密度纤维板，便获得了如同实木镶板同样的装饰效果，而且比实木镶板具有更好的形状稳定，不会开裂与变形。家具门的框架也可以用中纤板加工，外表面覆贴薄木，然后用圆棒榫组框，其强度、刚性和外观均与实木框架无异。一个实木门框架需经过原木锯解-木材干燥-配料-刨光-开榫钻眼-组框-截端-修整等一系列工序，生产周期长，工艺复杂，流动资金占有率也高，成本肯定高。而中纤板的门框架则只要经过开料-外表面覆贴-钻孔-组框等简单的工艺过程，因而可以大大降低制造成本。

(2) *充分利用厂内的机床设备* 每当开发一种新产品的时候，往往需要对机床设备进行调整，也需要增加一些专用的工具、刀具、夹具，有时候还要为新产品增添某些新的机床设备，因此也将增加设备折旧成本。所以，设计产品时应尽可能利用现有的机床设备，以及工具、刀具和夹具，充分发挥现有资源的能力，有节制地增加一些设备或机具，并且要考虑到生产批量的大小，生产批量大可以增加一些投入，生产批量少或单件生产则要严格控制这种投入。例如，设计一个新型的面板封边线，如果要批量生产就必须设计相应型面的合金刀头。这种专用的组合刀头必须到专业刀具厂订货，甚至是境外订货，一般都比较昂贵。如果是大批量生产，刀具所增加的成本分摊到每一件产品就微乎其微了。如果只是生产少量的产品，成本就要明显增加。为此，必须慎重考虑，要么是改变设计，根据工厂现有刀具进行设计；要么就自制普通刀具，以满足小批量的生产需要。如果新产品开发需要购进专利技术或进口专用设备时，那就要认真进行论证，需在广泛进行市场调查的基础上做出决定。

(3) *减少废品损耗率* 减少废品损耗率也是与设计有关的成本要素。废品率与加工精度以及加工工艺密切相关，零部件加工的精度高，而加工的机床设备精度差，零部件的废品率也会相应提高，因而将会加大生产成本。工艺与设备的选用是否适当，也要影响到废品率的高低，直接影响成本的变化。家具设计必须充分考虑到这些因素，从而避免因设计失误而增加废品，提高成本。如曲木家具零件，其曲率半径受到木材材质的制约，必须合理确定，并选用适合的材料，在合理的工艺条件下进行加工，否则就大量出现废品。

(4) *销售费用* 销售费是指产品在销售过程中所发生的各项费用，如包装费、运输费、广告费、推销费、售后服务费等。以上费用或多或少都与设计相关。如果设计的产品是符合32mm系统结构原理的拆装家具，那就可以大大减少库存面积，增加装载容量，降低运输费用，从而减少产品销售成本；反之，即将大大增加这方面的费用，并且也容易造成运输过程中的破损，增加维修费用。包装设计也是产品设计的内容之一，既要安全可靠，又要简单易行。

广告媒体的选择和广告画面的设计是为推销产品而进行的视觉传达设计，也是设计师的职责，广告宣传的成功与否，将直接影响销售，即影响到成本。

7.3.4.2 价格

价格是价值的货币形式，工业产品价格就是以货币形式表现的工业产品的价值。工业产品价格的形成，受产品本身的价值、市场供求关系和国家政策的影响。

工业产品的价格是由产品成本和企业纯收入（税金和利润）构成的。它可以分为出厂价格、商业批发价格和市场零售价格三种。

就家具而言，设计的作用就在于提高产品的价值。如通过精心设计、巧妙构思，使产品在使用功能方面，在艺术价值方面，在表现形式方面有新的突破，从而提高产品的科技附加值或艺术附加值，也就是说用同样的成本，可以生产出更高价格的新产品，从而获得更高的利润。

7.3.4.3 企业盈利

企业盈利是指企业按照国家政策和市场规律从出售产品的收入中扣除成本后的纯收入。它是企业职工为社会创造的价值，包括税金和利润两大部分。税金是国家根据企业销售收入，按照规定的税率征收的税款。利润是从产品销售收入中扣除税金和成本以后的盈利。

企业的一切活动都是为了盈利。在市场经济条件下，不能盈利的企业是不能长期存在的。盈利的企业不仅为国家纳税做贡献，而且企业本身也才有条件不断发展壮大。

成本、价格和盈利是衡量企业经济效益三大要素，同样也是评价设计成败的三大要素。在构思家具时，务必紧紧围绕如何通过合理选材，充分发挥现有设备的潜力，减少废品损耗等来降低成本。同时，要通过开发创新来提高产品的技术或艺术附加值，从而达到增加企业盈利的目的。

7.4 家具商业化研发工作程序

家具商业化研发工作从开始到完成必然要依照一定的程序而层层递进，并在程序进行的过程中体现和提高设计的效率。如图 7-28 所示为家具新产品设计的基本程序。

7.4.1 市场资讯调查

7.4.1.1 资讯搜寻

设计开发的首要前提就是资讯的搜集与整理，而且要从实战角度来进行有效的市场调研。要善于从浩瀚的信息海洋中寻找有价值的信息，在此基础上进行纵向与横向的对比，对市场信息进行准确的分析与定位，才能保证设计的成功。在信息资讯非常发达的今天，可以从以下几个方面进行资讯搜寻：①国际互联网与专业期刊资料的资讯搜寻；②家具市场的调查研究；③家具博览会、家具设计展的观摩与调研；④家具工厂生产工艺的观摩与调研。

7.4.1.2 资讯的整理与分析

在初步完成了产品开发市场资讯的搜寻工作后，要将所有的资讯进行定性和定量分析，系统整理，编制分析图表，做出专题分析报告，并做出科学结论或预测，编写出图文并茂的新产品开发市场调研报告书，供制造商和委托设计客户的决策层作为决策参考和设计立项依据。

7.4.2 设计策划

家具的开发与设计的策划，就是对家具产品设计进行定位，确立设计目标。由于不同的家具企业对设计开发的要求不同，其家具产品种类与生产经营模式也有区别。家具新产品开发设计一般可分为三种情况：原创性产品开发设计、改良性产品开发设计、工程项目配套家具开发设计。

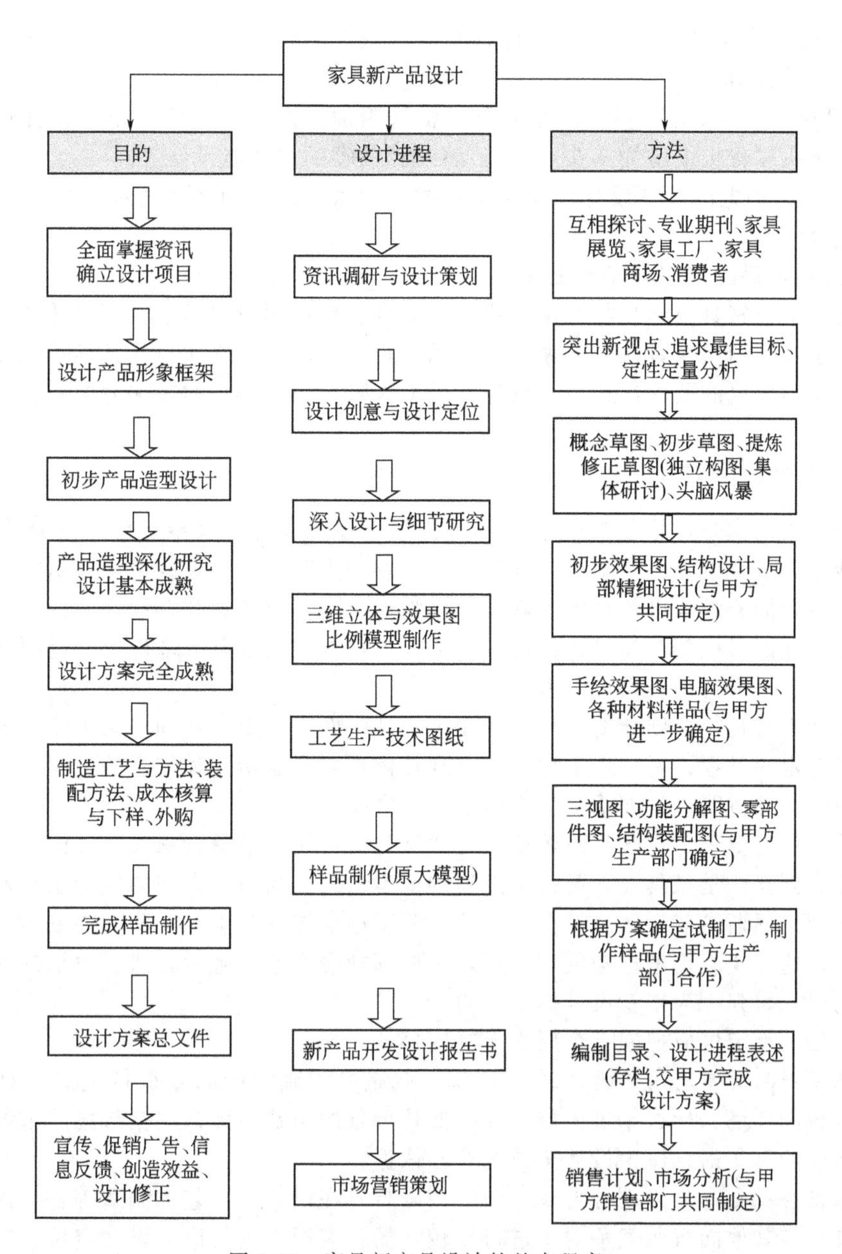

图 7-28 家具新产品设计的基本程序

7.4.2.1 原创性产品的开发设计

原创性家具产品开发设计是一种针对人的潜在需求，针对新材料、新工艺、新技术的创造性产品开发设计。可归纳为以下三种类型：①创造新生活的产品开发；②基于新技术、新材料的开发设计；③面向未来的概念设计。

7.4.2.2 改良性产品开发设计

改良性产品开发设计是基于现有产品基础上的整体优化和局部改进设计，使产品更趋完善，更适合于人与市场的需求以及环境的需求，或者更适应新的制造工艺和新的材料。由于社会的发展、技术的进步永无止境，所以产品改良的可能性是无限的。尤其是对于刚刚起步的中国家具业来说，改良性产品开发设计也就是借鉴、模仿、吸收、消化欧美家具先进设计的重要手段，是使中国现代家具迅速赶超世界家具先进水平的有效途径。改良性产品开发设计可从以下三个基本方面进行。

① 要分析产品的“不良”之处，即存在哪些缺点。通常是有针对性地进行一些零部件的效果分析，在其造型、尺寸、用料、工艺、结构等方面加以改进。

② 在现有产品的基础上进行增加功能、提升附加值的改良设计。如在会议椅上增加活动写字板，在床头靠背板上增加床头灯、CD音乐播放器的多功能设计等。

③ 在材料结构上的改良设计，如对单一材种的家具，可用多种材料相结合，或用其他材料进行镶嵌设计等。

7.4.2.3 工程项目配套家具开发设计

工程项目配套家具设计是与特定的建筑、室内、环境紧密结合的专门工程配套家具设计。在现代办公家具、酒店家具、商场家具、展示家具、城市公共空间户外家具等工程中被广泛采用。需根据具体项目的要求进行研究设计，以最大限度满足客户的要求为准则。

7.4.3 设计创新与定位

设计创新工艺就是运用创造性思维进行构思，逐步展开、逐步加深、反复推敲、苦思冥想、奇思妙想、古今中外、海阔天空地断捕捉灵感的火花，不断寻找设计创新的突破。要从新视点起步，新功能着眼，以新材料、新工艺作为切入点，使产品开发设计中的主要构成元素具有新的创意，逐渐形成新产品设计的构成框架。再在构成的框架的基础上，进而开拓出新产品的基本形态。这是进行创新设计的基本思路。

家具设计本身是一个创新的过程，是一个设计师面对草图不断确立又不断推翻、不断修改又不断自我否定的过程；是一个由抽象概念到具体现实产品转化和创意的过程，没有创新就没有设计，因而设计道路也是继承与创新辩证统一之路。

创新是时代的要求，它既是对传统的挑战又是对传统的继承，家具设计中继承的目的恰恰是为了更好的创新，是家具设计可持续发展的根本动力。当前，人们的生活正在发生巨大的变革，工业社会正逐渐转变为信息社会、工业文明正逐渐转变为生态文明、物欲生活正逐渐转变为简单生活，这些变革正是思考的切入点，可根据社会变迁中生活方式、生活内容、生活时尚发生的变化深入研究，为创新设计提供方向。

家具产品设计定位应把握三个层面上的内容。

(1) *根据产品的市场消费需求进行定位* 就是必须确定产品未来将主要面对什么消费层次、什么地域和环境、什么年龄人群、什么文化背景的消费主体，根据市场需求调查和消费主体感受所回馈的真实信息作为设计定位的核心依据。

(2) *根据企业自身能力进行定位* 包括明确自身在设计、工艺和制造等各方面的优势与不足，并将自身与其他同行业竞争对手进行比较，扬长避短地进行产品设计定位，以确保其在竞争中处于相对有利的位置。

(3) *根据宏观产业经济发展现状与趋势进行定位* 深入分析和调查研究国民经济、建筑业、居民消费品零售等发展的真实情况，客观冷静地进行产品设计定位，确保能设计出适销对路的产品，尽力避免因对经济大环境情况估计不足导致设计定位失误从而造成产品库存大量长期积压、市场占有率下降等负面影响的出现。

7.4.3.1 从新视点起步的设计创新

家具新产品开发设计的创造性规律告诉人们，只有从全新的视点出发，从产品开发的关键点展开，才能有效地创造出新的产品。家具设计创新的关键点有以下三方面：①使用功能的创新；②制造工艺的创新；③文化内涵与审美的创新。

设计创新就是要使所设计的新产品突破陈旧的造型模式，表现最新的创意，要应用新技术、新材料与新工艺，要在形态上和功能上很好地满足人们的新需求。设计师所要达到的目标，就是其价值观和审美观能为人们理解，并被客户接受。同时，需要使研制的新产品符合工

艺技术和生产成本的要求，并有广阔的市场前景，能创造出良好经济效益与社会效益。

7.4.3.2 最佳目标的设计定位

设计定位是指在设计前期资讯的搜寻、整理、分析的基础上，确定产品的使用功能、材料、工艺、结构、尺度和造型，以形成设计目标或设计方向。

（1）设计目标的审视与分解　在动手设计和勾画草图之前，首先在头脑中弄清楚设计定位中的相关元素，把产品开发的目标进行细化分解，甚至可以列出一个基本提纲和框图。从产品构成元素的细化分解中获得许多应在本次开发设计中解决的问题。

（2）寻找设计目标的最佳点　设计定位是一个理论上的、总的要求，更多的是原则性的、方向性的，甚至是抽象的。不要把设计定位与家具具体造型等同起来。

在实际的设计工作中设计定位也在不断变化，这种变化是设计进程中创意深化的结果。设计过程是一个思维跳跃和流动的动态过程，由概念到具体，由具体到模糊（在新的基点上产生新的想法），是一个反复的、螺旋上升的过程。

（3）设计定位的定性定量分析　家具产品设计是一种由多重相关要素构成的方法系统。在设计实践中，又是一个动态的变化过程，受外部和内部条件影响很大。产品设计构成既有感性的一面，又有理性的一面。感性的一面表现为无定数和定理的变换过程，理性的一面表现为一定原理支撑下的必然构成。因此，用定性定量分析的方法来分析评价产品设计开发构成，就可以更清晰地理清设计脉络，使设计目标更明确，设计方法更易于掌握和操作。表 7-8 为椅子理性概念化定性评价构成定性评价表，表 7-9 为椅子数据化定量评价构成定量评价表。

表 7-8　椅子理性概念化定性评价构成定性评价表

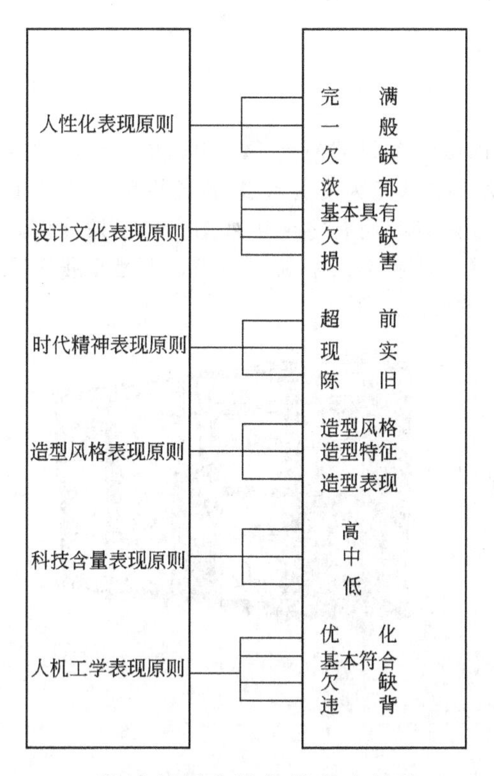

表 7-9　椅子数据化定量评价构成定量评价表

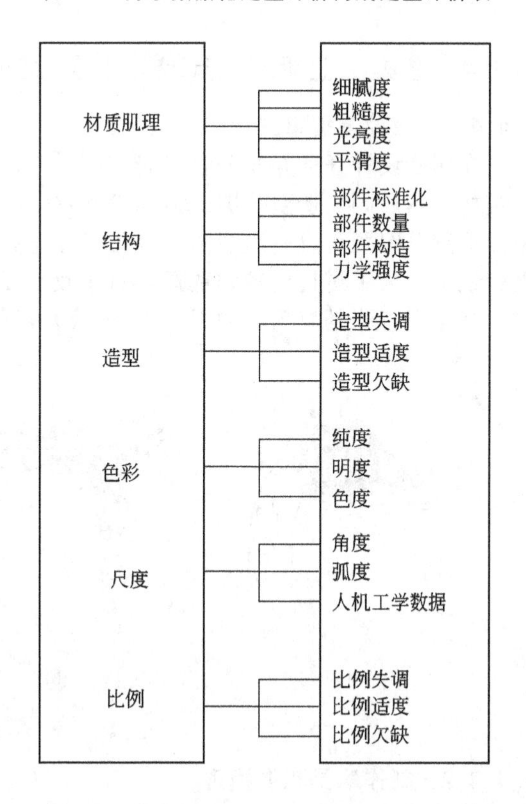

7.4.3.3 设计创新应具备的基本技能

作为一位现代家具产品设计人员，所需要学习和掌握的技能比起工业化时代在整体层面和纵深发展都更多、更复杂、更专业化了。1998 年 9 月澳大利亚工业设计顾问委员会就堪培拉大学工业设计系进行的一项调查指出，信息时代的产品设计师应具备以下十项基本技能才能胜任产品开发设计工作。

① 应有优秀的草图和徒手作画的能力。作为设计者，下笔应快而流畅，而不是缓慢迟滞，这里并不要求精细的描画，但迅速地勾出轮廓并稍事渲染是必要的，关键是要快而不拘谨。

② 有很好的制作模型的技术。能使用泡沫塑料、石膏、树脂、MDF 板等塑型，并了解使用 SLA、SLS、LOM、硅胶等快速模型的技巧。

③ 必须掌握一种矢量软件（如 FREEHAND、ILLUSTRATOR）和一种像素绘图软件（如 PHOTOSHOP、PHOTOSTYLER）。

④ 至少能够使用一种三维造型软件，高级一些的如 PRO/E、ALIAS、CATIA、IDEAS，层次较低一些的如 SOLIDWORKS、FORM-Z、RHINO3D、3D STUDIO MAX 等。

⑤ 二维绘图方面能使用 AUTOCAD、MICROSTATION 和 VELLUM。

⑥ 能够独当一面，具有优秀的表达能力及与人交往的技巧（能站在客户的角度看待问题和理解概念），具备写作设计报告的能力（在设计细节上进行探讨并记录设计方案的决策过程），有家具制造方面的工作经验则更好。

⑦ 在形态方面具有很好的鉴赏力，对正负空间的架构有敏锐的感受能力。

⑧ 拿出的设计图样从流畅的草图到细致的刻画再到三维渲染一应俱全。至少应有细节完备、公差尺寸精细的图稿和制作精良的模型照片。仅仅几张轮廓图是不够的。

⑨ 对产品从设计制造到走向市场的全过程应有足够的了解。如果能在工业制造技术方面懂得更多则更好。

⑩ 在设计流程的时间安排上要十分精确。三维渲染、制模、精细图样的绘制等规定明确的时段。

7.4.4 家具企业新产品开发基本程序的制定

7.4.4.1 设计造型草图

在明确设计任务并充分收集研究同类产品现有图纸、资料的前提下，构思出新产品的外型和结构，然后画出造型草图。造型草图是一种把设计构思变为可见图纸的最简单而快速的方法。造型草图既可以是透视图，也可以是正视图，或两者兼而有之。正视图也可以按比例画在坐标纸上。为了进行比较和选择，对于较重要的设计，往往不只是画一两张，而是十张至几十张，甚至上百张的草图。如图 7-29 所示为家具造型设计的草图。

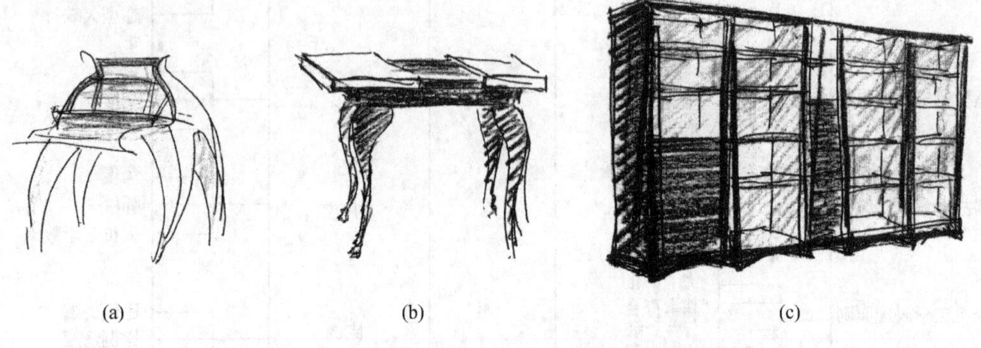

(a) (b) (c)

图 7-29 家具造型设计草图

7.4.4.2 制作家具粗糙模型

从众多的草图中，选定一个或几个方案，据此加工出粗糙的模型（没有草图而直接拟制粗糙的模型也是可以的）。粗糙的模型是用简单的材料快速加工而成，不要求过分注重外观的真实性和修饰，通常按缩小的比例制作。可以用纸板、木材边角小料、单板、火柴杆、竹签、塑料板、有机玻璃、印刷木纹纸、石纹纸等零碎物品为原材料，用小圆钉、大头针、胶黏剂等进行接合。它能较直观地表达设计意图，有助于三维尺寸的形象化，能将一些在图纸上难于表达

的部分表现出来，并易于发现在图纸上难于发现的问题。如图 7-30 所示为家具粗糙模型。

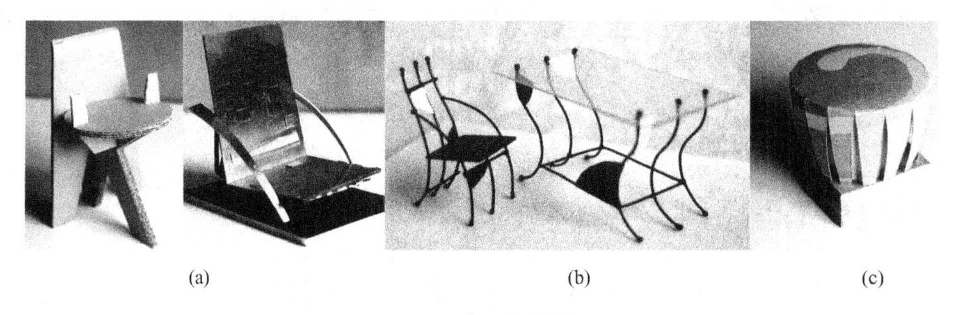

(a)　(b)　(c)

图 7-30　家具粗糙模型

7.4.4.3　进一步修改设计方案

根据草图和粗糙模型进行修改或请有关人员进行评定，提出修改意见。

7.4.4.4　制作精确家具模型

修改造型草图后，再制作精制模型或大样模型或样品。精制模型是相对于粗制而言，虽是按缩小的比例制作，但强调其外观与最终产品一模一样，是表达外形设计的理想方法，其照片可以代替产品照。由于它的加工就和加工全尺寸模型一样费工费料，所以只有在研制一批家具或成套家具时才采用。大样模型在尺寸上与产品一样大，它更确切地表达形体的比例关系及与人体尺度的关系，便于检验其功能效果。为了便于制作和修改，大样模型在某些方面，如表面粗糙度和表面装饰等，又不如最终产品，仍然是比较粗糙的。样品也是全尺寸模型，但要加工得尽可能精确和完美，它在外形和结构上都与最终产品完全一样。如果样品在设计者的指导下由他人制作，则必须先画出装配结构图。样品制作时如有修改，往往还要重画一次装配结构图。所以一般是由草图、粗糙模型直接到样品制作。

7.4.4.5　确定最终设计方案

在一个或几个样品中确定最终设计方案，然后根据样品绘制全套家具的造型图与装配结构图。针对样品进行强度试验或按图纸对产品进行稳定性校核和强度计算。

7.4.4.6　材料计算和制定新产品的加工工艺流程

材料计算，并制定新产品的加工工艺过程，有时还需进行机械和设备调试，新刀具安装及设计新的生产流水线或自动线。

以上只是家具产品开发的常规程序，在设计实践中，有时往往由于原料和工艺问题，还需要对设计进行反复的修改，因此是一个不断循环、不断完善的过程，如图 7-31 所示为家具新

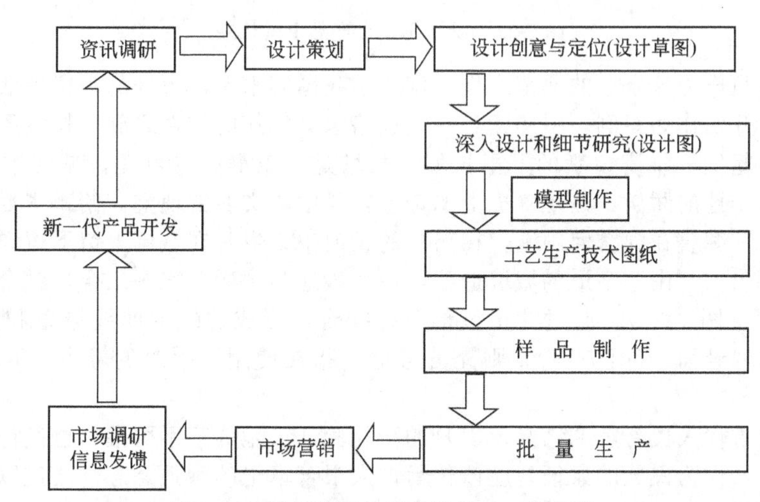

图 7-31　家具新产品开发设计的工作程序

产品开发设计的工作程序。在进行家具产品开发时，只有综合考虑造型、结构、材料成本与工艺等方面相互影响的关系，协调好设计-生产-销售多方面的制约因素，经历几番设计-市场检验-再设计-市场再检验的艰辛过程，才能使产品逐渐成熟，并最终设计出经得起市场和消费者检验的成功作品。

7.5 家具新产品研发案例分析

华日家具作为在我国家具行业最早获得中国驰名商标、中国名牌产品的企业，是我国实木家具领域的排头兵，我国现代中式简约实木家具风格正是由这家企业所开创的。

本书将以华日现代中式简约风格实木家具产品设计为例，通过对设计元素解析、设计定位、造型设计、结构设计、材料控制与计算、制造工艺设计、质量标准制定等内容的介绍，全面、系统地展示家具新产品设计开发的全过程，以使读者获得更为直观和贴切的印象与体验。

7.5.1 设计元素

设计是由一个点引发的一场头脑风暴。这个点，就是设计的源泉，就是设计得以延伸的根，就是设计的最初灵感，设计元素是设计灵感在产品上的具体呈现。灵感的发现，需要设计师具有敏锐的行业感知能力和一颗容易被触动的心，同时也是对设计师思维过程、专注程度、思考深度、思考广度及对信息分析界定能力的考验。如图 7-32 所示为设计元素在产品上的体现。

(a)

(b)

(c)

图 7-32 设计元素在产品上的体现

长城系列产品作为该企业的典范之作，创造了我国实木家具市场的销售神话。下面以长城系列产品的设计开发作为案例，引领读者一道领略家具创作的神奇之旅。长城系列的产品设计灵感来源于蜿蜒起伏、雄姿巍峨的万里长城，长城是一条静卧的巨龙，见证过铁骑铿锵的岁月，承载着炎黄子孙的骄傲，是华夏史上的奇迹，是中华文明的瑰宝，俯瞰华夏大地，蜿蜒的长城如同“玉带”缠绕在锦绣河山上，在历史的长河中，岁月在城墙上留下斑驳的印记。设计师从长城上提炼出了“山”字形的城墙造型，并巧妙地与“囍”字头结合，融合成了长城系列产品的设计元素（图 7-33），通过“正负形”相扣合，形成蜿蜒的曲线造型和独特的拉手造型。拉手四边呈“锥面”（图 7-34），则充分考虑手指在使用拉手时的着力，同时也使得产品的实木感更强。

长城是我国古代人民智慧的结晶，岁月的洗礼验证了她的坚不可摧，也使得人们更加崇拜古人的巧夺天工，作为民族的象征，应该传承古人艰苦卓绝的顽强意志。通过以长城为设计的原点，将设计元素加以提炼，融入家具设计中，在增加家具文化底蕴的同时，也是对长城文化

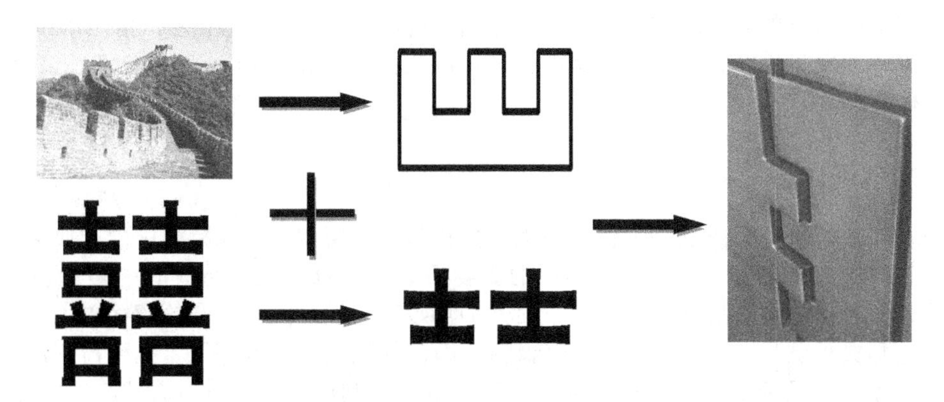

图 7-33　设计元素的创意与凝练

图 7-34　拉手侧视图

的一种膜拜，更是将长城文化以一种崭新的方式传承。设计元素中另一构成元素“囍”字头，则有更深的寓意，“囍”字表示喜庆，取其上部则蕴涵了“喜上眉梢，喜上心头”的深层含义，这是对消费者心理上的暗示，能很好地迎合消费者的内心祈求，也是对消费者的深深祝福。

7.5.2　设计定位

本案例的产品为现代简约中式风格，如图 7-35 所示。产品定位在中高档家具，顺应“绿

图 7-35　产品效果图

色时代，实木生活”的理念，采用质朴的全实木用材、环保的涂料工艺，精湛细致的工艺结构，以及深厚的文化底蕴，面向的是具有一定经济实力、文化素养，年龄在 30～50 岁的中青年消费群体。

7.5.3 造型设计

长城系列家具所呈现的是一种特有的生活方式和审美情趣，她保持着中国古典文化的深厚底蕴，并一改古典的沉重气息，通过不同的织物质感和装饰陈设打造别具一格的质朴的中国风。其设计的特点主要表现在以下几个方面：①巧妙运用设计元素；②轮廓简单大方；③结构精益；④色彩典雅质朴。可以用八个字来概括，即淳朴端庄，儒雅大方。扶手椅细部造型如图 7-36 所示，家具产品配饰如图 7-37 所示。以下选取该系列中的几件典型家具产品进行分析。

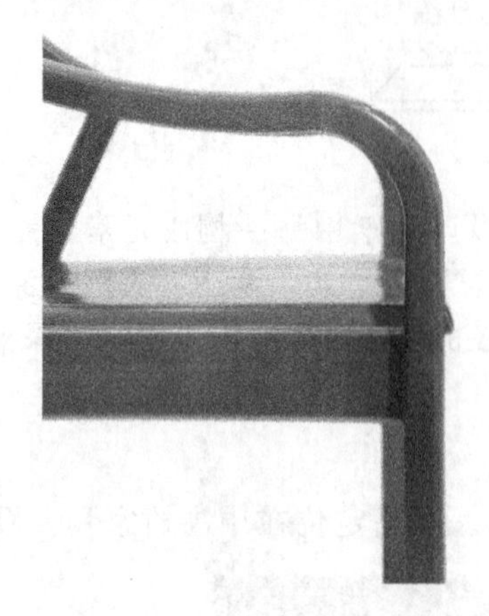

图 7-36 扶手椅细部造型

图 7-37 家具产品配饰

7.5.3.1 沙发

“以人为本”是沙发设计人体工程学的核心。“舒适性”、“功能性”和“安全性”是沙发设计人类工程学的三个基本原则。其中“舒适性”是沙发设计的首要原则。理想的沙发应当坐感舒适，起坐方便。当人就坐时，大腿平放，双足着地，身体重心自然略向后倾，脊柱呈正常形态，体压分布合理，全身肌肉放松，血液循环畅通，姿态舒适。如图 7-38 所示为人体与沙发接触示意图。

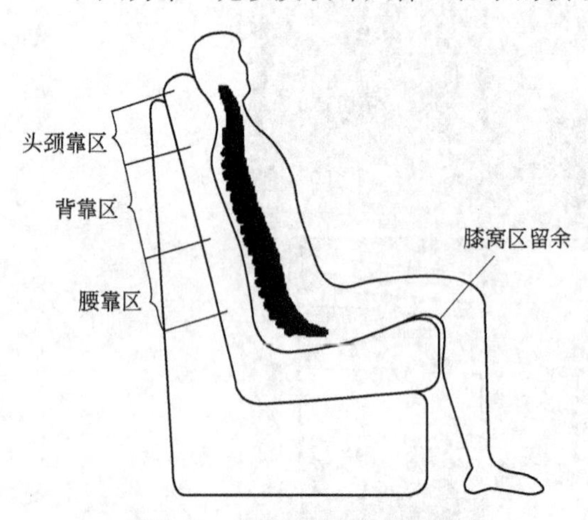

图 7-38 人体与沙发接触示意图

设计沙发时，沙发的座高、座深、座倾角、背斜角、座面和靠背的弯曲度等功能尺寸的确定，需要充分考虑到人体坐姿的合理性和舒适性。如若设计不当，不仅会影响到沙发的使用，甚至会影响到人体的健康。根据上述要求，本设计的座高为 380mm，座深为 550mm，三座位沙发宽、深、高的外形尺寸为：2116mm×840mm×630mm，如图 7-39 所示。

以实木为框架，通过多材质的混合运用，具有东方古典气息的拉手的点缀，突出了产品的亮点。在色彩上选择了“柔和、沉稳而不张扬”的棕色，表现出强烈的生命力和阳刚之气。宽幅面的扶手，在外形上给人以厚重大气之感，同时也为这款沙发增加了收纳空间（抽屉），增强了其功能性。

图 7-39　沙发造型

7.5.3.2　休闲椅

如图 7-40 所示，休闲椅高、宽、深的外形尺寸为：610mm×680mm×771mm。休闲椅的设计构思同样是长城系列设计元素的延伸，对设计造型要素进行了简化。椅子背板是两块根据人体工程学尺寸严格设计的曲面板，两块背板条通过长城线型相扣合，并设计软包靠垫以及坐垫，这样不但使人在坐靠时脊柱与大腿不受挤压，而且也起到了画龙点睛的装饰效果。侧幅望板通过雕刻成流畅的长城设计元素线型，而与椅子靠背在装饰手法上达到统一并对映成趣。

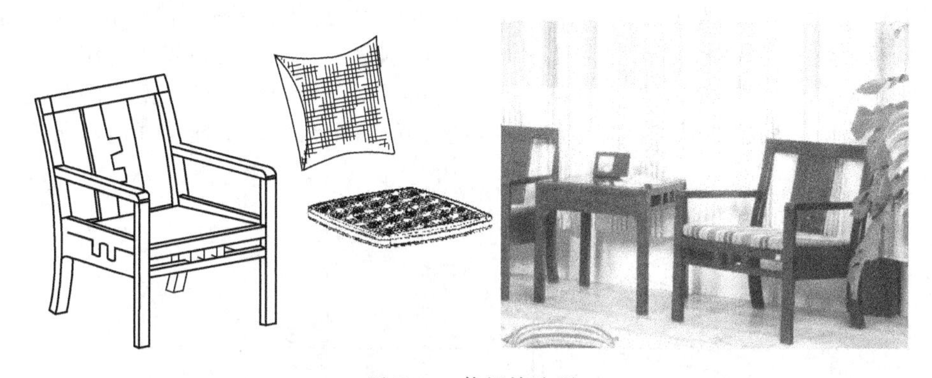

图 7-40　休闲椅造型

7.5.3.3　衣帽架

如图 7-41 所示，家具设计若可以抓住生活的细节往往能感动人的心灵，对于小处的细微关怀也往往能让人体会到无限的便利。这款衣帽架设计师通过尝试带滑轮的设计，立刻使得生活空间变得灵活起来，也使得生活变得更加方便快捷。此设计通过现代制造工艺和新型材料加工而成，将具有传统文化韵味的设计元素以一个全新的现代基调来表达，整个产品造型简洁，形体刚劲有力，体现出既古朴自然又不失时尚的现代美感。

7.5.3.4　间厅柜

如图 7-42 所示，间厅柜宽、深、高的外形尺寸为：1369mm×412mm×2000mm。间厅柜是分隔门厅与客厅空间过渡性区域的重要家具，在如今的家庭装修中被赋予了展示和装饰并重的作用。间厅柜就像一个“隔断”，将现代户型中大多数餐厅、客厅一体的区域进行划分，通过间厅家具的选取，也体现出主人的家具风格与艺术品味。整个间厅柜的造型上部分看上去简洁、空灵、通透，能很好地展示主人的喜好，下部分则封闭、稳重、安全，能起到收纳物品的作用，整个形体和谐统一、虚实结合，在运用多种造型要素的同时又使整个家具并不显得繁琐，符合中式简约的造型风格。双面开启的板门使用方便，造型对称，至上而下的射灯效果能够很好地烘托出“举头邀明月”的“品酒”氛围。

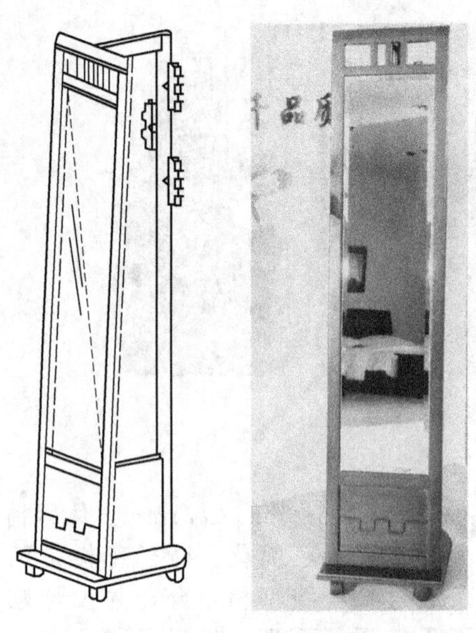

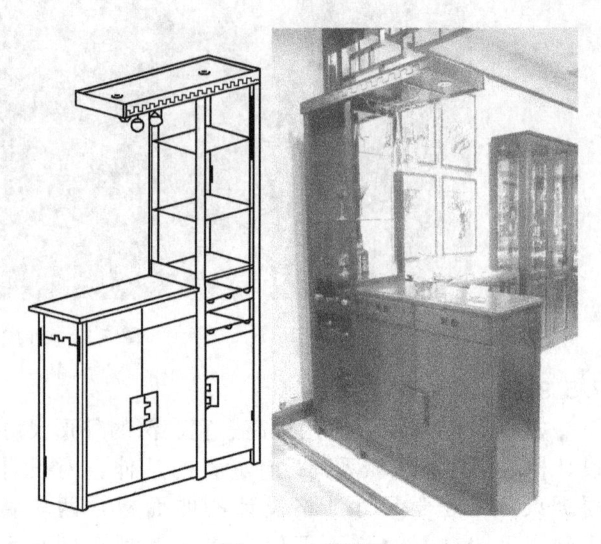

图 7-41 衣帽架造型

图 7-42 间厅柜

7.5.3.5 六屉收纳柜

如图 7-43 所示，六屉收纳柜宽、深、高的外形尺寸为：726mm×480mm×1188mm。六屉柜可以很好地满足卧室中对于小件物品的收纳，特别适用于对软质纺织品的储藏。疏密有序的抽屉排列，大小不均的面积分割，使得内部空间可以得到合理的划分。镶嵌的前框犹如一个画架，凸显出框中的写意中国风，无论放置在卧室的哪一个角落，都能演绎出经典的文化品位和时尚内涵。

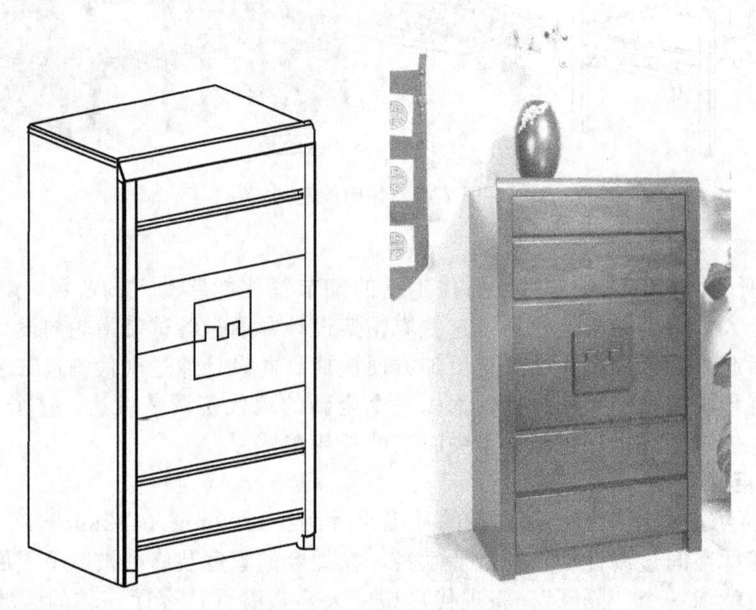

图 7-43 六屉收纳柜

7.5.3.6 四门衣柜

如图 7-44 所示，衣柜高、宽、深的外形尺寸为：1900mm×580mm×2200mm。边门板上以宽幅面的立柱装饰，沉稳而大气，两两对开的板门，以扣合的长城拉手作为“链接点”，辅以流畅的长城元素连贯刻线。房间中大面积的柜门已然奠定了一个传统装饰的基调，房间的其

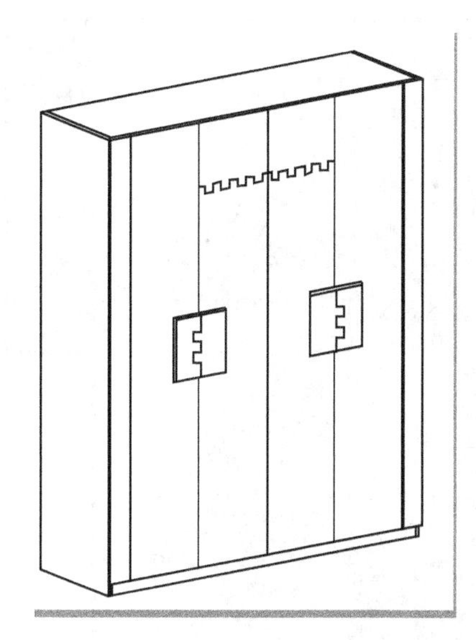

图 7-44　四门衣柜

余装饰与配色，可以在此基础上加以延伸，从而可以制造一个出其不意的视觉焦点。

7.5.3.7　床、床头柜、灯

如图 7-45 所示，双人床宽、深、高的外形尺寸为：1970mm×2000mm×1020mm，床体的设计同样是延续长城系列简洁明快的主题，床头靠条微倾，靠背呈微弧凸起，满足使用者使用时健康舒适的要求，床板以下则采用箱体式结构（图 3-156），使家庭中的过季被褥和衣物有了储藏的地方。床头柜造型简洁，上下两层抽屉，能很好地收纳物品，使得台面干净整洁，实木材质结实耐用，是缩小版的收纳屉柜。台灯和落地灯都是运用实木框架镶嵌磨砂玻璃方式，使得光线的传递更柔和朦胧，整个造型上部分看上去简洁、空灵、通透，能很好地展示主人的喜好，在运用多种造型要素的同时又使整个产品并不显繁琐，符合中式简约的造型风格。

图 7-45　床、床头柜、灯

7.5.4　配饰与展示设计

为使家具产品的品格得到最大限度的展示，配饰与展示设计应从各类造型的配饰、挂饰、摆饰、花艺、吊饰、窗饰、床饰的搭配选取（图 7-46），再到情景式别墅置家的真实体验购物环境（图 7-47），为消费者创造了惬意而祥和的生活空间典范。

图 7-46 各种配饰

图 7-47 长城系列家具情景别墅效果

饰品的点缀，让空间增添了一份新鲜感，相得益彰的饰品搭配家具，使得家具的风格更凸显，韵味更别致。专业的展示与配饰设计师融入巧妙的心思，将平凡的家居饰品赋予了神奇的魔力，使其美化家居的功能发挥到极致。

青砖给人以素雅，沉稳，古朴，宁静的美感，木格窗给人以雅致、温馨、质朴的意境，灰白相衬的墙体让人联想起长城上的斑驳青砖，这是对历史再好不过的传承，也是对别墅内长城系列家具的相互呼应。

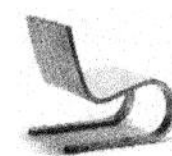

7.5.5　结构设计

现代中式家具的结构应与现代人的生活习性和工作方式、现代家具的流通渠道相吻合，与现代的工业化制造过程相协调。现代实木家具在不影响强度和外观效果的情况下应尽可能地采用可拆装结构。

实木家具的基本接合方式有：五金连接件接合、榫接合（圆棒榫、直角榫、片榫、燕尾榫等）、钉接合、木螺钉接合、胶水接合等。其中用于拆装组合的结合方式主要有五金连接件接合和木螺钉接合，其余结合主要用于不可拆卸的零、部件及产品的组装接合。

结构设计中应遵循以下原则：

① 防止部件开裂，防止木材变形给外观带来较大的影响；

② 在不影响结合强度的情况下，方材零件之间优先用插入圆棒榫接合，使其不出现过多的结合面而达到简化的目的。只有在结构、强度不允许时才选用榫卯结合。

③ 五金件安装位置除受到结构的限制外，尽可能地安装在人的视线无法直接到达的部位。

在现代简约实木家具结构设计中有几个典型结构需要注意。

① 如图7-48所示为柜体背板防变形结构改进方案。

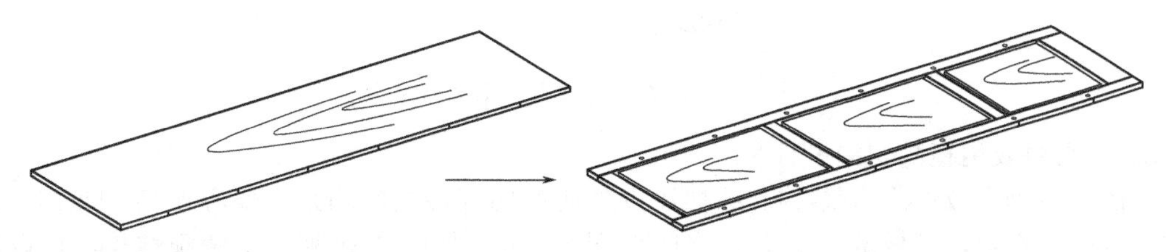

(a)木材横向纹理方向随周围空气湿度的变化而变化，当外界湿度增加时，木材横纹理方向膨胀，对侧板形成推力，造成柜体变形或者背板力学破坏(开裂)

(b) 背板做框架结构,内嵌芯板为活动组装,留有变形余量,当木材变形时对背板整体尺寸基本没有影响,从而提高产品的环境适应能力,保证产品的稳定性

图7-48　柜体背板防变形结构改进方案

② 如图7-49所示为拼板防变形结构。考虑到加工的简便性与可靠程度，一般所有实木拼板的防变形结构都选择吊带法（加防变形条）。

③ 抽屉结构如图7-50所示，抽屉结构均采用燕尾榫的方式结合，此种方式是实木家具抽箱结合的主要方式，其优点是使用寿命长，不易松动。实木抽屉尽量不要用旋转件组装，容易松动。

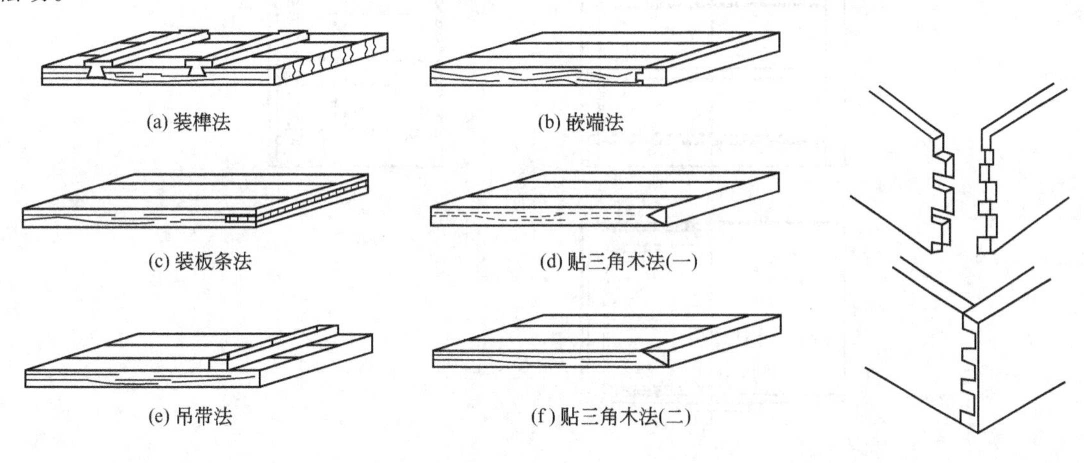

图7-49　拼板防变形结构

图7-50　抽屉结构

7.5.5.1 沙发的结构设计

如图 7-51 所示为沙发底座靠背的木框架结构，每个木方之间的连接都是通过钉结接合来完成的。

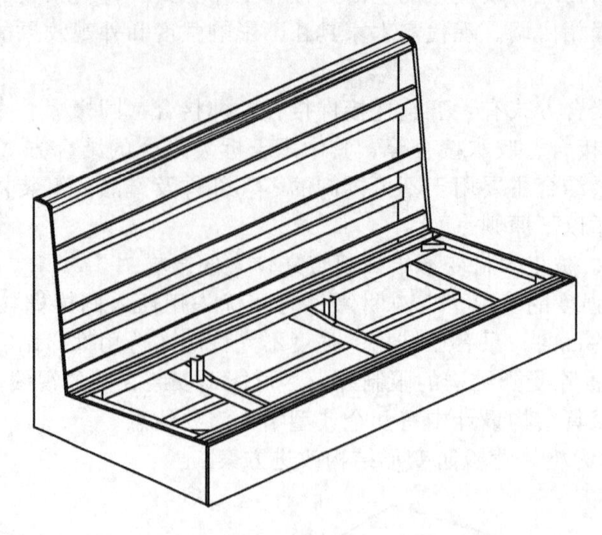

图 7-51 沙发底座靠背的木框架结构

7.5.5.2 六屉收纳柜的结构设计

如图 7-52 所示为六屉柜结构。除抽屉以外所有的部件之间均采用偏心连接件连接。背板采用的材质为实木，背板做一整块容易变形开裂，采用如图 7-48 所示的背板结构，可以减小背板变形带来的影响。

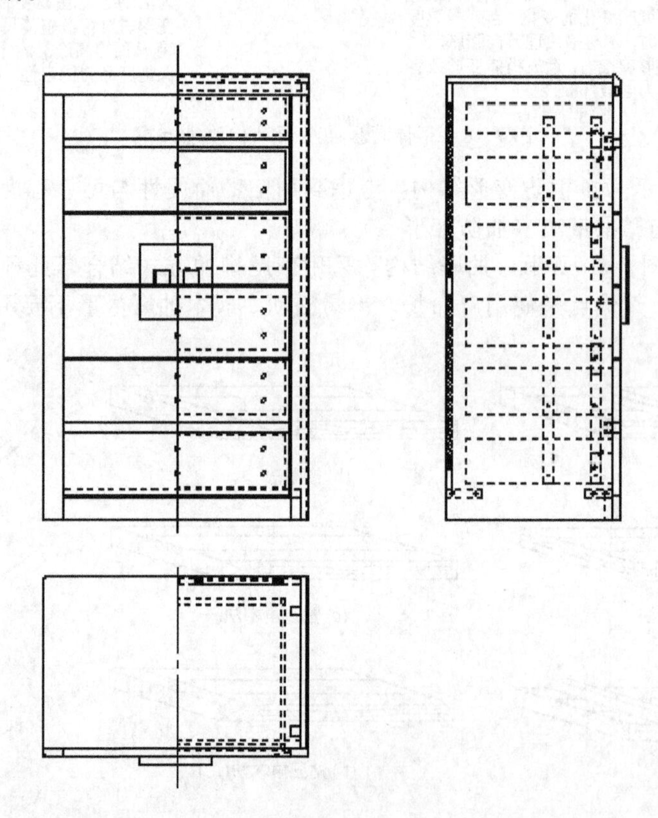

图 7-52 六屉柜结构

7.5.5.3　四门衣柜的结构设计

如图 7-53 所示，柜体类设计元素主要体现在门板上，为了更好地体现水曲柳的纹理美感，在四块门板上均铣型；衣柜内部结构为了满足使用功能和使用的方便性，在设计时内部结构简洁干练；衣柜尺寸比较大，为了方便运输，柜体设计为可拆装结构，背板采用如图 7-48 所示的结构，从而减少实木变形对结构带来的影响。

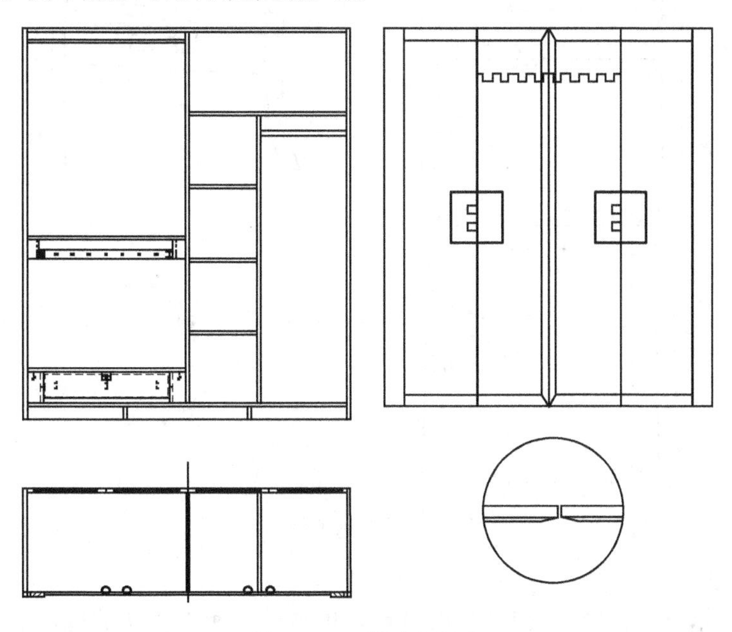

图 7-53　四门衣柜结构

7.5.5.4　衣帽架的结构设计

如图 7-54 所示为衣帽架的结构，要求一要安全，二要方便移动，例如为了保证镜子不易破碎，在镜子后面加一整块背板，预留足够的变形余量；为了方便使用，在衣帽架的底板下面安装有四个脚轮，方便移动。

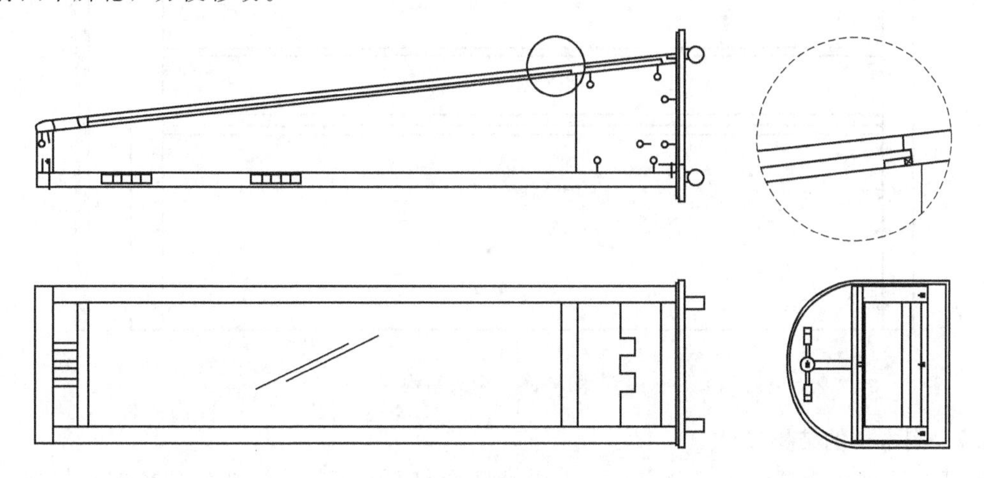

图 7-54　衣帽架的结构

7.5.5.5　休闲椅的结构设计

如图 7-55 所示，休闲椅的尺寸虽然比较大，但考虑到结构稳定性，做榫卯组死结构，打包整体运输；自攻螺丝通过塞角连接椅面板；腿与横撑是梳妆凳的主要受力部件，采用榫卯结合；三个矮老连接牵脚档与座面起装饰作用，两端用棒榫固定即可。

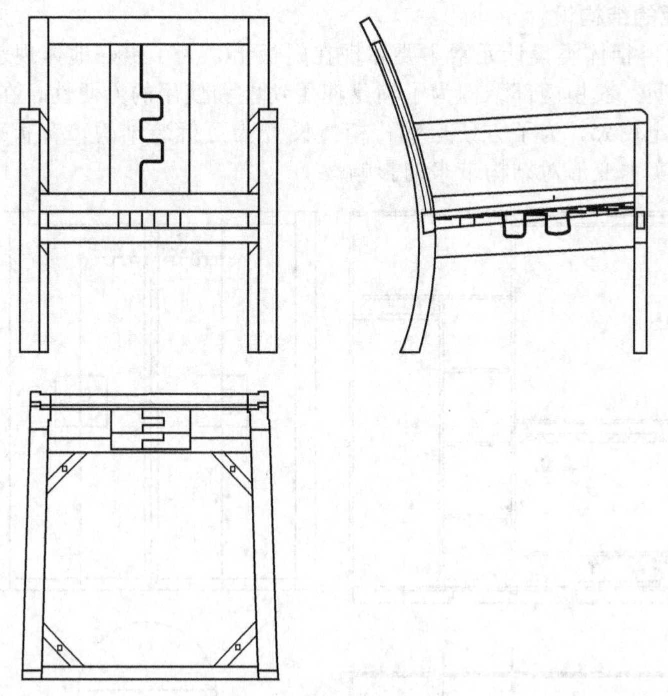

图 7-55 休闲椅结构

7.5.5.6 床头的结构设计

如图 7-56 所示，床头是床结构设计的重点，也是设计元素体现的载体，由于长城系列床头比较薄，载体运输比较方便。整个床头为组死结构，立边、帽头与上横撑为榫卯结合，其他部件采用圆棒榫加胶连接。

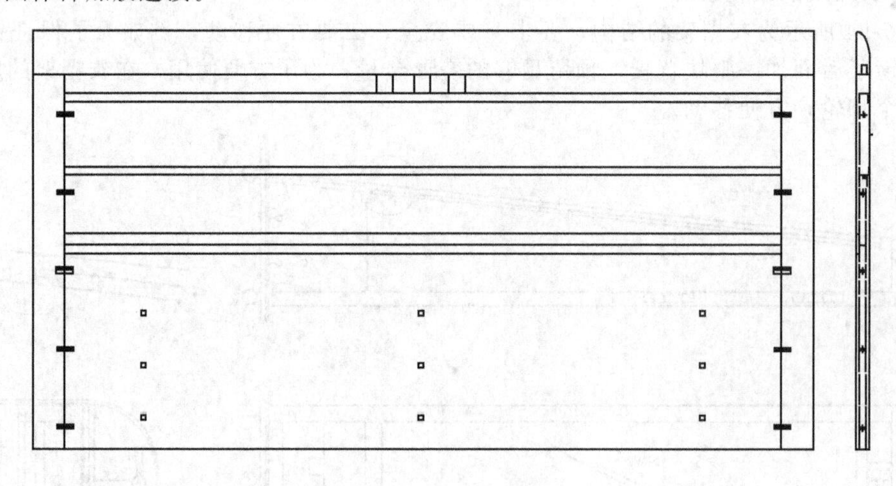

图 7-56 床头结构

7.5.5.7 实木椅的结构设计

如图 7-57 所示为椅子的接合方式，是以榫接合和木螺钉接合为主。餐椅的框架接合设计是这件产品结构设计的关键，框架连接采用直角榫接合。为了牢固和强度的需要，在框架的四角内侧各加装一个塞角，钻沉孔用木螺钉接合。

7.5.5.8 梳妆凳的结构设计

如图 7-58 所示为梳妆凳结构，梳妆凳座面高度为 420mm，用一般的榫卯结构即可保障梳妆凳的稳固性，不用借助五金连接件进行加固。梳妆凳面板与下面脚架结构是利用圆棒榫接合

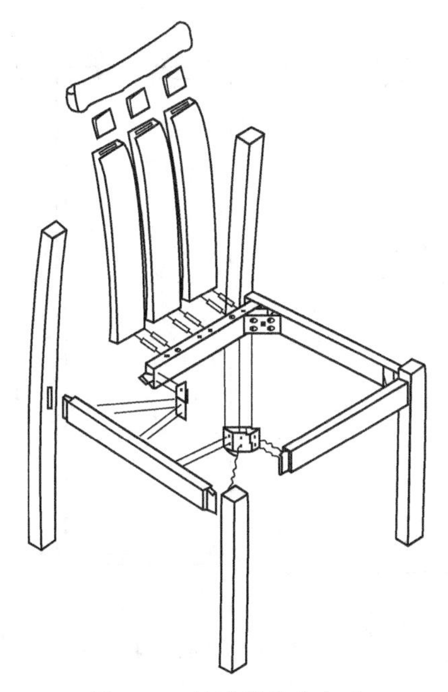

图 7-57　椅子的接合方式

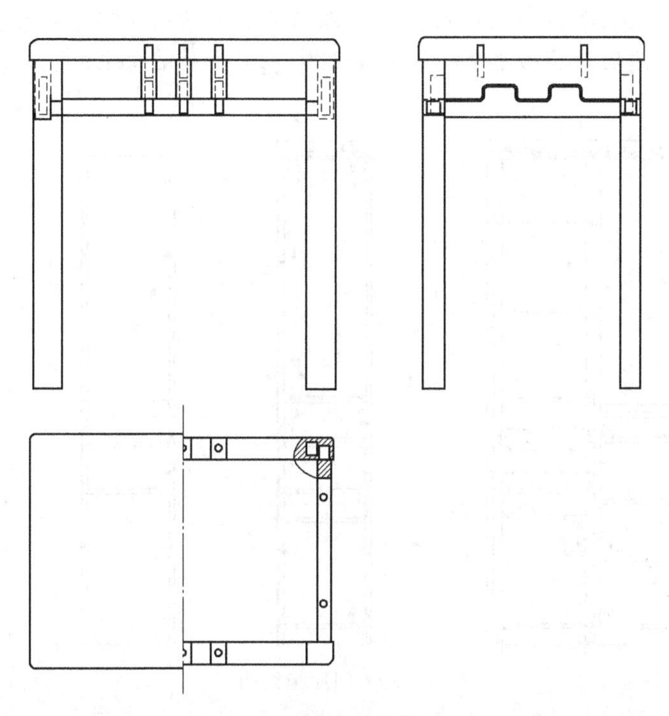

图 7-58　梳妆凳结构

在一起；腿与横撑是梳妆凳的主要受力部件，采用榫卯结合；六个矮老在梳妆凳上主要起到装饰作用，用棒榫固定即可。

7.5.5.9　餐桌的结构设计

如图 7-59 所示，餐桌高度为 740mm，而且体积较大，考虑到运输成本、结构稳定性等因素，一般选择可拆装结构。面板与望板采用三合一连接件连接，中间的防变形条用螺杆与面板连接。为应对在使用过程中对餐桌会形成一定的侧面推力，同时为了保证结构的稳定性，选用台角码进行加固。

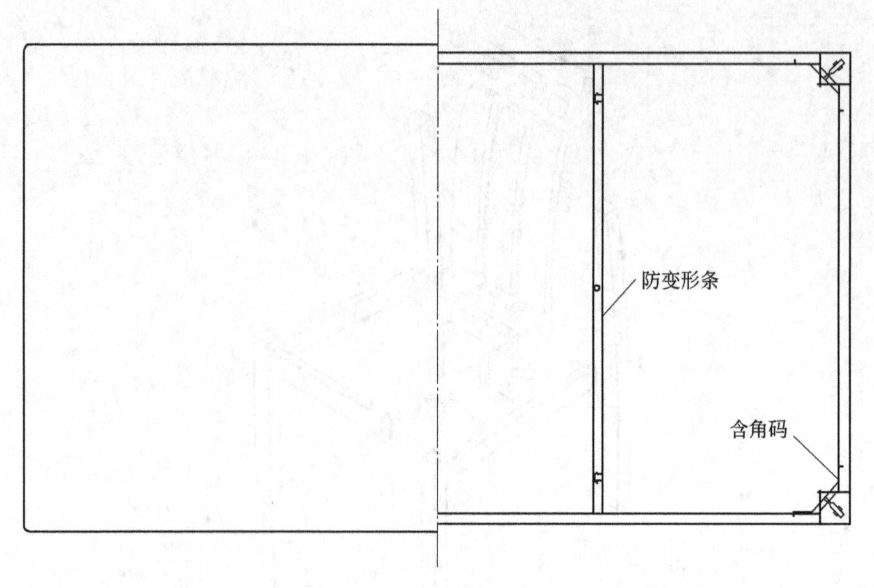

图 7-59 餐桌结构

7.5.5.10 间厅柜的结构设计

如图 7-60 所示，间厅柜的三个侧板为圆棒榫不可拆装结构，间厅柜各部件是通过偏心连接件接合在一起的，顶板是芯板加替（覆）条结构。侧板上钻有系统孔，玻璃隔板可以上下调节。

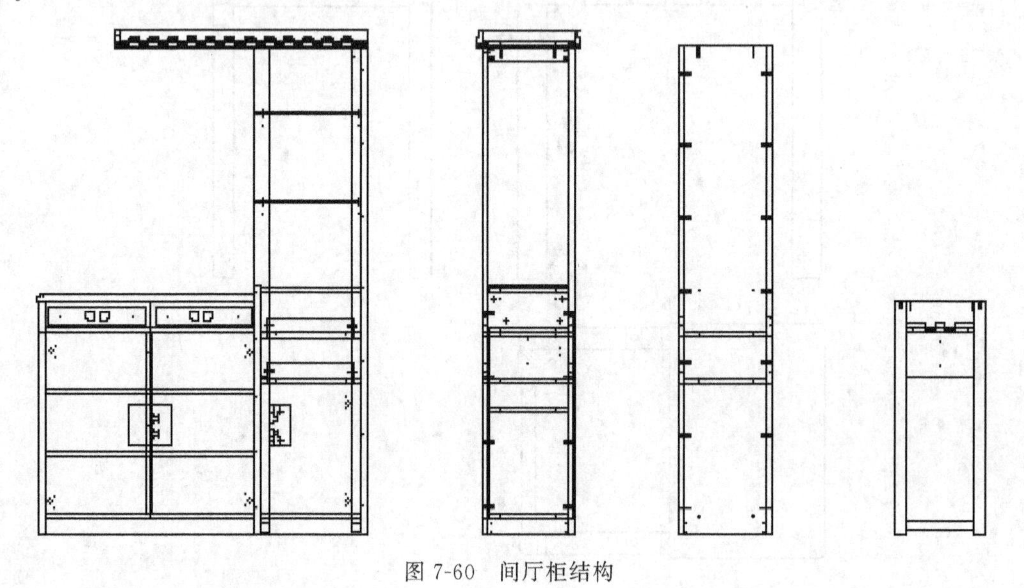

图 7-60 间厅柜结构

7.5.6 材料的选择与计算

7.5.6.1 材料选择

家具是由材料、结构、外观形式和功能四种要素组成。材料不仅是构成家具的物质基础，而且是家具档次和美感不可或缺的元素，家具选材基本遵循五大原则，即工艺性原则、质量原则、经济性原则、表面装饰性原则和环保性原则。

7.5.6.2 材料清单明细

材料清单明细见表 7-10～表 7-14。

表 7-10 材料明细表

产品名称：床头柜　　　　规格：546×400×518（mm）

序号	部件名称	零件名称	材料	零件尺寸 单位/mm	数量/个	单件材积 单位/m^3	合计材积 单位/m^3	备注
1	面板	面板芯板	水曲柳	462×369×19	1	0.003239	0.003239	
		替条	水曲柳	462×44×22	1	0.000447	0.000447	
2	舢板	舢板芯板	水曲柳	390×301×12	2	0.001409	0.002817	
		前立挺	水曲柳	526×60×44	2	0.001389	0.002778	
		后立挺	水曲柳	526×50×44	2	0.001157	0.002314	
		上横撑	水曲柳	340×60×44	2	0.000898	0.001796	
		下横撑	水曲柳	340×90×44	2	0.001346	0.002692	
		芯板压条	水曲柳	296×6×6	4	0.000010	0.000040	
3	上拉撑	上拉撑	水曲柳	462×38×19	2	0.000334	0.000668	
4	后拉撑	后拉撑	橡胶木	462×100×18	1	0.000832	0.000832	
5	前拉撑	前拉撑	橡胶木	462×76×18	1	0.000632	0.000632	
6	前牙板	前牙板	水曲柳	462×60×19	1	0.000527	0.000527	
7	背板	背板	橡胶木	475×436×12	1	0.002485	0.002485	
8	抽面	抽面	水曲柳	458×188×19	2	0.001636	0.003672	
9	抽箱	侧抽板	桐木	304×117×13	4	0.000462	0.001858	
		前抽板	桐木	450×120×13	2	0.000702	0.001404	
		后抽板	桐木	450×120×13	2	0.000702	0.001404	
		底抽板	桐木	293×433×11.5	2	0.001459	0.002918	
	总计						水曲柳:0.017318 桐木:0.011256 橡胶木:0.003949	

表 7-11 胶料计算明细表

产品名称：＿＿＿＿＿＿　　　　计划产量：＿＿＿＿＿＿

编号	零件或部件名称	零件或部件数量	胶料种类	涂胶尺寸/mm		每一制品涂胶面积	消耗定额/(kg/m^2)	耗用量/kg	
				长度	宽度			每一制品	年耗用量

表 7-12 涂料计算明细表

产品名称：＿＿＿＿＿＿　　　　计划产量：＿＿＿＿＿＿

编号	零件或部件名称	零件或部件数量	涂料种类	涂饰尺寸/mm				每一制品涂饰面积		消耗定额/(kg/m^2)	耗用量/kg	
				内表面		外表面						
				长度	宽度	长度	宽度	内面	外面		每一制品	年耗用量

表 7-13 其他相关材料计算明细表（以五金件为例）

产品名称：＿＿＿＿＿＿

序号	材料名称	零件名称	规格/mm	数量	备注
1	连接件	偏心连接件			
		直角尺连接件			
2	木螺丝	沉头自攻螺丝			
		半沉头自攻螺丝			
3	螺杆	双头螺杆			
4	抽屉滑道	钢珠全展滑道			
5	背板钉	成飞五金			
n					

表 7-14　其他相关材料计算明细表（以加工刀具为例）

编号	名称	单位	规格型号	数量/个	备　注
1	木工钻	支	ϕ6mm,ϕ8mm,ϕ10mm,ϕ12mm	各 30	多排多轴立钻用
2	阶梯钻	支	9mm×4mm,12mm×8mm	各 20	多轴卧钻用
3	榫孔直柄铣刀	支	ϕ10mm,ϕ12mm	各 10	单轴镂铣机用
4	成型铣刀	件	脚型	2	背刀车床用
5	车刀	支	尖形、半圆形	各 10	高速钢
6	线条锯	片	ϕ250mm×25.4mm	4	尖形三角齿
7	圆棒榫刀	套	ϕ8mm,ϕ10mm	各 5	配刀套
8	铣刀	套	ϕ100mm×80mm×30mm	2	双立轴木工铣床用
9	铣刀	套	ϕ100mm×120mm×30mm	2	双立轴木工铣床用
10	铣刀	套	ϕ100mm×100mm×30mm	2	四面六轴刨木机用
n					

7.5.7　生产工艺的设计

7.5.7.1　工艺设计的依据

主要根据产品结构图、厂房、设备、工人技术水平，确定合理工艺流程。

7.5.7.2　工艺设计的目的意义

更合理地利用车间的空间；避免工序回头，浪费人力；减少工人的操作强度，提高工作效率。合理的生产工艺会最大限度地发挥各个机床的生产能力，从而创造出最大的利润。

7.5.7.3　产品生产工艺流程

（1）实木弯曲部件生产的基本工艺流程如下：

备料→放样(以弯曲部件为例)→画线→开料→加工基准面、基准边(平刨)→加工相对面、相对边(压刨)→(铣型)→截端→打孔、开榫槽→圆边→砂光→组装→涂饰。

（2）实木板材部件生产的基本工艺流程如下：

备料→开料→打孔、开榫槽→圆边→砂光→组装→涂饰。

板式与实木家具典型制造工艺流程见表 7-15 和表 7-16。

表 7-15　生产工艺流程图（以床头柜为例介绍板式制造工艺）

编号	部件名称	零件名称	基材	零件数	净料规格/mm	设备名称	断料锯	纵解锯	平刨机	立式铣床	圆锯机	压刨机	开榫机	立式铣床	双面圆锯机	榫眼机	单排钻	立式铣床	砂光机	部件组装线	涂料线	备注
						工序名称	定长	定宽	基准面加工	基准边加工	精截	相对面边加工	开榫	开槽	齐边	钻孔	钻孔	曲面加工	表面修整	部件装配	涂料	
1	面板	面板芯板	水曲柳	1	462×369×19		○	○	○	○	○	○	○				○					
		替条	水曲柳	1	462×44×22		○	○	○	○	○	○		○					○	○	○	
2	舢板	舢板芯板	水曲柳	2	390×301×12		○	○	○	○	○	○			○			○	○			
		前立挺	水曲柳	2	526×60×44		○	○	○	○		○	○		○				○			
		后立挺	水曲柳	2	526×50×44		○	○	○	○		○	○		○				○			
		上横撑	水曲柳	2	340×60×44		○	○	○	○	○	○		○	○				○			
		下横撑	水曲柳	2	340×90×44		○	○	○	○	○	○		○	○				○			
		芯板压条	水曲柳	2	296×6×6		○	○	○	○	○	○							○	○	○	
3	上拉撑	上拉撑	水曲柳	2	462×38×19		○	○	○	○	○	○					○		○		○	
4	后拉撑	后拉撑	橡胶木	1	462×100×18		○	○	○	○	○	○					○		○		○	
5	前拉撑	前拉撑	橡胶木	1	462×76×18		○	○	○	○	○	○					○		○		○	
6	前牙板	前牙板	水曲柳	1	462×76×19		○	○	○	○	○	○					○		○		○	
7	背板	背板	橡胶木	1	475×436×12		○	○	○	○	○	○		○					○		○	

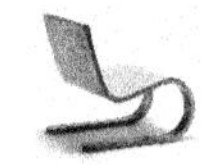

表 7-16 生产工艺流程图（以实木沙发为例介绍实木制造工艺）

编号	部件名称	零件名称	基材	零件数	净料规格/mm	设备名称	断料锯	纵解锯	平刨机	立式铣床	圆锯机	压刨机	开榫机	立式铣床	双面圆锯机	榫眼机	单排钻	立式铣床	砂光机	卧式组装机	部件组装	备注
						工序名称	定长	定宽	基准面加工	基准边加工	精截	相对面边加工	开榫	开槽	齐边	钻孔	钻孔	曲面加工	表面修整	部件装配	组装	注
1	腿	腿	胡桃木	4	190×100×100		○	○	○	○	○	○	○	○			○		○			
2	框架	底板长边框	胡桃木	2	2000×100×30		○	○	○	○		○		○	○		○		○	○		
		底板短边框	胡桃木	2	752×100×30		○	○	○	○		○	○		○		○		○			
3	扶手	扶手上横	胡桃木	2	700×70×60		○	○	○	○	○	○				○		○	○	○		
		扶手前撑	胡桃木	2	295×70×50		○	○	○	○	○	○	○					○	○			
		扶手后撑	胡桃木	2	370×70×40		○	○	○	○	○	○	○					○	○			
4	靠背	低靠背立撑	胡桃木	4	445×75×40		○	○	○	○	○	○	○			○		○	○		○	
		低靠背帽头	胡桃木	2	628×130×40		○	○	○	○	○	○		○				○	○			
		高靠背立撑	胡桃木	2	515×75×40		○	○	○	○	○	○	○			○		○	○			
		高靠背帽头	胡桃木	1	628×530×40		○	○	○	○	○	○		○				○	○	○		
5	横撑	脚架横撑	胡桃木	2	552×65×30		○	○	○	○		○	○		○			○	○			
		边框横撑	胡桃木	2	680×70×30		○	○	○	○		○	○		○			○	○	○		

7.5.8 质量的检测标准

7.5.8.1 材料备料的标准要求

（1）实木用料要求

① 单件或成套产品采用树种的质地应相似。同一胶拼件树种应无明显差异，针、阔叶材不得混同使用。

② 虫蛀材必须经杀虫处理，不得使用昆虫尚在继续侵蚀的木材。

③ 可视部位不得使用腐朽材，内部或封闭部位用材轻微腐朽面积不得超过零件面积的15%，深度不得超过材厚的25%。

④ 外表及存放物品部位的用材不得有树脂囊。

⑤ 产品受力部位的斜纹程度超过20%的不得使用。

⑥ 节子宽度不超过可见材宽的1/3，直径不超过12mm的，经修补加工后不影响产品结构强度和外观的可以使用。

⑦ 其他轻微材质缺陷，如裂缝（贯通裂缝除外）、钝棱等，应进行修补加工，不影响产品结构强度和外观的可以使用。

⑧ 木材含水率应不高于当地地区的年平均木材平衡含水率加1%，一般干燥木材到8%～10%之间。

（2）人造板材料（办公家具使用） 包括刨花板、中密度纤维板、细木工板、胶合板。

① 甲醛释放量≤1.5mg/L。

② 应符合人造板材相关标准要求。

③ 应做封边处理，封边条不允许有脱胶、鼓泡。

（3）钢材 应采用Q195以上的钢材。

7.5.8.2 外观要求

（1）板材部件外观要求

① 形状和位置公差：面板、正视面板件，平整度≤0.2mm，翘曲度≤2.0mm，门、抽屉分缝≤2.5mm。

② 薄木和其他材料覆面不允许有脱胶和鼓泡。

③ 榫接合处不允许断榫。

④ 榫及零部件结合应严密、牢固。

⑤ 塞角、栏屉条等支承零件的结合应牢固。装板部件配合不得松动。

⑥ 启闭零件和配件应使用灵活。

⑦ 各种配件安装不得有少件、漏钉、透钉。

⑧ 薄木和其他材料覆面的拼贴应严密、平整，不允许有明显透胶；各种配件安装应严密、平整、端正、牢固，结合处应无崩茬或松动。外表的倒棱、圆角、圆线应均匀一致。

⑨ 雕刻的图案应均匀、清晰、层次分明，对称部位对称凹凸和大挖、过桥、棱角、圆弧处应无缺角，铲底应平，各部位不得有锤印或毛刺。

⑩ 车木的线型应一致，凹凸台级应匀称，对称部位应对称，车削线条应清晰，加工表面不得有崩茬、刀痕、砂痕。

⑪ 整件产品或成套产品色泽应相似。

⑫ 产品表面漆膜不得有皱皮、发黏和漏漆现象。

⑬ 产品不需涂饰部位应保持清洁。

⑭ 正视面（包括面板）涂层应平整光滑、清晰。漆膜实干后应无明显木孔沉陷，允许有微小涨边和不平整。涂层应无明显加工痕迹、划痕、雾光、白楞、白点、鼓泡、油白、流挂、缩孔、刷毛、积粉和杂渣。

⑮ 软硬覆面表面纹理应相似，无凹陷、麻点、裂痕、划伤、崩角和刃口。

(2) 板材部件表面理化性能

① 耐化学性（10%碳酸钠溶液、10%乙酸溶液）：16h 不低于 B 级，2 级。

② 耐湿热：20min 不低于 A 级，85℃2 级。

③ 耐干热：20min 不低于 B 级，70℃2 级。

④ 漆膜附着力：不低于 B 级，2 级。

⑤ 漆膜（软、硬质覆面除外）耐磨性：2000 转，不低于 B 级，2 级。

⑥ 漆膜（软、硬质覆面除外）抗冲击：h=50mm，不低于 B 级，2 级。

⑦ 耐冷热温差：3 周期，应无鼓泡、裂纹或明显失光。

(3) 金属部件外观要求

① 金属件应进行防锈处理，应无锈迹、锈蚀现象，金属件之间焊接处应无脱焊、虚焊、焊穿、夹渣、气孔、焊瘤、咬边、飞溅，焊疤表面波纹高低不大于 1mm。

② 铆接处应无漏铆、脱铆，铆钉头圆滑、端正无锤印。

③ 涂层（镀层）应无剥落、返锈、粘漆。漆膜涂层图案完整，无露底、凹凸、明显流挂、疙瘩、皱皮、飞漆、色差、漏喷；电镀层外露部位不得有烧焦、起泡、针孔、裂纹、明显毛刺、花斑、划痕。

④ 在接触人体或收藏物品的部位不得有突出的毛刺、刃口或尖锐棱角。

⑤ 各种产品底脚着地平稳性偏差应不大于 2mm。

⑥ 管材和冲压件不允许有裂缝。管材无叠缝、焊接错位、结疤；冲压件无脱层，圆管和异型管弯曲处的波纹高低不大于 0.4mm，弯曲处弧形应圆滑一致。

⑦ 覆面材料无明显透胶、凹陷、压痕，无脱胶、明显鼓泡。

⑧ 结合处：无漏钉；无崩茬；外表应倒棱；圆角应一致；圆线应一致；表面应细光。

(4) 金属部件涂层理化性能

① 冲击强度：3.92J，无剥落、裂纹或皱纹。

② 附着力：不低于 3 级。

③ 耐腐蚀：加温耐盐水 1h，应无锈蚀、鼓泡、开裂现象。

④ 耐湿热：温度（47±1）℃，相对湿度（96±2）%(48h)，无锈蚀、鼓泡、剥落现象。

7.5.8.3 安装要求

启闭零件的配件应使用灵活。折叠产品应折叠灵活，不得有自行折叠现象，五金配件安装应无少件、漏钉（选择孔除外）、透钉。

7.5.8.4 产品力学性能强度要求

所有产品的力学性能必须符合国家标准的要求。

7.5.8.5 产品标志

① 产品必须有符合国家标准 GB 5296.6—2004 要求的家具使用说明书。

② 产品应使用中文标明名称、规格型号、主要技术指标、生产厂名、厂址及电话。

③ 产品应用中文标明出厂日期或生产批号。